KB125334

DNA의 법칙

DNA의 법칙

초판 1쇄 인쇄일 2020년 8월 18일
초판 1쇄 발행일 2020년 8월 28일

지은이 Transnational College of LEX
옮긴이 강현정 감수 김영호
펴낸이 김지영 펴낸곳 지브레인Gbrain
편집 김현주

출판등록 2001년 7월 3일 제2005-000022호
주소 04021 서울시 마포구 월드컵로7길 88 2층
전화 (02)2648-7224 팩스 (02)2654-7696

ISBN 978-89-5979-649-6(04470)
978-89-5979-651-9(SET)

• 책값은 뒤표지에 있습니다.
• 잘못된 책은 교환해 드립니다.

DNA의 법칙

Transnational College of LEX 지음
강현정 옮김 김영호 감수

추천의 말

이 책을 처음 대면했을 때의 느낌은 '좀 황당하다'였다.

왜냐하면 책을 써 나간 저자가 여러 사람들인데다 생물학을 전공한 전문가 그룹이 아닌 일반인들이었기 때문이다. 그 두껍고 방대한 양의 내용이 수록된 《Molecular Biology of THE CELL》을 다 같이 읽으며 토론하고 논의하면서 내용을 재미있게, 무슨 스포츠 중계라도 하듯이 생물학의 세계에서 언어의 세계로, 아니 물리학의 세계까지 날아다니고 있었다.

그러나 일본어로 되어 있는 원본과 이를 영문으로 번역한 내용을 번갈아가며 우리말 번역을 읽어보니 책을 만들기 위해 노력한 사람들의 노력이 기특하게 느껴지기 시작했다. 그러면서 오히려 나보다 더 진지하게 내용을 생각하면서 생물학을 통해 관통하는 자연과학의 의미를 해석해가는 그들에게 경이로움까지 느꼈다.

대학에서 생물학 전공자들에게 일반 생물학이나 미생물학, 분자생물학 등을 강의하고 있는 사람으로서 생물학을 전공하려는 학생뿐 아니라 일반인들도 한번 쯤 읽어볼 만한 책이다라고 생각하고 또 권유한다.

소그룹이지만, 일본에서는 일반인들까지도 생물학이나 물리학, 화학 등에 관한 책을 읽고 창조적인 스토리를 전개해나갈 만큼 과학에 대한 관심이 많은 것을 보니 천재적인 과학자가 과학을 리드해서 노벨상을 받는 것도 중요하지만, 저변의 힘을 보고 배워야 하지 않겠는가? 라는 생각이 든다. 그러기 위해서 먼저 이 재미난 책을 읽어보는 것은 어떨까?

수원대학교 교수 김영호

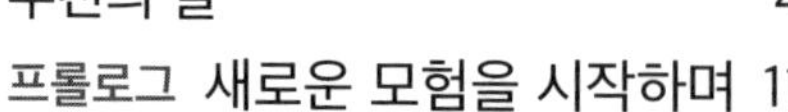

세포의 탄생

contents

Chapter 3

인간과 언어의 탄생

Chapter 4

나를 발견하는 여행 469

프롤로그

새로운 모험을 시작하며

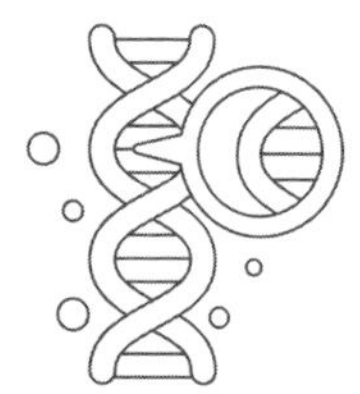

DNA는 지구상의 모든 살아 있는 생물체에서 찾아볼 수 있는 유전정보가 담긴 분자이다. 각 생물체는 세포로 이루어져 있고, 각 세포는 DNA를 갖고 있다. DNA에 담겨 있는 정보는 인간이 인간을 만들고, 올챙이가 개구리로, 튤립이 튤립이 될 수 있도록 부모에게서 자식에게로 대대손손 이어진다.

적당한 양분이 갖추어진 환경 속에서 식물은 싹이 트고, 줄기가 자라서 잎이 나고, 꽃봉오리가 맺혀 꽃이 피는 씨앗을 만들고, 그리고 다시 더 많은 씨앗을 만든다.

마찬가지로 환경만 갖춰지면 동물도 새끼를 낳고, 독특한 발생 과정을 거쳐 어른으로 성장한다.

지구상의 생명체들은 놀라울 정도로 다양하다. 이 수많은 생물체들은 스스로 찾은 환경에서 적응하고 살아갈 수 있는 나름대로의 전략을 갖고 있다. 특정한 환경을 서로 공유하는 서로 다른 생물들 간의 관계는 아주 복잡하다. 식물은 태양빛과 물, 토양 속의 여러 미네랄을 먹고 자란다. 동물은 식물을 뜯어 먹고 다른 동물에게 잡혀 먹힌다. 생물체는 서로 관련되고, 경쟁하며, 공생관계를 만들고, 다른 그룹과 계층관계를 이루면서 여러 그룹이 모여 산다. 이처럼 자연은 상호관계를 갖는 생명체들이 하나의 거대한 네트워크를 구축한다.

우리 인간도 다른 유기물과 마찬가지로 그 자연을 이루는 생물 중 하나이다.

'살아 있다'는 것은 도대체 무엇일까? 유기물은 무엇이고 생물은 무엇일까?

가족을 중심으로 한 작은 세계에서 출발하여 어느 순간 자기 나라 외에 다른 나라에도 사람이 살고 있다는 사실을 알게 되고 지구라는 존재도 알게 된다. 그리고 지구에는 다양한 생물이 살고 있다는 것을 알게 되면서 세계는 순식간에 복잡 다양한 대상이 되고, 새삼 그 안에 살고 있는 인간의 존재, 자신의 존재를 신기하게 느끼게 된다.

누구나 부모의 몸을 통해 태어나지만, 문득 깨닫고 보면 아버지도 어머니도 아닌 '나'라는 인간으로 완성되어 있다. 많은 일들을 겪고 사람들을 만나면서 스스로에 대해서도 조금씩 알게 되고, 하고 싶은 일이 무엇인지도 알게 된다. 내 몸 속에서 어떤 일이 일어나는지 자세히 몰라도 사는 데는 지장이 없으니 일상은 계속 영위된다. 하지만 문득 가만히 생각해보면 여전히 '자신의 존재'가 신기하게 느껴진다.

인간을 다른 생물과 비교하면 옷을 입기도 하고 신발을 신기도 하고 뭔가를 만들기도 하고 음식도 만들어 먹는 등 매우 다르다. 다른 생물과는 비교도 할 수 없을 만큼 다른 점이 많다. 인간은 그 차이점을 바탕으로 인간사회를 만들고 문명을 구축하고 고도의 기술적인 발전을 이루었다.

하지만 넓은 의미에서 보면 그것은 모두 언어의 작용이다. 인간의 '생각'을 전달하는 것은 입에서 나오는 음성만이 아니다. 몸짓, 손짓, 표정, 복장, 음식, 그 모든 것이 그 '사람'을 전달하는 '언어'이다. 인간은 언어적인 존재라는 것이 다른 동물, 다른 생물과 결정적으로 다른 점이다.

인간은 누구나 태어난 환경의 언어를 자연스럽게 말하게 된다. 이 당연한 사실, 자연스러운 언어의 습득이 무엇인지 생각해보면 새삼 '인간의 언어'가 신기하게 느껴진다.

환경적인 조건만 갖춰지면 자연에서 쑥쑥 자라는 초목처럼 아기의 언어도 환경 속에서 자연스럽게 자라난다. 언어와 언어를 말하는 인간은 떼려야 뗄 수 없는 관계이다. 인간은 누구나 자신의 환경에서 듣는 말을 할 수 있다.

언어는 자연의 생물인 인간의 탄생과 함께 태어났다는 관점에서 '언어'를 파악하는 것이 우리가 했던 대모험의 시작이었다.

'7개 언어로 말하자!'라는 캐치프레이즈로 시작한 히포패밀리 클럽은 다언어의 자연습득을 실천하고 있다.

룩셈부르크, 인도, 아프리카 등… 세계에는 복수의 언어를 일상적으로 하는 다언어 국가나 지역이 많다. 그곳에서는 누구나 따로 공부하지 않아도 몇 가지 언어를 말할 수 있다. 히포에서는 그 자연스러운 언어 환경이 무엇인지 연구하여 언어의 자연습득의 장을 만들고 싶었다.

현재는 스페인어 · 한국어 · 영어 · 일본어 · 독일어 · 프랑스어 · 중국어 등 7개 언어에 이탈리아어 · 러시아어 · 태국어 · 말레이시아어 · 포르투갈어 · 인도네시아어 · 광둥어 등 14개 언어를 동시에 자연습득하고 있다.

아기부터 할아버지, 할머니까지 다양한 세대가 전국 각지의 패밀리라는 곳에 함께 모여 다양한 언어의 노래 테이프나 이야기 테이프로 즐겁게 논다. 패밀리에는 소위 선생님이 없다. 테이프를 듣고 언어를 습득하거나 히포 활동을 통해 발견한 언어 체험을 바탕으로 자연스러운 언어의 작용을 탐구한다.

다양한 언어로 말하는 히포의 스토리테이프를
듣는다. 집중해서 듣는다기보다 생활 속에서
BGM으로 틀어놓는다.
'카바진' 시리즈 히포의 젊은 회원이 주인공
'히포, 바다를 건너다'
소노코가 1개월 동안
미국에서
홈스테이했던 이야기
출퇴근 시 지하철
안에서 듣거나
요리하면서
놀면서

언어는 인간과 인간 사이에서 자라난다. 따라서 그 언어를 말하는 사람들과의 만남도 중요하다. 이를 위해서 히포에서는 외국인 연수생이나 유학생을 받아들이기도 하고, 홈스테이를 중심으로 한 국제교류 프로그램도 마련하고 있다. 많은 사람들과의 만남을 통해 자연스러운 언어활동을 발견하고 싶기 때문이다.

히포에 가입하기 전까지만 해도 외국어는 열심히 공부해서 익히는 것이라고 생각했었다. 발음을 연습하고 단어의 뜻을 외우고, 문법을 외우고, 문장을 만들고, 그러고 나서 회화를 하는 것이라고 말이다. 하지만 그렇게 열심히 공부해도 말문은 좀처럼 열리지 않았다.

모국어와 외국어는 '다른 것'이라고 생각했기 때문에 어느새 높은 벽이 생겼고, 그래서 어학재능이 있는 사람만이 그 벽을 뚫을 수 있다고 생각했다.

그런데 언어 테이프를 듣다 보니 처음에는 잘 알아들을 수 없었던 소리가 차츰 어떤 특징이 있는 선율로 들리기 시작했다. 귀를 귀울인다면 인간의 언어에서 멜로디를 들을 수 있다. 어떤 언어든 분명 그 언어'다움'이 있고, 그것은 아름다운 음악과도 같다.

언어를 습득하는 데 실패하는 아기는 없다.

'아기의 방법!'

그것이 언어를 자연적으로 습득하는 기본자세이다. 그 자연스러운 언어의 프로세스를 발견하는 것이 아기의 방법을 찾는 것이다.

언어의 질서를 발견하다

갓 태어난 아기는 아무것도 갖추지 못한 인간이다. 얼굴도 빨갛고 주름투성이에 언뜻 원숭이 같아 보이지만, 그렇다고 원숭이는 아니다.

베테랑 어머니의 모습을 관찰해보면 아기를 꼭 안고 있고 아기도 자석에 달라붙어 있는 것처럼 젖을 먹기 시작하는데, 사실 아기는 처음에 젖을 제대로 물지 못한다. 소나 말이 태어나자마자 어미의 젖을 먹기 시작하니까 인간도 그럴 것이라고 생각하기 쉬운데 실제로는 그렇지 않다.

처음에는 살짝 핥게만 하고 두 번째에는 젖을 입에 넣어본다. 하지만 아기는 곧 잠이 들거나 지나치게 세게 빨아들여서 젖이 아파지기도 한다.

아기와 어머니, 양쪽 모두 초보자인 경우에는 어떻게 해야 하는지 잘 모를 때도 있지만 시행착오를 거치면서 차츰 제대로 할 수 있게 된다.

아기는 곧 옹알이를 시작한다. '하아~' '후우~' 등 처음에는 실수로 목소리가 나오는 것 같다가 얼마 후에는 하루 종일이라도 옹알거린다.

아기에게 자신의 몸은 장난감 같은 것인지도 모른다. 태어나 보니 몸이 있고, 이리저리 움직일 수도 있고, 입에서는 소리도 나온다. 매일 놀다 보니 어떻게 하면 어떻게 움직이는지 조금씩 알게 된다.

소나 말은 태어나자마자 걸을 수 있지만, 인간은 기어가는 데만 해도 상당한 시간이 필요하고 걷기까지는 1년 이상이 걸린다. 인간은 자신의 몸마저도 언어적으로 발견해나가는 것이 아닐까?

그때도 아기는 자신이 하고 싶은 말은 무엇이든 전달한다.

"배고파, 기저귀가 젖었어, 졸려, 안아줘, 일어서서 안아줘, 일어서서 안고 걸어줘, 일어서서 안고 걸어서 밖으로 나가 산책해줘."

아직 말다운 말은 못해도 아기는 전혀 곤란해하지 않는다. 주변과의 관계에 한사람의 몫으로 참가하고 생각한 모든 것을 실현시키기 때문이다.

할 줄 아는 말이 전혀 없는 아기는 전체로 전부를 전달한다. 그러다가 사람을 흉내 내기 시작하면서 주변 사람들이 한 말을 그대로 반복하게 된다.

"그게 무슨 뜻이야?"

이렇게 물으면 분명 대답하지 못할 것이다. 하지만 사람을 향한 언어는 곧 작용을 한다.

"있다, 있다."

"그렇구나, 이거, 있다구나, 그렇지, 대단하네."

의미는 결코 pencil이 연필이라는 것이 아니라, 그 소리가 음성의 장에서 어떻게 '작용'하는가이다. 그리고 어느 순간 그 뜻을 파악하고 대략적으로 발음하다 보면 어느새 말을 할 수 있게 된다.

자연환경 속에서 아기는 언어를 요소로 나눠서 따로 공부하지도 않고, 그렇게 가르치는 선생님도 없다. 아기는 언어를 발견함으로써 자신의 세계를 만들기 시작한다.

성인이 언어를 자기와 분리된 '대상'으로 보고 만들어낸 단어나 발음, 문법이라는 외적체계가 아기에게는 존재하지 않는다. 모든 것을 자신과 주변 전체와의 관계 속에서 스스로 발견해 나간다.

성인의 경우 한 단어를 획득했다고 외적체계로 그 언어를 파악하는 것이 가능할까? 외국어교육의 근간에 흐르는 사상은, 한가지에는 그러한 어른의 '지식'을 가진다면 아기가 자연스러운 환경에서 언어를 획득하는 것보다 더 효과적으로 언어를 습득할 수 있지 않을까? 그런데 그런 '생각'과 달리 실제로는 말을 하지 못하는 경우가 대부분이다.

성인은 더 이상 언어를 자연적으로 획득할 수 없다는 의견도 있다. 일정 연령이 되면 어릴 때처럼 언어를 획득하는 것은 불가능하다고 한다.

정말 그럴까? 나는 '말을 한다'는 것이 '인간을 정의'한다고까지 할 수 있는 메커니즘이 일정 연령이 되면 사라진다는 주장을 도저히 받아들일 수 없었다.

당연한 사실을 다시 한 번 천천히 일본어를 예로 들어 생각해보자.

다언어를 말할 줄 아는 사람은 단일언어 밖에 하지 못하는 사람에 비해 새로운 언어를 획득하는 시간이 빠르다는 것은 비교적 잘 알려져 있는 사실이다. 어느 나라에나 외국인을 위한 연수시설이 있는데, 일본의 연수시설에도 아프리카나 인도 등 다언어를 하는 사람들은 다른 사람이 고생하며 일본어 공부를 하는 모습을 곁눈질하거나, 연수시설에 다니지 않아도 일본인들 틈에 섞여 살다 보면 남들보다 빨리 일본어를 할 수 있게 된다고 한다.

이렇게 다언어를 하는 사람들의 일본어는 소위 '외국인이 말하는 일본어'와는 전혀 다른, 평범한 일본인이 구사하는 자연스러운 일본어이다. 물론 좀 더 깊은 이야기가 나오면 어려운 단어는 잘 모르겠지만 특히 맞장구를 칠 때는 그야말로 일본인 같다.

그들이 이구동성으로 하는 말은 따로 공부는 안 한다는 것이다. 외적 체계로 구성되는 외국어 커리큘럼은 모두 문자로 기술되어 있다. 하지만 그들은 그 체계를 따르지 않고 거리로 나가 다양한 사람들과 만나는 데서부터 시작한다. 처음에는 잘 몰라도 마음을 열고 귀를 기울이다 보면 자연스럽게 말할 수 있게 된다고 한다.

어쩌면 '외국어 학습은 이렇게 해야 한다'라는 고정관념이 성인의 언어습득을 방해하는 것은 아닐까? 이런 고정관념을 버리고 허심탄회하게 자연의 방식(아기가 언어를 획득하는 방법)으로 언어를 습득하자는 취지에서 시작된 것이 히포의 언어활동이다.

아프리카나 인도 사람들의 언어능력이 유달리 뛰어난 것은 아닐 터, 성인도 분명 자연의 방법을 발견한다면 몇 가지 언어든 말할 수 있게 될 것이다.

트래칼리의 명제

Transnational College of Lex, 통칭 트래칼리는 1984년에 설립된 히포대학이다.

대학이기는 하지만 건물도 교실도, 출석부도, 숙제도, 선생님도, 시험도 없어.

있는 것이라고는 이렇게 큰 테마(명제)뿐이다.

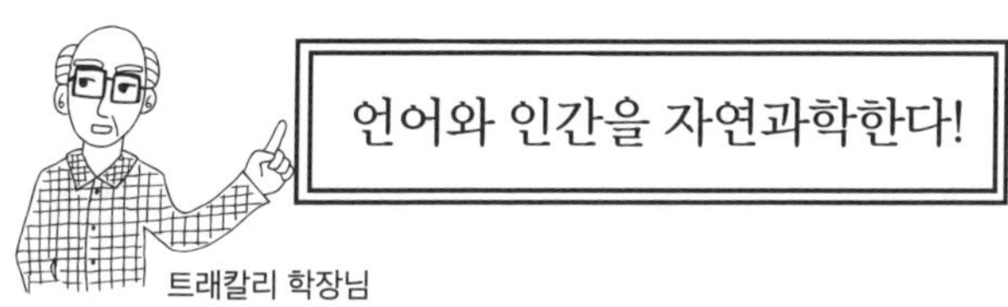
언어와 인간을 자연과학한다!

트래칼리 학장님

트래칼리에는,

회사를 그만두고 들어온 사람

고등학교를 졸업하고 바로 들어온 사람

대학 중퇴자

젊은 어머니

손자가 있는 할머니

다양한 세대가 나이를 뛰어넘어,

문과
와
이과
의 틀을 뛰어넘어,

응애~!

하고 태어났다면 누구나,

태어난 환경의 언어를 말할 수 있다.

우리는 용감하게도 그 언어를 다양한 각도에서 파악하는 대모험에 도전해 보기로 했다.

트래칼리에 입학시험은 없지만 한 가지 과제조건이 있다. 그 과제조건이란 독일의 물리학자 하이젠베르크가 쓴《부분과 전체》를 여러 차례 읽는 것이다.

하이젠베르크는 금세기초 약 30여 년에 걸쳐 이루어진 '양자역학'의 설립자 중 한사람이다. 그는 필서《부분과 전체》에서 스승 닐스 보어나 아놀드 조머펠트와의 만남에서부터 볼프강 파울리나 파울 딜락 등 동료들과의 만남, 양자역학을 건설하던 에르빈 슈뢰딩거나 알베르트 아인슈타인과의 대립 등을 그때그때의 정경과 함께 생생한 대화로 묘사했다.

보어와 처음 만났을 때 찻집을 지나 하이베르크 언덕까지 걸었던 일. 헬골란트 섬에서 행렬역학을 발견한 직후 절벽에서 바라보았던 일출, 보어와 슈뢰딩거와의 격렬한 논쟁. 번뜩이던 아인슈타인의 말 등. 여러 번 읽다 보니 등장인물들은 오래된 동료나 친구처럼 느껴지기 시작하고, 마치 내가 대화가 이루어졌던 정경에 있는 것만 같았다.

《부분과 전체》에서 받은 가장 강렬한 인상은 물리학자들이 가진 '질서의 존재'에 대한 신념이었다.

하이젠베르크는 자연의 '중심질서'를 굳게 믿었던 사람이다. 자연현상은 극히 복잡하지만, 그 복잡한 표층을 파고 들어가면 간명하고 아름다운 질서가 압도적인 박력과 함께 모습을 드러낸다.

그는 행렬역학을 발견했을 때의 느낌을 다음과 같이 표현했다.

"처음에는 마음속 깊은 곳에서부터 경악했다. 그것은 마치 원자 현상의 표면을 파고들어 배후 깊숙이 숨어 있는 독특한 내부의 아름다움을 엿본 기분이었다. 그리고 자연이 내 앞에 펼쳐 보여주는 엄청난 수학적 구조의 이 부富를 막상 쫓아가야 한다고 생각하자 현기증이 날 정도였다."

그 당시에는 '자연에는 질서가 존재한다'는 주장이 누구에게나 당연한 사실은 아니었다. 하지만 물리학자들은 그렇게 굳게 믿고 아직 보지 못한 아름다운 질서를 찾아서 모험을 떠난 것이다.

양자란 빛이나 전자 등 물질을 아주 작게 분해한 결과 나타나는 물질의 기본성질이다.

19세기까지만 해도 물리학자들은 빛을 '파동'이라고 여겼다.

빛 자체는 인간의 눈으로 볼 수 없다. 눈에 보이지 않으니 빛이 파동하는 모습을 본 사람은 아무도 없다. 그런데 왜 '빛은 파동'이라고 생각했을까?

왜냐하면 그렇게 생각하지 않으면 어떤 실험을 설명할 수 없었기 때문이다.

'간섭' 실험을 하면 파동은 반드시 간섭을 하고, 파동 외의 다른 것은 간섭하지 않는다. 빛에 관해서 간섭실험을 해보니 분명 간섭하고 있었다. 그래서 빛을 파동이라고 생각했던 것이다.

그런데 1905년 등장한 아인슈타인은 '빛이 입자'라고 주장했다. 그리고 빛을 입자라고 생각하지 않으면 이해할 수 없는 실험을 보여주었다.

하나의 물질이 파동인 동시에 입자라는 주장은 이론적으로 맞지 않는다.

"빛은 입자인가? 아니면 파동인가?"

이 문제를 매듭짓기 위해서 양자역학이 설립되었다.

그로부터 10년 후, 전자에 관해서 연구하던 보어와 하이젠베르크는 전자가 입자라는 사실에서 출발하여 그 '에너지'에 주목하고, 행렬역학이라는 이론체계에 도달한다. 하지만 그때 전자가 입자일 때 갖게 되는 중요한 성질—

전자가 궤도를 그린다—을 이미지화하는 것을 '포기할 수밖에 없는' 상황에 처하게 되었다.

한편 슈뢰딩거는 전자가 파동이라는 데서 출발하여 파동역학이라는 이론 체계를 수립한다. 또 행렬역학과 파동역학이 수학적으로 완전히 동등한 값이라는 사실을 증명한다. 하지만 슈뢰딩거의 이론인 '파동' 역시 지금 현재의 파동이 아니라 '확률의 파동'이라고 생각할 수밖에 없는 상황에 처하고 만다.

결과적으로 하이젠베르크는 불확정성 원리라는 한 가지 결론을 내렸고, 이것은 인간이 전자를 '관측하는 행위'와 깊은 관련이 있다.

즉 전자는 관측될 때는 입자처럼, 관측되지 않을 때는 파동처럼 움직인다는 것이다. 관측되지 않을 때의 전자는 '확률의 파동'인데, 이것은 전자의 다양한 성질, 위치나 운동량, 에너지 같은 것의 '가능성'을 나타낸다고 한다. 또 관측을 할 때는 실제 위치나 운동량, 에너지를 가진 입자가 확률적으로 나타난다는 너무나도 이상한 이론이었다.

하지만 그로부터 수십 년 동안 대두된 모든 반론이나 실험 중에서 이 불확정성 원리를 무너뜨린 것은 없었다.

그런데 이 양자역학은 단순히 원자현상을 이해하는 데 머무르지 않고 '과학'의 존재방식에 대해 커다란 의문을 제기했다.

인간은 인간과 자연을 분리했었다. 인간은 자연의 바깥쪽에서 이른바 '닫힌' 자연현상을 기술하려고 한 것이다. 굳이 말하자면 뉴턴역학은 최초의 성공사례라고 할 수 있다.

뉴턴에 의하면 모든 '운동'은 $F=ma$라는 한 가지 법칙으로 기술되는데,

그것은 '원인과 결과'의 연쇄작용, 어떤 원인의 결과가 다른 일의 원인이 되고, 그것이 다시 다른 결과를 낳는 것이라고 설명할 수 있다. 이것을 극단적으로 표현하면 우주의 첫 시작, 즉 빅뱅 때 어떤 일이 일어났는데, 그것이 원인이 되어 그 이후 150억 년에 걸친 지금까지의 모든 일들, 그리고 앞으로 일어날 모든 일까지도 원인과 결과라는 연쇄작용에 의해 자동적으로 결정되어 있다는 뜻이다. 뉴턴역학은 그러한 결정론적인 사상을 내포하고 있다.

여기에는 '인간의 의지'나 '미래에 대한 꿈' 같은 것이 개입할 여지가 없다. 신조차 자연 속에서 설 자리를 잃어버린 것이다. 그렇게 해서 탄생한 것이 '두 개의 과학' 즉 자연과학과 인문과학이었다.

그런데 양자역학에서는 인간의 '관측'이라는 행위가 이론의 중추에 포함된다. 인간이 관측함으로써 '저쪽'에 있어야 할 자연이 그 움직임을 달리 한다. 객관적이어야 할 자연, 원인과 결과의 연쇄반응으로 결정되는 확고한 자연상을 크게 바꾸어야만 했다.

아인슈타인은 그 자연상을 마지막까지 받아들이지 못하고 '신은 주사위 놀이를 하지 않는다'라고 선언했다. 그리고 죽을 때까지 객관적이고 결정적인 자연의 이미지를 연구하는 일에서 손을 놓지 않았다.

인간의 언어는 자연현상이고 자연과학은 인간이 주변의 자연을 '언어'로 기술하는 것이다. 아기는 언어를 발견함으로써 자신의 세상을 만들어가는 자연스러운 언어 행동을 한다. 뉴턴역학 때는 분리되어 있던 '인간과 자연'이 이제는 하나의 조화로운 세계를 창조하기 시작했다고 할 수 있다.

언어와 인간을 자연과학하는 트래칼리에서 하려고 하는 것은 '하나의 과학'을 발견하는 일이다. 자연과학과 인문과학이라는 틀을 벗어던지고 인간을 포함한 자연 전체를 '질서'로 기술하고 발견하는 것이야말로 언어와 인간의 관계를 발견할 수 있는 유일한 길이라고 생각하기 때문이다.

트래칼리에서는 다양한 필드가 진행된다.중요한 것은 이 필드가 각자 따로 존재하는 것이 아니라, 트래칼리의 '언어와 인간을 자연과학한다'는 명제하에 어떻게 통일된 관점에서 볼 수 있는가이다. 수많은 트래칼리 회원들과 어떻게 하면 함께 해나갈 수 있을까? 언제나 그것이 문제였다.

푸리에의 모험

우리가 배우는 필드 중 하나인 음성필드.

우리는 오실로스코프라는 기계로 인간의 음성을 볼 수 있다는 것을 배웠다. 공기의 진동을 파동으로 표현할 수 있기 때문이다. 그것이 **푸리에 급수**이다.

수학을 좀 더 아는 사람이 모르는 사람들에게 설명한다. 하지만 '이과와 문과를 넘어서'라는 슬로건치고는 전혀 수학을 좋아하지 않는 사람들뿐이어서 좀처럼 진전이 없었다.

상황은 절망적이었다….

그런데 갑자기,

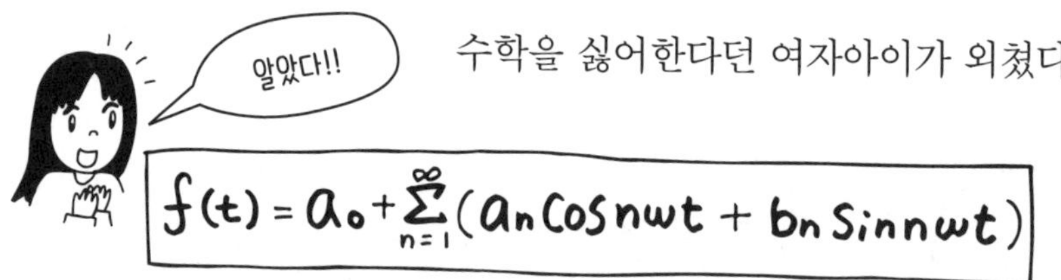

알았다!!
$f(t) = a_0 + \sum_{n=1}^{\infty}(a_n \cos n\omega t + b_n \sin n\omega t)$

수학을 싫어한다던 여자아이가 외쳤다.

이 식은 복잡한 파동은 단순한 파동들의 합이라는 뜻이구나!!

라는 사실을 발견했다.

그렇다. 수학도 인간이 발견한 또 다른 '언어'였다.

뭐야, 그럼 간단하네! 역시 대략적인 전체에서부터 '무엇을 말하는 것인가'를 이해하면 되는구나.

푸리에 수학을 예로 들면, 지금까지는 삼각함수를 배우고, 미분과 적분을 배우는 식으로 힘겹게 푸리에 급수나 푸리에 전개를 배우는 과정을 거쳤다. 이때 우리는 제일 먼저 푸리에 급수가 어떤 것인지 '대략적인 전체상'을 파악하는 것부터 시작했다. 푸리에 급수를 자세히 배울수록 미분이나 적분도 자동적으로 이해할 수 있었다.

이때 모두들 수식을 노래처럼 부르고 말할 수 있게 되었다.

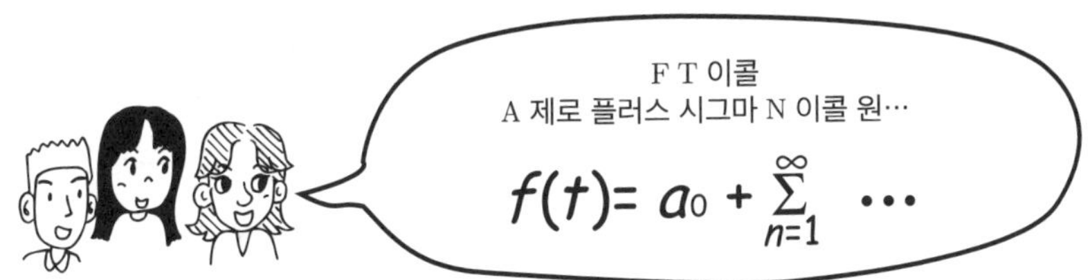

이렇게 해서 우리는 무사히 푸리에의 모험을 마치고 우리가 배운 과정을 책으로 펴낼 수 있었다(한국어판 파동의 법칙).

양자역학의 모험

그런데 푸리에의 모험이 일단락된 후, 우리는 또다시 말도 안 되는 모험을 떠나기로 한 것이다.

다음 모험은 어떤 주제로 할지 의견을 나누는 미팅에서 다들 입을 모아,

"양자역학의 모험!"을 외쳤다.

양자역학이란 역학을 비롯하여, 열역학, 전기역학, 통계역학… 등 하나씩 계단을 올라간 끝의 구름보다 더 높은 정상에 있는 존재와도 같았다.

으읏!
양자역학!

역학이 무엇인지도 모르는 우리가 그런 양자역학을 하려고 한다는 것은 무리였다.

으흠…

역시 이것은 심사숙고할 문제였고, 선배들로부터 쓰디쓴(타당한) 조언도 들었다.

양자역학은 진짜 어려워!
무리일 것 같은데….

부분과 전체
W. 하이젠베르크

하지만 이미 《부분과 전체》를 읽으면서 하이젠베르크에게 반한 우리는….

하이젠베르크가 했던 것을 더 알고 싶어~~~!!
반짝
좋아, 하자!!
우리의 친구 하이젠베르크

우리는 무모하게도 양자역학의 모험을 떠날 준비를 시작했다. 정말 아무것도 몰랐기 때문이다. 정말이다. 그리고 10주에 걸쳐 매일매일 이른 아침부터 늦은 밤까지 모여 양자역학에 대해서 이야기했다.

DNA의 모험 출발

그 말을 들은 것은 트래칼리에서 만든 《양자역학의 모험》을 시니어펠로우(트래칼리 연구를 도와주는 분들) 나카무라 케이코 씨에게 보내드리고 나서 한참 후에 통화했을 때였다.

트래칼리가 시작된 후 우리는 《푸리에의 모험》과 《양자역학의 모험》을 해왔다(한국어판 《파동의 법칙》, 《양자역학의 법칙》). 그것은 트래칼리 전원이 몰두한, 실로 '모험'이라고 부를 만한 여정이었다. 그리고 트래칼리의 모험 시리즈 제3탄 《DNA의 모험》이 시작되었다.

오늘날 생물의 움직임을 기술하는 주요 분야는 분자생물학일 것이다. 이 분자생물학은 왓슨과 크릭이 DNA의 이중나선을 발견한 이래 눈부신 발전을 이루었다.

생물학의 기본 명제는 원래 '생명이란 무엇인가'이다. 분자생물학에서는 이 명제를 풀기 위해서 생물을 아주 작게 분해하여 각 분자의 움직임에 이르기까지 분석했다. 그리고 그들 각 요소를 파악함으로써 집합체로서의 '생명'을 이해하고자 했다.

그런데 지금까지 과학의 왕도였던 이 방법으로 정말 생명을 이해할 수 있는 것일까? 부분의 이해가 전체를 이해하는 데 정말로 도움이 되는 것일까?

'언어'를 배우면서 발견한 것을 떠올려보자. 언어는 항상 '전체'로 완성된다. 자연스러운 환경에서는 발음이나 단어, 문법 등이 따로 분리되어 있지 않다. 이들 각 요소는 통합된 전체로, 하나로 구축된다.

시작할 때는 전체만이 존재할 뿐 요소는 존재하지 않는다. 그런데 점점 시간이 흐르면서 처음에는 대략적으로, 조금씩 자세하게, 항상 전체를 배경으로 하면서 부분적인 요소가 출현하고 보다 명확해진다.

외국어교육 현장에서는 아무리 힘겹게 언어의 각 요소를 공부해도 제대로 된 말이 나오지 않았다. 그 결과 전체의 프로세스에 주목하지 않으면 인간 언어의 움직임을 기술할 수 없다는 사실을 깨닫게 되었다.

생물학도 마찬가지가 아닐까? 각 부분에만 주목할 것이 아니라 '생명'이라는 커다란 전체가 어떻게 탄생하는지 주목하는 것이 중요하지 않을까?

복잡한 배경의 간명한 질서

우리는 일단 《세포의 분자생물학》을 읽는 것부터 시작했다. 푸리에의 모험이나 양자역학의 모험과 마찬가지로, 어떤 의미에서 DNA의 모험은 《세포의 분자생물학》을 읽고 그것을 '우리의 언어'로 표현하는 작업이었기 때문이다.

물론 그 여정은 평탄하지 않았다.

분자생물학의 '난해함'은 푸리에 등의 수학이나 양자역학 등의 물리학과는 또 다른 양상이었다. 대단한 수식이 있는 것도 아니기 때문에 생체 내의 분자에 관한 설명 자체는 크게 어렵지 않았지만 그 분자들은 복잡하게 서로 얽혀 있었다.

생체 내의 분자에는 각각 다른 이름이 붙어 있고 서로 상호관계를 이루며 다양한 기능과 역할을 하고 있다. 그 이름을 외우는 것만으로도 벅찬데 그 양은 눈이 핑 돌 정도로 방대했다. 《세포의 분자생물학》에 쓰여 있는 내용은 분자생물학이 이룬 성과에 비하면 극히 일부겠지만, 그래도 전화번호부 한 권 정도의 두께이다. 너무 두꺼워서 읽다 보면 어느새 지금 읽고 있는 것이 생체 또는 세포 전체 중 어디에서 일어나고 있는 일인지, 어떤 의미가 있는지, 그 앞에 쓰여 있던 것과 어떻게 관계가 있는 것인지 잊어버리곤 했다.

생각해보면 DNA의 모험에는 푸리에의 모험이나 양자역학의 모험과는 크게 다른 점이 있었다. 푸리에 수학이나 양자역학은 이미 오래 전에 발견되어 세련되게 완성되어 있었다. 대부분 트래칼리 멤버들은 그것이 어떤 것인지 몰랐지만, 몇몇 중심 멤버들은 혼자 책을 읽거나 시니어펠로우에게 물어보면서 나름대로 이해하고 있었다.

그리고 트래칼리에서 함께 모험을 하면서 각자가 이해했던 것보다 더 알기 쉽고 재미있고 생생한 것으로 발전을 거듭했다. 모험을 출발하는 시점에서 이미 '종착 지점까지의 지도'를 손에 들고 있었다고 할 수 있다.

이번 DNA의 모험의 지도 중 하나는《세포의 분자생물학》이다. 하지만 그것은 이른바 '반쪽짜리' 지도였다. 각 부분에 대해서는 상세히 쓰여 있지만, 그것이 전체적으로 어떻게 연관되어 있는지, 어떻게 생겨나는지 등에 관해서는 거의 쓰여 있지 않았기 때문이다.

우리 트래칼리의 기본적인 사고방식은 언어를 자연현상의 관점으로 보는 것이다. 언어는 누군가 인위적으로 만든 것이 아니라 40억 년 생명의 역사 속에서 생겨난 자연의 일부인 인간의 것이다. 생명이 취하는 다양한 형태 중 하나는 언어와 그것을 말하는 인간의 존재가 아닐까? 생명에 대해서 관찰한다는 것은 언어에 대해서 관찰한다는 뜻이 아닐까?

언어는 자연현상이므로 전체로서의 움직임을 우리의 언어 체험으로 관찰할 수 있을 것이다. 그렇다면 생명을 전체로 파악할 수 있지 않을까?

그것이 바로 우리가 'DNA의 모험'이라는 말을 듣고 도전하게 된 이유이다.

우리의 진화

우리의 'DNA의 모험'에서는 언어 체험이 큰 의미를 가진다. 그리고 DNA의 모험은 대략적인 전체–큰 그림을 파악하는 것에서부터 출발해서 진화를 거듭했다.

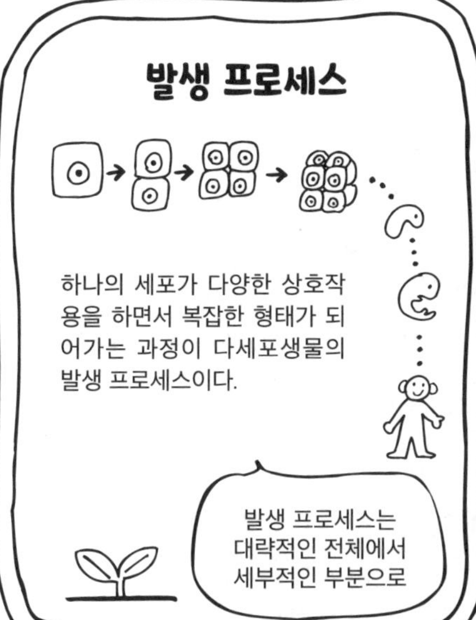

발생 프로세스
하나의 세포가 다양한 상호작용을 하면서 복잡한 형태가 되어가는 과정이 다세포생물의 발생 프로세스이다.
발생 프로세스는 대략적인 전체에서 세부적인 부분으로

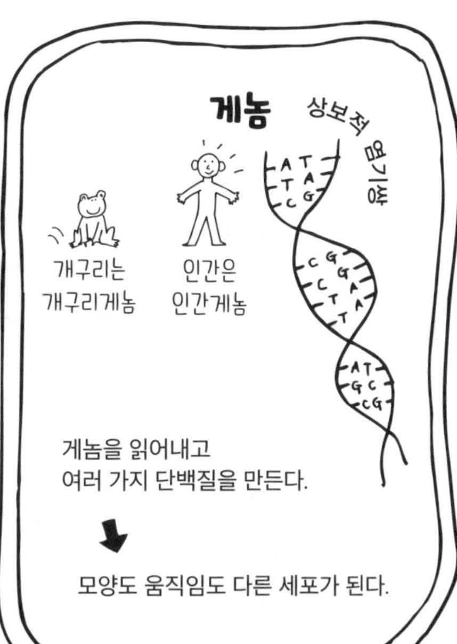

게놈
상보적 염기쌍
개구리는 개구리게놈
인간은 인간게놈
게놈을 읽어내고 여러 가지 단백질을 만든다.
모양도 움직임도 다른 세포가 된다.

에너지
오물 오물
에너지 공급!
건강!
이화작용과 동화작용의 순환
ㅋㅋㅋ
무질서에서
질서가 생성되는 방향으로
살아 있다는 것은 닫힌 계가 아니라 열린 계 안에서 에너지가 교환되는 것이다!

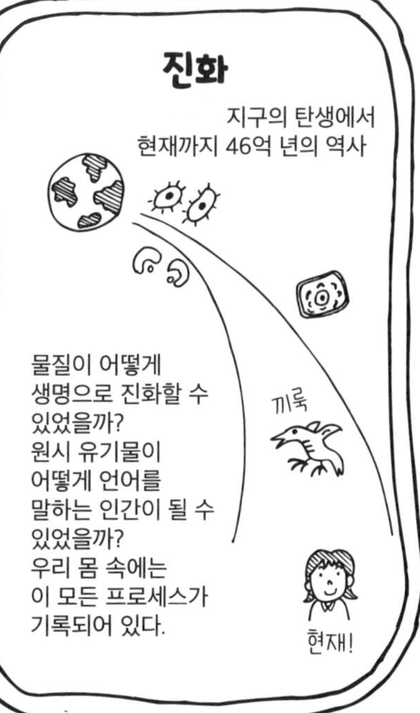

진화
지구의 탄생에서 현재까지 46억 년의 역사
끼룩
물질이 어떻게 생명으로 진화할 수 있었을까? 원시 유기물이 어떻게 언어를 말하는 인간이 될 수 있었을까? 우리 몸 속에는 이 모든 프로세스가 기록되어 있다.
현재!

DNA의 모험 강의 시작

그리고 1996년 9월~12월, 총 12회에 걸친

DNA의 모험 강의!!
히포의 성인 멤버부터 아이들까지 약 200명이 매주 원정대에 참가했다. 이것은 유례없이 획기적인 모험이었다. 강의는 매주 안내인의 안무와 노래로 시작되었다.
빠바바바바밤
헤이! 헤이! 우리는 위풍당당한 안내인
짝! 짝! 짝!
앙코르!
앙코르!
열심히
일지
DNA의 모험
모든 참가자들은 매번 참석에 따라 인간의 배 발생 단계의 하나를 보여주는 스템프를 하나씩 받았다!!

가 시작되었다!

또 다른 점은 지금까지는 트래칼리 내에서만 하던 DNA의 모험을 수많은 히포인들과 하기로 했다는 것이다. 그동안 트래칼리 학생들로만 진행했을 때는 나름대로 우리끼리 공유해온 프로세스가 있었다. 예를 들면 《세포의 분자생물학》을 읽었기 때문에 생물학적인 내용에 대해서 나름 베이스가 깔려 있었다. 그런데 이번에는 생물학을 전혀 모르는 사람에서부터 대학에서 전문적으로 연구하는 사람까지, 아이에서부터 어른까지 다양한 사람들과 함께 모험을 하게 된 것이다.

어떻게 그들과 함께 DNA의 모험을 강의할 수 있을지가 우리의 새로운 문제로 대두되었다.

우리가 이해한 생물에 대한 내용을 단순히 지식적으로 설명해봐야 우왕좌왕하게 될 것이고, 애초에 트래칼리 학생들이 무엇을 가르친다는 것 자체가 무리였다. 하지만 우리는 발견하고 이해하고 생각한 것을 말하고 함께 고민하며 모험을 떠나기로 했다. 그러기 위해서 감상문, 일지, 매회 강의 내용을 정리하고 인터넷 홈페이지와 기타 방법으로 강의에 참석한 사람들과 의견을 주고받는 공간을 마련하기도 했다.

그야말로 살아 있는 생물처럼 매회 강의가 시작되기 직전까지 어떻게 진행해야 할지 그림이 보이지 않을 때도 있었고, 그때까지 이야기한 것들이 전부 무산되기도 하는 등 눈물과 웃음이 살아 있는 12회였다.

엉뚱군단은 유머를 구사하며 대원들을 웃기기도 했지만 따뜻한 눈빛에 용기를 얻기도 했다.

최종 대원의 투표에 따라

엉뚱 대상을 받았습니다!!

아주트래의 탄생!!
(아주머니 트래칼리 학생)

ATP
슈가입니다!
인산입니다!
베이스(염기)입니다!

세 사람이 모이면 ATP가 됩니다.

'아주트래'란 이른바 결혼 후 아이를 낳아 키우다가 트래칼리 학생이 된 사람인데, 초등학생 부모부터 손자가 있는 사람까지 폭이 넓다.

그들은 아줌마 파워를 집단적으로 발휘하면서 다 안다는 듯한 미소로 때로는 날카롭게, 때로는 터무니없는 질문을 던지곤 했다.

강의는 매회 다른 내용이었지만 전체적으로 생생함이 살아 있었고 마지막에는 모두 감동의 눈물을 흘렸다.

물질·생명·언어까지 관통하는 질서를 발견하자!

DNA의 모험을 한 이래 벌써 다섯 권의 책이 나왔다. 문득 깨닫고 보니 그동안 강의를 하거나 많은 사람들에게 들려주는 워크숍을 조직하는 등 긴 여정을 걸어온 것 같다.

다양한 분야를 통해 트래칼리 전체가 어떤 식으로 표현되는지부터 시작해서, 이번에는 그 틀을 뛰어넘어 트래칼리 전체를 'DNA의 모험'이라는 하나의 스토리로 표현하는 데까지. 우리는 항상 트래칼리와 히포의 전체 모습을 그리면서 그것을 표현하기 위해 애썼다.

또 트래칼리 안에서만 하다가 강의에 참가하는 대상을 넓히기도 했는데, 그러다 보니 범위 또한 매우 넓어졌다. 그리고 그것을 책으로 만드는 과정도 큰 반향을 일으켰다.

누가 참가하든 매회 중심 과제는 트래칼리와 《부분과 전체》의 관계를 어떤 식으로 구축할 수 있을까였다. 부분의 덧셈이 아니라 전체, 각자 따로따로가 아닌 하나의 전체, 그런 전체를 어떻게 만들어낼 수 있을까를 고민한 것이다.

그것이 우리가 도전한 DNA의 모험이었다. DNA의 모험은 생물학적인 내용만 배우려는 것이 아니라, 그것을 트래칼리에 어떤 식으로 접목시킬 수 있는지 '우리의 행동'에 관점을 맞추는 과정이었다. 함께 이야기하고 틀을 발견해나가는 과정이 곧 모험의 발자취가 되었다.

트래칼리에서 DNA의 모험을 떠나게 된 이유는 우리에게, '언어와 인간을 중심으로 자연과학을 한다'라는 명제가 있었기 때문이다. 언어를 말하는 인간은 자연의 일부이고, 인간이 말하는 언어 역시 자연현상이다. 그 '언어와 인간'의 배후에 숨어 있는 보편적인 자연의 프로세스를 발견하는 것, 그것이 '살아 있다'는 것이 무엇인지를 이해하는 것이 아닐까? 이것이 우리의 관점이다.

물질에서 생명이 탄생하고 그 생명 속에서 인간이 태어나고 언어가 만들어졌다. 40억 년 전에 탄생한 생명이 오늘날까지 맥을 이어온 것이다. 생명체는 실로 다양하고 정교하게 만들어져 있다. 개체를 만들어내는 세포는 복잡한 네트워크를 구축하면서 하나의 질서체계로 존재한다. 언어도 표면적으로는 복잡하고 다양해 보이지만, 그 안에서도 질서를 발견할 수 있다. 그래서 아기는 태어난 환경의 언어를 말할 수 있게 되는 것이다.

이런 생명의 질서와 언어의 질서가 별개일 리 없다. 언어와 인간은 자연적으로 탄생했으니 자연의 질서를 따르고 있을 것이다. 생명도 마찬가지이다. 물질에서 생명과 언어를 관통하는 자연의 질서가 존재할 것이다.

살아 있다는 것은 신비로운 일이다. 하지만 40억 년의 역사를 거쳐 생명이 영위해온 과정을 생각하면 왠지 안심이 된다. 생명이라는 전체가 생겨나고 그 형태를 만들어낸 40억 년의 대모험! 언어와 인간은 그 모험 속에서 자연의 일부로 살아남았다.

물질, 생명, 언어까지 관통하는 질서를 발견하자! 지금 시작하는 DNA의 모험은 자연의 일부인 '나'를 탐구하는 모험이다.

모험이란 잘 모르는 곳을 탐험한다는 뜻이다. 그러니 두려워하지 말고 독자 여러분도 함께 이 대모험을 떠나보자.

Chapter 1

세포의 탄생

1.1 《세포의 분자생물학》을 읽자!

1) 힘내라 시게!

◆ 시게의 등장

여기는 트래칼리. 생물에 관해서 이야기하는 사람이 있는가 하면 히포의 다언어활동에 대해 이야기하거나 기타를 치고 있거나 잠든 사람, 다과회를 열고 있는 아주머니들까지 있다. 이때 등장한 사람이 줄무늬 럭비셔츠를 입고 전화번호부만큼이나 두툼한 책을 옆

구리에 끼고 나타난 시게 씨였다.

“와우, 이것 참 대단하군!! 으음, 그렇구나.”

“감동인걸.”

시게 씨는 트래칼리 교실에 들어오면서 한껏 소리를 높였다. 그리고 《세포의 분자생물학》을 펼치며 더욱 감동적으로 말했다.

“오~ 재밌는데? 이 책 재미있어! 어젯밤부터 읽기 시작했는데 벌써 거의 다 읽었어. 밤을 새게 만들더군. 미토콘드리아라는 게 대단하거든! 미토콘드리아는 엄청난 양의 ATP를 이렇게나 많이 만드는 공장인데, 아주 기특해. ATP도 대단해!

ATP…? 아데노신3인산인가? 응? 화학식을 보면 DNA와 비슷하잖아! 어라? RNA도 그러네! RNA월드인가? 생명의 시작은 DNA가 아니라 RNA였나? RNA가 1인 3역을 하는 거구나. 대단해!!

대장균도 대단하고 초파리도 대단해!!

이 책을 읽으면 생물이라는 존재가 엄청 신기하고 매우 정밀하고, 정~말 굉장하다는 걸 알 수 있어.”

시게– 본명은 감바루 시게. 모 유명 국립대학에서 우주물리학을 전공하고 모 유명 기업에서 열심히 일하다가 《푸리에의 모험》을 만나면서 운이 쇠한 자. 히포에 가입한 후 회사를 그만두고 트래칼리에 들어온 용사. 성실하게 일하는 이과 타입이면서도 경기에 최선을 다하는 럭비부원, 다시 말해서 운동을 하면서도 시를 읊을 줄 아는 문학적 센스까지 겸비한 다재다능한 인물이다.

역시 논리학과 수사학을 얼마나 게슈탈트화했는지….

하지만 다재다능한 나머지 풍부한 어휘의 광풍으로 이따금 동료들을 혼란에 빠뜨리곤 했다.

그리고 시게 씨에게는 활자중독이라는 병이 있었다. 그는 이따금 빨려 들어가듯이 서점에 들어가 몇 시간씩 그대로 서서 책에 몰입하곤 한다. 시게 씨는 일단 글자를 읽기 시작하면 곧 혼자만의 세계에 빠져들어 주변 사람들을 전혀 개의치 않는다. 결국 시게의 부인은 중증의 활자중독증 남편 때문에 신문구독까지 중단시켰을 정도이다.

◆《세포의 분자생물학》

여기는 시부야에 있는 히포 패밀리클럽 단과대학. 트랜스내셔널 칼리지 오브 렉스, 통칭 트래칼리에서 바야흐로 DNA의 모험에 접어들었다.

DNA의 모험을 하자고는 했지만 생물학을 잘 아는 사람이 아무도 없었다. '언어와 인간을 자연과학화 한다.' 이것이 트래칼리의 테마이다. 'DNA의 모험'이라는 말에 본능적으로 끌려 이것도 언어와 인간을 자연과학화 하는 것이구나 생각했건만….

"DNA가 뭔데?"

"DNA의 모험이 뭘 하는 건데?"

애초에 분자생물학이 무엇인가? 라는 첫걸음부터 시작해야 한다는 것을 깨달았다. 그래서 분자생물학을 파악하기 위해서 반드시 읽어야 하는 바로 이 두툼한 책! 《세포의 분자생물학－제3판》(Bruce Alberts 기타 저, 뉴턴프레스 초판)을 읽기로 한 것이다. 원저명이 《Molecular Biology of THE CELL, Third Edition》(Garland Publishing, Inc. 간행)이기 때문에 트래칼리 학생들은 《THE CELL》이라고도 한다.

하지만 트래칼리에는 약 1300페이지, 두께 5.5㎝, 무게 2kg, 생물학적 전문용어의 퍼레이드인 이 책을 혼자서 읽어 낼 수 있는 용사는 거의 없었다.

그래서 '혼자서는 불가능하지만 함께라면 가능하지 않을까?'라는 생각으로 시작한 것이 윤독[輪讀]이었다. 윤독이란 사람들과 함께 같은 책을 돌아가며 소리 내어 읽는 독서방법이다. 초등학생도 아니고 꼭 그렇게까지 해야 하냐는 의견도 있었지만, 이렇게 혼자 읽기 힘든 책은 다른 사람들과 반복해서 읽다 보면 내용을 조금씩 파악할 수 있게 된다.

그중에 랜덤으로 걸리거나 아는 부분이 나오면 사람들에게 설명을 해주는데, 트래칼리에서는 이것을 윤강[輪講]이라고 한다.

시게 씨가 설명을 시작했다.

"《THE CELL》이라는 이 책은 《세포의 분자생물학》이라는 제목 그대로 이 분자생물학이라는 사고방식이 기본바탕이 돼. 분자생물이란 '생물도 자세히 관찰하면 물질로 이루어져 있으므로, 물질 언어로 연구하면 생물에 대해서도 알 수 있을 것'이라는 이론이야. 좀 더 자세히 말하면 '생물은 분자로 이루어진 기계[機械]'라는 사고방식인데, 1940년대에 시작되었어. 그때까지의 생물학은…."

2) 생물학의 역사

◆ 생물학은 박물학에서 시작하였다

분자생물학 이전의 생물학이란 여러 가지 생물을 분류하는 박물학 같은 학문이었다. 요컨대 생물을 분류만 한 것이다. 예를 들어 이런 식이다.

"저는 생물학자입니다. 그럼 일을 해볼까요? 여러분은 이것이 무엇 같나요? 다랑어입니다. 다랑어는 바다에 살죠. 그럼 어떤 종류일까요? 맞습니다, 다랑어는 어류입니다. 그럼 이번에는 이걸 보세요. 펭귄입니다. 펭귄은 바다에 살지만 날개가 있습니다. 그럼 어떤 종류일까요? 펭귄은 조류입니다. 그럼 이번에는 이것을 보세요. 이건 돌고래에요. 돌고래는 바다에서 헤엄치지만, 새끼는 알에서 태어나지 않죠? 돌고래는 포유류입니다. 이번에는 이 미역을 볼까요? 미역도 바다에 살지만, 이건 식물의 친구같이 생겼죠? 미역은 해조류에요. 이상으로 분류를 마치겠습니다."

◆ 세포의 발견

이런 시절이었던 1665년, 로버트 훅Robert Hooke이라는 사람이 현미경을 보다가 뭔가를 발견한다.

"방이 가득 있는데?"

당시의 투박한 현미경으로 죽은 조직을 관찰하다가 작은 방 같은 것이 무수히 많다는 사실을 발견한 것이다.

방이 영어로 'CELL'이기 때문에 그 이후 세포는 'CELL'이라고 불리게 된다.

훅의 발견으로부터 약 170년이 지난 1838년, 슈반과 슐라이덴은 이 세포가 모든 생물의 최소단위라는 사실을 밝혀낸다.

모든 세포는 세포에서 발생한다, 이것을 **세포설**이라고 한다.

훅이 본 세포는 '방이 있다'라는 말처럼 작은 구멍만 많이 보였는데, 오늘날에는 살아 있는 세포를 이 정도로까지 볼 수 있어.

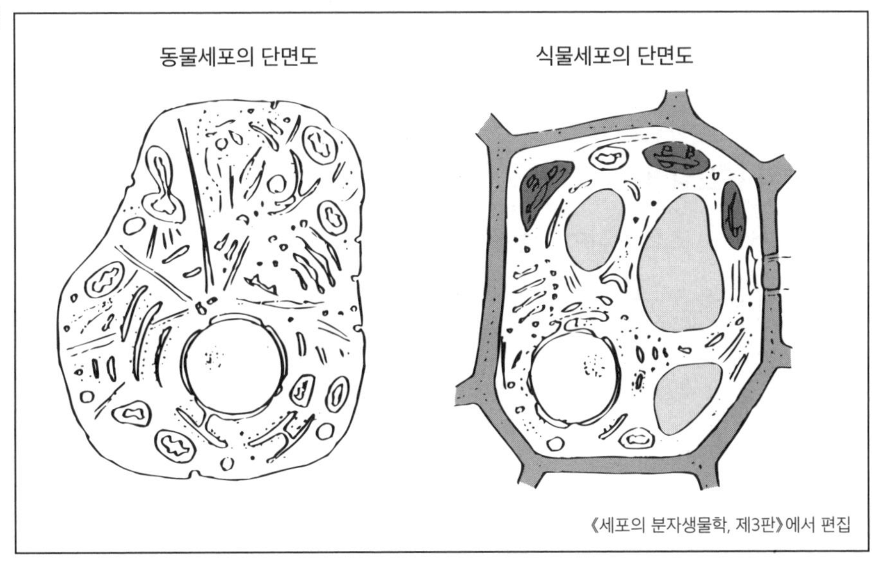

《세포의 분자생물학, 제3판》에서 편집

◆ 다윈의 진화론

1858년 영국의 박물학자 찰스 다윈Charle Darwin은 '생물은 불변의 존재가 아니라 항상 조금씩 다른 것이 생겨나고, 그중에서 생존에 적합한 것, 번식하기 쉬운 것이 살아 남는다'라는 진화론을 발표한다. 생존경쟁이 심한 자연계에서는 자연도태에서 살아남는 것이 새로운 종이 된다는 내용이다.

발표 당시 이 진화론은 엄청난 논쟁을 일으켰는데, 동식물의 화석 분포나 출토 연대 등을 연구할수록 진화론이 아니면 설명할 수 없는 부분이 있었기 때문에 이 새로운 이론은 점차 받아들여진다.

그리고 현재는 이 진화론이 생물학의 중심원리가 되고 있다.

◆ 멘델의 유전법칙

한편 1865년 오스트리아. 시골 수도원의 성직자였던 멘델Gregor Mendel은 열심히 완두콩을 연구했다.

"이 콩에는 주름이 있지만 이 콩에는 주름이 없군. 주름이 있다. 주름이 없다. 신기하네.

너희는 부모자식 사이니? 그래도 너무 닮았는데. 주름이 있는 콩에서는 주름이 있는 자식이, 주름이 없는 콩에서는 주름이 없는 자식이 생기는구나. 어째서 닮은 것일까? 신기하지 않은가?"

"분명 유전을 전달하는 **인자** 같은 것이 있을 거야."

멘델은 유전학의 근간이 되는 선구적인 실험을 했다. 당시에는 유전자라는 용어가 없었기 때문에 멘델은 그것을 인자라고 불렀다. 하지만 시대를 너무 앞서 있었기에 그 가치를 인정하는 사람은 아무도 없었다.

◆ 생기설-생물학자 vs. 화학자

20세기에 접어들어 분자 수준의 연구가 시작되었음에도 불구하고 화학자(현재의 생화학자)들 사이에서는 이런 말이 있었다.

"생물과 무생물이 똑같은 화학 법칙을 따른다고 생각하는가?"

"생물만의 고유한 물질은 발견되지 않았어. 일단 생물에서 탄소가 주역인 것만큼은 분명해."

"하지만 우리 화학자들이 이렇게 열심히 연구해도 아무것도 모르지 않는가? 역시 물질을 넘어선 생명력 같은 것이 존재하고, 그것이 물질과 생물을 구분하고 있는 게 아닐까…?"

"하지만 생물은 신비로운 존재야. 영혼이라는 말이 있는 만큼 생물에는 분명 생기라는 특별한 것이 있어."

이런 사고방식이 주류였는데, 이것을 **생기설**이라고 한다.

당시의 기술로는 중요한 분자(주로 거대분자로 단백질이나 DNA를 뜻함)를 연구하기 어려웠다. 그래서 아무리 연구해도 큰 성과가 보이지 않자 다윈 때부터 내려오던 생기설을 믿을 수밖에 없었다.

한편 생물학자들은 이렇게 말했던 모양이다.

"화학자들이 생물을 알 턱이 있나! 시험관이나 흔들어봐야 변변한 결과가 나올 리가 없잖은가?"

◆ 분자생물학의 서막

같은 시기, 양자역학을 설립하고 콧대가 하늘을 찌르던 물리학자들은 자신 있게 주장했다.

"생물도 물질로 이루어져 있으니 물질 언어로 설명할 수 있을 것이다."

이것은 분자생물학의 탄생에 커다란 계기가 되었다.

양자역학을 건설한 거장 중 한 사람인 슈뢰딩거Erwin Schrodinger의 저서 《생명이란 무엇인가?》에는 다음과 같은 글이 쓰여 있다.

생물도 물질로 이루어져 있다.
분명 물질 언어로 설명할 수 있을 것이다.

이것이 분자생물학의 서막이라고 해도 과언은 아니다. 생물은 '물질이 살아 있다'는 뜻이므로 물질을 연구하면 '살아 있다'는 것이 무엇인지 알 수 있을 테니, 그 방법으로 전체의 구조를 밝히겠다는 사고방식이었다. 그는 또 이런 말도 했다.

"생명은 부負의 엔트로피를 먹는다."

자연은 무질서한 방향을 향해 흘러간다. 즉 자연

은 엔트로피가 증가하는 쪽으로 향한다는 뜻이다. 하지만 생물은 질서를 만들어낸다. 그는 생물이 자신의 환경 속에서 엔트로피가 줄어드는 마이너스 방향, 즉 부負의 방향으로 향한다고 생각한 것이다.

이런 관점에서 물리학자들은 그때까지의 생물학에는 없었던 실험적인 방법을 도입했고, 덕분에 생물학자들은 생명의 열쇠를 쥐고 있는 단백질이나 핵산 등의 커다란 분자를 능숙하게 다룰 수 있게 되었다.

그들은 다음과 같이 세 그룹으로 나눌 수 있다.

첫 번째는 대장균이나 바이러스를 새롭게 실험동물로 사용하게 된 그룹 (분자유전학).

두 번째는, 유전자는 효소를 결정한다는 근거를 찾아낸 그룹 (유전생화학).

세 번째는 X－선을 사용해 결정부터 단백질분자의 구조를 밝히려는 그룹 (X-선결정학).

◆ 유전물질-DNA의 발견

시대는 조금 거슬러 올라가 멘델보다 약간 뒤인 1869년경 미셔Frederick Miescher라는 사람이 세포의 핵 안에서 산성 물질을 발견한다.

1869년 핵산을 발견하다
붕대에 붙어 있는 고름을 조사하다.
핵 안에 산성 물질이 있군!
미셔

"앗, 핵 안에 산성 물질이 있군!"

그는 그것을 핵산이라고 이름 지었

는데, 나중에 주역이 되는 데옥시리보핵산(DNA)이 이 핵산 중 하나이다.

시대는 다시 건너뛰어 1944년, 미국의 세균학자 오스왈드 에이버리Oswald Avery는 폐렴균을 이용해 연구하던 중 핵산이 유전정보를 전달하는 물질이라는 사실을 증명한다. 그렇게 되자 유전정보를 전달하는 핵산의 구조가 생물학의 다음 테마가 되었다.

1940년대 중반부터 1950년대 초에 걸쳐 유전정보를 담당하는 물질은 DNA(핵산)라는 확실한 증거가 모이기 시작했다.

1953년, 'DNA 구조에 관한 연구'를 하고 있던 왓슨과 크릭이 DNA의 상보적 **이중나선** 구조를 밝혀낸다! 당시에는 4종류(**아데닌**: A, **타이민**: T, **사이토신**: C, **구아닌**: G)의 핵산이 있는 것으로 알려져 있었다.

"음, 이건 어떤 구조로 이루어져 있는 걸까. 혹시 이중나선?!"

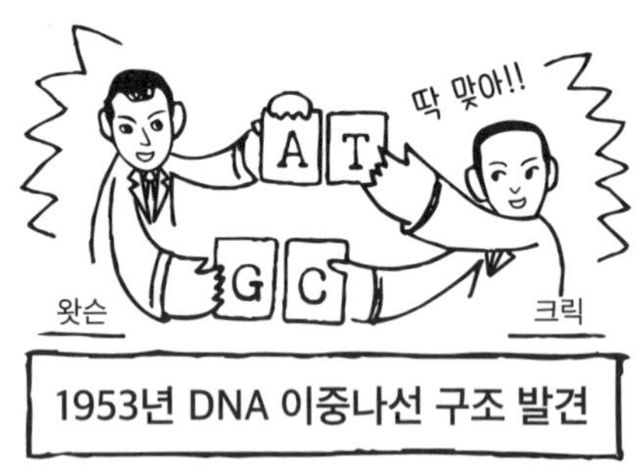

1953년 DNA 이중나선 구조 발견

"모형을 만들어보니 일치했어. A와 T, G와 C가 **상보적 염기쌍**을 이룬다. 이것이 열쇠였군!"

이 DNA 이중나선의 발견으로 왓슨과 크릭은 노벨상을 수상했고, 분자생물학은 비약적인 발전을 이룬다.

이후 분자생물학의 주요 테마는 DNA가 어떻게 작용하는지에 대한 것이었는데, 그로부터 약 10여 년 동안 유전자 발현의 조절이나 유전자에서 어떻게 단백질이 생성되는지 등이 연이어 밝혀졌다.

그리고 1970년대에 다시 새로운 실험 방법이 개발되었다. 그것은 'DNA 재조합 기술'이다. 이 기술로 DNA를 자르거나 붙이는 작업을 컨트롤할 수 있게 되었다.

그렇게 해서 보다 고등한 생물의 대량 DNA를 다룰 수 있게 되었고, DNA 배열도 신속하게 해독할 수 있게 되었다. 또 인간에게 필요한 물질을 만드는 유전자를 대장균에 삽입하여 필요 물질을 만들어내기까지 했다. 그 결과 유선세포 1개에서 원래의 양을 만들어내는 복제양 돌리의 탄생까지 모두 이 분자생물학의 눈부신 성과이다.

지금도 분자생물학 분야에서는 날마다 새로운 연구를 하고 새로운 발견이 이루어지고 있다.

대단하죠? 아무튼 분자생물학은 굉장해요. 박물학이었던 생물학을 자연과학으로 발전시킨 사람도 있었던 만큼 우리의 생물관에도 커다란 영향을 끼쳤어.

저, 시게 씨, 이렇게 되나요?

트래칼리 학생 중 켄이 직접 쓴 노트를 보여주었다.

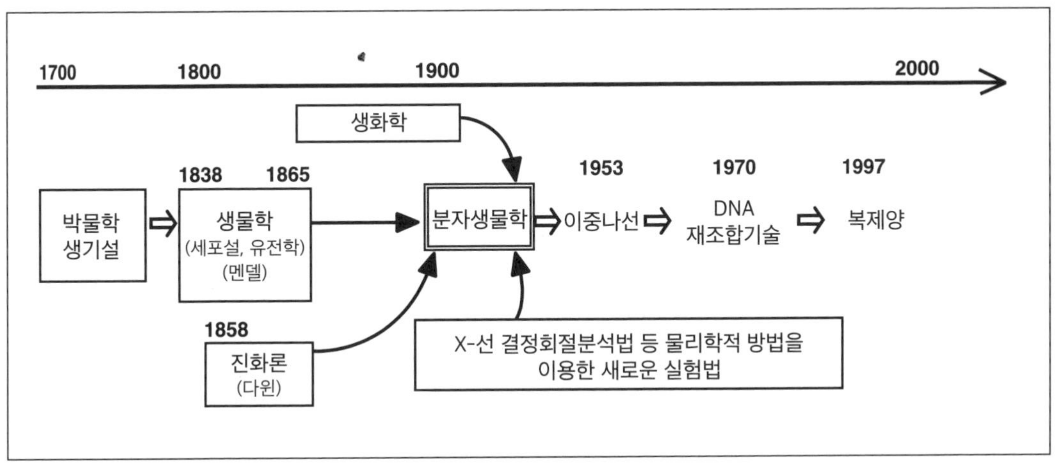

맞아. 크게 보면 현대 분자생물학의 근간에는 이런 흐름이 있었어. 하나는 박물학에서 세포설, 유전학으로 이어져온 흐름. 또 하나는 생화학이라고 해서 시험관을 흔들어온 사람들, 그리고 다윈의 진화론. 마지막으로 물리학적 방법이라는 새로운 실험법을 이용한 사람들. 살아 있다는 것은 무엇이고, 유전을 담당하는 것이 무엇인지에 대해 의문을 가지면서 신과 결별하고 생물을 하나의 줄기로 생각하려는 시도가 지금의 학문이 된 거야.

3) 지구의 탄생에서 세포의 탄생까지

◆ 진화 연대표

그래서 《세포의 분자생물학》의 제1장은 진화에서 시작하고 있어. 들어볼래?

진화라는 말을 들으면 원숭이가 인간이 된 건가? 기린의 목은 왜 길까? 등을 상상할지 모르겠지만 그보다 훨씬 전부터 시작해. 얼마나 옛날로 거슬러 올라가느냐면, 아주 아주 옛날, 100만 년, 10억 년…? 아니 40억 년, 46억 년 전까지 거슬러 올라가. 46억 년이라고 하니까 상상하기 힘들지? 그런데 이 46억 년 전에 지구가 태어났대.

시게 씨는 펜을 들더니 즐거운 얼굴로 화이트보드에 곧게 선을 그었다.

그리고 그 선 위에 46억 년, 40억 년…이라고 썼다.

"이 46억 년 동안 일어났던 가장 중요한 일은…, '이것'."

하며 '40억 년 전'이라고 쓴 곳에서 손을 멈추고 말했다.

"이 40억 년 전에 생명이 탄생한 거야. 그리고 이 지구의 탄생에서부터 생명의 탄생 사이에 일어난 여러 가지 일들도 쓰여 있는데, 그게 꽤 재미있어."

◆ 원시 수프

"아주 옛날인 46억 년 전 태양계 안에 지구가 생겨났어. 그로부터 6억 년이 흘러 약 40억 년 전에 최초의 생명이 태어났대. 그런데 지구에는 다른 행성에는 없는 환경이 갖춰져 있었어. 그게 뭘까?"

"…?"

다들 묵묵부답으로 있자 시게 씨가 화이트보드에 크게 H_2O라고 썼다.

물은 생명이 탄생하는 데 빼놓을 수 없는 중요한 존재래. 물이야, 물! 하나하나는 작고 하찮은 형태지만 모이면 큰 힘을 갖게 되는 물에는 다른 분자를 잘 녹이는 성질이 있어. 그래서 세포 안에는 물이 가득한데…. 그 물이 있기 때문에 영양소를 운반하거나 화학반응이 진행되거든. 물론 물만 있는 건 아니지만 아무튼 몸의 70%가 물이니까 엄청난 거지. 그만큼 중요하다는 뜻이야. 물이 없는 생명체는 상상도 할 수 없는 거지. 그러니 최초의 생명은 물이 있는 곳에서 탄생했을 거야. 물이 많은 곳은 어디일까? 맞아, 바다야. 생명의 탄생 무대는 원시 바다였어. 그런데 원시 바다 속에 있었던 것은 물 분자만이 아니었어.

그 물 분자에 다른 분자와 원자가 많이 섞여서 표류하고 있었지. 그것을 원시 수프primordial soup라고 해.

시게 씨는 C, H, O, N이라고 썼다.

"탄소(C), 수소(H), 산소(O), 질소(N)는 생물의 약 99% 이상을 차지하는 물질인데, 이것들이 원시의 지구에서 결합해 더욱 큰 분자가 되었어. 그런데 말이지! 아주 옛날의 지구 기후는 지금과는 달라서 오존층이 없

었어. 그래서 자외선은 지표에 직접 쏟아지고, 화산은 폭발해 대고, 뜨거운 태양광선의 열기 때문에 80℃나 되는 고온이었대. 물이 증발해 구름이 되고 폭우가 되고, 폭포수처럼 굵은 비가 쏴아 쏟아지고 천둥 번개도 우르릉 쾅쾅 번쩍번쩍 아주 심했을 거야.

원시 지구의 모습이 이랬었는지 100% 확신할 수는 없어. 왜냐하면 46억 년 전의 이야기니까. 하지만 원시 지구의 모습이 이랬을 거라는 데 이의는 없는 것 같아.

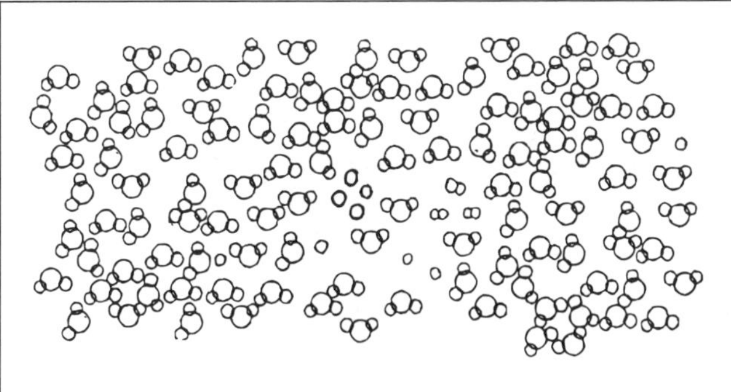

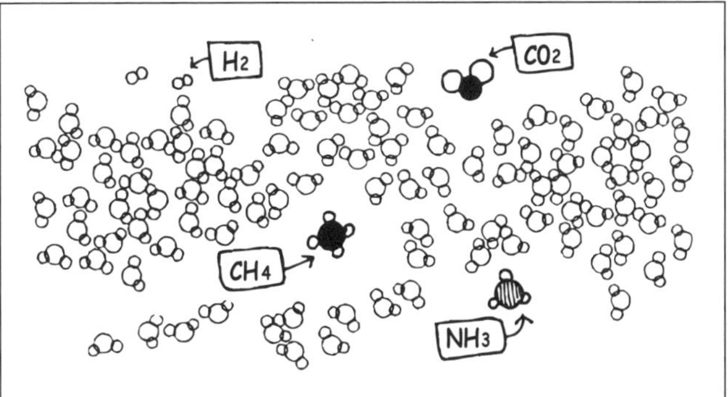

지구상에는 수많은 물 분자가 있고, 그 물 분자에 다양한 분자가 섞여서 표류하고 있었어. 그리고 태양열 에너지나 번개 등의 빛이 쏟아졌지.

그 에너지 덕분에 작았던 분자가 점점 결합하여 암모니아(NH_3), 물(H_2O), 수소(H_2), 메탄(CH_4) 등의 분자가 되었고,

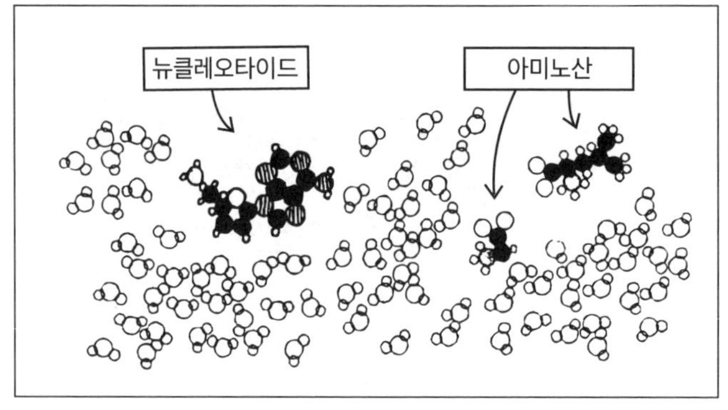

다시 그것이 결합하여 유기물이 생겨났어. 이것은 실험으로도 증명된 사실이거든! 유기물이 뭔지 아니? **아미노산**, **당**, **뉴클레오타이드** 등의 재료야. 생물의 몸을 만들어내는 물질을 유기물이라고 해."

그럼, 우리 생물은 이런 입자로 이루어진 거구나.
알갱이 같아!

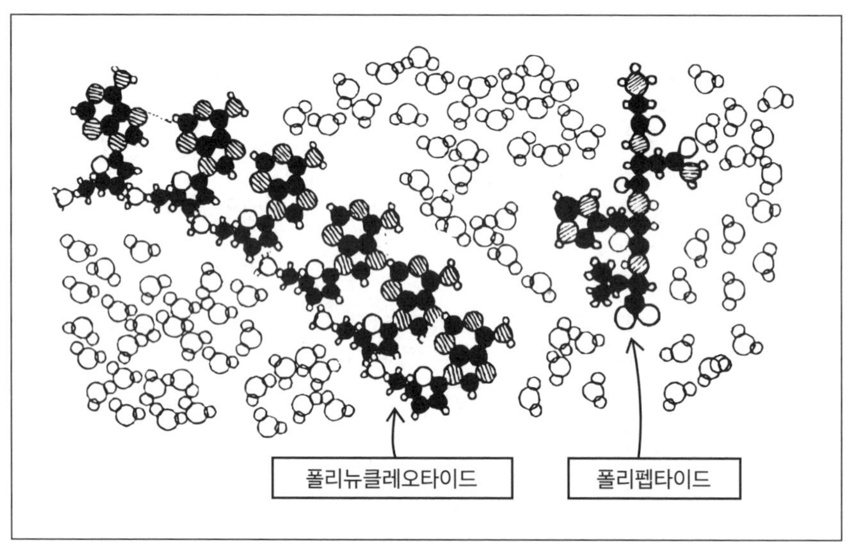

"또 뉴클레오타이드가 점점 연결되고 아미노산도 점점 연결되기 시작했어. 뉴클레오타이드가 결합된 것을 **폴리뉴클레오타이드**, 아미노산이 결합

된 것을 **폴리펩타이드**(아미노산은 펩타이드 결합으로 연결되어 있어)라고 해. 폴리란 같은 분자가 계속 결합되어 있다는 뜻이야."

"아, 폴리에틸렌이라든지 폴리에스테르 등의 폴리도 그런 뜻이야?"

"그래. 에틸렌이나 에스테르가 많이 연결되어 있다는 뜻이지."

"그럼 폴리주머니라든지 폴리양동이는 주머니나 양동이가 많이 연결되어 있는 거네?"

그건 아니고, 폴리에틸렌 같은 게 생략된 거야.

"그렇구나."

"폴리뉴클레오타이드는 RNA나 DNA를 만드는 재료이고, 폴리펩타이드는 단백질을 뜻해. RNA와 DNA의 차이점은 RNA는 1개의 사슬로 짧지만, DNA는 2개의 사슬이 나선을 이루는 것이 특징이야. 이 DNA와 단백질이 생물에게 가장 중요한 역할을 하거든."

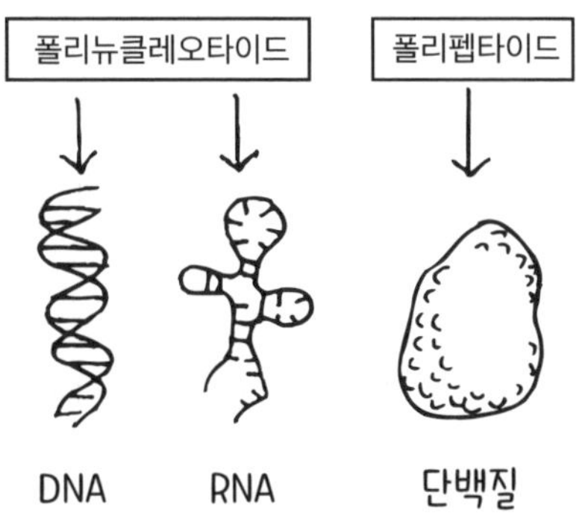

시게 씨는 말을 이었다.

"DNA는 데옥시리보핵산이라고 하는데 '유전에 관련된 물질'이야. 다시 말해서 지금의 우리 몸에 적용해보면, 눈동자의 색깔이나 얼굴형을 결정하는 유전정보를 뜻해. 그리고 단백질은 여러 가지 화학반응을 돕는 **촉매** 역할을 해. **효소**라고 하면 알기 쉬우려나?

이 작용이 없으면 사실상 우리는 살 수 없어. 왜냐하면 우리 몸속에서 일어나고 있는 일은 전부 화학반응으로 이루어지거든."

그런데 DNA와 데옥시리보핵산이 같은 건가?

그때까지 듣고만 있던 아주트래 히라메 씨가 갑자기 끼어들었다. 아주트래란 아주머니 트래칼리 학생의 줄임말이다. 트래칼리에는 아이를 키우고 있는 주부에서부터 자식을 다 키워내고 손자까지 키우고 있는 히라메 씨까지 다양한 연령대의 학생이 있다. 그중에서도 히라메 씨는 트래칼리의 최고 연장자이자 인기인으로, 히포의 펠로우(도움을 주시는 분)로도 오랜 세월 열심히 활동하였고, 툭툭 던지는 한마디로 트래칼리의 분위기를 누그러뜨리기도 하는 등 비슷한 연령대뿐인 학교에서는 찾아볼 수 없는 장점을 만들어내는 분이시다.

"네, 영어로 말하면 데옥시리보핵산DeoxyriboNucleicAcid이라고 해요. 이니셜을 따서 DNA !"

아, 그렇게 긴 단어의 약자구나! USA가 United States of America인 것과 같은 거였어! 난 DNA라는 말을 처음 들었거든. 이번에 트래칼리에서 DNA의 모험을 한다고 하길래 나도 모르게 DDT 같은 거냐고 물었더니 다들 웃으면서 '히라메 씨, DNA에요. 힘내세요'라고 말해주더라고. 그런데 난 다들 DNA를 알고 있다는 사실에 충격을 받았어. 내가 학생이었을 때는 DNA라는 것이 교과서에 실리지 않았으니까.

"네!? 그게 정말이에요??"

"그렇다니까."

이번에는 트래칼리 학생들이 깜짝 놀라고 말았다.

"그렇구나. DNA가 알려진 건 정말 최근이구나. 히라메 씨가 학생이었을 때는 왓슨과 크릭이 이중나선 구조를 막 발견했을 시기니까."

"최신 정보는 교과서에 실리지 않는 것 같아."

그리고 시게 씨는 다시 강의로 돌아왔다.

"그리고 40억 년 전에 세포가 생겨났어. 지구가 탄생한 이후 세포가 탄생할 때까지 6억 년 동안 원시 수프 속에서 이런 식으로 분자끼리 결합되어 DNA나 단백질이 생겨난 거지. 지금은 간단히 설명할 수밖에 없지만, 이 DNA와 단백질에 관해서도 할 말이 많아. 이게 상당히 재미있거든. 그래서 말이지…."

시게 씨는 DNA와 단백질에 푹 빠져 있었다. 그 모습을 본 우리도 잘은 모르지만 뭔가 재미있는 일이 생길 것 같다는 기대감에 부풀어 시게 씨의 이야기를 계속해서 듣기로 했다.

1.2 DNA는 유전정보

1) DNA란 무엇인가? 단백질이란 무엇인가?

◆ DNA는 어디에 있을까?

아주머니 트래칼리 학생, 통칭 아주트래의 이야기는 아무 데서나 흔히 볼 수 있는 아주머니들의 티타임 대화와는 내용이 좀 다르다. 그때그때 트래칼리에서 하는 것이 화제의 중심이 된다. 그것은 수학이거나 물리일 수도 있고 고전일 때도 있다. 최근 주요 화제는 DNA에 관한 것인데, 오늘은 앞에서 들었던 시게 씨의 이야기를 중점적으로 다루려 한다.

 아까 하던 이야기 어땠어?

잘 알아들을 수 없는 부분도 있었지만 재미있었어. 트래칼리에서 DNA의 모험을 시작한 후로 조금씩 많은 지식을 알게 됐어. 생물은 모두 세포로 이루어져 있다는 것을 듣고 나니, 책을 봐도 '아! 세포로 이루어져 있구나.' 하는 생각이 들고, 개미를 봐도 걔가 DNA를 갖고 있다고 생각하니 '우린 다 똑같은 존재구나!'하는 생각이 들더라고.

맞아! 나도 그랬어! 모든 생물은 세포로 이루어져 있고, 모든 생물이 DNA를 갖고 있다니. 어? 그런데 DNA라는 게 어디에 있는 거지?

그건요….

갑자기 아주머니들의 대화에 끼어든 것은 신입생 아코였다. 아코는 고등학교 졸업 직후 바로 트래칼리에 입학했다. 트래칼리의 연령층은 젊은이부터 할머니할아버지까지 폭넓지만, 그중에서도 아코는 최연소에 속한다.

DNA는 세포의 핵 안에 있어요. 인간의 경우에는 1개의 세포 안에 2m나 되는 DNA가 들어 있어요.

뭐, 2m나? 하지만 세포 1개는 눈에 보이지도 않을 정도로 작은데 그 안에 어떻게 들어가 있는 거지?

그렇죠? 신기하죠? 이게 또 아주 재미있어요.

말을 마친 아코가 한 장의 그림을 보여주었다.

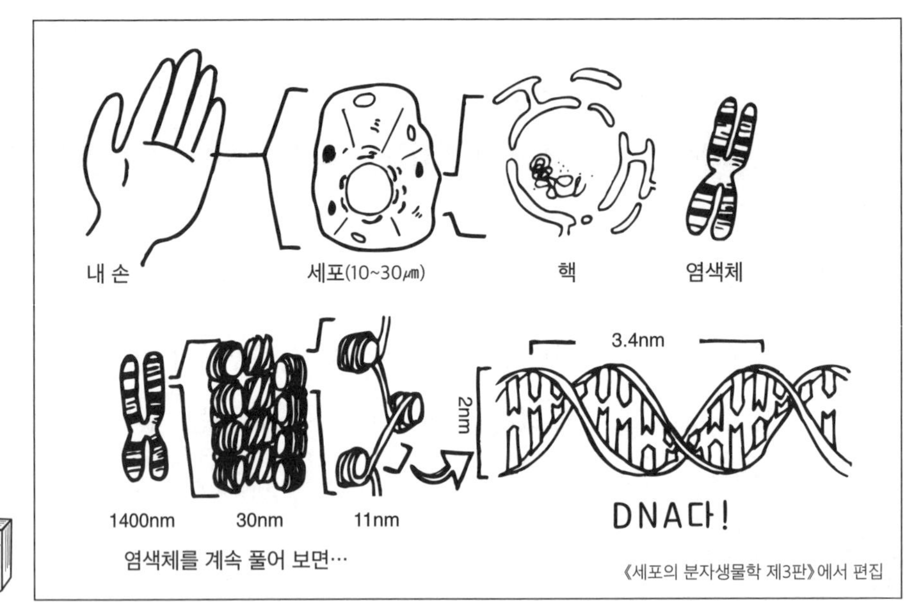

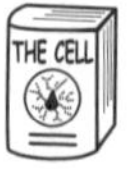

㎛이니 nm이니, 이 이상한 기호는 뭐지?

아, 그것은 크기의 단위예요. 예를 들어 1㎛은 '일 마이크로미터'라고 읽고 0.000001m예요. 1nm은 '일 나노미터'라고 읽고 0.000000001m이죠. 잘 와닿지 않겠지만 단위가 m이고 0이 많이 붙어 있는 걸 보면, 아주 아주 작다는 건 짐작이 가시죠?

아! DNA는 세포 안에 적당히 들어 있는 게 아니구나. 이런 식으로 세포의 핵 안에 잘 수납되어 있는 거였어. 재미있는데.

어머나, 이것 좀 봐! 염색체가 있어. 이 염색체를 풀어보면… DNA가 보인대. 그렇다면 DNA와 염색체는 같은 건가? 그런데 왜 이런 식으로 이름을 구분했을까? 이해하기 힘들게!

또 있어, 《THE CELL》에서도 DNA나 염색체 말고도 유전자라는 명칭이 종종 나오던데, 그건 도대체 뭐지?

이름이 너무 많아서 잘 이해가 안 돼. 아코, 이것 좀 가르쳐주겠니?

아주머니들의 부탁에 염색체 · 유전자 · DNA에 대해 바야흐로 설명이 시작되려는 순간, 아코의 앞으로 얼룩무늬 그림자가 스쳐지나갔다.

◆ 염색체 · 유전자 · DNA

시게 씨의 등장이다.

염색체 · 유전자 · DNA라는 다양한 이름이 있는 이유는 그것을 발견해온 역사 때문입니다. 이것도 꽤 재미있으니까 들어보실래요?

처음에는 어딘가에 유전을 담당하는 기관이 있을 것이라고 생각하고 다들 그것을 찾기 시작했어요. 그것이 유전자라는 개념의 시작이에요. 아까도 말했지만 그렇게 해서 최초로 발견한 것이 염색체인데, 세포는 투명해서 염색하지 않으면 보이지 않기 때문에 세포에 색깔을 입혔어요. 특히 세포 중에는 염색을 하면 잘 물드는 물질이 있었는데, 그래서 **염색체**라는 이름을 붙인 거죠. 그렇게 물들인 것이 산성물질이라는 것을 알게 되었고, 염색체 안에 데옥시리보핵산, 즉 DNA가 있다는 것도 알게 되었어요. 그리고 유전이 어떤 식으로 이루어지는지 왓슨이나 크릭의 연구를 바탕으로 DNA가 유전물질이라는 사실이 밝혀졌는데, 연구가 진행될수록 유전자는 단백질 정보를 담당할 뿐이라는 사실을 알게 된 거에요. 인간이나 개구리 등 어떤 생물이든 DNA의 역할은 단백질을 만드는 것이었어요. 따라서 유전자만으로는 인간이 인간이 되고, 개구리가 개구리가 되는 유전을 전부 설명하는 것은 불가능했기 때문에 유전정보의 한 세트로 **게놈**이라는 개념을 도입하게 됐답니다.

갑자기 튀어나와 쏟아내는 시게 씨의 설명에 압도되어 입을 벌리고 있는 아주머니들을 도우려는 듯 아코가 말했다.

지금 시게 씨가 말한 것을 정리하면 이렇게 돼요.

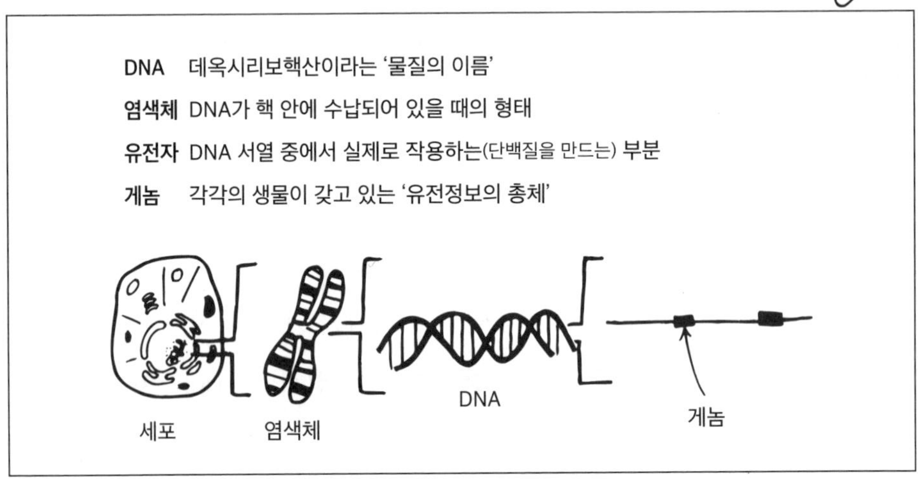

DNA 데옥시리보핵산이라는 '물질의 이름'
염색체 DNA가 핵 안에 수납되어 있을 때의 형태
유전자 DNA 서열 중에서 실제로 작용하는(단백질을 만드는) 부분
게놈 각각의 생물이 갖고 있는 '유전정보의 총체'
세포
염색체
DNA
게놈

그렇구나. 이런 식으로 되어 있구나.

그럼 이번에는 DNA 자체에 대해 초점을 맞춰서 살펴볼까요?

◆ DNA란 무엇인가?

모든 생물은 DNA를 유전정보로 갖고 있다. 그 DNA는 네 종류의 뉴클레오타이드로 이루어져 있는데, 이것이 서로 조합되어 이중나선 구조의 DNA가 된다.

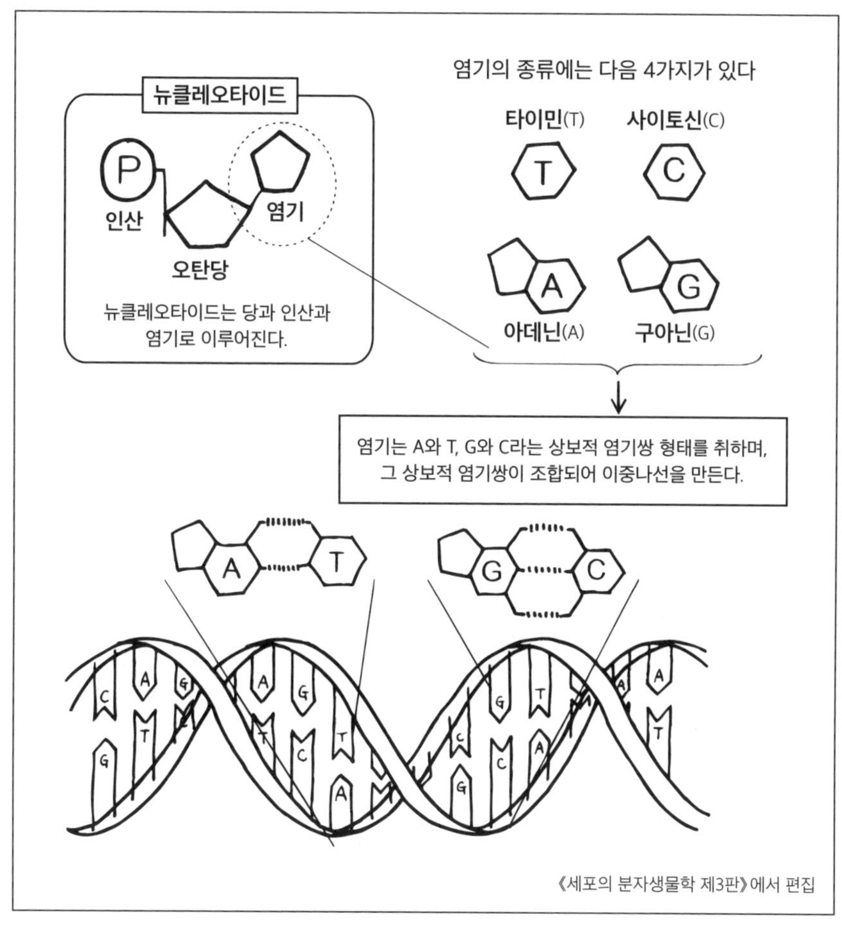

뉴클레오타이드
P
인산
염기
오탄당
뉴클레오타이드는 당과 인산과
염기로 이루어진다.
염기의 종류에는 다음 4가지가 있다
타이민(T)
사이토신(C)
T
C
A
G
아데닌(A)
구아닌(G)
염기는 A와 T, G와 C라는 상보적 염기쌍 형태를 취하며,
그 상보적 염기쌍이 조합되어 이중나선을 만든다.
A
T
G
C

《세포의 분자생물학 제3판》에서 편집

THE CELL

이 그림에서 유전정보는 뭘까요? 네, A와 T, G와 C의 염기서열이 바로 유전정보예요. 실제로 염기서열의 유전정보는 '단백질'을 만드는 작용을 합니다. 그럼 이번에는 단백질에 대해서 알아볼까요?

◆ 단백질이란 무엇인가?

단백질은 DNA에 들어 있는 유전정보를 읽어내고 작용해서 만들어져요. 그럼 단백질은 무엇일까요? 단백질은 20종류의 아미노산으로 만들어져요. 이 아미노산이 어떤 순서로, 몇 개가 연결되어 있는지에 따라서 단백질의 종류가 달라지는 거죠. 인간의 세포에는 수만 종류의 단백질이 있어요.

이것이 1개의 아미노산

아미노산에는 20종류의 곁사슬이 있다.
이 곁사슬 외에는 모든 아미노산에 공통.
곁사슬을 크게 나누면 친수성(물을 좋아함)과
소수성(물을 싫어함)이 있다.

알라닌^{Ala}, 시스테인^{Cys}, 아스파르트산^{Asp}, 글루탐산^{Glu}, 페닐알라닌^{Phe}, 글리신^{Gly}, 히스티딘^{His}, 이소로이신^{Ils}, 리신^{Lys}, 로이신^{Leu}, 메티오닌^{Met}, 아스파라긴^{Asn}, 프롤린^{Pro}, 글루타민^{Gln}, 세린^{Ser}, 트레오닌^{Thr}, 발린^{Val}, 트립토판^{Trp}, 티로신^{Tyr}, 아르기닌^{Arg}.

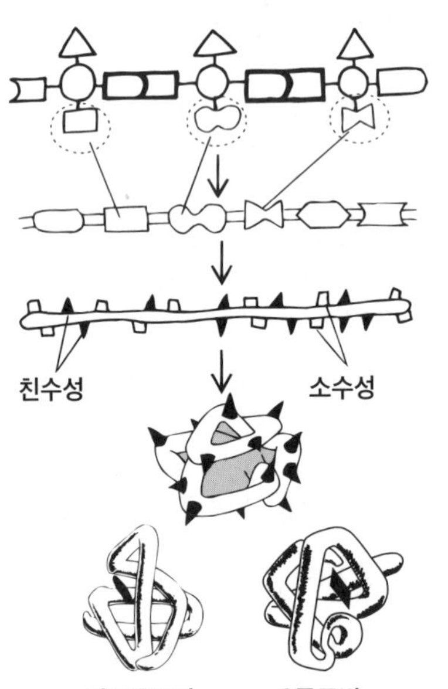

아미노산끼리 펩타이드 결합에 의해 계속 연결된다. 이때 아미노산의 배열 방법의 차이가 단백질의 성질의 차이를 만든다.

세포 안에는 물이 가득 차 있기 때문에 자연히 소수성인 아미노산은 안쪽으로, 친수성인 아미노산은 바깥쪽으로 접혀서 구 모양의 입체 구조를 만든다.

단백질에는 여러 종류가 있다.

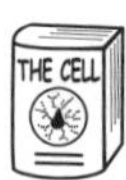

《세포의 분자생물학 제3판》에서 편집

이 단백질의 차이가 우리의 눈이나 머리카락 색깔, 모습 · 형태를 결정하는 요인이 돼요. 즉 유전정보는 이 단백질을 통해서 전달되는 거죠.

◆ DNA와 단백질

DNA 유전정보가 작용하면 단백질이 만들어져요. 우리 몸의 약 70%는 물로 이루어져 있고, 나머지 30% 중 18%가 단백질이에요. 즉 몸에서 수분을 제외한 약 60%가 단백질인 거죠.

따라서 유전정보가 작용한다는 것은, 미시적인 관점에서는 단백질을 만든다는 뜻이 되고, 거시적인 관점에서는 몸을 만든다는 뜻이 돼요. 그 유전정보가 작용하기 때문에 인간은 인간이, 개구리는 개구리가, 파리는 파리가 되는 등 하나의 생물, 즉 개체가 되는 거예요.

놀라운 것은 이 DNA라는 유전정보를 가진 물질의 기본구조와 DNA 유전정보가 작용하여 단백질을 만드는 구조가 지구상 모든 생물에게 공통적이라는 점이에요.

어머, 모든 생물이?? 그렇다면 사람도 개구리도 파리도 모두 DNA에서 단백질을 만드는 건가?

맞아요. 놀랍죠? 그런데 DNA에서 단백질을 만드는 구조는 같아도 사람과 개구리와 파리의 모습과 형태는 전혀 다르잖아요. 그건 단백질의 차이 때문이에요. 즉 DNA의 ATGC의 서열 방법이 달라요. 갖고 있는 유전정보가 다른 거죠.

◆ **정보란 무엇인가?**

DNA는 유전정보이고, 그 유전정보가 인간을 인간으로 만든다는 뜻이군. 그런데 그 정보라는 게 무슨 뜻일까? 생물학자들도 모두 그것을 연구하고 있는 걸 보면, 우리가 쉽게 이해할 수는 없겠지만 역시 알고 싶구만….

"난 이렇게 생각해…."

히라메 씨가 말하기 시작했다.

"'정보'라는 말 자체가 낯선 단어도 아니고, '현대는 정보사회'라는 말도 있는데, 나는 정보라는 말을 들으면 무슨 생각이 드는가 하면…."

할인판매 정보
신문 정보
TV 특별프로그램 정보
트래칼리의 스페셜강의 정보

"이렇게 빈곤하거든. 소위 '광고' 같은 것밖에 생각나지 않다니 내가 생각해도 한심하네. '쇠고기 무조건 1만 원 판매' 같은 글이 쓰여 있는 전단지를 '정보'라고 할 수 있을까?"

히라메 씨의 이야기를 듣고 아코가 말을 이었다.

예를 들어 사과는 '빨갛다'라든지 '둥글다'라는 정보가 있지만, 저 같은 사람은 먹어보고 나서 '맛있구나'라고 생각하는 게 대부분의 정보일 거예요. 정보는 어쩐지 '존재하는 것'이라는 느낌이 드는데, 상대가 그것을 어떤 식으로 받아들이는지가 중요한 것 같아요. 존재하는 것만으로는 소용없고 받아들여야 '정보'라고 할 수 있지 않을까요?

그렇구나. 그렇게 생각하면 '쇠고기 무조건 1만 원 판매'인 경우도 같다고 할 수 있겠네. 전단지에 아무리 많은 정보가 빼곡하게 쓰여 있더라도 만약 내가 읽지 않고 버린다면 그건 단순한 종이쓰레기일 뿐 정보가 아닌 거야. '앗, 오늘은 쇠고기가 싸구나!'라고 내가 알게 됨으로써 정보가 되는 거지!

DNA도 그 물질 자체를 보는 것만으로는 부족해. 그 유전정보가 어떤 식으로 작용하는지까지 포함해서 볼 필요가 있겠어.

◆ 세포분열-DNA 유전정보를 전달하는 구조

DNA 유전정보에는 단백질을 만들고 우리 몸을 만드는 역할도 있겠지만…. 예를 들어 부모와 자식이 닮는 건 유전정보가 전달된다는 건데, 도대체 어떻게 그런 일이 가능할까?

단순히 '아이를 낳는다'라고 표현하면 거기서 끝이지만, 미시적인 관점에서 들여다 보면 '세포분열에 의해 전달된다'라고 할 수 있어요. 잠시 그 모습을 살펴볼까요?

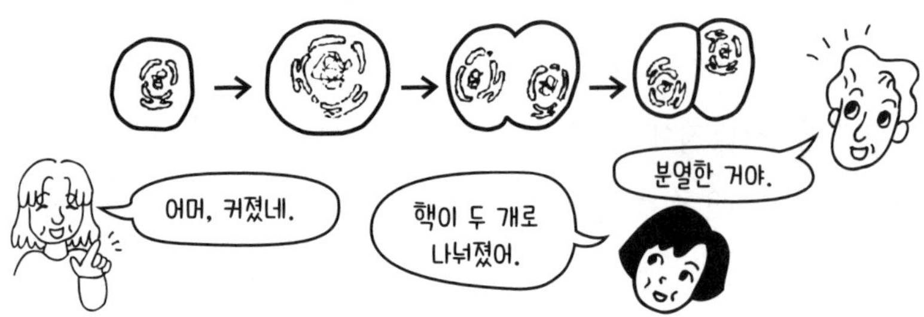

이런 식으로 세포가 분열하고 증식해요. 그럼 여기서 잠시 생각해 봐요. 세포가 2개로 나뉘어 증식할 때 필요한 건 무엇일까요? 증식한다는 것은 자신과 완전히 똑같은 세포를 또 하나 만든다는 뜻이에요.

그래, 유전정보는 중요하니까 DNA도 증식해야겠지.

맞아요, 두 개로 나뉜다고 해도 지금까지의 DNA를 반으로 나누기만 한다면 갖고 있던 정보도 반이 되는 거니까 아무런 의미가 없어요. 그렇게 되면 증식한 게 아니니까요. 정확히 똑같은 것을 만들지 않으면 안 돼요. 하지만 아무리 지금 있는 DNA와 똑같은 것을 만든다 해도 분열하지 않으면 세포 속은 DNA로 가득해질 거예요. 즉 DNA를 담을 물질이 필요하게 된 거예요. 담을 물질이라는 건 세포 자체를 뜻하는데, 즉 단백질을 만들 필요가 생긴 거죠.

하지만 실제 세포 속에서 이렇게 곤란한 일은 일어나지 않아요. 세포 나름대로 스케줄이 있거든요. 그것을 세포주기라고 해요. 크게 나누면 이렇게 된답니다.

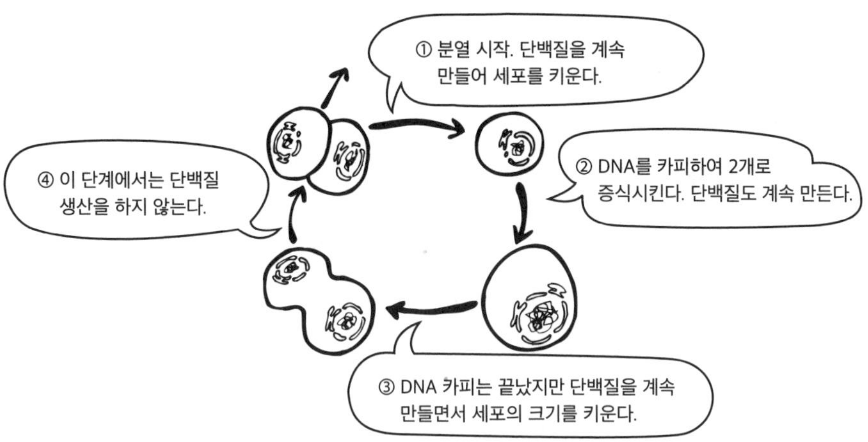

① 분열 시작. 단백질을 계속 만들어 세포를 키운다.
② DNA를 카피하여 2개로 증식시킨다. 단백질도 계속 만든다.
③ DNA 카피는 끝났지만 단백질을 계속 만들면서 세포의 크기를 키운다.
④ 이 단계에서는 단백질 생산을 하지 않는다.

① 분열 초기로, 부모 세포보다 작기 때문에 원래의 크기가 되거나 세포의 기능을 유지하기 위해서 필요한 단백질을 계속 만들어내는 시기.
② DNA 카피가 일어난다. DNA 유전정보를 그대로 똑같이 카피한다. 이것을 복제라고 한다. 이 DNA 복제 시기에도 단백질을 계속 만들어낸다.
③ 복제가 완성되면 이번에는 그것을 담을 그릇을 만든다. 즉 단백질을 대량으로 만들고, 몸을 점점 크게 분열할 수 있도록 준비한다.
④ 준비가 끝나면 분열. 염색체의 형태가 보이는 이 시기에는 단백질을 만들지 않는다. 왜냐하면 염색체는 DNA가 차곡차곡 접힌 상태이므로, 유전정보를 해독하는 구조가 작용하지 않기 때문이다.

이것이 1주기예요. 이 순서가 바뀌는 일은 절대 없어요. 세포주기 도중에는 세포가 작을 때 분열하는 일도 없고 복제가 끝나기 전에 분열하지도 않아요.

이런 식으로 세포가 분열함으로써 유전정보가 정확하게 전달된답니다.

◆ 복제와 전사

이 세포분열의 두 가지 포인트는 복제와 전사예요.

간단히 말하면 복제는 DNA를 통째로 카피하는 것이고, 전사는 DNA 그릇을 만드는 것, 즉 단백질을 만드는 것이에요.

좀 더 자세히 설명하면, 원래의 DNA에서 새로운 DNA를 만드는 복제는 완전히 똑같은 2개를 만듦으로써 유전정보를 보존 전달하는 것을 의미하고, 전사는 그 DNA에 관련된 유전정보를 읽고 단백질 합성을 하고 작용한다는 의미예요.

복제 DNA 염기서열을 통째로 카피해서 완전히 똑같은 것을 두 개 만드는 것. 유전정보를 보존하여 전달한다.

전사 DNA 염기서열을 읽어내고 단백질을 만드는 것. 그래서 유전정보가 작용한다.

생물은 DNA 유전정보를 읽어서 몸을 유지하고, DNA를 카피해서 세포분열하며, 그 정보를 전달하고 보존해요.

세포를 관찰해보면 DNA와 단백질은 매우 밀접하게 연관되어 있어요.

그래, 네 말대로 DNA와 단백질이 중요하지. 그래서 재미있지 않니? 가슴이 두근거리는데?

지금이야 DNA가 유전정보이고, 그것을 읽고 작용하면 단백질이 된다든지 DNA나 단백질의 구조에 대해서 많은 것을 알고 있지만, 얼마 전까지만 해도 유전물질이 무엇인지조차 알려지지 않았거든. 그런 상황에서 왓슨과 크릭의 DNA 구조 설명, 즉 이중나선의 발견은 정말 대단한 일이었어. 그 이야기가 또 재미있는데….

시계 씨의 이야기에 점점 박차가 가해졌다.

1.3 유전을 전달하는 물질 'DNA'

1) DNA 이중나선의 발견 스토리: 왓슨과 크릭

◆ 유전자의 정체를 밝혀라

DNA의 나선 구조는 1953년 영국의 케임브리지대학 · 케빈디시 연구소에서 발견되었다. DNA 나선 구조를 해명한 두 학자는 의기양양하게 이를 드러내며 활짝 웃는 미국 청년 제임스 왓슨(당시 25세)과 항상 큰 소리로 자신의 생각을 표출하는 프랜시스 크릭(당시 37세)이었다.

제임스 왓슨 James Watson(1928~)
원래 동물학을 전공했지만 당시 성행하던 분자생물학의 길로 들어와 DNA에 빠져든다.

프랜시스 크릭 Francis Click(1916~2004)
대학에서는 물리학을 전공.
제2차 세계대전 후 분자생물학에 뜻을 품는다.

그 무렵 생물학 분야에는 두 가지의 주류 사고방식이 있었다.

먼저 19세기 멘델에서 시작된, 유전을 전달하는 인자 같은 것이 있다고 실험하고 연구한 '멘델의 유전법칙'. 다른 하나는 다윈에서 시작된 '생물은 자연선택과 돌연변이에 의해 진화한다'는 '진화론'이다.

유전이 과학적으로 연구되기 시작한 20세기 초의 유전학자들은 이 두 가지 가설에 입각하여 대체로 이렇게 생각했다.

"생물에는 유전정보를 전달하는 특별한 분자가 있다. 그 분자는 안정적이지만 돌연변이를 일으키고 자손에게 전달되어 진화한다. 그 유전정보를 전달하는 특별한 분자, 즉 '유전자'란 무엇인가?"

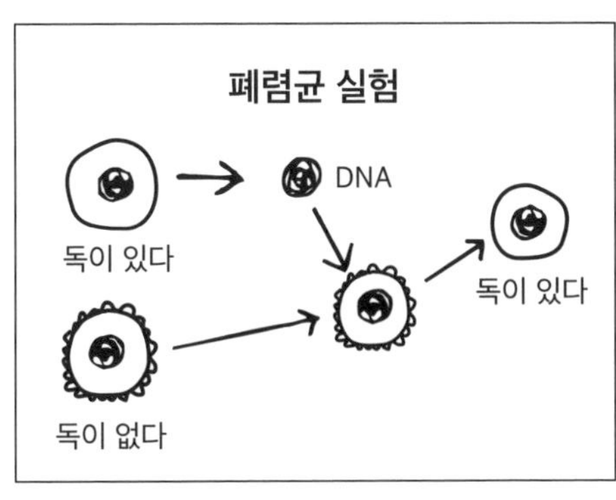

같은 시기인 1928년, 폐렴균 실험이 실시되었다. 무독성 폐렴균 속에 죽은 유독성 폐렴균 염색체를 집어넣자 유독균이 되었다. 게다가 대대손손 유전되기까지 했다. 이 발견으로 염색체가 유전과 관련 있다는 주장에 확신이 생겼다.

염색체가 단백질과 핵산으로 이루어져 있다는 사실을 이미 알고 있었기 때문에 유전자의 범위는 그 둘 중 하나로 한정되었다.

유전물질은 단백질인가? 핵산인가?

당시 유전자는 특수한 모양의 단백질일 것이라는 사고가 일반적이었다.

단백질은 고작 20종류의 아미노산이 연결되어 다양한 모양과 성질을 만들어낼 수 있다. 또 효소가 단백질이라는 사실도 밝혀졌는데, 그 효소가 몸속의 화학반응에 중요한 작용을 한다는 것도 알게 되었다. 복잡한 효소가 단백질인 만큼 유전처럼 복잡한 정보를 전달하는 물질도 단백질일 확률이 높다고 생각한 것이다.

그에 반해 핵산은 무슨 작용을 하는지 제대로 알려지지 않은 상태였다. DNA는 4종류의 뉴클레오타이드라는 분자가 길게 연결되어 있을 뿐, 복잡한 유전정보를 전달하는 것은 도저히 불가능하다고 여겼기 때문이다.

1940년대 중반이 되어서야 커다란 분자인 단백질이나 핵산을 다루는 기술이 가능해지기 시작했다. 원심분리기, 페이퍼 크로마토그래피, X-선 결정회절분석법 등도 생겨났는데 이 기술들은 오로지 단백질 연구에 사용되었다.

단백질에 유전정보가 담겨 있을 것이라는 사고방식이 우세하던 무렵인 1944년, 10여 년간 폐렴균 물질을 추적하던 에이버리는 실제로 유전정보를 운반하는 물질이 바로 DNA라고 발표했다.

학계는 발칵 뒤집혔다. 록펠러연구소에서 실시된 이 실험에서 DNA가 유전자일 가능성이 대두된 것이다. 하지만 당시 같은 연구를 하고 있던 학자들은 '그것은 세균에서만 일어나는 것이 아니냐?'라든지 '일반성은 어느 정도인가?' 등 매우 싸늘한 반응을 보였다.

◆ 만남, 그리고…

1951년, 제임스 왓슨은 케빈디시 연구소에서 프랜시스 크릭을 만났다. 단백질을 연구하고 있었던 두 사람의 생각은 일치했다.

"DNA가 유전물질이 아닐까?"

두 사람은 의기투합하여 틈만 나면 DNA에 관해 토론했고 다음과 같은 결론을 내렸다.

"DNA의 구조를 해명하는 것이 유전자의 수수께끼를 푸는 열쇠이다!"

당시 분자구조의 해석을 하는 데 일반적으로 사용되는 방법은 'X-선 결정회절분석법'이었다. X-선 결정회절분석법이란 결정분자에 X-선을 쏘이면 그 X-선이 물질에 닿아 회절하는 성질을 이용해서 회절사진을 찍고, 그 찍힌 모양으로 분자의 구조를 산출하는 것이다.

그런데 이미 런던대학에서는 그 방법으로 DNA의 구조에 대해 연구하고 있었다. 페어플레이의 나라 영국답다고 할까, 선구자들이 있었기에 왓슨과 크릭은 그 방법을 취하지 않기로 한다. 대신 미국의 물리화학자(라이너스 폴링)가 모형을 이용해 일부 단백질 구조를 해명한 것을 보고, DNA 모형을 만들기로 한다.

하지만 최신 X-선 결정회절분석법을 이용해 진지하게 연구하는 사람에게 모형을 사용해 DNA의 분자구조를 해명한다는 생각은 장난으로밖에 보이지 않았다.

◆ 삼중나선의 모형

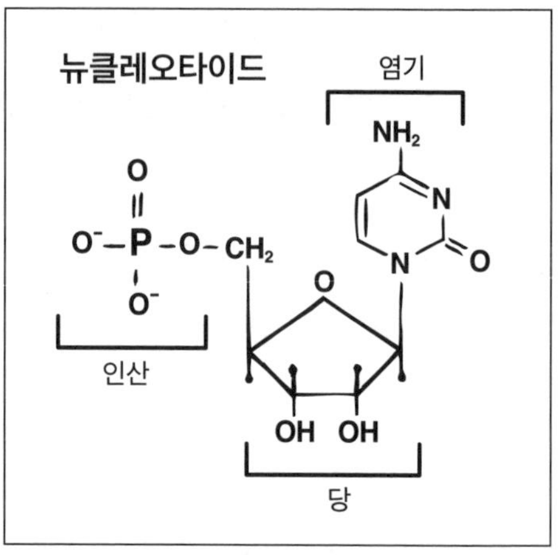

DNA에 관해서 알려진 것은 DNA가 4종류의 뉴클레오타이드로 길게 연결된 고리로 이루어져 있다는 사실과 뉴클레오타이드가 당과 인산과 염기라는 3개의 작은 분자로 이루어져 있다는 사실뿐이었다.

여기서 문제가 된 것은 DNA 분자의 지름이 한 가닥의 뉴클레오타이드 사슬이라고는 생각할 수 없을 만큼 크다는 사실이었다. 이것은 곧 DNA는 복수의 뉴클레오타이드 사슬끼리 결합한 '나선'일 가능성이 높다는 뜻이었다.

처음에 그들이 만든 모형은 당 · 인산 사슬을 안쪽으로, 염기를 바깥쪽으로 놓는 것으로 가정한 삼중나선 모형이었다. 모양이 다른 4종류의 염기보다 같은 형태의 당과 인산으로 이루어진 사슬이 안쪽으로 들어가 결합하는 것이 이론적으로 옳다고 생각했기 때문이다.

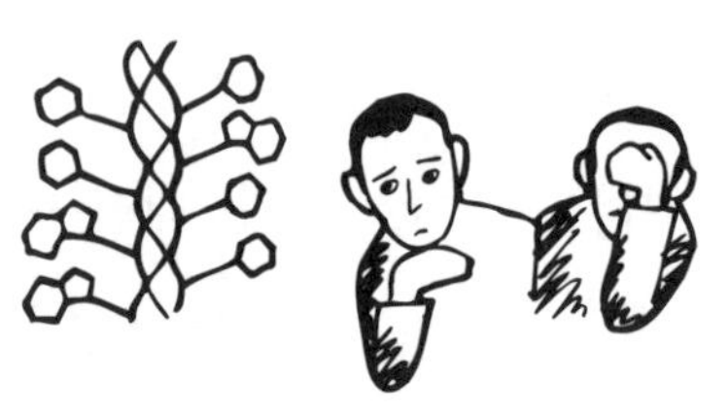

그런데 DNA를 X-선 결정회절분석법으로 연구하는 학자들에게 이 모형을 보여주었더니 X-선 결정회절분석법으로 얻을 수 있는 데이터와는 모양이 전혀 맞지 않는다는 것이 밝혀졌다. 이 실패로 빈축을 산 그들은 한동안 DNA 연구를 떠나서 조용히 각자 하던 연구로 돌아가야 했다.

◆ DNA는 몇 개의 나선으로 이루어져 있을까?

약 1년 후 그들에게 새 소식이 날아들었다.

'분자생물학의 거장 라이너스 폴링이 DNA 구조를 해명하다!!'

두 사람은 즉시 관련 논문을 훑었다. 그 DNA 모델은 그들이 만든 모델과 안과 밖이 서로 반대였다. 즉 바깥쪽으로 나선이 있는 삼중나선이었다. 그런데 논문을 읽는 동안 두 사람은 다음과 같은 결정적인 실수를 발견했다.

'DNA는 핵산인데 이 모델은 산의 성질을 갖고 있지 않다.'

세계적으로 유명한 학자가 어쩌다 초보적인 실수를 저질렀는지는 알 수 없지만 두 사람은 아직 승부가 나지 않았으며 진지하게 DNA에 대해 연구할 때가 왔다고 느꼈다.

당시 런던대학을 방문한 왓슨은 그곳에서 찍은 DNA의 X－선 결정회절 사진을 보게 된다. 그 사진은 지금까지보다 물을 더 많이 함유한 DNA였는데, 그때까지의 사진과 비교하면 매우 단순한 모양으로, DNA의 기본구조가 나선이라는 사실을 잘 나타내고 있었다.

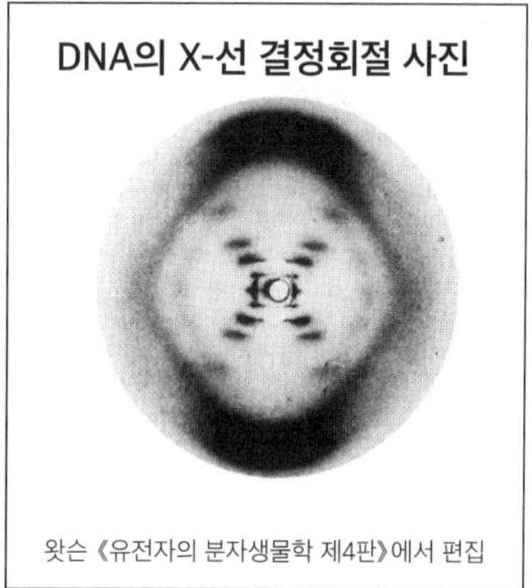

DNA의 X-선 결정회절 사진

왓슨 《유전자의 분자생물학 제4판》에서 편집

Nature

R.E. 프랭클린 & K. 고슬링

케빈디시 연구소로 돌아간 왓슨은 크릭과 의논한 후 다시 DNA 모형을 제작하기로 했다.

X－선 결정회절 사진을 보면, DNA의 구조가 나선인 것은 분명했다. 그래서 이번에는 당과 인산 사슬을 바깥쪽으로 꺼내기로 했다. 사슬을 바깥으로 하면 염기를 어떻게 안쪽으로 접어 넣을 수 있을까 하는 문제가 남지만, 반대로 사슬을 안쪽으로 하면 밝혀진 데이터와 비교했을 때 부자연스럽게 느

껴졌기 때문이다. 문제는 나선이 몇 가닥으로 연결되는가 하는 것이었다. 두 가닥 사슬일까? 세 가닥 사슬일까…? 이때 왓슨은 직감했다.

자연은 쌍을 이룬다

생물학상 중요한 물질은 대칭을 이룰 것이라고 직감한 그는 DNA가 이중나선이 틀림없다고 생각하고 모형을 만들기로 했다.

DNA의 사슬 부분은 똑같은 당과 인산으로 이루어져 있으므로 X-선 결정회절 사진에서 얻은 데이터에 맞춰 나선의 바깥쪽 사슬을 조립하는 것은 순식간에 끝났다.

남은 문제는 모양이 다른 네 종류의 염기를 어떻게 나선 안쪽으로 넣는가 하는 것이었다.

◆ DNA 나선의 안쪽은?-염기는 어떻게 위치하고 있을까?

문제의 안쪽 염기 구조를 연구하는 동안 왓슨은 '같은 염기끼리 쌍을 이룬다'는 데 생각이 미치자 즉시 크릭에게 이 굿 아이디어를 말해주러 갔다.

왓슨 같은 염기끼리 쌍을 이루고 있어. 이것으로 DNA의 구조는 해결됐네.

크릭 으음…. 아니 이것으로는 안 돼. 생각해보게! 같은 염기쌍끼리 조합됐을 때 크기가 맞지 않잖은가! 그것을 나선 안쪽에 넣는다고 치면, 나선이 굵어지거나 좁아지는 등 올록볼록해져서 안정성에 문제가 생기지 않을까?

왓슨이 생각해낸 묘안은 일일천하로 끝났다.

◆ 상보적 염기쌍 발견

그 후로도 근본적인 문제는 풀리지 않았고 정확하게 조립할 수 있는 염기 부품이 없었기 때문에 모형 만들기는 잠시 중단할 수밖에 없었다. 주문한 부품이 완성될 때까지 시간이 남았던 왓슨은 두꺼운 종이를 염기 모양으로 오려서 염기가 어떻게 조합되는지 시험해보았다. 그리고 종이로 만든 이 염기를 만지작거리면서 불현듯 해답을 발견한다!

아데닌과 타이민의 결합과
구아닌과 사이토신의 결합은 크기와 모양이 동일하다!!

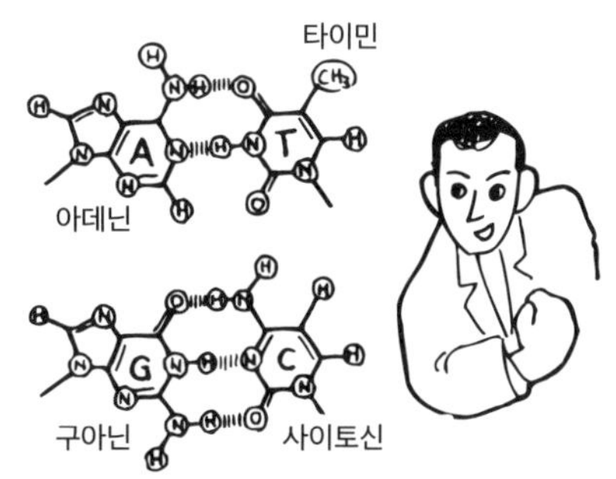

일일이 조합해본 결과, 이 아데닌(A)과 타이민(T), 구아닌(G)과 사이토신(C)이 쌍이 되는 조합을 발견한다.

이 조합은 아데닌은 타이민과 두 개의 수소결합으로 연결되고, 구아닌은 사이토신과 세 개의 수소결합으로 연결되어 있었다. 작은 염기(타이민, 사이토신)와 큰 염기(아데닌, 구아닌)가 강한 수소결합으로 연결되어 쌍을 이룸으로써 당과 인산으로 이루어진 두 가닥 사슬은 나선의 크기가 제각각으로 되지 않고, 똑같은 나선배열을 취할 수 있는 안정된 구조가 된다. 다시 말해 이 조합은 DNA 이중나선의 안쪽에 깔끔하게 접히는 크기였다.

이로써 이 아데닌과 타이민, 구아닌과 사이토신이 쌍을 이루는 상보적인 염기쌍은 그때까지의 골치 아픈 문젯거리를 전부 해결할 수 있는 것처럼 보였다.

◆ DNA 구조 해명!

DNA 이중나선은 이렇게 발견되었다. 모형을 만들어낸 왓슨과 크릭은 케번디시 연구소의 연구원들이나 런던대학의 연구원들에게도 모형에 문제가 없는지 확인을 부탁했다. 모형이라는 방법에 회의적이었던 사람들도 이 상보적 염기쌍에 크게 감탄했다.

"이렇게 깨끗한 구조가 있다니, 이것이 결코 잘못됐을 리가 없어."

그리고 미국 분자생물학계의 거장 폴링도 일부러 연구실을 찾아와 말했다.

"자네들이 해답을 찾은 것 같군."

크릭은 방문자가 연구실을 찾아올 때마다 이 상보적 염기쌍의 모델이 얼마나 우수한지 어필하는 것을 잊지 않았다.

틀리지 않았다는 것을 충분히 확인한 그들은 저명한 과학 논문지 〈Nature〉에 투고했다. 첫 논문은 한 장짜리에 불과했지만, 그것은 두 사람의 발견이 얼마나 멋진 것인지를 알리는 데 충분했고, 이후 분자생물학의 문을 여는 열쇠가 되었다. 그 논문의 서두는 이렇게 시작된다.

We wish to suggest a structure for the salt of deoxyribose nucleic acid(D.N.A). This structure has novel features which are of considerable biological interest. (Nature, VOL 171, p.737(1953)에서 인용)

"우리는 데옥시리보핵산(DNA)의 염 구조를 제안하려 한다. 이 구조는 생물학적 흥미를 유발하는 참신한 모습을 갖추고 있다. (《이중나선》 p.217에서 인용)

DNA의 구조는 이렇게 아무것도 모르는 데서부터 점차적으로 발견되었다.

◆ 역시 DNA는 유전을 전달하는 물질이었다

왓슨과 크릭이 발견한 A와 T, G와 C가 쌍을 이루는 상보적 염기쌍이라는 구조는 DNA의 형태만 해명한 것이 아니었다. 그와 동시에 유전이 어떻게 전달되는지 그 구조까지 원리적으로 해명하고 있었다.

그것은 마주 보는 사슬의 서열이 상보적인 관계이기 때문에 DNA가 자기복제를 할 수 있다는 뜻이었다.

DNA가 복제될 때는 DNA의 두 가닥의 사슬이 떨어지면서 각각의 가닥에 상보적인 DNA가 합성된다. 이때 자유로워진 한 가닥 사슬을 주형으로 하여 A와 T, G와 C가 염기쌍을 만들어내는 규칙에 따라 상대의 사슬이 만들어지는 것이다.

이렇게 왓슨과 크릭이 발견한 '상보적 염기쌍'을 통해 '복제'라는 구조까지 예견할 수 있었고, 유전자가 어떤 물질인지까지도 결론을 내릴 수 있었다.

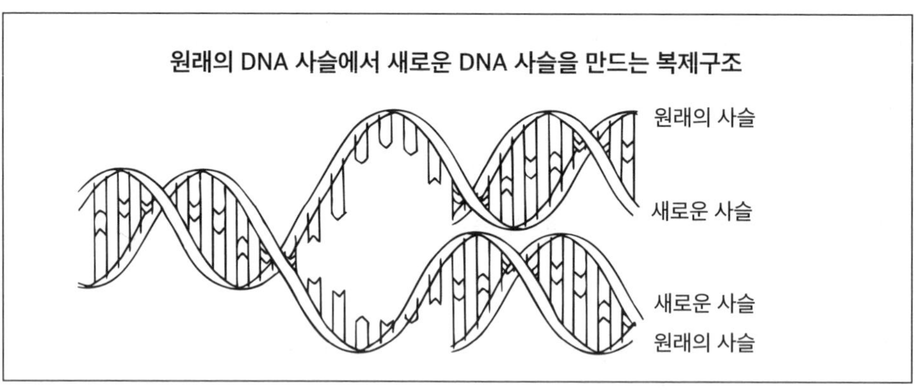

2) DNA 만들기 대회!!

◆ 계기

DNA의 구조를 해명함으로써 유전이 전달되는 구조, 즉 기본적인 복제까지 밝혀진 거야. 정말 대단하지? 어디어디, 아까의 세포분열 주기 그림을 보면….

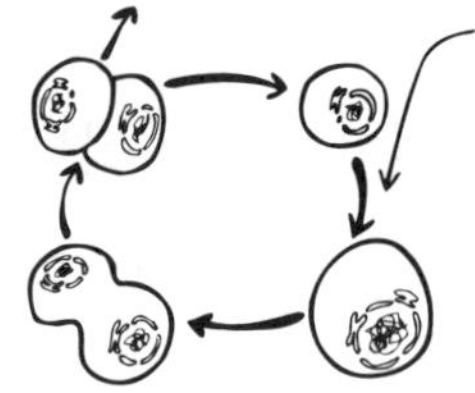

이 사이에서 DNA 복제, 즉 카피가 일어나서 DNA가 확실하게 복제되고 완전히 똑같은 새로운 것이 생기고 분열하다니 대단해.

시게 씨는 종종 혼자만의 세계에 빠져 혼잣말을 하는 습관이 있는데 지금이 바로 그 순간이다. 그것을 주위에서 보고 있던 사이좋은 세 명의 트래칼리 학생, 12기생 에덴, 13기생 미래이, 켄은 저도 모르게 이렇게 말하고 말았다.

시게 씨 잠깐만요! 혼자 중얼거리지 말고 다 들리게 말해줘요.

아, 미안. 이 DNA 구조로 알게 된 유전구조 '복제'가 재미있거든. 그래서 그것을 알아볼까 해.

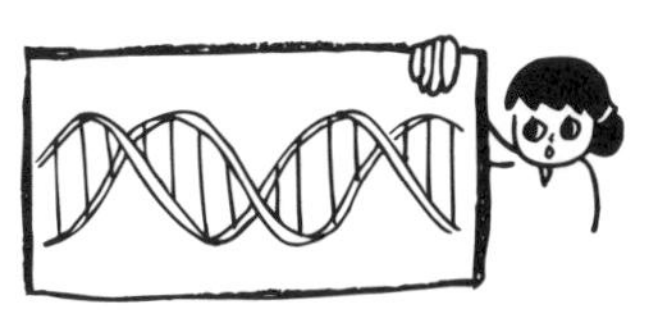

저기 잠깐만요! DNA가 어떻게 발견되고 어떤 구조인지 제법 배웠지만, 아직은 상상이 잘 안 돼요.

봐요. 책에는 이런 그림이 계속 나오는데, 이걸로는 입체적으로 그려지지가 않는다고요.

그래, 3D야! 대학연구실 같은 데 있을 법한 분자 모형! 왓슨과 크릭처럼 모형을 조합한다면 분명 알 수 있을 거야. 책에 부록으로 만들어 넣자!!

안 돼 안 돼. 그런 건 수십만 원이나 하는데, 부록이라니 당치도 않아.

네? 그런 어린이용 장난감블록 같은 게 그렇게 비싸다니 말도 안 돼!

저래 봬도 DNA를 만드는 분자가 어떤 식으로 결합하는지 정확하게 만들 수 있거든.

우왕, 하지만 이미지를 모르겠단 말이야. 이대로 진도를 나가봐야 이해가 안 돼.

음, 《DNA의 모험》을 하고 있는 트래칼리 학생이 이미지를 그려볼 수 없다니…. 그렇다면 일반인은 더 이미지를 떠올릴 수 없겠는데? 흐음, 모형이라.

좋았어, **모형을 만들자!** 책의 부록으로 할 수 있는 걸로. 다들 어렸을 때 종이비행기 만들어본 적이 있겠지? 그렇게 하면 돼.

그래, 만드는 거야! 이미지를 또렷하게 상상할 수 있다는 건 우리에게 사활이 걸린 문제니까.

◆ DNA 구조는?

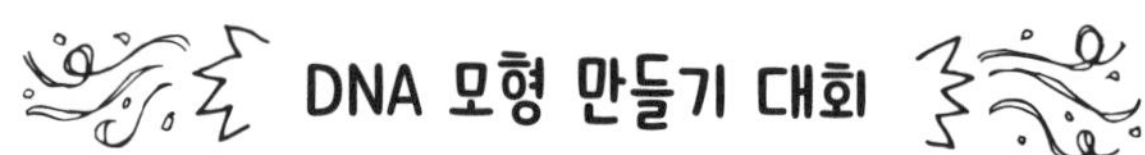

그러면 대회의 취지를 발표하겠습니다.

① 책의 부록으로 끼울 수 있다.
② 누구나 쉽게 만들 수 있다.
③ 진짜 DNA를 느낄 수 있다.

상당히 까다로운 조건이군. 모형을 만들기 전에 일단 DNA의 구조에 대해서 알고 있는 사실을 모두 적어보자!

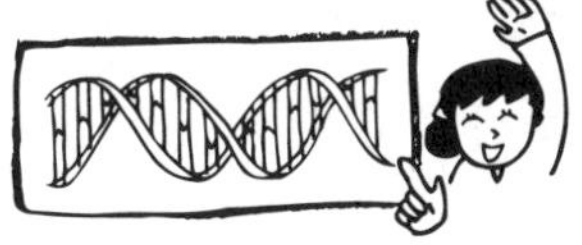
네! 두 가닥의 사슬이 나선을 이룬 이중나선 형태라고 했어. 하지만 잘 모르겠어….

DNA는 '아데닌(A)', '타이민(T)', '구아닌(G)', '사이토신(C)', 이 4종류의 뉴클레오타이드로 이루어져 있어!

맞아, 뉴클레오타이드! 앞에서 왓슨과 크릭을 할 때 나왔는데, DNA를 구성하는 기본 단위인 분자야.

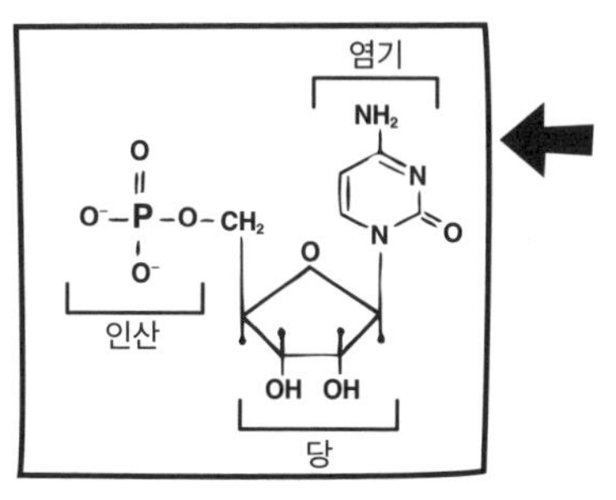

짜잔!
이것이 뉴클레오타이드의 기본형이야. 갑자기 화학식이 나와서 놀랐겠지만, 전혀 어렵지 않아. 화학식을 좀 더 크게 보면 돼. 봐, 이렇게.

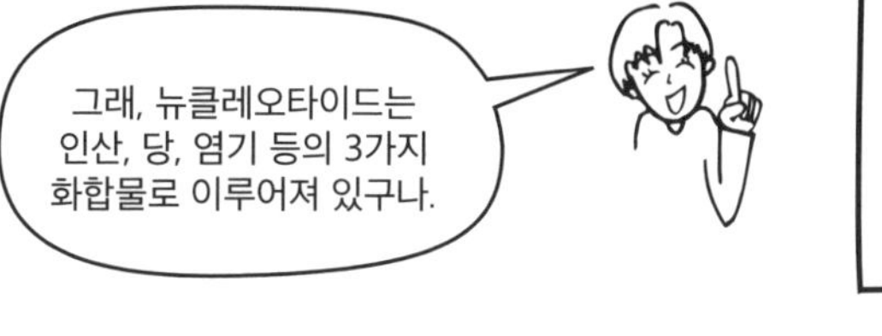

그래, 뉴클레오타이드는
인산, 당, 염기 등의 3가지
화합물로 이루어져 있구나.

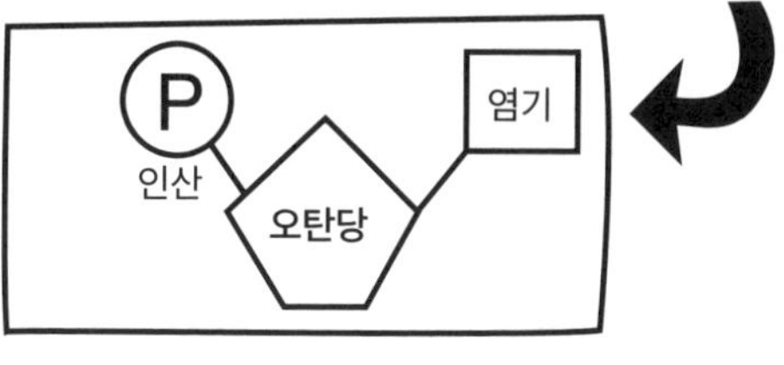

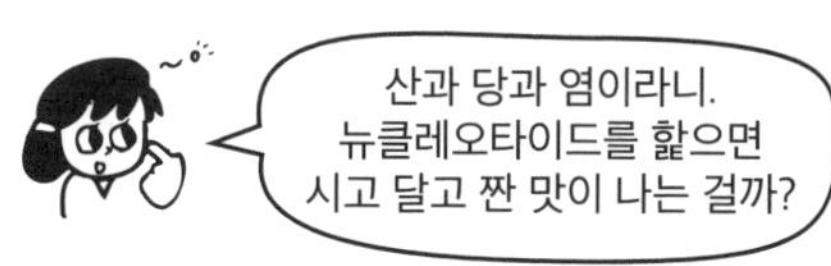

산과 당과 염이라니.
뉴클레오타이드를 핥으면
시고 달고 짠 맛이 나는 걸까?

이 뉴클레오타이드가 연결되면 핵산, 일단은 폴리뉴클레오타이드가 돼(폴리는 많다는 뜻).

그리고 이것은 폴리뉴클레오타이드. 이렇게 해서 DNA의 한쪽 사슬이 생겼어. DNA는 이 사슬 2개가 나선 모양으로 조합되어 있어.

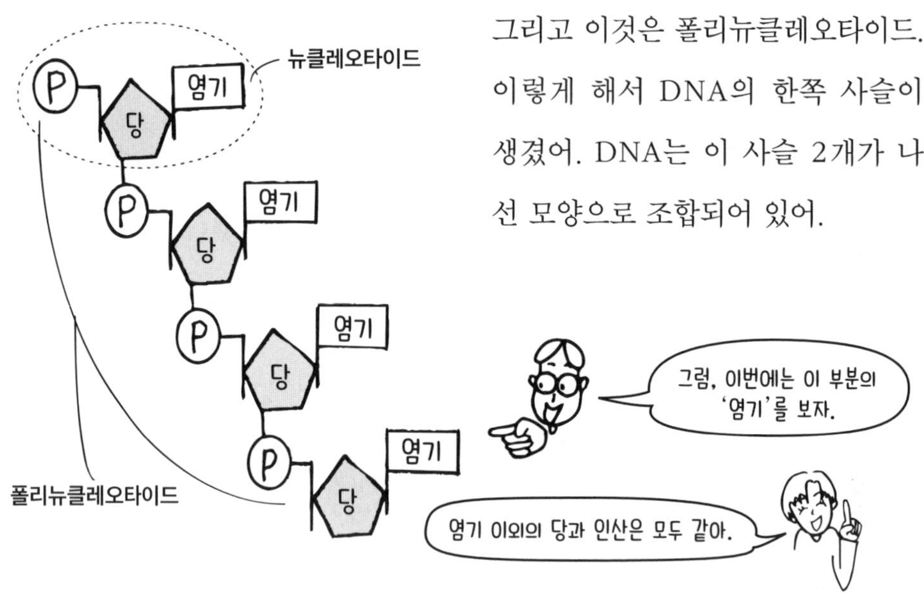
뉴클레오타이드
P
당
염기
폴리뉴클레오타이드
그럼, 이번에는 이 부분의 '염기'를 보자.
염기 이외의 당과 인산은 모두 같아.

뉴클레오타이드에는 4종류가 있는데, 이것은 바로 염기의 차이에서 비롯돼. 그 4개의 염기 종류가 바로 **타이민**(T), **사이토신**(C), **아데닌**(A), **구아닌**(G)이야!

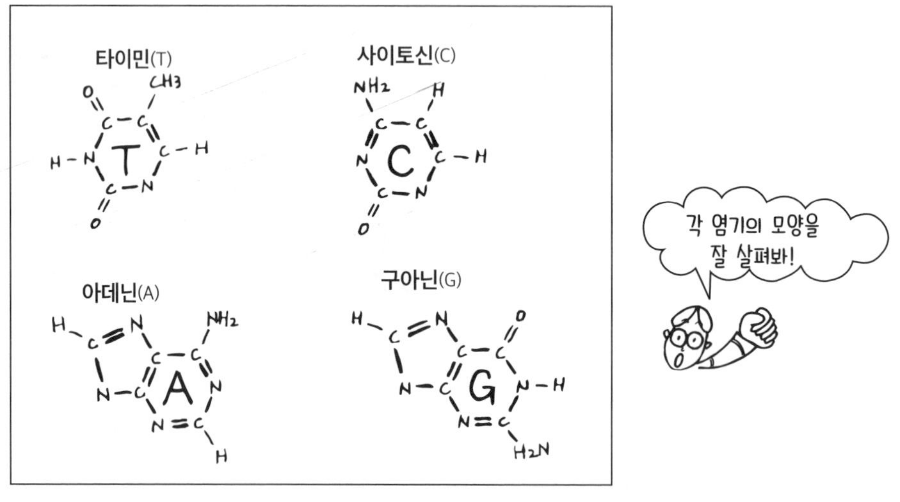
타이민(T)
사이토신(C)
아데닌(A)
구아닌(G)
각 염기의 모양을 잘 살펴봐!

아, 타이민(T)과 사이토신(C)은
육각형 부분이 하나씩 있고,
아데닌(A)과 구아닌(G)은 육각형에
오각형이 붙어 있는 모양이 비슷해.

그래. 즉 대략적으로 보면 큰 염기와 작은 염기로
나눌 수 있어. 덧붙여, 작은 염기(T와 C)를 피리미딘기,
큰 염기(A와 G)를 퓨린기라고 해.

여기서 매우 중요한 것이 있어.
이 네 가지 염기는 구성원소의 성질상 각각 결합 방법이 정해져 있어.
아데닌(A)은 반드시 타이민(T)과
구아닌(G)은 반드시 사이토신(C)과
짝을 이루어 결합하거든. 봐, 이런 식으로 말이야.

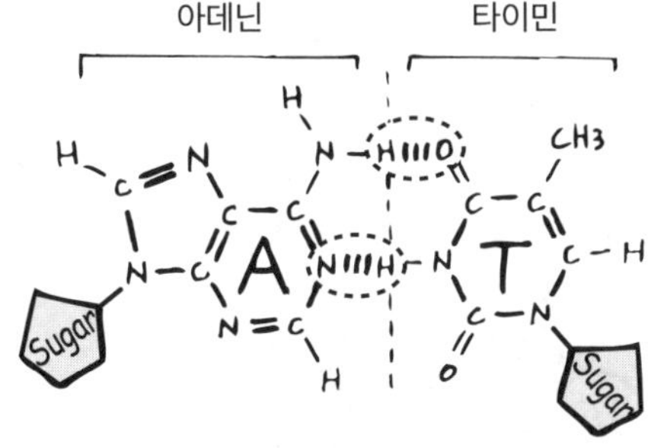

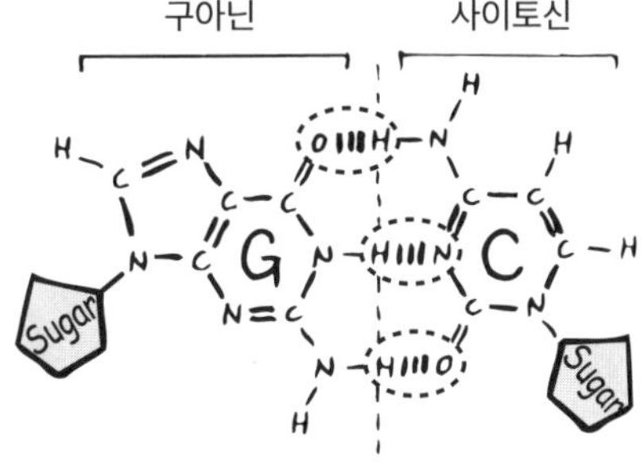

이 A와 T, G와 C가 짝을 이루어 결합할 때 두 개의 짝은 거의 똑같은 형태가 되어 나선 안에 깔끔하게 수납돼.

그럼 A와 T, G와 C, 이렇게 정해진 짝의 염기쌍에 따라 아까 그 폴리뉴클레오타이드의 반대쪽에도 사슬을 연결해보자. 사슬 안쪽에 항상 큰 염기와 작은 염기가 짝을 이룬다는 건 잘 알고 있지?

큰 것끼리나 작은 것끼리는 짝이 되지 않아. 그래서 이중나선이 잘 들어맞는 거야. 이것이 바로 왓슨과 크릭의 대발견이야.

이것이 10개 염기쌍 정도 연결되어 있으면, 봐, 이런 식으로 꼬여서 이중나선이 돼.

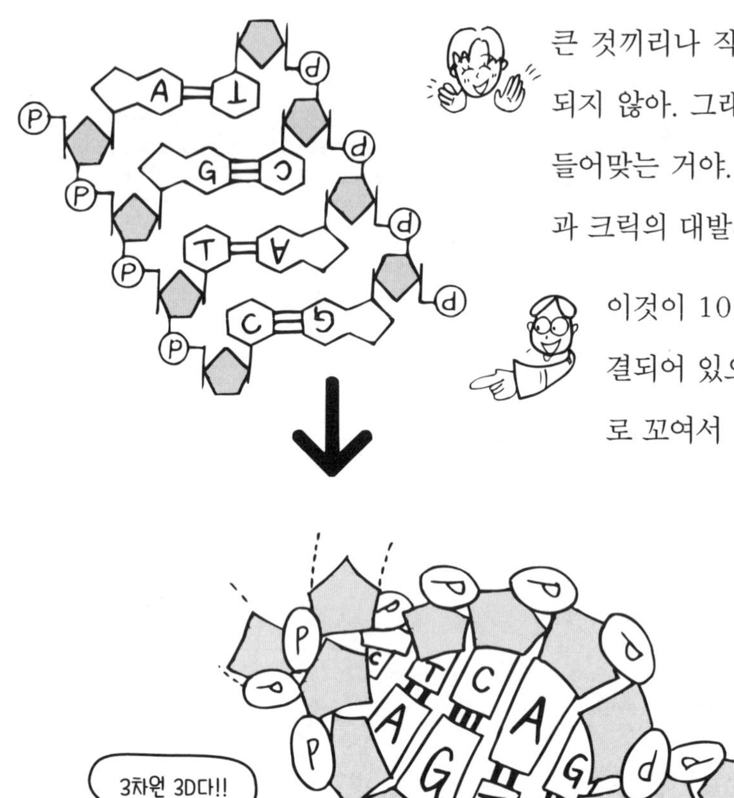

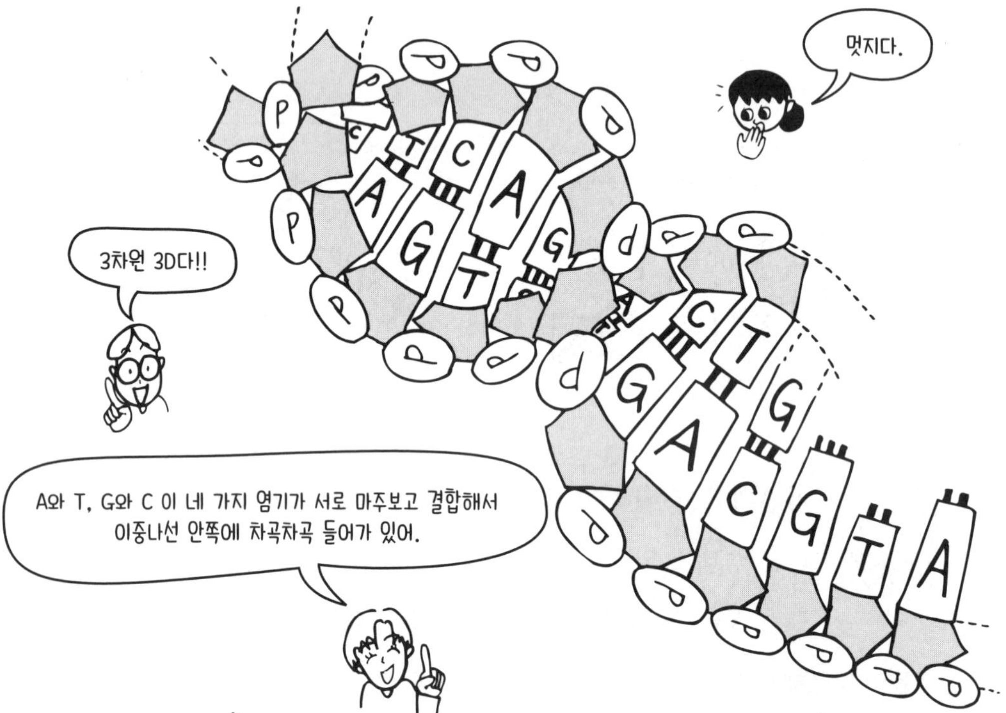

이것이 이중나선!!

그럼 이제 DNA의 구조에 대해서는 기본적으로 알았겠지?

책에서 '나선' 부분은 이런 식으로,
A G T C
T C A G
염기가 어떻게 배열되어 있는지는 이런 식으로 표현하고 있어.
그렇구나.
아 그렇지!

◆ 도전과 실패

와! 완성했다. 간단해!
빠르구나, 에덴.

끈을 두 개 준비해서 종이로 만든 다리에 연결했어! 그리고 한 바퀴 감는 거지!!

이것이 이중나선!!

이건 아니야! 왜냐하면 손을 떼면 원래대로 돌아가잖아. DNA는 그 자체가 나선이 되는 구조일 거야.

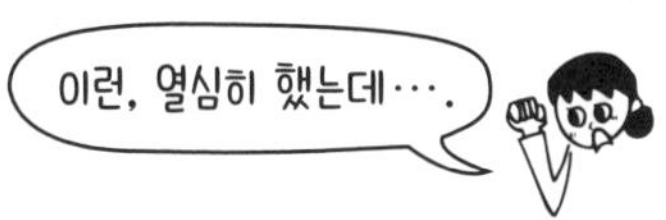

이런, 열심히 했는데….

에덴의 모형을 본 트래칼리 학생들은 다시 고민하면서 모형을 만들었다. 하지만 시게 씨는 좀처럼 만족하지 않았다.

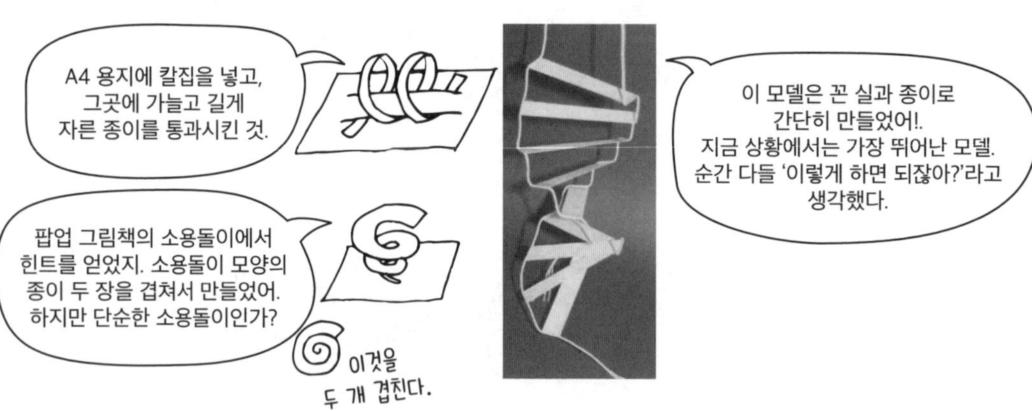

A4 용지에 칼집을 넣고, 그곳에 가늘고 길게 자른 종이를 통과시킨 것.
팝업 그림책의 소용돌이에서 힌트를 얻었지. 소용돌이 모양의 종이 두 장을 겹쳐서 만들었어. 하지만 단순한 소용돌이인가?
이것을 두 개 겹친다.
이 모델은 꼰 실과 종이로 간단히 만들었어!. 지금 상황에서는 가장 뛰어난 모델. 순간 다들 '이렇게 하면 되잖아?'라고 생각했다.

음…

이미지만으로는 안 되는군. 우리가 만들고 싶은 건 DNA의 구조를 더 정확히 나타낸 거야. DNA의 1/100 스케일 모델 같은 것 말이야. DNA의 지름이나 길이를 잘 살펴보자.

◆ DNA 데이터

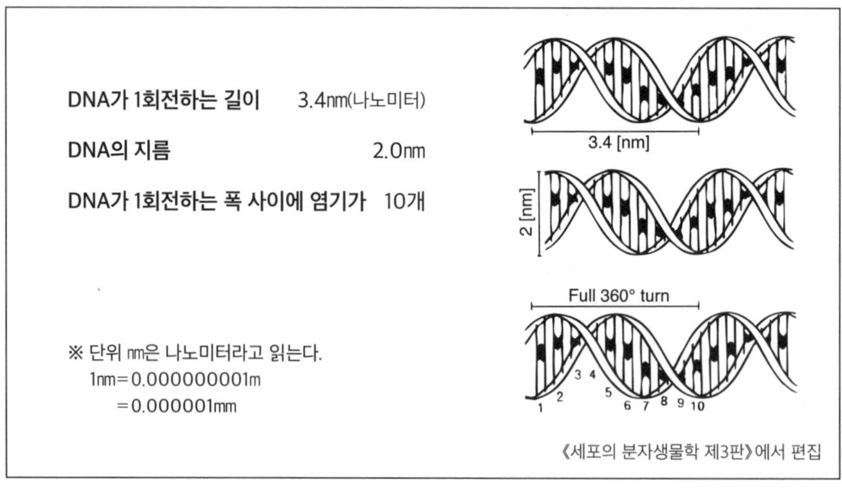

《세포의 분자생물학 제3판》에서 편집

1회전하는 길이가 3.4nm이고, 그 사이에 10개의 염기쌍이 있으니까, 염기쌍과 다음 염기쌍의 간격은 0.34nm야.
또 나선 한 바퀴가 360°이고 10염기 있으니까 염기와 염기 사이는 36°씩 각도가 틀어져 있는 셈이야.

이것만 알면 확실해. 만들기 쉽도록 모형의 크기를 정하자. 대략 지름 8cm 정도인가. 좋아. 형지 설계 돌입!

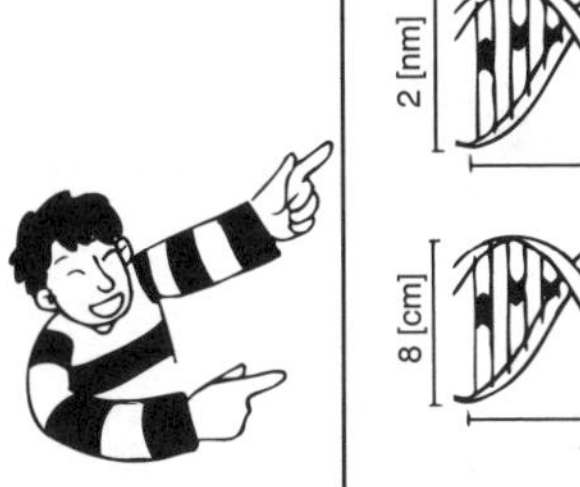

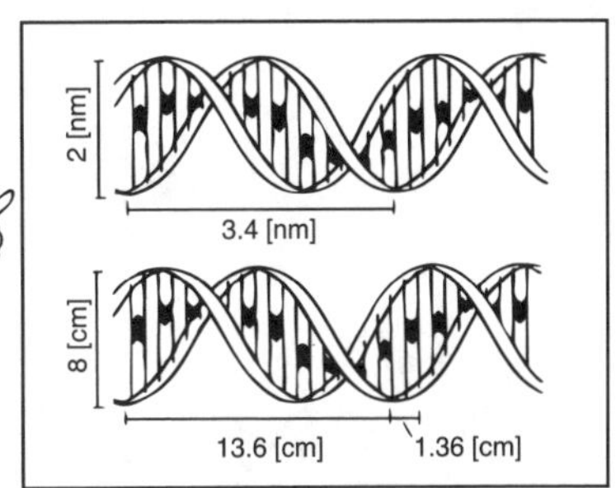

《세포의 분자생물학 제3판》에서 편집

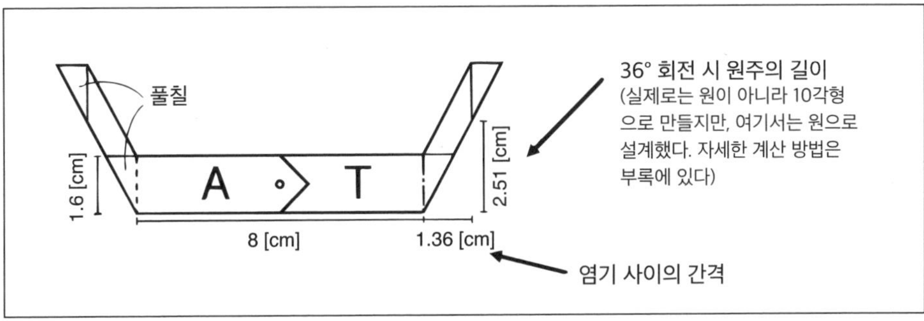

그런데 왜 사슬이 같은 방향이야? 이렇게 되는 거 아니야?

아니, 이게 맞아. 이건 DNA 사슬에 방향이 있다는 것을 나타내는 거야. 따라서 이 형지의 좌측은 위로, 우측은 아래로 꺾이게 돼.

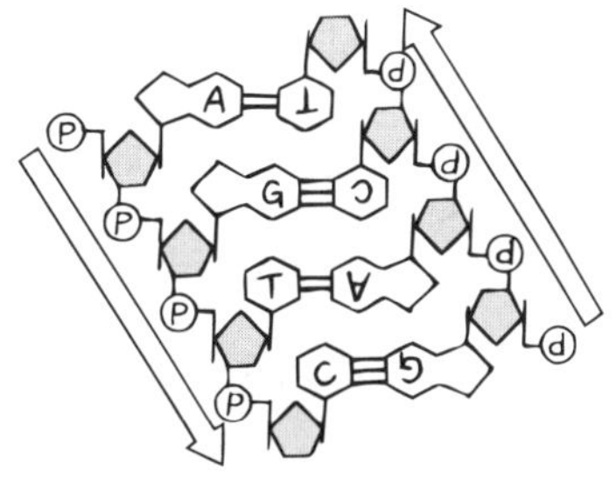

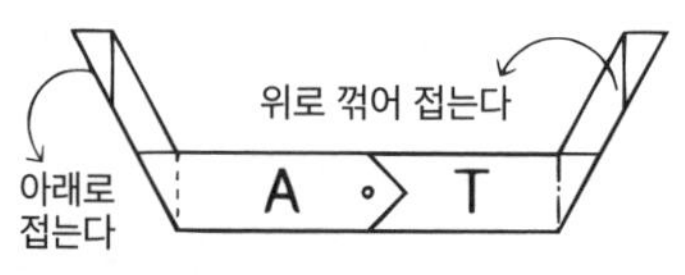

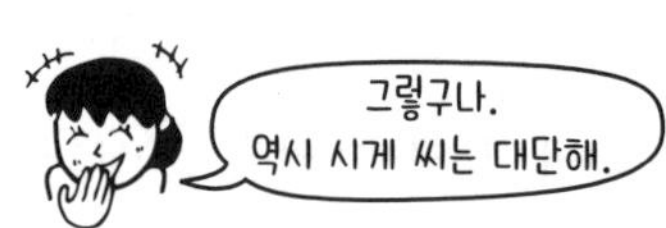

아까 알아본 데이터가 모두 정확하게 표현되고 있어.

그럼 어서 모형을 조립하자!!

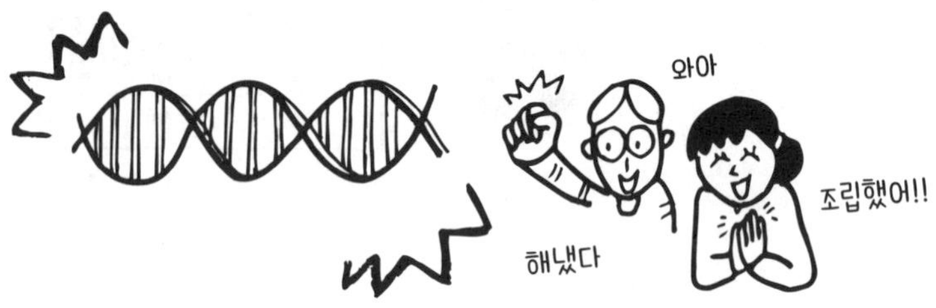

잠깐!

뭐가 좀 이상한데? 책에 나오는 DNA와 전혀 다르잖아.

DNA에는 큰 홈과 작은 홈이 있어!!

그것이 모형으로도 정확하게 표현되어야만 한다구.

◆ 큰 홈과 작은 홈

아아, 겨우 해낸 줄 알았는데…. 그런데 시게 씨, 그 큰 홈이니 작은 홈이니 하는 게 뭐예요?

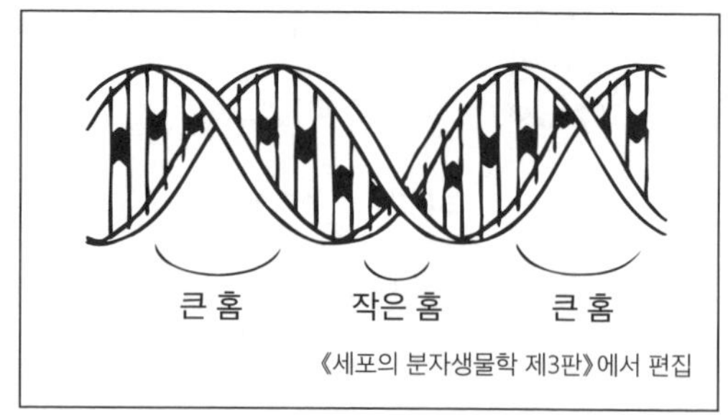

《세포의 분자생물학 제3판》에서 편집

이 큰 홈과 작은 홈은 매우 중요한 거야. DNA의 안쪽에는 A, T, G, C 등 네 종류의 염기가 배열되어 있어. 바깥쪽은 당과 인산 사슬이 휘감겨 있으니까 안쪽의 염기서열은 나선 밖에서 구별할 수 없을 것 같지? 하지만 이 크고 작은 홈으로 안쪽의 A, T, G, C의 배열을 볼 수가 있어.

응? 누가 보는데?

음, 그건-. 단백질이라든지… 중얼중얼중얼…
아무튼 중요한 거야.

맞아, 사실 DNA는 자기 혼자서는 복제나 다른 것은 못하기 때문에 효소, 즉 단백질이 DNA에 붙어서 여러 가지 작용을 해주는 거지. 하지만 DNA 이중나선의 아무 곳에나 붙어도 되는 건 아니야. 거기에는 또 하나의 문제가 있는데 작은 홈에서는 CG와 GC를 구별 할 수는 있지만, AT와 TA의 구별은 불가능하다는 점이야. 따라서 DNA에 결합되어 있는 단백질은 AT와 TA를 구별할 수 있는 큰 홈에서 보이는 염기서열에 딱 맞게 결합된 형태야. 그래서 굳이 나선을 풀어헤치지 않아도 안쪽 염기서열을 알 수 있게 되는 거야. 굉장하지 않니?
큰 홈이 있는 덕분에 자신의 모양에 맞는 DNA의 특정 배열 부분에 결합할 수 있는 거지. 그래서 DNA의 크고 작은 홈이 매우 중요한 구조라는 거야.
즉 큰 홈과 작은 홈이 없으면 DNA 모형이라고 할 수 없어. 다시 해보자!

시게 씨의 이 말에 트래칼리 학생들은 《THE CELL》로 되돌아왔다.

이 지도를 봐!

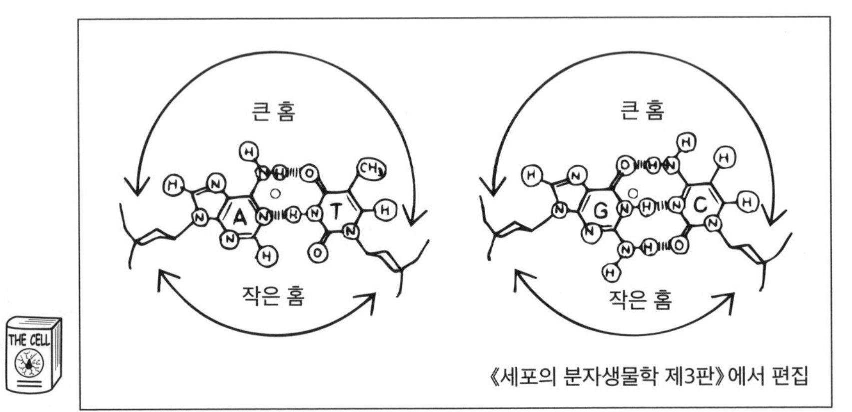

《세포의 분자생물학 제3판》에서 편집

염기 주변의 원이 나선을 만드는 사슬 부분을 나타내고 있어. 이중나선의 몸통을 자른 그림이라고 생각하면 돼. 이 그림의 윗부분은 반원이 크니까, 즉 큰 홈을 나타내고, 아랫부분은 작은 홈을 나타내고 있어.

좋았어, 그럼 각도를 재보자!

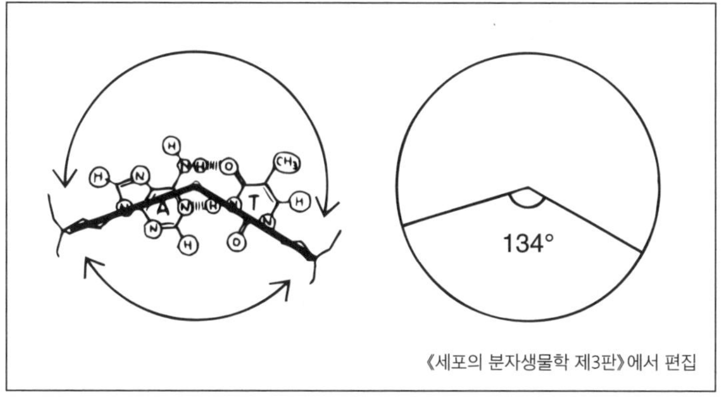

《세포의 분자생물학 제3판》에서 편집

당에서부터 나선의 중심에 선을 긋고 각도를…

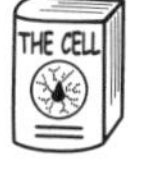

그럼 이번에는 꼭 성공하자!

형지는 이거야! !

그리고 모형은….

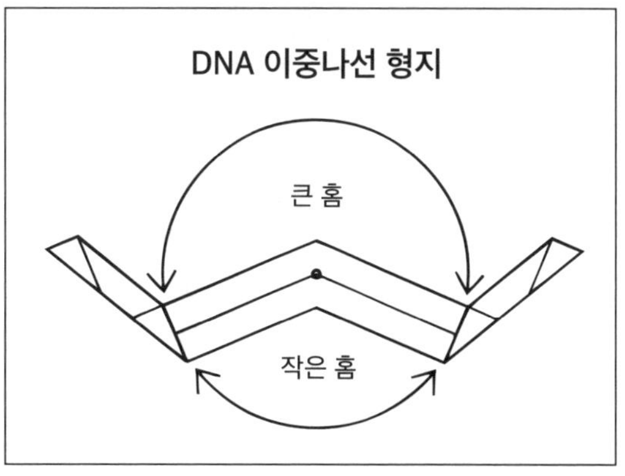

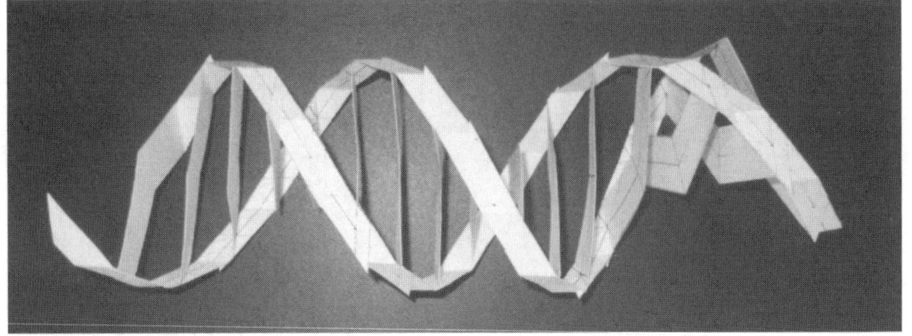

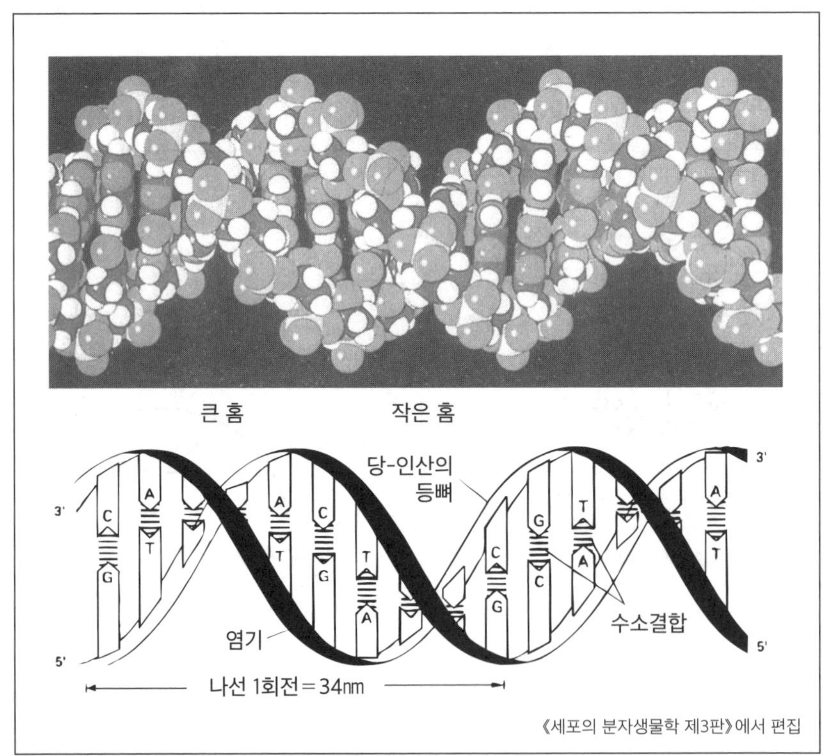

《세포의 분자생물학 제3판》에서 편집

오 대단한데! 생각보다 임팩트가 강해. 실제 그림과 완전히 똑같아!!

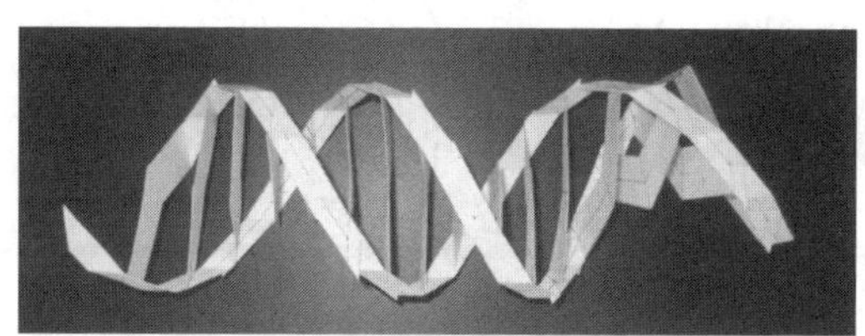

왓슨과 크릭이 된 기분이야.
엉엉.

왓슨과 크릭이 모형을 완성시켰을 때의 심정을 알겠지? 이렇게 아름다운데다 이 구조로 복제까지 알게 됐으니 얼마나 흥분됐겠어? 정말 대단해~.

맞아요. 이렇게 하니까 평면이었던 DNA의 이미지를 이제야 입체적으로 이해할 수 있을 것 같아.

그런데 시게 씨, 아까부터 말하던 복제의 구조를 알았다는 게 무슨 뜻이에요? 이 모형의 무엇이 복제의 구조를 설명하고 있는 건데요?

그건 이 모형을 잘라보면 알 수 있어.

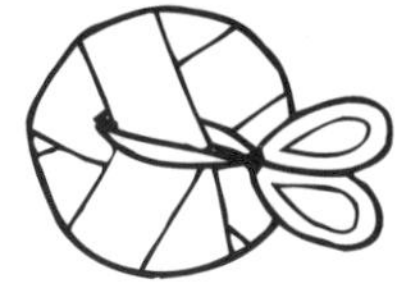

응!? 자른다고?
기껏 힘들게 만들어놓고!?

3) DNA의 복제 구조

여러분 안녕하세요, 트래칼리 오늘의 요리 시간입니다.

트래칼리 14기생 아코입니다.

트래칼리 13기생 사카나입니다.

그리고 오늘 요리를 가르쳐주실 선생님은 벨 씨입니다.

잘 부탁드립니다.

짝! 짝! 짝!

이 요리프로그램에서는 매주 다양한 요리를 만들어왔는데, 오늘은 DNA를 복제하려 해요. 그럼 먼저 재료를 소개해볼까요?

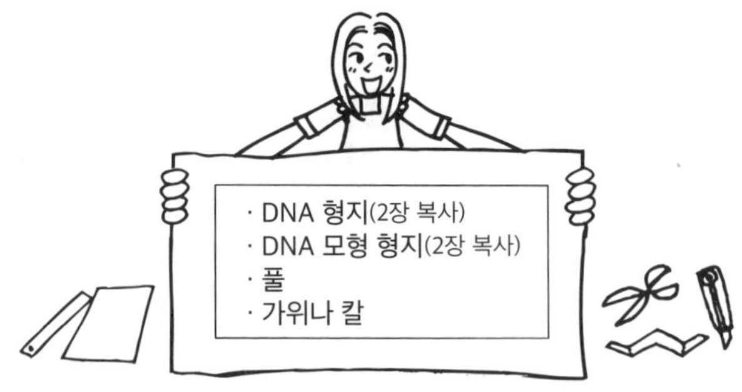

'DNA 형지(복제 형지①-823p)'와 'DNA 모형 형지(복제 형지②-824p)'는 뒤의 부록에 붙어 있으니 그것을 이용하면 돼요. DNA 형지는 2종류가 있는데, 이번에는 복제용 형지를 사용할 거예요. 이밖에도 자를 준비하면 편리하답니다. DNA 복제를 빨리 설명하고 싶지만, 그 전에 먼저 준비 작업으로 DNA 모형을 만들어볼까요?

◆ DNA 모형 만드는 방법

① 먼저 부록 페이지에 있는 DNA 형지를 복사해서 도화지에 붙여보세요. 이렇게 하면 강도가 생겨 만들기가 쉽거든요. 도화지에 직접 복사할 수 있다면 더 좋겠죠.

또 DNA 나선은 염기쌍 10개가 1회전하고 있으니 형지를 5장 정도 복사해서 가능한 길게 만드세요. 그렇게 하면 DNA 나선의 '홈' 모양이 아주 실감나서 복제할 때도 좋아요.

② 절취선은 자를 대고 칼로 똑바로 긋는 게 가장 좋은데, 귀찮다면 가위로 오려도 됩니다!

③ 접는 선의 -------선은 산접기, -·-·-·-·선은 골접기예요. 이 방법을 헷갈리지 않도록 주의하세요. 접는 선을 자로 세게 눌러두면 편하고 정확히 접을 수 있어요.

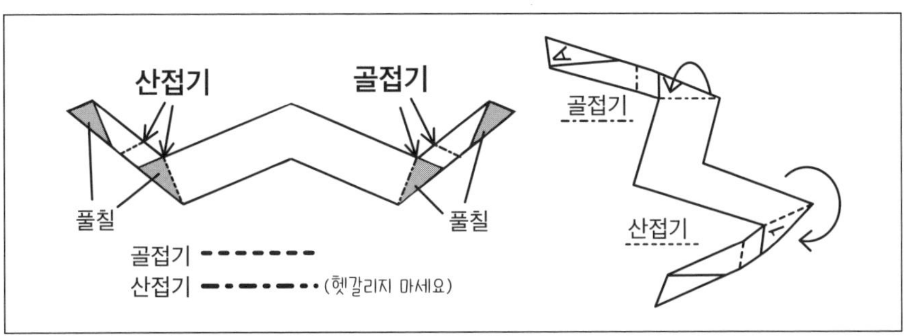

접는 선을 정확히 접으면 깔끔한 모형을 만들 수 있습니다.

④ 자 그럼 이제 형지를 연결해 볼까요? 풀칠하는 부분을 잘 보면 숫자와 영어 알파벳 두 종류로 나뉘어 있군요. 이 로마자 숫자와 아라비아 숫자가 또 영어 알파벳의 대문자와 소문자가 서로 붙게 되는 짝입니다.

풀칠 '알파벳' 풀칠(A)에 풀을 칠하고 풀칠(a) 뒤쪽에 붙입니다.

풀칠 '숫자' 풀칠(I) 뒤쪽에 풀을 칠하고 풀칠(1)에 붙입니다.

⑤ 이것을 계속 연결하면 DNA 모형이 완성됩니다. 모형을 만들 때는 접는 방법과 풀칠에 주의하세요. 여기가 포인트입니다.

완성됐습니다. 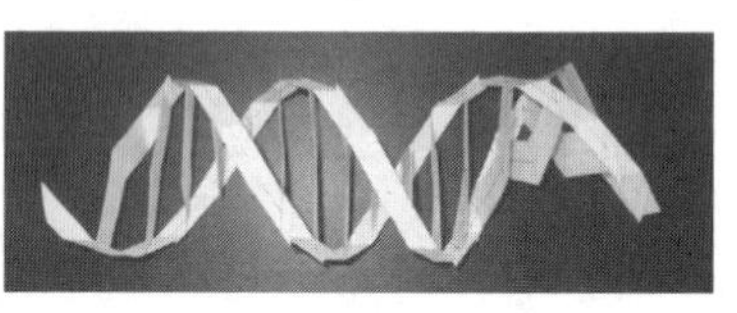 아름답군요.

와아~ 이게 이중나선 모형인가? 지금까지 책에서 본 그림이나 사진으로 DNA가 이중나선 구조를 가졌다는 건 알고 있었지만 이미지를 상상할 수 없었어요. DNA가 평면일 리는 없는데 좀처럼 입체감이 느껴지지 않았으니까요. 하지만 이 DNA 모형 덕분에 상상할 수 있게 됐어요. 정말 감동입니다.

저도 이미지를 상상할 수 있게 됐어요. 책에 나오는 도형이나 지도가 입체적으로 보이기 시작했거든요. 자 이것으로 사전준비가 끝났습니다. 그럼 이 모형을 이용해 복제에 들어갈까요?

◆ **DNA에는 방향이 있다**

자, 그럼 먼저 DNA 모형 형지(염기 부분)를 준비해주세요.

선생님, 아까부터 신경 쓰인 게 있었는데, DNA 형지에 붙어 있는 화살표의 정체가 뭔가요?

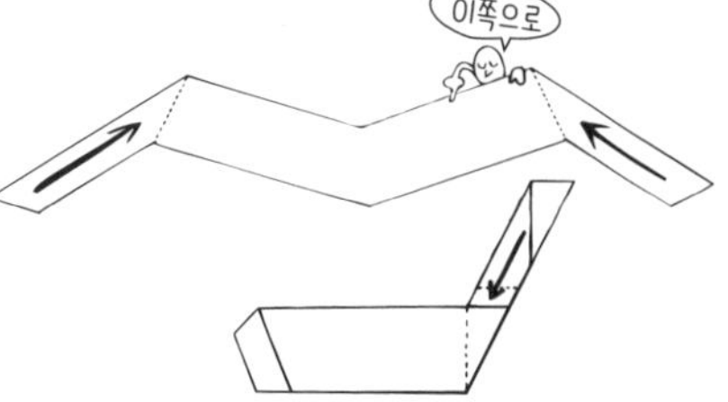

네, 사실 DNA에는 방향이 있어요. DNA 복제시에는 그 방향이 매우 중요한데, 이 화살표는 DNA의 방향을 나타낸답니다. DNA에 방향이 있는 이유는 에너지와 관계있기 때문이에요. DNA는,

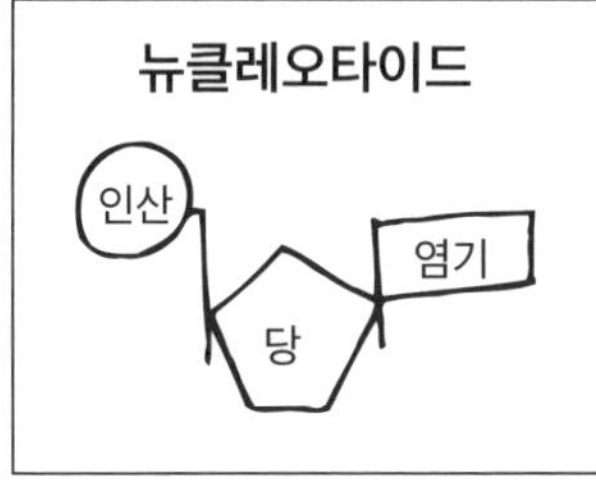

가 많이 연결된

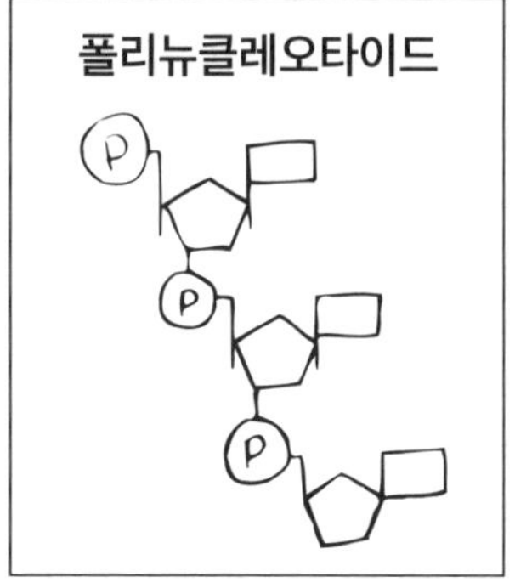

이런 형태를 띠고 있거든요.

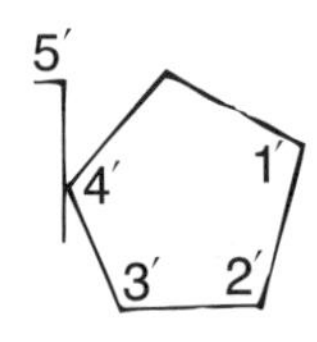

하지만 뉴클레오타이드는 자기가 좋아하는 곳에 멋대로 붙는 것이 아니라 정확히 정해진 곳에만 붙어요. 인산은 당에 붙어요. 당은 다섯 가지 탄소로 이루어져 있는 오탄당이라는 종류인데, 그 탄소에 번호를 붙이면 왼쪽과 같이 나타낼 수 있어요. 그리고 뉴클레오타이드가 결합할 때 인산은 3′인 곳에만 연결돼요. 그래서 점점 3′ 쪽으로 뻗어가는 거죠.

그렇군요. 그런데 왜 3′에만 달라붙는 거죠?
그것과 에너지 사이에 무슨 관계가 있나요?

그건 말이죠. 이걸 봐주세요!!

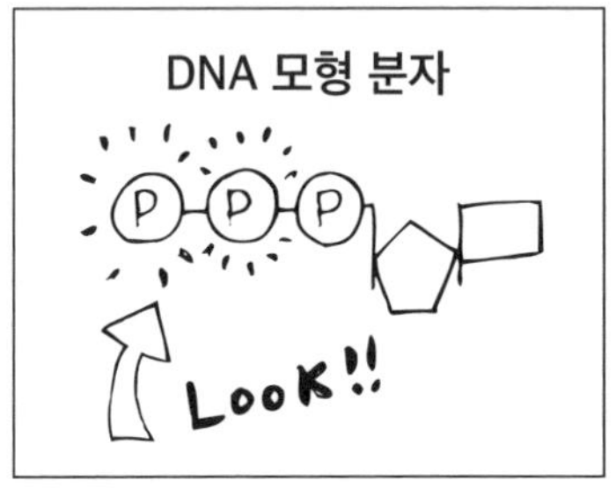

이것은 연결되기 전에 제각각인 'DNA 모형 분자'인데, P(인산) 2개가 불필요하게 서로 붙어 있어요. 이 인산 부분에 에너지가 축적되어 있는데 P · P, 즉 2개 인산을 자를 때 발생하는 에너지를 사용해서 이 DNA 모형이 되는 분자가 3′인 당에 붙어서, DNA 사슬이 점점 길어지는 거죠.

새로운 'DNA 모형이 되는 분자'가 DNA 사슬의 5′ 말단에 붙으려고 할 때는, DNA 사슬의 5′ 말단이나 'DNA 모형이 되는 분자'의 3′ 말단에도 붙을 수 있는 에너지가 될 인산이 없기 때문에 불

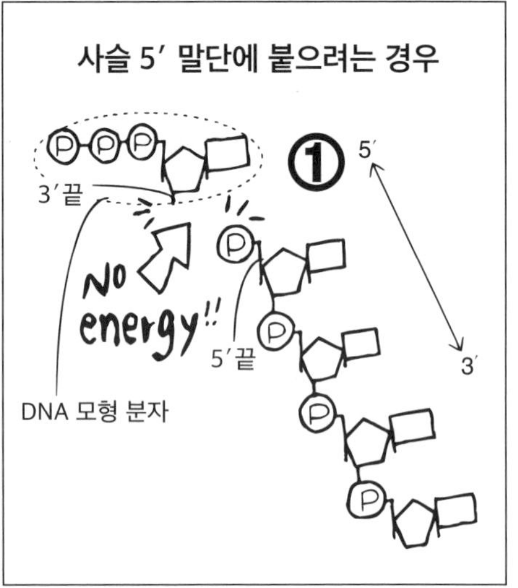

가능해요.

왼쪽 그림의 ① 부분을 봐주세요. 원래의 DNA 사슬 말단에는 인산이 1개죠. 하지만 1개만으로는 에너지가 부족해요. 그리고 붙이려고 하는 DNA 모형에는 인산이 3개 붙어 있는데, 지금 붙이려는 건 인산이 붙어 있는 곳이 아니기 때문에 에너지를 사용할 수 없어요.

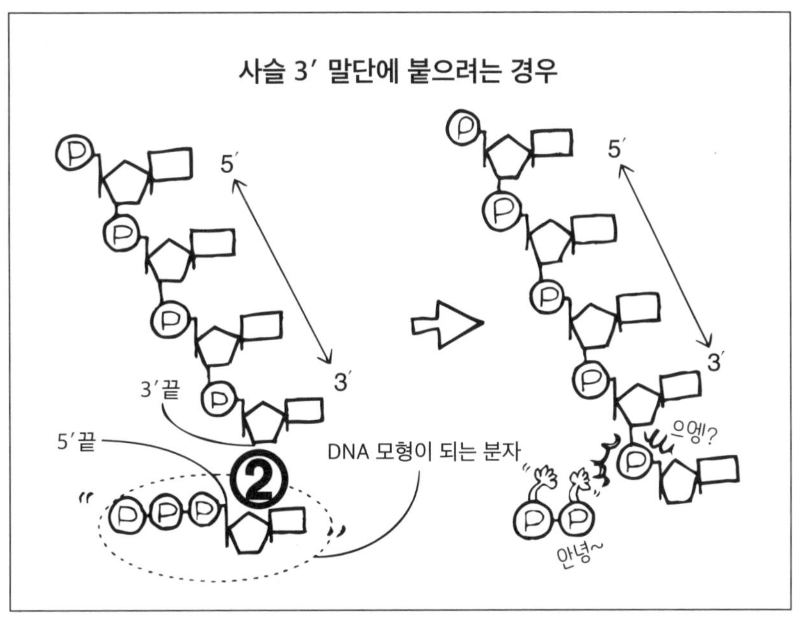

하지만 그림 ②를 보면 DNA 사슬의 3′ 말단에 붙이려고 하면 'DNA 모형이 되는 분자'의 5′ 말단에 여분의 인산 P가 2개 있기 때문에 DNA 사슬의 3′ 말단에 붙일 수 있겠죠. 따라서 3′ 말단으로 점점 길어져요. 5′ 말단에서 시작해서 3′ 말단에서 끝나요. 복제에서는 빼놓을 수 없는 포인트예요. 그리고 쌍을 이루는 쪽은 반대 방향이 됩니다.

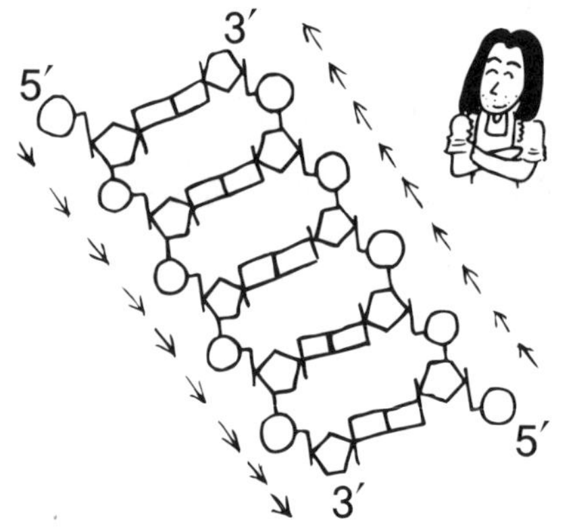

그렇군요~.
DNA에 방향이 있는 이유가 이런 에너지 문제와 상관있었던 것이군요. 잘 알았습니다.

그럼 여기서 DNA의 가운데 부분을 자르겠습니다. 드디어 복제를 시작합니다.

806p를 보면
복제 방법이 나와 있어요.

◆ 복제

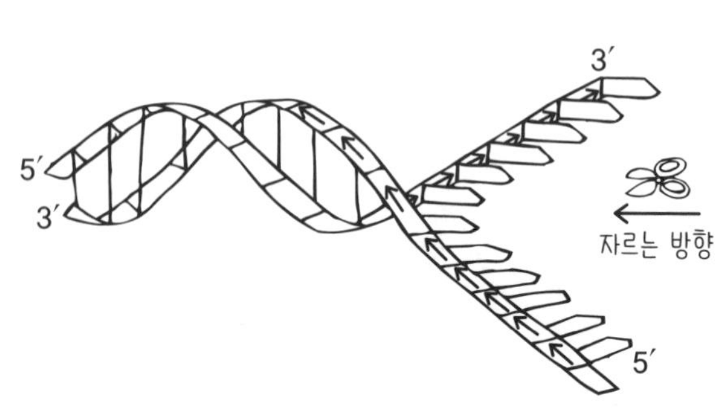

자르기 전에는 그렇게 안정적이었는데, 한 가닥 사슬이 된 순간 제각각 흩어지네요.

걱정하지 마세요. 새로 쌍이 되는 사슬을 만들어볼까요? 여기서 잊어서는 안 되는 것은 앞에서 말했듯이 DNA에 방향이 있다는 규칙이에요. 3′ 말단(화살표 방향)으로 계속 뻗어간다는 것을 꼭 지켜주세요. 이것도 오늘의 포인트입니다.

그럼 실제 복제 모습을 살펴볼까요? 먼저 한쪽부터 보죠.

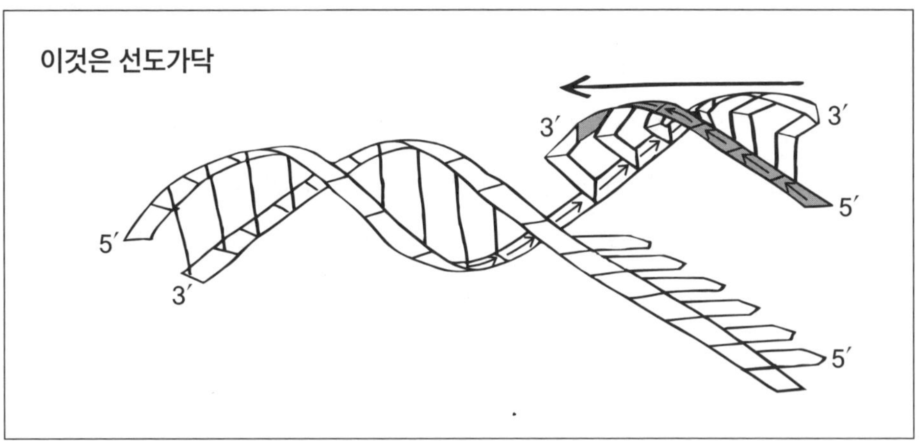

이번에는 다른 쪽 사슬의 복제 모습도 살펴볼까요?

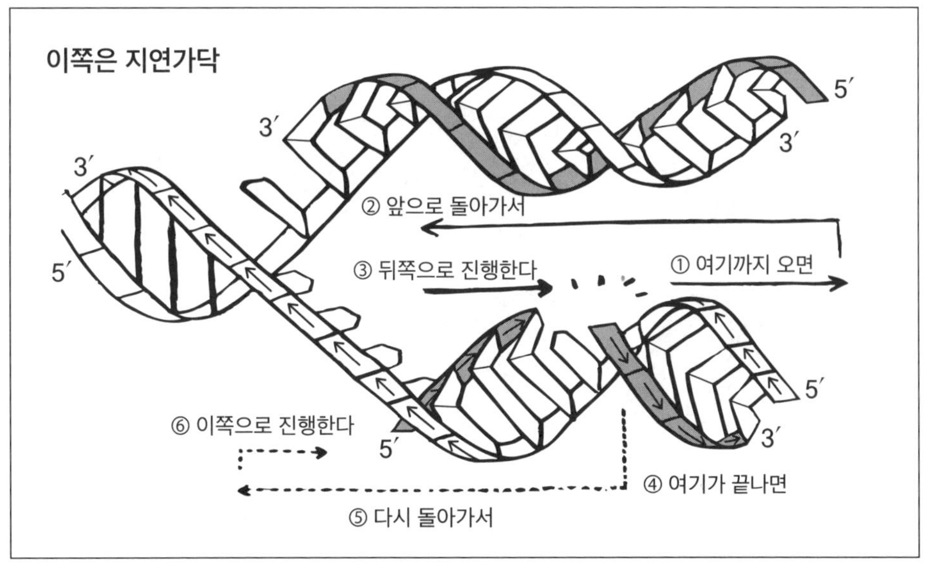

이상해요. 이렇게 계속 만들다 보면 지연가닥을 만들기 어렵지 않나요?

예리하군요. 사실 위의 선도가닥은 자른 후에 즉시 화살표 방향을 따라 진행하기 때문에 괜찮지만, 아래의 지연가닥은 가위로 자르는 방향과 화살표를 따라서 진행하는 방향이 반대예요.

그래서 새로 만든 사슬에서는 계속 만들 수가 없는 거예요. 어쩔 수 없이 나중에 연결하자는 식이죠. 지연가닥은 만들고 되돌아가서 만들고…. 이런 귀찮은 일을 반복하고 있는데, 그 모습을 '박음질'이라고 표현합니다.

화살표 같은 건 무시하면 편하지 않을까요?

그렇겠죠. 하지만 세포는 5′에서 3′으로 뉴클레오타이드가 연결된다는 단순한 자연법칙을 따르고 있을 뿐이거든요. 손으로 만들면 고생이지만 사실 단순한 원리예요.

자, 완성했습니다.

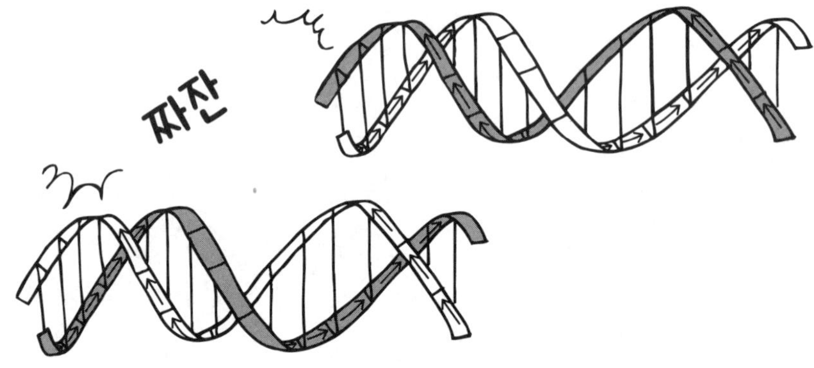

오오~. DNA를 복제해서 두 개가 되었습니다. 아름답게 완성되었군요.

◆ **세포 안에서의 복제**

그런데 선생님. 모형을 만들어보니 복제의 구조는 잘 알 수 있는데, 실제로 세포 안에는 가위나 풀이 없는데 어떻게 이루어지죠?

맞아요. 세포 안에 가위와 풀이 있을 리가 없죠. 세포 안에서는 단백질이 그 역할을 대신해요.

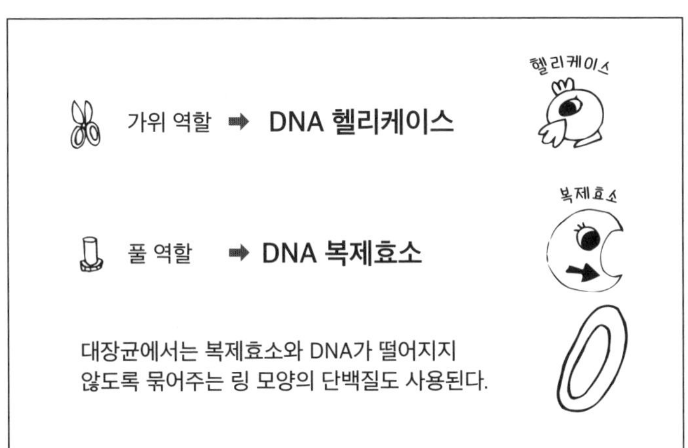

다양한 단백질이 우리 몸의 세포 안에서 활약하는군요.

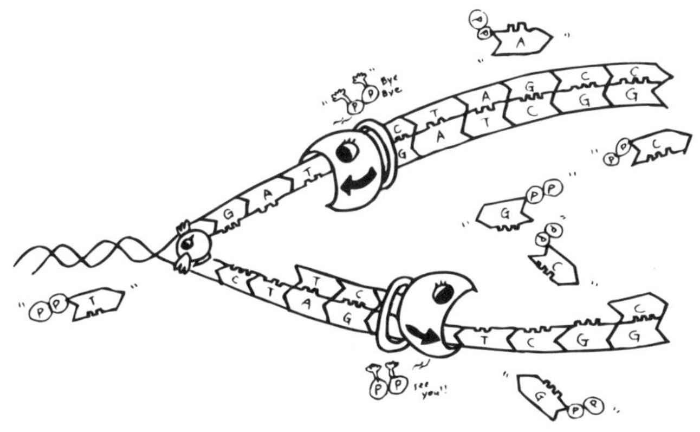

한 줄씩 보면…

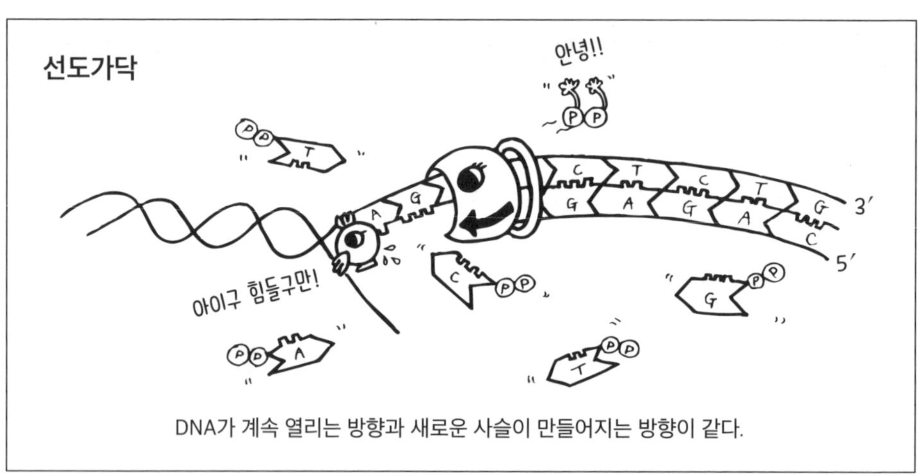

DNA가 계속 열리는 방향과 새로운 사슬이 만들어지는 방향이 같다.

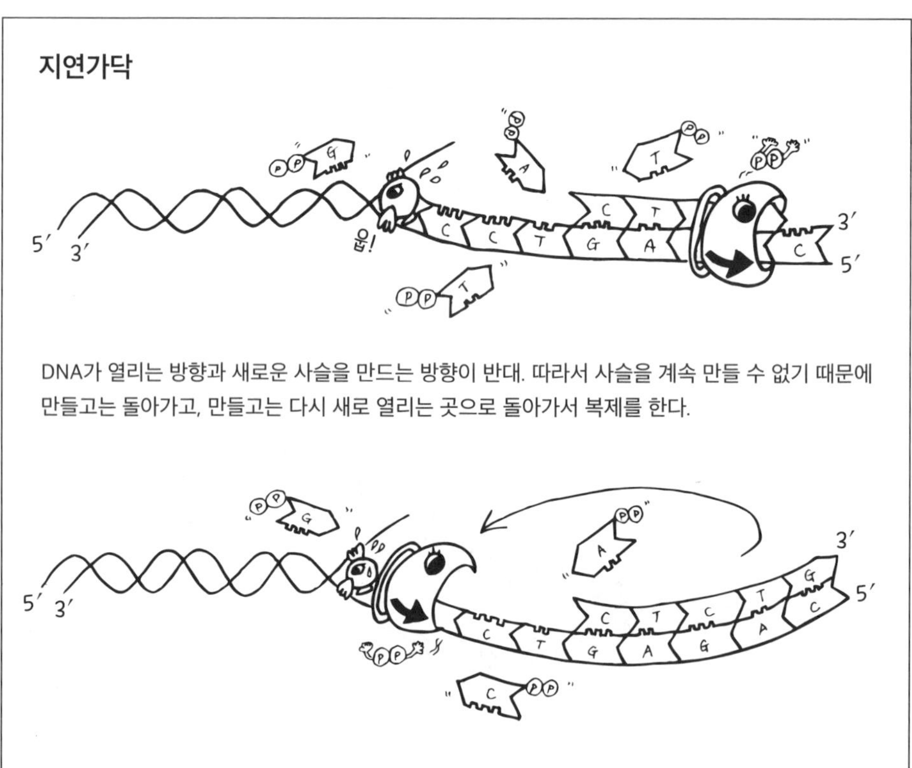

DNA가 열리는 방향과 새로운 사슬을 만드는 방향이 반대. 따라서 사슬을 계속 만들 수 없기 때문에 만들고는 돌아가고, 만들고는 다시 새로 열리는 곳으로 돌아가서 복제를 한다.

이 DNA 모형으로 복제까지 가능하다니!! 내 손으로 복제를 하고, 그 복제가 내 몸 속의 세포에서 이루어진다고 생각하니 몸은 최선을 다해 열심히 살고 있구나 싶어서 나도 모르게 감사하는 마음이 생기는데요.

입체적으로 볼 수 있다는 것은 모형의 최대 장점이군요. 더구나 DNA 모형으로 유전정보가 전달되는 구조와 복제까지 알게 되었으니 일석이조! 만든 사람만이 알 수 있는 기쁨이겠죠. 오늘 정말 많은 것을 배웠습니다.

네. DNA 모형이나 DNA 복제는 집에 있는 재료로 손쉽게 만들 수 있으니 꼭 한번 해보세요.

선생님, 오늘은 즐거웠습니다.
지금까지 트래칼리-
오늘의 요리 시간이었습니다.

◆ **반보존적 복제**

그래, 역시 복제는 대단해! 굉장해!

역시 DNA 구조가 잘 이루어져 있어. DNA는 유전정보를 담당하는 물질이니까 그 정보를 정확하게 다음 세대로 전달해야 하겠지. DNA 정보는 A · T · G · C 염기서열을 따르는데, 그 염기가 A와 T, G와 C에 쌍을 이루는 상보적 염기쌍이 된다는 게 포인트야!!

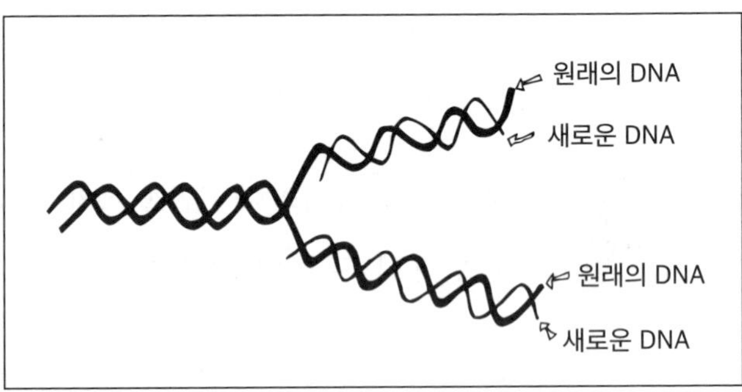

복제의 구조를 살펴보면, 원래의 사슬이 풀어져 A와 T, G와 C라는 조합이 될 수 있도록 새로운 사슬이 생겨. 그리고 원래의 사슬에서 새로운 사슬이 생겼을 때 완성된 두 가닥의 사슬은 원래의 사슬, 즉 원래의 DNA와는 조금 달라. 완성된 DNA 사슬은 결과적으로 원래의 DNA 사슬과 새로 만들어진 DNA 사슬이 붙어서 쌍이 되거든.

복제의 구조를 보기 전까지만 해도 카피라는 말 때문에 새로운 사슬끼리 쌍이 되는 건 줄 알았는데 아니구나!

카피라고 하면 그런 이미지가 떠오르긴 하지. 하지만 복제는 단순히 똑같은 것을 하나 더 만드는 것이 아니야. 반드시 원래의 DNA 사슬이 주형이 되어서 새로 생긴 DNA 사슬과 짝이 되니까, 사실 원래의 DNA 사슬과는 다른 새로운 DNA 사슬이 생긴다고도 할 수 있어. 그래서 이것을 '**반보존적 복제**'라고 해. 원래의 DNA끼리나 새로운 DNA

끼리는 결코 조합할 수 없거든.

이 구조가 유전을 정확하게 전달하는 데 딱 들어맞았기 때문에 이 DNA 구조를 발견한 왓슨과 크릭은 단백질이 아닌 DNA가 유전물질이라는 사실을 알게 된 거야.

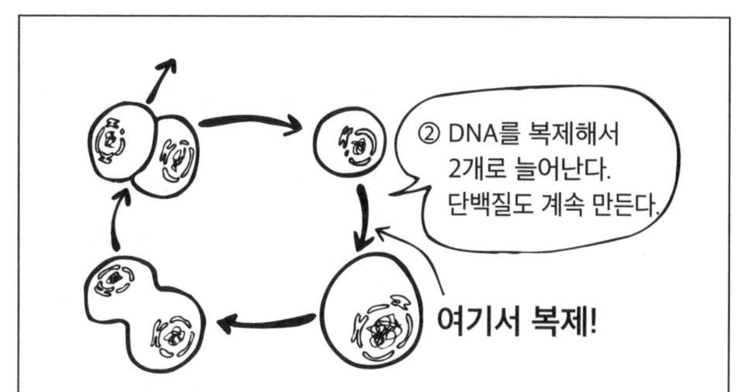

실제로 DNA 복제가 이루어지는 곳은 이 세포분열 그림의 ② 부분이야.

아아, 복제가 이 부분에서 이루어지는 거구나.

앞의 그림에는 단순히 DNA를 카피해서 2개로 늘리는 것밖에 나와 있지 않지만, 실제로는 지금 보는 것처럼 복제가 이루어져.

복제할 때 A와 T, G와 C라는 상보적 염기쌍의 짝이 되어서 복제하잖아. 그게 잘못 복제되는 일은 없을까?

당연히 있어.

놀랍지? DNA는 안정적이라고 했지만 사실 DNA 염기의 퓨린기(아데닌과 구아닌)가 하나의 세포에서 5000개씩 사라지거나, 사이토신이 RNA에 쓰이는 유라실로 변하기도 해. 이것은 세포의 DNA에는 매일 열(온도)이나 그 밖의 사고로 불규칙적인 변화가 많이 일어난다는 뜻이야. 또 복제할 때 잘못 복제하는 일도 생겨. 이건 곤란한 일

이지. 하지만 거의 틀리는 일은 없어. 복구하는 구조가 또 있거든. 세포 안에는 DNA 복구효소라는 것이 있는데, 그것이 작용해서 잘못을 수정해줘. 그래서 99.99%는 원래대로 복구되지.

즉 아주 약간의 잘못된 복제가 일어나는 거야. 이것을 '**변이**'라고 하는데, 사실상 이 변이라는 게 진화와 관련 있거든. 변이는 보통 유해한 쪽으로 작용하지만, 만약의 경우 잘못된 DNA 서열이 유리한 단백질을 만들게 되면 그 세포가 살아남아. 재미있지 않아?

그렇게 해서 DNA는 배로 늘고 세포는 분열하고 분열한 각각의 세포는 또 다시 DNA를 복제하고 세포분열을 반복해. 그런 식으로 유전자 정보가 계속 전달되는 거야.

하지만 DNA 복제만으로는 부족해. 새로 만든 DNA를 넣을 용기가 필요하거든. 즉 세포의 구성성분인 단백질에 관해서 살펴볼 필요가 있어. 이 단백질에는 일대 드라마라고도 할 수 있는 스토리가 있는데. 들어볼래?

우리는 시계 씨의 박학다식함에 감탄하면서 다음 물질인 '단백질'로 넘어갔다.

1.4 단백질 합성: 유전정보의 작용

1) 단백질 합성에 대수사 팀 결성

◆ DNA와 단백질을 연결하는 것은?

마침내 유전물질의 수수께끼가 밝혀졌다. 답은 바로 DNA였다! DNA의 상보적 염기쌍의 서열이 유전정보를 담당하고 있었던 것이다. 그리고 복제 구조도 상보적 염기쌍이라는 구조로 해명할 수 있었다. 그렇게 되자 생물학자들의 관심은 DNA **유전정보가 어떤 식으로 읽히고, 실제로 어떻게 작용하는가?**로 이어졌다.

우리 몸의 대부분을 구성하는 물질은 물이다. 이 물을 제외하면 반 이상이 단백질로 이루어져 있다. 그렇다면 우리 몸을 만드는 것은 단백질이라고 할 수 있다.

그리고 그 단백질은 불과 20가지 아미노산의 서열에 의해 많은 종류가 생긴다. 그렇기 때문에 DNA가 유전정보라는 사실이 밝혀졌을 때, 분자생물학자들은 그것이 단백질과 어떤 식으로 관련되어 있는지 알고 싶어 한 것이다. 우리도 그 시절로 되돌아가 관계를 밝혀보자.

때는 왓슨과 크릭이 DNA의 이중나선을 발견한 1953년.

DNA → 단백질

분자생물학자들은 DNA와 단백질의 관계를 연구하기 시작했다. 먼저 DNA 유전정보가 단백질을 만드는 정보일지도 모른다는 의문을 가졌다. 그리고 다양한 단백질은 4종류의 DNA 염기 서열에 의해 만들어지는 것이 아닐까 추측했다.

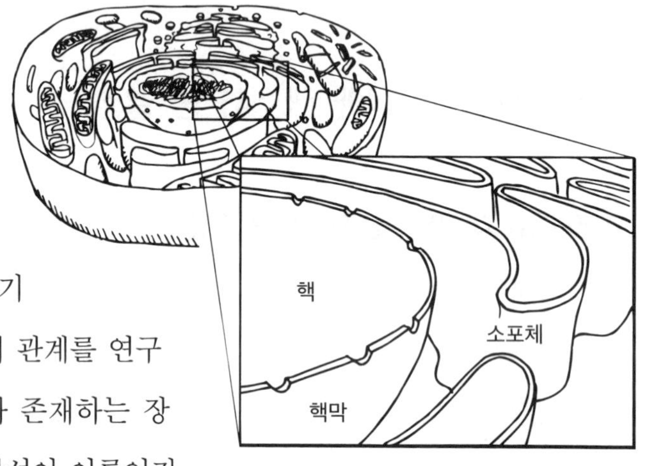

그런데 그것을 알아내기 위해서 DNA와 단백질의 관계를 연구하려고 했을 때, DNA가 존재하는 장소인 핵에서는 단백질 합성이 이루어지지 않는다는 사실이 밝혀진다. 단백질 합성은 세포질에서 일어나고 있었던 것이다.

위의 그림이 세포의 전체 모습이고, 오른쪽은 핵 주변을 확대한 그림이다.

이처럼 DNA의 거주지(핵 안)와 단백질 합성이 일어나는 장소(세포질 내부)가 달랐다. 이것은 단백질을 합성하는 데 DNA 정보를 직접적으로 사용할 수 없다는 뜻이다.

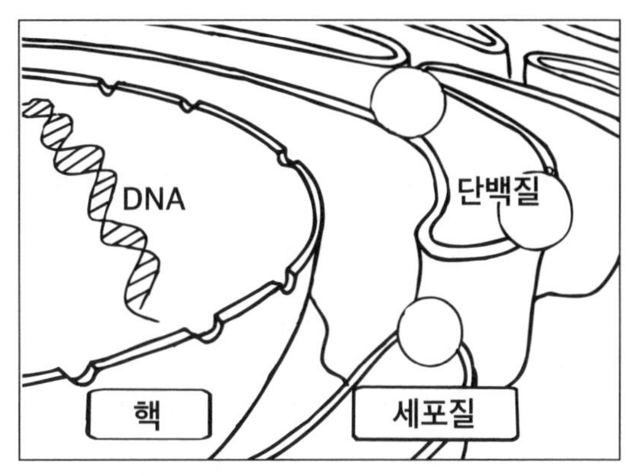

그렇게 되자 분자생물학자들은 다른 방법을 생각해야 했다. DNA에서 유전정보를 받아들여 세포질까지 이동하고 단백질을 합성할 때 정보를 전달하는 다른 물질, 즉 DNA 정보를 운반하는 분자가 필요하지 않을까? 다시 말해서 다음과 같은 흐름이다.

DNA → DNA 정보를 운반하는 분자? → 단백질

이때 유력한 후보로 떠오른 것이 RNA였다. 핵막 안의 주요 물질이 핵산인 DNA와 RNA, 단백질이라는 사실은 밝혀졌으니 정보분자 후보로 또 다른 핵산인 RNA가 주목을 받게 된 것이다.

◆ RNA란 무엇인가?

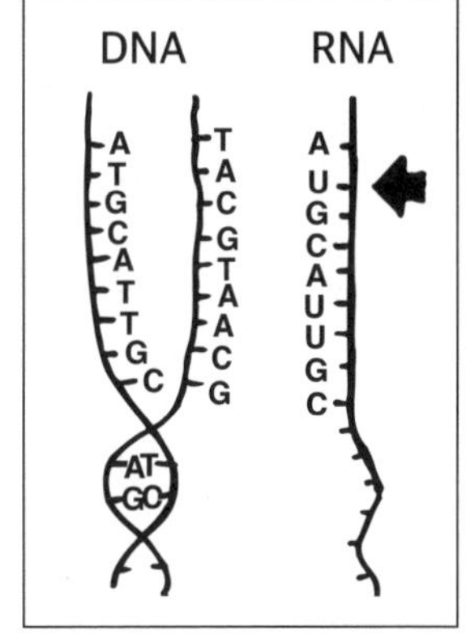

여기서 잠시 RNA에 관해서 알아보자. RNA는 간단히 말하면 'DNA의 친척'쯤 되는 물질이다. RNA는 리보뉴클레오타이드의 약자로 리보핵산이라고도 한다. RNA도 DNA와 마찬가지로 염기와 당과 인산으로 이루어진 뉴클레오타이드 사슬이다. 염기의 종류 역시 네 가지가 있다. 하지만

DNA와 RNA는 세 가지 다른 점이 있다.

① DNA는 이중나선 구조를 취하지만 RNA는 한 가닥 사슬이다.

② RNA에서는 타이민(T)이 아닌 유라실 (U)이 염기가 된다.

DNA는 A와 T, G와 C라는 상보적 염기쌍이며 이중나선으로 되어 있다. 반면 RNA는 A, U, G, C라는 4종류가 있다. RNA에는 DNA에 있는 타이민(T)이 없는 대신 유라실(U)이 있다.

③ RNA는 DNA보다 당에 산소(O)가 1개 더 많다.

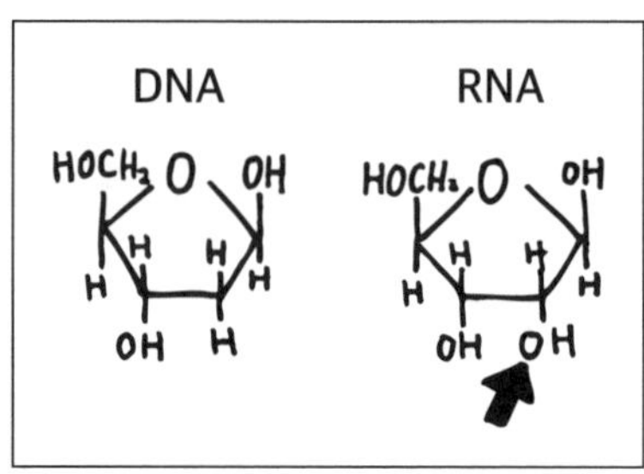

RNA는 DNA에 비해 당에 붙어 있는 O가 1개 더 많지만, 다른 것은 똑같다. 즉 RNA는 리보핵산이고 DNA는 데옥시리보핵산이다. '데옥시'란 '산소가 없다'는 뜻으로, 다시 말해서 DNA는 '산소 1개가 덜 붙어 있는' 리보핵산이다.

◆ 센트럴 도그마와 어댑터 가설

왓슨과 크릭이 DNA의 이중나선 구조를 발견한 지 반년이 지난 가을이었다. 나중에 크릭은 **'센트럴 도그마'**라고 불리게 된 가설을 세운다. 그 가설은 DNA에서 RNA에 정보가 전사되고, 그 RNA에서 단백질로 정보가 전달되는 흐름이 아닐까 하는 내용이었다.

센트럴 도그마

DNA → RNA → 단백질

처음에 학자들은 RNA가 접혀서 단백질 합성의 주형을 만들고, 20종류의 서로 다른 아미노산이 각각에 맞는 모양을 만드는 것이 아닐까라고 추측했다. 하지만 크릭은 화학적으로 많이 비슷한 아미노산을 엄밀하게 구별하기는 어렵다고 보고, 아미노산이 단백질에 포함되기 전에 특정한 어댑터 분자가 있는 것이 아닐까 생각했다. 그러기 위해서는 DNA 정보를 베낀 RNA로 아미노산을 가져오는 어댑터가 있을 것이라는 가설을 세웠다. 이것을 어댑터 가설이라고 한다.

DNA → RNA → 단백질
↑
어댑터가 아미노산을 운반한다?

그리고 이런 물질을 찾는 커다란 수색작전이 시작되었다!

◆ 첫 번째 RNA 발견-tRNA

제일 먼저 아미노산은 단백질이 되기 전에 특정 짧은 RNA에 붙는다는 사실이 수사망에 올랐다.

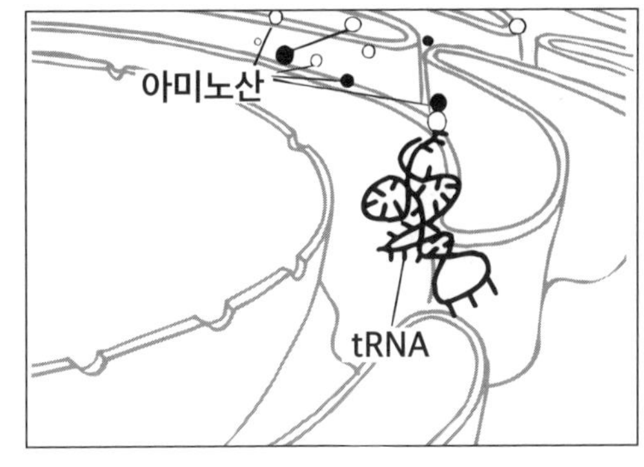

이 짧은 RNA는 아미노산을 운반해 오기 때문에 transfer RNA(transfer는 운반한다는 뜻)라는 이름이 붙었고, 줄여서 tRNA라고 한다. 트래칼리에서는 122p의 그림처럼 간략화된 부분 때문에 '스탬프 군'이라고도 부르는 친근한 존재이다. 그리고 이것이 바로 크릭이 말한 어댑터였다!

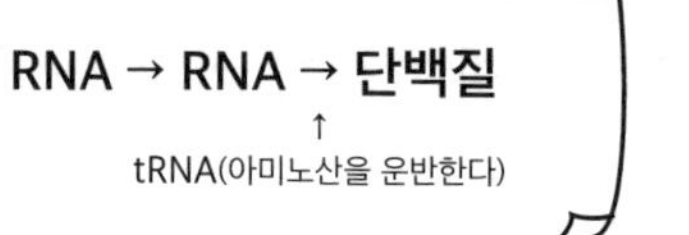

◆ 두 번째 RNA 발견-rRNA

얼마 지나지 않아 단백질 합성이 리보솜에서 이루어진다는 사실이 밝혀진다. 이 리보솜에도 RNA가 있었기 때문에 ribosomal RNA(리보솜에 있는 RNA라는 뜻), 줄여서 rRNA라고 한다. 리보솜에서 단백질 합성이 이루어지기 때문에, 처음에는 그 리보솜을 구성하는 rRNA가 단백질의 아미노산 서열을 결정하는 요소가 아닐까 추측했다.

하지만 생물의 종류에 상관없이 어느 종에서나 리보솜은 거의 비슷한 구성이었으며, 그렇게 되면 생물마다 고유한 차이가 나타나지 않는다. 즉 DNA 정보를 베끼는 것은 rRNA가 아닌 듯했다.

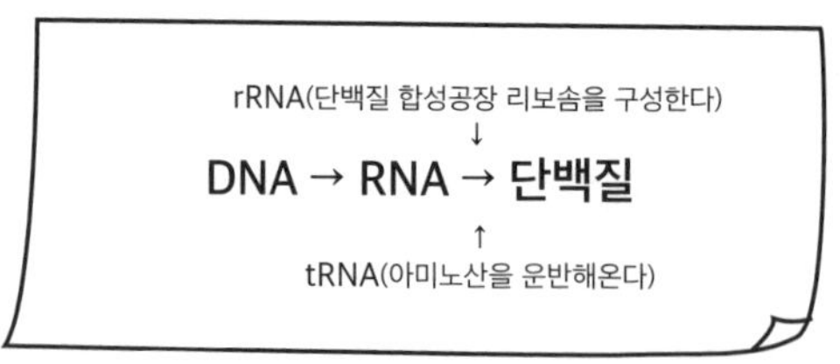

◆ 세 번째 RNA 발견-mRNA

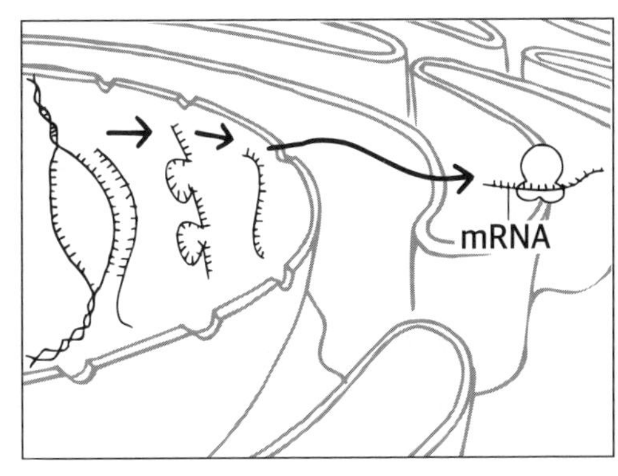

1960년 분자생물학자들은 T4파지에 감염된 세포에서 세 번째 RNA를 발견한다. 파지란 예를 들어 대장균과 같은 세균에 감염하는 바이러스를 말한다.

파지가 대장균을 감염시키면, 세균 안에 있는 자신의 RNA(T4 RNA)에서 파지 자신의 단백질을 만들기 위해서 대장균의 리보솜과 tRNA를 이용한다. 한마디로 멋대로 남의 집에 들어가 제 집인 양 자기가 해야 할 일을 시키는 것이다.

과학자들은 DNA의 정보를 RNA로 전사시켜 단백질 합성의 주형으로 작용하는 것이 T4 RNA라는 사실을 밝혀냈다.

또 이 RNA와 똑같은 것이 파지에 감염되지 않은 세포에서도 발견되었는데, 그것은 바로 DNA 정보를 운반하는 RNA였다. 이 RNA를 messenger RNA(전령RNA, 줄여서 mRNA)라고 이름 붙였다.

참고로 모든 RNA에는 tRNA가 약 10%, rRNA는 약 85%, 마지막에 발견한 mRNA는 약 4%가 들어 있다. mRNA는 불과 4%밖에 되지 않았기 때문에 좀처럼 발견되지 않았던 것이다.

과학자들은 이렇게 RNA에는 세 가지 타입이 있고 단백질 합성에서 서로 다른 역할을 한다는 것을 알아냈다. 그리고 DNA 유전정보는 DNA에서 mRNA로, mRNA에서 단백질로 전달된다는 사실도 밝혀냈다.

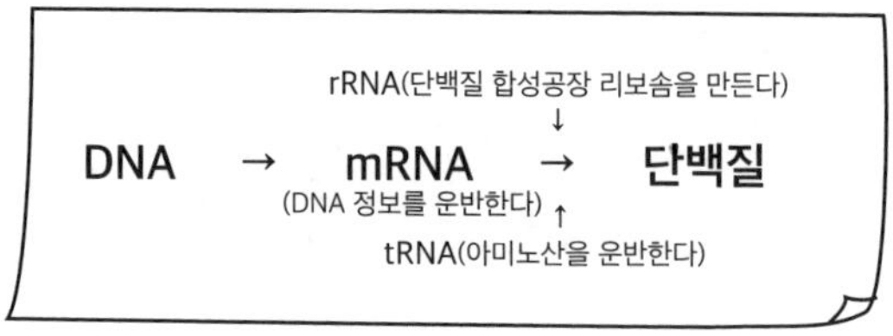

rRNA(단백질 합성공장 리보솜을 만든다)
↓
DNA → mRNA → 단백질
(DNA 정보를 운반한다) ↑
tRNA(아미노산을 운반한다)

◆ 유전암호가 밝혀지다!

이후 분자생물학자들이 흥미를 가진 것은 아미노산과 4종류의 DNA 염기와의 관계였다. 아미노산은 20종류, 염기는 4종류인데, 이것을 어떻게 구별할까?

4종류의 염기가 2개 배열되면 4×4=16종류가 된다. 아직 20종류에는 못 미치므로 하나 더 늘려서 3개를 배열해보자. 그렇게 하면 4×4×4=64가지가 구별된다. 1954년에는 이미 3개의 염기 서열에 의해 아미노산이 구별된다는 가설이 세워져 있었다. 이제 연구 주제는 어느 서열이 어느 아미노산에 대응하고 있는지에 대한 것으로 옮겨갔다. 그때 획기적인 실험이 이루어졌다.

유전암호

2문자째

1문자째(5′ 말단)	U	C	A	G	3문자째(3′ 말단)
U	UUU, UUC Phe UUA, UUG Leu	UCU, UCC, UCA, UCG Ser	UAU, UAC Tyr UAA STOP UAG STOP	UGU, UGC Cys UGA STOP UGG Trp	U C A G
C	CUU, CUC, CUA, CUG Leu	CCU, CCC, CCA, CCG Pro	CAU, CAC His CAA, CAG Gln	CGU, CGC, CGA, CGG Arg	U C A G
A	AUU, AUC, AUA Ile AUG Met	ACU, ACC, ACA, ACG Thr	AAU, AAC Asn AAA, AAG Lys	AGU, AGC Ser AGA, AGG Arg	U C A G
G	GUU, GUC, GUA, GUG Val	GCU, GCC, GCA, GCG Ala	GAU, GAC Asp GAA, GAG Glu	GGU, GGC, GGA, GGG Gly	U C A G

1961년, U–U–U–U–U–U–…라는 U로만 연결된 RNA 서열을 인공적으로 만들고, 리보솜에게 단백질을 만들게 해보았다. 그러자 20종류 아미노산 중 하나인 페닐알라닌이 연결된 폴리펩타이드가 나왔다. U–U–U가 페닐알라닌을 결정한다는 사실이 밝혀진 것이다!

이 기세를 몰아 분자생물학자들은 인공적으로 RNA서열을 만들어 연구했고, 1966년에는 3중 염기서열(이것을 코돈이라고 한다)에 대응하는 각각의 아미노산이 모두 판명되었다. 게다가 복제의 개시(Met)와 종결(세 가지) 코돈까지 밝혀져서 마침내 64종류의 모든 유전암호가 해명되었다.

◆ 유전암호는 모든 생물에 공통적이다!

이 코돈, 즉 유전암호에는 놀라운 사실이 있다. 그것은 기본적으로 모든 생물이 이 유전암호가 똑같다는 점이다.

유전암호 해독!
기본적으로 모든 생물에 공통적!

코돈을 비롯해 복제나 전사와 단백질 합성의 구조는 **지구상에 존재하는 모든 생물에게 공통적인** 사항이다.

그래서 분자생물학자들은 모든 생물이 원래 똑같은 하나의 세포에서 시작되었다고 생각했다.

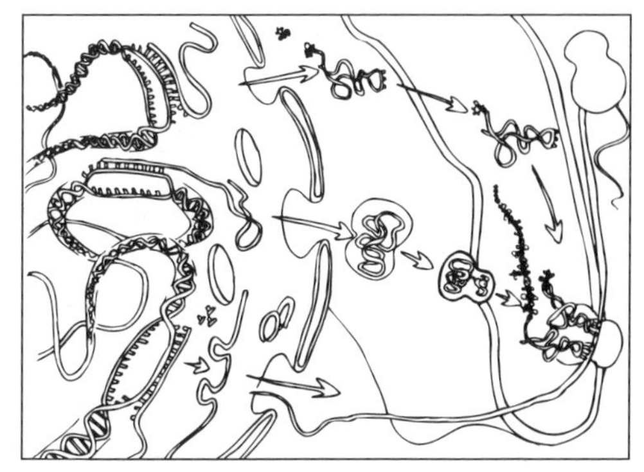

◆ 그 후의 진전과 스플라이싱

그 후 기술혁신은 분자생물학에 상당한 진보를 가져왔다. 1970년에 DNA 서열 내의 특정 장소에서 절단할 수 있는 **DNA 절단효소**(제한효소라고도 한다)가 발견되었고, DNA 재조합 기술 등이 생겨났다. 이러한 기술에 의해 대장균 등의 DNA뿐만 아니라 그때까지 너무 커서 다룰 수 없었던 인간 등 다세포 생물의 DNA를 다룰 수 있게 되었다. 또한 신속한 DNA 염기서열 결정법이 개발되어, 하룻밤 사이에 핵산 분자는 다루기 쉬워졌다.

인간 등의 진핵세포를 연구해보니, 유전자는 단백질을 만드는 데 사용되는 부분과 그렇지 않은 부분으로 분절되어 있었다. 유전자 중에 사용하는 부분을 엑손, 사용하지 않는 부분을 인트론이라고 한다. 세포는 유전자 서열을 전사하여 필요 없는 부분은 잘라내고 필요한 부분만 이어주는 스플라이싱이라는 과정을 수행한다는 사실도 밝혀졌다.

◆ 세 가지 RNA가 DNA와 단백질을 이어준다

RNA에는 tRNA, rRNA, mRNA가 있다. DNA가 가진 유전정보에는 어떤 단백질을 만들 수 있는지를 알려주는 방법이 담겨 있고 여러 RNA들은 단백질을 만들게 하는 지침을 가지고 있다.

mRNA는 단백질을 합성하는 아미노산의 서열을 결정한다.

tRNA는 단백질의 재료인 아미노산과 결합하여 그것을 운반한다.

rRNA는 리보솜이 되고 단백질 합성공장이 된다.

이 세 가지 RNA가 협력하여 아미노산을 연결하고 단백질을 만드는 것이다. 이렇게 해서 단백질 합성의 대수사는 막을 내린다.

2) 단백질 합성 레시피: 장인의 기술

단백질 합성 레시피!!

DNA는 유전정보이고, 그 유전정보에는 단백질을 만드는 방법이 쓰여 있다. 단백질은 아미노산이 많이 연결되어 있는 것인데, 어떤 아미노산을 몇 개나 어떤 순서로 배열하는지가 DNA 유전정보에 쓰여 있는 것이다. 앞으로 나오는 '단백질 합성 레시피'에서는 그 단백질 합성에 초점을 맞춰서 살펴보려 한다.

◆ 간략한 단백질 합성 레시피

먼저 단백질 합성 그림을 보면서 간략하게 흐름을 확인해보자.

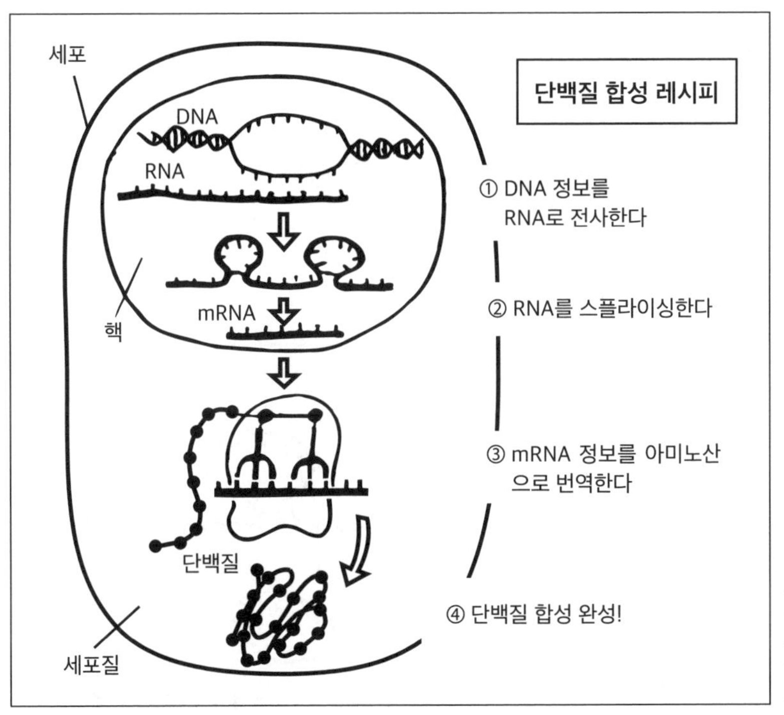

NOTE
세포에는 스플라이싱을 하는 것(진핵세포)과 스플라이싱을 하지 않는 것(원핵세포)이 있다.

인간 등의 다세포생물은 진핵세포로 이루어져 있다.

그럼 여기서 좀 더 자세히 살펴보자.

① DNA 정보를 RNA로 전사한다.

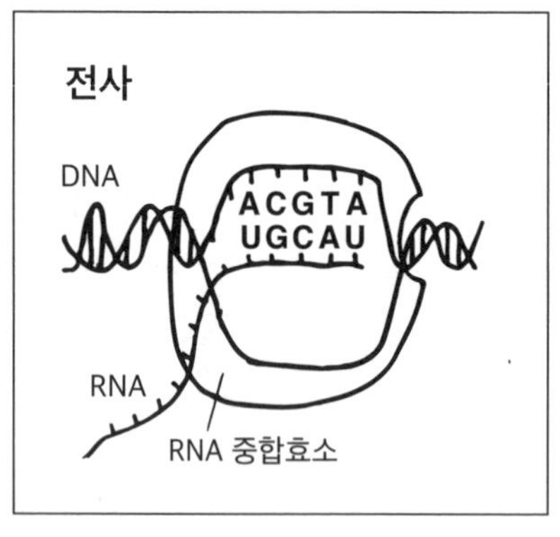

핵 안의 DNA 이중나선을 열어 유전 정보인 염기서열을 RNA로 카피한다. 이것을 전사라고 한다. DNA에서 RNA로 전사시키는 효소가 RNA중합효소이다.

염기 조합 규칙은 아래의 표와 같다.

DNA	A	T	G	C
RNA	U	A	C	G

복제와 비슷하지만 RNA 염기는 A, U, G, C이므로 A(아데닌)에는 U(유라실)가 대응한다. 또 복제의 경우에는 DNA를 통째로 합성하지만 전사의 경우에는 DNA의 일부분, 유전자 부분을 합성한다. 즉 DNA 유전자 부분이 사실상 단백질이 되는 정보를 갖고 있다고 할 수 있다.

② RNA를 스플라이싱한다

진핵세포의 경우 유전자는 다시 엑손과 인트론이라는 두 부분으로 나뉜다. 엑손은 단백질이 되는 정보를 갖고 있지만, 인트론은 무슨 역할을 하는지 아직 밝혀지지 않았다.

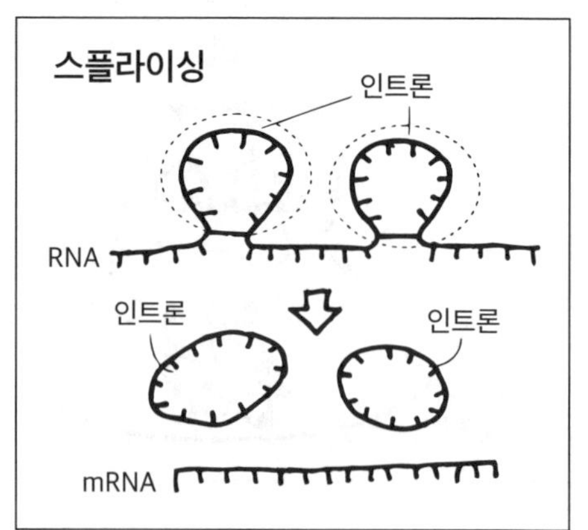

DNA의 일부(유전자)를 합성한 RNA 중 단백질을 만드는 데 필요 없는 인트론 부분은 삭제하고 엑손만 남긴다. 이것을 RNA 스플라이싱이라고 한다.

이렇게 해서 생긴 RNA를 messanger RNA(mRNA)라고 하는데, mRNA는 단백질 합성의 주형이 되어 핵 밖으로 나가 세포질로 들어간다.

장인의 기술

단백질 합성을 설명하는 도중이기는 하지만, '장인의 기술' 시간이 돌아왔다. 여기서는 다양한 장인의 기술을 소개하고 있는데, 이번에는 그중에서도,

③ mRNA 정보를 **아미노산으로 번역한다.**

에 초점을 맞춰 소개해볼까 한다.

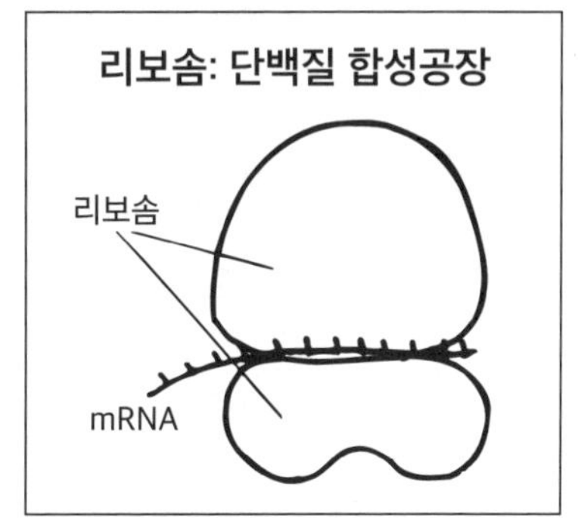

③-1 : mRNA는 **리보솜에 붙는다.**

스플라이싱된 mRNA는 핵 밖으로 나와 세포질 안에서 리보솜에 붙는다. 리보솜은 rRNA와 단백질로 이루어진 큰 복합체로, 크기가 다른 2가지 부품으로 구성된 '단백질 합성공장'이다. 크고 작은 두 가지 단위체로 구성되어 있다. 이 리보솜에서 RNA 정보를 아미노산으로 번역하여 단백질을 만드는 것이다.

③-2: **리보솜은 mRNA가 운반해온 유전정보를 번역한다.**

리보솜은 mRNA의 염기서열을 세 개씩 읽고 1개의 아미노산으로 **번역**한다. 그 세 개의 염기 조합을 **코돈**이라고 하는데, 그것이 20종류의 아미노산 중 하나와 대응한다. 코돈을 아미노산에 대응시키는 이 규칙을 '유전암호'라

고 한다. 코돈 조합은 4종류 염기가 3개씩 조합하므로, 4×4×4=64종류의 조합이 있다. 그에 반해 아미노산의 종류는 20가지이다. 과학자들은 하나의 아미노산에 몇 종류의 코돈이 대응하도록 되어 있다는 것을 밝혀냈다.

아래의 유전 암호표는 코돈과 아미노산 사이의 관계를 보여준다. 예를 들어 표의 좌측 아래쪽을 보면 4개의 서로 다른 코돈(GUU, GUC, GUA, GUG)이 모두 아미노산 발린(Val)으로 읽힌다.

유전암호

2문자째

1문자째(5′ 말단) / 3문자째(3′ 말단)

	U	C	A	G	
U	UUU, UUC Phe UUA, UUG Leu	UCU, UCC, UCA, UCG Ser	UAU, UAC Tyr UAA STOP UAG STOP	UGU, UGC Cys UGA STOP UGG Trp	U C A G
C	CUU, CUC, CUA, CUG Leu	CCU, CCC, CCA, CCG Pro	CAU, CAC His CAA, CAG Gln	CGU, CGC, CGA, CGG Arg	U C A G
A	AUU, AUC, AUA Ile AUG Met	ACU, ACC, ACA, ACG Thr	AAU, AAC Asn AAA, AAG Lys	AGU, AGC Ser AGA, AGG Arg	U C A G
G	GUU, GUC, GUA, GUG Val	GCU, GCC, GCA, GCG Ala	GAU, GAC Asp GAA, GAG Glu	GGU, GGC, GGA, GGG Gly	U C A G

왼쪽은 코돈과 아미노산의 대응표이다. 예를 들어 표의 가장 왼쪽 아래 부분을 보자. 발린(Val)이라는 아미노산에 GUU, GUC, GUA, GUG 네 종류의 코돈이 대응한다는 것을 알 수 있다.

③-3: tRNA는 아미노산을 리보솜으로 운반해온다

DNA 정보를 전사한 mRNA의 염기서열을 아미노산으로 번역할 때, 그 아미노산을 운반하는 것이 바로 tRNA이다.

tRNA에 아미노산을 붙이는 것이 **아미노아실 tRNA 합성효소**인데, 이 효소가 tRNA와 아미노산의 관계를 '알고 있다'. 즉 tRNA는 mRNA의 삼중 염기(코돈)와 상보적 염기쌍을 만드는 부분(안티코돈)을 갖고 있고, tRNA와 아미노산이 아미노아실 tRNA 합성효소를 통해 결합함으로써 하나의 코돈에 하나의 아미노산이 대응하게 된다.

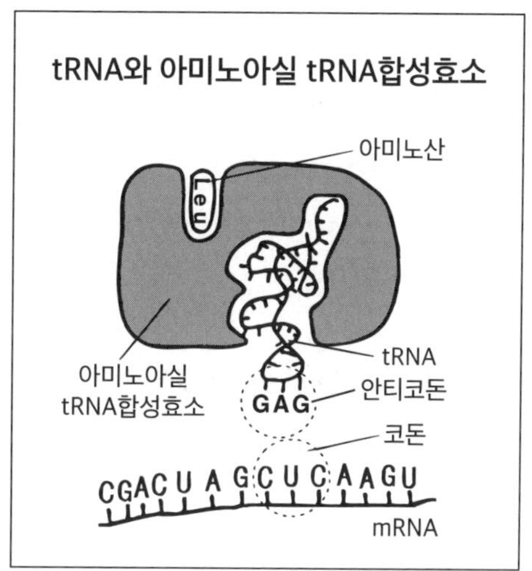

③-4: 리보솜에서 아미노산을 연결한다.

DNA 유전정보를 전사하는 mRNA. 아미노산을 운반하는 tRNA. 그리고 단백질 합성공장인 리보솜. 이제 배우는 모두 모였다.

먼저 mRNA 상의 코돈 1개에 아미노산 1개를 붙인 tRNA의 안티코돈이 대응하고, mRNA의 염기서열 정보를 아미노산으로 번역한다. 그러면 번역된 코돈의 다음 코돈(3개의 염기)에 대응하는 다른 tRNA가 붙고, 다시 아미노산으로 번역한다. 이렇게 해서 생긴 두 개의 아미노산을 리보솜 상에서 연결해가는 것이다. 그리고 차례차례 번역 · 결합 작업을 반복한 결과 생긴 아미노산이 잔뜩 연결된 것을 폴리펩타이드라고 한다.

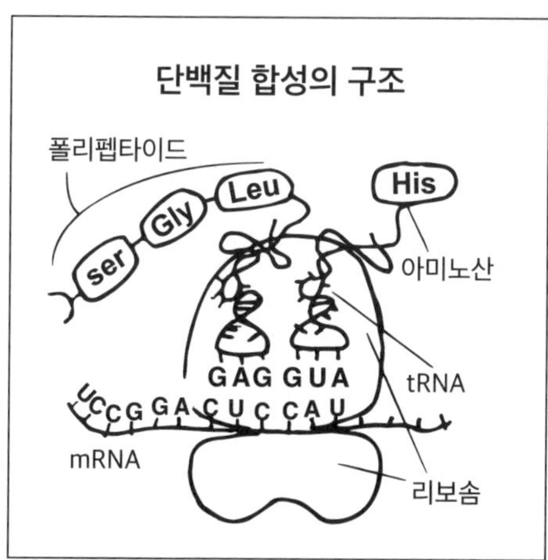

지금까지 mRNA 정보를 아미노산으로 번역하는 모습을 살펴보았다. 과연 장인이다. 계속해서 단백질 합성에 관해 살펴보려 한다.

장인의 기술 끝

④ 단백질 합성의 완성

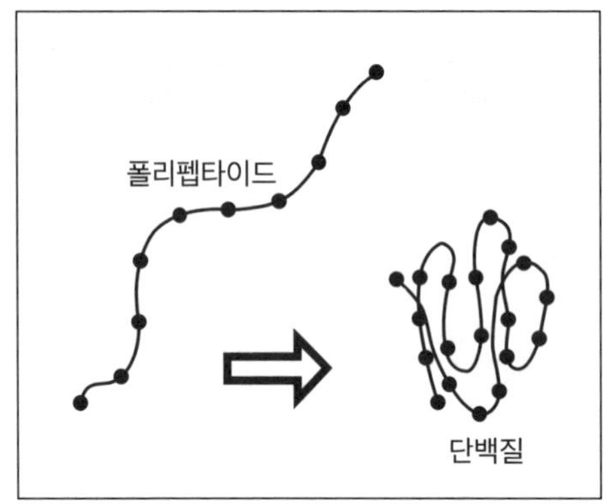

마침내 단백질 합성이 완성되었다.

리보솜에서 번역이 계속 진행되어 mRNA 상에서 '이제 여기서 번역은 끝'이라는 표시인 mRNA 상의 종결코돈까지 오면 mRNA와 리보솜과 폴리펩타이드는 제각각 흩어진다.

이때 폴리펩타이드는 세포 속에서 자연스럽게 3차원 형태가 된다. 이것은 폴리펩타이드가 구성하고 있는 아미노산에 친수성(물을 좋아함)과 소수성(물을 싫어함)이라는 성질이 있기 때문이다. 세포 안에는 물이 많은데, 물을 싫어하는 소수성 아미노산은 안쪽으로, 물을 좋아하는 친수성 아미노산은 바깥쪽으로 향하는 성질이 폴리펩타이드를 입체적인 구조로 만든다. 이렇게 만들어진 3차원 형태를 단백질이라고 한다.

아미노산의 서열 방법과 연결 개수에 따라 단백질의 종류가 달라진다. 전형적 단백질은 약 300개의 아미노산으로 이루어져 있기 때문에 20종류의 아미노산으로 만들 수 있는 단백질의 종류는 10390종 이상이나 된다. 하지만 실제로 우리의 몸속에서 생성되는 단백질은 약 1만 종 정도이다.

단백질 합성에 대해 잘 알았지?

여기서 다시 오늘의 포인트를 간단히 정리해볼게.

단백질 합성 레시피

① DNA 정보를 RNA로 전사한다.
② RNA를 스플라이싱한다.
③ mRNA 정보를 아미노산으로 번역한다.
④ 단백질 합성을 완성한다.

그리고 장인의 기술 'mRNA 정보를 아미노산으로 번역하는 구조'에 나와 있는 RNA들.

mRNA DNA에서 전사된 유전정보를 갖는다.
tRNA 아미노산을 운반한다.
리보솜 단백질 합성공장.

이 세 RNA가 잘 어우러져 단백질을 합성한다는 것을 알았겠지?

4종류에 불과한 염기서열에서 20종류의 아미노산이 만들어지고, 수만 종류의 단백질이 되는 거야. 알고 보면 얼마 되지 않는 물질에서 다양한 종류의 단백질이 생기고, 그것이 우리 몸을 구성하는 세포 안에서 작용하고 있다고 하니 정말 놀라지 않을 수가 없어.

3) 단백질을 만들자!: 세포의 달인 편

◆ 달인의 초대장

"흠, 이런 식으로 단백질을 만드는구나. 하지만 지금은 잘 모르겠어."

"나도 그래."

다른 학생이 맞장구를 쳤다.

"설명을 더 들어야 할 것 같아!"

"편지요~"

"뭐야, 뭐야?"

"어디어디, 세포의 달인으로부터…? 뭐지? 초대장이야."

"읽어봐."

트래칼리 학생 여러분께.

당사에서는 이번에 기획하고 있는 〈세포의 달인〉이라는 프로그램에서 달인세포와 대결을 할 인재를 모집하고 있습니다. 평소 여러분이 《세포의 분자생물학》을 읽고, 세포, 생명, 분자에 관한 지식을 넓히고 있다는 소식을 전해 들었습니다. 하여 트래칼리 여러분의 참가를 바라는 마음에 이렇게 초대장을 보냅니다. 갑작스러운 초대에 놀라셨을 줄 압니다만, 참석해주시면 감사하겠습니다.

DNA TV 주식회사

뭐!? 뭐지? 이건 요리대결 같은 거잖아. 누가 할래?

나 해볼래! 재밌을 것 같아!

손을 든 사람은 트래칼리에서도 가장 뛰어난 실력자 차크였다. 그때부터 차크는 열심히 《세포의 분자생물학》을 읽었다.

몇 주 후 결전의 날이 찾아왔다.

◆ 달인 등장

여러분 안녕하세요. DNA TV, 셀-스타디움에서 보내드리고 있는 〈세포의 달인〉입니다. 오늘은 트래칼리의 차크 씨와 세포의 달인이 이곳에서 승부를 겨룰 예정입니다.

차크 씨도 달인도 이미 스타디움에서 대기하고 있습니다. 양쪽 모두 잔뜩 긴장하고 있군요.

여기서 이 대회를 주최하신 분의 말씀이 있겠습니다. 자 오늘이 스타디움에서 어떤 드라마가 펼쳐질까요? 여러분도 기대해주세요.

우리가 이미 알다시피…

DNA는 틀림없이 유전정보입니다.

정보는 존재하는 것만으로는 아무런 의미가 없습니다. 정보는 기능을 해야 비로소 의미가 생깁니다.

그렇다면 DNA 정보가 제 기능을 했을 때 만들 수 있는 것….

그것이 바로 우리가 하고자 하는 것입니다.

오늘의 주제는… **단 백 질 합 성 !**

네, 발표됐군요, 오늘의 주제는 단백질 합성입니다.

오늘은 아미노산을 이용해 단백질을 만들 예정입니다. 단백질로 무엇을 어떻게 하는 것일까요…? 번뜩이는 아이디어는 물론 조리시간도 포인트입니다.

단백질은 아미노산이 연결되어 만들어지는 것이니까 아미노산이 필요하겠군요. 회장에는 20종류의 아미노산이 준비되어 있습니다.

알라닌^{Ala}
시스테인^{Cys}
아스파르트산^{Asp}
글루탐산^{Glu}
페닐알라닌^{Phe}
글리신^{Gly}
히스티딘^{His}
이소로이신^{Ils}
리신^{Lys}
로이신^{Leu}

메티오닌^{Met}
아스파라긴^{Asn}
프롤린^{Pro}
글루타민^{Gln}
세린^{Ser}
트레오닌^{Thr}
발린^{Val}
트립토판^{Trp}
티로신^{Tyr}
아르기닌^{Arg}

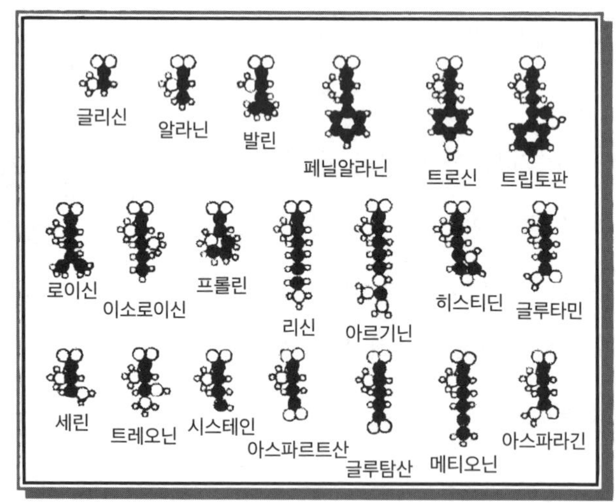

이렇게 20종류입니다.

고작 이것밖에 안 되는 아미노산으로 다양한 기능을 가진 단백질을 만들 수 있다고 합니다!!

아주 기대되는데요? 도대체 어떤 결과가 나타날지 궁금합니다.

자 오늘의 도전자를 만나볼까요? 트래칼리 학생 차크 씨입니다!!

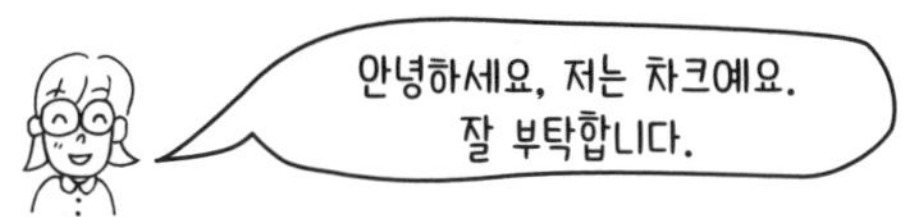

안녕하세요, 저는 차크예요.
잘 부탁합니다.

그럼 상대가 될 달인을 불러볼까요. 나오세요, 달인!!

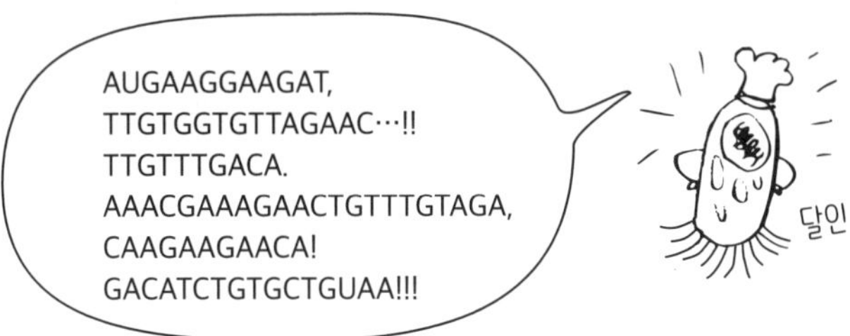

AUGAAGGAAGAT,
TTGTGGTGTTAGAAC…!!
TTGTTTGACA.
AAACGAAAGAACTGTTTGTAGA,
CAAGAAGAACA!
GACATCTGTGCTGUAA!!!

네, 지금 달인이 한 말을 번역하면, "오늘의 주제인 단백질 합성은 내가 가장 자신 있는 분야지만, 도전자 차크 씨도 만만치 않은 상대인 것 같습니다. 하지만 최선을 다해 대결하겠습니다!!!"라고 하는군요. 하지만 승자는 한사람뿐입니다! 냉혹하지만 그것이 룰입니다!! 양측 모두 최선을 다해주시기 바랍니다.

그리고 심사위원은… 주부 경력 ○○년!
아주트래 여러분입니다.

히라메

단백질. 지금은 얼마든지 먹을 수 있지만 옛날 사람들은 1년에 한 번 잔치 때나 먹을 수 있는 것이었어. 명절에 먹는 고기반찬, 생선

전, 부침 등은 거의 단백질이지. 맛있는 단백질! 오늘은 도대체 무엇을 만들지 아주 기대되는데.

어머, 그게 아니야, 음식도 단백질이지만 오늘 만드는 것은 몸을 이루고 있는 중요한 물질인 단백질을 다루는 거야! 물을 제외하면 몸을 만드는 대부분의 물질은 단백질이기 때문에 아주 중요하거든!

맞습니다! 우리가 단백질을 잘 다룰 수 있게 된다면 활력이 넘칠 겁니다!

난 피부의 콜라겐, 머리카락의 케라틴, 효소를 운반하는 헤모글로빈이 단백질이라고 들었어, 광고에도 나오던데. 콜라겐이 들어간 크림, 케라틴을 보충해주는 샴푸, 그런데 외부에서 주입해도 정말 작용할까? 오늘 단백질이 만들어지는 과정을 직접 보고 싶어.

◆ 오늘의 테마: 단백질 합성의 흐름

우리가 하려는 것은 단백질 합성인데, 오늘의 백미는 뭐니뭐니해도 그 과정이죠. 여기서 단백질 합성의 흐름을 확인해볼까요?

크게 보면 'DNA ⇒ RNA ⇒ 단백질' 이런 흐름입니다.
이것을 하나하나 순서로 만들어보면 다음과 같습니다.

① 처음에는 핵 안에서 DNA 이중나선이 풀리고, 한쪽 사슬 일부분의 염기서열이 전사됩니다. 전사된 이것을 RNA라고 합니다.
② 다음에는 이 RNA의 불필요한 부분을 도려내는 스플라이싱이 일어납

니다.

③ 불필요한 부분을 도려낸 RNA는 핵 밖으로 나와서 단백질을 합성하는 정보가 되고 아미노산에 연결됩니다.

④ 마지막으로 단백질이 완성됩니다.

언뜻 보기에는 간단한 흐름이지만, 이 안에는 다양하고 세밀한 작업이 있습니다. 그러면 레시피를 봐주세요. 이처럼 단백질 합성은 세포 안에서 이루어집니다. 오늘은 이 레시피의 도움을 받으며 경기를 지켜보겠습니다.

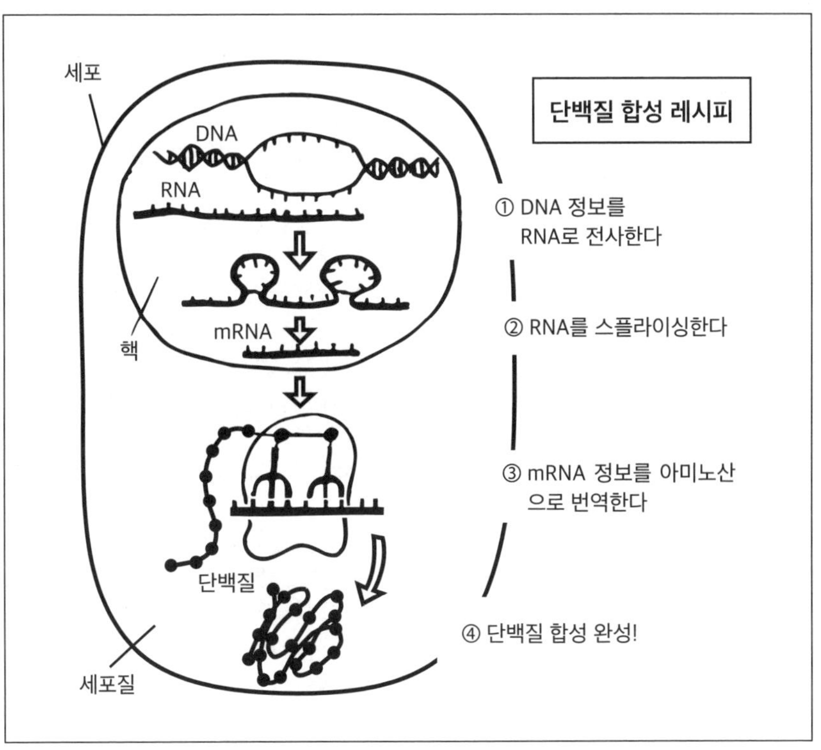

자 이제 드디어 경기를 시작할까요?

시 작!!

DNA 염기서열

```
CCCTGTGGAGCCACACCCTAGGGTTGGCCAATCTACTCCCAGGAGCAGGGAGGGCAGGAG
GGGACACCTCGGTGTGGGATCCCAACCGGTTAGATGAGGGTCCTCGTCCCTCCCGTCCTC

CCAGGGCTGGGCATAAAAGTCAGGGCAGAGCCATCTATTGCTTACATTTGCTTCTGACAC
GGTCCCGACCCGTATTTTCAGTCCCGTCTCGGTAGATAACGAATGTAAACGAAGACTGTG

AACTGTGTTCACTAGCAACTCAAACAGACACCATGGTGCACCTGACTCCTGAGGAGAAGT
TTGACACAAGTGATCGTTGAGTTTGTCTGTGGTACCACGTGGACTGAGGACTCCTCTTCA

CTGCCGTTACTGCCCTGTGGGGCAAGGTGAACGTGGATGAAGTTGGTGGTGAGGCCCTGG
GACGGCAATGACGGGACACCCCGTTCCACTTGCACCTACTTCAACCACCACTCCGGGACC

GCAGGTTGGTATCAAGGTTACAAGACAGGTTTAAGGAGACCAATAGAAACTGGGCATGTG
CGTCCAACCATAGTTCCAATGTTCTGTCCAAATTCCTCTGGTTATCTTTGACCCGTACAC

GAGACAGAGAAGACTCTTGGGTTTCTGATAGGCACTGACTCTCTCTGCCTATTGGTCTAT
CTCTGTCTCTTCTGAGAACCCAAAGACTATCCGTGACTGAGAGAGACGGATAACCAGATA

TTTCCCACCCTTAGGCTGCTGGTGGTCTACCCTTGGACCCAGAGGTTCTTTGAGTCCTTT
AAAGGGTGGGAATCCGACGACCACCAGATGGGAACCTGGGTCTCCAAGAAACTCAGGAAA

GGGGATCTGTCCACTCCTGATGCTGTTATGGGCAACCCTAAGGTGAAGGCTCATGGCAAG
CCCCTAGACAGGTGAGGACTACGACAATACCCGTTGGGATTCCACTTCCGAGTACCGTTC

AAAGTGCTCGGTGCCTTTAGTGATGGCCTGGCTCACCTGGACAACCTCAAGGGCACCTTT
TTTCACGAGCCACGGAAATCACTACCGGACCGAGTGGACCTGTTGGAGTTCCCGTGGAAA

GCCACACTGAGTGAGCTGCACTGTGACAAGCTGCACGTGGATCCTGAGAACTTCAGGGTG
CGGTGTGACTCACTCGACGTGACACTGTTCGACGTGCACCTAGGACTCTTGAAGTCCCAC

AGTCTATGGGACCCTTGATGTTTTCTTTCCCCTTCTTTTCTATGGTTAAGTTCATGTCAT
TCAGATACCCTGGGAACTACAAAAGAAAGGGGAAGAAAAGATACCAATTCAAGTACAGTA

AGGAAGGGGAGAAGTAACAGGGTACAGTTTAGAATGGGAAACAGACGAATGATTGCATCA
TCCTTCCCCTCTTCATTGTCCCATGTCAAATCTTACCCTTTGTCTGCTTACTAACGTAGT

GTGTGGAAGTCTCAGGATCGTTTTAGTTTCTTTTATTTGCTGTTCATAACAATTGTTTTC
CACACCTTCAGAGTCCTAGCAAAATCAAAGAAAATAAACGACAAGTATTGTTAACAAAAG

TTTTGTTTAATTCTTGCTTTCTTTTTTTTTCTTCTCCGCAATTTTTACTATTATACTTAA
AAAACAAATTAAGAACGAAAGAAAAAAAAAGAAGAGGCGTTAAAAATGATAATATGAATT

TGCCTTAACATTGTGTATAACAAAAGGAAATATCTCTGAGATACATTAAGTAACTTAAAA
ACGGAATTGTAACACATATTGTTTTCCTTTATAGAGACTCTATGTAATTCATTGAATTTT

AAAAACTTTACACAGTCTGCCTAGTACATTACTATTTGGAATATATGTGTGCTTATTTGC
TTTTTGAAATGTGTCAGACGGATCATGTAATGATAAACCTTATATACACACGAATAAACG

ATATTCATAATCTCCCTACTTTATTTTCTTTTATTTTTAATTGATACATAATCATTATAC
TATAAGTATTAGAGGGATGAAATAAAAGAAAATAAAAATTAACTATGTATTAGTAATATG

ATATTTATGGGTTAAAGTGTAATGTTTTAATATGTGTACACATATTGACCAAATCAGGGT
TATAAATACCCAATTTCACATTACAAAATTATACACATGTGTATAACTGGTTTAGTCCCA

AATTTTGCATTTGTAATTTTAAAAAATGCTTTCTTCTTTTAATATACTTTTTTGTTTATC
TTAAAACGTAAACATTAAAATTTTTTACGAAAGAAGAAAATTATATGAAAAAACAAATAG

TTATTTCTAATACTTTCCCTAATCTCTTTCTTTCAGGGCAATAATGATACAATGTATCAT
AATAAAGATTATGAAAGGGATTAGAGAAAGAAAGTCCCGTTATTACTATGTTACATAGTA

GCCTCTTTGCACCATTCTAAAGAATAACAGTGATAATTTCTGGGTTAAGGCAATAGCAAT
CGGAGAAACGTGGTAAGATTTCTTATTGTCACTATTAAAGACCCAATTCCGTTATCGTTA

ATTTCTGCATATAAATATTTCTGCATATAAATTGTAACTGATGTAAGAGGTTTCATATTG
TAAAGACGTATATTTATAAAGACGTATATTTAACATTGACTACATTCTCCAAAGTATAAC

CTAATAGCAGCTACAATCCAGCTACCATTCTGCTTTTATTTTATGGTTGGGATAAGGCTG
GATTATCGTCGATGTTAGGTCGATGGTAAGACGAAAATAAAATACCAACCCTATTCCGAC

GATTATTCTGAGTCCAAGCTAGGCCCTTTTGCTAATCATGTTCATACCTCTTATCTTCCT
CTAATAAGACTCAGGTTCGATCCGGGAAAACGATTAGTACAAGTATGGAGAATAGAAGGA

CCCACAGCTCCTGGGCAACGTGCTGGTCTGTGTGCTGGCCCATCACTTTGGCAAAGAATT
GGGTGTCGAGGACCCGTTGCACGACCAGACACACGACCGGGTAGTGAAACCGTTTCTTAA

CACCCCACCAGTGCAGGCTGCCTATCAGAAAGTGGTGGCTGGTGTGGCTAATGCCCTGGC
GTGGGGTGGTCACGTCCGACGGATAGTCTTTCACCACCGACCACACCGATTACGGGACCG

CCACAAGTATCACTAAGCTCGCTTTCTTGCTGTCCAATTTCTATTAAAGGTTCCTTTGTT
GGTGTTCATAGTGATTCGAGCGAAAGAACGACAGGTTAAAGATAATTTCCAAGGAAACAA

CCCTAAGTCCAACTACTAAACTGGGGGATATTATGAAGGGCCTTGAGCATCTGGATTCTG
GGGATTCAGGTTGATGATTTGACCCCCTATAATACTTCCCGGAACTCGTAGACCTAAGAC

CCTAATAAAAAACATTTATTTTCATTGCAATGATGTATTTAAATTATTTCTGAATATTTT
GGATTATTTTTTGTAAATAAAAGTAACGTTACTACATAAATTTAATAAAGACTTATAAAA

ACTAAAAAGGGAATGTGGGAGGTCAGTGCATTTAAAACATAAAGAAATGATGAGCTGTTC
TGATTTTTCCCTTACACCCTCCAGTCACGTAAATTTTGTATTTCTTTACTACTCGACAAG

AAACCTTGGGAAAATACACTATATCTTAAACTCCATGAAAGAAGGTGAGGCTGCAACCAG
TTTGGAACCCTTTTATGTGATATAGAATTTGAGGTACTTTCTTCCACTCCGACGTTGGTC

CTAATGCACATTGGCAACAGCCCCTGATGCCTATGCCTTATTCATCCCTCAGAAAAGGAT
GATTACGTGTAACCGTTGTCGGGGACTACGGATACGGAATAAGTAGGGAGTCTTTTCCTA

TCTTGTAGAGGCTTGATTTGCAGGTTAAAGTTTTGCTATGCTGTATTTTACATTACTTAT
AGAACATCTCCGAACTAAACGTCCAATTTCAAAACGATACGACATAAAATGTAATGAATA

TGTTTTAGCTGTCCTCATGAATGTCTTTTC
ACAAAATCGACAGGAGTACTTACAGAAAAG
```

《세포의 분자생물학 제3판》에서 편집

◆ 1단계-DNA 정보 카피(전사)

달인, 벌써 전사를 시작했습니다. 아까도 말했지만 전사란 DNA 염기서열을 부분적으로 카피해서 A는 U, T는 A, C는 G, G는 C에 상보적인 형태를 이용해 베끼는 것입니다. 그렇게 해서 한 가닥 사슬의 RNA를 만드는 것이죠.

DNA	G	C	T	A
	↓	↓	↓	↓
RNA	C	G	A	U

그건 그렇고 달인! RNA를 정말 빨리 만들고 있군요. 빠릅니다. 작업속도가 점점 빨라지는데요. 그에 반해 도전자는…, 이런, 그릇에 담겨 있는 DNA 염기서열을 열심히 보고 있군요! 자, 심사위원 여러분도 보이시나요?

이걸 도대체 어떻게 하라는 거야?

좋은 질문이네요. 도전자 측에 물어보니, 이것은 어떤 단백질(β글로빈)을 만들 수 있는 DNA 염기서열이었습니다. 이 한쪽 서열을 읽어내고, 거기에 대응하는 염기를 전사해가는 것 같습니다.

그건 그렇고 눈이 핑핑 돌 것 같은데요….

앗, 전사를 시작했습니다.

어머나, A에서 U, C에서 G로 꼼꼼하게 하나씩 전사하고 있네. 이렇게 깨알같이 작은 것이 많이 있으면 틀리지 않게 하기도 힘들겠어.

도전자 차크 씨 어떻습니까?

네. 레시피(규칙)는 간단해서 A에서 U, T에서 A, G에서 C, C에서 G로 전사하기만 하면 되는데, 매우 단조롭고 세밀한 작업입니다. 엉키지 않도록 신경도 써야 하고, 벌써부터 힘들어요! 하지만 틀리지 않도록 천천히 할 거니까 괜찮아요! 이렇게 해서 완성된 것이 RNA이니까요.

DNA	G	C	T	A
RNA	↓ C	↓ G	↓ A	↓ U

과연! 달인에 비해 도전자는 천천히 정확하게 작업을 해나가고 있으니 전사 과정을 잘 이해하겠군요. 하지만 이렇게 천천히 해도 괜찮을까요? 도전자를 도와줄 사람이 좀 필요하지 않을는지. 하지만 저는 진행을 해야 하기 때문에 도와줄 수가 없군요.

아! 여기서는 시청자(독자) 여러분에게 도움을 받는다면 문제가 없을 것 같은데요, 차크 씨 도움이 필요합니까?

네, 그렇게 해주신다면 감사하죠. 거의 다 끝내긴 했어요. 이제 조금만 더 하면 되는데 다음 작업도 준비해야 하니까, 잘 부탁드릴게요.

DNA	G	C	T	A
RNA	↓ C	↓ G	↓ A	↓ U

방법은 간단해요.

여기에 쓰여 있는 염기는 위 칸에 있는 것이 베끼는 DNA , 아래 칸에 있는 것은 전사되는 RNA니까 이 표에 쓰여 있는 규칙에 따라서 빈칸을 계속 RNA에 채워주기만 하면 돼요. 그럼 부탁드릴게요.

염기서열표1

GGGACACCTCGGTGTGGGATCCCAACCGGTTAGATGAGGGTCCT
CCCUGUGGAGCCACACCCUAGGGUUGGCCAAUCUACUCCCAGGA

CGTCCCTCCCGTCCTCGGTCCCGACCCGTATTTTCAGTCCCGTC
GCAGGGAGGGCAGGAGCCAGGGCUGGGCAUAAAAGUCAGGGCAG

TCGGTAGATAACGAATGTAAACGAAGACTGTGTTGACACAAGTG
AGCCAUCUAUUGCUUACAUUUGCUUCUGACACAACUGUGUUCAC

ATCGTTGAGTTTGTCTGTGG**TACCACGTGGACTGAGGACTCCTC**
UAGCAACUCAAACAGACACC

TTCAGACGGCAATGACGGGACACCCCGTTCCACTTGCACCTACT

TCAACCACCACTCCGGGACCCGTCCAACCATAGTTCCAATGTTC
GUUGGUAUCAAGGUUACAAG

TGTCCAAATTCCTCTGGTTATCTTTGACCCGTACACCTCTGTCT
ACAGGUUUAAGGAGACCAAUAGAAACUGGGCAUGUGGAGACAGA

CTTCTGAGAACCCAAAGACTATCCGTGACTGAGAGAGACGGATA
GAAGACUCUUGGGUUUCUGAUAGGCACUGACUCUCUCUGCCUAU

ACCAGATAAAAGGGTGGGAATC**CGACGACCACCAGATGGGAACC**
UGGUCUAUUUUCCCACCCUUAG

TGGGTCTCCAAGAAACTCAGGAAACCCCTAGACAGGTGAGGACT

ACGACAATACCCGTTGGGATTCCACTTCCGAGTACCGTTCTTTC

ACGAGCCACGGAAATCACTACCGGACCGAGTGGACCTGTTGGAG

TTCCCGTGGAAACGGTGTGACTCACTCGACGTGACACTGTTCGA

CGTGCACCTAGGACTCTTGAAGTCCCACTCAGATACCCTGGGAA
GUGAGUCUAUGGGACCCUU

CTACAAAAGAAAGGGGAAGAAAAGATACCAATTCAAGTACAGTA
GAUGUUUUCUUUCCCCUUCUUUUCUAUGGUUAAGUUCAUGUCAU

TCCTTCCCCTCTTCATTGTCCCATGTCAAATCTTACCCTTTGTC
AGGAAGGGGAGAAGUAACAGGGUACAGUUUAGAAUGGGAAACAG

TGCTTACTAACGTAGTCACACCTTCAGAGTCCTAGCAAAATCAA
ACGAAUGAUUGCAUCAGUGUGGAAGUCUCAGGAUCGUUUUAGUU

AGAAAATAAACGACAAGTATTGTTAACAAAAGAAAACAAATTAA
UCUUUUAUUUGCUGUUCAUAACAAUUGUUUUCUUUUGUUUAAUU

GAACGAAAGAAAAAAAAAAGAAGAGGCGTTAAAAATGATAATATG
CUUGCUUUCUUUUUUUUUUCUUCUCCGCAAUUUUUACUAUUAUAC

AATTACGGAATTGTAACACATATTGTTTTCCTTTATAGAGACTC
UUAAUGCCUUAACAUUGUGUAUAACAAAAGGAAAUAUCUCUGAG

TATGTAATTCATTGAATTTTTTTTTGAAATGTGTCAGACGGATC
AUACAUUAAGUAACUUAAAAAAAAAACUUUACACAGUCUGCCUAG

ATGTAATGATAAACCTTATATACACACGAATAAACGTATAAGTA
UACAUUACUAUUUGGAAUAUAUGUGUGCUUAUUUGCAUAUUCAU

TTAGAGGGATGAAATAAAAGAAAATAAAAATTAACTATGTATTA
AAUCUCCCUACUUUAUUUUCUUUUAUUUUUAAUUGAUACAUAAU

GTAATATGTATAAATACCCAATTTCACATTACAAAATTATACAC
CAUUAUACAUAUUUAUGGGUUAAAGUGUAAUGUUUUAAUAUGUG

DNA	G	C	T	A
	↓	↓	↓	↓
RNA	C	G	A	U

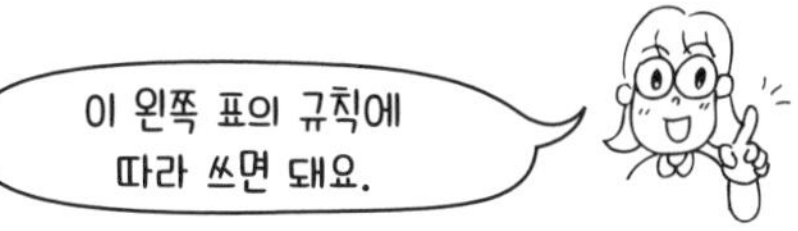

ATGTGTATAACTGGTTTAGTCCCATTAAAACGTAAACATTAAAA
UACACAUAUUGACCAAAUCAGGGUAAUUUUGCAUUUGUAAUUUU

TTTTTTACGAAAGAAGAAAATTATATGAAAAAACAAATAGAATA
AAAAAAUGCUUUCUUCUUUUAAUAUACUUUUUUGUUUAUCUUAU

AAGATTATGAAAGGGATTAGAGAAAGAAAGTCCCGTTATTACTA
UUCUAAUACUUUCCCUAAUCUCUUUCUUUCAGGGCAAUAAUGAU

TGTTACATAGTACGGAGAAACGTGGTAAGATTTCTTATTGTCAC
ACAAUGUAUCAUGCCUCUUUGCACCAUUCUAAAGAAUAACAGUG

TATTAAAGACCCAATTCCGTTATCGTTATAAAGACGTATATTTA
AUAAUUUCUGGGUUAAGGCAAUAGCAAUAUUUCUGCAUAUAAAU

TAAAGACGTATATTTAACATTGACTACATTCTCCAAAGTATAAC
AUUUCUGCAUAUAAAUUGUAACUGAUGUAAGAGGUUUCAUAUUG

GATTATCGTCGATGTTAGGTCGATGGTAAGACGAAAATAAAATA
CUAAUAGCAGCUACAAUCCAGCUACCAUUCUGCUUUUAUUUUAU

CCAACCCTATTCCGACCTAATAAGACTCAGGTTCGATCCGGGAA
GGUUGGGAUAAGGCUGGAUUAUUCUGAGUCCAAGCUAGGCCCUU

AACGATTAGTACAAGTATGGAGAATAGAAGGAGGGTGTC**GAGGA**
UUGCUAAUCAUGUUCAUACCUCUUAUCUUCCUCCCACAG

CCCGTTGCACGACCAGACACACGACCGGGTAGTGAAACCGTTTC

TTAAGTGGGGTGGTCACGTCCGACGGATAGTCTTTCACCACCGA

CCACACCGATTACGGGACCGGGTGTTCATAGTGATTCGAGCGAA
GCUCGCUU

AGAACGACAGGTTAAAGATAATTTCCAAGGAAACAAGGGATTCA
UCUUGCUGUCCAAUUUCUAUUAAAGGUUCCUUUGUUCCCUAAGU

GGTTGATGATTTGACCCCCTATAATACTTCCCGGAACTCGTAGA
CCAACUACUAAACUGGGGGAUAUUAUGAAGGGCCUUGAGCAUCU

CCTAAGACGGATTATTTTTGTAAATAAAAGTAACGTTACTACA
GGAUUCUGCCUAAUAAAAACAUUUAUUUUCAUUGCAAUGAUGU

TAAATTTAATAAAGACTTATAAAATGATTTTTCCCTTACACCCT
AUUUAAAUUAUUUCUGAAUAUUUUACUAAAAAGGGAAUGUGGGA

CCAGTCACGTAAATTTTGTATTTCTTTACTACTCGACAAGTTTG
GGUCAGUGCAUUUAAAACAUAAAGAAAUGAUGAGCUGUUCAAAC

GAACCCTTTTATGTGATATAGAATTTGAGGTACTTTCTTCACTC
CUUGGGAAAAUACACUAUAUCUUAAACUCCAUGAAAGAAGUGAG

CGACGTTGGTCGATTACGTGTAACCGTTGTCGGGGACTACGGAT
GCUGCAACCAGCUAAUGCACAUUGGCAACAGCCCCUGAUGCCUA

ACGGAATAAGTAGGGAGTCTTTTCCTAAGAACATCTCCGAACTA
UGCCUUAUUCAUCCCUCAGAAAAGGAUUCUUGUAGAGGCUUGAU

AACGTCCAATTTCAAAACGATACGACATAAAATGTAATGAATAA
UUGCAGGUUAAAGUUUUGCUAUGCUGUAUUUUACAUUACUUAUU

CAAAATCGACAGGAGTACTTACAGAAAAG
GUUUUAGCUGUCCUCAUGAAUGUCUUUUC

시청자(독자) 여러분의 도움 덕분에 도전자 측의 '전사'가 끝난 것 같습니다. 여러분 정말 감사합니다. 그런데 달인도 아직 완성한 모습은 보이지 않는데 무슨 생각일까요? 다음 진행이 기대되는군요.

다시 도전자 이야기로 돌아오죠. 이것은 지금 완성한 RNA인데 엄청나게 길군요.

◆ 2단계-RNA 스플라이싱

네, 이것은 스플라이싱입니다. 힘들게 전사한 이 많은 RNA를 아깝게 스플라이싱해서 잘라버리는 거네요.

스플라이싱이 뭐지? 처음 듣는 말인데….

아 네, 스플라이싱이라는 것은 필요한 부분만 잘라내고, 불필요한 부분은 버리는 것입니다. 이 레시피의 2단계 부분이죠.

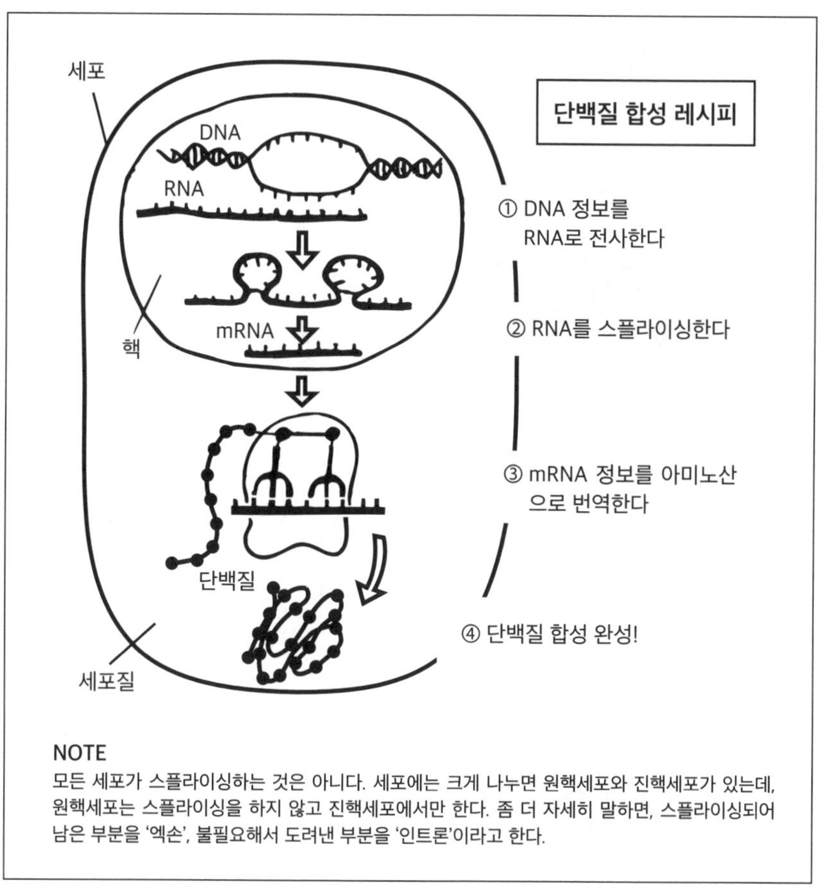

NOTE

모든 세포가 스플라이싱하는 것은 아니다. 세포에는 크게 나누면 원핵세포와 진핵세포가 있는데, 원핵세포는 스플라이싱을 하지 않고 진핵세포에서만 한다. 좀 더 자세히 말하면, 스플라이싱되어 남은 부분을 '엑손', 불필요해서 도려낸 부분을 '인트론'이라고 한다.

뭐? 그렇다면 필요한 게 이것뿐이라고?
이렇게 조금밖에 사용하지 않아?

과연 어떻게 되는 건지 도전자 차크 씨에게 물어볼까요?

네, 이 왼쪽 그림 중에 검은 부분이 엑손, 흰 부분이 인트론. 즉 검은 부분만 필요해요. 앞에서 여러분이 쓴 것은 엑손에 해당하는 부분이었어요. 그리고 이것을 연결시키는 것이 mRNA예요.

RNA

CCCUGUGGAGCCACACCCUAGGGUUGGCCA
AUCUACUCCCAGGAGCAGGGAGGGCAGGAG
CCAGGGCUGGGCAUAAAAGUCAGGGCAGAG
CCAUCUAUUGCUUACAUUUGCUUCUGACAC
AACUGUGUUCACUAGCAACUCAAACAGACA
CCAUGGUGCACCUGACUCCUGAGGAGAAGU
CUGCCGUUACUGCCCUGUGGGGCAAGGUGA
ACGUGGAUGAAGUUGGUGGUGAGGCCCUGG
GCAGGUUGGUAUCAAGGUUACAAGACAGGU
UUAAGGAGACCAAUAGAAACUGGGCAUGUG
GAGACAGAGAAGACUCUUGGGUUUCUGAUA
GGCACUGACUCUCUCUGCCUAUUGGUCUAU
UUUCCCACCCUUAGGCUGCUGGUGGUCUAC
CCUUGGACCCAGAGGUUCUUUGAGUCCUUU
GGGGAUCUGUCCACUCCUGAUGCUGUUAUG
GGCAACCCUAAGGUGAAGGCUCAUGGCAAG
AAAGUGCUCGGUGCCUUUAGUGAUGGCCUG
GCUCACCUGGACAACCUCAAGGGCACCUUU
GCCACACUGAGUGAGCUGCACUGUGACAAG
CUGCACGUGGAUCCUGAGAACUUCAGGGUG
AGUCUAUGGGACCCUUGAUGUUUUCUUUCC
CCUUCUUUUCUAUGGUUAAGUUCAUGUCAU
AGGAAGGGGAGAAGUAACAGGGUACAGUUU
AGAAUGGGAAACAGACGAAUGAUUGCAUCA
GUGUGGAAGUCUCAGGAUCGUUUUAGUUUC
UUUUAUUUGCUGUUCAUAACAAUUGUUUUC
UUUUGUUUAAUUCUUGCUUUCUUUUUUUUU
CUUCUCCGCAAUUUUUACUAUUAUACUUAA
UGCCUUAACAUUGUGUAUAACAAAAGGAAA
UAUCUCUGAGAUACAUUAAGUAACUUAAAA
AAAAACUUUACACAGUCUGCCUAGUACAUU
ACUAUUUGGAAUAUAUGUGUGCUUAUUUGC
AUAUUCAUAAUCUCCCUACUUUAUUUUCUU
UUAUUUUUAAUUGAUACAUAAUCAUUAUAC
AUAUUUAUGGGUUAAAGUGUAAUGUUUUAA
UAUGUGUACACAUAUUGACCAAAUCAGGGU
AAUUUUGCAUUUGUAAUUUUAAAAAAUGCU
UUCUUCUUUUAAUAUACUUUUUUGUUUAUC
UUAUUUCUAAUACUUUCCCUAAUCUCUUUC
UUUCAGGGCAAUAAUGAUACAAUGUAUCAU
GCCUCUUUGCACCAUUCUAAAGAAUAACAG
UGAUAAUUUCUGGGUUAAGGCAAUAGCAAU
AUUUCUGCAUAUAAAUAUUUCUGCAUAUAA
AUUGUAACUGAUGUAAGAGGUUUCAUAUUG
CUAAUAGCAGCUACAAUCCAGCUACCAUUC
UGCUUUUAUUUUAUGGUUGGGAUAAGGCUG
GAUUAUUCUGAGUCCAAGCUAGGCCCUUUU
GCUAAUCAUGUUCAUACCUCUUAUCUUCCU
CCCACAGCUCCUGGGCAACGUGCUGGUCUG
UGUGCUGGCCCAUCACUUUGGCAAAGAAUU
CACCCCACCAGUGCAGGCUGCCUAUCAGAA
AGUGGUGGCUGGUGUGGCUAAUGCCCUGGC
CCACAAGUAUCACUAAGCUCGCUUUCUUGC
UGUCCAAUUUCUAUUAAAGGUUCCUUUGUU
CCCUAAGUCCAACUACUAAACUGGGGGAUA
UUAUGAAGGGCCUUGAGCAUCUGGAUUCUG
CCUAAUAAAAAACAUUUAUUUUCAUUGCAA
UGAUGUAUUUAAAUUAUUUCUGAAUAUUUU
ACUAAAAAGGGAAUGUGGGAGGUCAGUGCA
UUUAAAACAUAAAGAAAUGAUGAGCUGUUC
AAACCUUGGGAAAAUACACUAUAUCUUAAA
CUCCAUGAAAGAAGGUGAGGCUGCAACCAG
CUAAUGCACAUUGGCAACAGCCCCUGAUGC
CUAUGCCUUAUUCAUCCCUCAGAAAAGGAU
UCUUGUAGAGGCUUGAUUUGCAGGUUAAAG
UUUUGCUAUGCUGUAUUUUACAUUACUUAU
UGUUUUAGCUGUCCUCAUGAAUGUCUUUUC

인트론
엑손
인트론
엑손
인트론
엑손
인트론

AUGGUGCACCUGACUCCUGAGGAGAAGU
CUGCCGUUACUGCCCUGUGGGGCAAGGUGA
ACGUGGAUGAAGUUGGUGGUGAGGCCCUGG
GCAG

\+

GCUGCUGGUGGUCUAC
CCUUGGACCCAGAGGUUCUUUGAGUCCUUU
GGGGAUCUGUCCACUCCUGAUGCUGUUAUG
GGCAACCCUAAGGUGAAGGCUCAUGGCAAG
AAAGUGCUCGGUGCCUUUAGUGAUGGCCUG
GCUCACCUGGACAACCUCAAGGGCACCUUU
GCCACACUGAGUGAGCUGCACUGUGACAAG
CUGCACGUGGAUCCUGAGAACUUCAGG

\+

CUCCUGGGCAACGUGCUGGUCUG
UGUGCUGGCCCAUCACUUUGGCAAAGAAUU
CACCCCACCAGUGCAGGCUGCCUAUCAGAA
AGUGGUGGCUGGUGUGGCUAAUGCCCUGGC
CCACAAGUAUCACUAA

=

mRNA

《세포의 분자생물학 제3판》에서 편집

네. 시청자(독자) 여러분이 힘들게 한 일이 헛수고가 되는 게 아닐까 싶어 잠시 식은땀이 났었는데, 도전자의 작품에는 잘 반영되었네요. 안심했습니다.

그런데 처음부터 액손만 전사할 수는 없는 건가요? 시간도 단축될 것 같은데요.

네, 그것도 생각해봤는데, 이 작업은 순서가 중요하거든요…. 실제로 세포 안에서 일어나는 일을 충실하게 재현하는 것이 핵심이니까요.

◆ 3단계-아미노산 연결

계속해서 도전자, 이제야 오늘의 주제인 20종류의 아미노산을 이용해 단백질 합성에 들어갔습니다. 3개가 한 조! 염기 3개가 한 조 같군요!! 이것을 코돈이라고 하는데, 도전자는 코돈표를 열심히 전사해서 스플라이싱한 염기 서열과 대응시키고 있습니다. tRNA를 이용한 이 작업 역시 세밀함이 요구되는군요.

유전암호

2문자째

1문자째(5′ 말단)	U	C	A	G	3문자째(3′ 말단)
U	UUU, UUC: Phe UUA, UUG: Leu	UCU, UCC, UCA, UCG: Ser	UAU, UAC: Tyr UAA: STOP UAG: STOP	UGU, UGC: Cys UGA: STOP UGG: Trp	U C A G
C	CUU, CUC, CUA, CUG: Leu	CCU, CCC, CCA, CCG: Pro	CAU, CAC: His CAA, CAG: Gln	CGU, CGC, CGA, CGG: Arg	U C A G
A	AUU, AUC, AUA: Ile AUG: Met	ACU, ACC, ACA, ACG: Thr	AAU, AAC: Asn AAA, AAG: Lys	AGU, AGC: Ser AGA, AGG: Arg	U C A G
G	GUU, GUC, GUA, GUG: Val	GCU, GCC, GCA, GCG: Ala	GAU, GAC: Asp GAA, GAG: Glu	GGU, GGC, GGA, GGG: Gly	U C A G

이것이 코돈표입니다. 염기 3개로 1개의 아미노산을 나타내는 모습을 한 눈에 알 수 있게 되어 있군요.

도전자가 또 고전하고 있는 듯합니다. 여기서도 시청자 (독자) 여러분의 도움이 필요할 것 같습니다. 여러분 부탁해요.

도중까지 했어요….

이제 얼마 안 남았지만, 도와주세요.

이것도 하는 방법은 아주 간단해요. 코돈표를 보고 이 표에 대응하는 아미노산의 종류를 채우기만 하면 돼요. 잘 부탁드립니다.

AUG	GUG	CAC	CUG	ACU	CCU	CAG	CAG	AAG	UCU
Met	**Val**	**His**	**Leu**	**Thr**	**Pro**	**Glu**	**Glu**	**Lys**	**Ser**
GCC	GUU	ACU	GCC	CUG	UGG	GGC	AAG	GUG	AAC
Ala									
GUG	GAU	GAA	GUU	GGU	GGU	GAG	GCC	CUG	GGC
AGG	CUG	CUG	GUG	GUC	UAC	CCU	UGG	ACC	CAG
AGG	UUC	UUU	GAG	UCC	UUU	GGG	GAU	CUG	UCC
ACU	CCU	GAU	GCU	GUU	AUG	GGC	AAC	CCU	AAG
GUG	AAG	GCU	CAU	GGC	AAG	AAA	GUG	CUC	GGU
GCC	UUU	AGU	GAU	GGC	CUG	GCU	CAC	CUG	GAC
AAC	CUC	AAG	GGC	ACC	UUU	GCC	ACA	CUG	AGU
GAG	CUG	CAC	UGU	GAC	AAG	CUG	CAC	GUG	GAU
CCU	GAG	AAC	UUC	AGG	CUC	CUG	GGC	AAC	GUG
CUG	GUC	UGU	GUG	CUG	GCC	CAU	CAC	UUU	GGC
AAA	GAA	UUC	ACC	CCA	CCA	GUG	CAG	GCU	GCC
UAU	CAG	AAA	GUG	GUG	GCU	GGU	GUG	GCU	AAU
GCC	CUG	GCC	CUC	AAG	UAU	CAC	UAA		

유전암호

2문자째

1문자째(5' 말단) / 3문자째(3' 말단)

	U	C	A	G	
U	UUU, UUC: Phe UUA, UUG: Leu	UCU, UCC, UCA, UCG: Ser	UAU, UAC: Tyr UAA: STOP UAG: STOP	UGU, UGC: Cys UGA: STOP UGG: Trp	U C A G
C	CUU, CUC, CUA, CUG: Leu	CCU, CCC, CCA, CCG: Pro	CAU, CAC: His CAA, CAG: Gln	CGU, CGC, CGA, CGG: Arg	U C A G
A	AUU, AUC, AUA: Ile AUG: Met	ACU, ACC, ACA, ACG: Thr	AAU, AAC: Asn AAA, AAG: Lys	AGU, AGC: Ser AGA, AGG: Arg	U C A G
G	GUU, GUC, GUA, GUG: Val	GCU, GCC, GCA, GCG: Ala	GAU, GAC: Asp GAA, GAG: Glu	GGU, GGC, GGA, GGG: Gly	U C A G

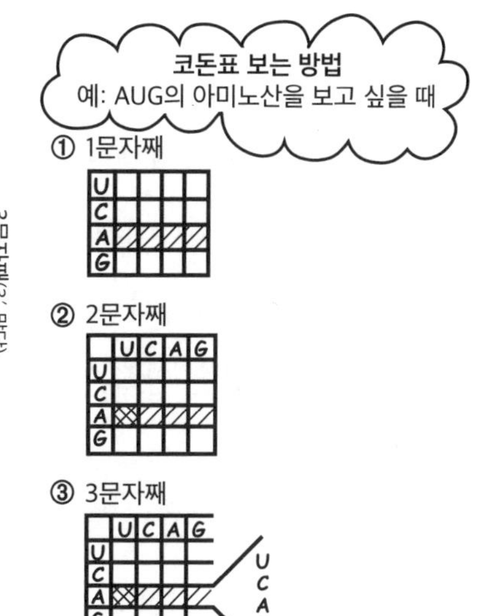

도전자 측, 다시 시청자(독자) 여러분께 큰 힘을 얻어 아미노산 서열을 해독한 것 같습니다. 자 마지막 고지가 눈앞에 있습니다.

◆ 4단계-단백질 합성 완성

그럼 이제 달인을 볼까요? 오로지 단백질 합성 작업을 진행하고 있는 달인. 이미 많은 단백질이 완성된 것 같습니다.

이것은 무엇을…? 앗, 완성된 아미노산 사슬을 물에 적시고 있습니다. 마무리인가요? 오! 이렇게 해서 아름다운 3차원 구조의 단백질이 완성되었습니다!!

아미노산의 소수성과 친수성이라는 성질을 이용한 멋진 조리법이군요. 소수성은 물을 싫어하죠. 따라서 물에 닿지 않도록 안으로 모여드는 성질이 있습니다. 반대로 친수성은 물을 좋아하니까 자연적으로 바깥쪽으로 옵니다.

인간의 몸은 약 70%가 물로 이루어져 있으니, 만약 단백질의 바깥쪽이 소수성이라면 몸속에서 제대로 일할 수 없겠군요. 따라서 자연적으로 소수성 아미노산은 안쪽으로 모여들게 되는 거네요.

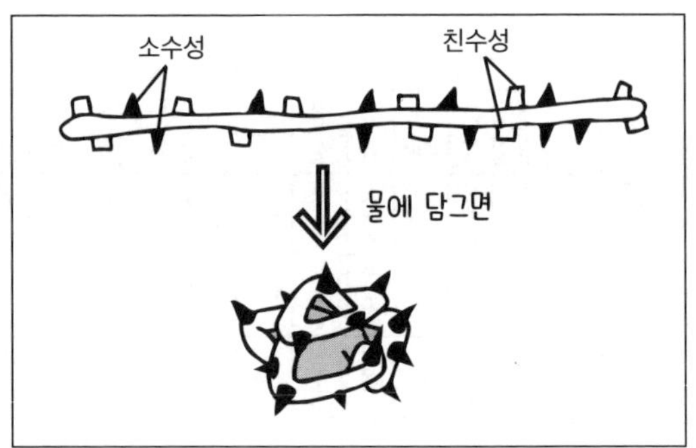

으음, 대단하군요!! 이렇게까지 자연의 이치를 살린 레시피로 요리하다니, 역시 달인이라고 해야 할까요?

한편, 도전자 쪽도 단백질의 형태를 만들기 시작한 것 같습니다.

이제 형태가 보이기 시작합니다. 아마도 이것이 글로빈 모델 같군요.

도전자 분발하고 있습니다.

자, 이제 시간이 얼마 남지 않았습니다. 달인 쪽은 어떤가요?

아? 이것은!! 이럴 수가! 달인, 분열하고 있군요. 놀랍습니다.

《세포의 분자생물학 제3판》에서 편집

이때 종이 울렸습니다. 시합 종료입니다.

그럼 이제 여기서 멈추고 곧 심사에 들어가겠습니다.

◆ 시합 종료-결과 발표-

심사

먼저 도전자부터 볼까요?

이것은 헤모글로빈이야! 차크 씨가 심혈을 기울여 만든 작품이구나. 한가운데에 조미료로 철분을 사용했네. 이것이 헤모글로빈의 맛을 돋우고 있어!!

계속해서 달인의 요리…라기보다 달인이 세포분열해서 증식했습니다.

달인의 테마는《단백질 생성구조》라고 하던데….

멋진데! 달인이 만든 단백질은 세포분열에 필요한 단백질군이었던 거야! 세포분열에 필요한 단백질과 그 속에 아로새긴 데옥시리보핵산의 나선 마카로니풍이 효과가 있었어! 역시 필수 아이템이구나. 아주 훌륭한 조화야!

양쪽 모두에게 격렬한 전쟁이었습니다. 마침내 주최 측의 판정결과가 나왔습니다.

먼저 도전자가 요리한 단백질과 헤모글로빈은 일일이 정성스럽게 조합해낸 노력이 멋졌습니다.

한편, 달인 쪽은…, 네. 단백질을 대량으로 합성하여 분열하는 데 성공했습니다. 유전 정보 보존을 위해 필요한 단백질을 많이 만들고, 또 복제까지 해서 분열하다니 이것은 달인세포 선생님만이 할 수 있는 방법이죠! 따라서 승자는 달인!

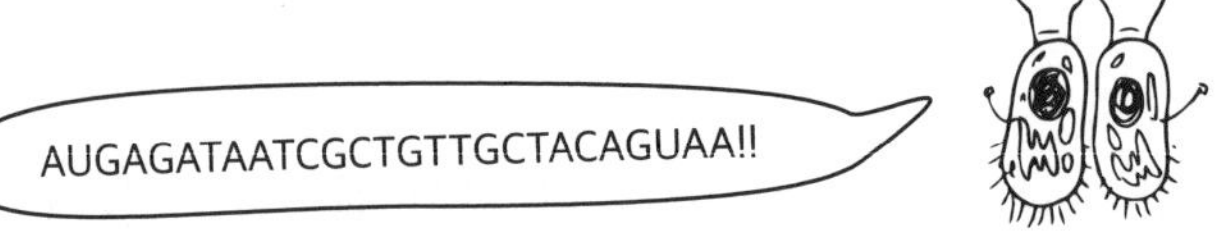

"감사합니다. 항상 하던 일이라 그렇게 힘들지는 않았습니다."라고 하는군요.

그러면 도전자인 트래칼리 대표 차크 씨, 소감이 어떤가요?

도와주신 독자 여러분 감사합니다. 시합에는 졌지만,
제 손으로 직접 단백질 합성을 해보니 책으로만 읽었을 때는
이해할 수 없었던 것을 알 수 있어서 재미있었습니다.
저는 전사와 번역을 하는 데 총 2시간 걸렸어요. 실제 세포라면
이 정도의 전사와 번역은 2분 15초 만에 해버릴 텐데 말이에요.

아, 그래서 세포의 달인이 굉장히 빨랐던 거군요. 실제로 세포는 3분간 요리를 하는 거네요!

그러면 셀-스타디움에서 보내드린 〈세포의 달인〉 어떠셨나요? 여러분도 한번 이 단백질 합성에 도전해보십시오. 지금까지 시청해주셔서 감사합니다.

〈세포의 달인〉 끝

4) 정리: DNA와 단백질

흥미로운 성질을 갖고 있는 물질인 핵산과 단백질. 이 두 가지 물질을 주제로 한 발견스토리, 모형 제작, 요리 프로그램 등 다양한 내용을 살펴본 후 트래칼리 학생들이 재미있었던 부분에 대해서 의견을 모았다.

대단해! 정말 재미있었어. 핵산과 단백질의 역사도 배웠고 DNA도 실제로 모형을 만들어봄으로써 유전정보를 정확하게 전달한다는 것도 체감할 수 있었어. 또 단백질 합성. 그렇게 시간을 들여서 귀찮은 일을 이 몸속에서는 굉장히 빠른 속도로 해내다니. 정말 대단해!

난 심플한 아름다움에 끌렸어. 무엇보다 DNA 이중나선. 상보적 염기쌍이라는 단 두 가지 조합 A와 T, G와 C에 의해 우리의 모든 유전정보가 새겨지다니, 놀라워!

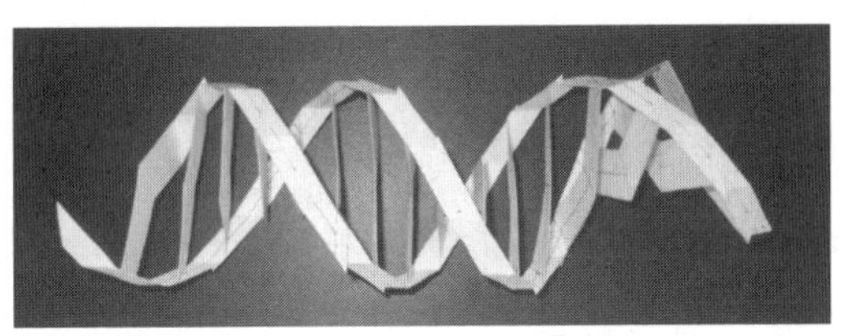

다른 건 몰라도 난 모형이 가장 놀라웠어. 완성했을 때 정말 감탄했거든!! 그 모형으로 복제의 구조까지 알게 됐잖아.

단백질도 언뜻 보기에는 모양이 제각각이지만, 이 자유도가 있기 때문에 다양한 분자에 대해서 촉매로 활동할 수 있었던 거야. 세포 안에 수만 종류나 되는 단백질이 불과 20종류의 아미노산의

서열에 따라 다르게 실현된다는 게 꽤 심플한 느낌이야.

《세포의 분자생물학 제3판》에서 편집

난 분자생물학을 하는 사람들에게 박수를 쳐주고 싶어. 이렇게나 작은 분자의 세계를 용케 연구했다는 생각에 이야기를 들으면서도 감탄했거든. 모형을 사용해서 DNA 이중나선을 발견한 왓슨과 크릭도 대단하다고 생각했는데, 《세포의 분자생물학》에 쓰여 있는 작은 사실 하나하나가 수많은 분자생물학자들이 연구한 결과라고 생각하니 고맙기 짝이 없더라구.

맞아 맞아~.

아주머니들은 여전히 감동하고 있었다.

그건 그렇고 이 《세포의 분자생물학》은 정말 잘 만든 책이다. 방만한 분야에 뻗어 있는 분자생물학의 기본적이면서도 본질적인 사항들을 1200페이지라는 엄청난 분량이기는 하지만, 단 한 권으로 정리했다는 것은 후학들에게 멋진 가이드가 될 만하다. 이런 책을 만들어내는 분자생물학자들의 메시지를 가능한 정확하게 이해하고 싶다.

각각의 물질 자체도 재미있었지만, 그것들이 세포분열을 향하는 전체적인 모습을 더 알고 싶었어. 처음에 본 세포주기 그림은 '흠, 분열하는구나'라는 느낌이었는데, DNA 복제나 전사, 단백질 합성 과정을 살펴보면서 세포주기의 어디쯤에서 어떤 일이 벌어지는지 알

수 있게 되었어. 왠지 이렇게, 그림이 입체적으로 그려진다고 할까?

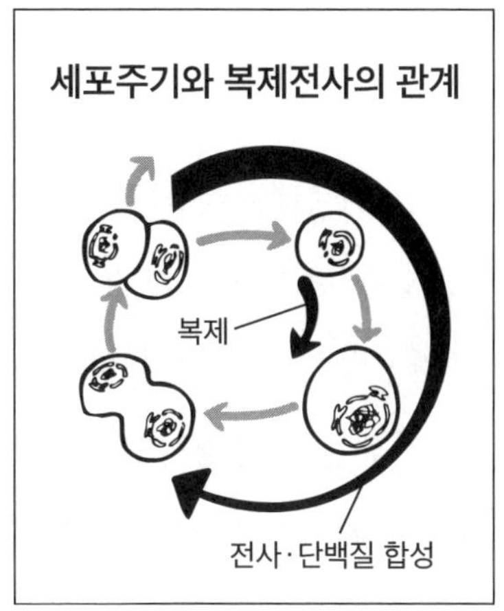

자 이 그림을 봐. 세포주기의 안쪽 화살표 부분이 '복제'하는 곳이고, 바깥쪽에 있는 큰 화살표가 '전사'하는 곳이야.

이렇게 보면 복제는 세포분열이 있는 일정 시기에, 전사 · 단백질 합성은 분열할 때 외에는 계속 일어난다는 것을 알 수 있어.

세포분열로 DNA 유전정보를 전달할 때는 단순히 DNA 정보만 복제되어서는 안 돼. 그 정보가 작용해서 동시에 단백질까지 만들어야 하는 거지.

1개의 세포에서 일어나는 세포분열은 일대 이벤트라고 할 수 있을 것 같아. 아직 알고 싶은 게 아주 많아.

나는 각각의 물질이 자신의 특성을 살려서 일하는 모습이 정말 대단해 보였어요. 그리고 그 물질들이 서로 연관된 모습을 보니까 참으로 생물답다는 느낌을 받았거든요. 지금까지 배운 내용을 정리하면, DNA 유전정보가 RNA에 전사되고 다시 단백질로 번역돼요. 정보가 기능으로 작용하기 위해서 여러 가지 물질이 서로 관련되어 있는 모습이 과연 생물이구나 하는 느낌이었어요. 순환이라고 해야 할까요? DNA에서 RNA, RNA에서 단백질로 가는 흐름. 그리고 그 단백질이 DNA 이중나선에 결합되어 복제도 가능해지고, 전사할 때 효소로 작용하기도 해요.

물론 그밖에도 단백질은 다양한 화학반응에 이용돼요. DNA와 RNA와 단백질은 매우 밀접한 관계를 맺고 있는데, 그 점이 대단해 보였던 거예요.

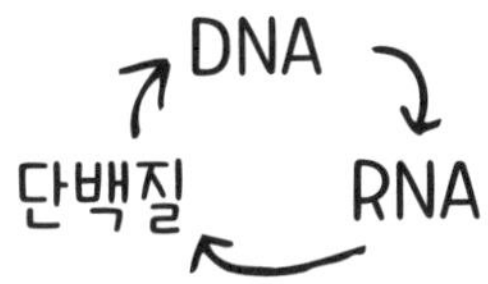

내 몸 속에서 일어나고 있는 일이라고 생각하니 즐겁기도 했지만요!

이렇게 트래칼리 학생들은 핵산 · 단백질에 관해서 이야기꽃을 피웠다.

물질을 관찰하다 보면 생물에 대해서도 알 수 있을 것이라는 분자생물학의 연구방식은 멋지게 성공을 거두었다.

유전물질을 규명하고 그 기능을 연구하면서 모든 생물은 똑같은 DNA에 의해 유전정보를 전달하고 있다는 것이 밝혀졌다. 이것은 우리 생물들이 공통된 조상의 세포에서 진화했다는 사실을 강력하게 시사한다.

과학자들은 또 생물 고유의 특별한 물질이 없다는 사실을 밝혀냈다. 이것은 특별한 생기를 연구하지 않아도 분자생물학은 앞으로 나아갈 수 있다는 뜻이다. 생물도 분자로 작용하는 똑같은 물리화학법칙을 따랐기 때문이다. 이와 같은 분자생물학의 결과는 생명의 신비의 베일을 벗기는 한편 우리의 생물관에도 크나큰 영향을 끼쳤다.

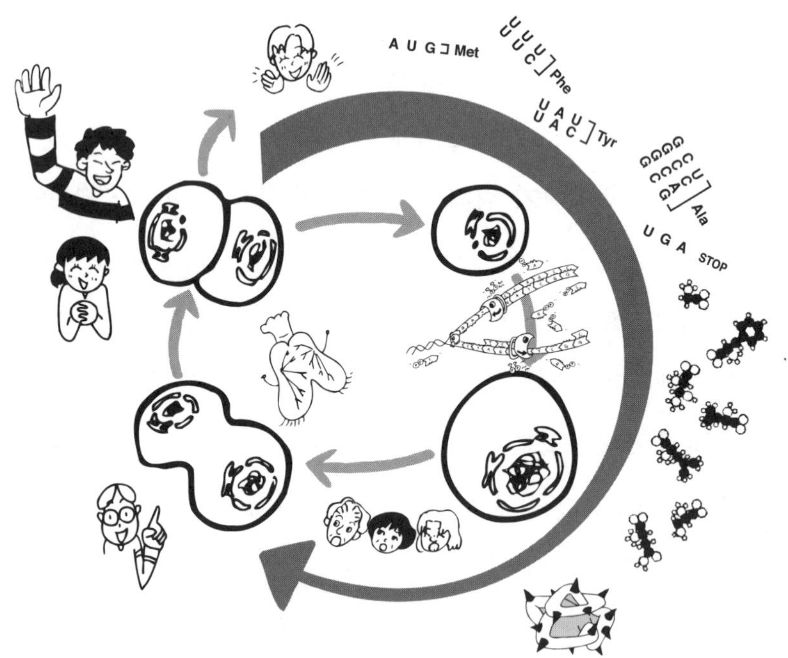

1.5 세포분열은 생존경쟁인가?

1) RNA 모형을 만들자!: tRNA 만들기

어느 날 트래칼리 학생들이 또 다시 일을 벌이고 있었다.

"이번에는 뭘 만들어볼까?"

바로 이거지! tRNA를 만드는 거야. 이게 단백질 합성 때 세포질에서 아미노산을 운반하는 RNA야.

시게 씨는 이렇게 말하며 책상에 펼쳐져 있는 왓슨의 《유전자의 분자생물학》에 나온 그림을 보여주었다.

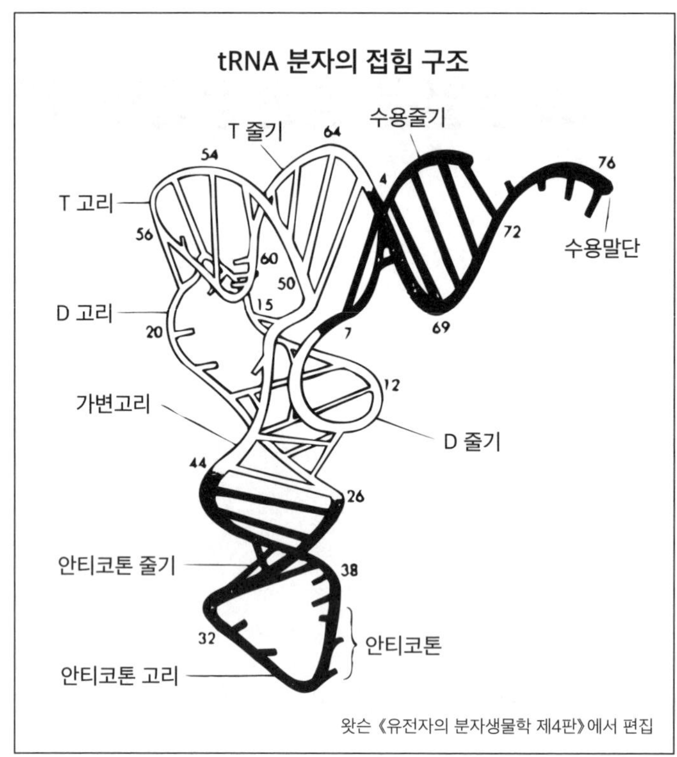

왓슨《유전자의 분자생물학 제4판》에서 편집

이 RNA는 클로버 구조로 접혀 있어. 160p 그림을 보면 세 잎 클로버 같지? 하지만 그것을 접은 그림만 보고는 한눈에 클로버라는 것을 알아볼 수 없을 거야. 그래서 말인데, 모형을 만들어본다면 세잎 클로버의 뿌리를 확실히 알 수 있지 않을까 해.

"흐음…. 6－U와 67의 A, 7－U와 66－A…."

누군가 책을 보면서 이렇게 읽어가는 것을 형지에 썼다.

"다음에는 8－U와 14－A, 어라? 66부터 14까지 갑자기 건너뛰었네. 여기서부터 나선이 갑자기 비틀린 것 같아."

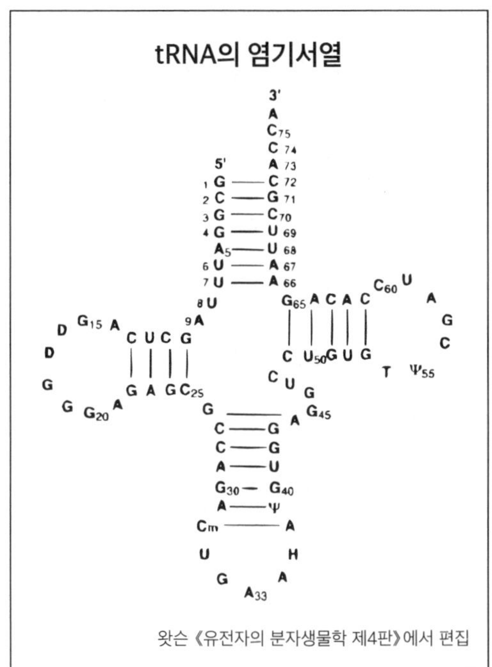

왓슨 《유전자의 분자생물학 제4판》에서 편집

"9－A라면⋯ 어? 어떡하지? 12－U와 23－A가 양쪽에 붙어 있어! 이 다음에는 어떡해?"

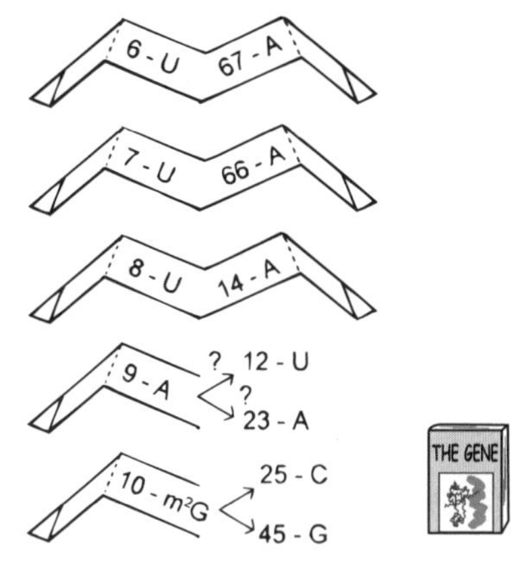

"10의 m^2G는 뭐지 이게? 꼭 기타 코드 같아. G는 G인데 복잡한 G!? 이것도 25－C와 45－G와, 두 갈래로 갈라져서 결합하고 있어. 좀 복잡해졌는데. 이게 가능한 걸까?"

이 형지는 DNA 이중나선을 만들었을 때 1염기씩 짝을 이룬 것이다.

RNA는 DNA를 베껴서 만드는 것이므로 DNA와 같은 형지로 만들 수 있다. 그리고 지금 만들려고 하는 tRNA 염기는 총 76개의 뉴클레오타이드가 아래의 그림처럼 쌍을 이루고 있다는 것을 알 수 있다(예를 들어 첫 번째 염기는 pG이며 72번째 염기 C와 짝을 이루고 있다).

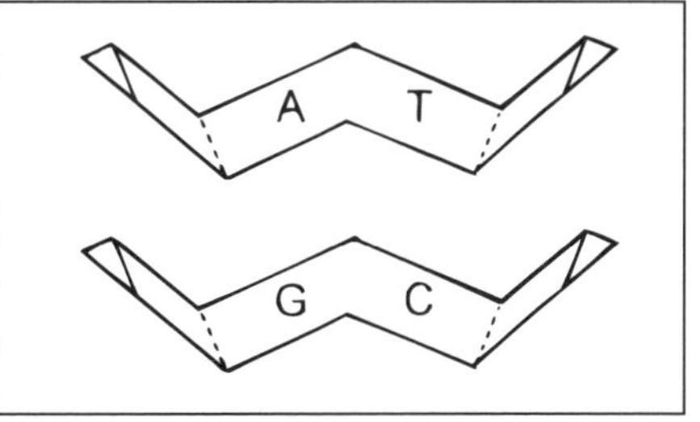

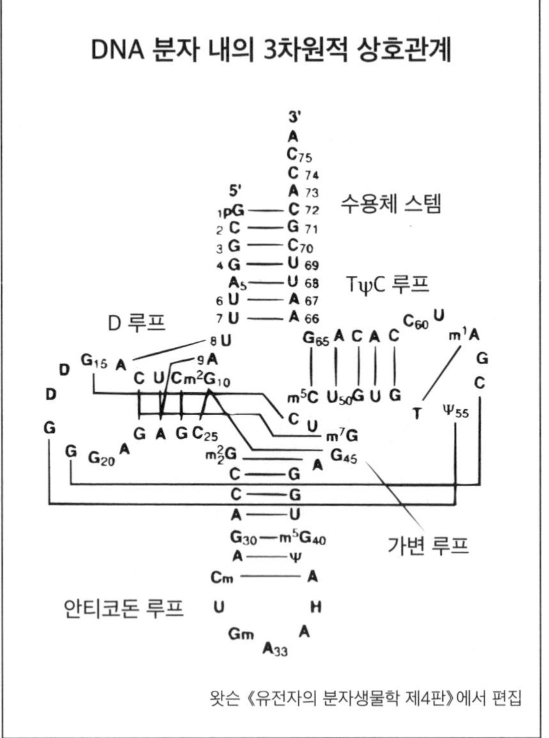

왓슨《유전자의 분자생물학 제4판》에서 편집

그림을 보면서 한 가닥 사슬을 연결하다 보니 처음에는 DNA 이중나선의 요령으로 만들어갈 수 있었지만 곧 벽에 부딪치게 되었다.

실제로 만들어 보니 결합하는 염기 사이의 거리가 DNA의 경우보다 멀었기 때문이다. 또 3개의 염기가 결합하는 것도 알게 되었는데, 이것을 세 가닥 염기라고 한다. 즉 RNA는 DNA만큼 규칙적인 나선 구조가 아니었다.

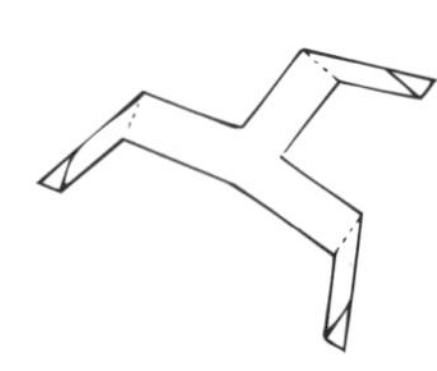

DNA 모형 형지로 그것을 연결하기에는 결합하는 염기끼리의 길이도 부족한데, 일단 DNA의 경우 염기가 결합하는 거리로 연결하거나 세 가닥 염기도 풀칠해서 억지로 하나로 만들지 않으면 안 되었다. 왼쪽 그림과 같은 세 갈래 틀을 RNA용으로 만들어 보기도 했다.

정밀함은 다소 떨어지지만 대략적인 형태만 알면 되니까, 대충 끝까지 연결해 완성시켜 보았다.

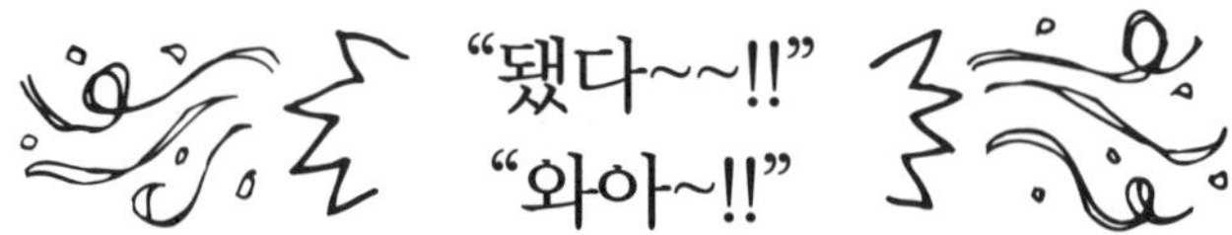

한가운데는 뒤죽박죽 엉켜 있어 잘 알 수 없지만, 다양한 각도에서 보면 확실히 고리가 3개인 것처럼 보인다. 다들 아직 뭔지도 모르는 그 모양에 감동을 받으며 tRNA와 함께 기념사진을 찍었다.

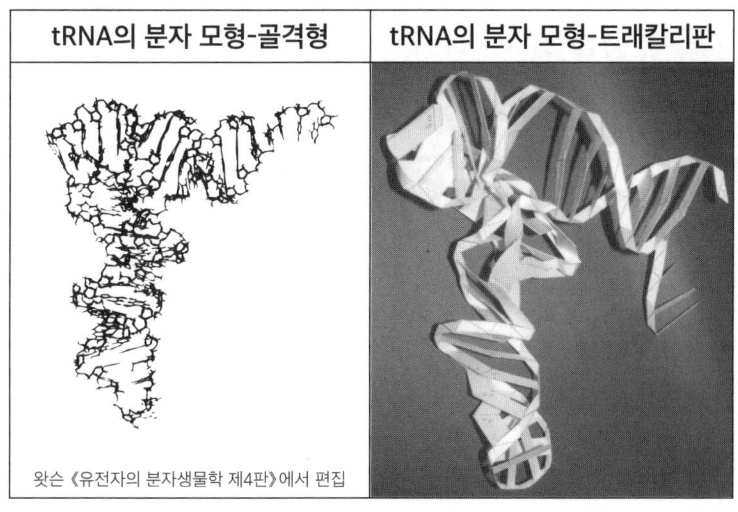

왓슨《유전자의 분자생물학 제4판》에서 편집

"오, 대단해."

"또 시작했다, 시게 씨의 '대단해~'."

그렇지만 정말 대단하잖아. 내가 지금 감동하고 있는 건 이 부분이야. 단백질 합성, 기억해? mRNA가 어떻게 유전자의 DNA 서열을 전사하고 스플라이싱했는지? 그리고 그 mRNA가 어떻게 리보솜에서 아미노산을 연결하고, 단백질을 만들었는지 말이야! 그 아미노산을 운반해오는 것이 바로 이 tRNA야. 이 안티코돈이라고 불리는 곳 말인데, 이 3개의 염기가 mRNA의 코돈을 읽어내는 거야!

"설마 이건 '스탬프' 군?"

트래칼리에서는 왼쪽 그림에서 보이는 tRNA를 '스탬프군'이라는 애칭으로 친근하게 부른다.

"그리고 이 한 가닥 사슬의 마지막 뉴클레오타이드 부분에 아미노산을 붙일 수 있어."

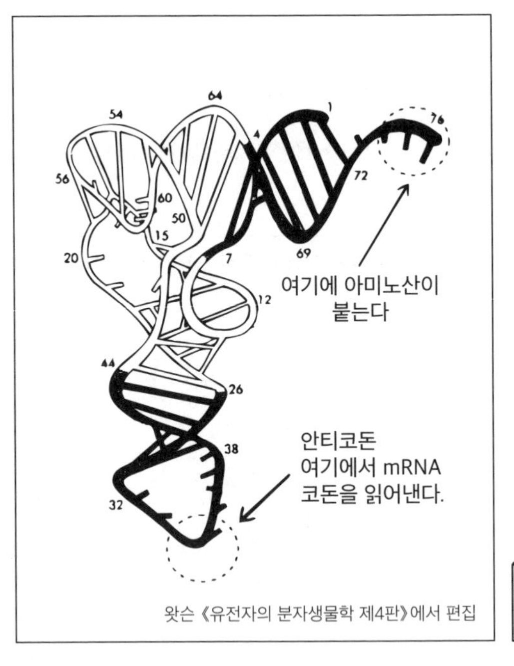

왓슨 《유전자의 분자생물학 제4판》에서 편집

"와! 놀랍다!"

트래칼리 학생들은 실제로 만들어낸 모형과 우리가 알고 있는 스탬 그룹들을 비교해보면서 혼란스러운 듯했다.

모형을 만들어야 하는 이유가 바로 이거지! 모양이 전혀 다르잖아. 심하군. 코돈이 이렇게 끄트머리의 작은 부분이었다니, 만들어보지 않았다면 실감하지 못했을 거야. 아~, 모형은 정말 대단해!!

시게 씨는 그 모습을 보며 감탄을 연발했다.

2) 최초의 세포는 어떻게 시작되었을까?

세포 이전에는

"RNA는 정말 대단해. 사실상 진화 과정에서 이 RNA가 엄청난 활약을 했을 거야."

DNA 유전정보에는 단백질을 만드는 방법이 쓰여 있는데, 그 정보가 RNA로 전사되면 RNA는 어댑터로 활약하면서 아미노산을 서열하여 단백질을 만들고, 그 단백질이 DNA 전사를 촉매한다. 바야흐로 DNA, RNA, 단백질의 운명적인 순환이다.

"이야~, 정말 잘 만들어졌구나. DNA 유전정보가 RNA에 전사되면 기능을 가진 단백질로 번역되고, 그 단백질은 DNA 복제에 사용된다…. 음, DNA와 RNA와 단백질은 그림처럼 서로 인과관계가 맞물려 있구나. 그야말로 모든 생명을 유지시켜주는 순환이야. 실제로 유전정보는 이런 식으로 세포 안에서 기능하고 있었어. 정말 대단히 정교해."

시계 씨는 하나의 세포 안에서 이루어지는 엄청난 일에 매우 놀라워하고 있었다. 그 와중에 이런 의문을 가진 트래칼리 학생도 있었다.

최초의 세포는 어떻게 생겨났을까?

"그렇잖아. 이상하지 않아? 이렇게 복잡한 세포가 처음부터 가능할 리가 없잖아…. DNA에서 RNA, 그리고 단백질의 순환은 도대체 어디서 어떻게 시작되었을까?"

그럴싸한 의문이다. 분명 생각해보면 재미있는 이야기이다.

일단 누가 뭐래도 DNA가 유전정보를 갖고 있으니 DNA에서 순환이 시작되었다고 가정해보자. 그런데 이 가정은 금방 막혀버린다. DNA 유전정보가 작용하기 위해서는 DNA 모형을 만들었을 때 '풀칠' 역할을 했던 DNA 복제효소라든지 RNA 중합효소 같은 단백질로 이루어진 효소가 작용하지 않으면 유전정보를 복제할 수도 없고, 단백질 합성도 불가능하다. 다시 말해서 DNA는 유전정보를 갖고 있지만 복제나 전사에 그 정보를 사용하기 위해서는 효소인 단백질이 없으면 아무 소용이 없다.

그렇다고 효소에서 시작하는 것도 아니다. 효소는 단백질로 이루어져 있는데, 아미노산에서 그 단백질을 만들어내는 정보는 DNA가 갖고 있다. 즉 DNA가 없으면 효소도 없다.

이것은 마치 닭이 먼저인가 달걀이 먼저인가 하는 문제와도 같다(달걀을 낳는 것은 닭이지만, 달걀이 없으면 닭은 태어나지 않는다). 도대체 DNA와 RNA, 단백질의 순환은 어디서 어떻게 시작된 것일까?

"46억 년 전에 지구가 탄생했고, 천둥번개가 치고 화산이 폭발하는 와중에 원자가 결합해서 분자가 되었고, 분자가 서로 결합해서 폴리분자가 되어 폴리뉴클레오타이드나 폴리펩타이드가 되었다는 이야기는 아까도 했었지? 그렇다면 그 후에는 어떻게 됐을까?"

"그래, 그 후의 이야기가 궁금해. 그때부터 세포가 탄생할 때까지의 스토리를 아직 모르니까."

그렇지. 역시 그게 제일 궁금할 거야. 최초의 세포는 어떻게 만들어졌을까? 이것은 바꿔 말하면 최초의 생명은 어떤 것이었을까? 와 같은 뜻이야. 이야기가 커지겠는데.

과학자들은 세포가 잔뜩 결합된 복잡한 생물이 처음부터 존재했을 리가 없다고 생각했어. 분명 처음에는 세포 1개에서 시작되었을 거야. 그런데 최초의 세포, 즉 최초의 생명은 도대체 어떻게 이 지구상에 탄생하게 되었을까?

이것은 분자생물학에서도 아주 어려운 질문이야. 왜냐하면 실험실 안에서 재현할 수 없기 때문이지. 분자생물학은 실험을 통해서 확인하는 과학인데, 생명의 시작에 관해서는 정확한 실험을 할 수가 없잖아. 그래서 분자생물학자들은 부분적으로 실험할 수 있는 데이터를 축적하고, 이렇게 하면 이렇게 되지 않을까 하고 추측을 통해서 연구했어. 처음에는 추측만으로는 어려웠지만 그 추측이 점점 재미있는 스토리가 되었고, 대략적인 줄기로서는 믿을 만하게 되었거든. 그 이야기를 한번 살펴볼까?

◆ 생물이 태어나기 전에 생물의 재료가 될 물질은 만들어져 있었다.

먼저 세포의 재료부터 생각해보자. 지금의 세포는 아미노산이라든지 뉴클레오타이드 같은 것들로 만들어지는데, 그런 생물을 만들어내는 물질을 통틀어서 유기물이라고 해. 유기물은 탄소를 포함한 화합물을 뜻하니까, 생물은 탄소화합물로 이루어져 있는 거야.

생물의 재료는 생명 탄생 이전부터 구비되어 있었다!!

1955년, 밀러S. L. Miller는 원시 지구의 환경을 모방하여 다음과 같은 실험을 했다.

원시 지구에 있었던 것으로 추정되는 메탄(CH_4), 암모니아(NH_3), 물(H_2O), 수소(H_2)의 혼합가스를 플라스크에 넣고 원시 지구에서 일어났을 법한 번개 대신 방전을 시켜 생물 이전의 유기물이 만들어지는지 실험한 것이다.

실험 결과 아미노산이나 뉴클레오타이드, 당, 지방산처럼 생물에게는 꼭 필요한 물질을 만들 수 있다는 것을 확인할 수 있었다. 이 실험의 성공으로 생물의 재료가 생물 탄생 이전부터 존재하고 있었던 것으로 여기게 되었다.

왓슨 《유전자의 분자생물학 제4판》에서 편집

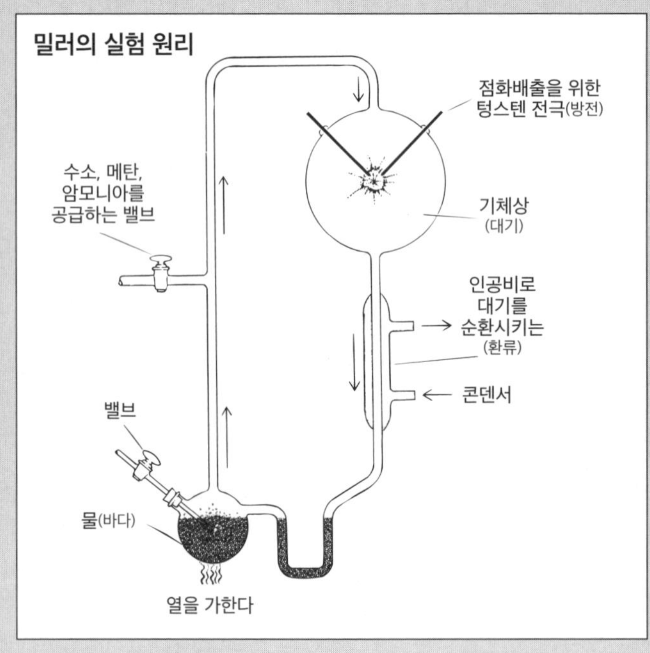

다시 말해서 유기물은 세포가 탄생하기 전에 이미 지구상에 만들어져 있었다고 볼 수 있어. 이 실험이 40억 년 전의 지구 환경을 정확히 재현한 것은 아니겠지만, 생물의 재료가 되는 물질을 의외로 간단히 만들 수 있다는 사실을 알았으니, 생명이 태어나기 전부터 그런 물질이 지구상에 존재하고 있었다는 생각이 그렇게 억지 주장은 아닌 거야. 최초의 세포 이전에 유기물이 합성되었다는 이 주장을 어렵게 표현하면 **전생물학적**前生物學的 **합성**이라고 하는데, 오늘날에는 실험결과 등을 통해서 이 주장을 사실로 인정하고 있어.

◆ 유기물 이후

그리고 이렇게 만들어진 것으로 추정되는 아미노산이나 뉴클레오타이드는 천둥번개가 치거나 화산이 폭발하는 환경에서 각각 자신과 똑같은 동료와 차례차례 결합하기 시작했어.

뉴클레오타이드는 자연스럽게 결합하는 화학적인 성질이 있지만 아미노산은 그렇게 간단하지 않았지.

하지만 분명 지구의 환경이 지금보다 훨씬 더 혹독했을 테니 건조한 상태에서 가열되었거나 결합하는 반응을 촉진하는 물질(촉매)을 만나서 분자끼리 결합했을 거야. 그리고 현재 우리는 아미노산이 연결된 것을 단백질, 뉴클레오타이드가 연결되는 것을 핵산(DNA와 RNA 2종류)이라고 해.

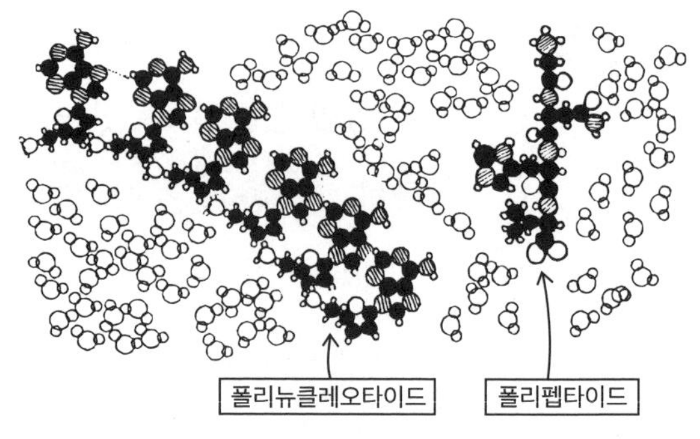

◆ 복제-생물의 첫 번째 특징

그래서 분자가 결합해서 단백질이나 핵산이 만들어진 이후, 마침내 **생물은 어디에서 시작됐는가?** 하는 이야기가 나오는 거야.

먼저 생물의 성질이 무엇인지부터 생각해야겠지? 분자생물학자들 사이에서도 통일된 견해가 나온 건 아니고 다양한 의견이 있어. 하지만 대체적으로 합의하는 선에서 생각할 수 있는 생물의 성질은 **복제가능할 것과 진화가능할 것**이래.

처음부터 생물이 완벽한 복제시스템을 갖고 있었을 리는 없잖아. 아마도 복제할 때 불량이 생길 것이고, 그 불량이 우위에 있다면 살아남겠지. 이것을 진화라고 보는 거야.

그렇다면, '**복제가능하다는 점을 최초의 생물의 성질**'로 보면 될 거야.

자가촉매계

◆ 최초의 생물다운 분자들

그런데 분자가 결합하고 복제를 할 수 있으려면 직접적이든 간접적이든 촉매작용을 할 수 있는 분자여야 해. 그렇지 않으면 복제라는 화학반응을 진행할 수 없거든.

촉매란 자기 자신은 변하지 않고, 어떤 화학반응의 반응속도를 향상시키는 작용을 하는 물질을 말해. 자연계에는 자발적으로 일어나는 화학반응도 많지만, 생물의 체내에서 일어나는 화학반응은 대부분 어떤 촉매에 의해 일어나는데 이것을 효소라고 해.

다시 말해서 최초의 생물이 **자신과 똑같은 분자를 복제할 수 있다**는 건 **그 복제반응을 촉매할 수 있는 능력도 갖고 있다**는 뜻이야. 이러한 분자의 집합을 자가촉매계라고 해. 계[系]라는 건 시스템을 뜻하는데, 예를 들면 태양계 같은 걸 생각하면 돼. 이 태양계는 자기를 촉매하는 시스템이야.

이 자가촉매계는 환경에서 간단한 재료를 받아들여 자기복제 반응을 직접 촉매함으로써 다시 같은 분자를 만들어낸다고 생각할 수 있어.

더 자세히 말하면, 단순하게 우연히 하나가 된 분자의 집합이 아니라 스스로 재생하고, 재료가 같은 촉매계가 있으면 그것과 경쟁하는 거야. 만약 재료가 없다든지 급격한 온도변화가 생겨서 복제반응이 불가능해지면 시스템이 붕괴해. 다른 말로 하면 죽는 거야. 이렇게 본다면 이 자가촉매계에는 꽤 생물다운 특징이 있는 것 같지 않아? 그런데 이런 자가촉매계 성질을 가진 분자는 어떤 것이 있을까?

◆ 복제 가능한 자가촉매계 찾기

지금의 세포 내에서 가장 잘 이용되고 있는 촉매(효소)는 단백질(폴리펩타이드)이다. 단백질은 여러 가지 형태를 3차원적으로 취할 수 있기 때문에 촉매로서는 매우 우수하다고 볼 수 있다. 하지만 자기와 똑같은 단백질을 스스로 만들어낼 수는 없다. 즉 단백질은 촉매로서는 우수하지만, 복제한다는 점에서 최초의 생명분자라고 보기 어렵다.

그렇다면 핵산(폴리뉴클레오타이드)은 어떨까? 앞에서 왓슨과 크릭의 발견을 통해서 DNA가 상보적 염기쌍을 만들고 정확히 복제할 수 있다는 것을 살펴보았다. DNA는 자신을 복제할 수 있다는 점에서는 문제가 없지만, DNA에 의한 촉매는 일어나지 않는다.

또 다른 핵산인 RNA는 어떨까?

사실 RNA도 상보적 염기쌍을 만들 수 있다. RNA와 DNA는 거의 같은 형태를 취하고 있기 때문에 자신을 2회 복제하면 다시 자신을 만들 수 있다. 따라서 복제한다는 점에서는 합격이라고 할 수 있다.

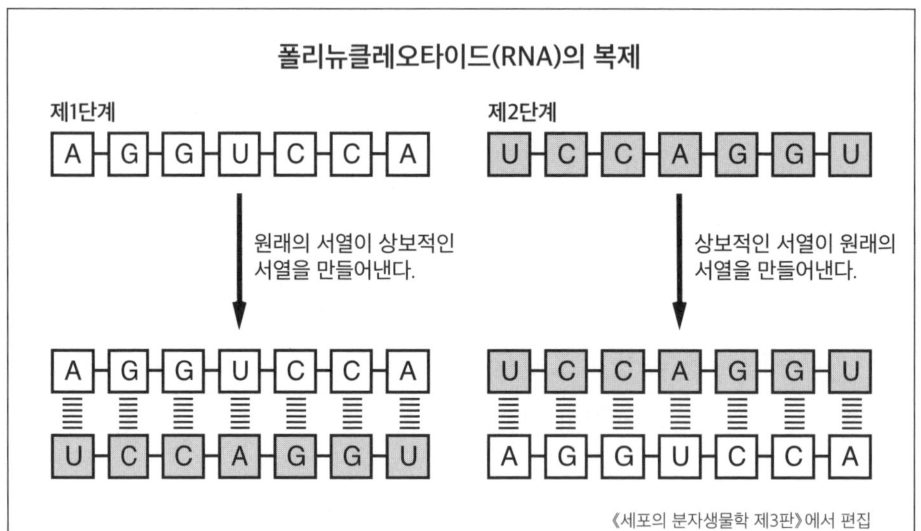

그렇다면 RNA 자체에 촉매 기능이 있는 것일까?

이전에는 RNA 자체에 촉매 기능이 있다는 사실이 알려지지 않았다. RNA도 DNA와 똑같이 복제는 가능하지만 촉매 능력은 없다고 생각했기 때문에 자가촉매계의 분자 후보로 거론되지 않았다.

DNA · RNA · 단백질이 각각 자기복제하는지 자가촉매하는지에 관해서 정리하면 오른쪽 표와 같다.

	복제	촉매
단백질	No	Yes
DNA	Yes	No
RNA	Yes	No(?)

그런데 RNA에 관한 놀라운 사실이 밝혀진다.

◆ 테트라히메나의 rRNA 자가 스플라이싱

테트라히메나가 뭔지 아니? 이게 정말 대단한 거야. 테트라히메나는 몸이 단 하나의 세포로 이루어져 있는 짚신벌레의 사촌쯤 되는 벌레인데, 몸 표면이 얇은 털로 덮여 있어서 섬모충이라고 부르기도 하는 원생동물이야. 크기는 15~70㎛×6~50㎛ 정도, 달걀형이나 바나나형, 서양배형 등 모양이 다양하고, 둥근 세포 입이 특징이야.

테트라히메나가 대단한 이유가 뭐냐면 말이지….

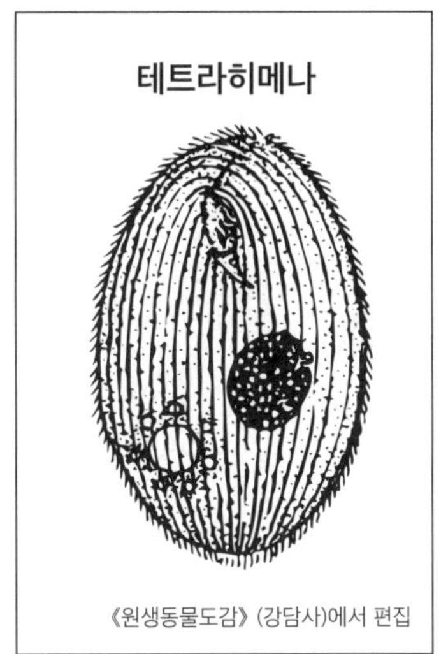

《원생동물도감》(강담사)에서 편집

생물학 뉴스

테트라히메나 자가 스플라이싱의 쾌거!

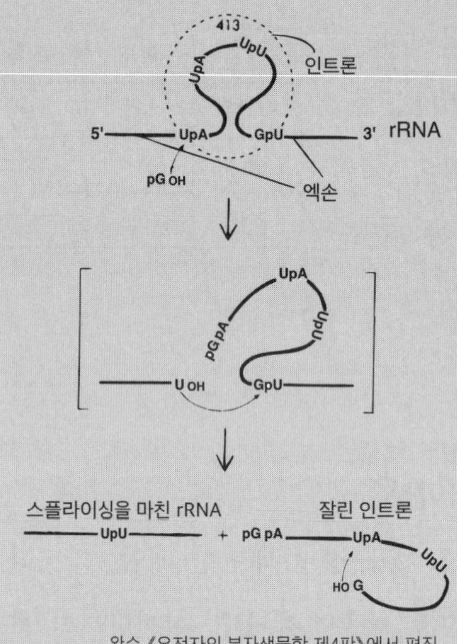

왓슨 《유전자의 분자생물학 제4판》에서 편집

1981년 테트라히메나의 rRNA가 일부분을 촉매로 이용하여 인트론 부분을 스스로 절단하는 모습이 관찰되었다. 토마스 체크Thomas Cech와 공동연구자들이 발견한 이것을 자가 스플라이싱이라고 한다.

또 절단된 rRNA 인트론이 촉매 역할을 한다는 사실도 밝혀졌다. 지금까지 촉매 기능이 있는 것은 단백질뿐인 줄 알았는데, 이 발견으로 RNA는 일약 자가촉매계의 후보로 주목 받게 되었다.

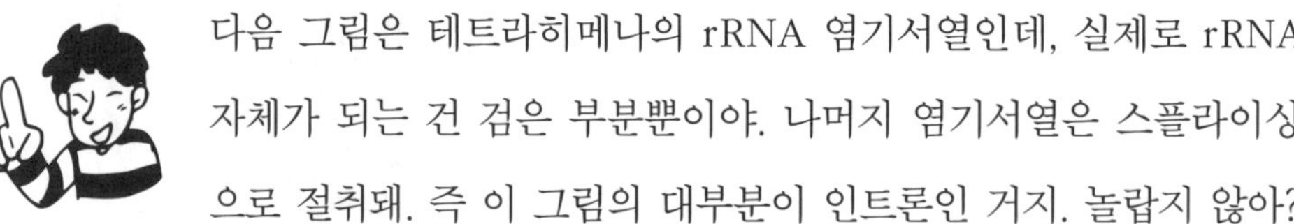

다음 그림은 테트라히메나의 rRNA 염기서열인데, 실제로 rRNA 자체가 되는 건 검은 부분뿐이야. 나머지 염기서열은 스플라이싱으로 절취돼. 즉 이 그림의 대부분이 인트론인 거지. 놀랍지 않아? 그 밖에도 테트라히메나의 rRNA는 스플라이싱을 할 때 rRNA의 일부분을 촉매로 이용해서 자신의 다른 부분, 즉 인트론을 절취하는 모습이 관찰

되었어. 이것을 자가 스플라이싱이라고 하는데, RNA에 그런 촉매 기능이 있다는 것 자체가 굉장히 놀라웠지. 지금까지 촉매 기능이 있는 건 단백질 뿐이라고 생각했으니까.

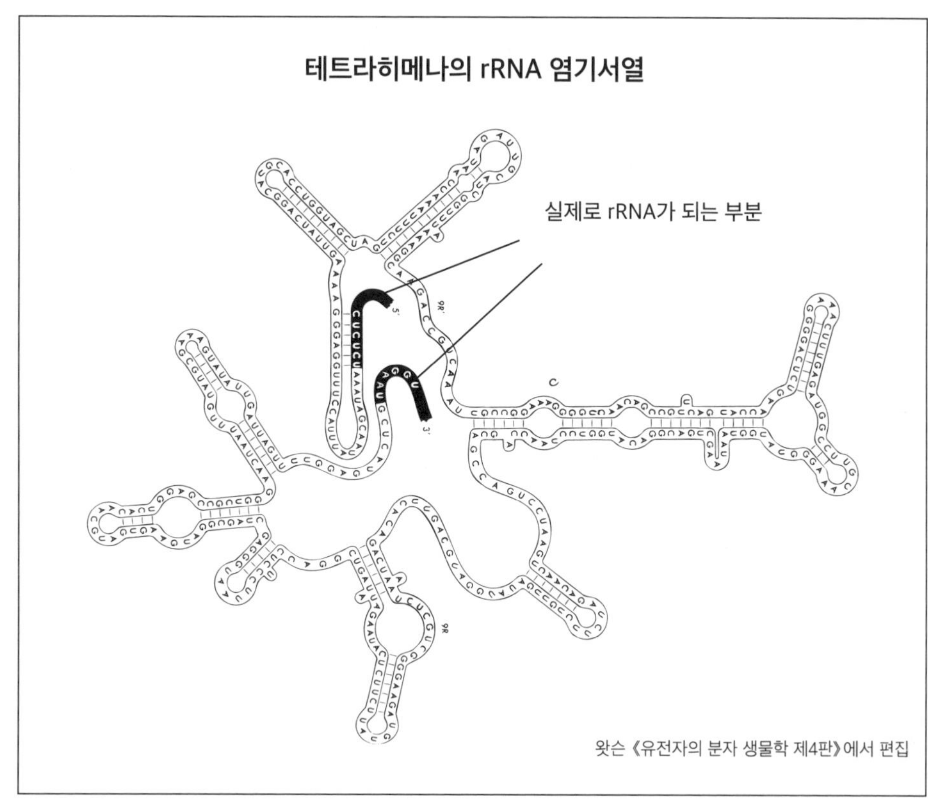

테트라히메나의 rRNA 염기서열

왓슨 《유전자의 분자 생물학 제4판》에서 편집

하지만 이 테트라히메나의 rRNA 경우에는 자신의 일부를 떼어내는 것이기 때문에 자신은 변하지 않는다는 촉매의 성질과 비교하면, 일반적인 촉매와는 조금 다른 점이 있어.

그런데 이렇게 자가 스플라이싱되어 rRNA로 사용하지 않는 부분이 정말 촉매작용을 한다는 사실을 알게 된 거야. 그 기능은 '올리고 뉴클레오타이드 사슬이라는 물질을 늘이거나 줄이는 것'인데, 자신은 변화하지 않아. 진정한 촉매 기능인 거지. 인트론을 절취할 뿐만 아니라, 그것을 촉매로 사용하다니 테트라히메나도 보기와 다르게 꽤 효율적이잖아!

이렇게 해서 마침내 촉매 RNA가 발견되었어.

RNA는 DNA처럼 정보를 기억해둘 뿐만 아니라 접히기까지 하기 때문에 3차원적인 형태를 취하기도 하고 다양한 촉매 기능을 할 수 있어.

즉 RNA는 상보적 염기쌍에 의해 복제도 할 수 있고, 그 복제반응을 촉매할 수 있다는 가능성이 밝혀진 거야. 이 실험으로 RNA는 자가촉매계 후보로 일약 주목을 받게 되었어.

세포분열은 생존경쟁인가?

◆ 자기복제하는 분자는 자연선택을 받는다

RNA는 자기 안에서 상보적인 염기쌍을 만들고, 접힌 구조를 통해서 3차원적인 고유 형태를 가질 수 있다. 그렇게 해서 조금씩 모양이 다른 것이 만들어지면 재미있는 현상이 일어난다. RNA 분자 안에 상보적 염기쌍이 특정 형태로 접힌다.

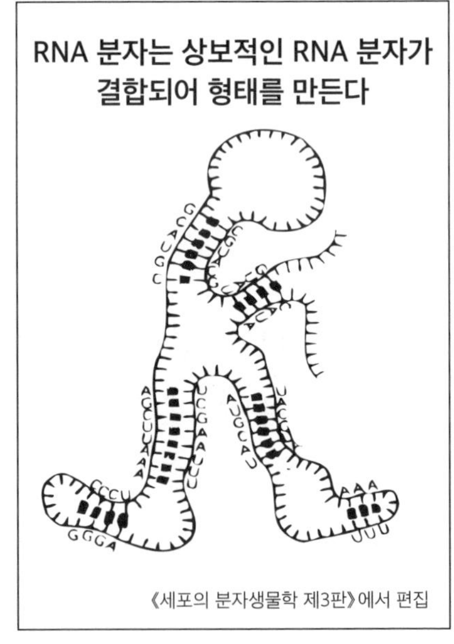
RNA 분자는 상보적인 RNA 분자가 결합되어 형태를 만든다

《세포의 분자생물학 제3판》에서 편집

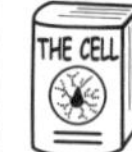

특정한 RNA가 선택된다

1990년대 초반에 과학자들은 다음과 같은 실험을 했다.

① 수지 알갱이에 달라붙는 특정 실험물질과 수지칼럼을 준비한다.

② 인공적으로 만든 무작위의 염기서열 RNA를 수지칼럼에 흘려 넣는데, 이때 결합하지 않은 RNA는 떠내려 보낸다.

③ 칼럼에 남아 있는 RNA 분자를 추출하고, 그것을 주형으로 삼아 RNA를 복제하여 자신을 증식시킨다.

④ 새로 복제된 RNA를 다시 칼럼에 흘려보낸다. 한 번 더 하면 RNA는 남아 있는 실험물질과 결합한다.

⑤ 이 작업을 반복한 결과, 이 특별한 실험물질과 특정하게 결합할 수 있는 많은 양의 RNA가 축적되었다.

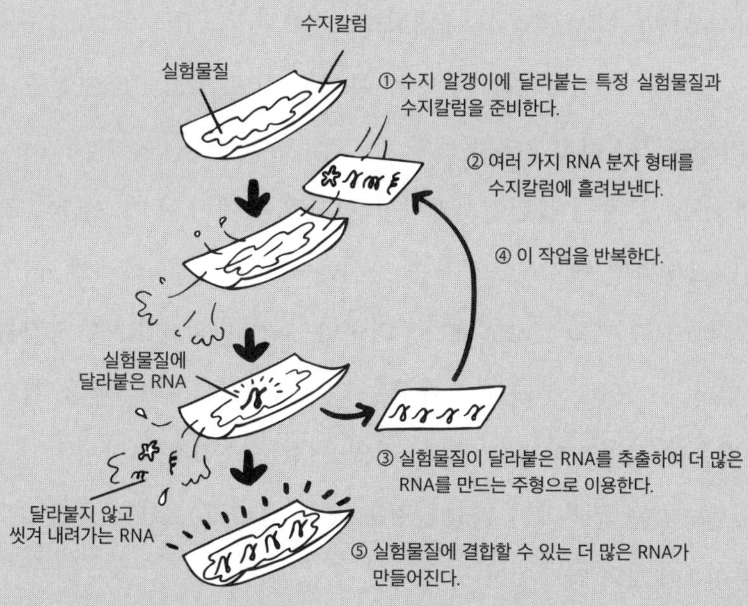
수지칼럼
실험물질
① 수지 알갱이에 달라붙는 특정 실험물질과 수지칼럼을 준비한다.
② 여러 가지 RNA 분자 형태를 수지칼럼에 흘려보낸다.
④ 이 작업을 반복한다.
실험물질에 달라붙은 RNA
③ 실험물질이 달라붙은 RNA를 추출하여 더 많은 RNA를 만드는 주형으로 이용한다.
달라붙지 않고 씻겨 내려가는 RNA
⑤ 실험물질에 결합할 수 있는 더 많은 RNA가 만들어진다.

이 수지칼럼은 수지로 만들어진 홈통 같은 것인데, 여기에 RNA와 재료를 붓고 씻어내기를 반복하면 특정 서열의 RNA가 증식한대. 이것을 보고 수지칼럼에 달라붙을 수 있는 특정 형태의 RNA가 선택된다고 본 거야.

이렇게 보면 RNA 분자는 매우 특별한 두 가지 성질을 가졌다고 할 수 있어.

① 복제해서 전달할 수 있는 염기서열을 정보로 갖고 있다.

② 특이한 접힘 구조를 가졌기에 주변 환경과 선택적으로 상호작용한다.

①은 정보의 성격, ②는 기능의 성격인데, 이 두 가지는 '진화'에 없어서는 안 되는 성질이야.

◆ RNA: 자가촉매계 분자로서의 가능성

여기서부터는 다시 추론의 세계이다.

RNA 분자가 정보와 기능의 양쪽 특성을 갖고 있고, 또 자신을 복제하는 촉매 기능을 가졌다고 가정해보자.

어떤 RNA 분자는 불완전하게나마 시험관 안에서 촉매 기능의 모습이 나타난다. 그렇다면 이 RNA 분자는 자신을 촉매로 삼아 복제할 수 있다는 뜻이다(178p 그림 A: 촉매 RNA 분자). 더구나 자기 이외의 RNA 분자를 복제할 수도 있다. 그 RNA 분자는 복제와는 다른 별도의 촉매작용을 할 가능성이 있기 때문에 그것들이 만약 협동 작업을 할 수 있다면, 상당히 효율적으로 복제할 수 있는 분자계가 가능할지도 모른다(178p 그림 B: 촉매 RNA 분자 그룹). 자기복제계의 탄생이다.

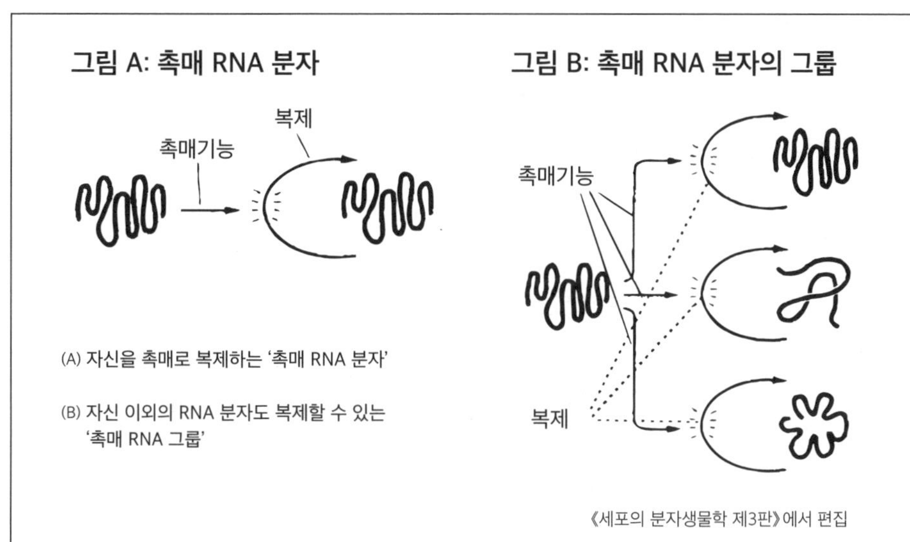

(A) 자신을 촉매로 복제하는 '촉매 RNA 분자'

(B) 자신 이외의 RNA 분자도 복제할 수 있는 '촉매 RNA 그룹'

《세포의 분자생물학 제3판》에서 편집

하지만 엄밀하게 말해서 자기복제를 촉매하는 RNA가 확실히 발견된 것은 아니다. 지금으로써는 RNA가 자가촉매를 할 수 있다는 가능성뿐이다.

◆ 자기복제 경쟁이 시작되다

약 40억 년 전, 지구 어딘가에서 그렇게 '자기복제하는' RNA 분자집단이 진화를 시작했다. 각 집단은 오늘날 생물의 경쟁과 비슷하게 자신을 복제(자손)하기 위해서 서로의 재료를 빼앗았을 것이다. 그 경쟁에서 이기기 위해서는 **① 복제가 정확하고 빠를 것, ② 복제된 분자가 쉽게 망가지지 않는 안정적인 것**이어야 했다.

그런데 이 RNA 분자는 정보를 축적하고 복제하는 일은 비교적 잘했지만, 단백질에 비하면 촉매능력에 한계가 있었다. 오늘날 생물의 촉매기능을 대부분 단백질이 하고 있는 것을 고려한다면, RNA 분자집단이 어딘가에서 단백질을 자기복제계의 동료로 영입했을 것이다. 실제로 촉매능력이 뛰어난 단백질 합성에 지령을 내릴 수 있게 된 RNA 분자는 생존경쟁에서 크게 우위를 점했을 것이다(그림 C: 코드 RNA와 어댑터 RNA).

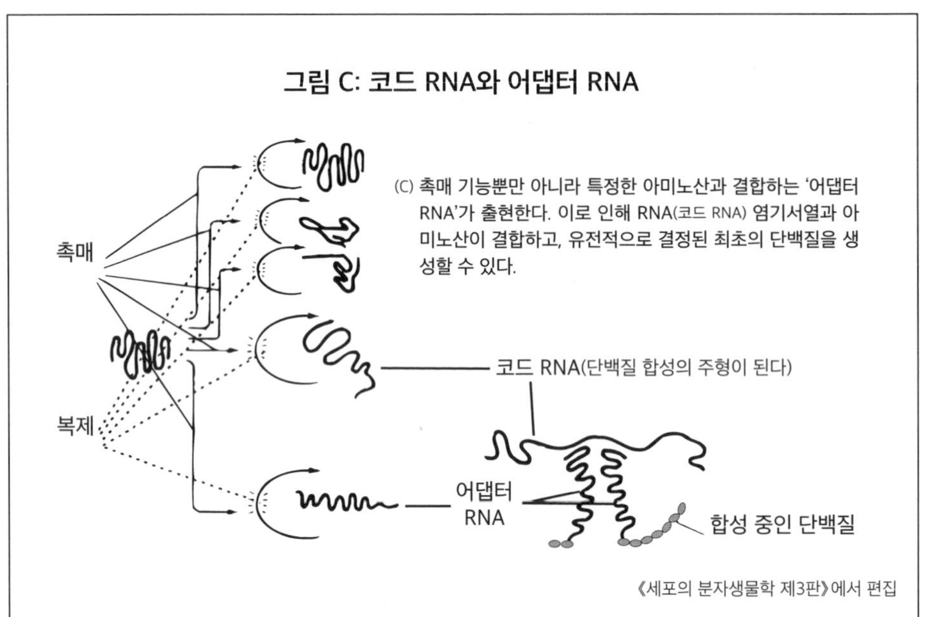

그림 C: 코드 RNA와 어댑터 RNA
(C) 촉매 기능뿐만 아니라 특정한 아미노산과 결합하는 '어댑터 RNA'가 출현한다. 이로 인해 RNA(코드 RNA) 염기서열과 아미노산이 결합하고, 유전적으로 결정된 최초의 단백질을 생성할 수 있다.
촉매
복제
코드 RNA(단백질 합성의 주형이 된다)
어댑터 RNA
합성 중인 단백질
《세포의 분자생물학 제3판》에서 편집

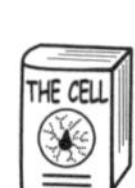

RNA 분자가 어떻게 해서 단백질 합성 지령을 내릴 수 있게 되었는지에 대해서는 아직까지 정확히 밝혀진 바가 없다. 하지만 현재의 단백질 합성은 mRNA나 tRNA, rRNA와 같은 RNA 분자가 협조하면서 중심 역할을 완수하고 있다. 아마도 RNA 분자는 원시적인 방법으로 단백질 합성을 시작하다가 차츰 세련되게 변했을 것으로 보고 있다.

◆ 막의 형성

최초의 세포가 탄생하게 된 결정적인 사건 중 하나가 '외막의 형성'이야. 막이 있기 때문에 세포가 생겼다고 할 수 있을 만큼 중요한 사안이지.

예를 들어 RNA 분자가 자신을 위해서 단백질을 합성했는데, 가까이에 붙어 있지 않고 자유롭게 돌아다닌다면 그 단백질은 RNA에는 아무런 도움이 되지 않아. 복제는커녕 이처럼 자유롭게 돌아다니다 오히려 경쟁상대의 RNA 복제에 도움을 줄 수 있거든. 그렇게 되면 우수한 새 단백질을 만들 수 있다 해도 동료와의 경쟁에서 살아남을 수 없어. RNA의 자기증식 경쟁을 사실로 본다면, 동료가 모여 있는 쪽이 유리하거든. 그렇지 않으면 힘들게 만들어낸 것을 다른 놈이 써버리니까.

RNA가 경쟁에서 살아남는 가장 좋은 방법은 막을 만들어서 단백질을 둘러싸는 거였어. 자신이 만들어낸 단백질을 막으로 둘러싸고 자신이 아니면 사용할 수 없도록 만드는 거지. 이것을 세포의 탄생이라고 보는 거야.

생물학 뉴스

인지질燐脂質은 최초의 세포막일까!?

시험관에 인지질과 물을 넣고 실험했더니 인지질은 적당한 모양으로 모여 자연스럽게 이중층을 형성했다. 이로써 원시 수프에서도 똑같은 일이 일어나 세포막을 형성한 것이 아닐까 하는 견해가 있다.

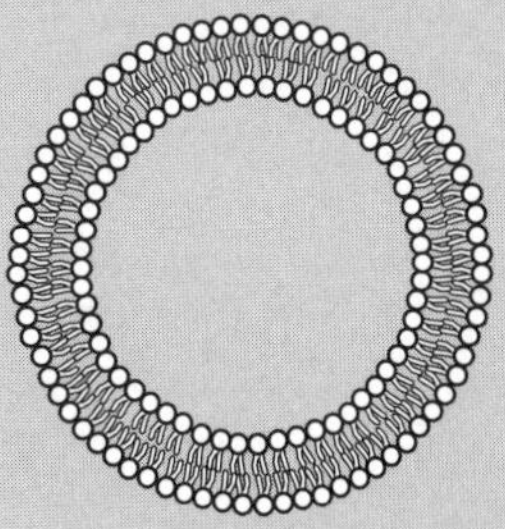

이 막을 만드는 게 인지질이라는 물질이야. 지질脂質, 즉 기름이지. 인지질은 물을 싫어하는 소수성 부분과 물을 좋아하는 친수성 부분으로 이루어져 있어. 인지질은 수중, 즉 원시 수프 속에서 소수성 부분은 최대한 달라붙고, 친수성 부분은 물 속을 향해 모여. 그렇게 해서 자연스럽게 막을 형성하는 거지.

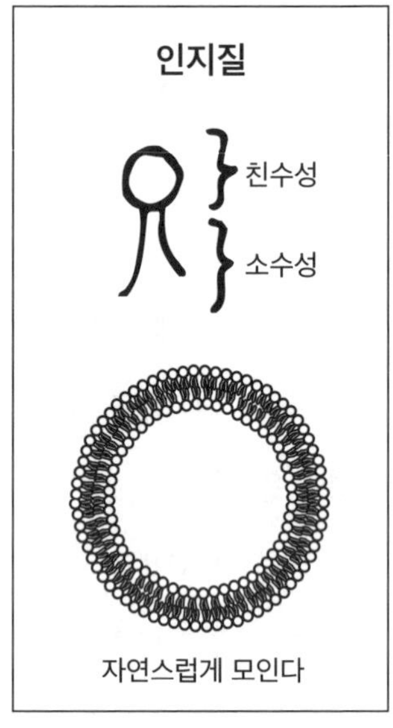

다시 말해서 인지질은 구획을 나누는 데 적합한 성질의 물질이어서 자연스럽게 안쪽과 바깥쪽을 만들어내. 이게 이중층이 되어 막을 형성하는 거야. 이렇게 자연스럽게 구역을 나누는 인지질을 이용해서 RNA는 자신에게 필요한 물질을 다른 데 빼앗기지 않도록 막으로 둘러쌌어.

하지만 이 막으로 둘러싸는 행위가 자가촉매계의 탄생 시기에서부터 단백질 합성이 가능해진 시기 중 어느 시점에서 일어나는 것인지 확실하지 않아.

그날이 세포, 즉 생물의 생일이구나. 타임머신이 있었으면 좋겠다.

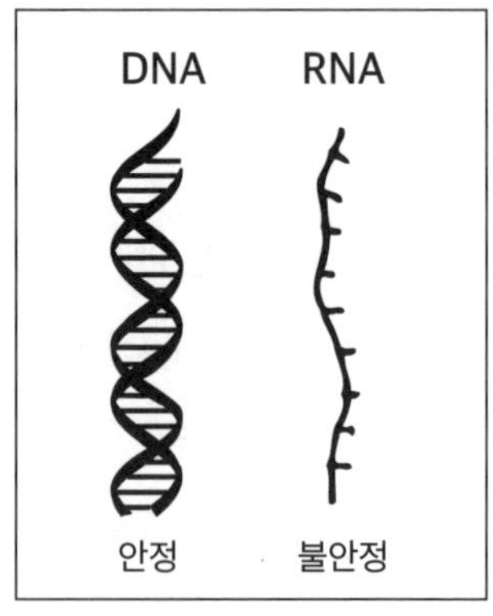

◆ DNA 등장

그런데 이렇게 탄생한 것으로 보이는 세포와 오늘날의 세포에는 결정적인 차이가 있다. 그것은 원시세포에서는 유전정보가 RNA에 축적된 것으로 추정되지만, 현재는 전부 DNA에 축적되고 있다는 점이다.

DNA는 RNA와는 달리 상보적 염기쌍의 결합에 의해 두 가닥 사슬을 형성하고 있다. 이 때문에 DNA는 RNA보다 튼튼하고 안정되어 있으며, 무엇보다 사슬복구가 가능하다. 상처 난 염기의 반대쪽 염기가 주형이 되어 원래의 정보를 되찾을 수 있기 때문이다. 즉 유전정보를 보존하고 유지하기 위해서는 RNA보다 DNA 쪽이 훨씬 확실하다.

다시 말해서 RNA는 진화의 어느 단계에서인가 유전정보를 갖고 있는 서열을 DNA로 옮겼을 것이다. 물론 DNA를 동료로 받아들인 계[system]가 살아남는 데 유리했기 때문에 오늘날에 이르렀다고 생각할 수 있다.

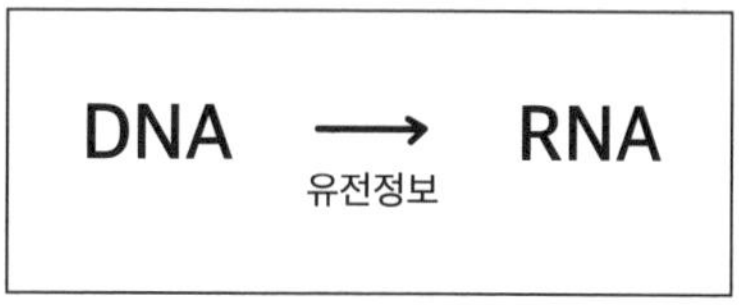

DNA ⟶ RNA
유전정보

◆ RNA 월드

지금까지의 이야기는 추론이었다. 생명이 탄생하기 전에 작은 분자가 합성되었고, 개중에는 큰 분자를 만들기 위해 서로 연결되었으며, RNA 같은 것들은 촉매 기능을 가지면서 스스로 복제하게 되었다. RNA가 단백질과 손을 잡자, 아미노산 사슬로 번역될 수 있는 정보 역할을 하기 위해 RNA 염기서열이 되었고, 인지질 막으로 둘러싸인 구역을 만들어냈다.

이러한 일들이 40억 년 전에 일어나 원시세포를 탄생시켰다는 스토리이다. 그리고 다시 RNA에서 DNA로 정보를 옮긴 것으로 짐작된다.

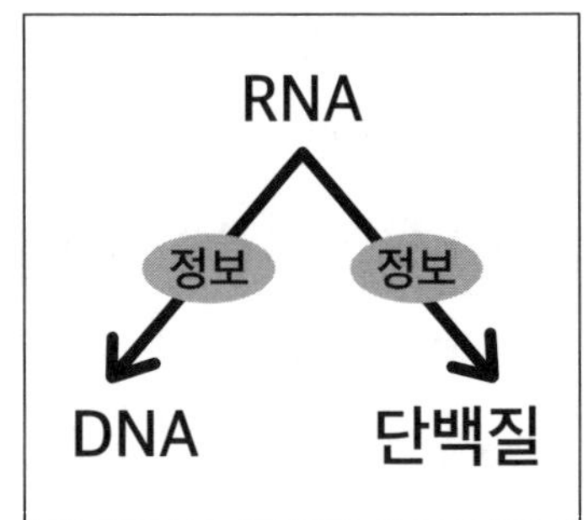

'최초의 생명은 RNA에서 시작되었다'는 이 가설은 꽤 설득력을 얻고 있다. 처음에는 RNA가 스스로 정보를 갖고 있었고 복제할 수 있는 에너지도 갖고 있었으며 그것을 추진하는 촉매 능력도 있었던 것으로 보인다.

진화과정에서 혼자서 몇 인분의 역할을 해내던 RNA가 촉매 기능은 단백질에게, 유전정보는 DNA에게 그 임무를 넘기고, RNA 본인은 중개를 하게 되었다는 내용이다.

◆ 분자에도 진화론을 적용하다

어땠어? 지금까지 진행된 스토리의 바탕에는 RNA나 단백질이라는 분자도 환경에 의해서 자연선택을 받을 수 있다는 사고방식이 깔려 있어. 다시 말해서 과학자들이 말하는 진화론의 적자생존을 RNA 분자에도 적용해보는 거야.

적자생존은 다윈의 진화론에서 나온 거야. 다윈을 진화론의 아버지라고 해.

갈라파고스 제도로 선상여행을 떠난 다윈은 5년에 걸친 긴 항해에서 세계 각지의 생물을 관찰하고 진화론이라는 이론의 원형을 만들었어. 그 이론은 '생존과 번식에 유리한 유전정보를 가진 것이 자연환경에 따라 선택받는다'는 내용이야. 이것을 좀 더 알기 쉽게 설명하면, '생물은 생존경쟁을 하고, 경쟁에서 이겨 살아남은 것이 진화한다'는 뜻이야.

지금까지 우리는 자연도태와 경쟁원리라는 이론을 RNA 등의 분자 레벨에 적용시켜서 살펴보았어.

과학자들은 최초의 세포를 다음과 같이 정의했어.

① 분자는 연결되는 성질이 있다.
② 생명의 필수요소는 복제와 자가촉매이다.
③ 일단 자기복제가 시작되면 진화론에서 말하는 자연도태와 경쟁원리를 적용시켰다.

유감스럽게도 여기서 말한 내용은 어디까지나 추측일 뿐 사실상 증명된 것은 아니야. 실제로 세포가 탄생했을 당시의 화석이 남아 있지 않기 때문이지. 하지만 분자생물학에서는 현재의 생물이나 실험실에서 할 수 있는 몇 가지 실험을 통해서 대략적인 스토리를 이렇게 보고 있어.

1.6 언어는 경쟁이 아니라, 환경 속에서 자란다

하치 등장

잠깐만요!

누군가 큰소리로 말했다. 일제히 돌아보니 하치가 벌떡 일어나 있었다.

시계 씨는 하치의 모습을 보고 이상한 생각이 들어 물었다.

왜, 물통을 갖고 있니?

여기는 시부야의 트래칼리. 건물 한 층에 있는 교실이다.

정글도 아니고 소풍도 아닌데 물통을 갖고 있는 모습을 보니 정말 이상했다. 하지만 하치의 대답은 명쾌했다.

그야 DNA의 모험이니까 그렇지. 모험에는 모자와 물통이 필수잖아!
아, 자기소개를 해야지!
차오! 홀라! 봉주르! 헬로우! 저는 마케루나 하치입니다.

마케루나 하치. 어렸을 때부터 히포 패밀리클럽의 다언어활동을 하면서 바야흐로 히포에서 자란 여자아이다. 남자친구는 없다. 사람들의 말투를 금방 따라하는 하치는 테이프도 금방 흉내 내는 재주를 가졌다.

활자중독인 시게 씨와 달리 하치는 수다를 좋아한다. 즉 책을 읽기보다는 말하는 것이 특기. 하치의 입버릇은, "어? 싫다!"인데, 이게 또 버릇없다는 느낌이 들지 않는다. 무슨 일이든 진지하게 생각하고 소중히 여기는 마음가짐이 느껴지기 때문이다. 납득할 수 없는 일에 대해서는 생기발랄하게 반론한다.

일단 말을 꺼내면 길어지지만, 재미있는 입담에 누구나 빠져들어 마지막까지 듣게 된다. 말하면서도 활짝 웃는 모습은 항상 즐거워 보인다. 논리의 비약도 있지만, 그 비약을 전혀 느낄 수 없는 현란한 말솜씨에 다들 호감을 갖게 된다. 그리고 결국 '그래 그게 당연하지'라고 생각하게 만드는 멋진 화술의 소유자다.

우리는 경쟁?

난 그런 거 싫은데~.

싫다니, 뭐가 싫은데?

그러니까 우리 몸이 세포로 이루어져 있고, 그 세포는 알고 보면 40억 년 전에 태어난 하나의 세포에서 시작되었다는 거잖아. 그리고 그 세포를 구성하고 있는 분자가 복제되거나 전사되거나 단백질 합성을 하면서 세포의 내용물이 두 배로 증식하고, 분열하고 다시 증식하는 것까지는 알겠거든.

그런데 어째서 거기에 경쟁이라는 단어가 나와야 하는지 모르겠어. DNA나 RNA는 물질이잖아. 그 RNA가 자기 친구들을 모아서 만든 것을 뺏기지 않으려고 막으로 둘러싸서 세포가 탄생한 거라니. 세포가 경쟁에 의해 탄생해서 지금의 우리가 존재한다는 그런 사고방식이 싫어.

세포가 경쟁 때문에 태어났다면 우리 몸의 세포 하나하나가 '경쟁하자!'라고 생각하고 있다는 건데, 그렇게 생각하면 무섭잖아.

그렇지만 이건 과학적인 이론에 근거한 것이니까 어쩔 수 없어….

경쟁에서 이겨서 살아남은 것이 진화한다는 과학적인 이론을 근거로 했다는 걸 모르는 건 아닌데. 그걸 꼭 경쟁으로 설명할 수는 없을 것 같아.

그래…. 경쟁이 전부는 아니지.
하지만 인생의 중요한 부분인 건 틀림없어.

인간사회도 결국 경쟁원리로 움직이고 있는 면이 있잖아. 지금의 경제라든지, 가까운 예로 학교에서 치르는 시험 같은 것도 그렇고.

생각해보면 인생은 경쟁이야. 어릴 때는 달리기라든지 색칠공부라든지 단어를 빨리 외워서 시험 보는 걸로 경쟁했어. 학교도 기말이 되면 시험이 있어서 내가 다른 사람보다 얼마나 잘하는지(혹은 못하는지) 평가받아…. 인생은 경쟁으로 둘러싸여 있어! 나는 거기서 질 수 없었어. 기를 쓰고 노력하고 열심히 공부해서 올백을 맞았을 때 정말 기뻤거든. 엄마도 잘했다고 맛있는 걸 사줬었고. 모의시험 때 점수가 오르기도 하고 입시에도 합격했어. 경쟁에 이긴 거야! 그래서 나는 경쟁이 아주 중요한 원동력이라고 생각해.

하지만 난 경쟁이라는 의식이 없었는데? 달리기라든지 운동회라든지 친구들과 달린다는 것만으로도 재미있었고, 어려운 문제를 풀었을 때도 즐거웠어.

수험생일 때도 혼자 애쓰기보다 친구와 서로 배우면서 함께 열심히 했어. 문화제의 연극발표회나 합창 콩쿠르 때도 방과 후 늦게까지 학교에 남아서 함께 연습하거나 준비했어. 그렇게 열심히 노력해서 콩쿠르에서 우승했을 때는 다들 얼싸안고 기뻐했거든. 그래서 나는 경쟁이 아니라고 생각해.

그건 분명 개인 간의 경쟁은 아니지. 하지만 네가 말한 내용은 학급끼리의 경쟁이야. 반 아이들끼리 협력해서 다른 반과 경쟁하는 거지. 그렇지 않니? 그것도 크게 보면 경쟁이잖아.

듣고 보니 그럴지도 모르겠다. 그런데 언어는 어떨까? 언어는 경쟁해서 할 수 있는 게 아니잖아. 예를 들어 아무리 영어를 공부해도 말은 잘 못하는 사람이 대부분인데, 성적을 얻기 위해서 문법이나 발음만 공부했기 때문이야.

얼마 전에 친구가 이런 말을 했었어. 미국에 갔을 때 영어가 전혀 통하지 않았대. 발음이 맞는지 머릿속에서 계속 연습했음에도 불구하고 coffee

를 부탁했더니 cola가 나오고, milk를 부탁했더니 밀러 맥주가 나왔대. 학교에서 뭘 공부한 거냐 싶어서 슬퍼지더래.
언어를 작게 세분화하고 문법에 따라서 단어를 조합한다고 언어가 되는 건 아니야. 언어는 학습하는 게 아니니까. 아기는 주변 사람들이 말을 걸어주기 때문에 말을 할 수 있게 돼. 하지만 그것은 발견해나가는 거지 가르치거나 배우는 게 아니야. 이런 체험을 하는 아이도 있을 거야. 들어봐.

언어는 경쟁이 아니다

◆ 나의 영어

나도 중학교에 들어가면서부터 영어공부를 시작했어. 처음 배우는 영어인 만큼 많은 단어를 외우고 선생님을 따라 발음을 연습하기도 했지. 나름 재미있었지만 전혀 이해가 안 됐어. 문법은 공부하기 귀찮고 시험도 싫었어. 그저 시험을 잘 보거나 성적이 좋은 애들을 부러워만 했지.
고등학교에 들어가서도 영어수업을 받았어. '영어로 말할 수 있으면 멋지겠다' 같은 바람은 있었지만, 여전히 영문법도 잘 모르겠더라. 외워야 할 단어의 양도 많고 영어는 싫어하는 분야였거든….

◆ 미국 유학

그러던 내가 미국 유학을 결심한 것은 고등학교 1학년 여름이었다. 영어를 싫어했던 나. 그래서 처음에는 힘들었다. 당연히 전부 다 영어였다. 머릿속으로는 알고 있었지만 실제로 영어에 둘러싸이자 상당한 충격을 받았다. 분명 중학교 때 영어를 배웠는데 잘하기는커녕 입 밖에 나오지도 않았다. 그런 상황에서도 생활을 해나가야 했기 때문에 더 힘들었다. 예를 들어 지금 같으면 목이 마를 때, "Water please"라든지 "I want to drink water." 라고 말하겠지만, 그때는 생각나지 않았다. 그래서 단순히 water라는 단어만 더듬거렸다. 상대방은 처음에 잘 알아듣지 못했다. water는 발음도 상당히 어려운데다 그곳에서는 소위 Japanese English가 통하지 않았다. 하지만 기죽지 않고 몸짓을 동원하자 전달이 되었다. "Oh~, water!!"라며 알아들은 것이다. 역시 발음이 전혀 달랐지만 내가 하고 싶었던 말이 전달되었다는 사실과 water의 발음이 들렸다는 기쁨에 "water, water"를 중얼거리며 물을 마셨다.

◆ **영어를 말하다!**

처음에는 이런 식으로 생활하면서 영어에 익숙해지기 시작했다. 중학교 영어수업처럼, "이 단어는 시험에 나오니까 외워라"라든지 "이 단어의 발음은 ○○다"라고 가르쳐주는 사람은 없었지만, 혼자 '이 단어는 이런 뜻인가!?' 생각하거나 다른 사람의 말을 흉내 내보면서 미국생활과 영어에 차차 익숙해졌다. 하고 싶은 말을 전하거나 누군가 말하는 모습을 자연스럽게 흉내 내는 과정을 거치면서 어느새 '영어로 말할 수 있게 됐잖아?'라는 생각이 들었다.

◆ 미국에 와서-여전히 말할 수 없어?

그러던 가을, 같은 고등학교에 다니고 있는 멕시코 유학생 알리시아가 나와 같은 집에 홈스테이하게 되었다. 알리시아와는 영어반이 같아서 학교에서도 대화를 나누는 사이좋은 친구였다. 평소에는 물론 영어를 썼지만 서로 스페인어나 일본어를 가르쳐주기도 했다. 하지만 알리시아는 나보다 영어를 잘했고 나보다 말도 많이 하는 것 같았다. 멕시코에서 고등학교를 졸업하자마자 미국에 바로 왔을 때였는데도 나와 달리 다른 사람들의 말을 알아듣고 있었다. 그리고 둘이서 대화할 때도 알리시아 쪽이 더 많이 말했다.

알리시아가 함께 살게 된 이후, 집주인 웬디와 대화하던 둘만의 시간은 자연스럽게 셋이 하는 시간이 되었다. 물론 즐겁기는 했지만 '알리시아의 영어는 능숙하구나'라는 생각이 들자 내 영어와 비교하게 되었다. 알리시아는 대화에 금방 끼어들었고 나는 듣고만 있는 일이 많아졌다. 셋이서 대화를 하고 있는데도 어쩐지 알리시아와 웬디 둘만 대화하는 것 같은 기분이 들어서 점점 입을 열지 않게 되었다. 대화 내용도 전부 알아듣고, 하고 싶은 말도 있었다. 하지만 알리시아에게 선수를 빼앗기거나 영어문법을 지나치게 의식해서 '틀리면 어떡하지….' 하는 생각 때문에 대화에 끼어들 수가 없었다.

'같은 유학생인데 알리시아는 어쩌면 저렇게 영어를 잘할까? 분명 전부 다 전달되겠지. 내 영어는 안 되겠어.' 하는 생각이 들었다. 나도 자신 있게 하고 싶은 말을 하려고 했지만 왠지 그 전과는 달랐다. '잘 해야 해'라든지 '이건 이렇게 말해야 맞나?'라고 생각할수록 말이 더 나오지 않았다. 즐겁게 대화하기보다 내 영어와 알리시아의 영어를 비교하면서 바른 표현인지만 신경 쓰였다. 예를 들어 '여기는 형용사니까 S를 붙이는 건가?'라든지 'are였나? is였나?' 등 이전에는 전혀 신경 쓰이지 않았던 정확한 문법에 신경을 쏟았다. 알리시아는 복수일 때는 S를 붙이고 과거형도 잘 구별해서 제대로 쓰고 있었다. 내가 속으로 생각해야만 할 수 있는 말들을 자연스럽게 하고 있었다. 알리시아보다 영어를 더 잘 해야 한다는 강박관념에 혼자서 알리시아의 영어와 경쟁했던 것인지 모른다. 남과 비교함으로써 어느새 영어로 말하는 것이 경쟁이 되었다.

◆ 경쟁이 아니야!

헬러윈날을 며칠 앞둔 어느 날 웬디와 둘이 학교 댄스파티에 무엇으로 가장할 지 이야기를 나누게 되었다. 핼러윈날에 가장을 하는 것이 처음이어서 딱히 아이디어가 없었던 내게 웬디가 조언을 해주었다. "일본 도깨비는 어때?"라든지, "난 작년에 마녀를 했었어." 등의 제의에 "마녀가 되고 싶어"라고 대답하자, "마녀의상은 올해 여동생이 쓴다고 해서 없는데, 인디언은 어때? 머리는 이렇게 하고 메이크업은 이렇게… 내가 도와줄게."라고 했다. 인디언이 되기로 결정한 것은 좋았는데 의상이 없다고 하자 자기 할머니 집에 가보자고 했다.

시간이 늦어 다음날 방과 후에 가지러 가기로 하고 내 방으로 돌아왔다. 핼러윈날의 재미에 빠져 콧노래를 부르면서.

방에 돌아와서야 깨달았다. 아 웬디가 하는 말을 전부 알아들었고 하고 싶은 말도 아무 망설임 없이 할 수 있었구나! 그저 첫 할로윈이 기대돼서 웬디와 즐겁게 준비할 수 있을 것 같다고 생각했을 뿐인데, 깨닫고 보니 영어가 맞는지 틀리는지는 신경 쓰지도 않았던 것이다. 하지만 웬디에게는 제대로 전달되었고 분명 대화가 이루어졌다. 생각해보니 제대로 잘 말하지 않으면 안 된다고 의식하지 않고 즐겁게 말했다. 오랜만에 대화를 즐긴 것 같았다. 알리시아보다 잘 하려는 경쟁심에서가 아니라 단순히 즐거워서, 하고 싶은 말이 많아서 자연스럽게 입에서 나오고 있었다. 알리시아의 영어와 비교해서 내 영어는 수준이 낮다고 생각했는데 웬디에게 정확하게 전달되었다. 한 번에 전달되지 않을 때는 알아들을 때까지 "이렇게 말하려는 거지?"라는 듯 잘 들어주었다. 웬디와 즐겁게 대화했을 때, '제대로 전달됐어!!'라는 생각이 들었다. 내가 알리시아의 영어를 신경 쓰지 않게 된 것은 그때부터였다. 내 영어도 제대로 전달된다는 것을 알았기 때문이다.

문법 같은 게 잘못되어도 전하고 싶은 말을 할 수 있다면 상대도 알아듣는다. 그것을 알게 되자 알리시아나 웬디와 즐겁게 말할 수 있었다. 가끔은 잘 전달되지 않을 때도 있었지만 친구들은 귀를 기울여 들어주었고 마지막에는 이해해주었다. 그래서 전처럼 '내 영어가….' 하는 생각은 들지 않았다.

나는 영어를 잘 말하고 싶다기보다는 웬디나 알리시아와 즐겁게 이야기를 나누고 싶었다. 단지 그 수단이 영어였던 것뿐이다.

이렇게 해서 나는 어느새 하고 싶은 말을 술술 할 수 있게 되었다.

◆ 언어는 커뮤니케이션!

일본에 돌아와서 유학했던 경험을 말하자 친구들은 이렇게 물었다.

"그럼 영어공부하고 왔구나~, 힘들었어?"

으음, 분명 공부를 하기는 했지만 이곳에서 하는 영어공부와는 달랐다. 영어수업은 있었지만 일본에서 말하는 국어 같은 것이고, 교과서의 이야기를 읽고 감상문을 쓰든지 왜 주인공이 이런 행동을 했을까를 토론하는 등 일본의 영어수업과는 달랐다. 단어를 외우거나 발음연습을 하는 공부가 아니었다. 내가 한 공부는 영어공부가 아니라 수학도 요리도 전부 영어로, 일본수업을 전부 영어로 받는다는 느낌, 그러면서 필요한 영어를 저절로 익히는 느낌이었다. 일본에서 배운 영단어나 영문법을 잘 활용한 영어라기보다는 대화를 통해서 다져진 영어라는 느낌이 들었다. 시험을 보기 위해 따로 학습한 게 아니기 때문에 내 영어는 공부를 위해서가 아니라 사람과 사람 사이의 커뮤니케이션을 위한 영어라는 느낌이었다.

언어는 경쟁이 아니라 환경 속에서 자라난다?

언어는 경쟁을 통해서만 이루어지는 게 아니라 사람들 사이의 관계 속에서 형성되는 게 아닐까? 사랑하는 가족, 친구, 동료들 속에서 전하고 싶은 말을 제대로 전하면서 나누는 언어에 그 풍경이 붙고 그 풍경이, 그 환경이 자기 안에 녹아들어서 이루어지는 것 같아.

경쟁이라든지 학습으로써가 아니라 환경 속에서 자라나는 거지.

나는 생물이나 세포의 탄생과 진화에는 경쟁만으로는 설명할 수 없는 뭔가가 있을 것 같아. 생물도 환경 속에서 자라난 것이 분명 있을 거야.

글쎄--?

지금 여기서는 생물의 진화를 주제로 삼고 있는 만큼 인간사회나 언어와는 전혀 다른 이야기인데.

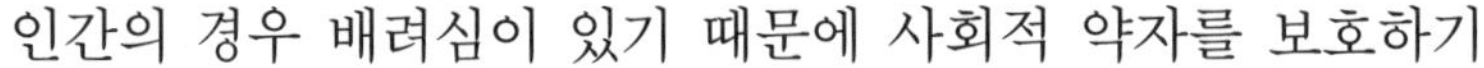

인간의 경우 배려심이 있기 때문에 사회적 약자를 보호하기도 하고, 교육을 통해서 서로 도움을 주고받거나 협동하는 법을 배우니까 생물처럼 혹독한 세계는 아니지 않니? 인간이나 언어는 또 다르게 분류할 특별한 대상이라고 생각해.

우리 인간도 거슬러 올라가면 똑같은 하나의 세포였던 거잖아. 그렇다면 인간만 특별 취급하는 건 이상하지 않아~?

음. 하치가 경쟁을 싫어하는 마음은 알겠는데, 지금은 자연계에 대해 이야기하는 거니까 인간사회라든지 언어에 관한 내용과는 상관없어. 좀 더 일반적인 분자생물학에 대해서 말하고 있는 거야. 우리는 'DNA의 모험'을 하고 있잖아.

실제로 40억 년 전의 지구는 몹시 가혹한 환경이었을 거야. 갓 태어난 세포가 진화한다는 것은 살아남느냐 죽느냐 하는 혹독한 상황에서 벌어지는 일이니까, '싫다'라고 할 만한 여유는 없었을 거야. 이야기를 마저 들어보면 하치도 받아들일 수 있지 않을까? 그럼 다음 장에서는 세포가 탄생한 이후부터 직면한 다양한 시련을 살펴보도록 할까?

Chapter 2

다세포생물의 탄생

2-1 단세포에서 다세포로

1) 40억 년 전의 지구

- 40억 년 전의 원시 지구-

40억 년 전의 원시 지구는 대기 중에 산소는 하나도 없고 이산화탄소(CO_2), 메탄(CH_4), 암모니아(NH_3), 수소(H_2) 등의 분자가 가득했다고 한다. 운석의 충돌이나 천둥번개와 폭풍이 심하게 몰아치고, 강한 자외선 등이 끊임없이 쏟아지는 세계였다.

그런 환경에서 세포는 '원시 수프'인 바다 속에서 탄생한 것으로 보인다.

《세포의 분자생물학》을 한손에 들고 들어온 시게 씨의 이야기는 분자생물학이 어떻게 만들어졌는가? 에서 시작되었다. 시게 씨는 단순한 박물학이었던 생물학을 자연과학으로 진화시킨 분자생물학에 감동한 것 같았다.

분자생물학의 연구 대상은 물론 생물이다. 생물은 지금으로서는 생각할 수 없을 만큼 혹독한 기후의 원시 지구에서 탄생했다. 원시 지구의 바다 속에는 뉴클레오타이드 등 현재 생물의 바탕이 될 만한 물질이 풍부하게 존재하고 있었다. 그리고 어느 순간 RNA, DNA, 단백질 등의 분자가 막으로 둘러싸인 속에서 밀접한 관계를 가진 하나의 단위가 나타났다. 그것이 원시세포이다.

시게 씨의 이야기는 원시 수프 속에서 태어난 단세포에서 우리 인간과 같은 다세포생물로 옮겨간다. 단세포에서 다세포로 진화하는 것은 그렇게 간단한 일이 아니었다. 살아남기 위한 에너지 획득, 환경에 대한 적응 등 긴 시간에 걸쳐 끝없는 시행착오의 결과물이었다.

세포는 살아남기 위해서 주변 환경과의 사이에서 먹느냐 먹히느냐의 경쟁을 펼쳐온 거래. 여기서 다시 지구가 탄생했을 때부터의 연대표를 살펴볼까?

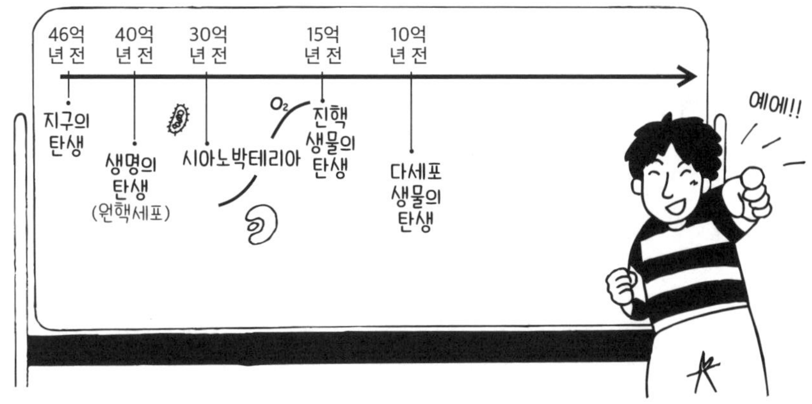

지구는 46억 년 전에 탄생했고, 세포는 40억 년 전, 그리고 다세포생물은 약 10억 년 전에 나타났다고 한다. 최초 세포에서 오늘날의 우리와 같은 다세포생물이 진화하기까지 꼬박 30억 년이나 걸린 것이다. 그 세월 속에는 극한의 생존경쟁, 지구환경에서 대량번식 등 파란만장한 30억 년의 드라마가 있었다.

생물이 어떻게 그 시련을 뛰어넘어 오늘날의 다세포생물 형태로 진화했는지 그 진화의 그림일기를 살펴보자.

2) 단세포에서 다세포로

대사과정의 진화

40억 년 전 지구상에 나타난 최초의 세포는 핵막이 없는 단순한 원핵세포였다. 오늘날 우리의 장에 서식하는 대장균이 이 최초의 세포에 가까운 원핵생물이다. 그렇다면 이 최초의 원핵세포는 어떻게 진화했을까?

◆ 빠른 증식

세포는 막으로 둘러싸여 있어서 자기가 만들어낸 단백질을 스스로 사용할 수 있다는 장점을 가지고 있었다.

안녕하세요!
저는 원핵세포 생물이에요.
짧게 **원핵생물**이라고
불러주세요.

세포라는 좁은 범위에서 다양한 반응을 일으키는 많은 물질이 다 같이 빽빽하게 가득 찬 상태가 되자 반응속도가 빨라져 빠르게 분열하고 번식하게 되었다.

그런데 세포가 지나치게 증식하자 문제가 발생했다. 세포가 주변 환경을 변화시킨 것이다.

◆ 식량난

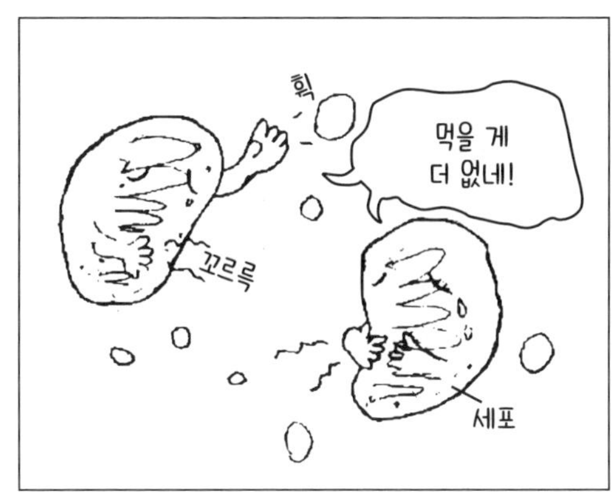

원시의 바다수프가 맛있고 영양가 있는 국과 같았을 무렵에는 먹으면 그대로 몸을 만드는 데 사용할 수 있는 물질(아미노산이나 이노신산 등)이 주변에 얼마든지 있었다. 그런데 동료가 지나치게 늘어나고, 다들 그것을 먹어치우게 되자 먹을 것이 바닥났다. 식량난이 발생한 것이다.

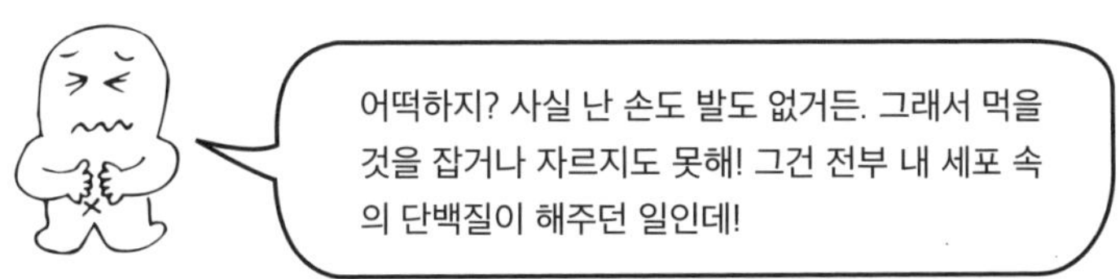

어떡하지? 사실 난 손도 발도 없거든. 그래서 먹을 것을 잡거나 자르지도 못해! 그건 전부 내 세포 속의 단백질이 해주던 일인데!

◆ **새로운 조리법**

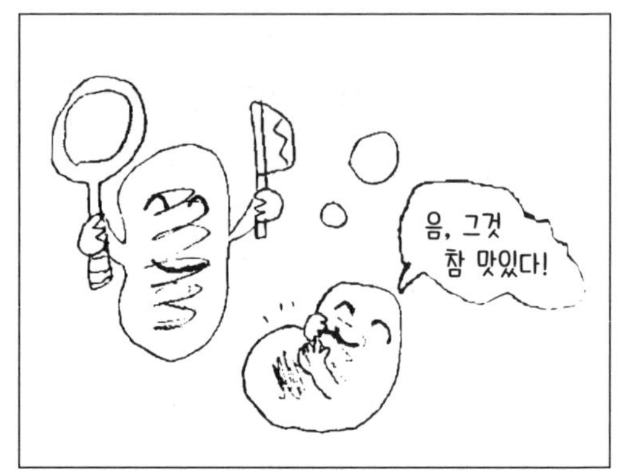

식량난이라고는 썼지만 모든 식량이 사라진 것은 아니었다. 쉽게 먹을 수 있도록 음식을 요리할 필요가 생겼을 뿐이다. 그러자 세포는 스스로 조리 도구(효소: 단백질의 일종)를 만들어내고 부족한 식재료를 만들기 시작한다. 그렇게 해서 식량문제도 일단 해결되어 해피엔딩! 초기의 이러한 요리과정을 원시적 형태의 해당과정이라고 한다.

세포에 의한 이 요리과정을 대사과정이라고 해. 우리가 음식을 먹으면 일단 위에서 소화를 시켜. 그래야 영양분이 세포 속으로 들어가 잘게 분해되니까! 영양소라는 것은 몸을 만드는 재료나 에너지로 쓰이지! 이 모든 과정을 통틀어 대사라고 해!

세포가 대사과정을 하는 방식은 참으로 다양하다. 항상 똑같은 음식을 먹지 않으므로 우리 몸은 여러 영양소로부터 에너지를 얻을 수 있어야 한다. 이러한 여러 프로세스의 경로를 대사과정이라고 한다!

아마도 40억 년 전 최초 세포의 주변 환경에는 그 세포가 생존하는 데 필요한 대부분의 물질이 있었을 것이다. 필요한 영양소도 모두 원시 수프에서는 자연적으로 합성되었다. 하지만 세포가 점차 증식함에 따라 세포들은 필요한 영양소를 빠른 속도로 소비하기 시작했다.

이들 원시세포는 증가하는 식량난을 어떻게 돌파했을까? 세포가 취한 방법은 환경에 맞춰 자신을 변화시키는 것이었다. 다시 말해서 새로운 대사경로를 늘린 것이다. 새로운 대사과정으로 세포들은 전에는 소비시킬 수 없었던 영양소들을 분해시킬 수 있게 되었다. 스스로 필요한 것을 직접 만들어냄으로써 식량난은 우선 일단락된다.

그런데 또다시 새로운 문제가 발생했다. 기껏 주변 환경에 적응했더니, 이번에는 내부에서 문제가 생긴 것이다. 그것은 다름 아닌 쓰레기 처리 문제였다!

◆ 쓰레기(양성자)가 쌓이다

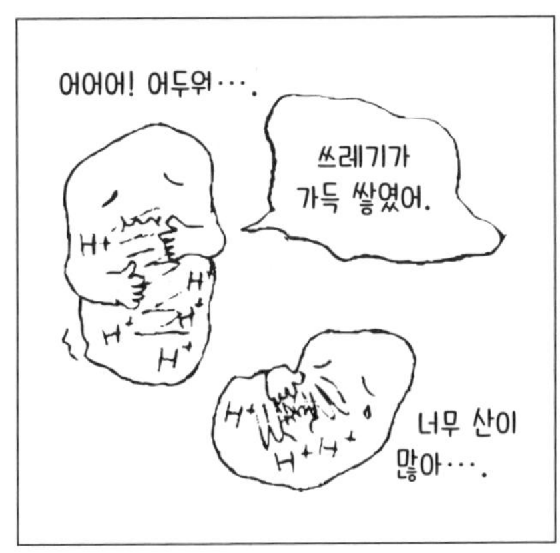

막으로 둘러싸인 세포가 안에서 (해당과정 등의 대사과정으로) 요리한 후에 수소이온(H^+) 형태의 쓰레기, 즉 프로톤(양성자)이 배출된 것이다. 이 쓰레기가 세포 안에 쌓이면 세포는 산성이 되어 죽게 되므로 어떻게 해서든 밖으로 내보내야만 했다.

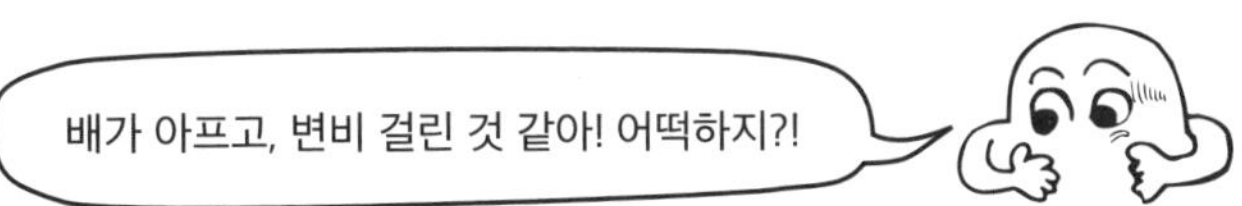

배가 아프고, 변비 걸린 것 같아! 어떡하지?!

◆ 양성자 펌프로 세포에 쌓인 쓰레기를 버리다

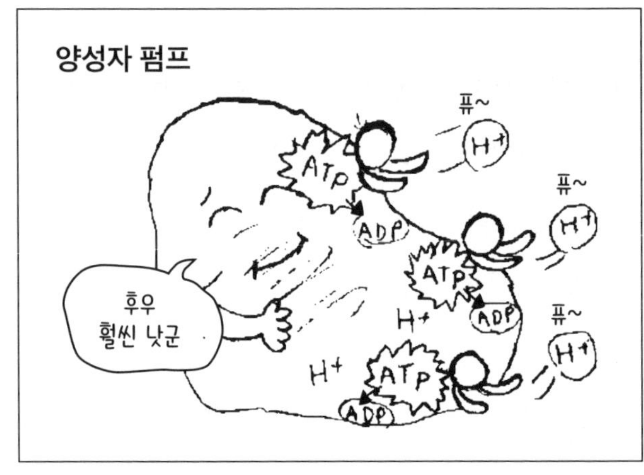

그러자 이 문제를 해결해줄 막단백질이 출현했다. 세포막에 있는 이 단백질은 ATP(세포 내에서 사용할 수 있는 에너지를 축적하는 분자)를 이용해서 세포 안의 양성자들을 세포 밖으로 배출한다. 양성자를 세포 밖으로 내보내기 때문에 '양성자 펌프'라고 한다.

이 양성자 펌프는 뛰어난 발명품이었지만, 안타깝게도 기껏 만들어낸 ATP를 사용해버렸다.

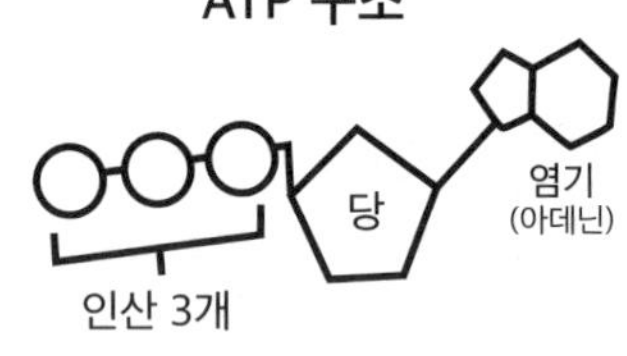

ATP는 아데노신3인산이라는 이름의 물질이야. 이 ATP는 생물책에 '에너지통화'라고 쓰여 있을 만큼 생물에게는 매우 중요한 분자인데, 세포 내에서 사용할 수 있는 에너지를 저장해.

세포는 DNA나 단백질을 만들 때도 많은 양의 ATP를 사용해. ATP는 세포가 생존하는 데 꼭 필요한 물질이지.

◆ 원시적인 전자전달계… 또 다른 쓰레기 처리법

그러던 어느 날, 원시세포에게 ATP를 에너지원으로 사용하지 않아도 양성자를 밖으로 버릴 수 있는 장치가 생겨났다. 그 새로운 방법은 바로 '전자전달계'였다. 전자전달계는 ATP 대신 물질대사에서 발생하는 '전자'를 에너지원으로 삼을 수 있었다. 필요성이 없어진 양성자 펌프는 해고되었다.

◆ 양성자의 귀환

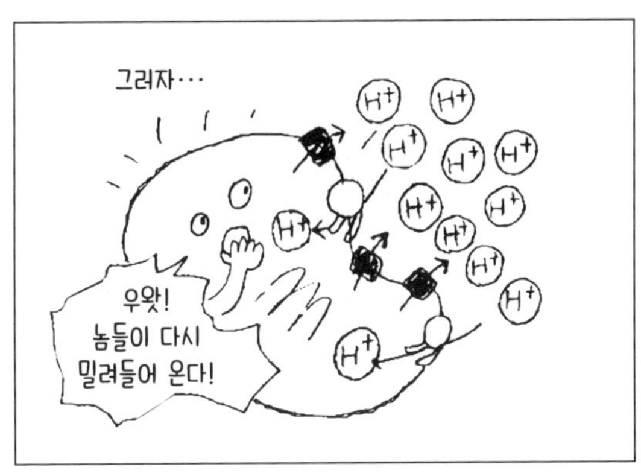

세포는 전자전달계를 써서 과다한 양성자를 세포 밖으로 버렸는데, 너무 많이 버리자 이번에는 양성자가 세포 밖에서 안으로 역류하기 시작했다. 그때 통로가 된 것이 지난날의 양성자 펌프였다. 해고한 양성자 펌프를 통해서 양성자가 흘러들어온 것이다.

◆ ATP를 합성하다

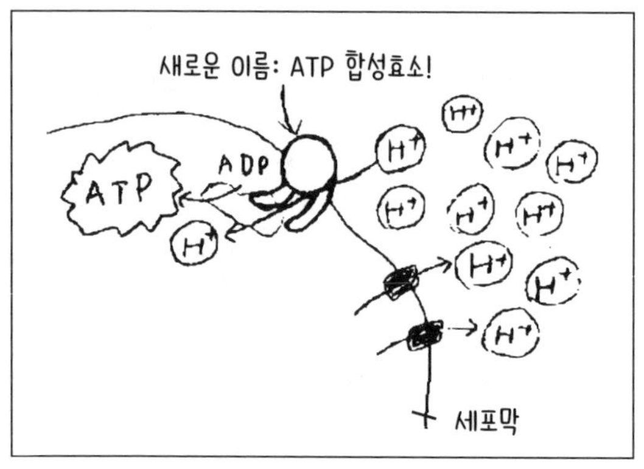
새로운 이름: ATP 합성효소!
ATP
ADP
세포막

이제 세포는 세포막을 사이에 두고 양성자가 아주 많이 있는 세포 밖에서 거의 없는 안쪽으로 들어오려는 힘(농도 기울기)을 사용할 방안을 찾았다. 이 힘을 **양성자-원동력**이라고 한다. 세포는 양성자 펌프를 통해 세포 안으로 들어오는 양성자 에너지를 써서 ATP를 합성한다. 이렇게 해서 리사이클링 시스템이 완성된다!

그 후 이 양성자 펌프는 ATP **합성효소**라는 이름을 갖게 되었다.

양성자 펌프는 ATP를 이용해서 세포 밖으로 양성자를 퍼냈는데, 이것을 역으로 이용해서 다시 ATP를 만들어냈어! 굳이 비유하자면 밀가루와 물을 넣어 라면을 만드는 기계가 있는데, 여기에 라면을 넣자 밀가루와 물이 생겨나고 전기까지 생겨났다고 할 수 있어. 믿어지지 않겠지만, 초기 세포는 그만큼 대담한 일을 벌인 거야.

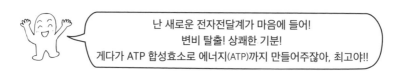

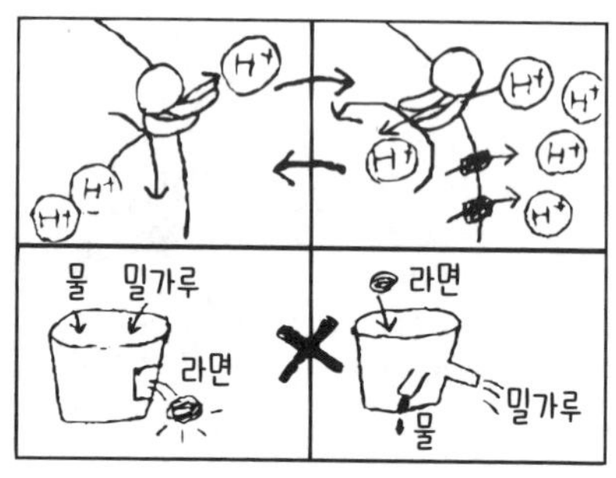
물 밀가루
라면
라면
밀가루
물

난 새로운 전자전달계가 마음에 들어!
변비 탈출! 상쾌한 기분!
게다가 ATP 합성효소로 에너지(ATP)까지 만들어주잖아, 최고야!!

광합성의 모험

그 다음에 일어난 대사건은 약 35억 년 전이다. 생물의 숫자가 순식간에 증가하자 지구상에는 식량, 즉 유기물(음식)이 부족해지기 시작했다. 요리할 수 있는 재료를 전부 써버렸기 때문에 남은 유기물은 극히 적었다. 이른바 생명체의 위기가 찾아온 것이다.

◆ 배가 고파!

세포는 유기물이 필요했다. 어디서든 탄소를 보급하지 않으면 죽을 것 같았다. 그들의 주요 탄소원은 이산화탄소(CO_2)였다. 이 CO_2를 유기물로 만드는 방법이 한 가지 있었는데, 바로 NADH나 NADPH 같은 물질을 이용하는 것이었다. 하지만 당시의 생물은 이것들을 한 번에 조금씩밖에 만들 수 없었다.

NADH와 NADPH는 화학적으로 거의 같은 물질이어서 NADH를 쉽게 NADPH로 바꿀 수 있어. 둘 다 고에너지 전자수용체인데, 세포는 이산화탄소(CO_2)를 탄수화물(CH_2O)로 바꿀 때 NADH 또는 NADPH에 있는 전자를 사용해!

◆ 태양 에너지를 사용하다

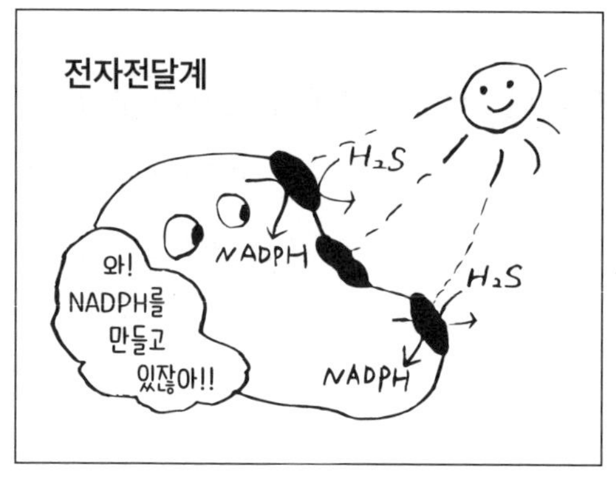

그때 NADH나 NADPH를 효율적으로 만들기 위해서 태양광의 에너지를 이용할 수 있는 세포가 나타났는데, 바로 시아노박테리아였다. 시아노박테리아는 CO_2와 NADPH를 이용해서 유기물을 만들 수 있는 능력이 발달되었다. 이것이 광합성의 시초로, 현재 생물은 먹을 것 없이 스스로 에너지를 만들 수 있다.

◆ 광합성

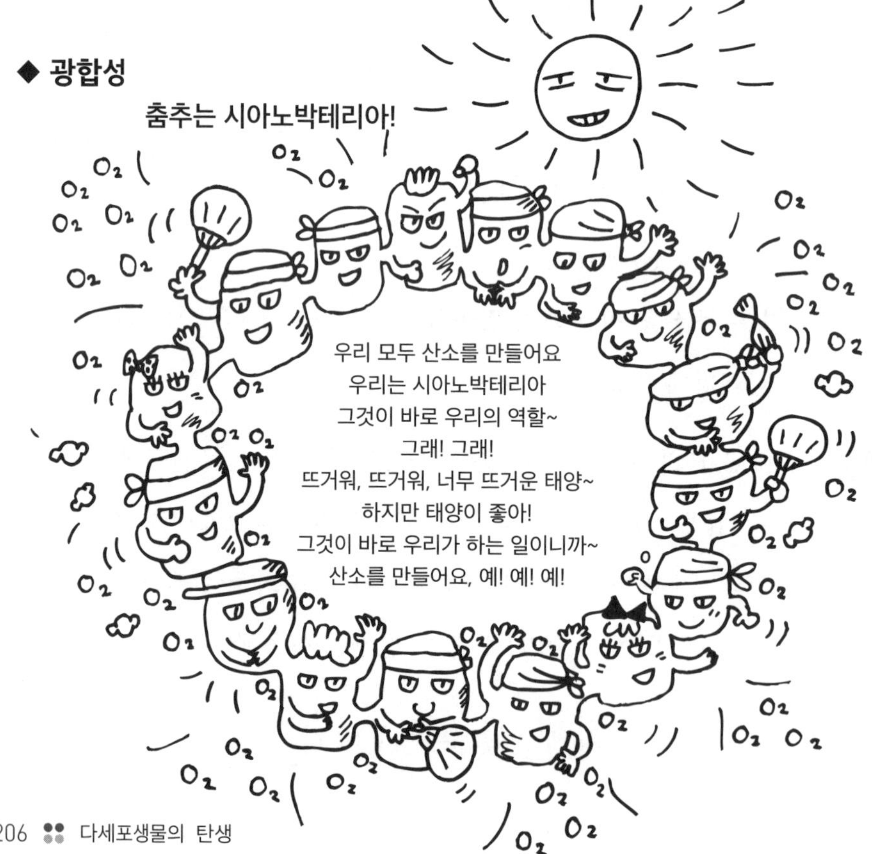

시아노박테리아는 광합성 작용으로 햇빛에서 많은 에너지를 얻었고, 그 에너지로 자신의 몸을 만들 수 있었다. 그러자 주변 환경에 있는 유기물에서 영양을 취하지 않아도 살아갈 수 있는 세포가 최초로 탄생한다.

그런데 시아노박테리아는 광합성의 부산물로 산소(O_2)까지 만들어낸다.

◆ 맹독성의 산소

시아노박테리아가 만들어낸 산소는 그때까지 살던 대부분의 생물에게 맹독이나 마찬가지였다.

화학반응을 일으키기 쉬운 산소는 단백질이나 DNA 등과 반응하면 그것을 파괴해버렸다. 이것은 그 당시 살고 있던 생물에게는 일대사건이었다. 독을 퍼뜨리는 물질이 출현한 것이다.

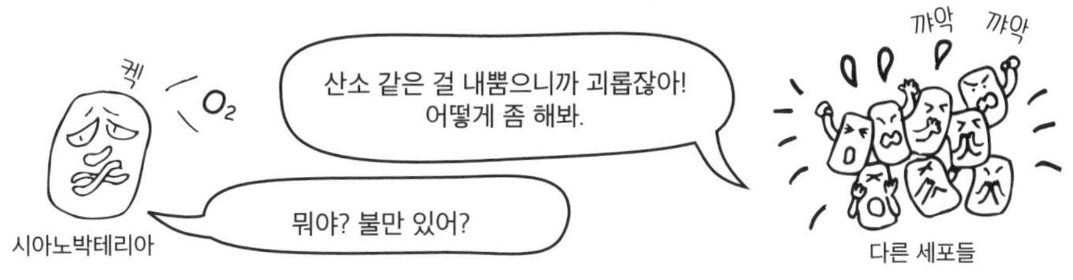

◆ 자외선의 감소

시아노박테리아가 방출한 산소는 지구의 환경을 서서히 변화시켰다. 원시바다 속에 녹아 있던 철 이온은 산소와 결합하여 녹(산화철)이 되었고, 그러자 대량의 산화철이 바다 속에 가라앉기 시작했다. 약 15억 년 전에 바다 속의 철 이온이 전부 산화철이 되자, 이번에는 대기 중에 산소가 조금씩 쌓이기 시작했다. 이 산소는 자외선에 닿자 화학반응을 일으켜 '오존'으로 변하기 시작했고, 태양에서 지구에 쏟아지는 자외선을 차단했다.

지구상에 산소라는 독이 넘치기 시작한 것은 시아노박테리아를 제외한 다른 생물에게는 끔찍한 참사였지만, 그로 인해 태양에서 쏟아지는 자외선을 막을 수 있는 유익한 결과를 낳기도 했다. 또 산소가 천천히 증가했기 때문에 생물들도 차츰 산소에 대한 방어책을 익히게 되었다.

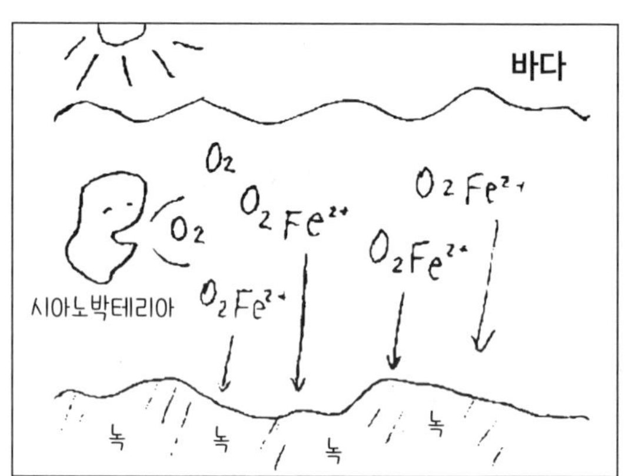

◆ 새로운 타입의 세포 탄생

지구 위에 산소가 조금씩 늘어나자 일부 세포는 광합성 수행 능력을 상실했다. 그렇지만 이들은 광합성 세균이 만들어낸 유기물을 CO_2와 H_2O로 분해시키려고 산소를 대신 쓰면서 그때 발생한 에너지로 ATP를 만들었다. 이 세포가 오늘날 미토콘드리아의 조상으로, 현재 모든 세포에서 가장 중요한 존재이다.

진화의 족적

위에서 소화된 음식물이 세포로 들어가면, '해당과정'이나 '구연산 회로'라는 복잡한 경로를 거쳐 분해돼. 이 물질대사 경로를 통해서 지난 수십억 년 동안 일어난 진화의 흔적을 엿볼 수 있어.

물질대사란 세포 속에서 일어나는 화학반응을 말하잖아! 생물은 음식물을 대사함으로써 살아가는 데 필요한 에너지를 얻거든.'

음식물을 먹으면 위나 장 같은 소화기관의 효소가 음식을 글루코스 같은 작은 분자로 쪼개버리지. 이 분자는 혈관에 흡수되어서 온몸의 세포로 운반돼.

인간의 대사경로

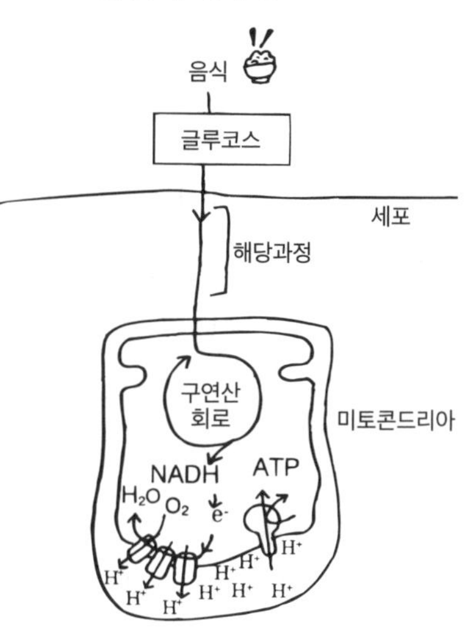

일단 세포 안에 들어간 글루코스가 해당과정을 거쳐 피루브산이 되면, '미토콘드리아'라는 소기관에 들어가서 구연산회로와 전자전달계 등으로 이동해. 사실 내가 《세포의 분자생물학》에서 가장 재미있게 읽은 부분이 해당과정과 구연산회로야.

◆ 해당과정의 진화

사람이 먹는 밥이나 빵(탄수화물) 같은 탄수화물은 당이 많이 연결된 '다당류'로 이루어져 있다. 이 다당류가 소화되면 탄소 6개가 연결된 단순한 당인 '글루코스'가 되어 세포 속으로 들어갈 수 있다. 해당과정이란 글루코스가 세포 속으로 들어가는 것에서부터 미토콘드리아에 들어가기 직전의 '피루브산'이 될 때까지 9단계를 거쳐 당이 분해되는 반응을 말한다. 글루코스가 피루브산으로 분해되면 미토콘드리아에 들어가서 다음 과정인 구연산회로로 간다.

이 글루코스에서 피루브산까지 세분화되는 프로세스의 일부를 살펴보자.

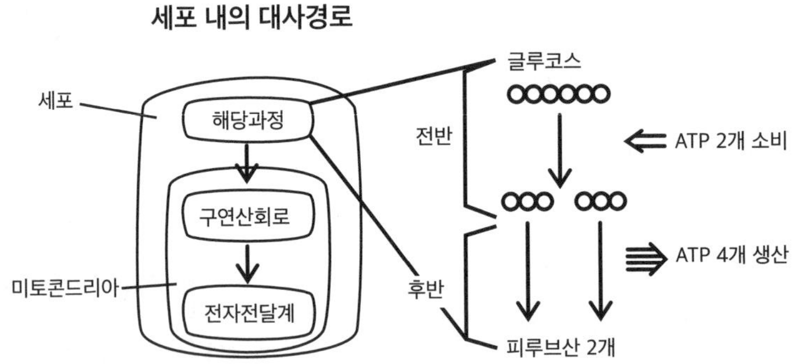

글루코스가 피루브산이 되는 프로세스는 크게 ATP를 소비하는 전반부와 ATP를 생산하는 후반부로 나뉜다. 해당과정은 에너지를 만들어내는 경로인데 갑자기 전반부에서 ATP를 소비한다고!? 하지만 처음에 ATP를 2개나 쓴다 해도 나중에 4개를 만들기 때문에, 결국 2개의 ATP를 만드는 셈이다.

만약 최종목표가 ATP 생산뿐이라면, 해당과정의 후반 프로세스만 있으면 되는 것이 아닐까? 즉 탄소 6개가 아니라 처음부터 탄소 3개 OOO로 반응을 시작하면 해당과정의 최종산물인 피루브산이 될 때까지 4개의 ATP를 생산할 수 있다. 그런데 왜 2개의 ATP를 소비하는 데부터 시작하는 것일까?

어쩌면 여기가 시작 지점이 아닐지도 모른다!

해당과정의 루트를 더듬어보면, 원시 지구의 생물이 주변에 있는 영양물을 섭취하여 살아남을 수 있을 만큼의 에너지를 부지런히 만들어내던 그 방법과 지금 언급한 해당과정 후반의 반응이 비슷하다.

바다에 자원이 풍부하던 원시 지구 시절에는 굳이 에너지를 사용하고 나서 다시 에너지를 만들어낼 필요는 없었을 것이다. 에너지를 만들어내는 반응에 필요한 물질은 전부 원시 수프의 바다에 있었으니, 당시의 생물은 먹고 싶은 대로 실컷 먹고, 직접 에너지를 만드는 반응인 '해당과정 후반 부분(탄소 3개로 피루브산을 만드는)'만 진행하면 되었다.

하지만 오랜 시간이 경과해 주변에서 음식물이 사라지기 시작했다면 세포는 어떻게 해야 했을까? 남아 있는 물질로 어떻게든 에너지를 만들어낼 방법을 궁리하지 않았을까? 이것은 마치 혼자 사는 젊은이가 요리하기 싫다는 이유로 데우기만 하면 먹을 수 있는 즉석요리만 먹다가 그것마저 바닥나자 어쩔 수 없이 감자와 양파를 익히고 카레가루를 넣어 카레라이스를 만들어 먹는 것과 비슷하지 않을까?

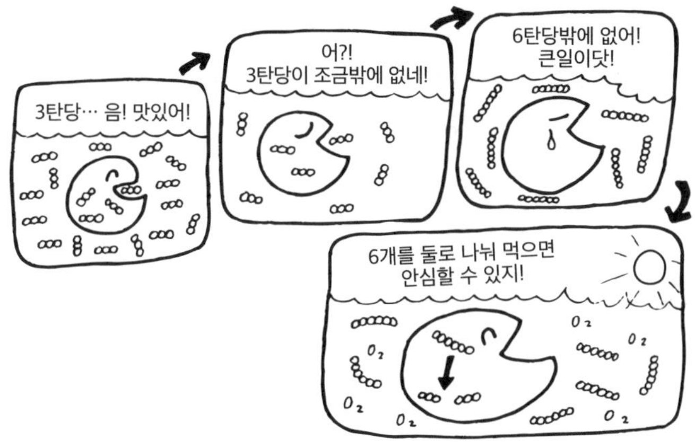

사실 이때가 시대의 역변기라는 사실을 잊어서는 안 된다. 시아노박테리아가 출현하자 광합성 작용으로 만들어지는 탄수화물인 6탄당이 주변에 많이 증가했고, 그렇게 되자 생물의 상투수단인 '일단 있는 것부터 쓰기' 신공이 발휘되었다. 이러한 노력으로 탄생한 것이 해당과정의 전반부에 해당되는 6탄당(글루코스)을 사용하는 방법이었다. 지금까지의 만능 조리법인 해당과정 후반부에 다시 해당과정 전반부를 새로 만들어낸 것이다.

이렇게 해서 글루코스에서 피루브산이 만들어지는 프로세스가 확립되었다. 3탄당을 만들어내는 데 2개의 ATP를 사용한다 해도 원료인 6탄당 이 잔뜩 있으니 충분히 가치가 있었을 것이다.

현재란 과거에서부터 만들어온 환경을 포함하여 존재하는 것이다. 진화의 여정은 우리 인간의 모든 세포 속에 지금도 이어져 내려오고 있다.

◆ 구연산회로의 진화

대사경로의 일부인 구연산회로는 세포 속의 미토콘드리아 안에서 이루어지는 반응이다. 그렇다고 미토콘드리아 안에 오른쪽 그림처럼 둥근 통로 같은 게 있어서 물질이 그곳을 빙글빙글 도는 것은 아니다. 서로 다른 분자와 효소(단백질)가 가득한 미토콘드리아의 세계에서 이 회로의 최초 물질인 구연산이 지속적으로 화학반응을 일으키면서 7단계의 반응을 마치면, 반응생성물은 다시 7단계 전의 최초 물질인 구연산이 된다. 이 멋진 반응의 구도를 원으로 표현한 것이 구연산회로이다. 이 과정에서 구연산회로는 많은 에너지를 만들어낼 뿐만 아니라 세포의 몸을 생성하는 데 필요한 물질을 만들어내는 두 가지 임무를 훌륭하게 해낸다.

현재의 구연산회로는 그야말로 순환경로이지만, 그 옛날 지구상에 산소가 없었던 시절부터 빙글빙글 돌았던 것은 아니다. 이렇게 순환하게 된 데는 두 가지 큰 변화가 있었기 때문으로 보인다.

첫째는 구연산회로의 전신이 된, 두 갈래로 나뉘어 있던 대사경로를 원으로 연결할 수 있는 어떤 효소가 생겨났고. 둘째는 대기 중에 산소가 대량으로 출현했기 때문이다.

구연산회로의 전신이었던 고대의 대사경로는 세포의 몸체를 만들어내는 물질을 만드는 경로와 세포 내 에너지원이 되는 물질(NADH)을 만드는 경로로 나뉘어 있었다. 산소가 없었던 당시, 세포 안에는 구연산회로의 반응에 필요한 모든 물질이 들어 있었다. 두 개의 경로를 하나로 연결하는데 유일하게 부족했던 것은 하나의 효소뿐이었다.

그러다가 대기 중에 산소가 가득해지자, 세포는 산소를 안으로 끌어들이고 NADH를 이용해 ATP를 만들어냈다. 이 세포가 미토콘드리아의 조상인 것으로 보인다.

산소를 이용할 수 있게 된 세포는 2개의 경로(NADH를 만들었던 대사경로와 사용했던 대사경로)를 구연산회로라는 하나의 거대한 대사경로로 연결하는 데 필요한 효소를 만들어내기 시작했다. 현재 세포는 많은 NADH를 생산하여 대량의 ATP를 합성한다.

구연산회로

이것은 생물이 얼마나 유동적이고 실용적인지를 보여주는 예이다. 이 조상세포는 산소가 풍부해진 환경 변화에 살아남기 위해서 하나부터 열까지 전부 다 새로 만들어낸 것은 아니었다. 이미 갖고 있던 대사과정을 최대한 활용하여 구연산회로를 순환시키는 데 필요한 효소 하나를 보탠 것뿐이었다(물론, 세포들은 그들이 필요했다는 이유 때문에 잃어버린 효소를 정말로 더해준 것이 아니고, 진화과정에서는 항상 그렇듯이, 일부 세포들이 잃어버린 효소를 그냥 만들어내었고, 그 세포들이 산소가 풍부해진 새로운 환경에서 번창하고 살아남은 것이었다).

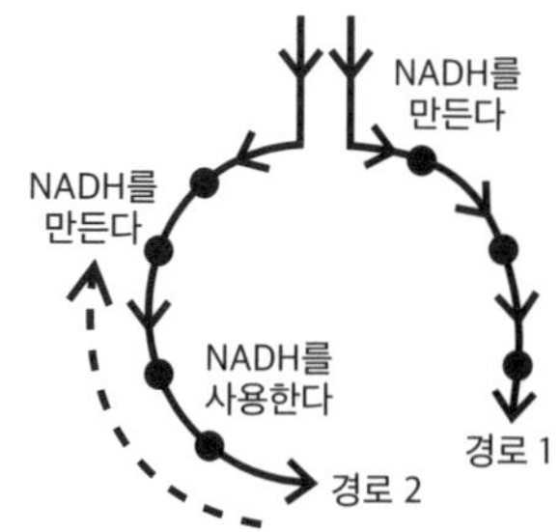

산소를 사용하지 않는 생물이 가진 2개의 생합성 경로

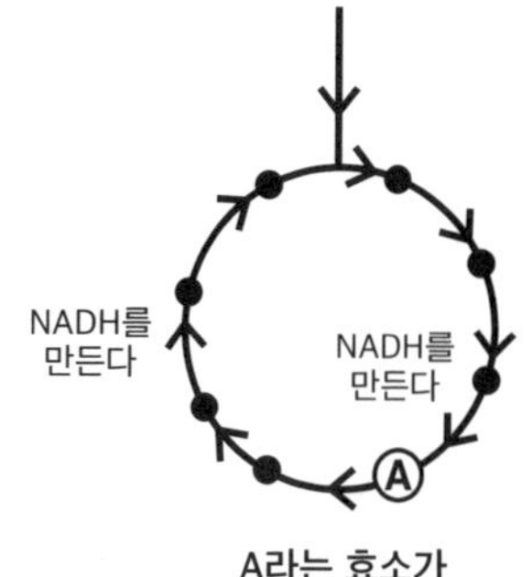

A라는 효소가 부가된 구연산회로

에너지를 만들고 세포 생장에 필요한 원료물질들을 만들던 전에는 서로 분리되었던 2개의 과정이 지금은 큰 회로과정 하나로 합해졌다.

생명체는 자기가 처한 환경변화에 적응하고 필요한 만큼 스스로 변화하기에 충분할 정도로 유연하기 때문에 진화한다. 그리고 구연산회로는 30억 년 전 생명체 형태에 의해 만들어진 변화의 흔적을 그 안에 간직하고 있다.

◆ 사나운 육식 박테리아

산소를 이용하는 것은 그때까지는 볼 수 없었던 고에너지를 얻는 일이기도 했다.

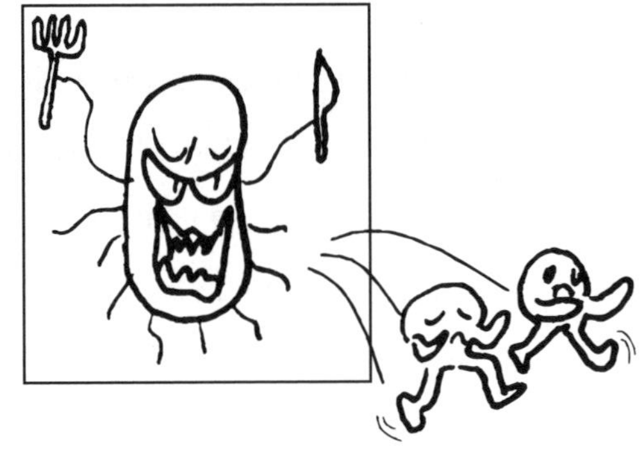

· 뛰어난 운동능력(편모가 있다).
· 뛰어난 번식력(현재의 대장균은 20분에 1번 세포분열한다).
· 뛰어난 대사능력(20분 만에 세포의 크기를 두 배로 증가시킨다).

이 운동능력, 번식력, 대사능력의 속도가 다른 것에 비해 월등한 이유는 맹독으로 여겼던 산소를 이용해 영양소에서 에너지를 대량으로 끌어낼 수 있었기 때문이다.

세포분열의 속도가 빨라지자 변이의 속도 또한 빨라졌다. 이렇게 해서 산소를 좋아하는 **호기성** 생물의 세계가 막을 열었다.

진핵세포

◆ 막을 많이 가진 생물(진핵세포)

환경의 변화에 따라 에너지의 추출 구조가 복잡하게 진화하는 생물이 있었는가 하면, 크기가 크게 진화하는 생물도 있었다. 이것이 **진핵세포**의 탄생이다.

진핵세포는 세포 안을 무수한 막으로 나누어 구조화시키고, 구분된 막마다 여러 가지 일을 분

담시켰다.

◆ **공생**

진핵세포는 원래 산소를 싫어하는 **혐기성** 생물이었던 만큼 여전히 해당과정이라는 효율성이 좋지 않은 원시적인 대사 방법으로 산소가 없는 곳에서 살았다. 하지만 산소가 있는 곳에서도 살아남기 위해 그들은 대담한 일을 벌이게 된다. 산소를 이용할 줄 아는 원핵세포를 자기 안에 가둬버린 것이다. 놀랍게도 산소를 이용하는 이 생물이 오늘날의 '미토콘드리아'이다.

◆ **공생관계**

진핵생물이 산소를 이용할 수 있는 생물을 자기 안에 가두고 **공생**을 시작함으로써 서로 '윈-윈 관계'가 되었다.

진핵생물이 지금까지 쓰레기처럼 치부하고 버렸던 피루브산을 원핵생물인 미토콘드리아는 영양소로 섭취했고, 대신 미토콘드리아는 세포의 에너지원인 ATP를 대량으로 만들어서 진핵생물에게 주기 시작했다.

◆ 열린 막

공생을 하게 되자 진핵세포는 에너지 생산 임무를 미토콘드리아에게 맡긴다. 그러자 지금까지 에너지를 생산하느라 버거웠던 진핵세포의 외막은 외부 환경과의 커뮤니케이션이 더욱 원활해지고 활동 범위도 다양해졌다. 이렇게 해서 단세포성 진핵생물의 세계로 돌입한 것이다.

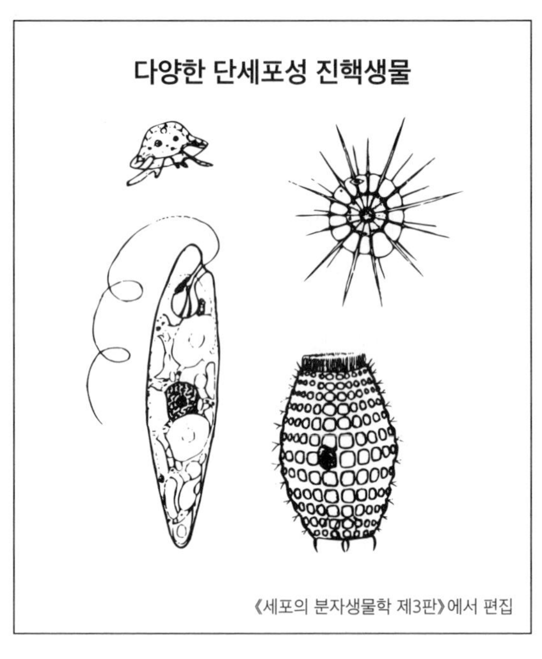

다양한 단세포성 진핵생물

《세포의 분자생물학 제3판》에서 편집

◆ 엽록체-제2차 공생

진핵세포 중에는 미토콘드리아만으로 만족하지 못하고, 다시 광합성 세균까지 세포 안에 가두어 햇빛에서 자기가 필요한 에너지를 끌어낼 수 있게 된 세포들이 있었다. 이 진핵생물이 섭취한 광합성 세균은 **엽록체**가 되었는데, 모든 식물에서 찾아볼 수 있는 세포소기관이다.

이 광합성 세포는 빛 에너지를 이용해서 ATP와 당을 합성했다. 그래서 주변 환경에 먹을 것이 없어도 햇빛, 이산화탄소, 물만 있으면 세포 안에서 세포가 필요로 하는 유기물을 만들 수 있었다. 여기서부터 식물의 세계가 시작된다.

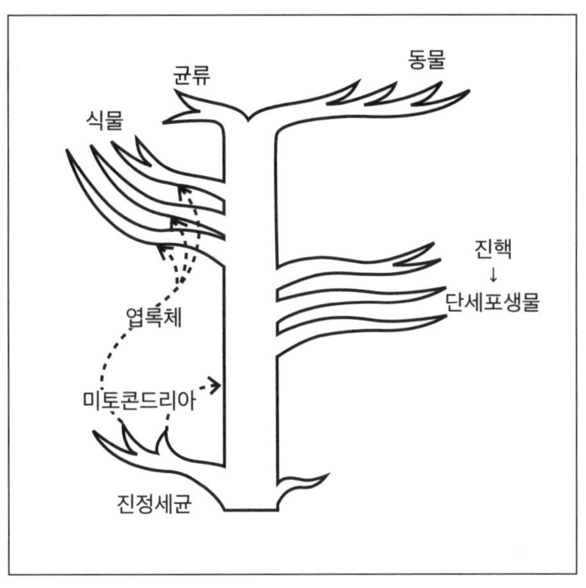

◆ 그리고 다세포생물로

그리고 분열된 후에도 분리되지 않고 함께 살아가는 세포가 생겨났다. 이 다세포 무리는 오늘날 우리가 알고 있는 생명체로 진화했는데, 미토콘드리아와만 공생했던 세포는 동물로, 엽록체와 미토콘드리아로 공생한 세포는 식물로 진화했다. 다세포생물의 시대가 도래한 것이다.

환경에 대한 적응과 공생

이렇게 살펴보니 생물은 환경에 적응하는 과정에서 환경 자체를 극적으로 바꾸고, 또 변화된 환경에 적응하면서 진화하는 모습을 보였다. 그리고 공생이라는 새로운 진화의 방법을 발견하고 다세포생물의 길을 걷기 시작했다.

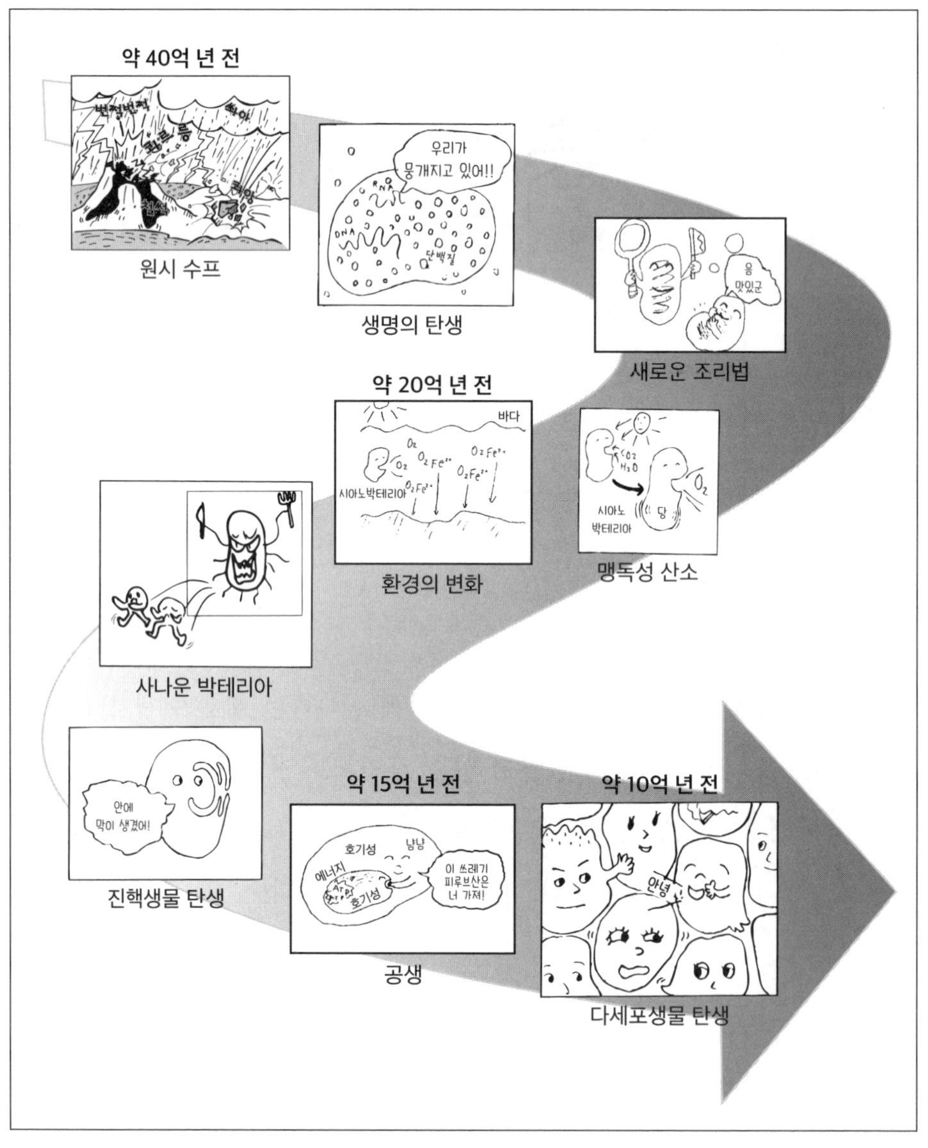

이렇게 길고 긴 여정 끝에 우리 같은 다세포생물이 태어난 거야!

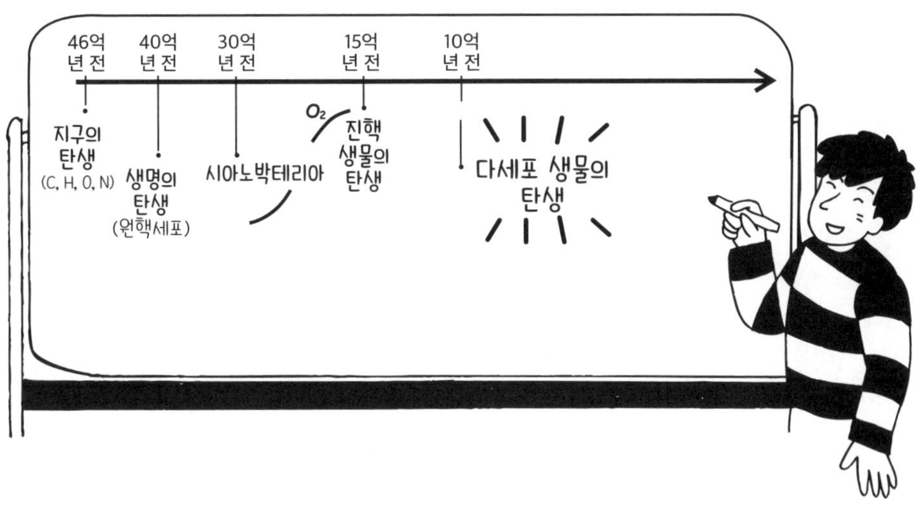

원시생물과 환경의 관계는 흥미로운 것 같아. 환경이 변하면 생물이 진화하고, 생물이 진화하면 다시 환경이 변하잖아. 이렇게 서로 계속 변화를 주고받으면서 진화해왔을 거야. 대사할 수 있는 물질이 없어지면 다른 물질을 먹이 삼아 대사할 수 있는 효소를 만들어냈고, 맹독이었던 산소를 이용해서 많은 에너지를 얻을 수 있었어.

이제 다세포생물이 탄생하는 데까지 왔어. 다세포생물은 내용이 더 복잡하지만 그만큼 재미있는 이야기도 많아. 그럼 어서 살펴볼까?

2.2 '다세포'란 무엇인가?

1) 단세포 vs. 다세포

모든 세포에는 똑같은 DNA가 들어 있다

여기는 트래칼리.

점심시간이 되자 아주머니 세 분이 사이좋게 도시락을 먹고 있었다. 오전 강의를 듣고 난 후 아주머니들의 머릿속에는 온통 DNA와 생물에 대한 것들로 가득했다. 점심시간은 좋든 싫든 DNA에 대한 화제로 달아올라 있었다.

단세포생물과 다세포생물 이야기가 참 재미있었어. 그런데 다세포생물에는 우리 말고 또 어떤 생물이 있을까? 동물이나 식물은 모두 다세포 같은데. 개미나 개구리도 다세포생물이겠지?

어머나, 개미나 개구리도 우리 같은 다세포생물이라구?
하지만 개미는 우리와 크기가 전혀 다르잖아.

인간은 약 60조 개의 세포로 이루어져 있대! 알고 있었어?

아주머니들은 자기 몸의 세포를 상상해 보았지만, 60조라는 숫자에 아찔한 현기증을 느꼈다.

그런데…. 세포로 이루어져 있다는 곳은 피부를 말하는 거겠지? 내장 같은 데는 세포가 없을 거야. 그렇지 않아?

아주머니들의 약점은 누가 무슨 말을 하면 금세 '그런가?' 하고 생각하는 점이었다. 정확히 아는 사람이 없기 때문이다.

몸의 표피만 세포인 건가? 그게 60조 개나 되는 거야?

설마, 그럴 리가! 내장도 피도 뼈도 모두 세포로 이루어져 있는 거야!! 세포는 기능도 형태도 아주 다양해. 자, 보라구. 여기 이런 게 있어.

페코린 씨가 익숙한 손놀림으로 《세포의 분자생물학》을 넘기기 시작했다.

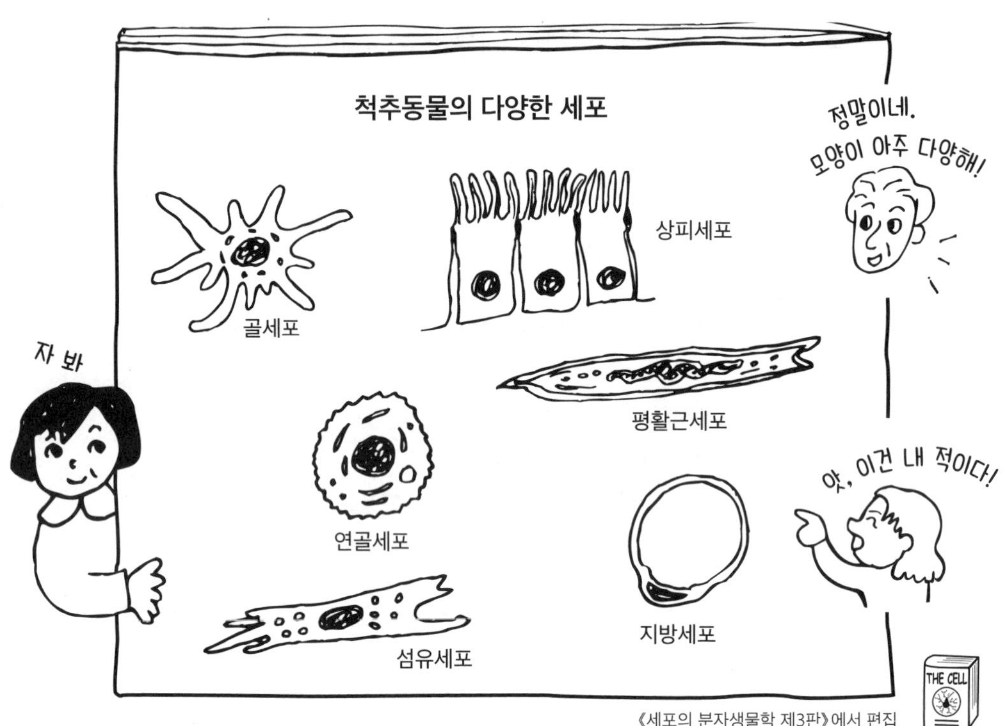

《세포의 분자생물학 제3판》에서 편집

세포에는 다양한 종류가 있구나. 이것 말고도 더 많은 세포가 우리 몸에 있겠지?

이렇게 서로 모양이 다른 세포도 원래는 단 1개의 난세포에서 시작되었어. 신기하지? 그것도 알아? 내 몸을 이루는 약 60조 개의 세포 속에는 전부 똑같은 DNA가 들어 있대.

아프리카발톱개구리 실험

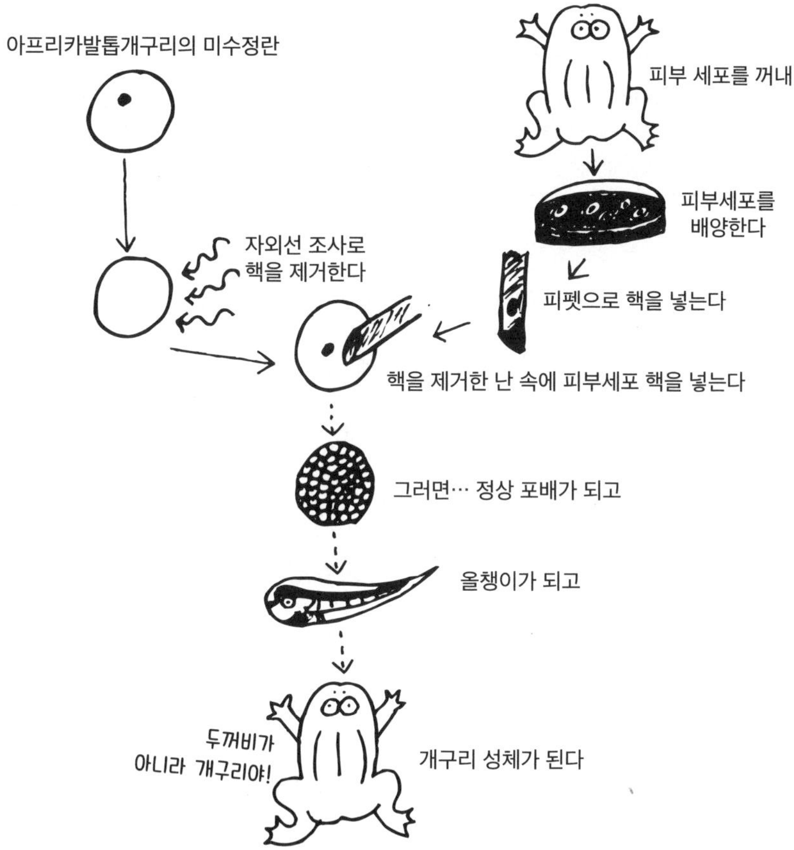

아프리카발톱개구리의 미수정란
피부 세포를 꺼내
피부세포를
배양한다
자외선 조사로
핵을 제거한다
피펫으로 핵을 넣는다
핵을 제거한 난 속에 피부세포 핵을 넣는다
그러면… 정상 포배가 되고
올챙이가 되고
두꺼비가
아니라 개구리야!
개구리 성체가 된다

《세포의 분자생물학 제3판》에서 편집

Embryology
and
Experimental
Morphology

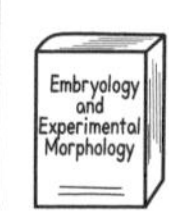

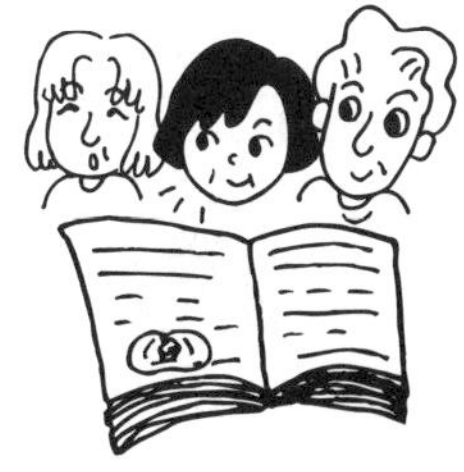

성체가 된 개구리의 피부세포에서 핵을 꺼내어 핵을 제거한 미수정란 안에 넣으면, 그 세포는 보통의 수정란과 똑같이 세포분열을 거듭하면서 개구리가 된다.

이 실험은 피부세포 안에도 개체를 만들 수 있는 DNA가 똑같이 모두 들어 있다는 것을 증명한다. 즉,

모든 세포에는 똑같은 DNA가 들어 있다!

는 것을 알 수 있다.

정말 믿기 힘든데! 개구리의 피부세포의 핵에서 다시 개구리가 태어나다니….
몇 해 전 화제가 되었던 복제 양도 그런 작업으로 한 건가 봐.
피부세포가 아니라 유선세포가 쓰였다고 들은 것 같은데….

개구리의 모든 세포는 똑같은 DNA를 갖고 있는데 왜 피부세포나 눈세포가 되는 거야? 다세포생물은 신기하네. 다세포생물의 몸이 어떤 식으로 만들어지는지 알고 싶어.

"어? 혹시 대장균 같은 단세포생물의 경우에는 하나의 세포가 하나의 생물이니까, 세포가 다른 경우는 없다는 뜻인가?"

단세포생물과 다세포생물의 차이를 살펴보면, 다세포생물에 대해서 뭔가 알 수 있을지도 몰라. 차크, 우리한테도 좀 가르쳐 주겠니?

단세포와 다세포의 차이

차크는 트래칼리 4년차 여자아이. 4년째 'DNA의 모험'을 한 만큼 《세포의 분자생물학》에도 능통해 있다. 나이는 어리지만 느긋한 성격인데다 아주머니들과도 '파장'이 맞는지 잘 지내서 항상 아주머니들에게 둘러싸여 있다.

차크가 의기양양하게 설명하기 시작했다.

“단세포생물과 다세포생물에는 재미있는 몇 가지 차이점이 있어요.”

1. 크기와 세포기관

먼저, 크기가 많이 달라요.

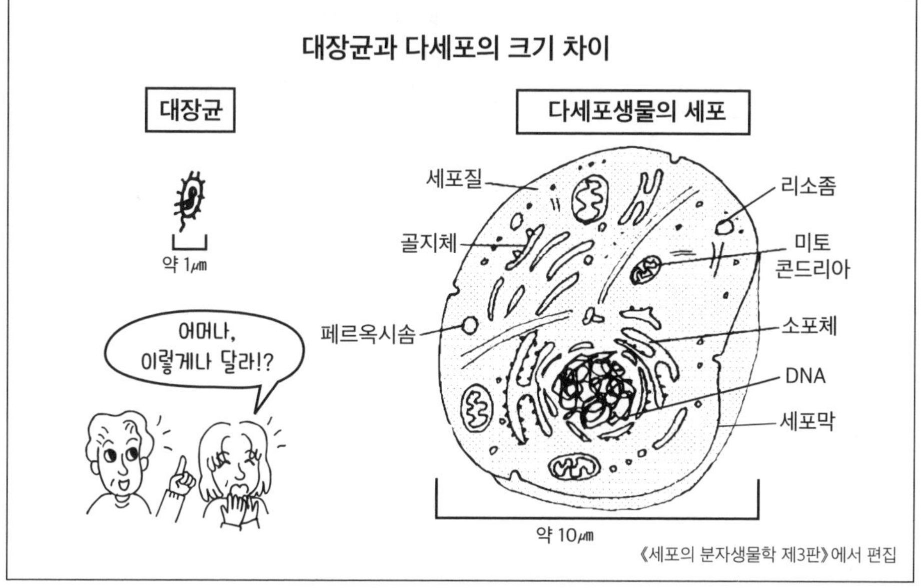

《세포의 분자생물학 제3판》에서 편집

다세포생물의 크기가 단세포생물보다 길이는 10배, 체적은 1000배더 크대요. 또 다른 차이는 다세포생물체 세포는 여러 세포소기관을 갖는데, 각자 특정한 기능을 갖고 있어요. 그중에서 가장 중요한 것이 핵이에요. 이 핵이 그리스어로는 caryon이라고 하는데 eucaryotic(진핵세포－모든 다세포생물세포가 갖는 진짜 막으로 둘러싸인 핵을 가진 세포)와 procaryotic(원핵세포－대장균과 다른 원시적 단세포생물 같이 핵 이전 단계의 세포)도 여기서 온 거예요.

2. 세포막의 교환

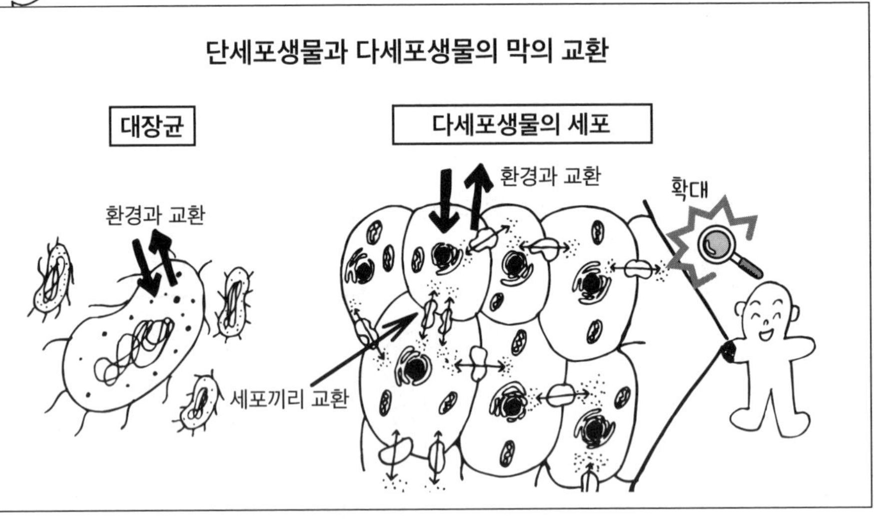

단세포생물인 대장균은 바깥 환경과 1장의 막으로 막혀 있기 때문에 환경과 자신 사이에서만 물질을 주고받아요.

그에 비해 다세포생물은 외계와 자신을 막고 있는 막 외에 세포막이나 핵막 등 체내에도 많은 막이 생성되어 있어요. 또한 환경과 자신과의 교환 외에 개체 안에서도 세포 간의 교환이 이루어져요.

3. 인트론과 스페이서

단세포생물과 다세포생물은 DNA에 큰 차이가 있답니다.

단세포생물의 DNA는 대부분 유전자(DNA 안에 단백질 합성을 코드하는 곳)로 이루어져 있는 데 반해서, 다세포생물의 DNA 유전자는 전체의 약 25%

에 불과해요. 그 외의 75%는 **스페이서 DNA**라고 하는데, 단백질을 코드하지 않는 이 부분이 어떤 일을 하는지는 밝혀지지 않았대요.

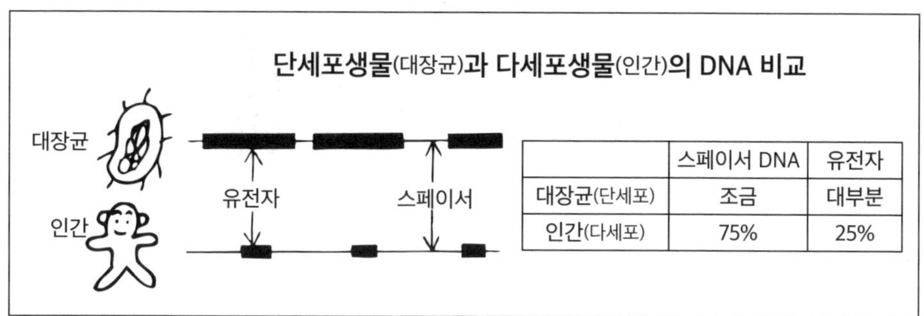

	스페이서 DNA	유전자
대장균(단세포)	조금	대부분
인간(다세포)	75%	25%

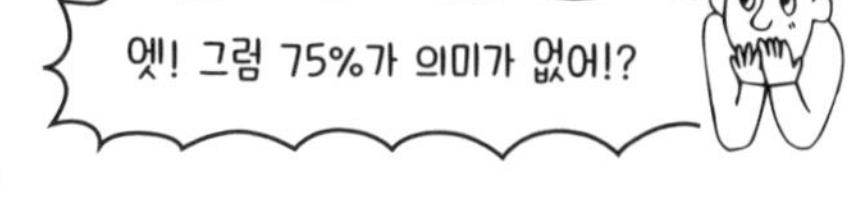

이, 이럴 수가….

1장 팀들이 그토록 즐거워했던 'DNA 복제'.

그런데 사실은 다세포의 경우 거의 쓸데없는 것을 복제한 거라니….

"놀라기에는 아직 일러요! 1장에서 단백질 합성을 배울 때 액손과 인트론을 살펴봤었죠? 유전자 중에서도 일부만이 엑손으로 이용되고, 대부분은 인트론이 되어 단백질로 코드하지 않고 도중에 버려져요."

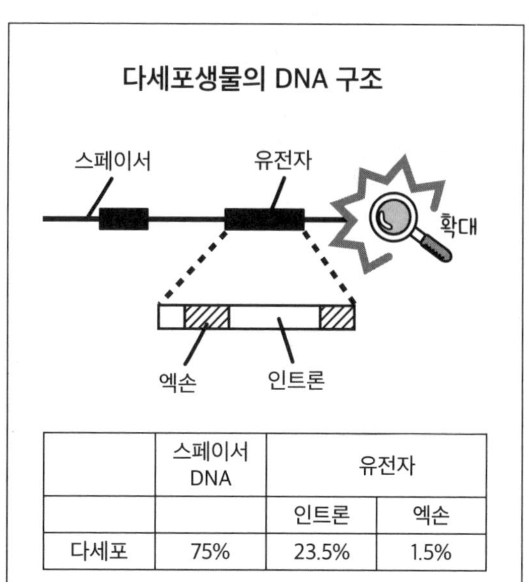

	스페이서 DNA	유전자	
		인트론	엑손
다세포	75%	23.5%	1.5%

"즉 다세포생물의 75% DNA는 스페이서 부분이고, 나머지 25%를 차지하는 유전자의 대부분은 인트론으로 스페이서와 인트론을 합치면

약 98.5%나 된대요! 그런데 그게 무슨 일을 하는지 밝혀지지 않은 거예요."

"실제로 쓰이는 건 전체의 1.5%에 불과하다는 거잖아! 놀라워!"

4. 세포분열

단세포생물과 다세포생물의 차이점 중에서도 가장 재미있는 건 분열 방법이에요.

단세포와 다세포의 세포분열

단세포생물의 세포분열	다세포생물의 세포분열

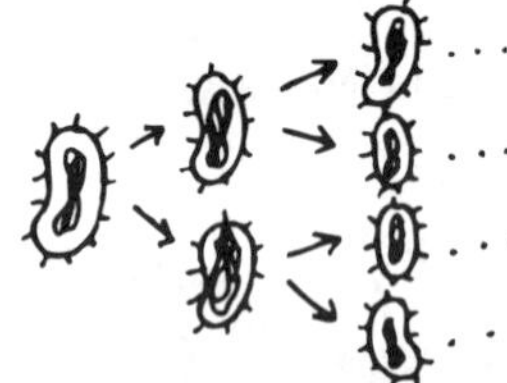

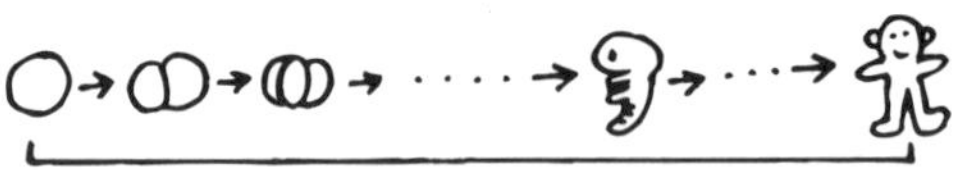

발생 프로세스

분열하면 각각 분리된다
단세포생물은 1회 분열하면, 곧바로 한 개체의 몫을 해낸다. 각각 분리되어 독립해서 살아간다.

그들은 발생한다…
다세포생물은 분열해도 각각 분리되지 않고 결합한 채 하나의 성체(개체)가 되어간다. 그 프로세스를 '발생'이라고 한다.

다세포생물은 많은 세포로 이루어져 있지만, 많은 단세포를 모아 놓은 것과는 또 달라요.

다세포생물은 1개의 알에서 시작해서 2개, 4개… 이런 식으로 분열해서 세포의 수가 증가하는데, 개체는 항상 1개이고 이것이 성체가 돼요. 발생이라는 프로세스는 다세포생물이 되어야 나타나는 거죠.

단세포와 다세포의 차이를 표로 정리해봤어요

	단세포생물(원핵세포)	다세포생물(진핵세포)
크기	약 1㎛	약 10㎛
세포소기관	약간 또는 없음	핵, 미토콘드리아, 골지체 등
막	외계와 격리하는 막 1장. 외계와의 교환만.	막이 많음. 외계와도 세포끼리도 교환함.
DNA	대부분 엑손	대부분 인트론과 스페이서
분열 방법	분열하면 1개의 개체. 제각각	분열해도 제각각 흩어지지 않는다

* 단 단세포생물 중에서도 효모 등의 핵을 가진 단세포성 진핵생물의 세포소기관, DNA에 관해서는 상기 표의 다세포생물의 특징을 따른다.

그건 그렇고, 신기하네. 우리 인간도 다세포생물이니까 몸속에서 1개가 2개, 2개가 4개, 4개가 8개…, 이런 식으로 세포분열을 반복하겠지? 그런데 모든 세포에는 똑같은 DNA가 들어 있잖아. 그런데도 어째서 둥그런 덩어리가 되지 않고 손이나 발이 있는, 이렇게 복잡한 모양이 되는 걸까? 둥근 형태가 아닌 게 좀 신기해.

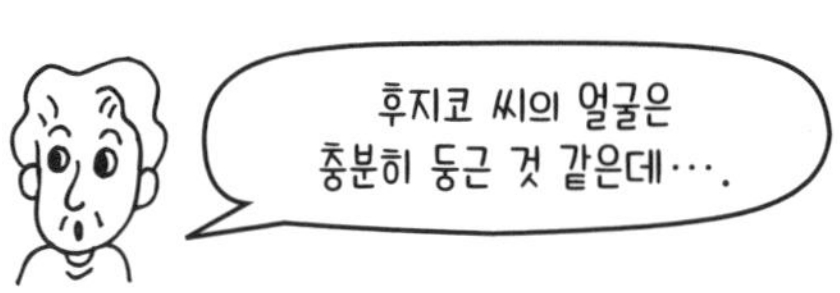

맞아요. 다세포생물은 분열해도 결코 제각각 흩어지는 일 없이 언제나 '1개'이고, 또 세포 하나하나가 점점 다른 세포로 변해요. 정말 신기하죠? 그래서 저는 그 비밀이 '발생 프로세스'에 숨어 있는 게 아닐까 생각했어요.

분명 그럴 거야.

그럼, 발생 프로세스를 알아볼까요?

2) 발생 프로세스

발생 프로세스란 무엇인가?

자, 이 그림을 보세요! 이건 아프리카발톱개구리의 발생 그림이에요. 동그란 알이 점점 복잡한 형태로 변하는 과정이 잘 나타나 있어요.

차크는 기다렸다는 듯이 아프리카발톱개구리의 발생 그림을 꺼냈다. 한 마리의 아프리카발톱개구리의 모든 세포에는 똑같은 DNA가 들어 있다. 그런데 똑같은 DNA를 가졌음에도 불구하고 각각 다른 모양과 기능을 가진 세포로 자라난다.

발생 프로세스에 세포가 다르게 자라는 비밀이 있는 것이 분명하다고 생각했는지 아주머니들은 잡아먹을 듯이 그림을 들여다보았다.

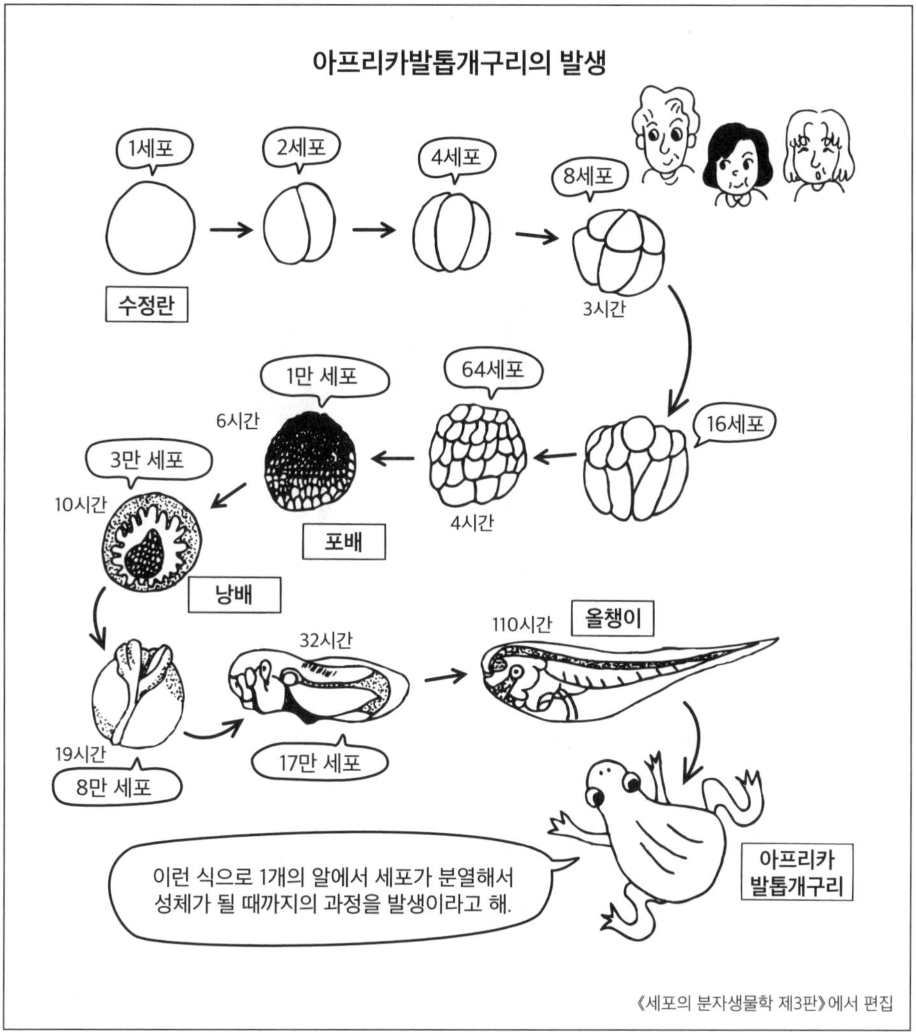

아프리카발톱개구리의 발생

1세포
2세포
4세포
8세포
수정란
3시간
16세포
64세포
4시간
1만 세포
6시간
포배
3만 세포
10시간
낭배
19시간
8만 세포
32시간
17만 세포
110시간
올챙이
아프리카
발톱개구리

이런 식으로 1개의 알에서 세포가 분열해서
성체가 될 때까지의 과정을 발생이라고 해.

《세포의 분자생물학 제3판》에서 편집

보다시피 둥근 알에서 시작하여 점점 분열하는데, 어느 시기까지는 '둥근 덩어리'였던 것이 점차 올챙이다운 모양이 되고, 마지막에는 어엿한 개구리가 되는 거죠.

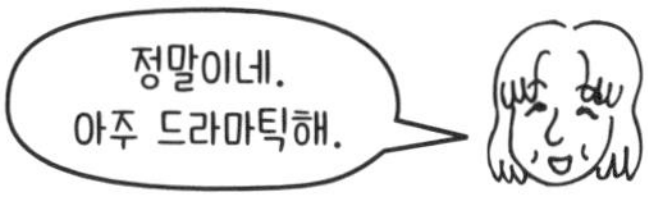

정말이네.
아주 드라마틱해.

하나 더 있어요. 이것도 보세요. 물고기, 새, 돼지, 사람의 발생 비교그림이에요.

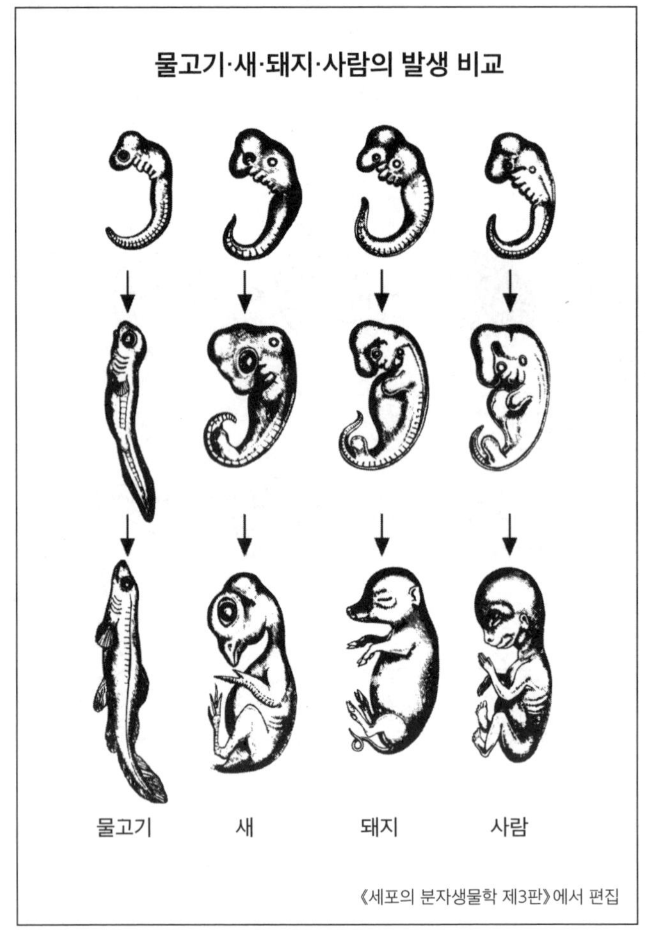

《세포의 분자생물학 제3판》에서 편집

어머나! 물고기나 새나 사람이나 처음에는 거의 구분이 안 가잖아. 그러다가 점점 자라서 물고기는 물고기가, 새는 새가, 돼지는 돼지가, 사람은 사람이 되는구나.

사람도 처음에는 꼬리가 있어! 그리고 눈은 거의 발생 초기부터 있네.

히라메 씨가 숨을 들이쉬며 발생 그림을 뚫어지게 쳐다보았다. 발생 프로세스는 대략적인 데서부터 시작해서 점점 차이가 확연해지고 있었다.

이것은 언어의 성립방식과 비슷한 걸!

◆ **언어의 발생 프로세스**

아이가 셋이나 있는 젊은 엄마가 이런 이야기를 한 적이 있어.
"우리 쇼타는 이제 막 두 살이 됐는데, 요즘 '작은 별' 노래를 불러요! 대단하지 않아요!?

아직 혼자 부른 적은 없지만 누가 부르기 시작하면 따라 부르면서 절묘한 화음을 넣어요. 분명히 전체의 멜로디를 파악해서 그 구절부터 부르기 시작하는 거예요. 그걸 보면 공백인 부분도 속으로 부르고 있다는 걸 알 수 있어요."

그리고 비행기가 날고 있으면 신나서 '뱅기!' '뱅기!' 하며 계속 손가락으로 가리키고, 신발도 가져와서, '나호, 래(나도 갈래!)'라고 말한대. 이건 언어의 큰 형태라든지 음절부터 발견하는 것과 같아. 언어의 시작과 끝을 파악하는 거지. 대다수 어린이들의 언어 형성 방식은 대략적인 데서부터 시작하는 거야~!

어른도 노래를 부를 때 똑같지 않아? 난 친구들과 자주 노래방에 가거든. 노래하는 걸 좋아해서 마음에 드는 노래가 있으면 무의식중에 멜로디를 허밍으로 부르기도 해. 처음에는 부분적인 멜로디만 아니까 가사가 흐지부지한 곳도 있지만 끝까지 허밍으로 노래해. 그러다 보면 어느 순간부터 갑자기 노래를 할 수가 있거든. 그럴 때 기분이 좋아.

생물의 발생이나 언어의 성립방식이나 대략적인 데서부터 시작되는 건 똑같구나.

발생의 거시적 시점: 대략적인 전체에서 시작한다

◆ 발생 실험표

아주머니들은 차크와 사이가 좋아질수록 차크가 자주 보는 《세포의 분자생물학》에도 익숙해지는 것 같았다. 트래칼리 학생이라면 누구나 《세포의 분자생물학》을 갖고 있지만, 내용이 매우 어려워서 좀처럼 진득하게 보기 어려운 '물건'이다. 그런데 함께 페이지를 넘기다 보니 조금씩 걸리는 그림이나 흥미를 불러일으키는 내용이 나오는 것 같았다. 이해하는 부분이 늘어나자 다음 의문이 샘솟았다.

내가 《세포의 분자생물학》에서 '발생' 부분을 읽어봤어, 책에는 아프리카발톱개구리라든지 파리, 성게 등 다양한 생물에 대해서

나오던데, 왜 한 가지 생물의 발생만 보지 않고 여러 생물을 살펴보는 거야? 어차피 다 발생 아닌가?

한 가지 생물만 보고는 발생의 전 과정을 파악하기 어렵다. 그래서 《세포의 분자생물학》에서는 '발생 프로세스'를 알기 위해 각 현상마다 가장 연구가 잘 된 생물을 골라서 생물 전체의 발생을 파악하려는 것이다. 그런데 책에는 다양한 종류의 생물이 나오기 때문에, 그것을 생물 전체의 발생 프로세스로 이해하는 것이 아주머니들뿐만 아니라 다른 트래칼리 학생들에게도 결코 쉬운 일은 아니었다.

차크는 그 발생 프로세스를 나름대로 하나의 표로 열심히 정리했다. 생물에 따라 발생 프로세스는 각각 다르지만 대부분의 생물은 대체로 이런 식이다.

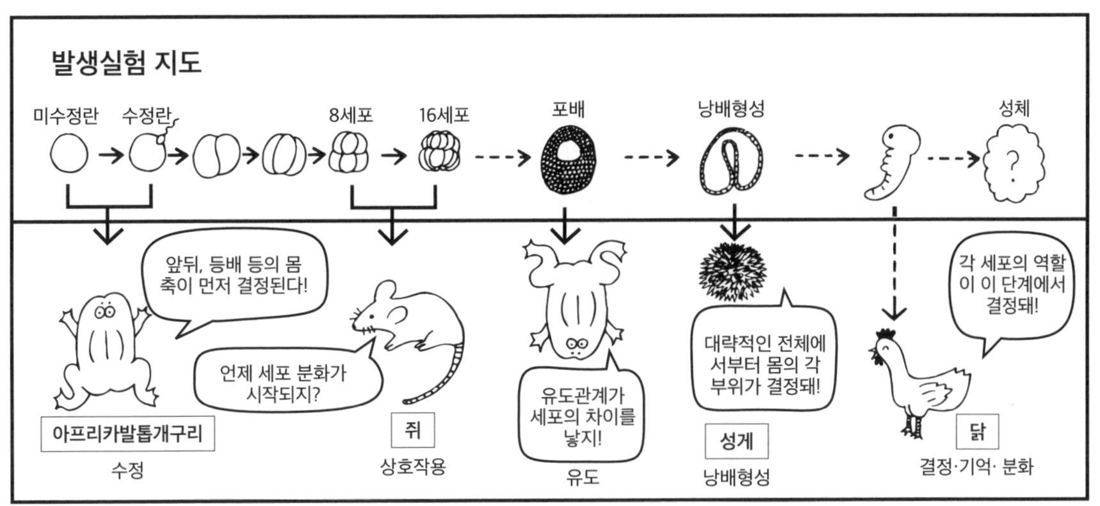

고맙구나, 차크. 이렇게 보니까 발생에 대해서 정리가 아주 잘 되어 있어서 도움이 되었어!

그래! 그럼, 발생의 시작은 언제부터일까요?

음…. 이걸 보면… 수정 순간이 아닐까?

맞아요! 발생은 수정되는 순간부터 시작돼요. 그런데 수정을 배우기 전에 봐둬야 할 것이 있어요.

◆ 수정 전: 머리와 꼬리가 결정된다

이것은 아프리카발톱개구리의 미수정란이에요. 알은 그림과 같이 크게 둘로 나뉘어요. 발생하는 데 중요한 난황 등의 영양분은 하반분에 농축되어 있어요. 난황이 치우쳐 있는 쪽을 '식물극'이라고 하는데 장차 몸의 뒤쪽이 되고, 반대쪽은 '동물극'이라고 하는데 장차 몸의 앞쪽이 돼요. 그리고 알의 머리-꼬리 축을 전후방향이라 불러요.

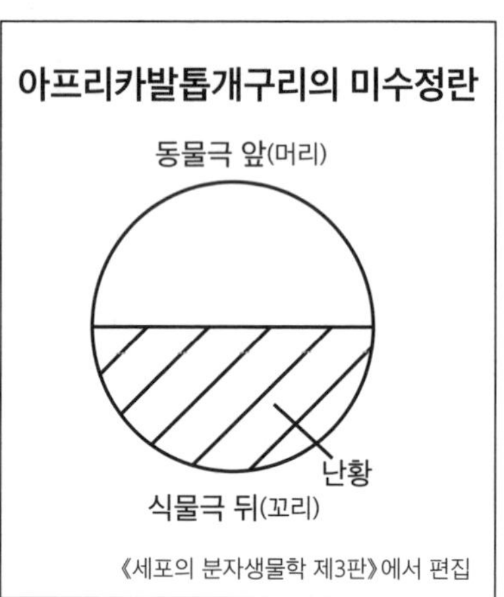

《세포의 분자생물학 제3판》에서 편집

놀라운 점은 수정하기 전의 미수정란 때에 이미 몸의 앞이 될지, 뒤가 될지가 결정되어 있다는 거예요.

◆ 수정: 등과 배가 결정된다

수정은 정자가 알에 침입하면서부터 시작돼요.

정자가 침입하면 난세포의 외측 부분(피부)이 회전을 시작하고, 동물극이 침입점 가까이 이동해요. 그와 동시에 알의 내용물도 한

쪽으로 치우쳐요. 이러한 움직임을 형태형성운동이라 하지요.

정자의 침입 지점은 장차 배가 되고, 그 반대쪽은 등이 된답니다. 알의 등과 배의 축을 등배축이라 해요.

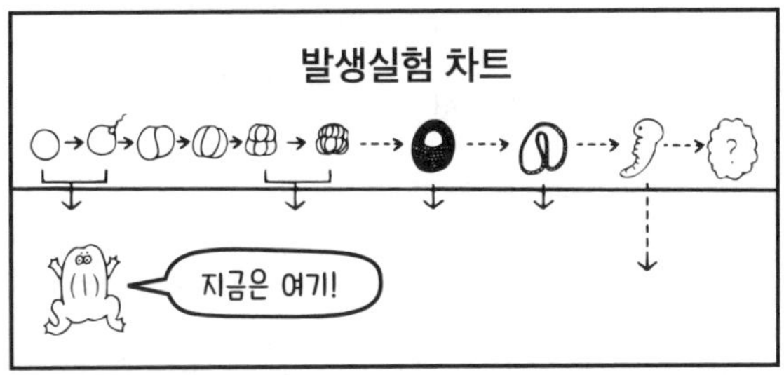

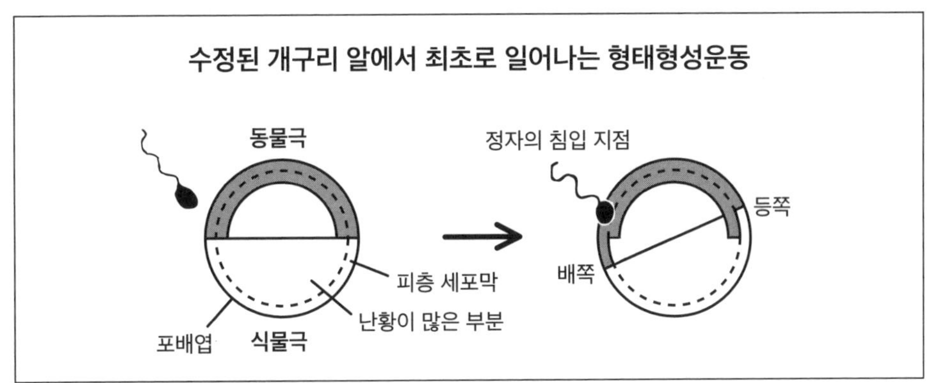

엣? 정자가 들어간 곳이 배가 되는 거야?!
내 배의 방향은 정자의 침입으로 결정된 거였어.
표면층만이 스르 움직이는구나.
이 회전을 못하게 하면, 알은 등과 배를 구별할 수 없어요.
헛! 무서워! 어머나 싫다~

◆ 낭배형성 과정

미수정란일 때 앞과 뒤, 수정에 의해 등과 배가 결정되었어요.

수정이 끝나면 드디어 난할, 즉 세포분열이 시작돼요. 여기서는 성게 알과 아프리카발톱개구리의 알을 비교해볼게요.

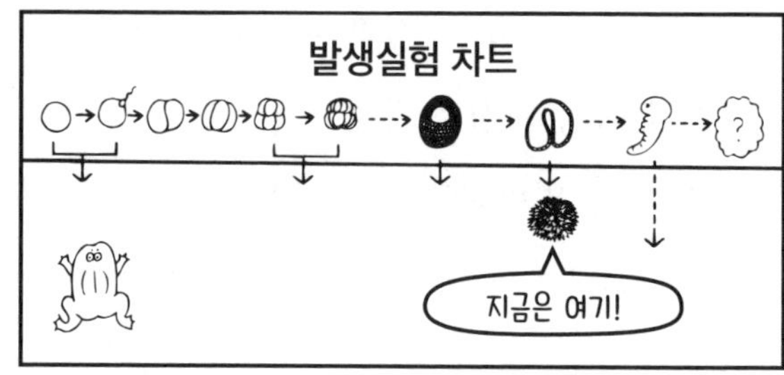

하나의 세포에서 난할이 진행되면, 성게의 경우 약 1000개의 세포가 되는 포배상태가 되고, 포배에서 매우 역동적인 움직임이 시작돼요. 그것을 낭배형성이라고 해요!

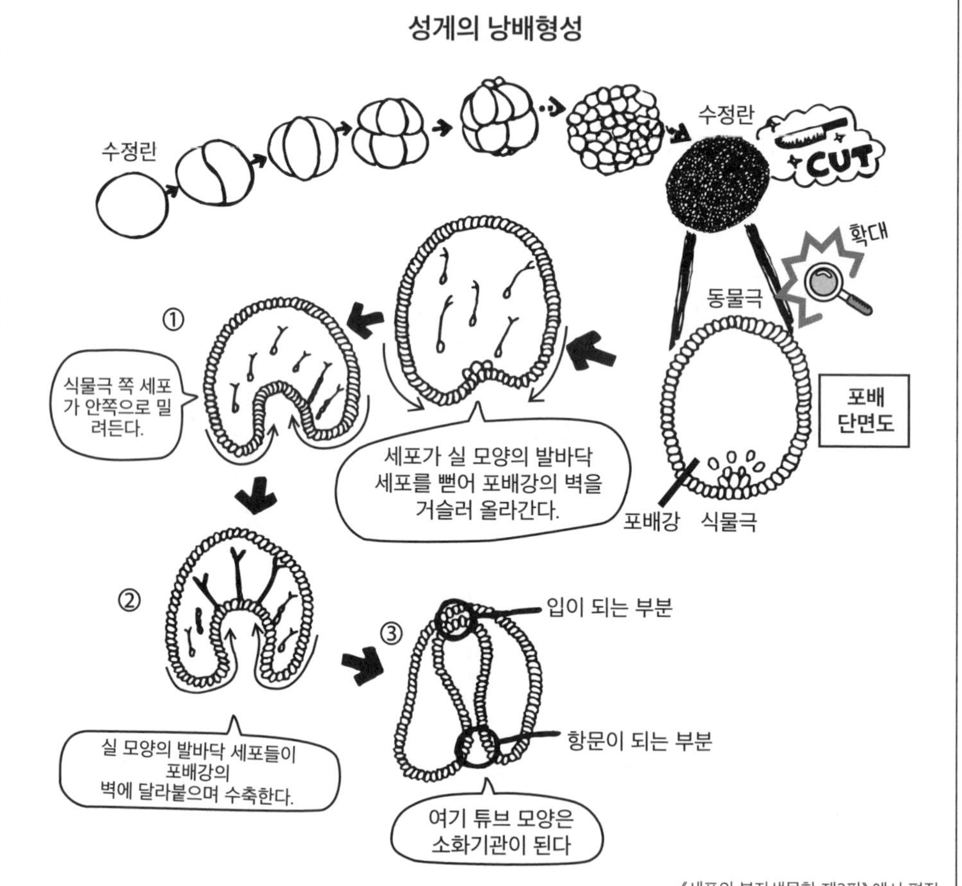

성게의 낭배형성

수정린

수정란

CUT

확대

동물극

포배 단면도

포배강 식물극

세포가 실 모양의 발바닥 세포를 뻗어 포배강의 벽을 거슬러 올라간다.

①

식물극 쪽 세포가 안쪽으로 밀려든다.

②

실 모양의 발바닥 세포들이 포배강의 벽에 달라붙으며 수축한다.

③

입이 되는 부분

항문이 되는 부분

여기 튜브 모양은 소화기관이 된다

《세포의 분자생물학 제3판》에서 편집

어머나 ①을 봐. 바깥쪽 세포가 굉장한 기세로 점점 안쪽으로 움직여!

② 안쪽의 세포가 암벽타기를 하듯이 계속 올라가고 있어!

③ 어머나, 입과 꼬리가 제일 먼저 생기다니!!

네. 엉덩이부터 입까지가 소화기관인데, 몸의 한가운데에 생겨요.

제일 먼저 몸속에 생기는 게 소화기관이라는 사실에 놀랐어.
심장이나 뇌보다 먼저 만들어진다니 믿을 수가 없어!

진짜 입으로 먹고 사는 '생물'이 된 느낌이야.

먹어야 사는 대상에게는 가장 중요한 일이지.

그렇구나!! 발생은 대략적인 데서부터 생긴다는 말에서 그 '대략적'이라는 건 대충이 아니라 '중요한 곳부터'라는 뜻이었어!!

아주머니들은 점점 '발생'에 푹 빠져 들었다.

미수정란일 때는 생물의 머리와 꼬리가 결정되어 있고, 수정에 들어가면 등과 배가 결정되어 몸의 방향이 정해진다. 그리고 낭배형성이 시작되어 소화관이 생기는 시점까지 오면, 배가 3개의 층으로 나뉜다. 그 3개의 층을 각각 **내배엽, 외배엽, 중배엽**이라고 한다. 이 부분을 아프리카발톱개구리의 배를 보면서 알아보자.

원래 바깥쪽에 있었던 부분을 외배엽, 낭배형성에서 안쪽으로 들어온 부분을 내배엽이라고 한다. 그리고 외배엽과 내배엽 사이에 있는 부분을 중배엽이라고 한다.

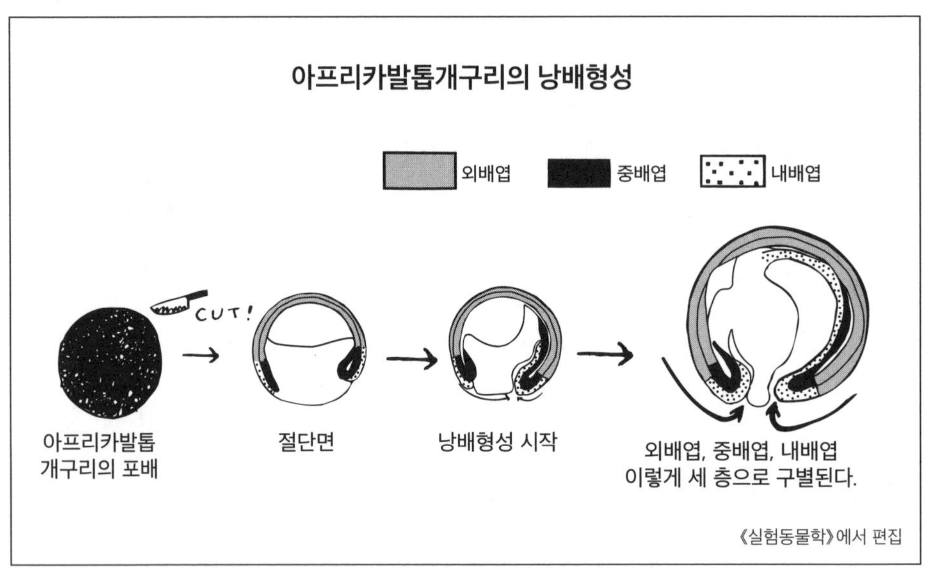

그 후 외배엽은 피부 · 신경 등이, 내배엽은 소화기 등이, 중배엽은 근육 등이 된다. 즉 여기서부터 더 세분화된 역할을 갖게 된다.

이제 아프리카발톱개구리의 분화 모습을 수정 전부터 순서대로 따라가 보자.

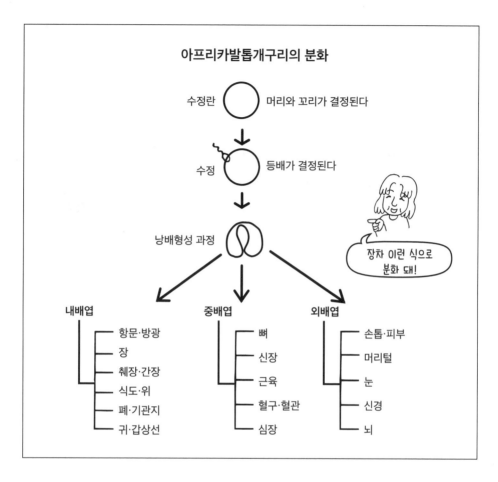

아프리카발톱개구리의 분화

수정란 — 머리와 꼬리가 결정된다

↓

수정 — 등배가 결정된다

↓

낭배형성 과정

장차 이런 식으로 분화 돼!

- **내배엽**
  - 항문·방광
  - 장
  - 췌장·간장
  - 식도·위
  - 폐·기관지
  - 귀·갑상선
- **중배엽**
  - 뼈
  - 신장
  - 근육
  - 혈구·혈관
  - 심장
- **외배엽**
  - 손톱·피부
  - 머리털
  - 눈
  - 신경
  - 뇌

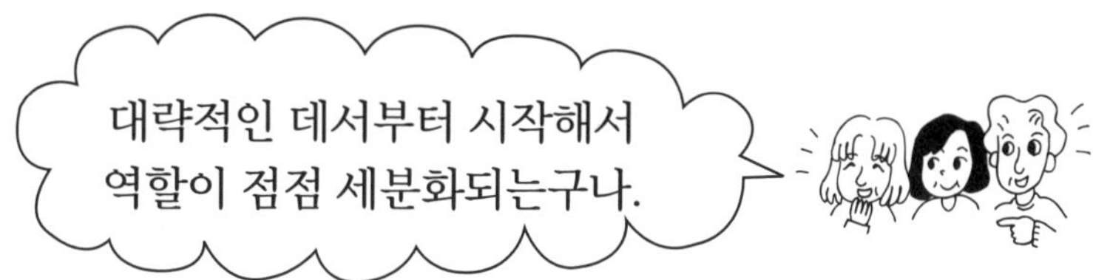

발생에서는 모든 세포가 정확히 똑같은 1세트의 DNA를 갖고 분열해요. 그 프로세스 속에서 개구리는 개구리, 성게는 성게로 전체적으로 대략적인 부분을 파악하는데, 그것이 점차 세부적으로 나뉘는 거죠. 그리고 그 프로세스는 항상 가장 중요한 기능부터 시작돼요.

발생의 미시적 시점: 세포는 어떻게 분화하는가?

발생은 대략적인 데서부터 세부적으로 진행된다. 그리고 이러한 발생 과정이 진행되면서 세포들은 각자의 차이를 발생시키기 시작한다.

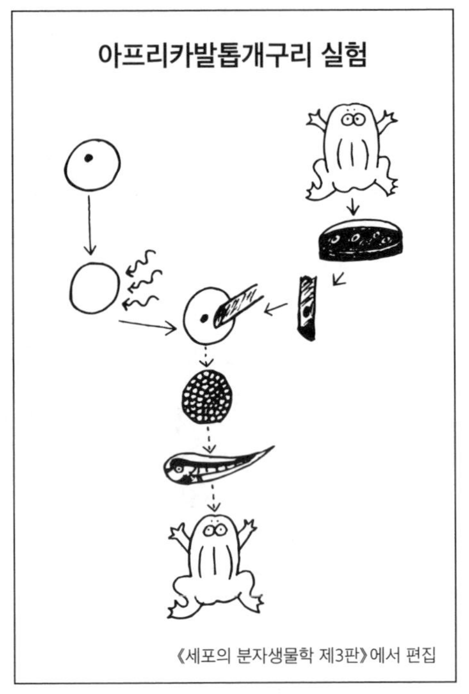

《세포의 분자생물학 제3판》에서 편집

아프리카발톱개구리의 핵이동 실험으로 아주머니들이 신기하게 생각했던 점은 모든 세포가 똑같은 DNA를 갖고 있음에도 불구하고 어째서 각각 머리나 발의 세포가 되는가? 하는 것이었다.

대략적인 데서 시작해서 각각의 세포에 역할이 생긴다면, 도대체 언제 그 역할이 결정되는 거지? 보통 모임에서 역할을 결정한다고 하면 예를 들어 누구는 회계담당, 누구는 홍보 등 처음부터 분담해서 결정하잖아.

하지만 생물은 대략적인 데서부터 만들어지니까, 처음부터 확실하게 역할 분담이 결정되는 것은 아닌 게 아닐까? 뇌라든지 손이나 발 같은 건 언제 결정되는 걸까?

아주머니들은 즉시 《세포의 분자생물학》과 다른 책들을 휘리릭 넘겨보았다.

알이 수정돼서 1→2→4→8→16으로 분열할 때는 단순히 세포만 나뉘는 게 아니라, 역할도 분담되기 시작된다.

실제로 세포의 역할 분담은 언제부터 시작되는지 궁금한데?

◆ 세포의 역할분담(분화)의 시작: 상호작용

그때 어떤 책에 실려 있는 클론 쥐 실험이 아주머니들의 눈에 띄었다. 쥐의 수정란이 8세포로 분열했을 때, 1개씩 분리해서 8마리의 암컷 난소에 넣으면 정상적인 8마리의 쥐가 태어난다고 한다. 그런데 16개까지 분열한 세포에서 똑같이 분리하면 1마리도 태어나지 않는다고 한다.

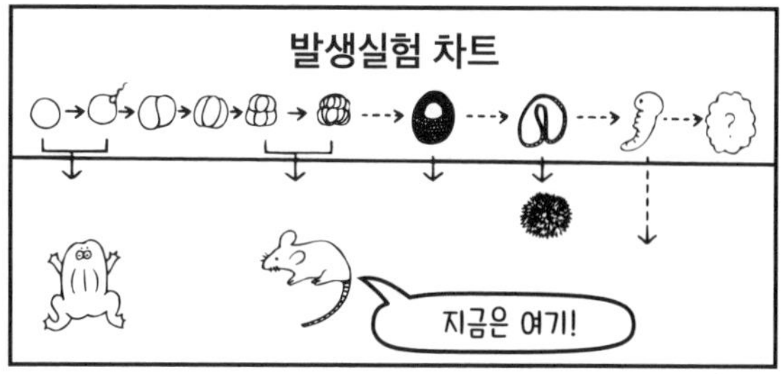

어떤 세포든 8세포기까지는 **전능성**(1개의 세포가 어느 부분으로든 될 가능성)을 갖고 있지만, 16세포기가 되면 그 힘을 잃는다는 사실을 알 수 있다. 즉 세포의 역할분담은 16세포로 나뉘었을 때부터 시작된다는 뜻이다.

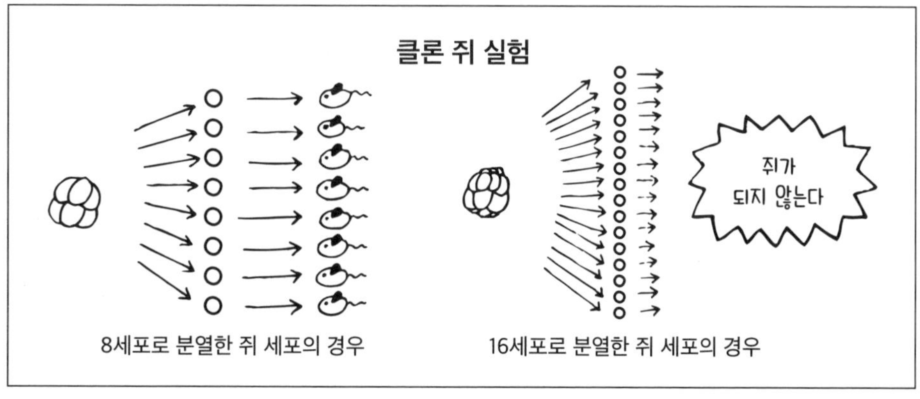

그렇다면 8세포와 16세포의 차이점은 무엇일까?

그때 세포끼리의 **상호작용** 차이는 세포의 위치에 의해서 생기는 거래요.

다세포생물의 세포는 단순히 기계적으로 연결되어 있는 게 아니에요. 세포는 항상 다양한 레벨에서 정보를 서로 주고받거든요. 이것을 '세포의 상호작용'이라고 해요. 자연 상태에서는 8세포가 16세포로 나뉘는데, 8세포기일 때와 16세포기일 때는 상호작용의 방법이 달라요. 8세포일 때는 어떤 세포든 안쪽과 바깥쪽에 서로 닿아 있는데, 16세포가 되면 바깥쪽에만 닿아 있는 세포와 안쪽에만 닿아 있는 세포가 생겨요. 그렇게 되면 당연히 바깥쪽에 닿아 있는 세포와 안쪽에만 닿아 있는 세포는 교환하는 내용도 달라질 거고, 그것은 장차 역할에 크게 영향을 미치겠죠. 하지만 실제로는 거기서 어떤 상호작용이 일어나는지 아직 모르는 것도 많고, 몇 세포 시기까지 전능성을 갖고 있는지까지는 정확히 말할 수 없나 봐요. 트래칼리의 시니어펠로우 나카무라 케이코 선생님의 말씀에 의하면 그건 동물의 종류에 따라 다르대요.

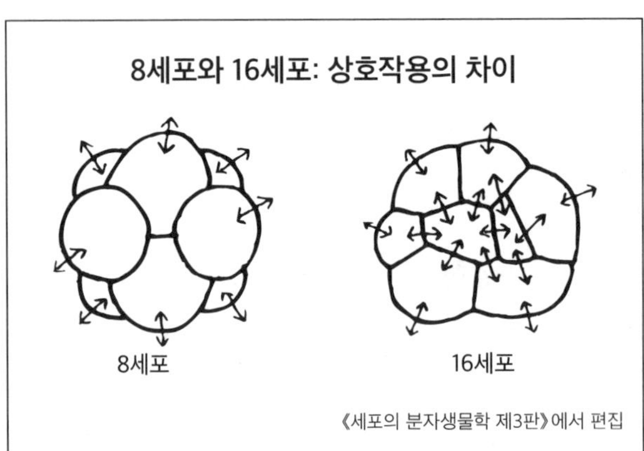

《세포의 분자생물학 제3판》에서 편집

노트

여기서의 클론은 1997년에 복제된 것으로 유명한 양 돌리 같은 타입의 클론이 아니다. 돌리는 성인 양의 유선세포를 이용해 만들어졌다. 돌리가 나오기 전의 클로닝은 여기 적힌 것처럼 미분화 배아세포에서 새로운 동물배아를 만들어내는 아주 일반적인 것을 말해왔다.

복제 쥐의 배아에서는 8세포까지밖에 생기지 않지만, 소나 양 등의 가축에서는 16세포나 32세포도 가능하다고 해요. 실용화도 꽤 진행되어 있어서, 예를 들어 마블링이 좋은 고기를 만들기 위해서라든지, 좋은 우유를 만드는 소를 많이 만들기 위해서 이런 수고를 거쳐 클론 소를 만들 수 있대요.

우리가 아는 건 쥐의 경우에는 8에서 16 사이, 소의 경우는 16에서 32 사이, 또는 32에서 64 사이에 각각의 세포가 전능성을 잃는다는 거야.

어찌됐든 전능성을 잃었을 때 세포는 분화가 시작되는구나? 그렇지?

쥐의 경우는 8세포에서 16세포 사이의 시기가 운명의 갈림길이네!

그런데 세포는 꽤 일찌감치 분화가 시작하는 거잖아! 보기에는 그 시기에 다 동그라니 비슷한데 말이지.

손이 될지 다리가 될지도 거의 발생 초기에 결정되는 것 같아. 세포가 장차 몸의 어떤 부분이 될지 정하는 것을 생물학 용어로 **결정**이라고 한대.

맞아, 눈으로 봐서는 거의 구분하기 힘들지만 다리나 손이나 이미 결정되어 있는 거래.

오호~, 그런데 왜 그렇게 되는 걸까?

◆ 세포의 결정, 기억, 분화

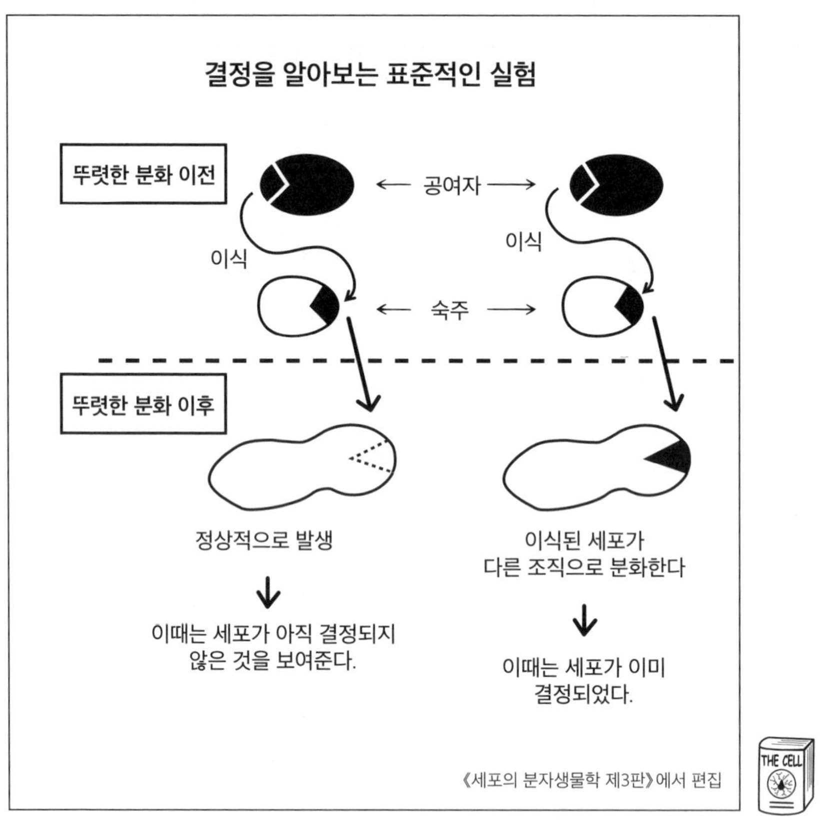

발생 도중인 배의 한 부위에서 나온 세포를 다른 부위로 이식하면 언제 결정이 일어나는지 알 수 있다. 예를 들어 양서류의 경우 피부가 될 부위에서 빼낸 조직을 뇌가 될 부위에 이식할 수 있다. 만약 이식된 세포가 아직 '결정'되지 않았다면, 이식된 세포는 주변 세포에 융합되어 그대로 뇌세포 조직으로 발생할 것이다. 하지만 이식되기 전에 이미 피부세포로 결정되었다면, 주변의 세포가 뇌세포로 분화되었더라도 그 세포는 피부세포로 발생·분화될 것이다.

과학자들은 이런 결정이 언제 일어나는지를 알아보기 위해서 배 발생의 여러 단계에서 실험을 계속했다.

이 실험을 해서 세포는 결정이 진행되면 자율적으로 기억한다는 것을 알 수 있어. 이것을 **세포기억**이라고 해. 또 세포가 발생 신호를 보내기 전이라도 어떻게든 발생을 시작하는 것을 '**결정**'이라고 해. 그 후 세포형태의 차이가 눈에 띄게 뚜렷해지는 것을 '**분화**'라고 한대. 그래서 세포가 결정했는지 아닌지 눈으로 봐서는 전혀 알 수 없으니 이식세포로 실험해본 것처럼 알아봐야 하지 않을까?

'결정' 시기를 정확히 알기는 어렵구나.

◆ 닭다리 실험

있지, 그거 알아? 닭다리 실험. 후훗, 좀 징그럽지만 재미있어.

어느새 페코린 씨도 《세포의 분자생물학》에서 차츰 재미를 발견하고 있었다. 페코린 씨는 통통 튀는 목소리로 회원들에게 닭다리 실험에 관한 퀴즈를 내기 시작했다.

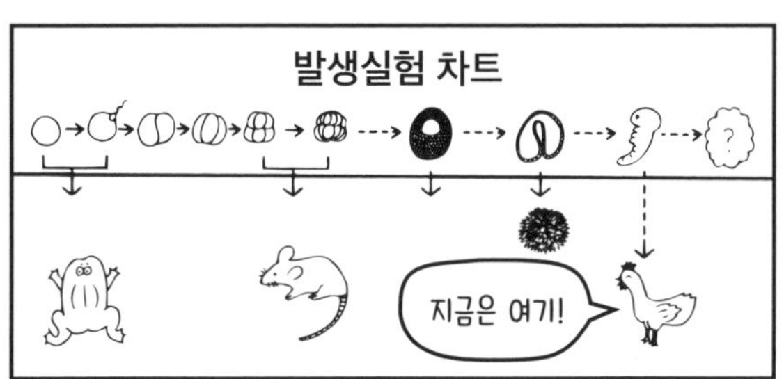

닭의 배 발생(알 속) 도중에 일부 조직의 조각을 이식하는 실험이야. 이식 후 발생이 더 진행된 단계에서 세포의 역할이 어떤 식으로 달라지는지 알 수 있어.

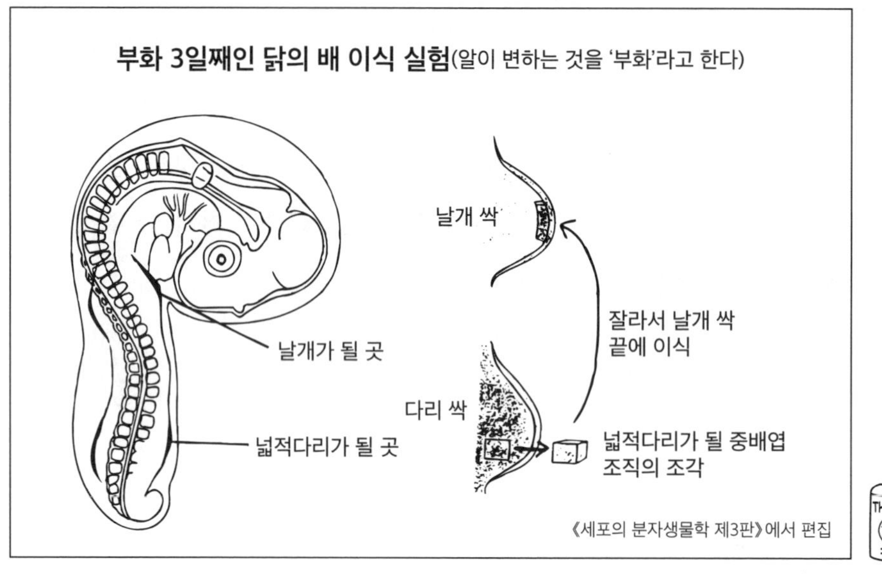

부화 3일째가 되면, 위의 그림에서는 아직 다리나 날개의 형태가 보이지 않지만, 장차 다리가 되거나 날개가 될 부분이 좀 더 확실하게 정해진대. 이때 이 닭 배에서 넓적다리가 될 부분의 조직 조각을 날개가 될 곳의 끝 부분에 이식하면 어떻게 될까?

응? 잠깐만. 넓적다리가 될 부분을 날개 끝에 이식하면…. 알았다! 날개 끝에 넓적다리가 생겨!

뭐? 설마. 그런 건 기분 나쁘잖아. 아니 그게 아니라 보통 날개가 되지 않나? 아니면 결국 자라지 않고 죽게 될까?

풋! 다 틀렸어. 놀랍게도 답은, **날개 끝에서 발가락이 나온다!!**

뭐!? 어째서? 왜 발가락이 나오는 건데?

그래. 신기하지? 그런데 정말이야!

이 실험으로 이식된 조직이 다리가 될 것은 결정되었지만, 허벅지가 되는 것까지는 아직 결정되지 않았다는 것을 알 수 있다.

이 조직이 그대로 있었다면 분명 '넓적다리'가 되었을 것이다. 하지만 이 시점에서는 대략적으로 넓적다리가 된다는 사실만 정해졌을 뿐, 다리의 어느 부분이 되는지까지는 세분화되어 정해지지는 않았다는 뜻이다.

'다리가 될' 조직의 조각을 날개 끝이 될 부분에 이식한다면, 그 이식된 조각은 주변과의 상호작용을 통해서 끝 부분이 되라는 정보를 받게 된다. 원래대로라면 날개 끝이 되어야 하겠지만, 그 이식된 조각이 받은 결정은 다리였기 때문에 어쩔 수 없이 다리 끝, 즉 발가락을 만든다.

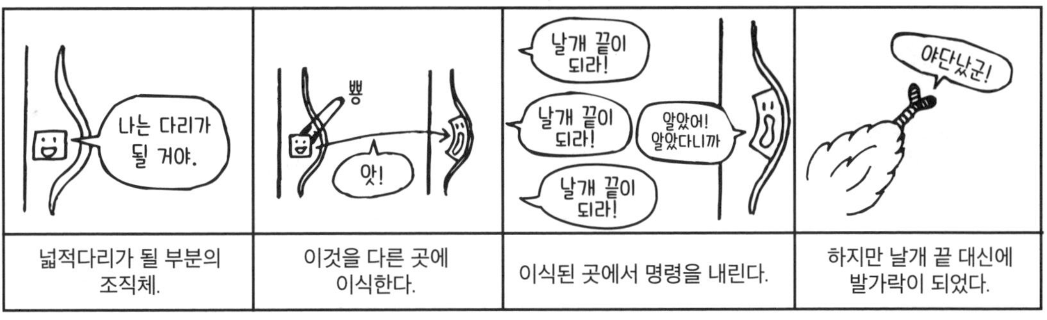

나는 다리가 될 거야.
뿅
앗!
날개 끝이 되라!
날개 끝이 되라!
알았어! 알았다니까
날개 끝이 되라!
야단났군!
넓적다리가 될 부분의 조직체.
이것을 다른 곳에 이식한다.
이식된 곳에서 명령을 내린다.
하지만 날개 끝 대신에 발가락이 되었다.

'결정'이 되었다고는 해도 세분화된 곳까지 '전부' 결정된 건 아니구나. 결정은 그 후에 단계별로 더욱 세분화되면서 정해지는 거였어.

그렇구나! 다리가 된다고 결정되었다 해도 제대로 다리가 되기 위해서는 또 다리의 넓적다리인지 발가락인지 더 세분화시켜서 결정되어야만 해.

즉 처음부터 세분화된 게 아니라 발생 프로세스에 맞춰 역할이 정해지는 거야!

◆ 세포 간의 상호작용: 분화는 어떻게 일어나는가?

이제 다세포생물에서 세포 간의 상호작용이 어떻게 분화시키는지에 대해 좀 더 구체적으로 살펴볼게요. 세포의 상호작용에는 크게 '근접 상호작용'과 '원격상호작용'이라는 두 종류가 있어요. 인접 세포 사이에서 일어나는 근접상호작용은 유도라고도 해요.

① 유도(근접상호작용)

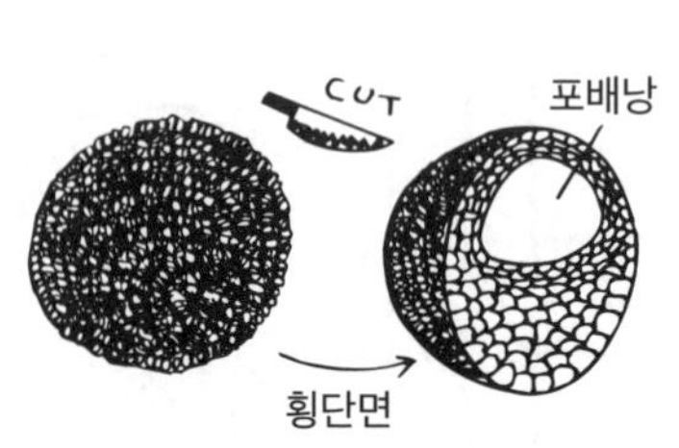

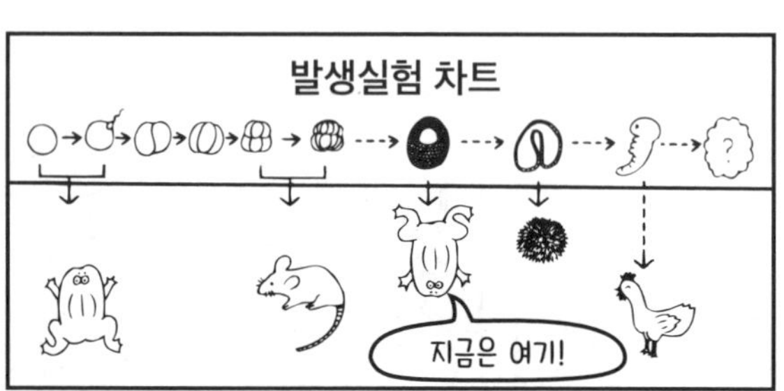

이것은 낭배형성 과정이 시작되기 직전의 아프리카발톱개구리의 포배 상태예요. 이대로 발생을 한다면 낭배형성에서 내배엽, 중배엽, 외배엽이 생길 거예요. 하지만 여기서 이 배들을 각각 분리하면 어떤 일이 일어나는지 볼게요.

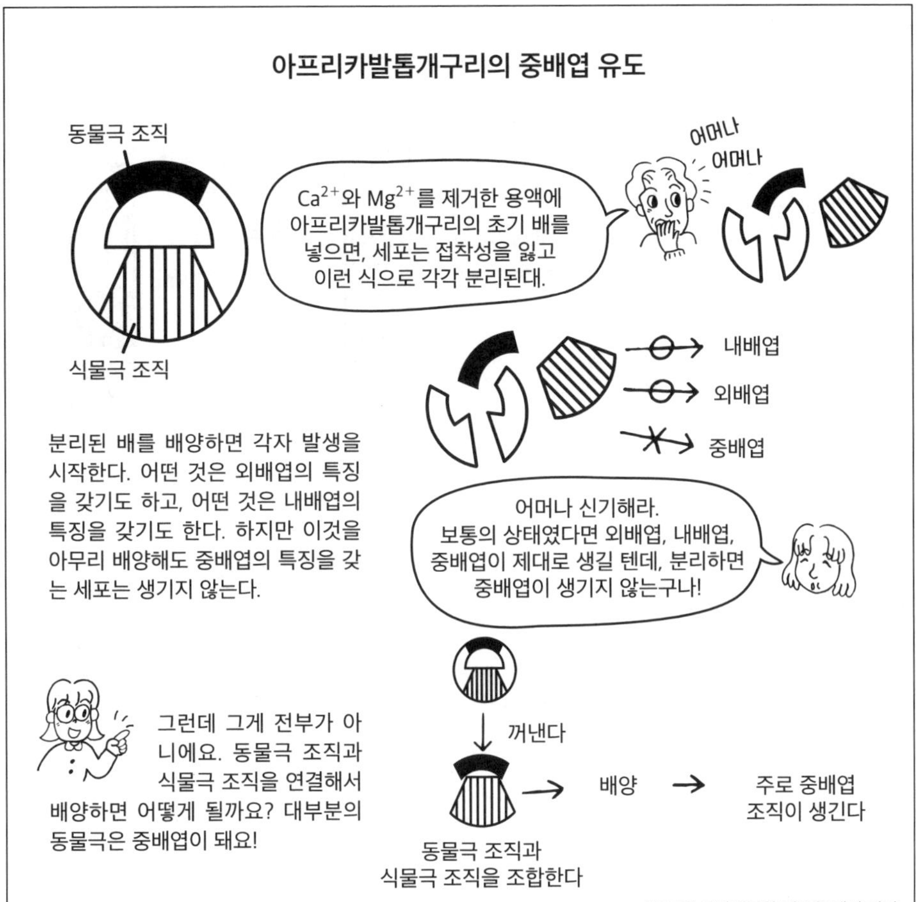

아프리카발톱개구리의 중배엽 유도

동물극 조직

식물극 조직

Ca^{2+}와 Mg^{2+}를 제거한 용액에 아프리카발톱개구리의 초기 배를 넣으면, 세포는 접착성을 잃고 이런 식으로 각각 분리된대.

어머나 어머나

내배엽

외배엽

중배엽

분리된 배를 배양하면 각자 발생을 시작한다. 어떤 것은 외배엽의 특징을 갖기도 하고, 어떤 것은 내배엽의 특징을 갖기도 한다. 하지만 이것을 아무리 배양해도 중배엽의 특징을 갖는 세포는 생기지 않는다.

어머나 신기해라. 보통의 상태였다면 외배엽, 내배엽, 중배엽이 제대로 생길 텐데, 분리하면 중배엽이 생기지 않는구나!

그런데 그게 전부가 아니에요. 동물극 조직과 식물극 조직을 연결해서 배양하면 어떻게 될까요? 대부분의 동물극은 중배엽이 돼요!

꺼낸다

배양 → 주로 중배엽 조직이 생긴다

동물극 조직과 식물극 조직을 조합한다

《세포의 분자생물학 제3판》에서 편집

이런 식으로 세포가 이웃한 세포에 영향을 받아 발생 경로가 정해지는 것을 **유도**라고 한다.

동물극 조직과 식물극 조직이 이웃하면 '유도'가 일어나서, 단독으로는 절대로 생기지 않는 중배엽이 생겨요. 이 유도실험을 좀 더 간단한 모델로 살펴볼까요? 처음에 각각 다른 세포 A와 B가 이웃한다고 가정할게요.

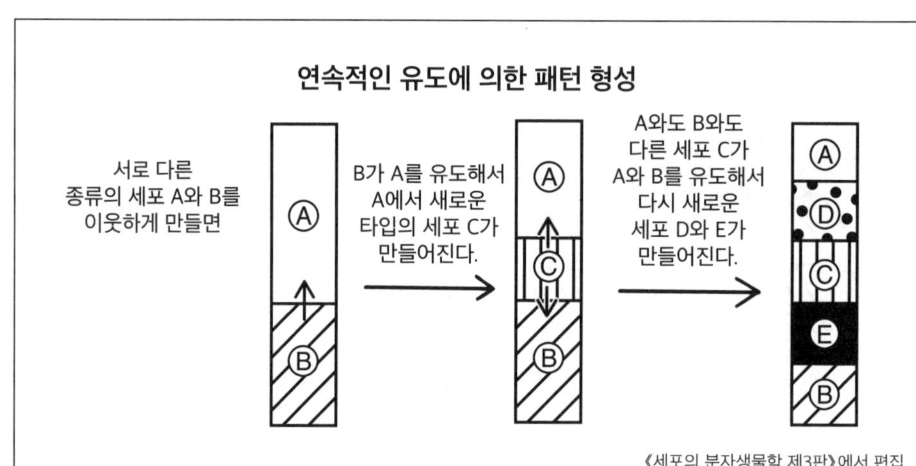
연속적인 유도에 의한 패턴 형성
서로 다른
종류의 세포 A와 B를
이웃하게 만들면
B가 A를 유도해서
A에서 새로운
타입의 세포 C가
만들어진다.
A와도 B와도
다른 세포 C가
A와 B를 유도해서
다시 새로운
세포 D와 E가
만들어진다.
A
B
C
D
E
《세포의 분자생물학 제3판》에서 편집

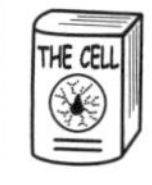
THE CELL

와! 다양한 종류가 생겼어요.

처음에는 A와 B라는 2종류의 세포에서 유도가 발생하는데, 결과적으로는 A~E라는 서로 다른 5종류의 세포가 생기는 거예요. 이렇게 연속유도라고 알려진 이 유도반응을 계속 반복하다 보면 적은 종류의 세포에서 많은 종류의 세포가 만들어져요.

대단해! 세포끼리는 서로 밀접하게 반응하는구나!

② **형태형성 물질**(모르포젠)**의 농도기울기**(원격상호작용)

모·르·포·젠!

또 다른 상호작용에는 '모르포젠 농도기울기'라는 것도 있어요. 유도가 이웃한 세포끼리의 상호작용이었다면, 모르포젠 농도기울기는 발생 중인 전체 배에 영향을 미치는 상호작용이에요. 모르포젠이라는 물질을 한 지점에서 넓은 범위로 점차적으로 퍼지도록 분비시켜요. 그러면 각각의 세포는 모르포젠이라는 이 물질의 농도기울기,

즉 **진하고 흐린 정도를 위치에 관한 신호로 받아들여요.** 즉 세포는 모르포젠 농도기울기에 의해 개체 전체에서의 위치를 알 수 있어요. 모르포젠 농도기울기는 먼 곳까지 영향을 끼치는 이른바 원격조종 상호작용으로, 이 물질이 반드시 화학적으로 규정되어 있지는 않지만 대부분 액티빈이나 골형성단백질과 같은 단백질 성분이예요. 하지만 레티노산 등도 있으니 꼭 단백질인 것만도 아니죠.

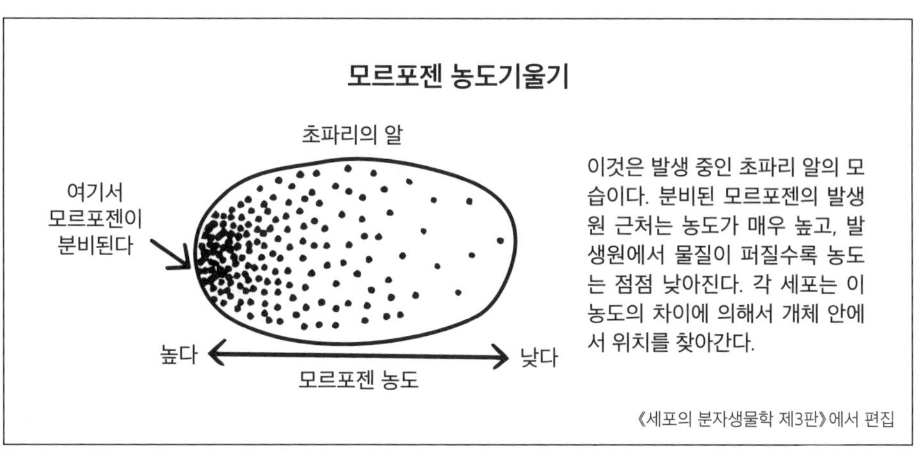

모르포젠 농도기울기
초파리의 알
여기서
모르포젠이
분비된다
높다
낮다
모르포젠 농도
이것은 발생 중인 초파리 알의 모습이다. 분비된 모르포젠의 발생원 근처는 농도가 매우 높고, 발생원에서 물질이 퍼질수록 농도는 점점 낮아진다. 각 세포는 이 농도의 차이에 의해서 개체 안에서 위치를 찾아간다.
《세포의 분자생물학 제3판》에서 편집

알았다! 예를 들어 배 안에 있는 세포는 모르포젠 농도가 높은 곳에 있으면 자기가 발생원 근처에 있다든지, 농도가 낮으면 발생원에서 먼 곳에 있는 것을 안다는 것이구나. 농도차를 이용하다니! 훌륭해!!

유도나 모르포젠 농도기울기 메커니즘 외에도 상호작용의 종류는 다양하다. 세포는 이러한 상호작용을 통해서 서서히 다른 모습과 기능을 가진 세포가 된다.

지금까지 배세포가 언제, 어떻게 각자의 역할이 정해지는지 살펴보았다. 우리가 배운 것은 각 세포의 최종 역할이 처음부터 정해져 있는 것은 아니라는 사실이다. 수정란이 분열을 거듭하는 발생 프로세스에서 각각의 세포는 항상 상호작용을 하면서 서서히 자신의 역할을 찾는다. 그때그때의 '전체'를 배경으로 '부분'의 역할이 결정되는 것이다.

3) 초파리의 발생

초파리 소개

다양한 생물의 발생을 살펴보니, 서로 다른 세포끼리 상호작용을 통해서 새로운 세포를 만든다는 사실을 알게 되었어.

그러게. 처음에 비하면 많은 걸 알게 된 것 같아.

지금까지 여러 가지 생물의 실험을 통해서 발생 프로세스의 전체 모습을 살펴보았다. 사실상 발생은 이 책의 1장에서 살펴본대로 DNA 유전정보가 형태로 나타나는 프로세스라고 할 수 있다.

발생과 DNA. 이 두 가지는 서로 어떻게 관련되어 있을까? 이것을 잘 알 수 있는 생물이 드로소필라, 즉 초파리의 발생이다.

초파리라면 역시 신시아죠, 신시아? 초파리의 발생에 대해 알려주세요.

신시아도 트래칼리 아주머니들 중 한 사람인데, 지금까지 본 3인조와는 조금 다른 타입이다. 궁금한 것이 있으면 혼자서 《세포의 분자생물학》을 읽어내는 '실력파 아주머니'라고 할 수 있다. 특히 초파리의 발생에 관해서는 이해도가 뛰어나서 오히려 전문가로 느껴질 정도이다.

그런데 신시아 본인 말에 의하면, 즐겁게 함께 이야기하다 보니 《세포의 분자생물학》을 읽고 이해하게 된 것이라고 한다.

다세포생물의 발생에서는 이렇게 세포 간에 복잡한 상호작용이 일어나면서 진행되기 때문에 각각의 세포변화를 DNA(유전자)와 연관 지으면서 자세히 쫓아가기는 힘들어. 하지만 그중에 잘 알려진 게 있지. 그게 바로 초파리야. 그래서 지금부터 우리 다세포생물의 대표로 초파리를 살펴보려고 해.

그런데 초파리가 뭔지 알지? 초파리는 작은 갈색 파리인데, 아마 다들 과일 주변을 날아다니는 작은 파리를 본 적이 있을 거야!?

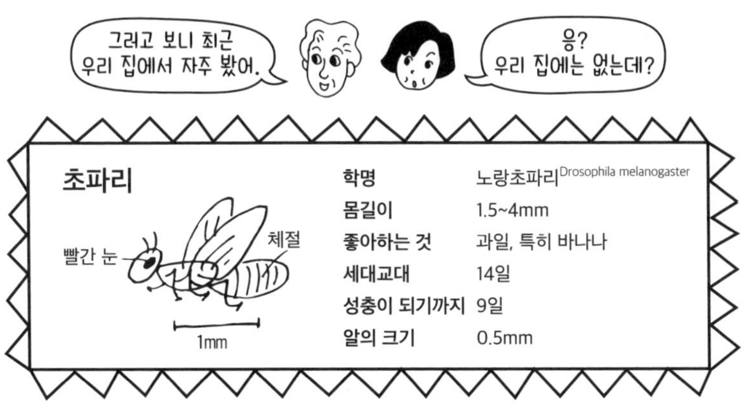

초파리는 왜 발생실험에 잘 이용될까? 그것은 수정에서 성충이 되기까지 9일이라는 짧은 기간밖에 걸리지 않아서 실험이 용이하기 때문이야.

초파리: 알에서 성충까지

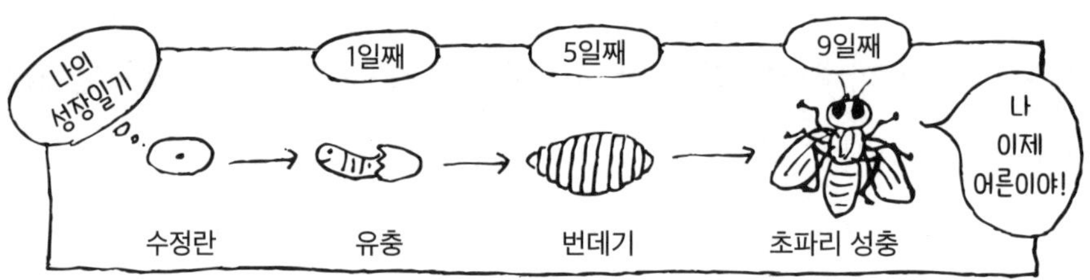

초파리는 수정한 지 하루가 지나면 부화하고, 5일째에는 번데기가 되며, 9일째에는 어엿한 성충이 되어 날아다녀.

또 파리 같은 대부분의 곤충은 체절이 있어. 이 체절이 어떻게 만들어지는지 연구하면 발생과 DNA(유전자)가 어떻게 연결되는지 알 수 있어.

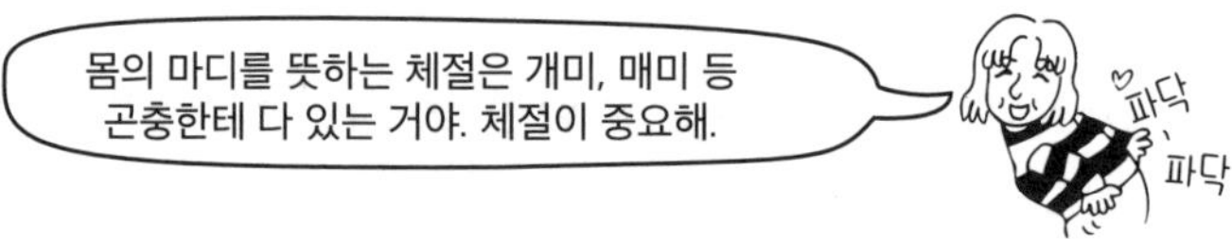

과학자들이 초파리의 체절 패턴을 결정하는 유전자에 흥미를 느끼고 중요하게 여긴 이유가 뭔지 궁금하지? 그건 우리 인간에게도 그와 동일한 유전자가 있기 때문이래. 그래서 초파리를 연구하면 사람이나 개구리 등 다세포생물 전체의 발생 프로세스를 밝혀내는 단서를 찾을 수 있나봐.

이제부터 초파리의 발생 중에서도 알이 수정된 날부터 부화할 때까지의 배 발생 과정을 살펴볼 거야.

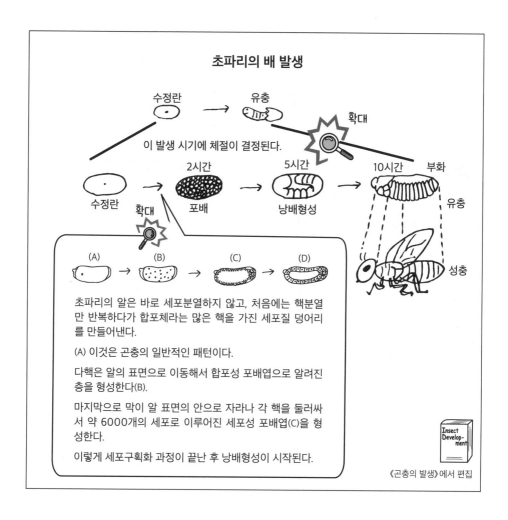

초파리의 배 발생

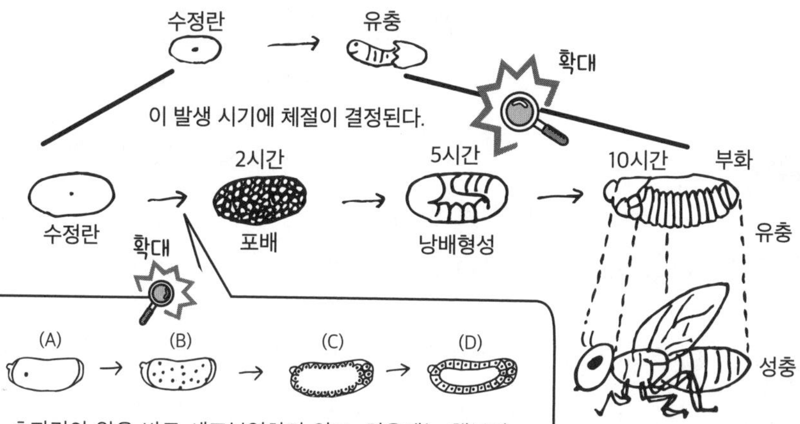

수정란 → 유충

확대

이 발생 시기에 체절이 결정된다.

수정란 → 2시간 포배 → 5시간 낭배형성 → 10시간 부화 유충

성충

확대

(A) → (B) → (C) → (D)

초파리의 알은 바로 세포분열하지 않고, 처음에는 핵분열만 반복하다가 합포체라는 많은 핵을 가진 세포질 덩어리를 만들어낸다.

(A) 이것은 곤충의 일반적인 패턴이다.

다핵은 알의 표면으로 이동해서 합포성 포배엽으로 알려진 층을 형성한다(B).

마지막으로 막이 알 표면의 안으로 자라나 각 핵을 둘러싸서 약 6000개의 세포로 이루어진 세포성 포배엽(C)을 형성한다.

이렇게 세포구획화 과정이 끝난 후 낭배형성이 시작된다.

Insect Development

《곤충의 발생》에서 편집

5가지 유전자군: 초파리는 어떻게 발생하는가

초파리의 배 발생 기간 동안에는 5가지 유전자군이 작용해 체절이 만들어져. 유전자군이란 같은 발생 시기에 비슷한 효과를 내는 유전자를 모아서 이름을 붙인 거야.

그래? 어떤 유전자군이 있는데?

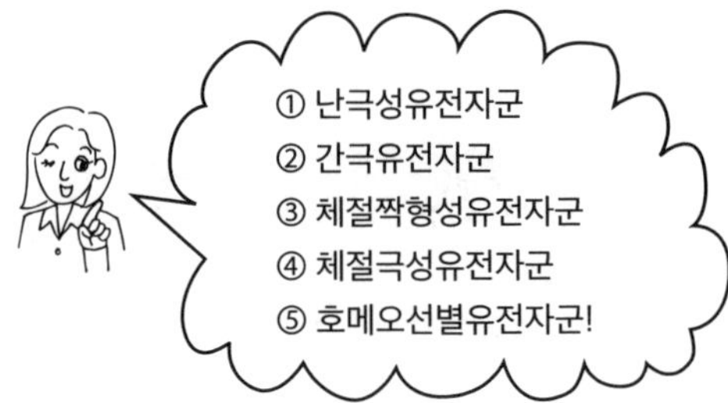

"와아~, 신시아, 정말 멋져!"
"나도 저렇게 술술 말하고 싶어!"

이 5가지 유전자군 간의 관계가 상당히 재미있는데, 초파리의 체절을 만드는 유전자는 다음과 같은 실험을 통해서 발견되었어.

먼저 초파리의 어떤 유전자에 상처를 낸 후 결과를 보면서 어느 체절이 어떻게 변이하는지 실험하는 거야. 그러면 그 유전자가 어느 체절을 만들기 위해서 필요한 유전자인지 알 수 있어.

잃고 난 후에야 소중하다는 걸 깨닫는 것과 같구나.

맞아! 그것이 어떻게 작동하는지 알기 위해 ② 간극유전자와 ③ 체절짝형성유전자군이 변이되었을 때 무슨 일이 일어나는지 살펴볼게!

그래, 어서 보여줘!

초파리의 돌연변이

② 크루펠[kruppel]로 알려진 간극유전자를 손상시키면,

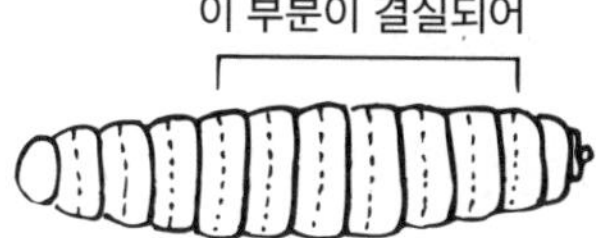

이로써 크루펠 유전자는 체절의 중간 부분을 만드는 데 관여한다는 것을 알 수 있다.

---

③ 후시타라즈[fushi-tarazu]로 알려진 체절짝형성유전자를 손상시키면,

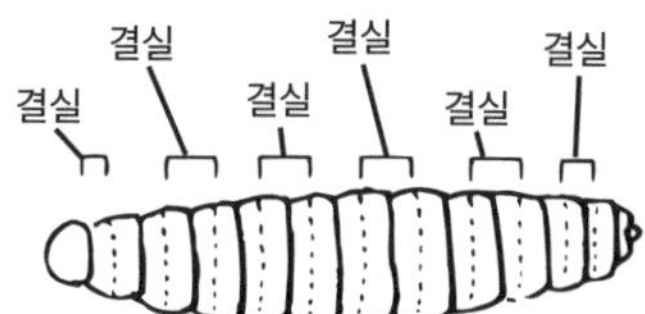

이로써 후시타라즈 유전자가 홀수 번째 체절을 만드는 데 관여한다는 것을 알 수 있다

NOTE

과학자들은 자신이 발견한 단백질과 유전자에 이상한 이름 붙이기를 좋아한다. 대부분의 이름은 그 유전자가 결함이 있으면 생물체에 어떤 일이 일어나는지를 나타낸다. 유전자의 명칭은 항상 이탤릭체로 쓰고, 그에 상응하는 단백질의 이름은 대문자로 시작한다.

《알에서 나까지》(야나기사와 케이코)에서 편집

후시타라즈?
꼭 일본어처럼
들리는데?

발견한 사람이 일본인이래.
이것을 손상시키면 '마디(후시)가 부족(타라즈)'
해지기 때문에 후시타라즈 유전자라고 해.

이 실험으로 ② 간극유전자군과 ③ 체절짝형성유전자군의 관계를 알아냈어!

② 간극유전자군 중 하나인 크루펠 유전자에 돌연변이가 생기면,

체절 한가운데의 짝수 번째와 홀수 번째 체절이 전부 사라진 유충이 되는데, 이것은 ③ 체절짝형성유전자군의 후시타라즈 유전자와는 상관이 없어. 하지만 ③ 체절짝형성유전자군 중 후시타라즈 유전자가 변이되면, 홀수 번째 체절이 없는 유충이 되지만, 그것을 제외한 한가운데 체절은 남아 있기 때문에, ② 간극유전자군인 크루펠 유전자는 발현하게 돼.

이 실험으로 ③ 체절짝형성유전자군은 ② 간극유전자군의 발현 없이는 발현하지 못한다는 것을 알 수 있지. 이것은 곧 유전자가 발현하는 데 순서가 있다는 뜻이야!

이렇게 철저한 유전자 돌연변이 실험으로 아까 말했던 5가지 유전자군이 다음과 같은 순서로 발현되는 것을 알 수 있어!

초파리의 체절을 결정하는 5가지 유전자군

① 난극성유전자군 (앞과 뒤를 결정한다)

↓

② 간극유전자군 (한가운데와 그 외 부분을 결정한다)

↓

③ 체절짝형성유전자군 (체절의 홀수 번째와 짝수 번째를 결정한다)

↓

④ 체절극성유전자군 (마디 하나의 앞과 뒤를 결정한다)

↓

⑤ 호메오선별유전자군 (세포의 최종 위치를 결정한다)

잠깐! 그 말은 아까 홀수 번째를 결정했던 체절짝형성유전자군이 짝수 번째도 결정한다는 뜻인가?

홀수 번째 체절을 만드는 후시타라즈 유전자 외에도 짝수 번째를 결정하는 이븐스킵even-skipped 유전자라는 것이 있어. 체절짝형

성유전자군 안에 이 두 가지 유전자가 들어 있어.

오, 구성이 좋은데?

일반적으로 5가지 유전자군이 이런 순서로 발현돼! 제일 먼저 배의 앞과 뒤, 한가운데와 그 외…. 이런 식으로 마디 하나하나까지 점점 세분화되는 거야. 대략적인 전체에서 세부적인 부분으로!

유전자 발현이란 무엇인가?

그런데 유전자가 스스로 발현한다는 게 무슨 뜻이지?

유전자가 **발현**한다는 건 유전자가 작용한다는 뜻이야. 1장에서 공부한 건데, 기억날지 모르겠지만 단백질을 만드는 거지!

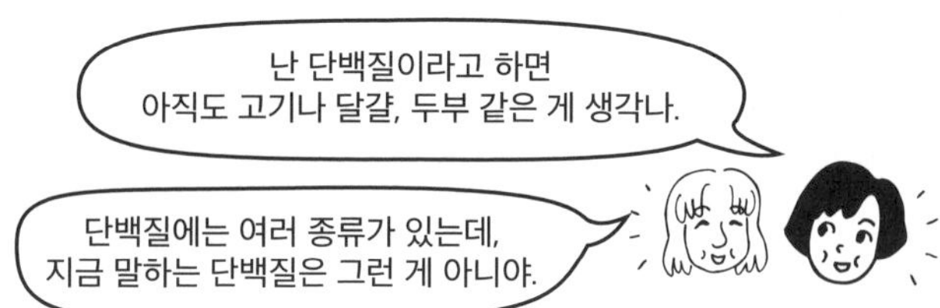

앞에서 모르포젠 농도기울기가 나온 거 기억나지? 세포는 발생 과정에서 농도기울기를 이용해 개체 속에서 자신의 위치를 발견하잖아. 초파리가 배 발생할 때 나오는 이 모르포젠이 단백질이야.

초파리 배에서의 농도기울기

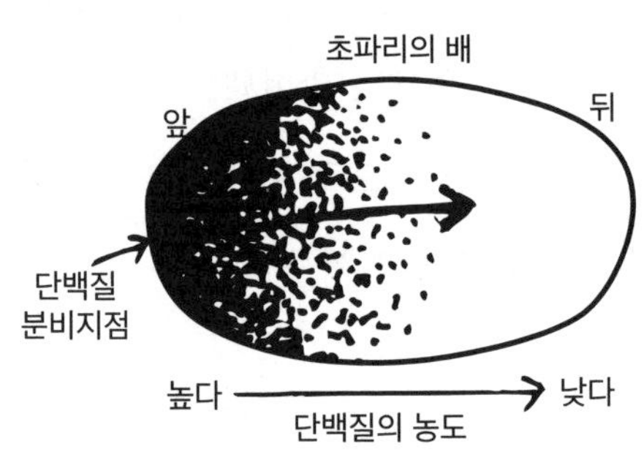

어떤 유전자가 작용해서 단백질을 만들면, 그 단백질은 배 전체에 퍼져서 세포의 위치가 결정된다.

배 안의 단백질 농도는 분비 지점에 가까이 높은 곳에서 낮은 곳으로 퍼진다. 이때 세포가 단백질 농도가 높은 쪽에 있으면 앞, 낮은 쪽에 있으면 뒤, 이렇게 위치가 결정된다.

이런 식으로 단백질의 농도기울기는 배 안의 모든 세포에 정보를 제공하고 최종위치를 알려주는 거야. 그러면 적당한 위치에 규칙성 있는 체절이 발생하는 거지.

그럼 초파리의 체절이 만들어지는 모습이 배 안의 단백질 분포와 어떤 관계인지 살펴볼까?

초파리의 배 발생

초파리의 체절이 만들어지는 모습을 그림으로 정리해봤어. 볼래? 앞에서 배운 5가지 유전자군의 순서 기억나? 제일 먼저, ①난극성유전자군부터…

체절은 난극성유전자에서부터 순서대로 발현해서 세부적으로 정해진다는 것을 알았지? 여기서 중요한 것은 난극성유전자가 발현해서 간극유전자가 발현할 때, 난극성유전자가 임무를 그만두는 게 아니라는 거야. 마지막의 호메오선별유전자Homeotic selector gene group가 발현할 때까지 앞에서 발현한 유전자들도 계속 일을 하거든. 그래서 각각의 유전자에 의해 생긴 단백질의 농도기울기가 점점 겹쳐지는 거야.
그것을 알기 쉽게 표로 정리해봤어!

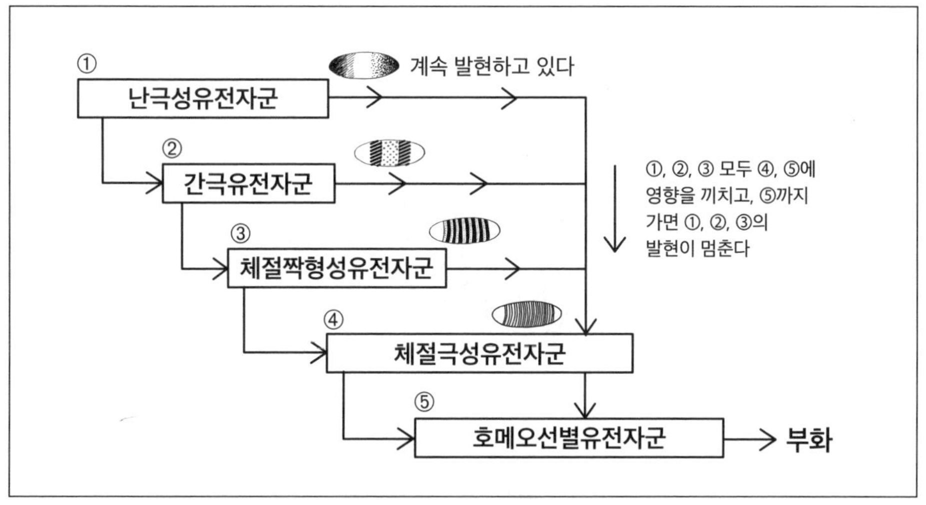

이렇게 5가지 유전자군이 차례차례 포개지면서 각각의 세포가 자신의 역할을 찾게 돼. 재미있는 점은 호메오선별유전자가 발현해서 최종적으로 세포의 위치가 결정되면, 그 이전의 난극성유전자, 간극유전자, 체절짝형성유전자의 발현은 멈춘다는 사실이야. 하지만 체절극성유전자와 호메오선별유전자는 단속적으로 활성화되고, DNA에 이력으로 기억이 남거든. 그래서 유충 → 번데기 → 성충으로 모습이 변해

① 난극성유전자군

비코이드 유전자
오스카 유전자 등이 있다

알의 양극(앞과 뒤)**을 결정한다**

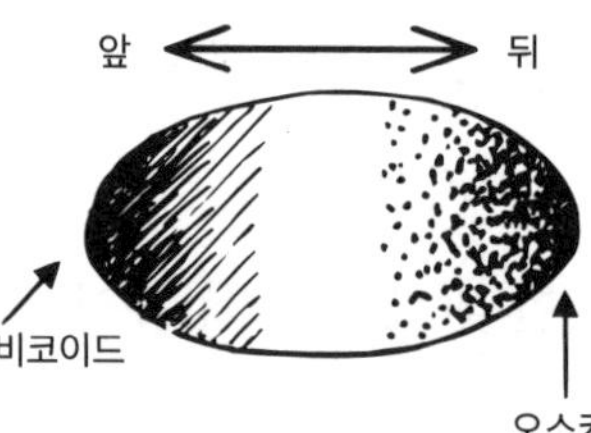

앞에서부터 비코이드 단백질,
뒤에서부터 오스카 단백질이 퍼져 있어.

한가운데는 양쪽 단백질이 흐리며.
여기서는 다른 단백질이 만들어지는 거야.

② 간극유전자군

크루펠kruppel 유전자
헌치백hunchback 유전자 등이 있다

배의 중간 부위인지 아닌지를 결정한다

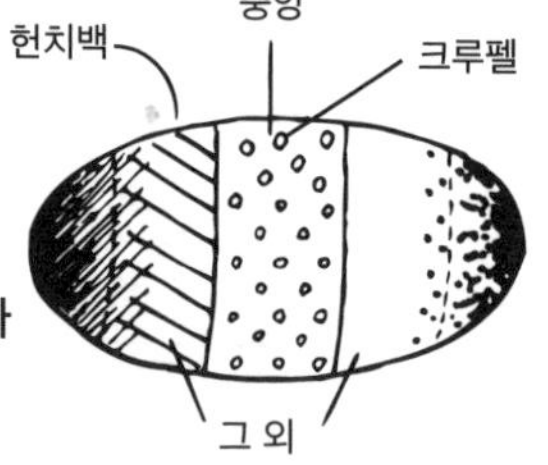

비코이드 단백질과 오스카 단백질이 한가운데의
간극유전자를 발현시키고 다른 부위의 배를
촉진해서 헌치백 유전자와 크루펠 유전자가 발현해.

③ 체절짝형성유전자군

이븐스킵 유전자eve
후시타라즈 유전자ftz등이 있다

**체절의 홀수 번째인지
짝수 번째인지를 결정한다**

난극성유전자, 간극유전자가 만들어내는
단백질의 농도기울기 차이로 인해 체절의 한 마디씩
걸러서 체절짝형성유전자가 발현해.
이때쯤 되면 세포의 수는 6000개 정도가 돼.

④ 체절극성유전자군

각 마디 안의 앞과 뒤를 결정한다

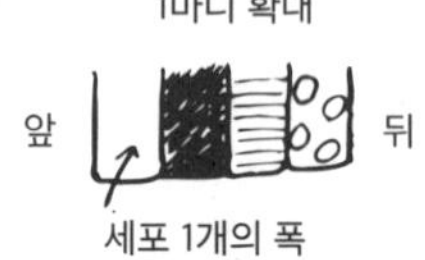

지금까지의 모든 유전자군이 만들어낸 단백질을
조합하는 거야. 그 조합의 차이로 체절 극성
유전자가 발현돼. 1개의 마디를 4분할하는 거지.
이 단계에서 세포 1개의 위치까지 결정돼.

⑤ 호메오선별유전자군

세포의 최종위치를 결정한다

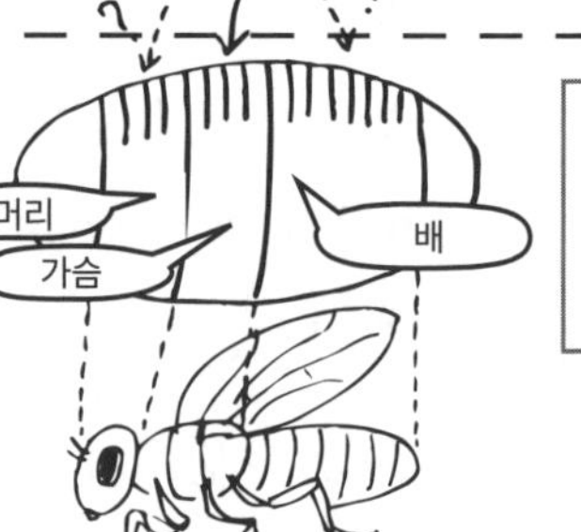

호메오선별유전자는 체절극성유전자까지
결정된 체절이 장차 어느 곳의 체절이 될지
(두부인지 흉부인지 복부인지)를 각 세포에 기억시켜.

《세포의 분자생물학 제3판》에서 편집

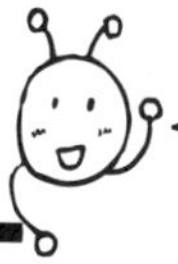

단백질의 농도기울기

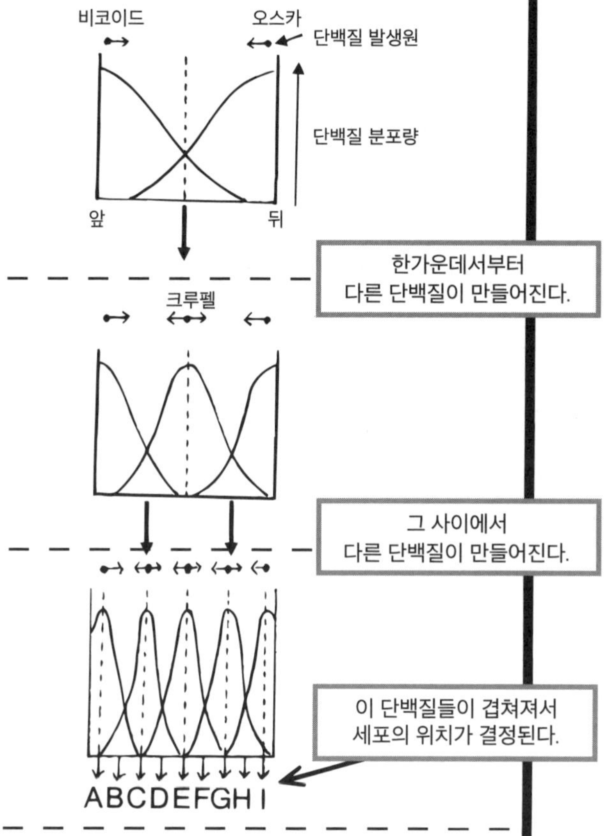

비코이드
오스카
단백질 발생원
단백질 분포량
앞
뒤
한가운데서부터
다른 단백질이 만들어진다.
크루펠
그 사이에서
다른 단백질이 만들어진다.
이 단백질들이 겹쳐져서
세포의 위치가 결정된다.
ABCDEFGHI

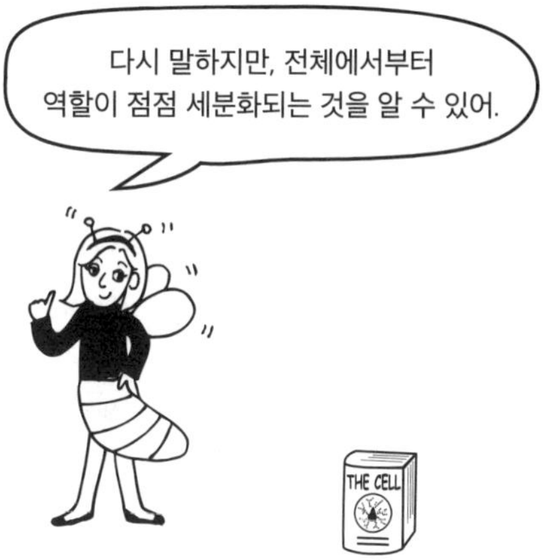

다시 말하지만, 전체에서부터
역할이 점점 세분화되는 것을 알 수 있어.
THE CELL

호메오선별유전자가 변이되면…

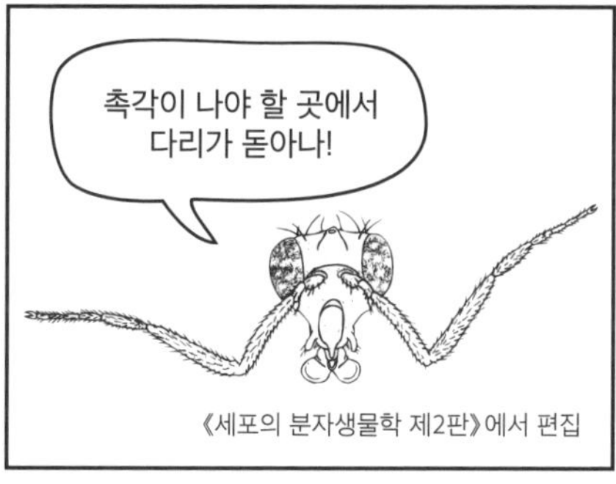

촉각이 나야 할 곳에서
다리가 돋아나!
《세포의 분자생물학 제2판》에서 편집

만약 호메오선별유전자가 발현해서 결정된 세포의 최종위치가 기억되지 않고 번데기가 된다면, 안은 걸쭉한 상태가 되어 어느 세포가 될지 위치를 알 수 없게 될 것이다. 왼쪽 그림은 두부와 흉부의 차이를 나타내는 호메오선별유전자에 변이가 생긴 초파리이다. 흉부에 생겨야 할 다리가 머리의 촉각 부분에 돋아났다는 무시무시한 이야기! 무섭지?

호메오선별유전자가 정상적으로 발현돼야 세포는
장차 머리가 될지 다리가 될지 '결정'되고, 다음 발생 단계로 넘어간다.

THE CELL
2nd ed.

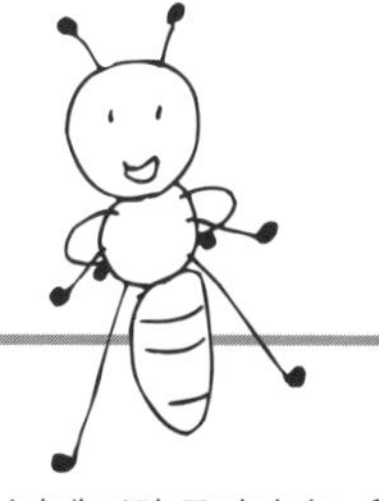

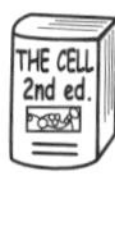

도 체절 구조를 유지할 수 있는 거지.

다시 말해서 그때까지는 세포의 위치가 단계적으로 결정되는 데 비해서 호메오선별유전자는 머리나 다리 등 좀 더 구체적으로 몸의 부분을 만든다는 뜻이야.

무슨 말인지 알 것 같아. 지금까지 뿌옇던 게 갑자기 뚜렷하게 보이는 느낌이야. 그래, 이게 바로 호메오구나!!

초파리의 배 발생 과정에서 각 세포는 항상 전체로 퍼지는 단백질의 농도기울기를 읽어내면서 그 속에서 자신의 위치를 찾아내. 아무리 작게 분열해도 각 세포는 똑같은 전체를 공유하고 있는 거지. 전체와 부분이 항상 조화를 이루는 것! 이것이 따로 분리되지 않고 하나의 개체로 있을 수 있는 열쇠인지도 몰라.

지금까지 여러 가지 생물의 발현 모습을 살펴보았는데, 대략적인 전체에서 시작해 그 전체를 배경으로 각 세포의 역할이 더 세부적으로 정해진다는 것을 확인할 수 있었어.

4) 트래칼리의 환경

안녕. 난 노부라고 해. 난 DNA의 모험을 하고 있는 트래칼리 학생 중 한 명인데, 특히 발생에 관해서 관심이 많아.

발생 과정을 공부해보니 문득 천천히 시간이 흐르는 여기 트래칼리에서의 일상이 떠오른다. 트래칼리에서는 사람들이 모여 하나의 주제를 만들어가는 경우가 흔하다. 왠지 그 모양새가 대략적인 곳에서부터 몸이 형성되고, 각각의 세포가 확실한 역할을 갖게 되면서 하나의 개체를 만들어내는 생물의 발생과 비슷하게 느껴졌다.

트래칼리에서는 무언가를 만들어가는 방법이 매우 독특하다. 처음부터 역할 분담이 되어 있는 것이 아니라 다 함께 모여 얼굴을 맞대고 '이래도 좋고, 저래도 좋다'라는 식으로 계속 이야기를 나눈다. 특히 트래칼리의 미팅은 그때까지 내가 알고 있던 상식과 상당히 동떨어져 있었다. 그 방법이나 시간의 운용이 사치스러웠기 때문이다. 내가 이곳을 다니면서 가장 화가 났던 부분이기도 하다. 하지만 어쩌면 그렇기 때문에 생물학 풋내기들이 한 권의 책을 낼 수 있었던 것이 아닐까 하는 생각이 든다.

◆ 트래칼리 스타일의 미팅

일반적으로 미팅이라고 하면 명확한 목적 하에 모여서 그것을 어떻게 실행할지 구체적으로 의논하는 것이라고 생각했다. 그리고 진행자는 미팅이 끊어지지 않도록 이끌어간다.

트래칼리의 미팅에도 프레젠테이션이라든지 책을 만든다는 명확한 목적이 있기는 하지만, 문득 정신을 차리고 보면 항상 본제와는 전혀 상관없는 이야기가 진행되는 일이 많았다. 특히 소수의 미팅 때는 그런 경향이 더 심했다.

우리는 뭔가를 만들 때 작업하기 쉽도록 소수로 구성된 팀을 자주 짠다(일종의 프로젝트팀이랄까). 당연히 트래칼리의 구성원 30명 전원이 모일 때보다

할 일이 구체적으로 진행되기 때문에 나름대로 몰입해서 진지한 분위기가 되는 동시에 본래의 주제에서 벗어난 화제로도 이야기꽃이 핀다.

예를 들어 팀 내의 작업 상태를 확인해야 하는데, 어느새 혈액형, 쇼핑, 히포의 다언어 체험담 등 점점 주제가 변질되면서 분위기가 달아오른다. 탈선의 전개가 너무 빨라서 본제가 무엇이었는지 잠시 생각해야 할 때도 있었다. 그중 가장 무서운 것은 아무도 본제로 돌아가려 하지 않는다는 점이었다.

이런 상황이니 당연히 예정시간을 초과하는 일이 다반사였는데, 처음에는 자주 이런 생각이 들었다. '이런 걸 미팅이라고 할 수 있을까? 이래도 되는 걸까?' 하지만 참가한 사람들은 아무리 오랜 시간이 걸려도 다른 사람의 이야기를 들어주고 감탄도 해주었다. 최근 들어서야 나도 다른 사람의 이야기가 즐겁게 들리기 시작했지만, 스케줄이 빡빡하면 초조할 때도 많았다. 아무리 학생이라 해도 마냥 시간이 넘치는 것은 아닐 텐데 왜 다들 모인 귀중한 시간에 본제와는 상관없는 이야기를 하는 것일까? 비효율적이고 쓸데없이 시간만 낭비하는 기분이 들었었다.

하지만 지나고 보니 시간낭비처럼 보였던 그 시간이 소중했음을 알 수 있었다. 그것은 특히 이 책을 만들 때 실감할 수 있었다.

◆ **시작본의 진행과정**

이 책을 만들기 위해서도 물론 많은 미팅을 거쳤다. 트래칼리에서는 《DNA란 무엇인가?》라는 책을 만들면서 여러 원형들을 만들며 여러 해를 보냈다. 매번 우리는 우리가 값어치 있다고 생각했던 모든 내용을 기본적으로 집어넣으려 애썼다. 하지만 막상 그렇게 하려고 하면 전체적인 스토리가 보이지 않아서 어떤 내용을 써야 할지 고민스러웠다.

DNA의 모험을 시작했던 당초에는 발생이나 게놈 같은 특정 주제에 대해서만 배우려고 했다. 하지만 조금씩 이해가 깊어지자 생명이 무엇인지 알기 위해서는 에너지와 진화 등에 대해서도 더 많이 알 필요가 있다는 것을 깨달았다. 그래서 열역학이나 종의 소멸 등 상이한 주제들에 손을 대기 시작했고, 그것이 어떻게 생명과 살아 있다는 것과 연관되는지에 대해서도 공부했다. 결과적으로는 게놈, 발생, 에너지, 진화 각각의 재료에 관해서는 어느 정도 음미할 수 있는 꽤 그럴싸한 시작본이 완성되었다.

문제는 이 내용이 단순히 나열된 것에 불과해서 통일된 내용도 없고 일관된 관점도 없다는 것이다. 우리는 '물질 · 생명 · 언어까지'를 관통하는 스토리를 만들기 위해서 이 네 가지 재료를 준비했는데, 아무리 둘러봐도 제각각이라는 느낌을 떨칠 수 없었다.

◆《DNA의 모험》의 스토리를 찾아서

《DNA란 무엇인가?》라는 책의 완성본을 끝내기 전에 우리는 일단 히포 멤버들을 대상으로 《DNA의 모험》을 프레젠테이션하기로 했다. 그렇게 해야 완성본의 스토리를 찾을 수 있을 것 같았다. 하지만 첫 번째 미팅에서 아무도 어떻게 해야 할지 의견을 내놓지 못했다. 미팅의 주제는 '책 전체의 스토리를 찾자'는 것이었는데, 일단 다들 최근 생각하거나 느낀 점을 말했다. 트래칼리 학생들은 모두 히포 멤버이기도 하기 때문에 대개는 다언어 체험이나 패밀리라고 하는 주 1회 활동 이야기 등이 중심이 되었다. 30명이서 이것을 하는 데 꼬박 이틀의 시간이 걸렸다. 이렇게 태평하게 진행하다가 프레젠테이션을 시간에 맞출 수 있을지 걱정하면서도 시간은 자꾸 흘러갔다.

그런데 시간낭비로만 보이던 이 시간은 그만한 가치가 있었다. 시간에 쫓겨 딱딱 필요한 말만 했다면 경직되어 자유롭게 의견을 말하지 못했을 것이다.

본제와는 전혀 상관없는 수다 속에서 이따금 "지금까지 별로 다룬 적이 없는 진화 이야기를 메인으로 프레젠테이션 해보는 건 어때?" 하는 의견이 나오기도 했다. 그러자 "그럼 지금 막 완성된 시작본에서 화제를 떨친 진화에 관해서 다 함께 말할까?" 이렇게 작업하기 쉽도록 팀을 나누려는 움직임도 생겼다.

하지만 트래칼리의 분위기는 아직 뿌옇게 흐려서 아무도 말한 대로 움직이려 하지 않는 침묵의 '하얀 시간'이 계속됐다. 뭔가가 딱 와 닿지 않았다. 다들 지금까지 이야기한 내용만으로는 아직 전체가 흘러가는 스토리가 되지 않는다고 느끼는 것 같았다. 나도 이런 흐름이라면 프레젠테이션 때 무슨 말을 해야 할지 딱히 알 수가 없었다. 그러다가 다시 잡담 같은 대화가 이어졌다.

◆ **어느 날 갑자기 뚜렷이 보이기 시작한 전체**

이런 일이 반복되는 상황에서 프레젠테이션은 사흘을 남겨두고 있었다. 빈둥빈둥 생기 없는 미팅에는 아무런 변화도 일어나지 않았다. 그때 누군가가 갑자기 말했다.

"얼마 전에 진화를 바탕으로 해보자고 했었잖아. 진화라면 역시 '힘내라 시게'와 '화이트보드'잖아."

시게 씨는 트래칼리의 리더 중 한 명으로 《세포의 분자생물학》에 푹 빠져 있는 사람이다. 사람들의 머릿속에는 시게 씨가 항상 트래칼리에서 화이트보드를 이용해 이야기하는 광경이 떠올랐다. 그러자, "거기에 대적하는 건 '지지 마라 하치!' 밖에 없지."라는 응수에 다들 웃음을 터뜨렸다. 하치 역시 트래칼리의 리더 중 한 사람으로 어려운 전문용어를 늘어놓는 시게 씨에게 언제나 찬물을 끼얹는 성격 강한 여성이다.

그 순간 이번 책의 스토리를 이끌어갈 캐릭터가 탄생했다. 뿌옇게 흐리던 전체가, '힘내라 시게 씨'와 '지지 마라 하치'라는 캐릭터의 출현으로 순식간에 전체가 확실해진 것 같았다. 모두가 전체적인 어떤 이미지를 가진 것이다.

갑자기 지구의 탄생부터 현재까지의 진화 스토리가 보이기 시작했다. 그 흐름에 맞춰 게놈, 발생, 에너지를 실어보기로 하고 대략적인 흐름을 칠판에 쓰기 시작했다.

모든 항목이 그 흐름에 맞을 것이라고는 생각도 하지 않았는데, 막상 해보니 지금까지 제각각이었던 것까지 진화의 스토리 속에 스르륵 빨려 들어가는 것 같았다. 칠판을 보니 진화의 스토리는 바야흐로 '물질 · 생명 · 언어까지'라는, 우리가 전하고 싶어 하던 바로 그 스토리가 되어 있었다. 하나하나 내용을 따로따로 생각하면서 그것을 연결해 전체를 만들려고 했을 때는 포기상태였는데. 이렇게 마치 농담 같은 대화 속에서 튀어나온 '힘내라 시게'라는 캐릭터를 계기로 갑자기 전체의 스토리가 모습을 드러내다니, 정말 놀라웠다.

지금 생각하면 생물학적 내용만을 생각해서 억지로 스토리를 만들지 않아 다행이다. 전체란 만드는 것이 아니라 어느 날 갑자기 모습을 드러내는 것이라는 생각이 들었다. 눈에 보이지 않았을 뿐 '전체'는 항상 그 자리에 있었던 것이다.

◆ 전체가 보이기 시작하자 다른 것이 되다!

재미있는 점은, 전체의 스토리를 찾은 동시에 내가 하고 싶었던 것이 무엇인지도 떠오르기 시작했다는 것이다. 그것은 나뿐만이 아니었다. 다들 자신이 하고 싶은 말을 찾아낸 것이다. 스토리 안에는 단순히 생물학적인 내용만 들어 있는 것이 아니었다. 누군가 무슨 이야기를 하면 프레젠테이션 당일의 내용까지도 순식간에 결정되었다.

그런데 프레젠테이션에 모두 다른 내용을 말하고자 하는 것이 신기했다. 과정이야 어찌됐든 모두 똑같은 하나의 스토리를 찾기 위해서 미팅을 갖고,

같은 의제로 회의를 진행하고 같은 것을 찾아왔다. 그리고 그 스토리를 찾아냈을 때, 멤버들은 각자 서로 다른 관점을 갖고 있었다. 당연히 여러 사람이 같은 내용을 말한다면 프레젠테이션은 성립하지 않았을 것이다.

학장님이 자주 하는 말이 생각난다.

"사람은 항상 머릿속에 이미지를 만들면서 이야기를 듣는다. 따라서 듣는 사람의 수만큼 각각의 해석이 있게 마련이다."

같은 미팅에 참가하고 나름대로 해석하고 서로 다른 것을 발견하고, 그것을 모두에게 말하는 과정에서 생각도 깊어지고 차츰 자신만의 것이 나오게 된다. 그리고 전체상을 다 함께 공유했을 때, 한 사람 한 사람이 전체 속에서 분명한 역할을 한다. 그것은 누가 정하는 것이 아니라 동석했던 모두가 미팅이라는 환경 속에서 발견한 것이다.

◆ 부분과 전체

이 책을 만들기 위해서 우리는 원고를 수없이 고쳐 썼다. 지금까지 5권의 시작본을 만들었으니 원고를 고쳐 쓴 횟수나 양이 어지간하지 않다는 것은 상상할 수 있을 것이다. 각자 똑같은 내용의 원고를 수없이 쓴다. 나처럼 트래칼리에 입학한 이래 계속 똑같은 주제의 원고를 쓰고 있는 사람도 있는데, 그때마다 최선을 다한다.

처음에는 같은 주제를 수없이 머릿속으로만 고쳐 썼는데 별 의미가 없는 것 같았다. 실제로 원고 하나를 위해서 몇 번씩이나 머릿속에서 고쳐 쓴 적이 있다(이번 원고도 이미 머릿속에서 고쳐 쓴 횟수가 8번이나 된다). 트래칼리에는 이런 말이 있다.

"제출한 원고를 고쳐 쓰더라도 결코 몰서가 되는 건 아니다. 다시 고쳐 쓰면서 새롭게 전체를 재발견할 수 있다. 종이를 대할 때까지 많은 사람과 대화를 통해서 전과는 다른 원고를 쓸 수 있다."

하지만 그 말을 들은 후에도 나는 몇 번씩이나 똑같은 글을 쓸 수 있을 거라는 확신이 없었다. 다른 사람들도 이 의견에 반신반의하는 것 같았다.

어디를 어떻게 고쳐 쓸지 결정하지 못한 상태에서 펜을 들었다. 일단 책을 읽고 사람들에게 이야기를 들려준 후에야 겨우 새 종이를 마주할 수 있었다. 그러자 펜이 저절로 움직이는 것처럼 종이가 채워지면서 새로운 원고가 되었다. 어디를 어떻게 고쳤는지 잘 느낄 수는 없었지만 완성된 원고는 이전보다 훨씬 더 나아져 있었다. 어느 한 부분에만 손을 댄 것이 아니라 전체가 바뀌어 있었다.

몇 번씩 다시 쓰다 보니 하고 싶은 말도 명확해졌다. 다른 사람의 이야기를 듣거나 원고를 읽는 과정에서 저도 모르는 사이에 무언가를 발견하는 것 같았다. 그것이 글을 쓰는 행위를 통해 모습을 드러냈고, 그런 자신의 모습에 깜짝 놀라곤 했다.

기존의 원고가 다른 원고와 연결되지 않고 전체의 흐름에 맞지 않는 것은 아니었지만 전체를 고쳐 쓰자 이전과는 다른 새로운 원고가 되는 동시에 다른 원고와도 잘 어울리는 글이 되었다. 원고가 특히 날카로워지는 순간은 책 전체의 흐름을 배경으로 할 때였다.

부분과 전체에는 다양한 레벨이 있다. 개인의 원고라는 관점에서 볼 때 전부 고치는 것은 원고 자체가 '전체'이고, 그 내용물을 구성하는 화제, 토픽 등은 '부분'이다. 하지만 '부분'과 '전체'는 어디에나 존재한다. 책 전체의 입장에서 본다면 그 원고는 책의 한 '부분'이 되는 것처럼 말이다.

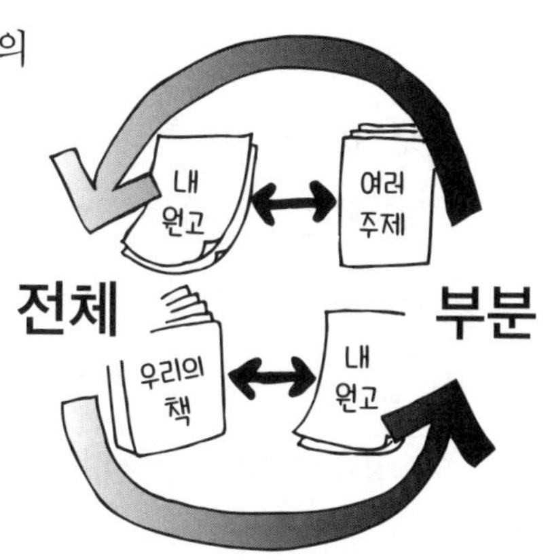

'부분'과 '전체'는 그 관계성에 따라 끊임없이 '동시에' 만들어진다. 그리고 '부분'은 항상 '전체'를 배경으로 한다.

◆ 올바른 '환경'의 성립 배경

몇 번이나 퇴고를 하면서 본 원고의 시안이 만들어질 무렵, 마침내 책의 전모가 드러났다. 다 함께 모여 원고를 읽으면서 책 전체의 흐름을 살펴볼 때는 주로 내용이 누락된 곳은 없는지를 확인했는데, 의외로 마지막이 되어서야 부족한 점을 발견하는 일이 많았다. 흐름상 반드시 책에 실려야 할 내용을 도대체 어디에 넣어야 할지, 간신히 만든 내용의 흐름을 또 다시 고쳐야 한다고 생각하자 아찔했다.

하지만 누락된 부분 때문에 충격을 받고 고민하고 있을 겨를이 없었다. 일단 추가 내용을 쓰면서 원고는 원고대로 진행을 계속했다. 그리고 그것을 본문의 흐름에 끼워 맞추려던 순간 깜짝 놀라고 말았다. 놀랍게도 이 원고를 삽입하기 전후의 문장을 거의 수정하지 않아도 잘 어울렸던 것이다.

본인들이 자각하지 못했을 뿐 원고를 쓰는 동안 우리는 전체적인 흐름 중

하나로 자리 잡았던 것 같다. 그것이 윤독 등 책의 내용·흐름을 검토하는 미팅이라는 전체를 통해서 끌려나온 것이다.

'환경'을 만든다는 것이 얼마나 미스테리한 현상인가!

단순히 사람이 모인다고 해서 '환경'이 생기는 것은 아니다. 잘 표현할 수는 없지만 사람들 사이에 일체감이 존재할 때 그곳에 '전체'가 생기는 것 같다. 설령 주제와 상관없는 이야기로 빠지더라도 그것은 결코 시간낭비가 아니라 반드시 더 큰 '환경'이 포함된다.

언뜻 시간낭비로 보이던 많은 과정들을 거치면서 하나의 '전체'를 발견하고, 대략적인 곳에서부터 상세한 곳까지 각각 자신의 역할을 갖게 되었다. 혼란스러웠지만 서로 이야기를 나누면서 무언가를 함께 발견할 수 있었다. 전체를 관통하는 스토리는 그런 과정을 통해서 생긴다는 것을 깨달았다.

어쩌면 생물의 발생도 같은 논리로 생각할 수 있지 않을까? 발생 과정에서 몸이 대략적인 곳부터 만들어진다는 것은 각각의 세포가 전체 속에서 자신의 역할을 발견하고 다양화되는 것일지도 모른다. 다양하다는 것은 결코 '제각각 따로 흩어진' 것이 아니라, 희미한 데서 출발해 세부가 확연해지는 과정들을 통해서 하나의 '전체'를 만들어간 결과가 탄생하기 때문이다. '부분'은 언제나 '전체'를 바탕으로 존재하기 때문이다.

2.3 DNA는 설계도인가?

1) 유전자 발현의 조절

"안녕, 여러분."

시게 씨였다.

"역시 생물은 대단해. 봤죠? 발생! 초파리의 발생은 실로 멋지네요. 유전자가 발현하고 단백질의 농도 차이로 인해 개체 안에서 각 세포의 위치가 결정되고, 몸이 만들어지는 모습을 잘 알 수 있었어.

생물은 정말 정교하게 잘 만들어졌다는 생각이 들어. 이것도 모든 유전자의 정보를 갖고 있는 DNA 덕분이야. 그래서 DNA는 '설계도'라고 하는 거지."

"흠, 설계도라…. 뭔가 확 와 닿지 않는데…."

누군가 중얼거렸다.

"이걸 보면 알 수 있을 거야."

시게 씨는 눈을 반짝 빛내더니 《유전자의 분자생물학》에 나온 선충 계보도 페이지를 펼치며 말하기 시작했다. 활자중독인 시게 씨는 《세포의 분자생물학》뿐만 아니라 다른 생물학 서적도 이미 읽고 소화해낸 사람으로, 오늘도 재미있는 내용들을 트래칼리 동료들에게 이야기하고 있었다.

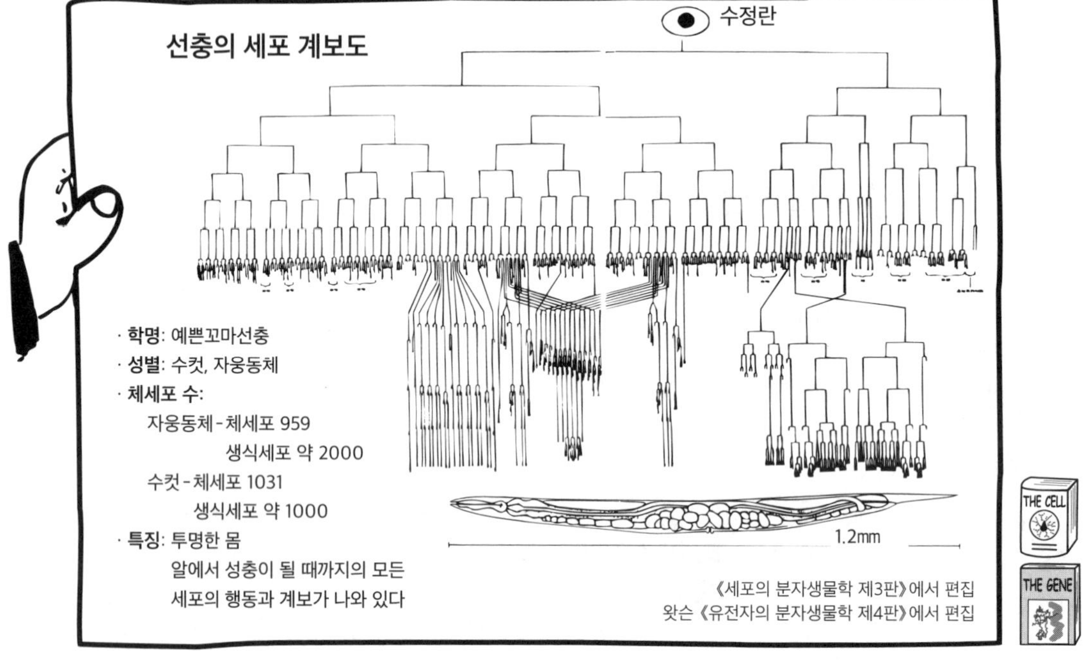

예쁜꼬마선충은 1mm 정도 크기의 작은 벌레인데, 약 1000개의 체세포로 이루어져 있어. 몸이 투명하기 때문에 알에서 성충까지 전체 발생 과정을 살펴보려는 과학자에게는 아주 이상적이지. 집

중적인 연구 결과 각각의 세포가 어떻게 행동하고 분화하는지 볼 수 있거든. 이것을 보면 선충의 발생이 거의 결정되어 있다는 것을 알 수 있을 거야. 몸이 설계도를 따라가는 게 보여.

그 설계도가 뭐랬었지? 맞았어! 바로 DNA야!

DNA라는 미시적인 관점에서 몸이 어떤 식으로 만들어지는지 앞에서 유전자군을 통해서 살펴보았어. 그것을 다시 각 유전자의 발현이 어떤 식으로 조절되는지 자세히 살펴본다면, 더 많은 것을 발견할 수 있을 거야. 이번에는 유전자 발현의 조절에 주목하면서 생물의 발생을 살펴볼까?

유전자 발현 조절이란?

다세포생물의 모든 세포에는 똑같은 DNA가 들어 있다는데, 왜 각각의 세포가 다른 모양, 다른 역할을 획득하는지 이상하지 않아? 그래서 다시 《세포의 분자생물학》을 읽다가 재미있는 점을 또 발견했어. 너무 재미있어서 완전히 빠져버렸다니까.

생물의 몸은 세포 속의 DNA 유전자에서 단백질을 합성하는 화학반응을 통해서 만들어져. 이 과정의 중요한 점은 특정 세포에 있는 DNA의 어느 유전자가 발현해서 어떤 종류의 단백질이 얼마나 합성되는지 조절한다는 거야. 그것을 '**유전자 발현 조절**'이라고 해.

그러고 나서 시게 씨는 지금까지 본 적도 없는 세포의 그림을 보여주었다. 이미 트래칼리 학생들은 시게 씨의 페이스에 말려들고 있었다. 도대체 이 그림이 나타내는 것은 무엇일까?

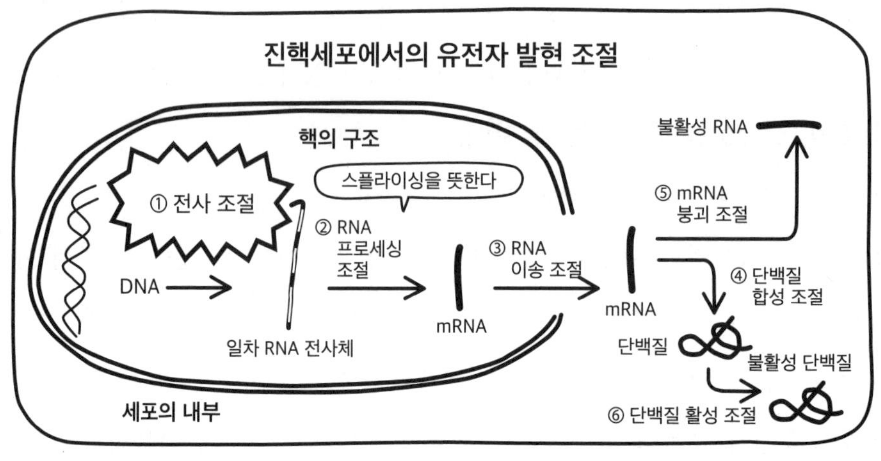

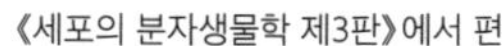
《세포의 분자생물학 제3판》에서 편집

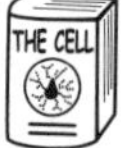

이건 유전자 발현 조절을 보여주는 그림이야. 즉 유전자가 발현해서 어떤 단백질이 만들어지는 과정까지 이런 식으로 주로 화살표가 있는 곳에서 몇 단계의 조절이 이루어져.

알았다! DNA에서 RNA가 생기고, 특정 단백질이 만들어지는 동안에 조절이라는 단계를 밟는구나. 그렇지?

맞았어. 이 여섯 가지 단계 중에서도 ①의 전사 조절 단계가 중요해. 그럼 ①의 전사 조절 단계를 자세히 보자!

재미있는 건 이 전사 조절은 단백질이 만들어지는 동안에 일어나는데, 그 조절에 깊이 관련되어 있는 것도 바로 단백질이라는 사실이야!

2) 분자의 형태: 단백질은 어떻게 정보를 전달하는가?

맞아. 단백질은 대단해. 들어봐. 나는 단백질이 재미있어서 몇 가지 조사를 했는데, 유전자 발현을 조절할 때 중요한 건 단백질의 형태래.

흥분하며 말을 꺼낸 사람은 1장에서 '세포의 달인'과 격투를 벌였던 차크였다. 차크는 요즘 단백질에 푹 빠진 듯했다.

단백질은 인간의 몸을 구성하는 성분의 약 18%를 차지해. 전체의 70%가 물이니까 물을 제외하면 실제로 우리 몸은 거의 반 이상이 단백질로 이루어져 있는 거지.

세포 속에 가득 들어 있는 단백질은 세포 내에서 다양한 역할을 하고 있어.
단백질은 세포의 구조를 뒷받침하는 골격 역할을 하거나,

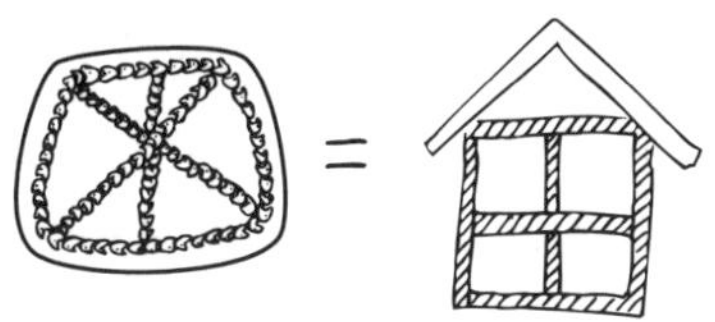

세포 안에 들어온 영양소를 다른 형태로 바꾸거나,

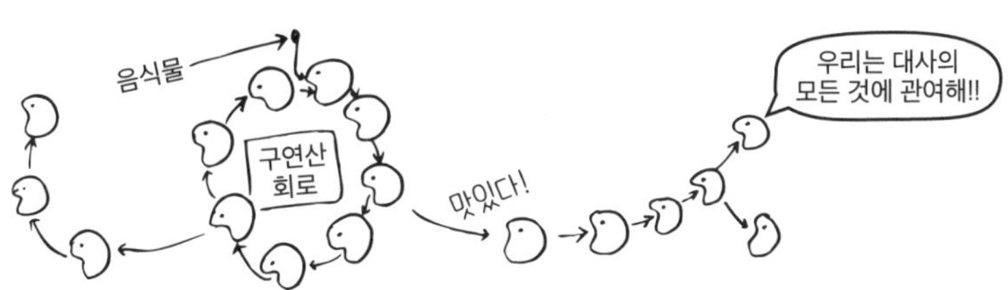

막을 사이에 두고 정보를 주고받거나, 아무튼 아주 많은 일을 해.

자~ 또 무슨 일을 하는데?

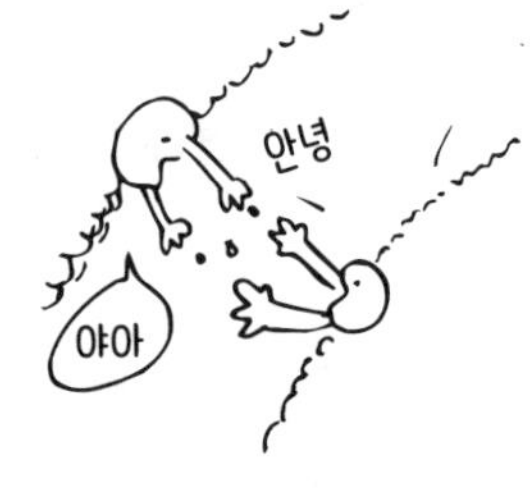

뿐만 아니라 단백질은 그 자체로 '정보'를 제공해. 단백질이 어떻게 정보가 되냐고? 알다시피 단백질은 단백질이잖아. 단백질이 생물처럼 눈이나 입이나 코나 귀가 있어서,

이렇게 대화를 하는 건 아니야. 또 손발이 있어서 가고 싶은 방향으로 갈 수 있는 것도 아니지. 손도 없고 발도 없고 귀도 없고 눈도 없는 단백질이 정보가 될 수 있는 방법은….

바로 '**그 모습**'에 있어. 나는 모습에 주목하려고 해.

단백질의 모습!?

사실 DNA와 유전자 조절단백질의 결합 방법은 정말 아름다워.

아름답다고…??

형태는 기능(의미)

1장의 단백질 합성 때 봤던 RNA 중합효소, RNA 스플라이싱에 관련된 효소, DNA 복제 때 나왔던 DNA 복제효소, DNA 헬리케이스, 이것은 모두 단백질로 이루어져 있는 효소인데, 각자 특정한 형태가 있어.

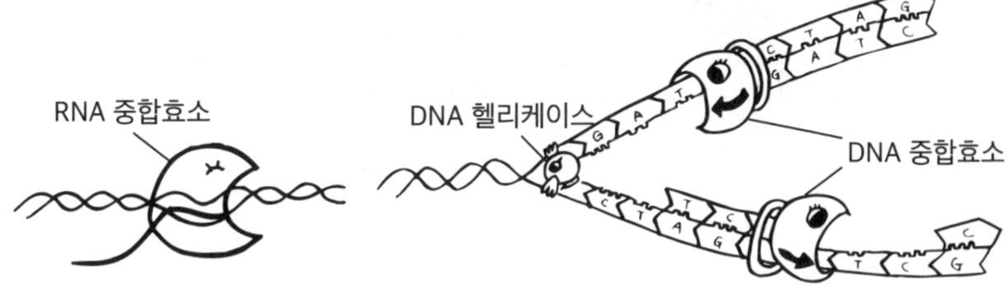

이 단백질들은 그 형태와 정확히 일치하는 다른 분자와 결합했을 때 비로소 작용할 수 있어.

내가 가장 놀랐던 것은 단백질의 형태 자체가 기능(의미)이라는 점이었어.

그럼 '**형태는 기능(의미)**'이라는 명제가 어떻게 유전자 발현의 조절에 적용하는지 알아보자구.

어떤 단백질은 자신의 형태를 이용해서 DNA에 결합하여 유전자 발현을 조절하는데, 그 단백질을 '유전자 조절단백질'이라고 해. 이 단백질에는 몇 가지 종류가 있으며, 단백질 합성 과정에서 매우 중요한 역할을 하지.

DNA에서 RNA가 전사되려면 DNA 프로모터라는 부분에 RNA 중합효소가 결합해야 해(아래의 그림에서 보면 ①에 해당). 이때 전사를 개시할지 여부를 제어하는 역할을 하는 곳(조절영역)이 DNA의 유전자 염기서열 부분에 있는데, 조절영역에 특정 단백질이 결합해야 RNA 중합효소가 전사를 개시할 수 있어.

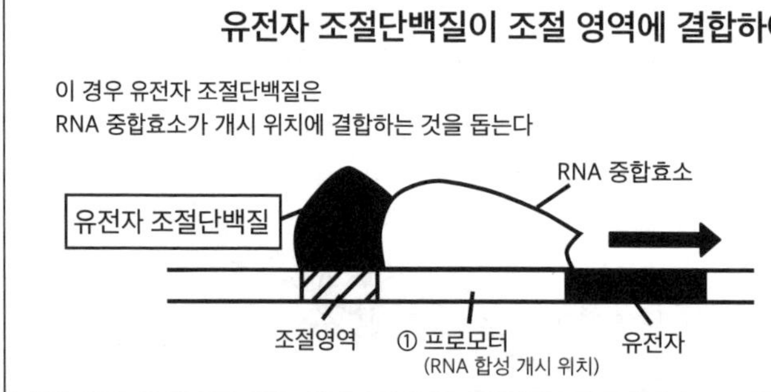

유전자 조절단백질이 조절 영역에 결합하여 전사한다
이 경우 유전자 조절단백질은
RNA 중합효소가 개시 위치에 결합하는 것을 돕는다
RNA 중합효소
유전자 조절단백질
조절영역
① 프로모터
(RNA 합성 개시 위치)
유전자
즉 유전자 조절단백질이 조절영역에 결합하는 것은 RNA 전사의 촉진이나 방해를 결정하는 신호가 된다.

《세포의 분자생물학 제3판》에서 편집

THE CELL

그런데 각 유전자 조절단백질은 각 특정 형태가 있어서 특정한 형태의 DNA 염기서열에만 결합해. 예를 들어 A라는 단백질을 만들기 위해서는 특정 조절영역의 염기서열과 그곳에 결합할 수 있는 조절단백질이 결정되어 있고, B라는 단백질을 만들기 위해서는 그에 맞는 조절영역의 염기서열과 그곳에 결합할 수 있는 조절단백질이 결정되어 있거든.

"이 염기서열과 그것에 결합하는 단백질을 결정하는 게 뭔데?"

"한마디로 표현하면, DNA 염기서열 부분과 조절단백질의 일치야. 서로 일치한다는 건 곧 '형태'에 따라 결정된다는 뜻이야. 염기서열 부분과 조절단백질 형태가 정확히 일치하는지 여부인 거지."

완벽해
이건 딱 맞아

이건 안 맞아.

각 분자에는 대략적인 형태가 있기는 한데, 세부적인 분자 레벨까지 정확히 들어맞아야 일치한다고 할 수 있어.

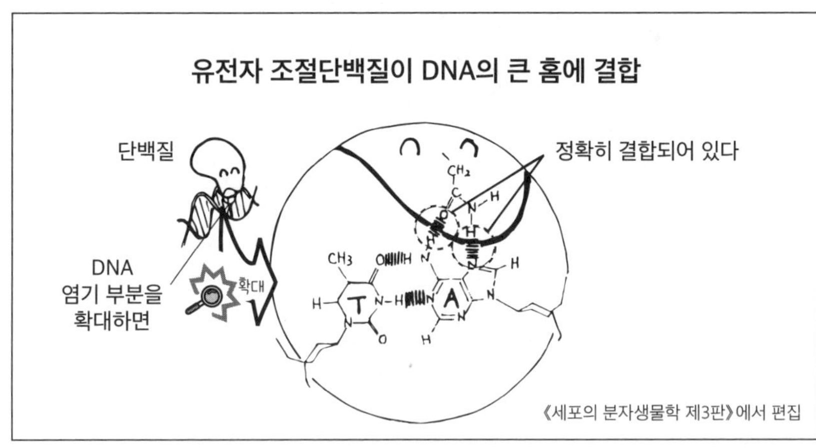

여기서는 2곳이 수소결합에 의해 정확히 결합되어 있어. 즉 이런 식으로 DNA 염기서열의 겉사슬과 단백질의 아미노산이 가진 겉사슬이 결합하는 곳까지 가야 비로소 완벽히 일치가 이루어지는 거야!

그리고 유전자 조절단백질은 결합할 수 있는 특정 DNA 염기서열을 이중나선의 외부에서 식별할 수 있어. 1장의 'DNA 만들기 대회'에서도 보았듯이 DNA 이중나선에는 큰 홈과 작은 홈이 있어. DNA 염기쌍에 네 가지 타입이 있다는 거 기억나지? 각 염기쌍의 가장자리는 큰 홈과 작은 홈을 밖에서 볼 수 있지만, 각 염기쌍 패턴이 나머지 셋과 구별되는 것은 큰 홈뿐이야. 그래서 유전자 조절단백질은 일반적으로 다른 염기쌍과 구별되는 특징적인 패턴이 있는 큰 홈에 결합해.

큰 홈의 가장자리에 있는 이러한 패턴 덕분에 유전자 조절단백질은 일부러 이중나선을 열지 않아도 돼.

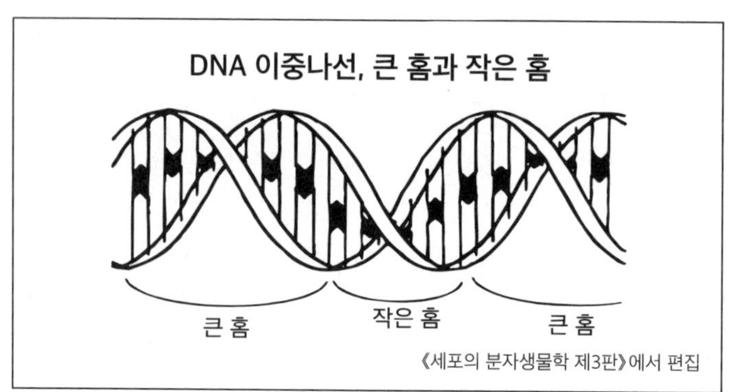

《세포의 분자생물학 제3판》에서 편집

그런데 길이가 엄청나게 긴 DNA 상에서 특정 조절단백질과 특정 조절영역이 만나는 게 그렇게 간단한 일은 아닌가 봐. 이때 활약하는 게 이 조절단백질에게서 공통적으로 볼 수 있는 구조, α 헬릭스와 β 시트야.

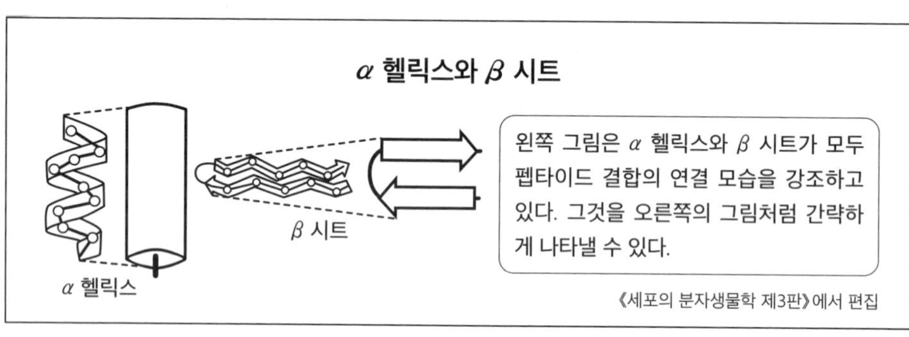

α 헬릭스와 β 시트
α 헬릭스
β 시트
왼쪽 그림은 α 헬릭스와 β 시트가 모두 펩타이드 결합의 연결 모습을 강조하고 있다. 그것을 오른쪽의 그림처럼 간략하게 나타낼 수 있다.

《세포의 분자생물학 제3판》에서 편집

이 α 헬릭스와 β 시트는 조합되어 '모티프'라는 특이한 DNA결합 구조를 만들어내. 이 모티프가 DNA의 특정 유전자 조절영역의 염기서열 부분에 결합하기 때문에 DNA와 단백질이 결합할 수 있는 특정 패턴을 만들어낼 수 있는 거지.

난 그 결합 모습이 매우 아름다워서 다른 사람들에게도 보여주고 싶었어.

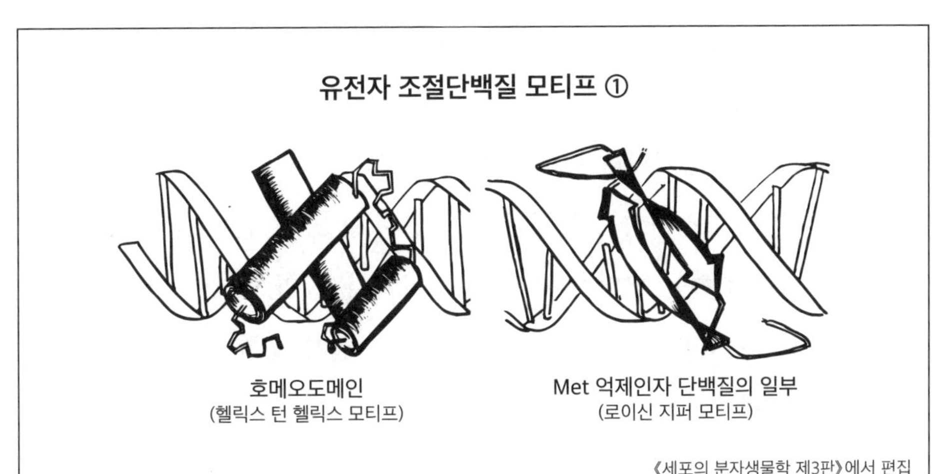

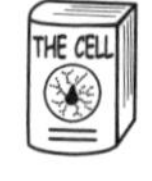

왼쪽 그림은 3개의 α 헬릭스가 조합되어 〈**헬릭스 턴 헬릭스 모티프**〉를 나타내는데, 특정 DNA 염기서열과 완벽하게 일치해! 오른쪽 그림은 β 시트 2개가 결합해서 '**로이신 지퍼 모티프**'라는 이름의 모티프를 형성하고 있어. 아름답지?

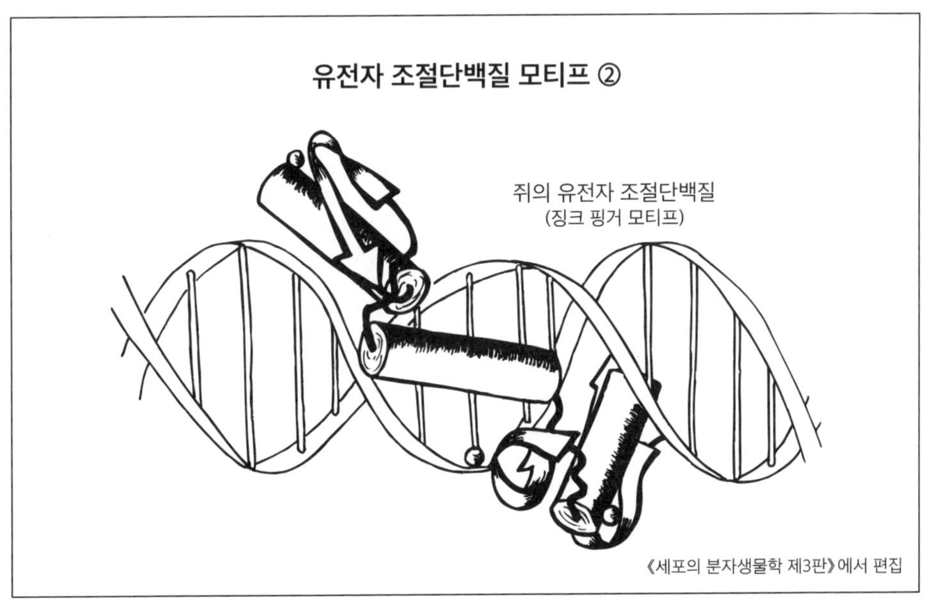

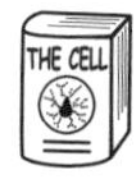

이 모티프는 아연원자에 의해서 α 헬릭스와 β 시트가 같이 조합되어 있기 때문에 '징크 핑거 모티프'라고 해. 그것이 다시 3회 패턴구조를 반복해서 특정 DNA 염기서열 부분과 결합하고 있지.

형태가 기능을 결정한다는 말이 무슨 뜻인지 알겠지? 전부 단백질과 DNA가 취하는 모양에 달려 있는 거야. 그들의 형태가 서로 정확히 일치했을 때 정보가 교환되어서 유전자 발현 여부가 조절되는 거야.

3) 활성인자와 억제인자

유전자 발현 조절(전사조절)의 구조를 좀 더 자세히 살펴볼게. 《세포의 분자생물학》에서는 유전자 조절단백질과 그것이 결합하는 DNA 염기서열을 '유전자 스위치'라고 표현하고 있어. 스위치라는 말을 들으니 조절 구조의 이미지가 잘 떠오르지?

이렇게 외친 사람은 래빗이었다. 래빗은 기계를 매우 좋아하고 실험과 컴퓨터를 좋아하는 청년으로, 사물을 일종의 기계처럼 생각하는 경향이 있다.

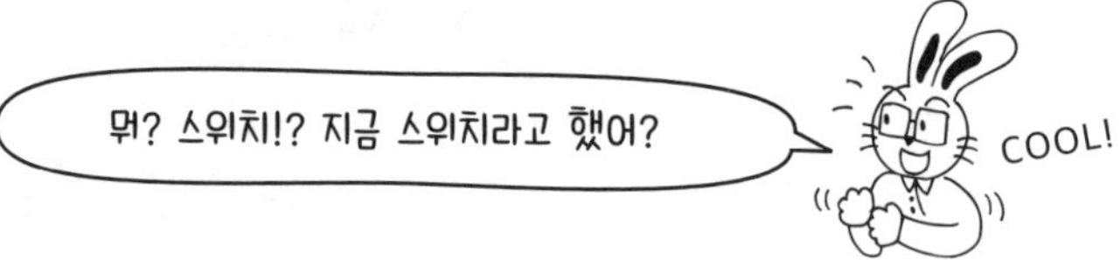

맞아! 단백질이 유전자에 결합할 때 유전자의 전사 여부를 결정하는 스위치처럼 작동해. 이 스위치는 아주 정교하게 켜지거나(ON) 꺼진(OFF) 상태가 되지!

유전자 조절단백질은 크게 두 가지로 나눌 수 있어.

① **활성인자** – 전사를 촉진하는 유전자 조절단백질

② **억제인자** – 전사를 방해하는 유전자 조절단백질

유전자 조절단백질

① 활성인자(전사를 촉진하는 단백질)

단독으로는 유전자를 찾지 못하고, 또 찾더라도 너무 약해서 전사를 시작하지 못하는 RNA 중합효소의 기능을 돕는 조절단백질이다. 이 조절단백질은 RNA 중합효소로 하여금 유전자를 전사시켜 단백질을 만들게 한다. 활성인자가 DNA에 결합하면 유전자가 발현되게 스위치를 ON시키므로 이것을 양성조절이라 한다.

② 억제인자(전사를 방해하는 단백질)

RNA 합성 개시 위치에 붙어서 RNA 중합효소의 결합을 방해하는 조절단백질이다. 그렇게 되면 RNA가 전사되지 못하므로 단백질을 합성할 수 없다. 억제인자가 DNA에 결합하면 유전자가 발현되지 않게 스위치를 OFF시키므로 음성조절이라 한다.

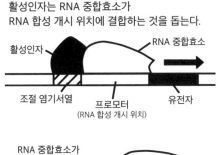

활성인자는 RNA 중합효소가 RNA 합성 개시 위치에 결합하는 것을 돕는다.

활성인자

RNA 중합효소

조절 염기서열

프로모터 (RNA 합성 개시 위치)

유전자

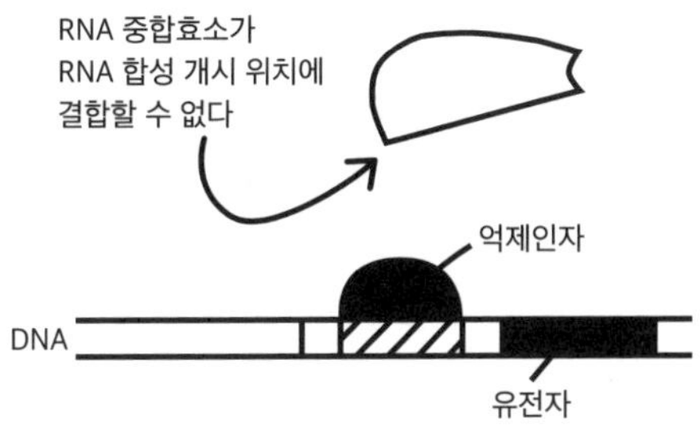

《세포의 분자생물학 제3판》에서 편집

즉 전사 스위치는 DNA 조절영역에 활성인자가 결합하면 ON 상태가 되고, 억제인자가 결합되면 OFF 상태가 되는 거야. 참 쉽지?

대장균의 유전자 발현 조절

실제로 세포 속에서 어떤 식으로 유전자 발현이 조절되는지 대장균을 예로 살펴볼게. 대장균은 조절이 어떻게 이루어지는지 밝혀진 첫 생물이야. 이 대장균으로 조절실험을 한 자크 모노Jacque Monod와 프랑수아 자코브Francois Jacob는 노벨상을 수상했어.

◆ 대장균으로 보는 유전자 조절단백질

대장균은 주로 당의 일종인 글루코스(포도당)를 먹는다. 대장균 주변에 글루코스가 있을 때는 그것을 세포 속으로 가져와서 필요한 에너지를 추출한다(우리가 먹는 음식물도 소화기관에서 글루코스로 분해되어 에너지원으로 사용된다). 하지만 대장균 주변에 항상 글루코스가 있는 것은 아니다. 만약 주변에 글루코스도 없고 다른 영양소도 전혀 없다면 대장균은 물론 죽는다.

그런데 대장균은 글루코스 이외에 '젖당'이라는 당도 먹을 수 있다. 대장균은 이 젖당을 그대로는 먹을 수 없지만 분해를 통해서 글루코스로 만들어 먹는다. 대장균은 젖당을 분해하는 특별한 효소인 '젖당분해효소' 유전자를 갖고 있기 때문이다. 그런데 이 효소를 항상 만들 수 있는 것은 아니다.

대장균 주변에 글루코스가 없고 젖당만 있을 때는 대장균의 DNA에서 젖당분해효소가 만들어진다. 하지만 아무리 젖당이 많다고 해도 글루코스가 있을 때는 젖당분해효소를 만들어내지 않는다.

대장균의 식생활　　글루코스(포도당)　　젖당

대장균	글루코스 → OK! 젖당 → 글루코스, 갈락토스		
1. 대장균은 글루코스와 젖당을 먹는다.	2. 하지만 분해하지 못한 젖당은 소화시킬 수 없기 때문에 보통은 글루코스를 먹는다.	3. 글루코스가 없을 때는 젖당을 먹는다.	4. 하지만 글루코스가 충분히 있을 때는 균이 젖당을 분해해서까지 에너지를 섭취하는 쓸데없는 짓은 하지 않는다.

즉 글루코스와 젖당의 유무에 따라 젖당분해효소를 코드하는 유전자가 마치 스위치를 ON, OFF 하듯이 발현 여부를 조절하는 거야. 그럼 젖당을 분해하는 단백질을 만드는 유전자가 발현하는 구조를 살펴볼까?!

◆ 젖당을 분해하는 효소의 합성구조

등장인물은 다섯
젖당 군, 글루코스 군, 억제인자 양, 활성인자 양, RNA 중합효소 군.

글루코스 군

훼방꾼 억제인자 양

RNA 중합효소 군

조력자 활성인자 양

젖당 군

이 다섯의 관계는 복잡하니까 일단 3인의 관계씩 살펴보자.

1) 글루코스 군, 억제인자 양과 RNA 중합효소 군의 삼각관계

① 억제인자 양은 RNA 중합효소 군을 싫어해서 항상 빙해한다. RNA 중합효소 군은 개시 위치에 결합하고 싶지만 억제인자 양이 방해하고 있어서 결합할 수 없다.

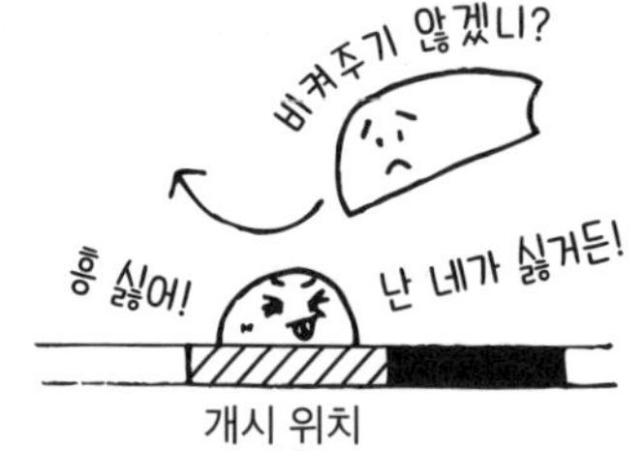

비켜주기 않겠니?
흥 싫어!
난 네가 싫거든!
개시 위치

② 그런데 억제인자 양은 젖당 군에게 홀딱 반해 있기 때문에 젖당 군이 나타나면 RNA 중합효소 군을 방해하는 것도 잊고 데이트를 하러 간다. 그러면 RNA 중합효소군은 개시 위치에 결합할 수 있는데….

어머, 자기야.
우리 데이트하자!
앗싸!
이제 내자리에
붙어볼까!

RNA 중합효소 군의 혼잣말

슬프다! 나 혼자 힘으로는 개시 위치에 결합할 수 없어. 활성인자 양의 도움을 받지 않으면 불가능해. 나는 활성인자 양을 사랑해.

2) 글루코스 군과 활성인자 양과 RNA 중합효소 군의 삼각관계

① 활성인자 양은 RNA 중합효소 군과 글루코스 군에게 양다리를 걸치고 있다. 하지만 글루코스 군에게 좀 더 마음이 있는 상태. 글루코스 군이 오면 데이트를 하느라 RNA 중합효소 군을 방치한다.

② 활성인자 양은 글루코스 군이 없을 때만 RNA 중합효소 군과 데이트 한다.

이 다섯의 관계를 알겠지? 그럼 이 다섯이 한자리에 모였을 때 어떤 일이 일어나는지 알아볼까? 주목할 대상은 RNA 중합효소 군이니까, 그의 행복에 대해 생각해보자. 즉 RNA 중합효소가 전사 개시 위치에 결합해서 젖당분해효소를 만들 수 있는지 살펴보는 거야.

1) 젖당이 없을 때

주변에 젖당이 없을 때는 억제인자가 방해가 되기 때문에 활성인자와 글루코스가 있든 없든 RNA 중합효소는 개시 위치에 결합할 수 없다. 전사를 하지 못하므로 분해효소도 만들 수 없다.

2) 젖당이 있을 때

이 경우에는 글루코스의 존재가 위력을 발휘한다.

• 글루코스가 있는 경우

활성인자가 글루코스와 결합하므로 RNA 중합효소는 개시 위치에 결합할 수 없다. 이 경우에도 전사는 이루어지지 않는다.

• 글루코스가 없는 경우

활성인자와 RNA 중합효소가 당당하게 결합할 수 있기 때문에 개시 위치에 결합할 수 있는 힘이 생긴다. 이로 인해 전사가 개시되고, 젖당을 분해하는 효소가 만들어진다.

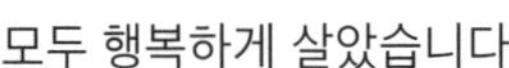
모두 행복하게 살았습니다.

정리를 하면 RNA 중합효소는 젖당이 있고 글루코스가 없을 때만 젖당을 분해할 수 있는 효소를 만들도록 전사해. 정말 필요할 때만 젖당분해효소를 만들 수 있도록 잘 조절되는 거지.

어떤 형태의 단백질이 DNA에 결합하는지가 스위치의 ON · OFF 상태를 결정하는 거야. 그리고 결합하는 단백질도 대장균 주변의 환경(글루코스, 젖당의 유무)에 따라 결정되는 거지.

이야~, 우리 몸속에 스위치가 있다니. 역시 생물도 기계와 똑같은 구조구나.

4) 다세포생물의 복잡한 유전자 조절

지금까지 배운 것을 잠시 복습해보자.

• 유전자 발현 조절은 특정 DNA 염기서열 부분에 단백질과 결합하여 형태가 정확히 일치하면서 이루어진다.

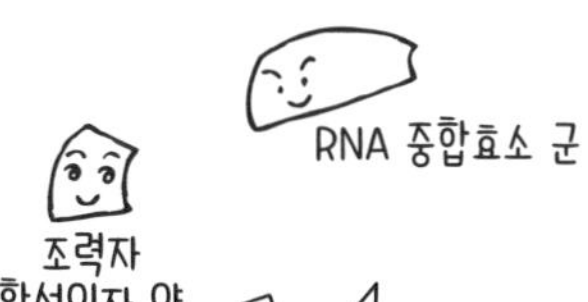

• 활성인자 단백질과 억제인자 단백질은 전사를 촉진하거나 방해하는 상태를 결정한다(유전자 스위치의 ON·OFF).

• 대장균 같은 단세포생물은 주변 환경의 변화에 직접적으로 반응하여 유전자 발현이 조절된다.

이제부터는 좀 더 복잡한 다세포생물의 조절에 관해서 살펴보자. 환경변화에 대해서만 유전자 발현이 이루어지는 단세포생물에 비해, 우리 인간 같은 다세포생물의 유전자 조절은 정말 복잡하게 진행된다.

단세포와 다세포 유전자 조절의 유사점과 차이점

다세포생물의 조절이 환경과의 상호작용에 의해서만 이루어지는 건 아니야. 하나의 개체를 만들기 위해서 개체 내부의 세포 사이에서도 조절이 이루어져.

대장균 같은 단세포생물의 DNA는 1개의 세포에 필요한 정보만 갖고 있지만, 다세포생물의 DNA는 각 세포의 역할을 결정하는 데 필요한 정보뿐만 아니라 개체 전체에 필요한 정보도 갖고 있어. 개체의 모든 세포가 동일한 DNA를 갖고 있기 때문이지. 각 세포가 서로 다르게 발달하는 이유는 그 세포에 필요한 정보를 그 세포의 DNA만 읽어내기 때문이야. 바로 그 정보가 특정 세포에 필요한 단백질을 합성하는 데 쓰이고 있는 거지.

다세포생물에서는 세포가 단독으로 유전자를 조절하는 것이 아니라 몸속의 수많은 세포와의 상호작용으로 이루어지기 때문에 매우 복잡해.

내가 알고 싶은 건 같은 몸에 있는 모든 세포들이 각자 서로 다르게 발달하면서도 결국은 하나의 완벽한 개체를 이루도록 어떻게 조절되는지인데….

이것이 어떻게 일어나는지 알아보기 위해 단세포생물과 다세포생물 에서의 유전자조절을 비교해보고 어디가 같고 어디가 다른지 알아보려고 해.

◆ 공통점 하나-ON/OFF 스위치

다세포생물의 유전자 조절도 기본적으로 단세포생물과 같아. 유전자 스위치! 즉 다세포생물의 유전자 발현은 다음과 같은 단 두 종류의 유전자 조절단백질에 의해서 결정돼.

- **활성인자**(전사 촉진단백질)
- **억제인자**(전사 방해단백질)

하지만 다세포생물의 경우 이 두 가지 시그널을 조합하기 때문에 단세포생물의 조절보다 훨씬 복잡해져.

◆ 차이점 하나-인헨서

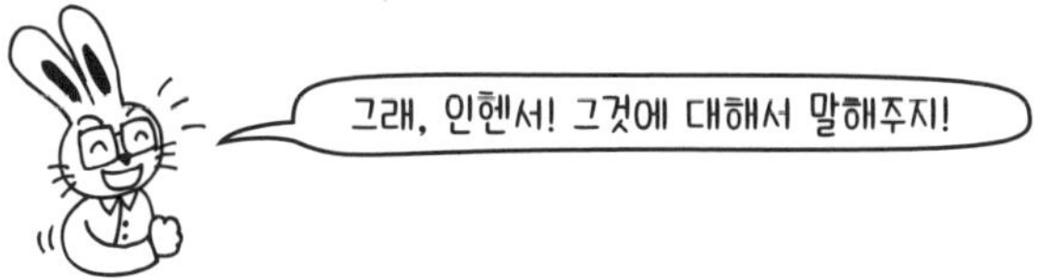

그때 래빗이 갑자기 끼어들었다.

다세포생물은 1개의 유전자당 다수의 유전자 조절단백질이 서로 다른 DNA 조절영역에 결합해서 매우 다양한 유전자 조절을 만들어내. 문제는 그렇게 되면 프로모터(전사 개시 위치)에서 몇 천 염기서열이나 떨어진 곳에 유전자 조절단백질이 결합하게 된다는 거지. 그럼 유전자 스위치를 ON 또는 OFF 상태로 만들 수 없거든. 그래서 DNA가 구부러지는 거야.

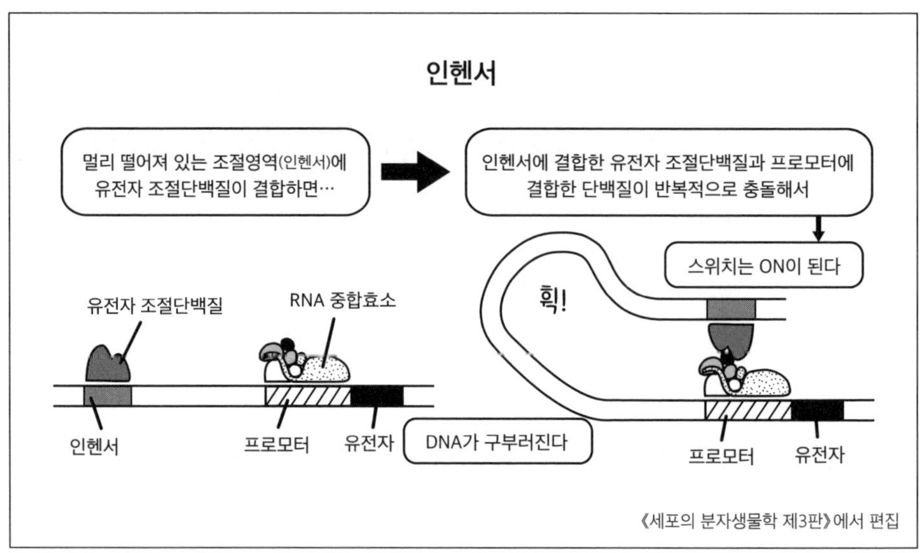
인헨서
멀리 떨어져 있는 조절영역(인헨서)에 유전자 조절단백질이 결합하면…
인헨서에 결합한 유전자 조절단백질과 프로모터에 결합한 단백질이 반복적으로 충돌해서
스위치는 ON이 된다
유전자 조절단백질
RNA 중합효소
휙!
인헨서
프로모터
유전자
DNA가 구부러진다
프로모터
유전자
《세포의 분자생물학 제3판》에서 편집

THE CELL

이렇게 멀리 떨어진 조절영역이 인헨서라는 거야. 멀리서는 스위치를 바로 ON 상태로 만들 수 없기 때문에 DNA를 구부려서 프로모터 근처에 와서 전사를 가능하게 만들어!!

◆ 차이점 둘-일반 전사인자

다세포생물의 유전자 조절의 대단한 점은 그것뿐만이 아니야. 유전자 조절단백질은 전사개시의 속도도 조절할 수 있어. 이게 무슨 뜻이냐 하면, RNA 중합효소는 단독으로는 프로모터에 결합할 수 없잖아! 그래서 일반 전사인자라는 단백질군이 함께 DNA에 결합해야 하거든. 그렇다고 이 일반 전사인자가 한꺼번에 전부 DNA에 결합하지는 않아. 몇 단계를 밟아서 T와 A 염기가 많은 TATA 염기서열에 결합하는 거지. 이 단계를 빠르거나 느리게 해서 전사 개시속도를 조절하는 거야.

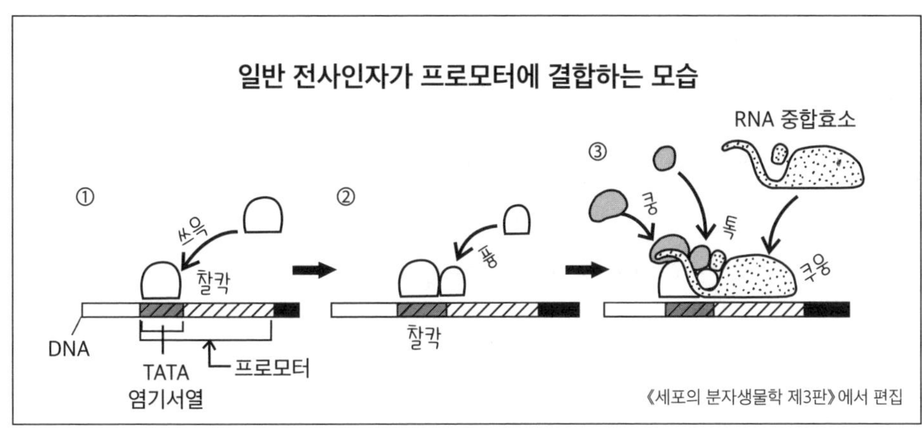

《세포의 분자생물학 제3판》에서 편집

아래 그림은 이 두 가지 차이점을 하나로 보여주고 있어. 다세포 생물의 DNA에서 복잡한 형태의 유전자 조절이 일어나는 이 영역을 유전자 조절영역이라고 하거든. 이 영역은 유전자의 프로모터와 모든 조절영역을 포함하지만, 그것이 유전자 자체는 아니야. 하지만 실제로는 단백질이 만들어지는 DNA의 한 부분이야!

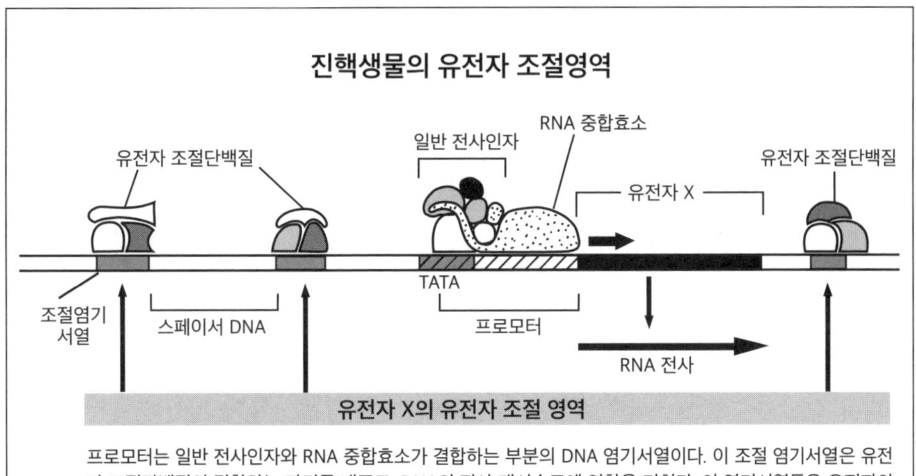

프로모터는 일반 전사인자와 RNA 중합효소가 결합하는 부분의 DNA 염기서열이다. 이 조절 염기서열은 유전자 조절단백질이 결합하는 자리를 내주고, DNA의 전사 개시속도에 영향을 미친다. 이 염기서열들은 유전자의 상단부나 하단부 등 프로모터 근처에 위치한다.

《세포의 분자생물학 제3판》에서 편집

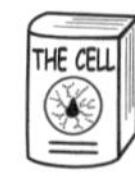

◆ even-skipped 유전자

다세포생물이 인헨서나 여러 다른 단백질 종류를 이용해서 복잡한 조절을 얼마나 능숙하게 할 수 있는지 구체적으로 살펴보면 실감할 수 있을 거야. 초파리의 이븐스킵드 유전자 기억나지? 초파리가 어떻게 그 유전자의 발현을 조절하는지 살펴보자!

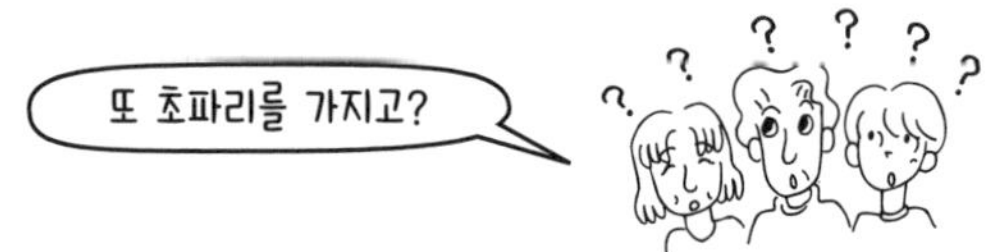

2장 2절에서 초파리의 배 발생에 대해 배운 거 기억나? 배에 주목해서 전체가 점차 상세하게 구별되기 시작하면서 체절이 생기는 과정을 살펴봤었어. 단계적으로 이루어지는 다섯 가지 유전자군이 순서대로 발현해서 체절을 만들었잖아.

이번에는 하나의 세포 속 DNA 유전자가 어떤 식으로 발현하는지에 대해서 살펴볼 건데, 다섯 가지 유전자군 중에서 세 번째에 발현하는 체절짝형성유전자군 중 even−skipped(줄여서 eve) 유전자가 발현하는 모습을 주목해서 볼 거야.

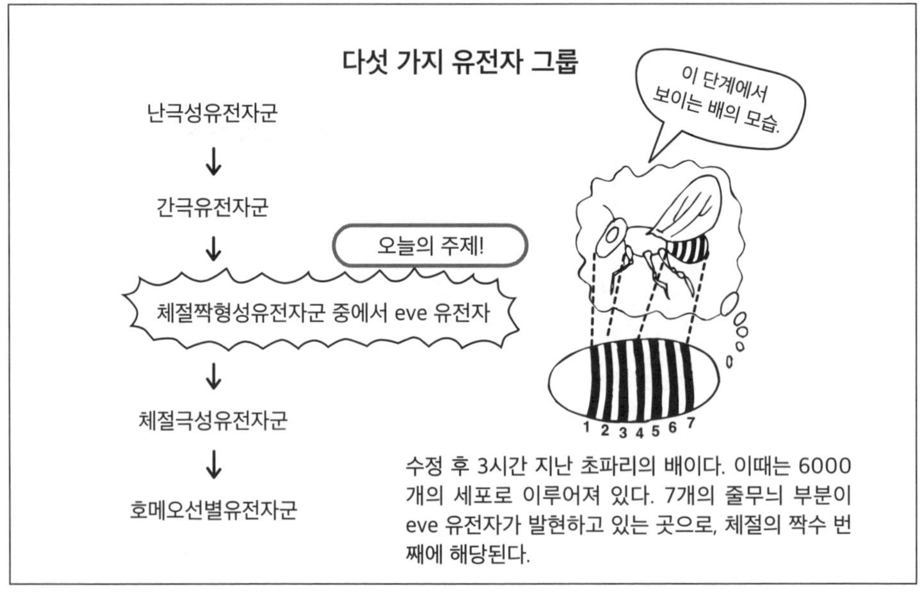

수정 후 3시간 지난 초파리의 배이다. 이때는 6000개의 세포로 이루어져 있다. 7개의 줄무늬 부분이 eve 유전자가 발현하고 있는 곳으로, 체절의 짝수 번째에 해당된다.

처음 이 초파리의 배 사진을 봤을 때, 난 초파리의 배는 줄무늬로 되어 있다고 생각했지 뭐야.

그런데 사실은 배에 줄무늬가 생긴 게 아니라, eve 유전자가 발현해서 생긴 eve 단백질을 염색했기 때문에 그렇게 보이는 것뿐이래. 즉 줄처럼 보이는 염색된 세포에만 eve 단백질이 합성된 거야.

eve 유전자는 모든 세포의 DNA에 있는데, 일부 세포의 배에서만 eve 유전자가 발현해. 체절의 짝수 번째 줄에 있는 세포의 eve 유전자만 발현한다는 게 신기하지 않아? 그건 이 세포들에만 특정 유전자 조절단백질이 DNA에 결합해서 eve 유전자를 발현시킬 수 있도록 작용하기 때문이야.

eve 유전자가 발현되는 구조가 잘 나타나 있는 줄무늬 2번째의 발현 모습을 살펴보자.

왜 줄무늬 2번째냐고? 다른 것보다 연구가 더 많이 되어 있기 때문이지.

◆ 줄무늬 2에 있는 유전자 조절단백질

줄무늬 2번째에서는 어떤 유전자 조절단백질을 볼 수 있을까?

eve가 있는 줄무늬 2의 유전자 조절단백질

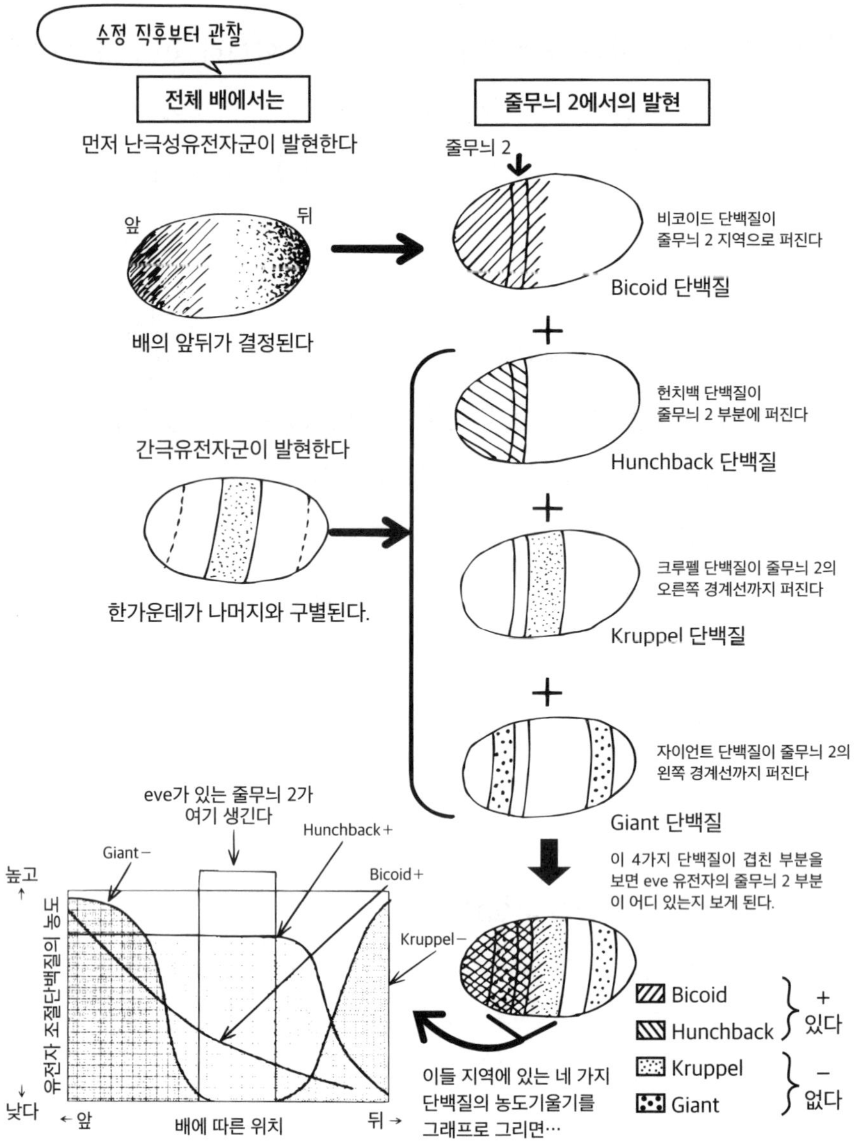

수정 직후부터 관찰

전체 배에서는

먼저 난극성유전자군이 발현한다

앞 뒤

배의 앞뒤가 결정된다

간극유전자군이 발현한다

한가운데가 나머지와 구별된다.

줄무늬 2에서의 발현

줄무늬 2

비코이드 단백질이 줄무늬 2 지역으로 퍼진다

Bicoid 단백질

+

헌치백 단백질이 줄무늬 2 부분에 퍼진다

Hunchback 단백질

+

크루펠 단백질이 줄무늬 2의 오른쪽 경계선까지 퍼진다

Kruppel 단백질

+

자이언트 단백질이 줄무늬 2의 왼쪽 경계선까지 퍼진다

Giant 단백질

이 4가지 단백질이 겹친 부분을 보면 eve 유전자의 줄무늬 2 부분이 어디 있는지 보게 된다.

Bicoid, Hunchback } + 있다

Kruppel, Giant } – 없다

이들 지역에 있는 네 가지 단백질의 농도기울기를 그래프로 그리면…

eve가 있는 줄무늬 2가 여기 생긴다

Giant –

Hunchback +

Bicoid +

Kruppel –

높고 ↑

유전자 조절단백질의 농도

↓ 낮다

← 앞 배에 따른 위치 뒤 →

《세포의 분자생물학 제3판》에서 편집

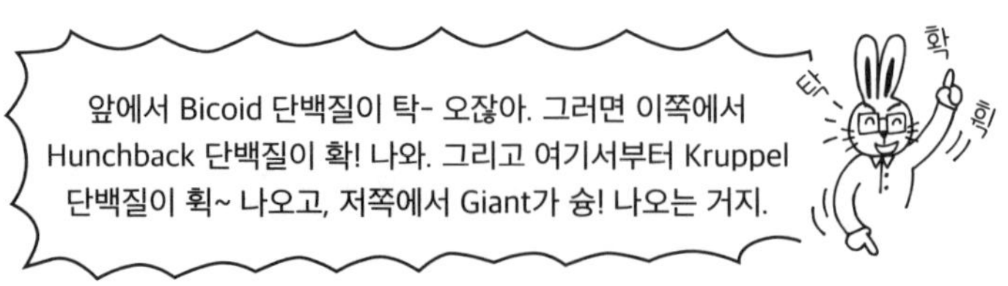

앞에서 Bicoid 단백질이 탁- 오잖아. 그러면 이쪽에서 Hunchback 단백질이 확! 나와. 그리고 여기서부터 Kruppel 단백질이 휙~ 나오고, 저쪽에서 Giant가 슝! 나오는 거지.

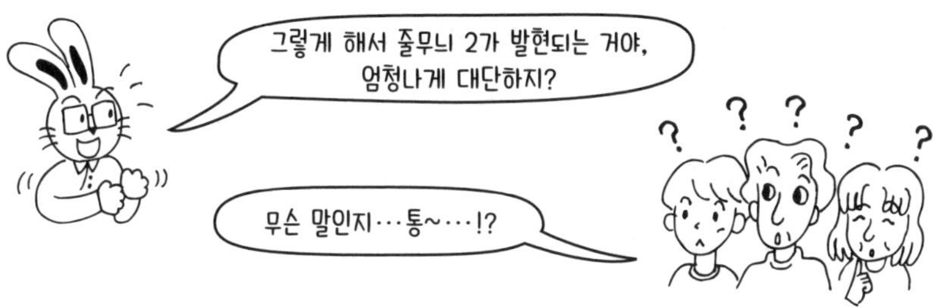

하하하, 여기서 포인트는 줄무늬 2 위치에 있는 세포에 어떤 단백질이 분포되어 있는가 하는 거예요. 그 유전자 조절단백질의 조합에 따라 eve 유전자가 발현하거든요.

이 경우에는 Hunchback 단백질, Bicoid 단백질이 있고, Giant 단백질, Kruppel 단백질이 없을 때 즉 eve 유전자의 줄무늬 2에 관해서는 다음과 같아요.

- Bicoid와 Hunchback은 eve 유전자의 발현을 촉진하는 활성인자
- Kruppel과 Giant는 eve 유전자의 발현을 방해하는 억제인자

배에서 1개의 세포를 살펴보면, 그곳에는 여러 종류의 단백질이 겹쳐져서 특정 유전자가 발현해요. 그리고 개체 전체로 보았을 때는 단백질의 농도차가 있기 때문에 세포의 위치에 따라 그 세포에 겹치게 되는 단백질의 종류나 양이 달라요. 그렇게 되면 다음에 발현하는 유전자가 달라지거든요. 그 결과 각 세포는 서로 다른 종류가 되어 개체 속에서도 앞과 뒤 같은 위치가 결정되는 거죠.

래빗의 말대로 유전자의 발현은 매우 정교한 방법으로 조절되고 있어요. 정말 대단하죠?

◆ 줄무늬 2에 위치하는 세포의 DNA에서는

지금까지 어떻게 유전자 조절단백질이 배 전체로 퍼지는가에 관해서 eve 유전자의 줄무늬 2 발현 모습을 살펴봤어. 이제 이 유전자 조절단백질이 DNA 안에서 eve 유전자의 스위치를 어떻게 ON하여 유전자를 전사시키는 모습을 알아볼까요?
실제로 줄무늬 2에 위치하는 세포의 DNA에서는 어떻게 진행될까? 잠시 세포 속의 DNA를 자세히 관찰해보면, 줄무늬 2가 될 세포 속에는 Bicoid 단백질과 Hunchback 단백질을 볼 수 있어.

줄무늬 2 위치에 있는 세포의 eve 유전자 조절영역에는 Bicoid 단백질과 Hunchback 단백질이 결합해서 전사신호를 보내. 그러면 eve 유전자가 전사되어서 eve 단백질이 만들어지지.
초파리의 DNA에서 eve 유전자 조절영역에는 약 2만 염기쌍의 길이가 있고 20종류 이상의 조절단백질이 결합한대.
재미있는 점은 각 유전자 조절단백질이 꼭 활성인자나 억제인자로 미리 정해져 있는 건 아니라는 거야. 줄무늬 2에서는 Bicoid 단백질과 Hunchback 단백질이 활성인자로 작용하지만, 다른 줄무늬에서는 억제인자가 되기도 해. 그때그때 상황에 따라서 활성인자가 됐다가 억제인자가 됐다가 하는 거지.

세포 속에서 일어나는 이런 작은 일까지도 알 수 있다니, 분자생물학은 정말 대단하지!?

여러 단백질이 겹쳐진다는 게 언뜻 복잡하게 보이겠지만, 그것도 결국 유전자 발현의 ON · OFF 조절로 집약할 수 있어.

줄무늬 2 위치에 있는 세포의 eve 유전자의 발현

줄무늬 2

Bicoid
Hunchback
Kruppel
Giant

① eve 유전자가 있는 줄무늬 2의 위치에서 세포 하나를 꺼낸다. 이 세포는 Bicoid 단백질과 Hunchback 단백질을 갖고 있다.

DNA
세포

② 그 세포의 DNA 모습을 모델화해서 살펴보니, eve 조절영역의 줄무늬 2를 조절하는 곳(줄2 모듈)에는 헌치백 단백질과 비코이드 단백질이 결합되어 있다.

줄무늬 2 모듈
eve 유전자 조절영역
줄무늬 7
줄무늬 3
Bicoid 단백질
Hunchback 단백질
eve 유전자
DNA
TATA 염기서열

③ DNA가 구부러져 eve 유전자의 전사 개시신호를 보낸다.

전사
RNA

eve 단백질이 생겨서 세포 속으로 퍼진다

이렇게 해서

짜잔

eve 유전자가 줄무늬 2 위치에서 발현된다!

줄무늬 1 2 3 4 5 6 7

《세포의 분자생물학 제3판》에서 편집

5) 호메오선별유전자는 마이크로칩

초파리의 호메오선별유전자

지금까지 초파리의 발생에 관한 유전자 발현의 조절 모습을 살펴보았어. eve 유전자를 보면, 배의 서로 다른 부위에 있는 겹쳐진 단백질이 영향을 미쳐서 같은 DNA를 가진 세포가 서로 다른 유전자를 발현시킬 것이라는 사실을 확인했어. 이렇게 단백질 확산 과정이 반복되면서 겹쳐진 부분이 점점 더 좁아지고 있어. 그런 식으로 배의 여러 부분은 점차 세부적인 부분이 되는 거지.

지금까지 살펴본 유전자 발현 조절은 정말 정교하게 이루어져 있어. '원인과 결과의 연쇄작용'을 통해서 각 유전자 발현의 스위치가 ON 상태가 되거나 OFF 상태가 되기도 해.

유전자 중에는 사실 구조가 더 복잡한 것도 있어. 그게 바로 **호메오선별유전자**야. 호메오선별유전자는 원인과 결과의 단순한 연쇄작용에 의해서 스위치가 ON · OFF 상태가 되는 게 아니라 많은 스위치를 모아놓은 마이크로칩같이 매우 복잡하고 대단한 거야.
그래서 그 대단하다는 호메오선별유전자에 관해서 《세포의 분자생물학 제3판》의 '제21장 발생의 분자기구'에 쓰여 있는 내용을 정리해봤어.

시게 씨는 그렇게 말하고 사람들에게 메모를 건넸다.

《세포의 분자생물학》 메모

① 호메오선별유전자는 발생 중인 배에서 몸의 구조를 결정하는 패턴 형성에 중심 역할을 한다.

② 이 유전자들이 염색체에 따라 놓여 있는 염기서열은 유전자들이 몸의 길이에 따라 발현되는 순서를 나타낸다.

③ 호메오선별유전자의 발현 부분은 65만 염기쌍의 길이에 달하는 조절 DNA 영역에 산재해 있다.

④ 호메오선별유전자의 조절영역은 세포의 위치정보를 저장하는 메모리칩처럼 작동한다.

⑤ 호메오선별유전자의 조절영역은 단순한 ON·OFF 스위치가 아니라, 컴퓨터의 마이크로칩 같은 것이라고 할 수 있다.

《세포의 분자생물학 제3판》에서 편집

알았어, 알았어! 그럼 나 나름대로 이 메모를 설명해도 될까?

① 몸체의 패턴(구체적인 부분)**을 만든다**

배가 앞과 뒤, 마디와 마디의 전후… 등 점점 세분화되고 복잡해지고 있다는 eve 유전자의 발현까지 기억하지? 그런데 이대로 숫자만 증가한다고 과연 복잡한 몸체(팔, 다리, 머리, 날개 등)가 만들어질까? 《세포의 분자생물학》을 읽었더니 그것을 실현시키는 호메오선별유전자라는 것이 있었어! 호메오선별유전자가 발현함으로써 다리라든지 날개 같은 구체적인 부분이 만들어지는 거지.

2절의 초파리의 발생에서 본 호메오선별유전자의 변이, 기억나? 두부와 흉부의 차이를 제어하는 유전자에 변이가 있으면 촉각이 생겨야 할 머리에서 다리가 돋아난다던 내용 말이야. 이 변이에서도 알 수 있듯이 호메오선별유전자는 몸의 구조패턴이 만들어질 때 배 안에서 '위치정보'를 담당하는 매우 중요한 유전자야.

까악~
머리에 다리가
나 있어~~~!
THE CELL
2nd ed.

《세포의 분자생물학 제2판》에서 편집

과학자들은 초파리의 호메오선별유전자를 자세히 연구했는데, 재미있는 점은 모든 동물에 이 호메오선별유전자와 비슷한 유전자가 있다는 사실이야. 물론 인간에게도 있다는 뜻이지.

② 발현순서와 일치하는 유전자의 염기서열

또 한 가지 눈에 띄는 큰 특징은 몸의 체절 구조의 패턴 형성에 중점적으로 관련되어 있는 8종류의 호메오선별유전자가 DNA에 나열되는 방식이야. 서열 순서가 앞에서 뒤로 몸의 축을 따라 유전자가 발현되는 순서와 거의 일치해!

다른 유전자에서는 이런 현상을 찾아볼 수 없거든. 마치 이 호메오선별유전자가 DNA 상에서 차례차례 진행되는 순서대로 활성화되는 것 같아. 게다가 그 과정이 몸의 축을 따라 세포 내의 눈금에 맞춰서 진행되는 것만 같거든.

호메오선별유전자의 발현 패턴과 염색체 상의 위치 비교

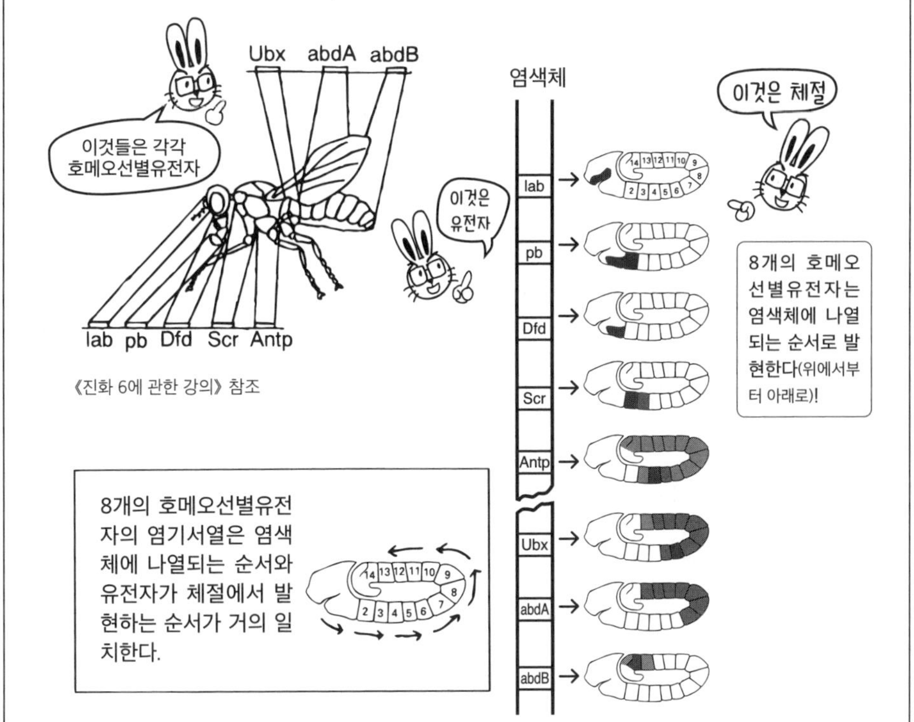

이것들은 각각 호메오선별유전자

Ubx abdA abdB

lab pb Dfd Scr Antp

이것은 유전자

《진화 6에 관한 강의》 참조

염색체

lab pb Dfd Scr Antp Ubx abdA abdB

14 13 12 11 10 9 8 7 6 5 4 3 2

이것은 체절

8개의 호메오선별유전자는 염색체에 나열되는 순서로 발현한다(위에서부터 아래로)!

8개의 호메오선별유전자의 염기서열은 염색체에 나열되는 순서와 유전자가 체절에서 발현하는 순서가 거의 일치한다.

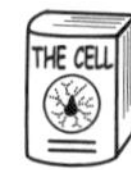

《세포의 분자생물학 제3판》에서 편집

③ 거대 DNA 염기서열

무엇보다 대단한 점은 호메오선별유전자와 그 조절영역의 DNA 길이야. 8종류의 호메오선별유전자를 합계내면 65만 염기쌍이나 되거든. eve 유전자의 길이가 2만 염기쌍 정도인 데 비하면 천지 차이라고 할 수 있지.

④ 위치정보를 저장한다

호메오선별유전자의 조절영역은 그때까지의 유전자 발현 단계에서 합성된 단백질이 만들어낸 위치정보를 저장해. 지금까지 발현된 유전자의 정보를 기억하고 있다는 건, 이 호메오선별유전자의 조절영역을 컴퓨터로 비유하면 메모리칩(기억회로) 같은 것이라고 할 수 있다는 뜻이지. 보통 컴퓨터를 사용할 때 메모리칩의 기능에 대해서 생각하지 않겠지만 사용 중에는 바로바로 메모리칩에 보존해야 하잖아.

⑤ 컴퓨터 마이크로칩 역할을 하는 조절영역

65만 염기쌍이나 되는 호메오선별유전자의 조절영역에는 지금까지 발현한 bicoid, hunchback, even－skipped 등의 단백질이 결합되는 곳이 있어. 그곳은 이 여러 인자들이 가져오는 위치정보를 다원적으로 해석하는 일부 장치로 기능해. 그리고 이 **유전자 조절인자**에 반응해서 특정 호메오선별유전자의 전사 여부를 결정하는 거야!!

다, 다윈적…? 그게 뭐야?

예를 들어서 호메오선별유전자는 각 체절을 이웃한 체절과 구분할 수 있지만, 체절보다 숫자가 적어요. 3개의 호메오선별유전자가 10개 이상의 체절에 차이를 유발시키는데 왜 그런 건지 그 구조에 관해서는 아직 밝혀지지 않았어요.

호메오선별유전자에 대해 연구하기 위해서 호메오선별유전자의 곳곳에 변이를 일으키면 더 많은 체절에 변화가 생길 것 같지?

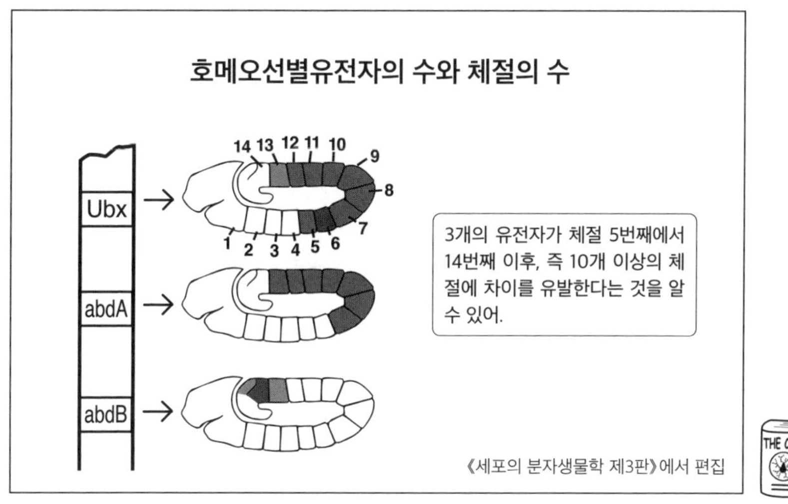
호메오선별유전자의 수와 체절의 수
Ubx
abdA
abdB
14 13 12 11 10 9 8 7 6 5 4 3 2 1
3개의 유전자가 체절 5번째에서 14번째 이후, 즉 10개 이상의 체절에 차이를 유발한다는 것을 알 수 있어.
THE CELL
《세포의 분자생물학 제3판》에서 편집

아니야, 1개의 체절만, 또는 1개의 체절에서도 일부만 변화시키는 것도 있어. 더구나 그 체절변화가 일어나는 대부분의 돌연변이는 유전자 자체에서 일어나지 않았으나, 실제 단백질을 만드는 DNA 염기서열, 즉 유전자와 관련된 아미노산 서열을 코드하지 않는 조절영역에서 변이가 일어났을 때 나타나.

몸의 영역 차이를 만드는 것은 호메오선별유전자뿐만 아니라, '조절영역의 미묘한 상태'와도 연관이 있는 것 같아.

즉 조절영역은 스위치를 누르는 것처럼 쉽고 간단한 게 아니라 컴퓨터의 마이크로칩처럼 복잡한 구조라는 뜻이야. 입력정보를 받아들여 (유전자 조절인자나 다른 분자의 결합이라는 형태로) 출력하고 (호메오선별유전자의 전사 여부를 지령하는 형태로), 다시 입력에서 출력을 유도하는 경로에 영향을 주는 기억흔적(위치정보 기억)을 보존할 수 있어!!

하지만 지금까지 이야기한 내용은 호메오선별유전자에 관한 또 다른 중요한 문제의 답을 모르면 추측에 불과해! 문제는 기억흔적이 어떻게 보존되는지인데, '기억'에 관해서는 아직 밝혀내지 못했거든. 《세포의 분자생물학》에도 아직은 수수께끼가 많은 부분이라고 쓰여 있을 정도니까, 앞으로 밝혀질 내용이 기대돼.

정말 대단해! 호메오선별유전자는 슈퍼유전자 같아!! 정말 컴퓨터 그 자체구나!!!

지금까지 유전자 발현의 조절을 알아봤는데 생물, 특히 다세포생물은 몹시 정교하게 조절되면서 만들어진다는 것을 잘 알 수 있었어.

주변 환경이나 하나의 개체 전체 속에서의 위치정보를 바탕으로 유

전자 발현 스위치의 ON · OFF가 복잡하면서도 정교하게 제어되어 있었어. DNA는 설계도이고, 그 설계도에 따라 몸이 만들어지는 거야. 생물은 정~말 잘 만들어진 기계라니까.

이런 이런, 진정해!
래빗은 뭐든 컴퓨터처럼 사물을 이해하려고 해서 큰일이라니까.
적당히 멈출 줄을 몰라!

하지만 DNA를 설계도라고 표현할 정도니까, 컴퓨터처럼 생각하고 생물을 연구하면 이해하기 쉽긴 해. 생물은 정말 정교하거든.

2.4 생명은 질서를 만들어낸다

1) 언제나 전체

언어도 부품을 더해서 만들어낸 기계?

잠깐!

스위치니 컴퓨터니! 난 생물을 그런 식으로 기계처럼 생각하기 싫어! 내 몸이 스위치를 하나하나 누르면서 만들어졌다고 상상하고 싶지 않다구!

하지만 하치, 이건 과학적인 증거에 기초한 거야. 그러니 싫다든지 안 된다든지 감정적으로 대해서는 안 된다는 걸 모르겠니? 왜 그렇게 일일이 반대를 하는 거야?

그렇지만 싫은 걸 어떡해! 난 뭐든지 그런 식으로 부품처럼 분리해서 생각하려는 방식이 싫단 말이야. 사람들은 언어도 그렇게 생각하는 경향이 있어. 단어라든지 문법, 발음 등 전부 부품처럼 나눠서 각자 따로 공부하려고 하잖아. 하지만 난 싫어. 부품은 아무리 더해도 '전체'가 될 수 없어!

그렇지 않아! 커리큘럼에 따라서 하나씩 제대로 배우면 할 수 있어. 난 언제나 영어가 만점이었어. 그걸 못하는 건 노력부족이 아닐까?

말 잘했어. 도대체 몇 명이나 그렇게 할 수 있을 것 같아? 대부분 그렇게 못 해! 시험에서 만점을 받는 것과 '말할 수 있다'는 것은 전혀 다른 거야. 그러는 시게 씨는 그렇게 열심히 공부해서 영어로 유창하게 말할 수 있게 됐어?

앗, 그, 그것은….

자연환경 속에서는 누구나 주변에서 하는 말을 듣고 따라할 수 있게 돼. 커리큘럼대로라든지 노력 끝에 하게 되는 게 아니야. 나는 러시아의 나홋카에서 홈스테이를 했을 때가 생각나.

러시아 나홋카에서의 아기 체험

◆ 나의 첫번째 러시아 홈스테이

히포의 다언어활동에 러시아어가 새로 추가된 지 3개월밖에 되지 않았을 무렵이었다. 그때까지 나는 러시아나 러시아인에 대해서 거의 모르는 상태로, 떠오르는 것이라고는 막연히 춥고 어둡고 무서운 이미지뿐이었다.

그런 내가 러시아에 홈스테이를 가겠다고 마음먹게 된 이유는 러시아어 테이프를 막 입수했을 무렵, 도쿄 · 청해에 정박한 러시아 선상에서 열린 '나홋카시민의 배'라는 교류회에 히포 동료들과 참가했던 체험 때문이었다.

"밝고 따뜻한 사람들!!"

이것이 나의 솔직한 첫인상이었다. 몸집도 크고 따뜻한 그들과 함께 노래 부르고 춤추고 대화하면서 러시아에 대한 이미지는 완전히 바뀌었다. 할 줄 아는 러시아어가 거의 없었는데도 많은 말을 했다. 잘 알지 못하는데도 많은 것을 이해했고, 즐겁고 행복한 밤을 보낼 수 있었다. 나는 그곳에서 친구가 된 일라라는 여성과 재회를 약속하고 집으로 돌아왔다. 그후 테이프를 듣는 방법이 달라졌다. 신기했다. 사람을 직접 만나고 나자 잡음으로만 들리던 소리가 점점 음악처럼 들리기 시작했다. 그리고 그야말로 아기처럼 옹알옹알 테이프 소리에 맞춰 흉내를 낼 수 있게 되었다.

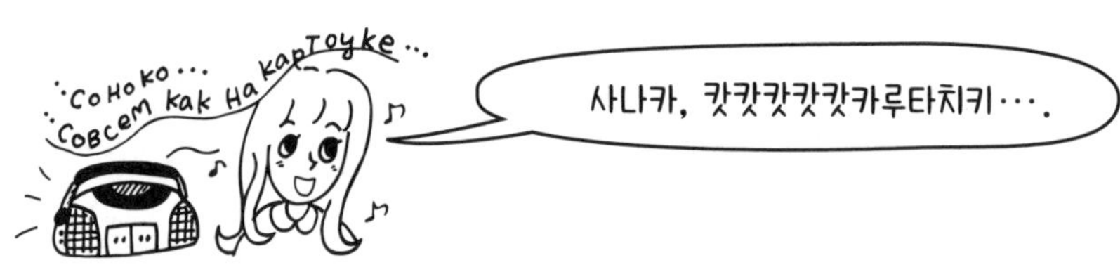

옹알거리며 대략적이던 러시아어가 점점 정확해지자, 어느 순간부터 스토리테이프의 한 장면을 통째로 말할 수 있게 되었다. 기뻤다. 동료들도 대단하다고 칭찬해주었고. 그러자 또 기분이 좋아져서 더 말하고 싶어졌다. 말을 시작하자 그때까지는 들리지 않았던 소리가 들려오고, 또 들리기는 해도 잘 말할 수 없었던 소리도 정확히 말할 수 있게 되었다.

테이프를 따라 말하게 되는 것은 마치 노래를 부르는 것과도 비슷했다. TV나 길거리에서 흘러나오는 유행가를 가사부터 외우는 사람은 거의 없을 것이다. 대략적인 멜로디를 콧노래로 부르다가 후렴 부분을 부르는 식이 보통 아닐까?

히포 활동을 한 지도 오래된 만큼 지금까지 여러 언어를 배웠지만, 러시아어만큼 가슴 뛰는 상태로 언어를 접한 적은 없었다. 러시아어 알파벳조차 못 읽었기 때문에 내가 하는 러시아어가 맞는지 틀리는지도 몰랐다. 뜻을 아는지 모르는지도 모르는 상태였던 것이다.

하지만 이 들뜬 기분이 몹시 좋았다. 아기도 이런 식이 아닐까? 그 전까지의 나였더라면 의미를 좀 더 알기 시작하자 더 재미있어서 열심히 의미탐구에 전념했을 것이다. 하지만 러시아어는 그러지 않기로 했다. 이 들뜬 마음을 좀 더 즐기기로 했다.

그런 식으로 다른 언어와 함께 러시아어를 노래하기 시작한 지 석 달쯤 지났을 무렵, 정말 갑작스럽게 러시아의 나홋카에 가게 된 것이다. '나홋카에서 홈스테이를 할 수 있을 것 같아'라는 애매한 정보를 접한 4인의 동료는 제대로 된 준비도 없이 서둘러 출발하게 되었다. 누구 한사람 나홋카는커녕, 러시아에 대해서는 '전혀'라고 할 만큼 아무것도 모르는 상태였다. 어느 가이드북을 찾아봐도 나홋카는 실려 있지 않았기 때문이다.

러시아어? 내가 할 줄 아는 러시아어는 뭐가 있을까?

그런 생각이 들자 갑자기 불안해졌다.

Спасибо	[*spasiba*]	고마워
До свидания	[*dasvisaniya*]	안녕(굿바이)
Очень приятно	[*dchen' pryatna*]	만나서 반가워
Вкусно	[*fkusna*]	맛있다….

이렇게 손에 꼽을 정도밖에 모른다. 숫자도 4까지밖에 셀 줄 모른다(테이프에 숫자를 세는 부분이 있었는데, 1~4까지밖에 없었다). 즉 내 나이조차 말할 수 없었던 것이다. 게다가 어디에서 누가 기다리고 있는지도, 무슨 일이 벌어질지도 알 수 없었다. 이런 우리가 과연 홈스테이를 할 수 있을까?

이렇게 불안한 조건뿐임에도 불구하고 우리는 왜 이토록 쉽게 나홋카행을 결심한 것일까? 당연한 듯이 "갈래! 갈래!"를 외치던 우리를 나홋카로 유혹한 것은 그 크고 따뜻하고 밝고 명랑한 러시아 사람들을 만났던 기억 때문이었다.

"그렇게 멋진 사람들을 한 번 더 만나고 싶다. 일라를 볼 수 있을지도 몰라."

불안이 가득했지만 동료들의 표정에서는 그런 기대를 엿볼 수 있었다.

그리고 또 한 가지, 나를 러시아로 이끈 것은 지금의 이 들뜬 상태가 러시아에 가면 어떻게 될까 하는 흥미였다. 수많은 국제교

류에 참가했던 나로서도 이런 상태에서 홈스테이를 떠나는 것은 처음이었다. 테이프의 말을 꽤 따라할 수 있게 되었지만 확실하게 의미를 알고 할 수 있는 말은 위에서 언급했던 몇 가지뿐이었다.

'이래도 괜찮을까?'하고 불안한 한편으로 '정말 아기 체험을 할 수 있을지도 몰라' 하는 기대도 있었다.

◆ 나홋카, 일라와 보낸 시간

나홋카의 치하오케안스카야Тихоокеанская 역에서 새빨간 장미꽃다발을 들고 마중 나온 사람은 러시아배 교류회에서 친구가 된 이리나 도네츠카야Ирина Донецкая(일라)와 남편 표트르였다.

우연에 우연이 겹쳐서 나는 일라의 집에서 홈스테이하게 되는 행운을 맞았다. 이보다 더 기쁜 일은 없었다. 아무것도 모르고 처음 방문한 낯선 땅에서 나를 맞아준 친구가 있었으니까! 내가 느끼던 불안은 단숨에 날아가버렸다.

"오아이 데카데 토테모 우레스으!(만나서 정말 기뻐!)"

일라는 어딘가에서 열심히 배운 듯한 일본어로 나를 맞이해주었고, 우리는 서로 얼싸안으며 재회의 기쁨을 나누었다.

그때부터 나는 그 집의 '리타'라는 아이가 되었다. 일라가 '리에'라는 나의 이름을 러시아식 이름으로 바꿔 붙여준 것이다.

일라는 활발한 성격에 따뜻함이 넘치는 러시아 여성으로, 나보다 겨우 한 살 위일 뿐인데, 일단 크다. 귀여운 5살짜리 아들 알토르와 근면성실하고 듬

직한 남편 표트르, 이렇게 세 가족이다. 근처에 일라의 파파치카(아버지)와 마마치카(어머니), 여동생 부부, 바베슈카бабушка(이모)와 친척도 살고 있다.

아파트 단지의 5층. 다섯 평 정도의 방 하나와 한 평 정도 되는 부엌, 그리고 욕조와 화장실. 그것이 나홋카의 내 집이었다. 자신들이 쓰던 침대를 나에게 제공하고, 일라는 소파베드에서 잤다. 체구가 작은 내가 소파베드에서 자겠다고 해도 일라는 들어주지 않았다. 밤이 되자 표트르와 알토르는 일라의 파파치카와 마마치카의 집으로 자러 갔다. 그 따뜻한 마음에 감격할 수밖에 없었다. 그렇다고 손님 취급을 하는 것도 아니고 가족의 일원으로 대해주는 자연스러움이 좋았다.

알토르와 게임을 하며 놀기도 하고 일라와 함께 식사준비도 하면서, 여기가 러시아이고 이렇게 평범하게 홈스테이를 하고 있다는 사실이 꿈만 같았다. 무엇 하나 싫은 게 없었다.

다정한 가족과 친구들에게 둘러싸여 그들이 연주하는 기분 좋은 러시아어 음악의 파동 속을 둥둥 떠다니는 기분이었다.

문득 정신이 들어 보면 일라가 하는 말을 흉내 내기도 하고 "다, 다!" 하며 맞장구를 치고 있었다.

나에게는 '모르는' 것이 없었다. '아는' 것만이 존재했다. 할 줄 아는 러시아어는 고작 몇 개뿐이었지만 전혀 곤란하지 않았다.

나의 러시아어는 때로는 큰 파동의 멜로디뿐이기도 하다가 어떤 때는 돌연 그럴싸하게 떠들기도 했다. '노래할 뿐'인 러시아어 음률은 그 소리가 울리는 공간에서는 당연한 듯이 의미를 가진 언어가 되었다.

나는 어느새 러시아어 세계의 아기가 되어 있었다.

일라는 마치 내 어머니 같았다.

"츄~~~키~!"

우유라고 생각하고 마신 하얀 액체는 시큼한 요구르트였다. 나도 모르게 외친 말이 거의 멜로디뿐이라는 것은 나도 잘 알고 있었다.

"앗, 츳키스린키! 키스린키?"

그래도 일라는 알아들었다. 내가 한 말은 'Чуть кисленький' 요컨대 '시다'는 뜻의 아기언어였던 것이다.

다챠Да Да(가족농장)에 갔던 날 밤, 일라가 나에게 물었다.

"리타, 오늘은 어디에 갔었지?"

나는 여전히 일라의 말만 따라 하고 있었다.

"어디 갔었지?"

시보토냐 야가라 다챠, 이 우비체라 보미드로, 오구리차,
카푸스타, 하티손, 야부록코…, 다바이!!
Сегодня я была дача и увидела помидор, огурец,
капуста, патиссон, яблоко давай!*

(오늘은 다챠에 가서, 토마토와 오이와 양배추와 호박과 사과를 봤어…. 말해봐!!!)

나는 일라를 따라 말했다. 물론 처음부터 그렇게 잘 하지는 못했다. 하지만 내가 무슨 말만 하면 일라는 잘 했다고 칭찬해주었다. 저녁 때 표트르가 퇴근하고 오자 일라가 나에게 눈짓했다.

"리타, 오늘은 어디에 갔었지?"

나는 일라에게 도움을 받으면서 더듬더듬 대답했다.

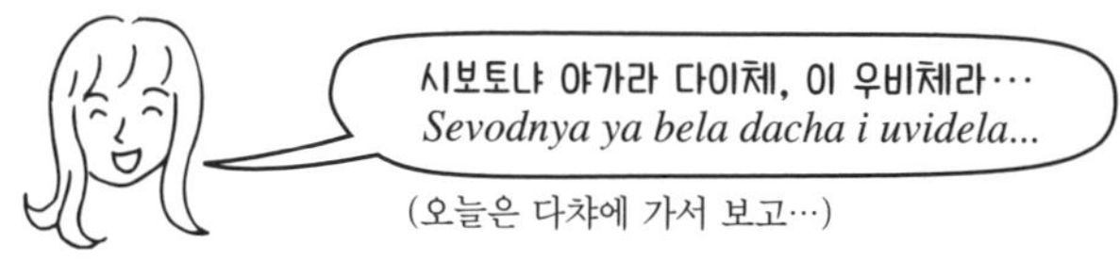

시보토냐 야가라 다이체, 이 우비체라…
Sevodnya ya bela dacha i uvidela...

(오늘은 다챠에 가서 보고…)

표트르는 환한 미소로 잘한다는 듯이 들어주었다.

5박 6일이라는 짧은 시간이 믿기지 않을 만큼 충실했던 홈스테이. 일라의 가족과 보낸 며칠은 그만큼 자연스럽고 기분 좋은 경험이었다.

그곳을 떠나던 날, 일라는 나에게 집 열쇠를 주었다.

여기는 리타의 집이니까, 언제든 돌아와.

가깝고도 먼 러시아, 그리고 나홋카. 겨우 6일간의 홈스테이에서 나는 헤아릴 수 없을 만큼 많은 추억과 함께 새로운 나를 발견하고 일본으로 돌아왔다.

◆ **러시아에서 돌아오다**

일본에서는 많은 동료가 목을 빼고 우리의 귀가를 기다리고 있었다.

"잘 다녀왔어, 나홋카는 어땠어?"

"어떤 곳이었어? 말해봐!"

사람들의 질문공세를 받을 때마다 나홋카의 홈스테이에 대해서 보고했다.

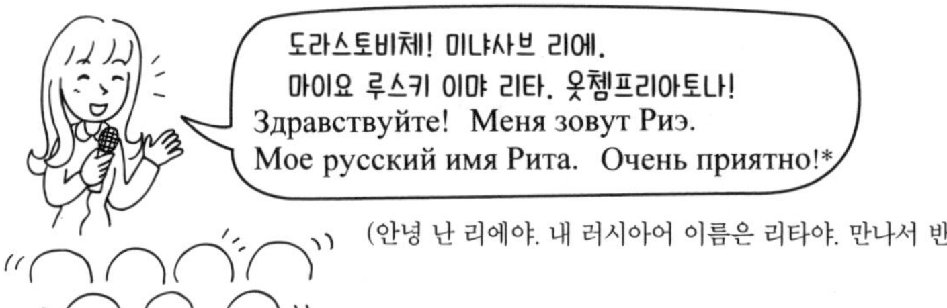

도라스토비체! 미냐사브 리에.
마이요 루스키 이먀 리타. 옷쳼프리아토나!
Здравствуйте! Меня зовут Риэ.
Мое русский имя Рита. Очень приятно!*

(안녕 난 리에야. 내 러시아어 이름은 리타야. 만나서 반가워!)

일단은 자기소개부터 시작한 나의 나홋카어. 즐거웠던 나홋카에서의 경험, 몹시도 좋았던 나홋카의 가족, 특히 내 어머니 일라…. 하고 싶은 말이 산더미였다.

두 번 세 번 말을 하다 보니 내 입에서 조금씩 러시아어가 튀어나왔다. 그리고 4일째, 국제교류보고회에서 마이크를 잡은 내 입에서는 러시아어가 끊이지 않고 흘러나왔다. 도대체 어찌된 영문일까? 어쨌든 이때부터 나는 러시아어를 실컷 떠들 수 있었다. 하고 싶은 말을 전부 할 수 있었다.

하지만 문득 정신이 들면 그런 말을 러시아어로 뭐라고 하는지도 모르고, 지금 하는 말도 어떻게 하는지 모른다는 걸 깨달았다. 아는 말이라고는 아주 조금밖에 없었다. 그런데도 나는 러시아어로 말하는 데 전혀 난처함을 느끼지 않았다. 생각보다 입에서 먼저 소리가 튀어나오는 것 같았다.

어쩌면 2~3세 아기가 떠드는 건 이런 느낌이 아닐까? 아기는 갖고 있는 언어의 개수는 적어도 하고 싶은 말을 못하지는 않는다. 내가 말하는 러시아어도 분명 아기의 언어일 것이다.

하지만 이것은 오히려 기쁜 일이었다. 왜냐하면 어쩌면 이것은 언어를 '모국어'로 습득하는 과정이라고 단언할 수 있는 체험이었기 때문이다. 기쁨과 함께 언어가 몸속에서 '통째로' 나오는 느낌이었다.

사람이 모국어를 자연습득할 때의 언어는 다른 많은 사람들과 관계를 맺으며 자라난다. 관계성이 언어를 만들고, 언어가 다시 관계성을 만드는 것이다. 여기에 '부분'의 합 같은 것은 존재하지 않는다. 아기는 언제나 곤란함 없이 전부를 알아듣는다.

'언제나 전체'라는 시점

우리가 필요한 전체는 과부족 없이 언제나 그 자리에 있어. 그것은 대략적인 데서부터 점점 확실해지는 거야. 언어의 자연습득은 '언제나 전체'라고 생각해! 발생 프로세스도 그런 식으로 봐야 하지 않을까?

으음, 전체라….

2) 자연의 파동적 측면

입자와 파동: 자연의 두 가지 측면

언어는 스위치나 컴퓨터 부품으로 구성된 기계처럼 척척 만들어지는 게 아니라 좀 더 전체적이고 희미하게 시작되는 것 같아. 이걸 어떻게 표현할 좋은 방법이 없을까…? '큰 파동부터 파악'하는 게 전형적이겠지만….

큰 파동? 그렇다면 언어 자체를 '파동'으로 파악하면 되지 않을까? 우리도 푸리에라든지 양자역학 같은 것을 해왔으니까 아는 게 꽤 많잖아? 생각해보자.

그때 다이 씨가 입을 열었다.

트래칼리 동료이자 2, 4, 6세 사내아이들의 아버지이기도 한 다이 씨는 오랫동안 히포 활동을 해온 사람 중 한 명으로, 평소에는 멍한 편이지만 홈스테이 체험도 풍부하고 언어에 관해서는 꽤 날카로운 면모를 보일 때가 있다.

"생물이든 언어든 그것을 부품의 조합처럼 표현한다는 것은 요컨대 각각을 '입자'로 나타내는 것과 같아. '과학'의 '과科'는 원래 '작게 나눈다'는 뜻으로, 그것이 바로 과학의 출발점이야. 물질을 아주 작게 분해하고, 그것을 구성하는 각각의 요소를 살펴보는 것이 기본이지. 분자생물학도 그 연장선상에 있는 사고관이라고 할 수 있고, 그밖에 다른 것도 기본적으로는 그렇다고 볼 수 있어.

언어도 똑같은 방식으로 생각할 수 있어. 각각의 부품을 커리큘럼에 따라 조립하면 완성된 언어가 되는 거지.

그런데 대부분의 사람들은 그런 식으로 잘 못해. 아무리 부품을 쌓아올려도 전체를 만들 수 없는 거지."

왜 그럴까? 그것은 아까 나홋카에서의 체험에서 보았듯이 '언제나 전체'이기 때문이야. 언어의 자연습득에서는 대략적이기는 해도, 언제나 그 시점에서 이미 과부족이 없는 전체가 있어. 즉 처음부터 전체가 존재하는 거지. 그렇다면 이것을 '입자'로 생각하기에는 무리가 있지 않을까?

"그래서 나온 것이 '파동'이라는 의견이야. 파동은 입자처럼 부분적으로 존재하는 것이 아니라 언제나 전체적으로 끊임없이 퍼지잖아. 실제로 '전체'

를 이미지화해서 상상하면 느낌이 딱 맞지 않아?"

'입자'가 아닌 '파동'이라…. 어딘가에서 들었던 말 같은데…. 그렇구나! 《양자역학의 모험》(한국어판 《양자역학의 법칙》)에서 나왔던 말이야! '입자가 아닌 파동'이라고 한 건 드브로이야! 드브로이는 그때까지 '입자'라고 생각했던 양자를 '파동'으로 멋지게 설명해서 노벨상을 수상했어. 우리도 드브로이가 되어 다시 한 번 언어에 관해서 생각해보라는 뜻일까?

루이 드브로이 이야기

◆ 드브로이의 등장

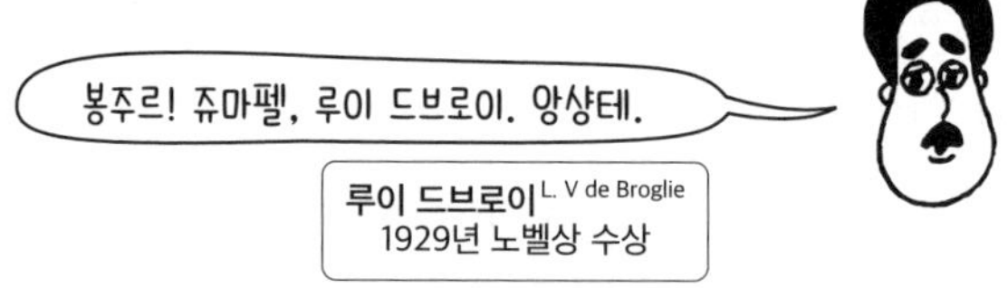

봉주르! 쥬마펠, 루이 드브로이. 앙샹테.
루이 드브로이 L. V de Broglie
1929년 노벨상 수상

옛날 프랑스의 거대한 성에 루이와 모리스라는 두 형제가 살았다. 그들은 귀족이라는, 신분이 매우 높은 부자였기 때문에 자기가 좋아하는 일을 하며 살았다.

형 모리스는 '물질은 어떻게 움직이는 것일까?'가 궁금해서 물리학을, 동생 루이는 '옛날 사람들은 어떻게 살았을까?'가 궁금해서 역사학을 연구했다.

어느 날 형 모리스가 물리학자들이 모이는 회의에 참석했던 이야기를 동생 루이에게 들려주었다. 그 모임에서는 '빛'에 관한 화제가 주를 이루었다.

루이는 그 이야기에 매우 흥미를 느끼고 물리학의 세계로 점점 빠져들었다.

당시 물리학계의 슈퍼히어로는 그 유명한 **알베르트 아인슈타인**으로, 드브로이 역시 아인슈타인의 팬이 되어 그의 논문을 열심히 읽었다.

알베르트 아인슈타인 Albert Einstein
1921년 노벨상 수상

예전부터 빛은 파동이라고 여겼다.

왜냐하면 빛은 '**간섭**'하는 성질이 있기 때문이다.

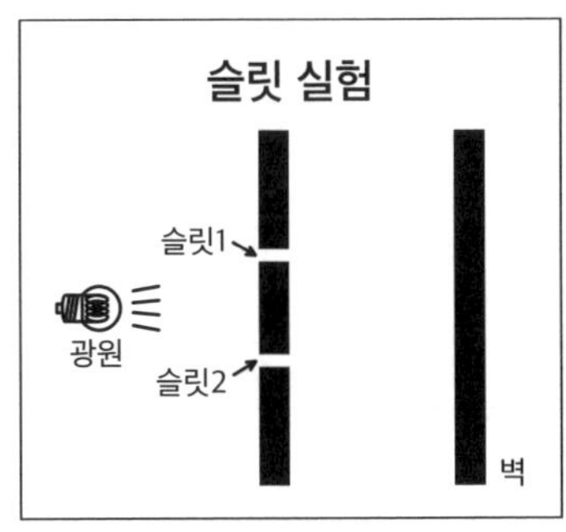

왼쪽 그림과 같은 실험 장치를 준비한다. 광원에서 발사된 단색광이 두 개의 구멍(슬릿)을 통과해서 끝에 있는 벽에 도달한다. 이때 슬릿을 통과한 빛은 벽에 어떤 식으로 비칠까?

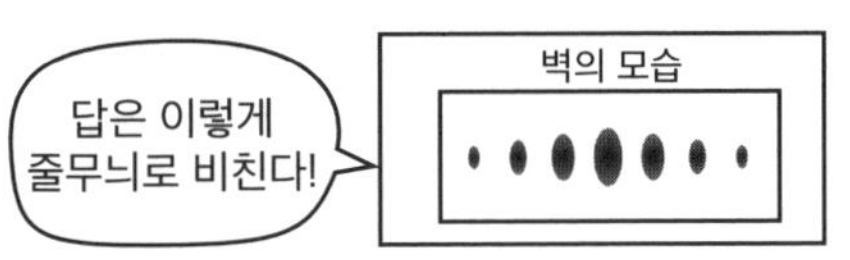

이것은 빛이 '간섭'한다는 사실을 나타내어 빛이 '파동'이라는 것을 증명하는 실험이다. 슬릿을 통과해 퍼지는 '빛의 파동'은 부딪친 곳에서 서로 강해지거나 약해진다. 이것은 '간섭한다'는 증거이고, 슬릿을 통과한 빛의 파동은 우리가 알고 있는 수면 위의 파동과 마찬가지로 아래의 그림처럼 나타날 것이라고 생각했다.

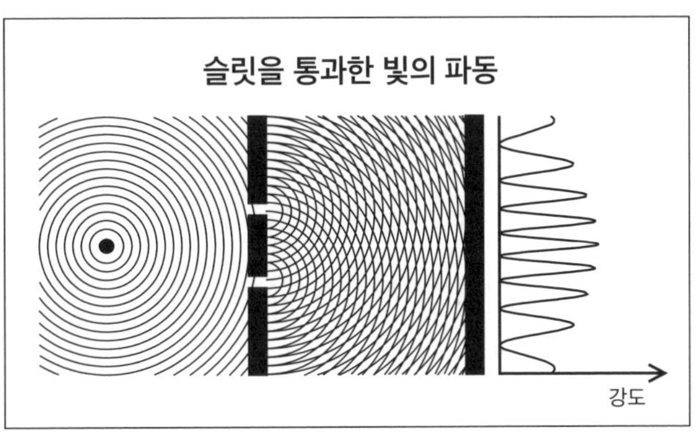

파동 에너지는 파동의 진폭(높이)의 제곱으로 나타낸다. 파동의 높이는 연속적으로 어떤 값이든 취할 수 있으므로 당연히 그 에너지도 어떤 값이든 취할 수 있을 것이다.

그런데!!!

막스 플랑크라는 독일의 물리학자가 흑체복사(진공 상자를 가열한 후 가득 차는 빛에 관해서 알아보는 것) 실험으로 얻은 답은,

빛 에너지는 불연속이다!

라는 것이었다. 수식으로 나타내면 다음과 같다.

$$\boldsymbol{E = nh\nu}\,(n=0,\ 1,\ 2,\ 3)$$

빛 에너지 E는, 그 진동수 ν에 플랑크상수 h를 곱한 값 $h\nu$의 정수(n)배를 취한다.

지금까지의 상식으로 보면 아무리 생각해도 이상했지만, 흑체복사 실험에서는 이런 결론밖에 나오지 않았다.

이때 등장한 사람이 아인슈타인이었다. 그는 플랑크가 발견한 '빛 에너지는 불연속적이다'라는 주장은 '빛은 파동'이라고 생각하기 때문에 이상하게 보이지만,

빛은 $\boldsymbol{h\nu}$라는 에너지를 가진 입자이다!!

이렇게 생각하면 문제없다고 주장했다.

아인슈타인은 이것을 설명하기 위해서 다음과 같은 가상실험을 생각했다.

오른쪽 그림처럼 커다란 진공 상자 속에 구멍을 뚫은 작은 상자가 있다고 가정하자. 그리고 빛을 입자라고 가정하면, 작은 상자 안의 빛 입자는 그림

과 같이 '1개씩' 변화할 것이다.

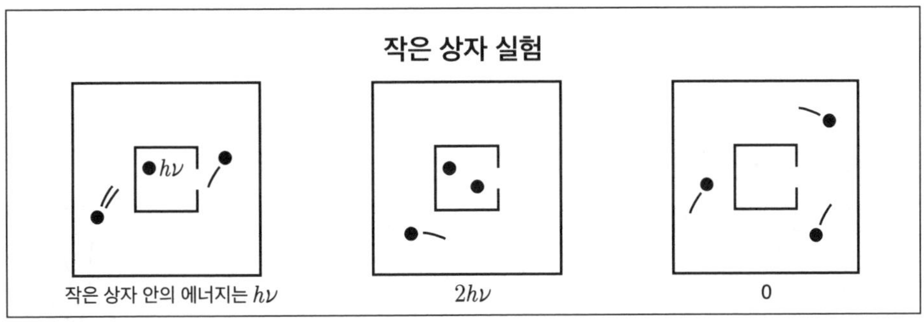

이렇게 생각하면 빛 입자 1개당 에너지는 $h\nu$이므로 작은 상자의 에너지 값이 '**불연속**'이 되는 것은 당연하다. 이것이 아인슈타인의 '**광양자가설**'이다.

1905년 이 가설이 세상에 나오자 '**광전 효과**', '**콤프턴 효과**' 등 실제로 빛을 입자라고 생각하면 잘 설명할 수 있는 실험이 차례차례 발견되었다. 그래서 빛이 '입자'인 것은 명실공히 사실로 인정받았다.

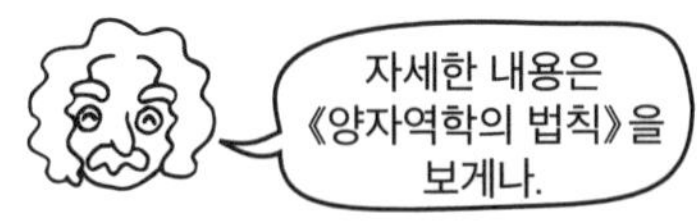

'입자'와 '파동'은 원래는 절대로 등식으로 묶일 수 없는 관계이다. 왜냐하면 '입자'는 한 곳에 덩어리로 존재하는 것이고, '파동'은 흔들흔들 전체적으로 퍼지면서 존재하기 때문이다.

흔들흔들 퍼지는 동시에 한곳에 콕 덩어리진 것이 존재할 수는 없다. '입자'와 '파동'은 결코 서로 양립할 수 없는 성질을 가졌기 때문이다.

간섭 실험에서도 밝혀졌듯이 그때까지 당연하게 '파동'이라고 생각했던 빛을 절대로 상용할 수 없는 '입자'라고 주장한 아인슈타인의 가설이 너무나도 대담했음을 알 수 있다.

드브로이는 그런 아인슈타인이 몹시 마음에 들었다.

◆ 광양자에서 원자 속의 전자로

그런데 그 무렵 제1차 세계대전이 발발하여 드브로이는 전쟁에 참가해야 했다. 시간이 흘러 그가 전장에서 돌아왔을 때는 아인슈타인의 시대는 가고 영웅은 닐스 보어로 바뀌어 있었다.

닐스 보어Niels Bohr
1922년 노벨상 수상

여기서 이야기는 '빛'에서 원자 속의 **'전자'**로 바뀐다. 전자도 지금까지의 상식으로는 생각할 수 없는 움직임을 한다는 것을 알게 된 것이다.

원자 속의 전자는 어떻게 움직일까?

이것이 당시 물리학자들의 화두였다. 원자 속의 전자는 '직접 눈으로 볼 수 없기' 때문에 전자가 방출하는 빛의 '스펙트럼'이 유일한 단서였다. 학자들은 그 스펙트럼을 통해 전자의 움직임을 알려고 노력했지만 좀처럼 진전이 없었다.

전자는 스펙트럼을 통해서 '일정한 진동수의 빛만을 방출한다'는 사실이 밝혀졌지만, 이것은 그때까지의 고전이론으로 생각하면 모순되는 일이었다. 왜냐하면 전자가 방출하는 빛은 원자 속을 회전하는 전자의 궤도에 의해서 정해지기 때문이다. 만약 전자가 특정 진동수의 빛밖에 방출하지 않는다면, 전자의 궤도도 특정한 궤도밖에

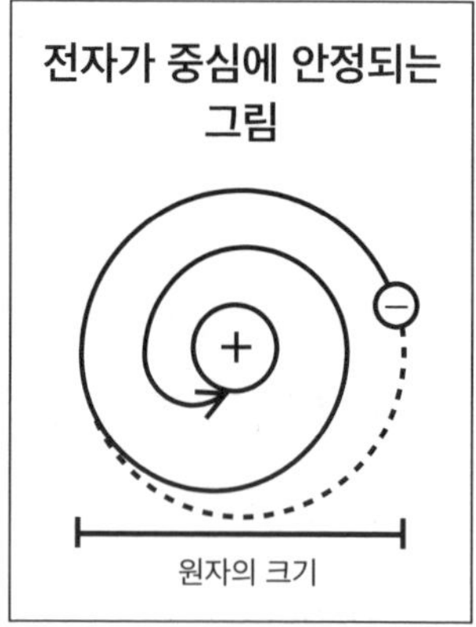

얻을 수 없게 된다. 상식적으로 생각하면 궤도의 변화는 반드시 '연속적'이어야만 하므로, 그렇게 되면 이 '특정 진동수의 빛'은 도저히 설명할 수 없다.

더 곤란한 점은 원자의 안정성을 설명하는 것이었다.

고전이론으로는 원자가 이 세상에 안정적으로 존재하는 것 자체가 설명할 수 없었다. 고전이론에 의하면 원자가 크기를 그대로 유지하기 위해서는, 원자 안의 전자가 중심에 있는 원자핵의 둘레를 계속 돌아야만 한다. 하지만 전자가 회전운동을 하면 전자는 빛을 연속적으로 방출하면서 순식간에 중심으로 빨려 들어가 원자가 순식간에 쪼그라들기 때문이다.

그때 등장한 것이 덴마크의 물리학자 닐스 보어였다.

보어는 다른 물리학자들이 '왜 원자는 안정되어 있을 수 있을까?'라는 생각을 뒤로하고, '원자는 안정적으로 존재한다'라는 당연한 사실에서 출발했다. 그리고 여기에 아인슈타인의 광양자가설, '빛은 $h\nu$에너지를 가진 입자'라는 사고방식을 도입하여 전자가 방출하는 빛의 스펙트럼을 잘 설명할 수 있는 이론을 만들어냈다. 그 이론은 '왜?'인가 하는 질문에는 전혀 대답할 수 없을 만큼 대담한 것이었다.

보어의 이론과 원자모형

① 전자는 특정한 불연속적인 궤도 위만을 회전한다. 그때 빛을 방출하지 않는다.

② 전자는 갑자기 다른 궤도로 전이할 때 빛을 방출한다.

③ 궤도의 불연속적인 상태는 $\oint pdq = nh \ (n = 1, 2, 3 \cdots)$로 정해진다.

보어의 원자모형

'왜?'라는 질문에는 답할 수 없었지만 보어의 이론은 전자가 방출하는 빛의 스펙트럼에 대해서 잘 설명할 수 있었다. 원자 안의 전자가 방출하는 빛의 진동수를 완벽하게 유도해냈기 때문이다.

드브로이는 다소 실망했지만 보어이론을 연구하면서 어떤 사실을 깨달았다. 그것은

왜 정수배인가?

하는 것이었다. 그때까지의 사고방식대로 전자가 입자라면, 이 실험에서 나오는 '정수배의 값'이 '왜'인지 아무런 설명도 할 수 없다. 하지만 잘 생각해 보면….

◆ 드브로이의 직감

그때 드브로이는 직감했다.

'파동'이라고 생각했던 빛을 '입자'로 설명할 수 있었다면, 현재 '입자'라고 믿고 있는 전자가 '파동'이어도 되지 않을까!

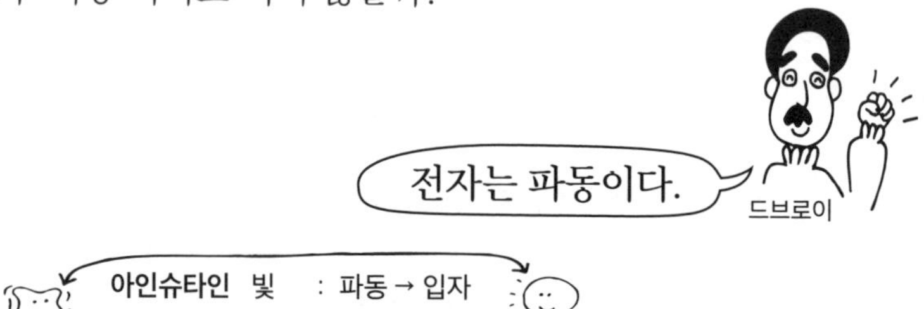

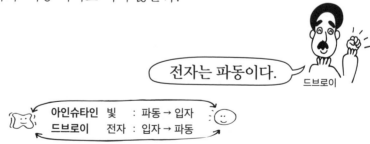

아인슈타인에 뒤지지 않는 대담한 발상이었다.

지금까지의 물리학에서 '정수배'는 '파동' 현상에서만 나타나는 특징이었다. 그런데 드브로이는 전자를 '파동'으로 생각하면, 전자를 '입자'라고 생각했을 때는 도저히 유도해낼 수 없었던 '왜 정수배인가?'라는 질문에 답할 수 있다고 확신했다.

◆ 푸리에 급수

'파동'이라는 단어를 들은 트래칼리 학생의 머릿속에 제일 먼저 떠오르는 것은 '**푸리에 급수**'일 것이다.

자네들,
푸리에 급수를
기억하나?
바론 드 푸리에Baron de Fourier
1768년 3월 21일생

푸리에 급수란, 반복성이 있는 복잡한 파동은 **정수배의 진동수**를 가진 단순한 파동의 합이라는 것이었다.

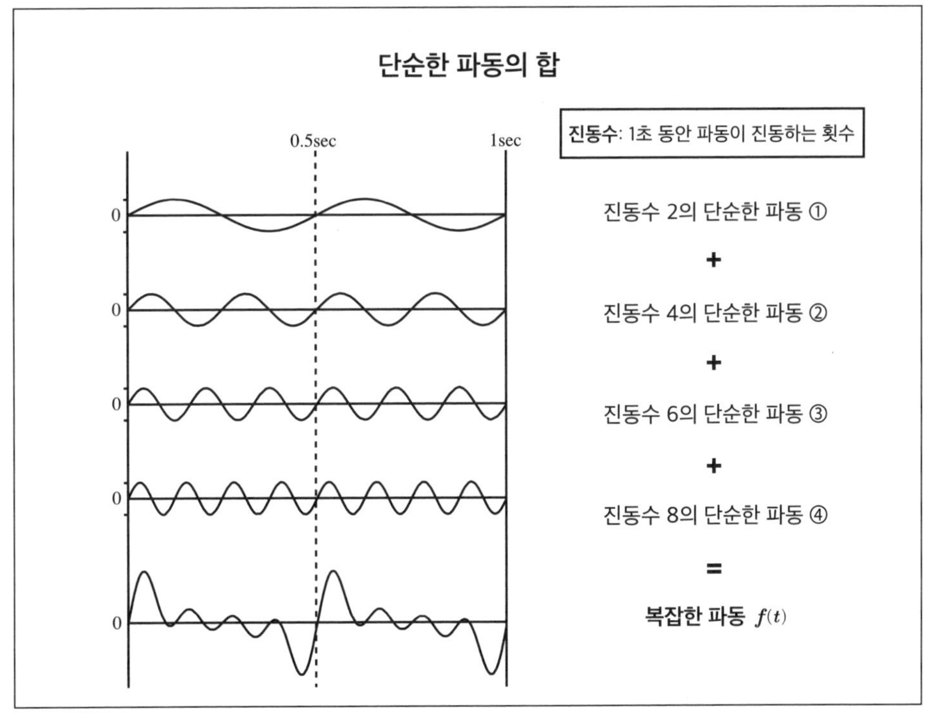

이것을 수식으로 쓰면 다음과 같다.

$$f(t) = \sin \omega t + \sin 2\omega t + \sin 3\omega t + \sin 4\omega t$$

이와 같이 푸리에 급수란 반복성이 있는 복잡한 파동은 기본 진동수(앞 페이지의 경우에는 2)인 정수배의 파동을 무한하게 더해서 나타낼 수 있다는 수학이다.

그러면 이 사실에 근거하여 전자를 '파동'으로 살펴보자.

원자가 가장 안쪽인 궤도를 생각해보자. 푸리에 급수 편에서 본 파동의 경우에는 평평한 가로축에 실린 파동을 더했다. 그런데 원자 궤도의 경우에는 궤도가 둥글게 닫혀 있기 때문에 원 위에 실린 파동을 생각하게 된다.

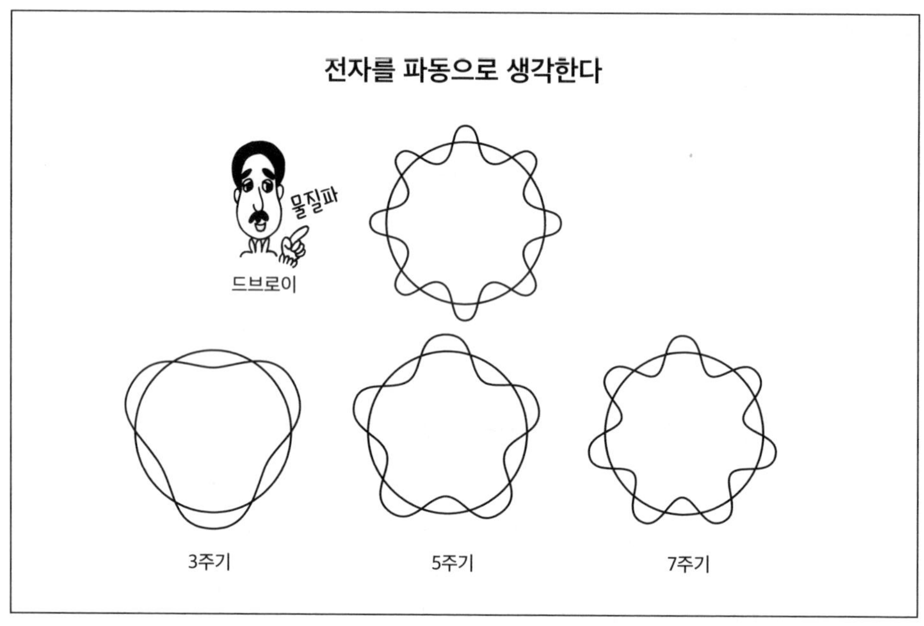

이와 같이 궤도상에서 파동이 정상적으로 존재하기 위해서는 파동이 진동

하는 횟수는 '반드시' **정수배가 되어야 한다**.

만약 파동이 진동하는 횟수가 정수가 되지 않는다면…,

파동은 이렇게 툭 끊어지게 된다. 이 경우 파동은 서로 약해져서 '정상적으로' 존재할 수 없다.

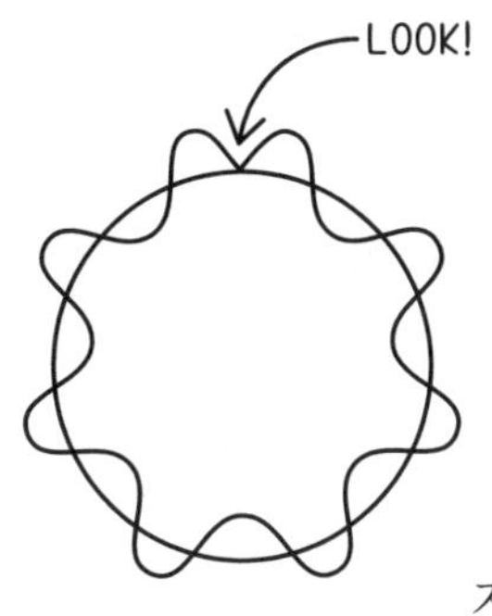

툭 끊어진다면 파동이라고 할 수 없을 것이다.

파동이라면 반드시 정수가 나오게 되어 있다.

드브로이는 떨 듯이 기뻤다.

드브로이

게다가! 이 이론을 뒷받침하는 실험도 발견되었다. 그때까지의 이론으로는 도저히 설명할 수 없었던 이 실험은, 전자를 '파동'으로 가정하자 깔끔하게 설명할 수 있었다.

이에 따라 드브로이의 '전자는 파동이다!'라는 대담한 가설은 멋지게 증명되어 노벨상까지 수상했다.

◆ 행렬역학과 파동역학

드브로이의 '전자는 파동'이라는 가설이 증명되고 노벨상까지 받았지만, 빛과 전자를 둘러싼 논의는 끝나지 않았다. 그 후로도 '입자 vs 파동' 대결은 계속 이어진 것이다.

에르빈 슈뢰딩거 Erwin Schrödinger
1933년 노벨상 수상

드브로이가 쓴 '전자는 파동'이라는 논문이 뜻밖의 곳에서 한 남자의 손에 들어간다. 그는 드브로이의 '전자는 파동'이라는 주장에 박차를 가해 양자역학의 또 다른 설립자가 된 에르빈 슈뢰딩거였다.

전자는 파동이라는 것 외에도 드브로이가 주장한 것이 한 가지 더 있었다. 그것은 그 '전자의 파동'이 '어떤 법칙을 따르는지 밝힐 수 있다'는 것이다.

전자가 '입자'일 경우 전자는 '뉴턴역학'이라는 법칙에 따라 움직임이 기술된다. 그런데 전자가 '파동'이라는 사실이 밝혀졌으니 당연히 그 파동이 따르는 법칙이 존재해야 했다. 드브로이는 뉴턴역학에 대응하여 그것을 파동역학이라고 이름 지었다.

슈뢰딩거는 이 '파동역학의 존재'에 매료되었다. 사실 슈뢰딩거는 평소 불만이 있었다.

닐스 보어

보어는 원자를 설명하기 위해서 지금까지의 이론으로는 생각할 수 없는 가설을 도입했다.

'전자의 궤도는 불연속적이다'

베르너 하이젠베르크
Werner Heisenberg
1932년 노벨상 수상

또 하이젠베르크는 원자 안의 전자의 움직임에 관해서 보어의 이론을 더욱 발전시켜 결국 '이미지를 가질 수 없다'라는, 물리학에 있어서는 모순된 발언을 하기에 이른다.

"'궤도가 있다'고 생각하기 때문에 상상할 수 없는 것이다. 원자 안의 전자가 어떻게 움직이는지는 보이지 않는다. 이미지를 갖지 않는다면 보어 이론의 문제점도 모두 해결된다!"

이렇게 말하며 원자의 스펙트럼 진동수와 강도를 모두 구할 수 있는 이론을 확립하고 **행렬역학**으로 완성시킨 것이다.

$$H(P,Q)\xi - W\xi = 0$$

'이미지를 가져서는 안 된다고!?'

'물질이 어떻게 움직이는지 머릿속에 떠올릴 수 있도록 설명하는 것이 물리학자의 본분이며, 이미지를 갖지 않는다는 것은 더 이상 물리학이 아니다!'

아무리 현상을 정확히 설명할 수 있다고 해도 하이젠베르크의 행렬역학은 이해하기 어려운 성격상 슈뢰딩거, 아인슈타인을 비롯하여 많은 물리학자의 반발에 부딪쳤다.

그래서 슈뢰딩거는 전자가 '입자'라는 데서 출발한 보어와 하이젠베르크의 이론에 대항하여, 전자는 '파동'이라는 사고방식에서 출발한 '파동역학'의 완성에 총력을 기울였다.

드브로이가 지적한 대로 전자를 파동이라고 생각하면 '전자의 궤도는 불연속적이 된다'라는 얼토당토한 주장을 하지 않아도 그것은 당연한 사실로 설명할 수 있다. 그렇다면 드브로이가 말하는 파동역학을 발견한다면 이미지를 버리라는 하이젠베르크의 끔찍한 주장도 타도할 수 있을지 모른다.

슈뢰딩거는 진지하게 그것을 생각해보기로 했다. 그리고 각고의 노력 끝에 마침내 **파동역학**을 완성하기에 이른다.

$$H\left(\frac{h}{2\pi i}\frac{d}{dx}, x\right)\phi(x) - E\phi\ (x) = 0$$

◆ 양자역학의 탄생

초반에 하이젠베르크와 슈뢰딩거의 대결은 슈뢰딩거의 압승으로 보였다. 누가 뭐래도 슈뢰딩거의 파동역학은 '이미지를 그릴 수 있다'는 강점이 있었기 때문이다. 그런데 슈뢰딩거의 파동역학도 전자의 수가 2개 이상으로 늘어나면 갑자기 이미지를 그릴 수 없게 된다는 사실을 깨달았다. 이렇게 되자 어느 쪽이 낫다고 할 수 없게 되었다. 같은 현상에 대해서 같은 결과를 얻을 수 있는, 전혀 다른 성질의 두 가지 식이 생긴 것이다.

각각 파동과 입자의 입장에서 출발한 두 사람의 이론. 입자와 파동이라는 서로 상반된 주장이 사실은 똑같은 것이라고 밝혀진 것이다. 왜 똑같을 수밖에 없을까?

그 비밀은 '**무한차원 직교함수계**'라는 수학에 있었다.

이것은 푸리에 급수에서 '단순한 파동의 합'을 '벡터의 합'으로 생각할 수 있는 수학으로, 이 공식을 쓰면 단순한 파동을 무한하게 더할 수 있게 됨에 따라 생기는 복잡한 파동을 '무한차원 공간상에 표현되는 하나의 벡터'로 나타낼 수 있다. 덧붙여 '무한차원 공간'은 '**힐베르트 공간**'이라는 별명으로도 불린다.

이렇게 해서 하이젠베르크와 슈뢰딩거 두 사람이 각각 제안한 두 이론은 힐베르트 공간을 사이에 두고 수학적으로 완전히 똑같다는 것이 증명되어, '**양자역학**'이라는 새로운 이론체계가 확립되었다.

3) 공명군

언어 전체를 '파동의 합'으로 나타내다

푸리에 급수라는 수학은 '언제나 전체'를 나타내는 개념으로 완벽한 예라고 할 수 있어.

반복성이 있는 복잡한 파동은,
정수배의 주기를 가진 단순한 파동의 합

대략적인 전체에서 세세한 부분으로라는 프로세스는 푸리에의 수학을 이용하면 단순한 파동을 하나씩 더함으로써 명쾌하게 표현할 수 있다. 파동을 계속 더해서 생긴 복잡한 파동은 그 시점에서의 언어 전체이고, 이처럼 더해지는 가운데 그 전체는 점점 세세한 부분을 가진 전체가 되어간다.

언어를 말할 수 있게 되는 자연의 프로세스는 '부품의 덧셈'이 아니라, 항상 전체에 새로운 전체가 거듭되는 것 즉 '파동의 합'이다.

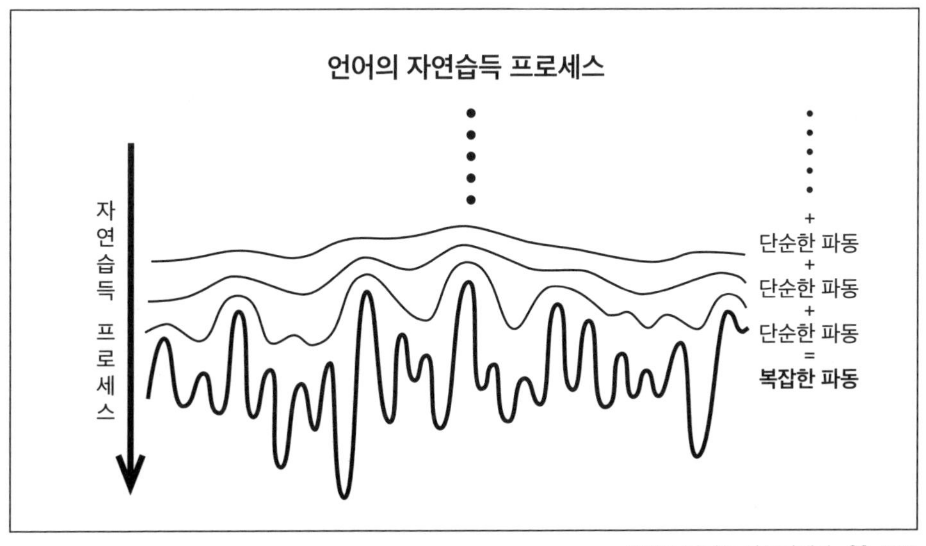

정말이네! '대략적인 전체에서 세부적인 내용이 더 확실한 전체로' 변화하는 모습이 잘 보여. 대단해!

그때였다.

"언어는 공명군이다!"

이렇게 뒤에서 큰 소리로 외친 사람이 있었다. 돌아보니 그것은 다언어활동의 제창자이자 우리 트래칼리의 '사이슈[祭酒]'였다. 사이슈는 중국에서 대학의 학장을 가리키는 말로, 우리 학장님은 보기 드문 주당이라 핑계거리만 생기면 학생들을 불러 모아 술자리를 만들곤 했다.

언어는 전체가 하나의 공명군

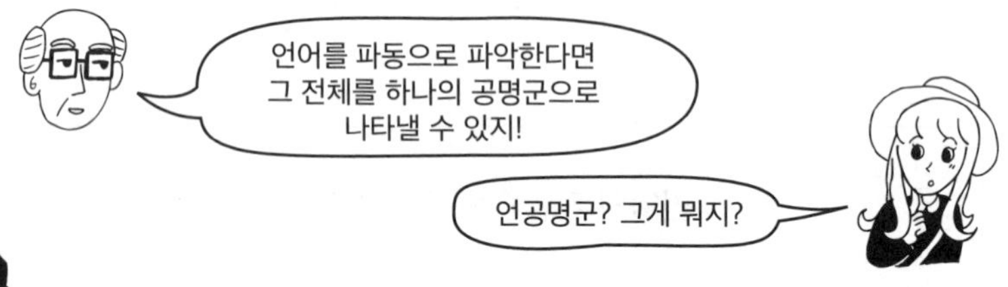

언어를 파동으로 파악한다면
그 전체를 하나의 공명군으로
나타낼 수 있지!
언공명군? 그게 뭐지?

과연! 그거 재미있는데요.

'공명'이란…

공명이란 어떤 진동에 대해 다른 것이 동조하여 진동하는 물리현상을 말한다.

'소리'는 '공기의 진동'이다.

알기 쉬운 예를 들면 기타 줄의 공명이 있다. 기타는 보통 6줄이다. 각 줄의 조율을 마친 후 가장 굵은 줄을 딱 한 곳만 울려보자. 이때 다른 5줄에는 닿지 않도록 주의한다. 그러고 나서 소리를 울렸던 가장 굵은 줄을 건드려 소리를 멈추게 한다. 그러면 어떻게 될까? 다른 줄은 전혀 건드리지 않았는데도 마치 울린 줄의 여운처럼 작은 소리가 울린다.

사실상 건드리지도 않은 가장 얇은 줄이 울리는 것이다. 이것이 '공명'이다.

가장 굵은 줄과 가장 얇은 줄은 양쪽 다 '미'음인데 정확히 2옥타브 차이가 난다. 이것을 주파수로 보면 낮은 '미'음의 기본주파수는 대체로 80Hz이다. 그리고 2옥타브 높은 소리는 그 주파수의 배의 배, 즉 320Hz 정도이다. 원래 음원 주파수의 4배가 되는 것이다.

이처럼 공명은 발신원의 주파수인 '정수배'의 파동이 자연스럽게 동조함으로써 일어난다.

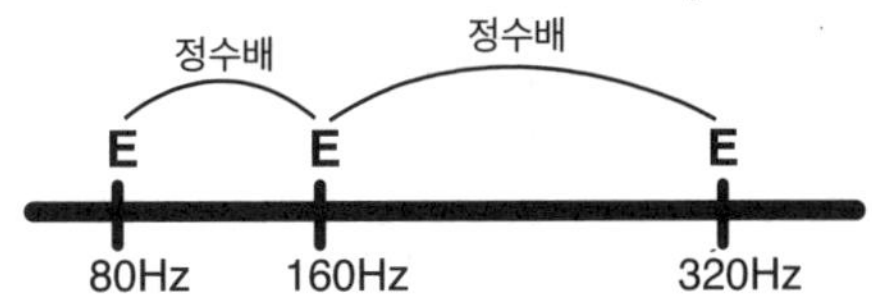

대지진이 일어났을 때 가교가 크게 흔들리는 영상을 본 적 있을 것이다. 그것도 원리는 같다. 지진의 진동주기와 가교가 갖는 주기가 동일해지면(정수배), 가교는 마치 기타 줄의 상태처럼 된다. 일단 흔들리기 시작하면 그 진폭은 '파동의 합'에 의해 점점 증폭되어 저런 일이 발생하는 것이다.

흠. 음악을 큰 음량으로 들으면 책상이나 의자가 덜컹 울리는 것도 같은 원리인가?

그래 맞아.

하지만 그것과 '언어는 공명군'이라는 게 무슨 관계라는 거지?

푸리에 급수를 잘 생각해보면 금방 알 수 있을 거야.
푸리에 급수는 '복잡한 파동은 단순한 파동의 합'이잖아? 하지만 그 '복잡한 파동'이라는 것은 '반복성이 있는 파동'으로 한정되어 있어. 그렇다면 각각을 더한 단순한 파동은 아래의 그림처럼 반드시 '기본주파수의 정수배의 파동'이 되겠지?

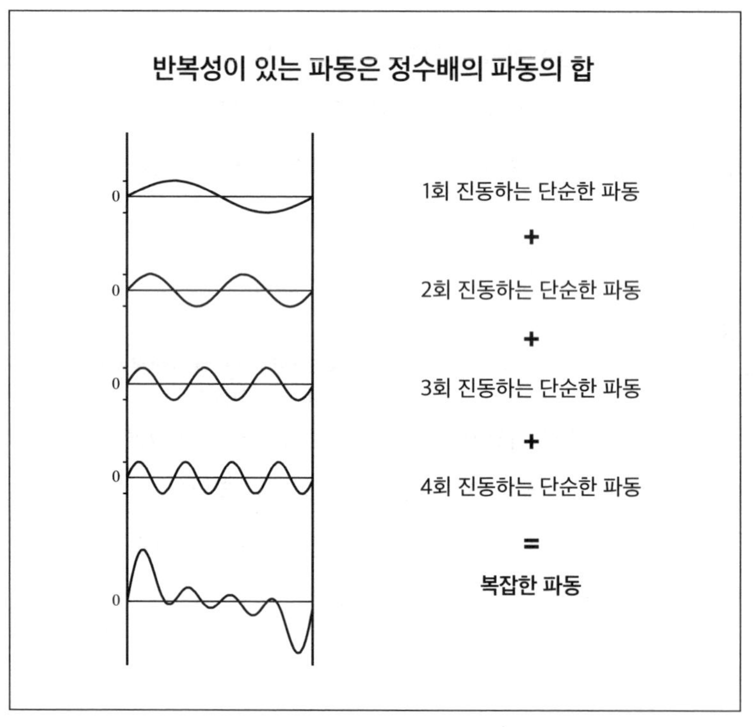

그렇구나, '정수배'의 파동의 합이 돼. 그렇다면 복잡한 파동은 그 전체가 하나의 공명군이라고 할 수 있어. 다시 말해서 언어도 전체로 보면 일종의 공명군이라고 생각할 수 있다는 거잖아.

그렇게 생각하면 다양한 언어현상을 설명할 수 있을 것 같아. 예를 들어 여러 가지 언어 테이프를 듣고 처음에는 어느 나라 말인지조차 구별할 수 없었던 히포의 신입 멤버가 시간이 흐르면 자세한 의미는 몰라도 어느 나라 언어인지 확실히 구별할 수 있게 되잖아. 그것도 공명현상으로 설명이 돼.

각국의 언어를 특정 진동수의 공명군이라고 가정하면, 처음 들었을 때는 자기 안에 그 언어에 공명하는 줄이 없기 때문에 전혀 울림이 없어. 아무것도 모르는 거지. 그런데 한참 그 언어에 접촉하고 있으면 어느새 내 안에 공명할 수 있는 줄이 생기는 거야. 그 순간 공명하기 시작해서 '앗, 이건 OO어구나'라는 걸 알게 되는 거지.

그렇다면 언어의 자연습득이란, 공명할 수 있는 줄을 내 안에 만들어서 하나의 공명군을 만들어내는 것이라고 볼 수 있지 않을까?

그렇구나. 재미있네.

앗!!

그러고 보니 그때의….

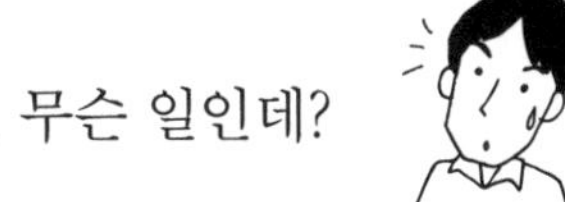

왜. 무슨 일인데?

"나, 러시아의 나홋카에 갔을 때 체험한 일이 떠올랐어."

환경 속에서 이끌려나온 음성

덜렁이 4명이 일본을 떠나 제일 처음 도착한 곳은 니이카타 공항에서 비행기로 1시간 40분 거리에 있는 하바롭스크 공항이었다. 그곳에는 현지안내인인 금발미녀 마리 씨가 마중을 나와 있었다. 그리고 우리는 마리 씨와 함께 무려 16시간이나 시베리아 철도를 타고 나홋카로 향했다.

열차 안에서의 첫 식사시간. 우리가 할 수 있는 말은 거의 없었다.

"푸쿠즈나Вкусно(맛있어)!"

"오칭 푸쿠즈나Очень Вкусно(정말 맛있어)!"

별로 맛있지도 않은데 불쑥 그런 말이 튀어나왔다.

영어를 할 줄 아는 마리 씨는 우리가 조금이라도 러시아를 하면 활짝 웃으며 칭찬해주었다.

러시아어를 잘하네요.

마리 씨가 이런 말을 러시아어로 했던 것 같다. 그 순간이었다. 내 입에서,

잇쇼비!

라는 말이 튀어나온 것이다.

그 말을 들은 마리 씨는 눈을 동그랗게 뜨고 굉장한 반응을 보이며 놀라워했다.

그 표정은 마치 '세상에!'라고 말하는 것 같았다. 그때 나는 깨달았다.

Ещё бы?
오!오!!

"이 말은 이런 상황에서 하면 되는 말이구나."

"그게 무슨 뜻인데?"

이렇게 묻는다면, 잘 설명할 수는 없다. 하지만 나는 그 소리가 언어로 작용하는 순간 갑자기 그 뜻을 깨달았다.

그때 무의식적으로 내 입에서 튀어나온 소리에 스스로 몹시 놀랐는데, 예전에 히포 동료들과 테이프를 듣고 따라하며 놀다가,

라고 말하면서 웃었던 적이 있다(一升瓶: 1.8리터짜리 병소주).

그저 테이프 속에 '그런 장면이 있다'는 정도였을 뿐이다.

그런데 그 후에도 기억도 안 나던 테이프의 러시아어가 어느 순간 입에서 튀어나오는 일이 종종 일어났다. 더구나 정확히 맞아떨어지는 상황에서 말이다.

이건 마치 공명 같지 않아요? 전혀 기억도 안 나던 소리가 멋대로 입에서 튀어나오잖아요. 그때는 그저 별 신기한 일도 다 있다 정도로만 생각했는데.

그런데 잘 생각해보면 언어라는 건 본래 그런 게 아닐까요? 보통 친구와 대화할 때도 미리 할 말을 정해놓고 하는 일은 없잖아요. 일일이 의미를 생각하면서 말하는 일도 없어요. 그때그때의 상황, 이야기의 흐름 속에서 생각지도 못한 말이 입에서 튀어나오는 거죠.

내 안에 소리가 쌓여 있으면 그 의미를 확실히 알지 못하더라도 상황이 닥쳤을 때 공명을 일으켜서 반드시 튀어나오게 되어 있어.

그리고 그것이 제대로 작용했을 때, '이 소리는 이럴 때 하면 되는구나.' 하고 의미를 알게 되지.

맞아요! '의미'라고 하면 성인들은 단어장을 생각하기 쉬운데, 생각해보면 모음을 습득할 때는 'desk=책상'이라든지 'pencil=연필'처럼 개념이 확립되어 있지 않죠. 의미란 '전체 속에서 이루어지는 소리의 작용'이에요!

그러고 보니 우리 아이에게도 그런 일이 있었어.
큰아들 케이스케가 3살 반쯤 됐었나, 어느 날 저녁때 걸려온 전화를 냉큼 달려가 받더니 이렇게 말하는 거야.

"네, 여보세요. 히라오카입니다!"

그때까지는 '여보세요. 누~구? 할부지? 할부니? 어어? 아빠아?' 이런 식이었는데, 어느새 '히라오카입니다'라고 외운 것처럼 말하기에 놀라서 아내와 얼굴을 마주보았었지. 그런데 그 직후 수화기에서 얼굴을 떼고 확 돌아보더니 자기도 놀란 듯이 묻는 거야.

'아빠아, 내가 히라오카야?'

우리 부부는 웃다가 의자에서 굴러 떨어질 뻔했다니까.

자기가 말해놓고도 그 뜻을 물어보다니 너무 바보 같은 얘기지? 그런데 그 후로도 그런 일이 몇 번 더 있어서 신기했던 기억이 있어

하지만 지금 이렇게 생각해보니 그건 그 자리에 공명해서 고여 있던 음성이 저도 모르게 입에서 튀어나온 게 아니었나 싶어. 외부에서 보면 언뜻 바보같아 보이지만, 매 순간 케이스케의 내부에서는 굉장한 일이 일어나고 있

었던 거야.

아기들은 모국어를 습득할 때 이렇게 의식도 하지 못하고 반복적으로 들려오는 음성을 그 상황의 정보와 함께 통째로 몸으로 받아들이는 거지. 그리고 그것이 어느 순간 똑같은 상황이 되면 공명해서 생각지도 못하게 입에서 튀어나오는 거야. 그리고 그것이 잘 이루어졌을 때 '의미'로 자기 안에 쌓이는 거지.

우리의 체험을 통해서 아기의 방법이 점점 보이는 것 같아.

생물도 역시 공명군이야!

내 생각에 언어 전체를 '파동'의 공명군으로 볼 수 있다면, 생물도 똑같이 볼 수 있을 것 같아. 생각해보면 생물은 멋지게 전체가 조화를 이루고 있잖아. 그야말로 하나의 공명군이지 않아?

예를 들어 '스위치 연쇄반응'이라는 사고방식. 이것도 단순히 프로그램대로 스위치를 연쇄적으로 누른 결과 유전자가 발현하는 게 아니라, 유전자라는 줄이 전체적인 파동의 진동에 맞춰서 튕기듯이 발현한다고 생각할 수 없을까?

적어도 나는 그게 더 자연스럽게 느껴지고, '생명답다'는 생각이 들거든.

변화는 불연속적으로 일어난다

잠깐만! 지금 한 가지 굉장한 발견을 했어.

지금까지 살펴본 것처럼 언어의 자연습득 프로세스는 파동이 하나 하나 더해지는 것으로 묘사되었잖아? 그럴 때 자동적으로 따라 나오는 말이 있는 거 기억나지?

'변화는 언제나 불연속적으로 일어난다!'

전체 복잡한 파동을 이루려고 단순한 파동을 모두 다 합하면 반드시 정수배 주파수의 복잡한 파동이 돼! 그렇지? 전체 주파수 사이에서 일부 주파수를 갖는 파동을 찾기는 어려워. 그러니까 대략적인 파동은 각 새로운 구성의 파동이 더해져서 변하니까 전체였던 것이 변화해가는 프로세스는 조금씩 서서히 변화하는 것이 아니라 갑자기 확 새로운 전체로 바뀌는 거야. 즉 변화는 연속적인 것이 아니라 언제나 불연속적으로 일어나는 거지.

이것을 언어습득에도 적용하면, 말을 할 수 있게 되는 순간 갑자기 불연속적으로 확 변하는 거구나 싶어.

예를 들어

우리 집 막내 쇼타는 지금 두 살이야. 말을 많이 배우기는 했지만 아직 정확하지 않고 대충이지.

밖에 나가고 싶을 때는, "음마, 하."

밖에서 주스를 달라고 할 때는, "주쭈, 하."

숟가락을 원할 때는, "후깔, 워."

자음이 전부 다 빠진 것 같지만 또 구조는 다 제대로 있는 말투야. 처음부터 자음 발음이 제대로 될 리가 없으니까. 그 자리에 자음 발음은 어떻게 들어가는 걸까?

그런데 최근 '음마, 가'라고 말할 수 있게 됐다 싶더니, 그때까지 공백으로 있던 자리에 일제히 소리가 들어가기 시작한 거야.

"주쭈, 사줘."

"숟가락, 줘"

그 변화는 어느 순간 갑자기 찾아왔어. 그래서 부모도 "갑자기 또박또박 말을 하게 된 것 같네." 하면서 깜짝 놀라는 일도 적지 않대. 단어 하나하나에 조금씩 서서히 소리가 들어가는 일은 없어. 어느 날 갑자기 일제히 소리가 들어가고, 왕창 전체가 새롭게 다시 만들어지는 거지.

맞아요. 내 생각도 그래요. 부품을 하나씩 끼워 맞추고 더해서 되는 게 아니야.

그리고 이것은 언어뿐만이 아니라고 생각해요. 무언가를 발견하거나 할 줄 알게 될 때도 똑같은 메커니즘에 의해서 일어나는 게 아닐까요?

사실, 운전을 배울 때와 아주 똑같다고 생각해요!

운전면허학원에서 자동차 운전을 배울 때 꽤 귀찮고 힘들었어요. 운전을 시작하기 전에 일일이 시트 위치라든지 백미러의 위치, 사이드 미러의 각도 등등을 점검해야 하거든요. 게다가 주행을 시작하게 되면 기어를 바꿀 때는 다리는 이렇게 해라, 손은 저렇게 해라, 방향을 바꾸기 전에는 양쪽 방향을 봐라, 운전대를 돌릴 때는 양팔을 교차시켜라! 등등 옆에 앉은 강사가 일일이 지시를 해주잖아요. 그런데 이걸 한꺼번에 들으니까 기억할 리가 없잖아.

덕분에 머릿속에서는 '다음에는 어떻게 하는 거지?' 하고 작업순서만 신경 쓰게 되더라고요. 이러다가는 운전을 잘하게 될 리가 없다고 생각했어요.

"액셀을 좀 더 밟아!" 강사가 아무리 소리쳐도 시키는 대로 하다가 작업순서를 놓치게 돼서 어디 부딪치기라도 하면 어쩌나 하는 공포심이 가득해서 액셀 같은 건 밟을 수도 없었어요.

그런데 어느날 "에잇! 모르겠다." 하고 힘껏 액셀을 밟았을 때였어요.

그 순간 팔다리가 갑자기 유연하게 움직이기 시작하는 게 아니겠어요?

'다음은 어떻게 하는 거더라?' 하고 생각할 새도 없이 멋대로 팔다리가 움직인 것이죠.

"뭐야, 이렇게 운전하면 되는 거야?"

나는 그 순간 운전하는 방법을 깨우친 것 같았어요.

이런 경험이 누구에게나 있지 않을까요?

자동차를 운전할 때, 수영을 배울 때, 철봉을 하게 될 때 등 뭔가를 할 줄 알게 될 때 보통 그런 과정을 겪잖아요. 아기가 어느 날 갑자기 서게 되거나 걷는 것도 마찬가지일 거라고 생각해요.

인간이 뭔가를 이해하거나 할 줄 알게 될 때, 거기에는 '부분의 합'이 존재하지 않아요. 모든 요소를 전부 기억해야 전체가 되는 거라면, 인간은 분명 이해한다는 깨달음에 영원히 도달하지 못할 거예요. 부분의 합이라기보다는 어떤 한 지점을 깨달은 순간 그곳에서 '전체'를 발견하는 거죠.

새로운 전체는 모두 불연속적인 변화에 의해서 일어나는 것이라고 생각해요.

하나를 알면 전체가 보이는 일은 일상적으로 얼마든지 있는 일이잖아요. 말을 배우는 프로세스도 마찬가지라고 생각하니, 이것은 인간의 인식에 적합한 자연의 이치라는 생각이 들어요.

4) 대칭

' 파동'은 벡터이다!

그런데 지금까지 살펴본 현상을 좀 더 수학적으로 생각해보면, 더 재미있는 점을 발견할 수 있어. '드브로이 이야기'에서 잠깐 나온 건데, 푸리에 급수, 즉 '단순한 파동의 합'을 다른 수학적 형식을 빌리면 '벡터의 합'으로도 나타낼 수 있었어.

벡터? 그러고 보니 '파동의 법칙'을 할 때 한 것 같기도 해. 그렇지만 다 잊어버렸어.

이런! 그럼 안 되지.

벡터는 '방향'과 '크기'를 가진 '화살표'로 좌표축에 나타낼 수 있어. 예를 들어 1차원은 이런 식으로 나타낼 수 있지.

1차원의 벡터

자세한 설명은 생략하겠지만, 이 1차원의 좌표 상에 나타난 벡터는 푸리에에서 말하는 '단순한 파동 1개'와 수학적으로 완전히 똑같은 것을 의미해. 그리고 단순한 파동의 합은 좌표축에 차원의 수를 늘려간 벡터의 덧셈과 완전히 똑같아.

2차원의 벡터

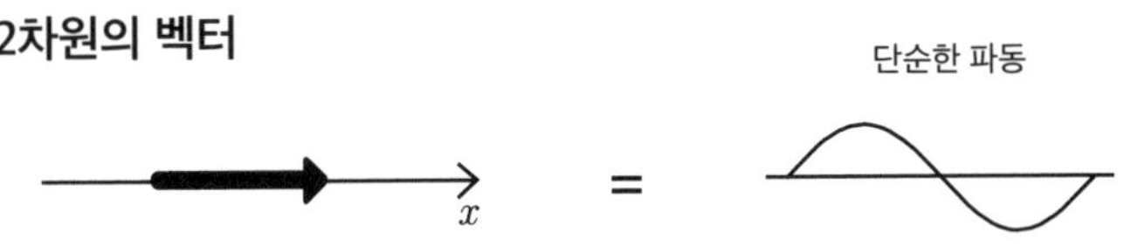

예를 들어 단순한 파동 2개를 더한다고 가정해볼게. 이것을 벡터로 나타내면 이런 식이야. 그림 속의 굵게 그려진 벡터는 2개의 단순한 파동을 더했을 때 생기는 복잡한 파동과 같은 의미야.

2차원 축에서 벡터의 덧셈과 단순한 파동의 덧셈

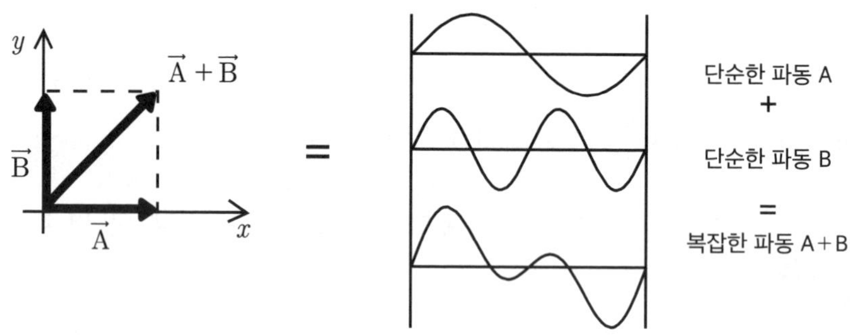

단순한 파동을 3개 더한 경우에는 이렇게 돼.

3차원 축에서 벡터의 덧셈과 단순한 파동의 덧셈

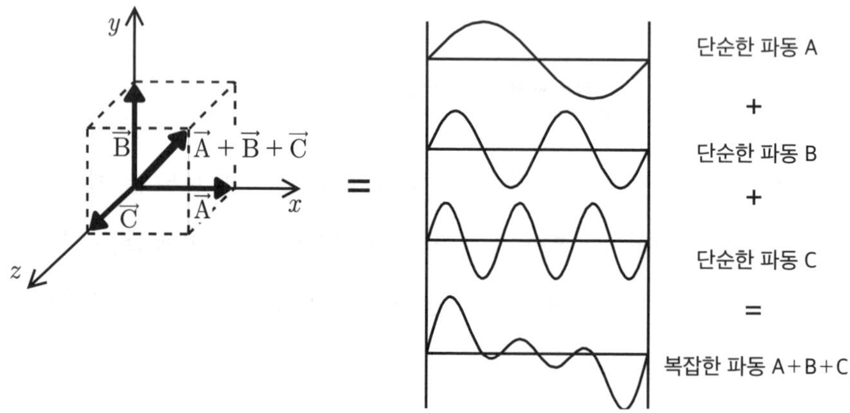

역시 굵게 그려진 벡터는 세 개의 파동을 더했을 때 생기는 복잡한 파동을 나타내지. 이렇게 직각으로 교차한 좌표를 '**직교좌표**'라고 해.

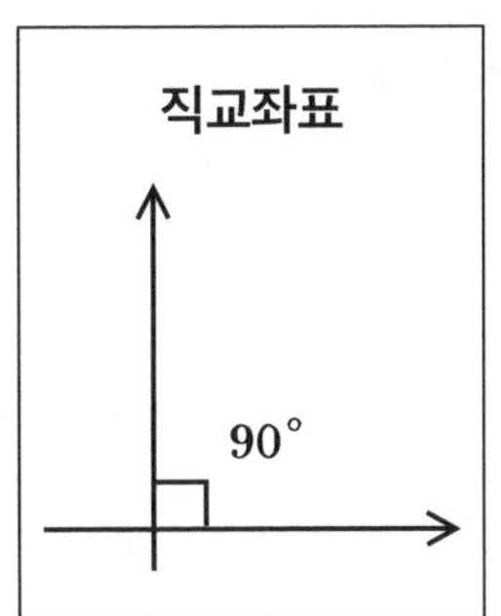

3차원까지의 축은 그래프를 보고 알 수 있듯이 직각으로 교차시켜 표현할 수 있어. 직교한다는 수학적 정의가 있는데, 그 정의에 대입하면 직교축은 한도가 없어. 즉 머리로는 3차원까지만 그려볼 수 있지만, 수학적으로는 몇 차원이라도 직교하는 좌표가 가능하다는 뜻이야.

푸리에 급수는 무한대의 파동을 더할 수 있다. 즉 벡터로 바꿔 생각하면 차원의 수를 무한대로 증가시키는 것과 같다. 무한대로 더해서 복잡해진 파동은 직교좌표계의 무한차원 공간으로 나타낼 수 있는 한 줄의 벡터와 같은 셈이다.

덧붙여 이 직교좌표 무한차원 공간을 '**힐베르트 공간**'이라고도 하는데, 데이비드 힐베르트의 이 정의가 양자역학 건설에 커다란 역할을 했다.

좀 어렵겠지만 포인트는 이거야!

단순한 파동을 더한다 = 직교축이 한 줄씩 늘어난다.

자세한 내용은 '파동의 법칙'에
쓰여 있으니까 한번 읽어봐!

전체가 순식간에 확 바뀌는 건
직교축이 한 줄만 들어가도 가능하다는 뜻이야.

대칭성은 질서를 나타낸다!

그런데 축에 관련해서 또 한 가지 흥미로운 사실이 있어. 바로 '**대칭성**'에 관한 내용이야.

자연과학, 특히 물리학의 세계에서는 물질의 자연적 질서를 기술하는데 이 '대칭성'이 본질적인 역할을 한다. 이론의 성공여부는 이론이 기술하는 구조에 대칭성의 유무에 달려 있을 정도로 중요한 개념이다. 자연과학자들에게는,

대칭성=질서

인 것이다. 특히 물리학자 입장에서 자연현상은 질서, 다시 말해서 대칭성을 나타내는 것으로 여기기 때문에 처음부터 그들은 자연에서 대칭성을 찾기 위해 노력한다.

대칭성이란 무엇일까?

예를 들어 정사각형을 90도 각도로 회전시키면 똑같은 정사각형이 된다. 정삼각형을 120도 각도로 회전시켜도 완전히 똑같다. 수식에서도 변수 x, y의 함수 x^2+xy+y^2은, x와 y의 자리를 바꾸어도 답이 바뀌지 않고, 이 변환을 2번 반복하면 원래의 수식으로 돌아온다. 이렇게 몇 번이나 반복해도 아무 일도 없었던 것처럼 처음으로 돌아오는 것을 대칭성이 있다고 표현한다. 즉 질서에는 그런 성질이 있다는 뜻인데, 에너지보존법칙이나 운동량보존법칙 같은 물리학의 기본법칙도 이러한 대칭성의 원리에 따라 유도

된다.

물리학이나 대칭성이라는 말이 어렵게 느껴지겠지만 이것은 사실상 인간이 평소 사물을 어떻게 인식하는가 하는 구조 자체라고 할 수 있다. 자연과학이란 언뜻 복잡하게 보이는 자연현상 속에서 질서를 찾는 것인데, 이것은 좀 더 넓은 의미에서 '인간이 자연 전체를 어떻게 이해하는가'를 뜻한다. 그 중심이 '대칭성'이므로 따지고 보면 인간의 인식구조, 즉 '이해한다' 혹은 '안다'는 것은 '전체를 대칭적인 구조로 이해한다'는 뜻이다. 전체 속에서 대칭성을 발견했을 때 우리는 비로소 '이해했다'고 생각한다.

이런 관점으로 언어를 살펴보면 아기가 자연스럽게 말을 습득하는 구조 속에도 이 '대칭성'이 중요한 역할을 한다는 것을 알 수 있다.

대칭적인 것을 쌍으로 발견한다

코오스케가 2살 반일 무렵에 재미있는 일이 일어났어.

산책 도중에 '안아줘, 안아줘'라고 떼를 쓰며 한걸음도 움직이지 않아서 할 수 없이 안고서 한참 걸어야만 했어. 하지만 아이가 두 살이나 되다 보니 무거워서 안고 걷기가 힘들어 안는 모양새가 점점 흐트러졌을 무렵, 이번에는 엉덩이를 움찔거리며, '무거워, 무거워'라고 말하기 시작하는 거야.

뭐라고? 무거운 건 나다!! 싶었지.

"무거운 건 누구?"

조금 냉정하게 물어보자 "아버지." 하고 대답하는 거야.

"그럼 코오스케는?"

"가벼워!"

이 말을 듣고 나는 앗차 싶었어.

"이게 바로 대칭성이구나!"

무겁다는 것을 알기 위해서는 동시에 그 대칭의 뜻인 가볍다는 것이 무엇인지 알아야만 한다. 무거움의 의미는 대칭이 되는 '가벼움'을 논하지 않고는 정의내리기 어렵다. '무겁다' '가볍다'라는 대칭적인 것을 쌍으로 발견했을 때, 비로소 인간은 '무거움'이 무엇인지 이해할 수 있다는 생각이 들었다.

여기서 재미있는 점은 '무게'에는 '대칭적'인 기준이 없다는 점이다. 예를 들어 여기에 《수학 언어로 건축을 읽다》라는 한 권의 단행본이 있다고 가정하고, 그 책의 무거움에 관하여 논해보자. 이 책은 무거울까? 가벼울까?

그런데 단 한 권의 책에 대해서 무게를 논하는 일은 아무런 의미가 없다. 비교할 대상 없이는 대답할 수가 없는 것이다. 예를 들어 문고본에 비해서라면 《수학 언어로 건축을 읽다》는 '무겁다'고 할 수 있지만, 《세포의 분자생물학》처럼 두툼한 책에 비해서는 '가볍다'고 할 수 있다. '대칭축'이 어디에 걸쳐져 있는지에 따라서 '무겁다'는 말의 의미가 결정된다.

'아름답다' '맛있다' '밝다'라는 말의 의미도 마찬가지이다. '의미'라는 것은 항상 전체 속에서 대칭축을 어디에 걸치고 있는지에 따라서 결정된다.

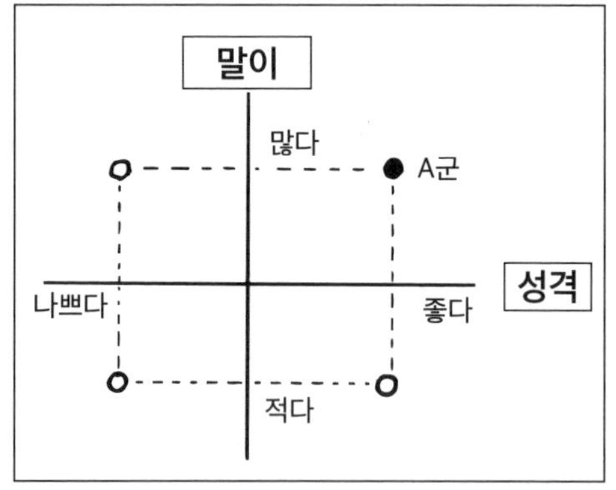

'A군은 성격이 좋지만 말이 많다'라고 표현하는 경우, 듣는 사람

은 무의식적으로 '성격'과 '말이 많다'라는 대칭축을 만들어서 A군의 위치를 그 사이에 놓게 될 것이다.

많은 사람들 속에서 A군이라는 사람을 정의하려면 2개의 대칭축만으로는 부족할 수도 있다. 그럴 때는 '남자와 여자' '크다, 작다' 등 다른 사람과 구별할 수 있는 대칭축을 추가하면 된다.

이렇게 생각한다면 '의미'라는 것은 본질적으로 대칭적인 구조를 가진 '전체' 속에서 정의내릴 수 있다. 역설하면 전체를 대칭 구조로 파악했을 때 우리는 비로소 '이해'를 경험한다고 할 수 있다.

언어의 자연습득 프로세스란 언어 전체 속에서 '대칭축'을 발견하고 겹쳐가는 프로세스가 아닐까? 앞에서 직교축을 한 줄씩 추가한다는 내용을 살펴봤는데, 이것을 인식의 측면에서 표현하면 대칭축을 한 줄씩 추가하는 것이 아닐까?

대칭성이란 질서이다. 언제나 전체를 알고 있다는 것은, 인간은 언어 전체를 항상 질서로 인식한다는 뜻일지도 모른다.

언어의 음성은 아름다운 질서

생각해보면 갓 태어난 아기가 아무런 고통도 없이 당연한 듯 자라나는 환경의 언어를 할 수 있게 되는 것이 신기하지 않아?

왜냐하면 아기는 인공적인 커리큘럼을 따라 기초부터 순서대로 배우는 일도 없고 노력도 하지 않잖아. 머리의 좋고 나쁨에 상관없이 말할 수 있게 되는 걸 보면, 역시 인간은 대단하지? 그런데 생각해보면 언어라는 게 원래 그런 거잖아. '외국어'를 기술적인 개념으로만 인식하기 때문에 우리 어른들은 언어를 어렵다고 치부하는 경향이 있어. 하지만 본래 자연환경 속에서 인간은 누구나 그곳을 날아다니는 언어를 모국어로 습득할 수 있어.

그럼 이번에는 그것이 무엇을 의미하는지 한번 생각해보자!

어떻게 인간은 아무런 고충 없이 말을 할 수 있게 되는 걸까?

그것은 어떤 언어든 인간의 의식이 이해하기 쉬운 구조로 되어 있기 때문일 것이다. 앞에서 인간은 언어를 질서로 의식한다는 내용을 살펴봤는데, 좀 더 자세히 말하면 언어 음성 자체가 인간의 의식에 적합한, 매우 간명하고 아름다운 질서를 가진 소리의 그룹이라는 뜻이 아닐까?

만약 언어가 무작위적인 소리의 나열이었다면 인간은 언어를 배울 수 없을 것이다. 그리고 인간이 그런 언어를 만들어냈을 리도 없다. 아무리 복잡해 보이는 언어에도 배후에는 간단명료하고 아름다운 질서가 숨어 있다. 그렇기에 인간은 그 질서를 쉽사리 발견하고, 실패하는 일 없이 언어를 배우게 되는 것이다.

결국 인간도 자연 현상이다. 따라서 그 인간이 말하는 언어에 숨어 있는 질서 역시 자연의 질서일 것이다.

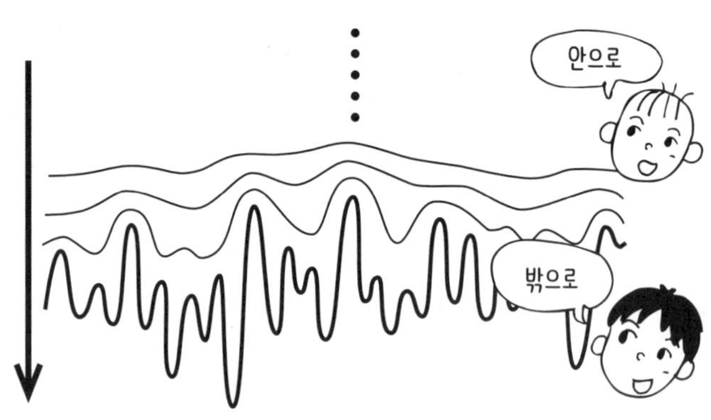

5) 일본어의 5모음에 보이는 자연의 질서

학장님의 예측

언어의 음성은 아름다운 대칭성을 나타내지!

트래칼리의 연구테마 중 하나인 '음성필드'는 학장님의 이 한마디 말에서 시작되었다. 일반적으로 언어는 '의미'라는 상당히 주관적인 영역을 포함하기 때문에 '객관적'으로 자연을 서술하는 자연과학의 영역과는 거리가 멀다. 하지만 '음성'이라는 측면에서 보면 그것은 공기 속에서의 진동이라는 물리적 현상이므로 그 '물리량'을 정량적으로 측정해낼 수 있다.

트래칼리에서 하는 음성 분야의 연구 목적은 언어를 만들어내는 음성을 분석하여 언어에 숨어 있는 자연의 질서를 정량적으로 기술하고자 하는 것이다.

제일 먼저 관심을 가진 것은 '모음'인데, 우리는 일본어의 5모음에서 훌륭한 대칭 구조를 발견했다. 여기서는 그것을 소개하려고 한다.

일본인이라면 누구나 알다시피 일본어에는 아, 이, 우, 에, 오 이렇게 5개의 모음이 있다. 그런데 이것은 누가 결정한 것일까? 옛날에 일본이라는 나라가 생겨날 때 누군가가 '일본은 아, 이, 우, 에, 오 5모음으로 하자'라고 결정했을 리는 없다. 7모음이 아닌 5모음, 그리고 그것을 아, 이, 우, 에, 오로 하자고 정한 사람은 없다. 일본어가 성립된 긴 여정 속에서 무의식중에 모음으로 선택된 소리가 아, 이, 우, 에, 오의 5모음이었을 뿐이다.

그렇다면 왜 이 5모음이어야만 했던 것일까?

그 이유는 아무도 모르지만 한 가지 분명하게 말할 수 있는 것이 있다. 인간이 긴 역사 속에서 무의식적으로 선택해온 것이 아, 이, 우, 에, 오 5모음이라면, 거기에는 자연의 질서를 반영한 아름다운 구조가 있을 것이라는 확신이다.

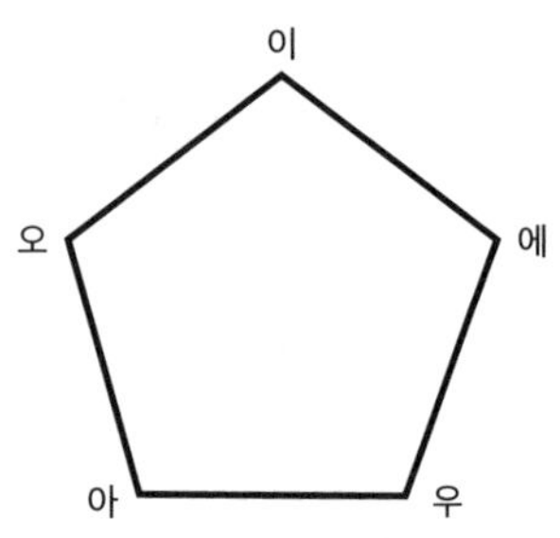

이것을 최초로 예측한 사람은 학장님이었다.

트래칼리에서 하고 있는 모음 연구는 학장님이 제안한 대담한 가설,

'일본어의 5모음은 정오각형으로 분포된다'

라는 말이 계기가 되었다. 내용은 단순하다. 음성의 차이란 그 변별이 목표이기 때문에 5개의 모음은 서로 가장 먼 위치에 분포할 것이고, 그 이상적인 배치가 정오각형이라는 것이다.

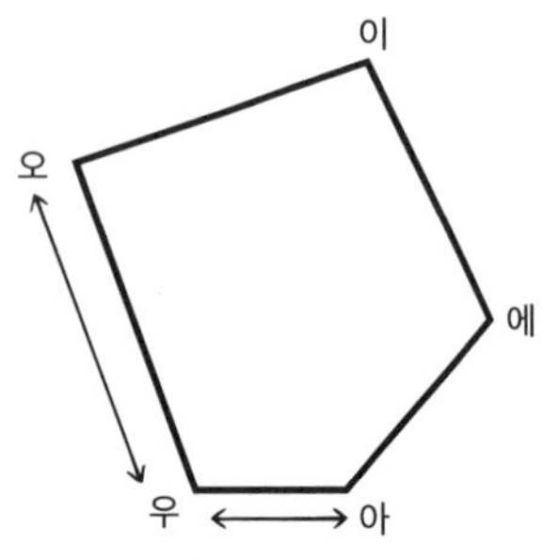

만약 이렇게 분포되어 있다면 오와 우는 충분히 떨어져 있으므로 변별하기 쉽지만, 우와 아는 너무 가까워서 변별하기 어렵다.

하지만 아무리 생각해도 그것은 말이 안 되는 것 같았다. 각각의 모음은 입으로 소리 낼 수 있는 범위 안에서 서로 균일한 거리로 떨어져 있을 테니 가장 이상적인 분포는 정오각형이라고 생각한 것이다.

언어음성의 정량적 분석

언어음성의 정량적 분석에는 푸리에의 수학이 매우 효과적이다.

음성은 공기 속을 전달하는 소리의 파동이다. 마이크에 대고 "아~" 하고 말하면 그 소리는 오실로스코프 기계를 통해서 '복잡한 파동'으로 볼 수 있다.

일본어 '아'의 파형

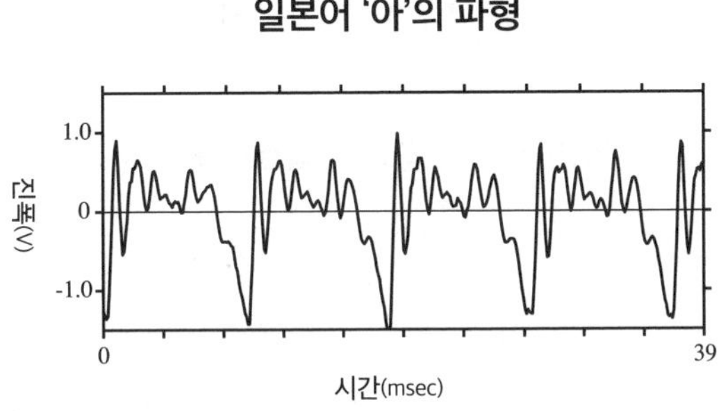

음성 파형에 어떤 특징이 있는지 연구하기 위해서는 복잡한 파동을 단순한 파동으로 분해해서 조사해야 한다.

그 파형을 컴퓨터를 이용해 푸리에 변환하면 어떤 주파수의 '단순한 파동'이 얼마나 포함되어 있는지 알 수 있다. 그것을 나타내는 그래프가 '스펙트럼'이다.

일본어 '아'의 스펙트럼

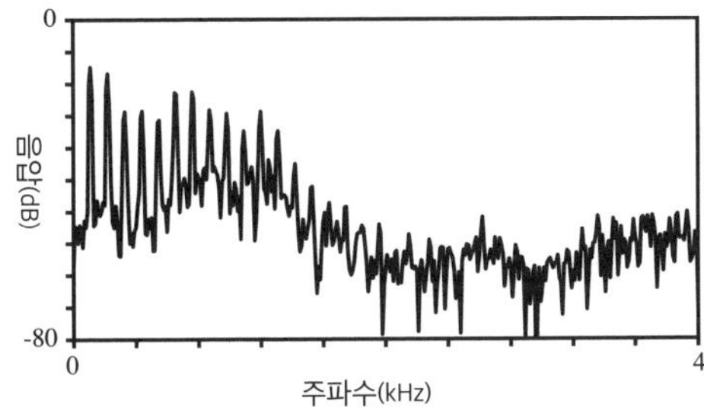

'아' 음의 스펙트럼 파형은 이런 모양이다.

그래프의 가로축은 주파수kHz, 세로축은 음압dB이다. 음압은 단순한 파동의 진폭(파동의 높이)에 비례하여 진폭이 클수록 소리도 커진다.

이 스펙트럼을 보면 몇 개의 산 모양이 되었다. 단순한 파동의 분량이 특히 많은(음압이 높다) 주파수 영역이 있는 것을 알 수 있다. 이것들은 **포먼트** formant라고 하는데 주파수가 낮은 것(그래프의 왼쪽 부분)부터 순서대로 제1포먼트(F_1), 제2포먼트(F_2), 제3포먼트(F_3)… 라고 한다.

일본어 각 모음의 스펙트럼과 특징

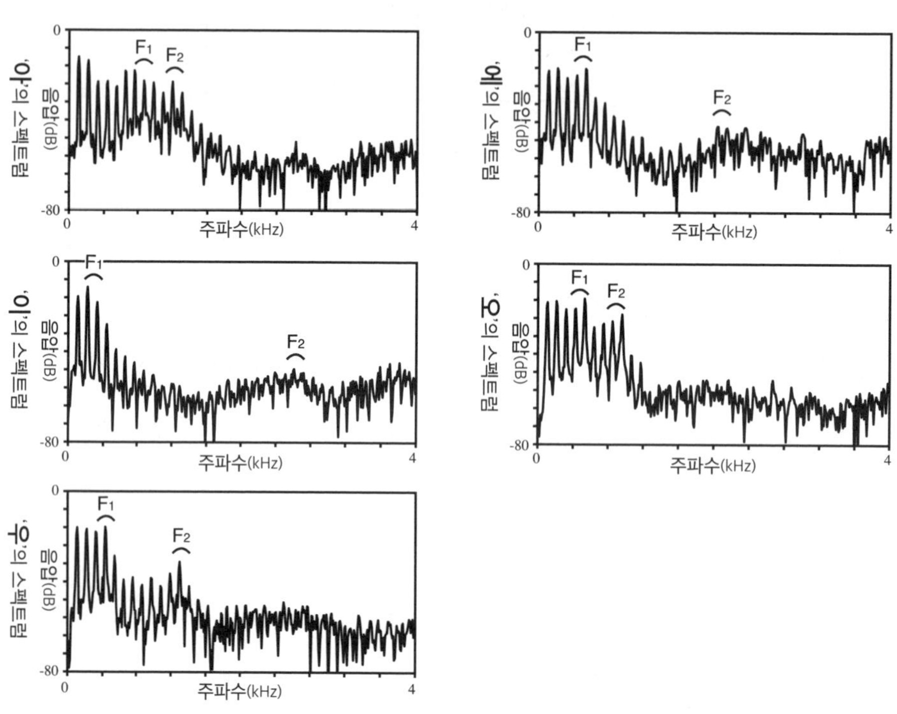

모음마다 F_1과 F_2의 주파수는 크게 다르지만, F_3 이후에는 어느 모음이든 큰 차이가 나지 않는다. 여기서 추측할 수 있는 것은 '모음의 특징'이 F_1, F_2

에 의해 결정된다는 것이다. 이 부분은 전부터 전문가도 지적한 바가 있는 내용이다.

트래칼리에서 일본인 남녀 각 25명의 일본어 5모음 아, 이, 우, 에, 오에 대해서 이 F_1, F_2를 측정해보았다. 그 결과를 남녀 각각 평균을 내어 1차원 대수 주파수 축상에 나란히 표시하면 아래 그림과 같다. 대수축에 표시하는 이유는 주파수에 대한 인간의 인식이 거의 대수적이기 때문이다.

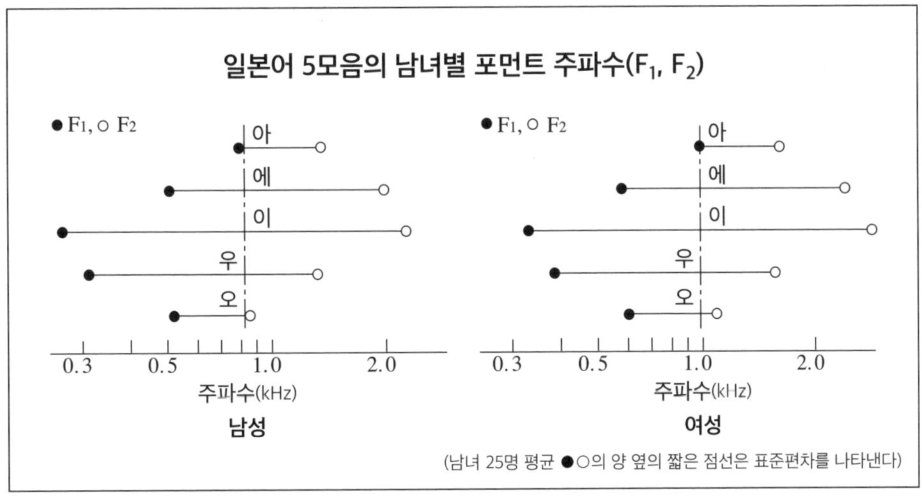

이 그림을 보면 5모음이 '대칭' 구조를 가졌다는 것을 한눈에 알 수 있다.

그림 중 세로의 점선 ------은 남녀 모두 모음 이의 F_1, F_2의 중간 위치에 그은 것이다. 이 선을 기준으로 아와 오, 에와 우가 '좌우대칭'인 위치 관계에 있다. 또 '아와 에'와 '오와 우'는 F_1, F_2의 간격이 '짧거나 길다'는 의미에서 대칭이다.

남성과 여성을 비교하면 각 모음의 F_1, F_2 주파수의 값 자체는 다르지만 (여성 쪽이 남성보다 높다), 위와 같은 대칭성은 똑같이 성립되고 있다.

포먼트 다이아몬드 형태를 찾아서

이렇게 일본어 5모음은 이イ를 기준으로 '오른쪽이거나 왼쪽이거나', 그리고 간격이 '짧거나, 길거나'에 대해 대칭적이다. 이것을 좀 더 정밀하게 나타내기 위해서 수식을 사용해 아래와 같이 변환하여 F_1, F_2 주파수에 대입해 풀어보자.

$$X = \frac{(f_1 + f_2 - I_+)}{I_-}$$
$$Y = \frac{(f_2 - f_1)}{I_-} \qquad \cdots\cdots (1)$$

f_1, f_2는 각각 F_1, F_2 주파수의 대수값, I_+는 모음 이의 f_1, f_2의 합이고, I_-는 모음 이의 f_2와 f_1의 차이이다.

x는 각 모음의 중심이 모음 이의 중심과 어느 정도 떨어져 있는가에 대한 상대적인 '위치의 기울기'를 나타내고, y는 모음 이의 f_2와 f_1 간격에 대한 각각 모음의 f_1과 f_2의 '간격의 비율'을 나타낸다. 이 수치를 x, y좌표로 표시하면 일본어의 남녀 5모음은 오른쪽 그림처럼 된다. 이것을 트래칼리에서는 '포먼트 다이아몬드'라고 부른다.

일본어 5모음의 포먼트 다이아몬드

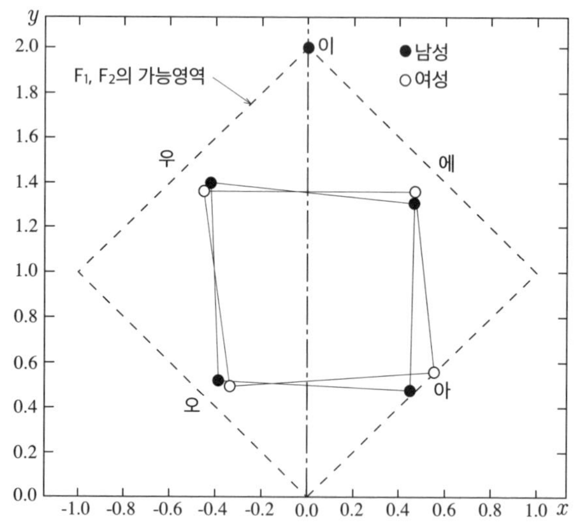

아, 에, 오, 우가 거의 정사각형을 이룬다. 즉 각 모음은 보기에만 대칭관계인 것이 아니라 각자의 모음 '이'에 대한 x(위치의 기울기)와 y(간격의 비율)라는 실제 수치에 대해서도 대칭을 이룬다는 뜻이다.

가장 대칭적인 배열 가능성

여기서 일본어 5모음에 관한 또 한 가지 중요한 성질이 있다.

왼쪽 그림에서 아, 에, 우, 오에 의해 모양이 만들어진 정사각형이, 점선으로 표시되는 마름모꼴의 영역 내에 가득 퍼져 있다. 이 점선은 'F_1, F_2 주파수의 가능범위'이다.

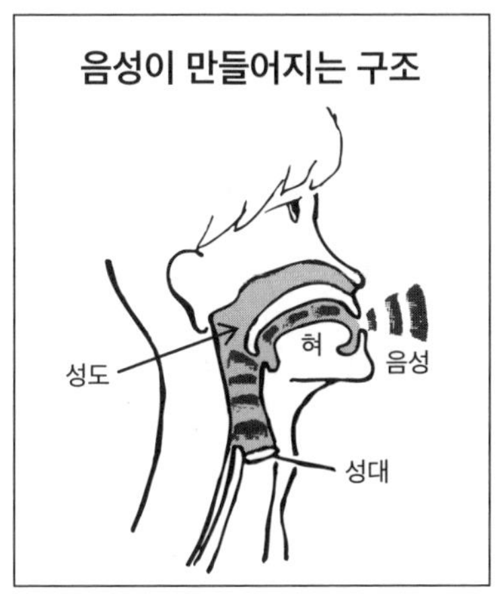

포먼트란 인간의 성도(구강과 목구멍의 내부)가 성대로 만들어진 소리의 특정 주파수에 '공진'함으로써 만들어진 것이다. 성도의 형태가 변하면 공진하는 주파수도 변한다. 그것은 곧 모음에 따른 포먼트 주파수의 차이로 나타난다.

포먼트가 이렇게 인간의 성도에 의해서 만들어진 이상 주파수는 성도의 물리적 조건에 따른 한계가 있다. 남성의 경우 F_1의 범위는 약 280Hz~800Hz, F_2는 800Hz~2300Hz. 여성의 경우 F_1은 340Hz~1000Hz, F_2는 1000Hz~2800Hz이다.

이 주파수의 범위를 5모음의 포먼트 주파수와 나란히 그림으로 그려보면 남녀 모두 다음쪽 그림과 같다.

포먼트 주파수의 가능영역

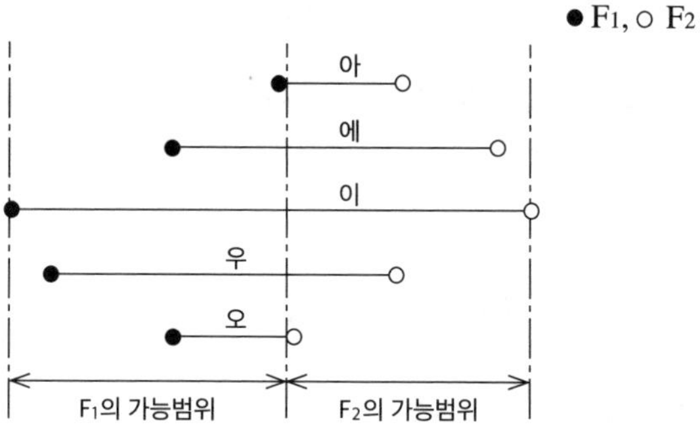

● F_1, ○ F_2

아

에

이

우

오

F_1의 가능범위 F_2의 가능범위

이것을 보면 모음 이의 F_1은 모음이 취할 수 있는 F_1의 가능범위 하한과 일치하고, 마찬가지로 이의 F_2는 모음이 취할 수 있는 F_2의 가능범위 상한과 일치한다. 이 음은 이른바 인간이 낼 수 있는 소리의 범위 중에서 입은 '양끝으로 하나 가득 펴진 소리'이다. 앞에서 아와 오, 에와 우가 이의 F_1과 F_2의 중심을 축으로 해서 좌우대칭인 위치관계에 있는 것을 보았는데, 이것은 '이의 F_1과 F_2의 가능범위의 중심'이 된다는 뜻이다.

(1) 식에 의해서 변환해 구할 수 있는 마름모꼴의 점선이, F_1, F_2의 가능범위를 나타내고 있다면, 아, 에, 우, 오의 4개의 모음은 물리적으로 가능한 범위 안에서 거의 최대 거리를 두고 있는 셈이다. 즉 일본어 5모음에서 볼 수 있는 대칭성이란 단순히 '오른쪽/왼쪽으로 기울어 있다'든지 '길다/짧다'는 것이 아니라, 최대한 가장 오른쪽/왼쪽', '가장 길다/짧다' 등 서로가 '반대쪽 끝'에 위치하고 있었다.

앞에서 본 것처럼 성도의 형태를 변화시킴으로써 F_1, F_2의 가능범위에서 서로 독립적으로 어떤 주파수로든 만들어낼 수 있다. 즉 원래 인간은 무한하게 다양한 모음 음성을 발성할 수 있다. 그럼에도 불구하고 일본어에는 5개의 모음밖에 존재하지 않고, 대부분의 다른 언어도 그렇다. 이것은 인간이 오랜 시간에 걸쳐 무의식중에 언어음성에 가장 적합한 소수의 음성을 변별해온 것이라고 생각할 수 있다. 그 결과가 '대칭성'을 가진 소리였다. 각 모음은 가능한 대칭적으로 선별된 것이다.

이것은 다른 언어의 모음에도 비슷한 구조가 있다는 것을 시사할 뿐만 아니라 자음, 각 언어 특유의 억양이나 리듬 등에 관해서도 역시 대칭적인 구조가 보일 가능성을 암시하고 있다.

이처럼 학장님의 대담한 가설에서 출발한 모음 연구는 정오각형은 아니었지만 상당히 유사한 결과가 나왔다.

'이론이 있어야 무엇을 관측할 수 있을지 비로소 결정할 수 있다'라는 아인슈타인의 말이 생각나!

그런데 아까 일본어 5모음의 이야기인데, 재미있는 점이 있어. 개개인의 분포에 관한 고찰이야.

일본어 5 모음의 개인 분포도

일본어의 5모음이 이イ를 중심축으로 해서 아에우오가 대칭적으로 배치되어 있는 모습을 살펴보았다.

여기서 주의해야 할 점은 이것이 남녀 각각 25명의 평균값이라는 사실이다. 즉 질서란 어디까지나 '전체의 평균'일 뿐 각 개인이 아니라는 점이다.

사실, 각 개인의 모음이 분포되어 있는 모습을 살펴보고 놀랄 수밖에 없었는데, 왜냐하면 그 분포가 대칭성이 있는 질서 구조와는 거리가 멀었기 때문이다.

개인의 5모음

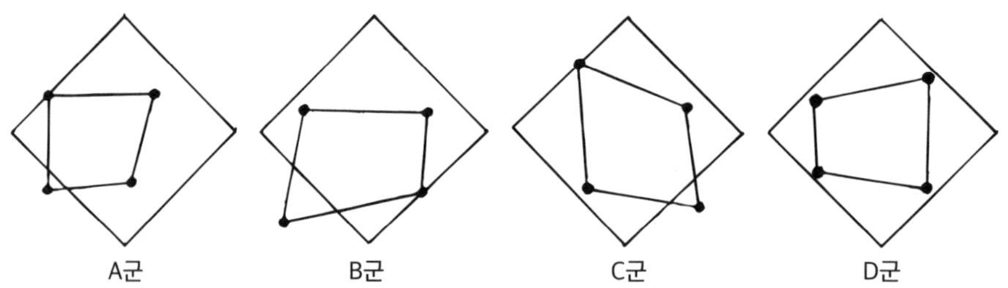

이것을 보면 알 수 있듯이 대부분의 분포는 '질서'와는 동떨어져 있다. 질서인 사람은 기본적으로 없는 셈이다. 이것의 의미는 '우리는 일상적으로 5모음의 질서를 들은 적이 없다'는 것이다. 그렇다면 도대체 이 일본어 5모음의 대칭성이나 질서가 의미하는 것은 무엇일까?

학장님은 그것을 한마디로 **자연의 변동**이라고 했다. 자연은 언제나 변하고 있으며 결코 멈춘 적이 없다고 말이다.

질서가 있다는 말을 들으면 사각형의 딱딱한 이미지를 떠올릴 수도 있겠지만, 자연의 질서란 결코 그런 것이 아니다. 자연은 언제나 변동 폭을 갖고 있으면서 그 사이를 오간다. 질서란 그러한 변동을 배경으로 생겨나는 것이다.

일본어의 5모음에 관해서도 개개인의 분포가 모두 다르다는 것 자체가 개개인이 변동 폭을 갖고 있다는 뜻이라고 할 수 있다.

생각해보면 자연 속에는 완전히 똑같은 것이 없다. 튤립 꽃을 예로 들어봐도 하나부터 열까지 똑같은 튤립은 존재하지 않는다. '이것이야말로 튤립이다' 하는 것도 존재하지 않는다. 이것도 튤립이고 저것도 튤립인 것이다. 즉 '더 튤립'이라고 할 수 있는 질서 구조는 자연 속에 존재하지 않는다.

하지만 그림이 서투르다 해도 누가 봐도 튤립이구나 싶은 그림을 표현할 수 있다. 즉 우리가 튤립을 인식하는 자체가 인간이 '변동 속에서 대상물을 질서로 인식한다'는 사실을 증명한다.

그렇게 생각한다면 일본어 5모음의 질서란 개개인의 변동의 배후에 숨어 있어 보거나 만질 수도 없고 형태도 없지만 일본어 5모음의 본래 모습이며, 동시에 인간이 언어음성을 어떤 식으로 인식하고 있는지를 반영한 구체적인 예일 것이다.

발생 프로세스에서 볼 수 있는 질서, 대칭성, 계층성

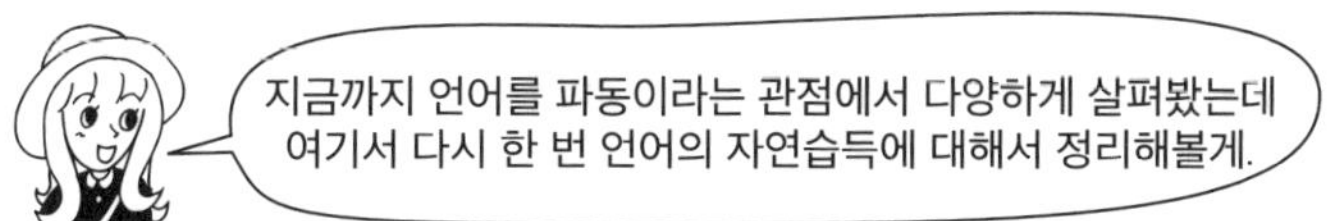

지금까지 언어를 파동이라는 관점에서 다양하게 살펴봤는데
여기서 다시 한 번 언어의 자연습득에 대해서 정리해볼게.

- 언어의 자연습득 프로세스는 '언제나 전체'이다. 전체는 대략적인 데서부터 단계를 거치면서 점점 부분이 확실하게 변화한다.
- 그 변화 방법은 세부적으로 하나씩 순서대로 변화하는 것이 아니라 갑자기 한꺼번에 전체가 새롭게 변화한다. 이 현상을 파동으로 비유하면 공명군인 전체에 새로운 파동 1개를 추가하는 것이며, 벡터로 비유하면 직교좌표 공간에 새로운 축 한 줄을 추가하는 것이다.
- 인간은 언제나 언어 전체를 대칭성 있는 질서로 받아들인다. 또한 언어 음성은 대칭성을 가진 아름다운 질서계이다.

포인트는 역시 언제나 전체라는 관점과 변화한다는 점일 거야. 그런데 언어가 자연의 질서를 반영한다면, 당연히 그 질서를 생물에게서도 볼 수 있어야 해. 그렇지 않아? 거기에는 그런 현상과 마찬가지로 똑같은 질서가 관통하는 자연의 법칙이 분명히 있을 거야. 그런 관점으로 발생을 다시 한 번 살펴볼게.

그러고 보니 2장의 2절에서 살펴본 발생 프로세스. 그것도 '대략적인 전체에서 세부적인 부분으로'였어. 여기서도 '언제나 전체'를 발견할 수 있을지도 몰라.

이런 생각으로 다시 살펴본 '초파리의 발생'은 놀라웠다.

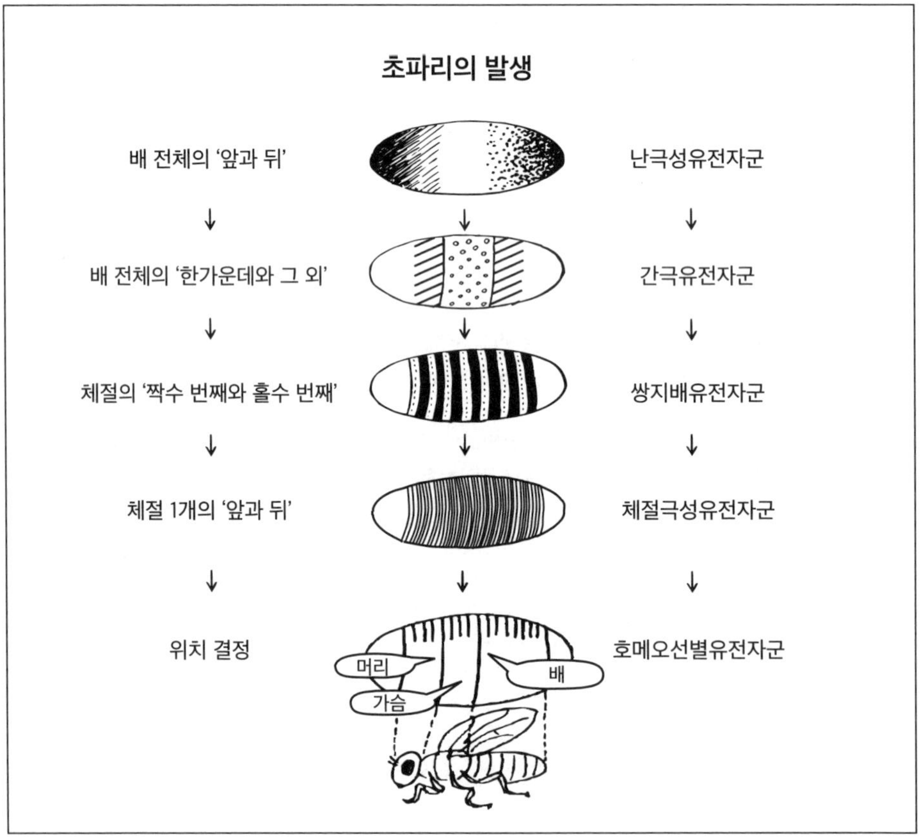

초파리의 발생

배 전체의 '앞과 뒤'	난극성유전자군
↓	↓
배 전체의 '한가운데와 그 외'	간극유전자군
↓	↓
체절의 '짝수 번째와 홀수 번째'	쌍지배유전자군
↓	↓
체절 1개의 '앞과 뒤'	체절극성유전자군
↓	↓
위치 결정	호메오선별유전자군

머리
가슴
배

다이 씨! 이거 대단한데요!!

난극성유전자는 배 전체의 앞과 뒤를 결정하고,

간극유전자는 배 전체의 한가운데와 그 외의 부분을 결정하고,

쌍지배유전자는 체절의 짝수 번째와 홀수 번째를 결정하고,

체절극성유전자는 체절 1개의 앞과 뒤를 결정하고,

그리고 마지막으로 호메오선별유전자는 세포의 최종 위치를 결정한다!

초파리의 몸 전체가 '대칭성'을 가진 구조로 열심히 세부적으로 변화하는 모습을 한눈에 알 수 있어요.

정말이네. 발생이란 '대칭성을 가진 전체의 구조가 계층적인 유전자군의 발현에 의해서 더욱 세분화된 단계까지 변화하는' 프로세스구나.

멍하게 보고 있을 때는 전혀 보이지 않았던 새로운 세계를 보게 된 것 같아. 그것은 곧,

생물도 역시 '파동'이라는 거죠. 언어와 마찬가지로 개체 전체가 항상 하나의 공명군으로 조화되어 있어서, 축이 한 줄씩 추가될 때마다 새로운 전체로 변화해서 다르게 만들어지는 게 아닐까요?

그것이 '발생의 프로세스'인 거예요!

나는 생물도 파동으로 파악할 수 있다는 것을 이때 분명하게 확신했다. 초파리의 발생에서 볼 수 있는 대칭성과 계층성이야말로 질서를 실현하기 위한 자연의 프로세스인 동시에 그 밖의 모든 다세포생물도 같은 원리를 따르고 있다는 것을 느꼈다.

2.5 파동으로서의 진화

1) 진화는 어떻게 일어났을까?

진화에서 가장 의문인 점은 어떻게 생명체가 이렇게 복잡해졌는가 하는 점이야. 생물에 대해서 알면 알수록 생물이 매우 정교한 구조로 이루어져 있다는 사실에 혀를 내두르게 돼. 신의 존재를 믿는 것은 아니지만 이것을 누군가가 창조했을까 하는 경외심이 들 수밖에 없지!

현재 대부분의 사람들은 진화가 '돌연변이와 자연도태'로 이루어졌다고 생각해. 다양한 이유로 DNA에 무작위로 변이가 일어나. 그것이 그 생물이 원래 갖고 있던 기능까지 변화시키거나 형태를 바꾸기도 해. 이것을 돌연변이라고 해.

어떤 변이는 어떤 경우 환경에서 생존하는 데 더 유리하게 작용할 수도 있고, 어떤 경우에는 반대로 불리하게 작용할 수도 있어. 또 어떤 경우에는 유리하게도 불리하게도 되지 않고, 전혀 영향을 주지 않을지도 모르지. 어느 쪽이든 그런 변이를 받아들인 생물이 많이 태어나고 생존경쟁을 하면서 더 유리한 변이를 받아들인 생물만 자연도태에서 살아남았어. 그 결과 지금과 같은 다양한 기능을 가진 생물이 완성되었다고 할 수 있지.

음, 돌연변이와 자연도태라. 왜 그런지 몰라도 역시 싫은데. 그런 말을 들어도 납득할 수 없는 점이 있어. 그런 변이는 DNA가 '무작위'로 변화한 결과 태어나는 것인데, 애초에 무작위의 결과는 결국 무작위가 될 수밖에 없지 않나?
아무리 환경에 유리한 것만이 살아남는 구조가 작용한다 해도 단순히 무작위적인 변이로 눈이나 뇌 같은 게 만들어질까? 아무리 생각해도 믿기지 않아.

음, 그 부분은 나도 꽤 신기하게 생각해. 우리는 진화에 대해서 잘 모르는 것이 너무 많아. 어찌됐든 길고 긴 생명의 역사 속에서 '단 한번'만 일어나는 거잖아. 똑같은 일은 두 번 다시 일어나지 않는데 거기서 무슨 일이 일어났는지 어떻게 알 수 있겠어?
아무튼 생물이 진화할 때 그 구조도 극적으로 변화하는 것 같아. 이건 전에 트래칼리의 시니어 펠로우인 지로 선생님이 해주신 이야기인데, 유명한 기린의 진화야.

오카피에서 기린으로

오카피라는 동물이 있는데, 기린의 조상이래. 하지만 기린과 달리 목도 짧고 전체적으로 땅딸막해. 그런데도 이 오카피가 기린이 됐다는 설은 여러 이유에서 확실하대.

목의 판막
길어진 목
강한 심장
길어진 다리

오카피의 목은 어느 순간 갑자기 길게 자랐는데 목만 길어지면 균형이 맞지 않아 넘어지기 쉽기 때문에 목이 길어질 때 다리도 같이 길어졌대.

목이 길어졌다는 것은 그만큼 머리가 높은 위치에 놓이게 됐다는 뜻이야. 그렇게 되자 거기까지 피가 순환할 수 있도록 심장의 펌프도 강력해져서 혈압을 높이지 않으면 안 되게 되었지.

그런데 고혈압인 기린이 고개를 숙이고 있으면 피가 역류해서 순식간에 뇌일혈로 사망하게 되어 아래를 봐도 피가 역류하지 않도록 판막이 생긴 거래.

오카피에서 기린이 되기 위해서는 이렇게 목이 길어지고 다리도 길어지고 혈압도 높이고, 목에 역류방지 판을 만드는 등 몇 가지 변화를 일으켜야만 해. 그런데 화석을 살펴보면 신기하게도 오카피 화석도 기린 화석도 발견되는데, 그 중간 동물의 화석은 전혀 발견되지 않는다는 거야. 목만 긴 기린이라든지 혈압은 높지만 아직 판이 생기지 않은 기린 화석은 출몰하지 않은 거지. 그것은 오카피에서 기린으로 어느 순간 몇 가지 변화가 '동시에' 일어났다고 생각할 수밖에 없다는 거지.

지로 선생님은 이 이야기를 예로 들면서 말씀하셨어.

진화는 하나씩 순서대로 변하는 것이 아니라
'전체가 한꺼번에' 변화함으로써 일어난다!

◆ 전체의 변화

'전체가 한꺼번에 변화한다'는 이야기를 듣고 나는 언어가 떠올랐어.

바로 생각난 이야기가 아는 분의 아들인 R군의 에피소드야.

도쿄에서 태어나 쭉 살았던 R군은 초등학교 5학년 때 아버지의 전근 때문에 오사카로 이사를 갔어. 오사카에 갔으니 주변에서는 당연히 오사카 사투리를 썼겠지. 그래서 R군은 처음에는 도쿄 표준어와의 차이에 매우 당혹스러워했대.

그런데 한두 달쯤 지났을 무렵, 집에 놀러온 친구와 하는 대화를 잘 들어보니 R군이 오사카 사투리를 쓰더라는 거야. 그때까지 아들이 오사카 사투리로 말하는 걸 들은 적이 없었던 R군의 어머니는 몹시 놀랐대.

그 후로는 집안에서도 오사카 사투리로 말을 하더라는데, 그게 또 어설픈 사투리가 아니라 '완벽한' 오사카 사투리였대.

같은 일본어이기는 해도 도쿄 표준어와 오사카 사투리에는 단어나 억양, 어미 등 각 요소를 비교하면 차이가 아주 크다고 봐. 그야말로 무한하지 않을까? 그 차이를 하나씩 전부 배워야 오사카 사투리를 할 수 있게 되는 거라면 어떨 것 같아? 아마도 R군은 영원히 오사카 사투리를 말할 수 없었을지도 몰라.

내가 러시아어를 말할 수 있게 됐을 때도 똑같은 경험을 했어. 전체적으로 흐릿한 상태에서도 나의 러시아어는 '곤란한' 적이 없었지만, 점점 정확하게 말하게 될수록 나의 러시아어도 통째로 러시아처럼 들리는구나! 하고 느낀 적이 있었어.

물론 처음에는 러시아어 발음이 잘 안 굴러갔어, 하지만 앞으로 어떻게 될까 하는 기대감이 있었지.

조금씩 러시아어 발음이 되는 걸까?

아니면 어느 날 갑자기 어떤 일이 일어나서 혀가 굴러가는 걸까?

어쩌면 평생 러시아어 발음을 할 수 없을지도 몰라.

그런데 어느 날, 평소와 마찬가지로 러시아어를 떠들던 내 입에서 이런 발음이 튀어나왔어.

‘에타, 리에톰Этим летом’

그 순간부터 나의 러시아어 발음은 전체적으로 바뀌어서 진짜 러시아어처럼 됐지.

여전히 혀는 굴러가지 않았지만 그건 문제가 아니었던 거야.

그때까지 ‘에타, 레탐’이라고 했던 것을 ‘에타 리에톰’ 하고 발음한 순간, 어설펐던 내 러시아어 발음은 진짜 러시아어가 된 거야.

언어도 한 음절씩 연습하고 더해서 완성되는 것이 아니라 ‘하나’가 달라지는 순간 ‘전체’가 바뀌는 거지.

◆ 새로운 축을 추가하다

앞에서 보았던 ‘대칭성’은 이렇게 ‘하나를 바꾸면 전체가 변하는 메커니즘’이 숨어 있는 것 같아.

예를 들어 2차원의 대칭성이 있다고 가정해볼게. 2차원 공간상에서는 4개의 점이 확실히 다른 위치에서 구별돼. 여기에 축을 한 줄 추가해서 3차원으로 만들어보자. 그러면 그때까지의 4개였던 점이 2개씩 분리되어서 8개의 점이 대칭적으로 배치돼.

새로운 축 추가

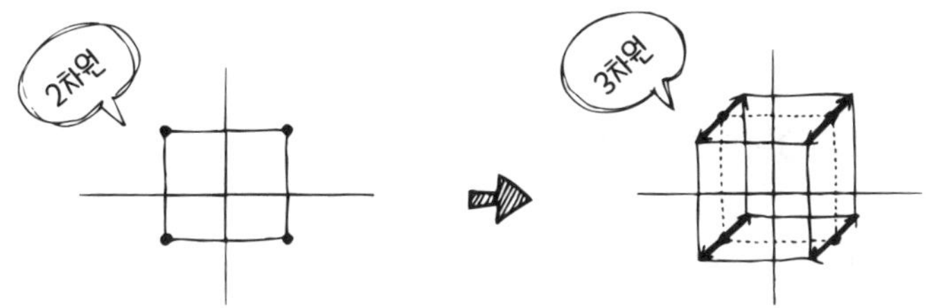

각각의 요소가 대칭으로 배치되어 있을 때는 축을 추가하는 작업 하나로 모든 요소를 전체적으로 변화시킬 수 있다.

대칭성이란 질서이다.

그렇다면 '진화'의 원리 역시 발생 프로세스와 똑같다고 할 수 있지 않을까?

나는 전공자가 아니어서 머리나 손이나 목이나 그밖에 신체의 모든 요소를 정확히 알 수는 없지만 우리 몸도 대칭적인 질서에 따라서 만들어지는 것 같아. 그렇다면 여기서도 '하나를 바꾸면 몸 전체를 바꿀 수 있다'고 할 수 있지 않을까?

즉 진화란 무작위적인 변이가 아니라 하나의 축이 들어가는 것, 바꿔 말하면,

전체적으로 '질서' 있게 변화하는 것!

이라고 할 수 있지 않을까?

이렇게 생각한다면 진화 과정에서 오카피가 갑자기 기린이 된 것처럼 불연속적으로 변화하는 것도 이상한 일은 아닐 거야!

날카로운 지적이야. 요점을 잘 짚었는데?

2) 진화는 어떻게 DNA에 새겨져 있는가?

진화와 DNA의 관계

앞에서 진화를 '새로운 대칭축의 추가'라고 가정하자, '불연속적인 변화'를 알기 쉽게 설명할 수 있었어.

그런데 진화는 생물의 형태가 크게 변화하는 것이다보니 아무래도 겉모습에만 신경을 쓰게 되는데, 사실 진화한다는 것은 'DNA의 변화'를 뜻해. 즉 오카피에서 기린으로 진화했을 때도 DNA가 변화를 일으켰기 때문에 형태까지 크게 달라진 거지.

다시 말해서 '새로운 대칭축의 추가' 같은 게 DNA에 직접적으로 반영되는 게 아닐까 해. 난 진화가 DNA에 어떤 식으로 새겨지는지도 궁금한데, 그것을 '파동'이나 '대칭성'이라는 측면에서 볼 수 있지 않을까?

실제로 DNA 상에서 '공명군'을 찾아낼 수 있다면 재미있겠다.

'DNA가 변한다'는 이야기는 《세포의 분자생물학》에서도 언급되어 있는데, 내가 놀랐던 것은 사실상 인트론이나 스페이서가 진화와 깊은 관련이 있다는 점이었어.

인트론과 스페이서? 일반적으로 인트론이나 스페이서는 쓸모없다고 생각하는 부분이잖아? 그게 진화와 상관있다니 흥미로운데.

우리의 '거의 쓸데없는 수다'가 사실은 전체적인 프로세스에 중요한 역할을 하는 것과도 비슷하구나.

그런데 얼마 전 '인트론'에 관해서 깜짝 놀랄 일을 알았어요. 잠깐 살펴볼까요?

DNA에서의 진화적인 부분

◆ 초기 세포에는 인트론이 있었다

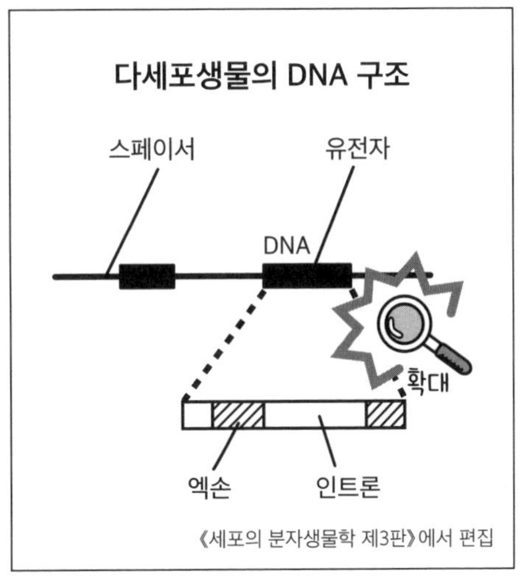

《세포의 분자생물학 제3판》에서 편집

다세포의 경우 엑손은 단백질을 코드하는 유전자 안에서 실질적으로 의미가 있는 부분인 데 반해서, 인트론은 유전자 안에서도 단백질 코드에 직접 관계하지 않는 부분이다. 단백질 합성을 할 때도 인트론은 RNA로 전사된 후에 스플라이싱으로 절취되는데, 무엇 때문에 존재하는지 잘 알려지지 않았다고 한다.

원핵세포 생물인 대장균에는 인트론이 없고 엑손만 있다. 반면 다세포생물의 세포에는 왜 있는지 알려져 있지 않은 인트론이 대량으로 존재한다.

진화의 역사에서 생명은 대장균 같은 원핵세포에서 시작되어, 막이 있는 진핵세포(효모 등), 그리고 진핵다세포생물(초파리나 인간)이 생겨났다.

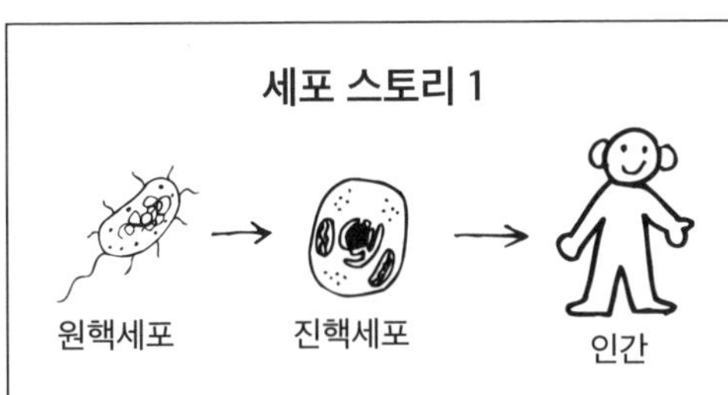

그렇다면 진화의 역사에서 바로 전 단계였던 원핵생물인 대장

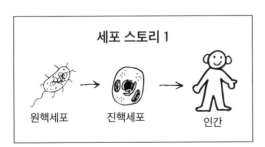

균에는 인트론이 없다가, 나중에 등장하는 진핵다세포생물에는 인트론이 있다는 점을 생각한다면 진핵세포가 왜, 어떤 이유로 인트론을 획득했는지 연구하는 것이 일반적인 순서일 것이다.

그런데 이 이론에는 문제가 있다. 사실은 원핵세포보다 더 오래된 '조상세포'가 있었고 이 최초의 생물에는 '인트론이 있었다'는 점이다. 《세포의 분자생물학》에는 다음과 같은 내용이 쓰여 있다.

> 대부분의 생물학자는 당연히 인트론이 진화 후기에 진핵생물계에 부가된 물질이라고 생각했다. 하지만, 지금은 쪼개진 유전자들이 더 오래 전에 있었고, 세균은 자신의 단백질을 진화시킨 후 그 인트론 부분을 상실한 것처럼 보인다.
>
> 《세포의 분자생물학 제3판》 제8장에서 인용

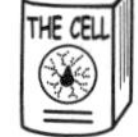

책에서는 더 자세한 설명이 이어지는데, 꽤 정확한 해석으로 보인다. 그렇다면 지금까지의 낡은 가설 [세포 스토리1]은 수정되어야 할 것이다.

그 새로운 이야기는 다음과 같다.

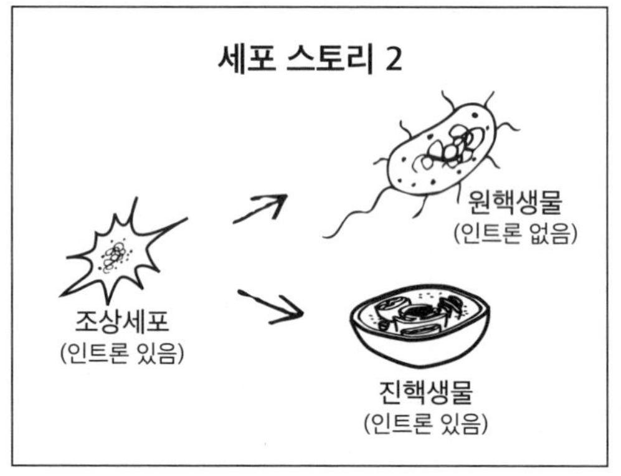

> 원핵생물과 진핵생물은 공통되는 조상이 있었고, 이 조상세포는 인트론을 갖고 있었다. 세포는 이 조상세포에서 각자 서로 다른 진화적 전략을 가진 세포로 진화했다. 즉 진핵생물은 인트론 숫자를 증가시키면서 인트

론을 끝까지 갖게 되었고, 반대로 원핵생물은 인트론을 완전히 없애버린 것이다.

◆ 진화의 전략: 유전자 중복과정

그런데 파동의 큰 특징은 반복성이었어. 반복성이 있기 때문에 더했을 때 전체적으로 하나의 공명군 형태를 만들어낼 수 있었던 거지. DNA에는 이런 반복성이 없는지 궁금한데?

있지, 있어! 그것도 꽤 있어. 더구나 진화와도 상당히 연관되어 있어.

-글로빈 유전자 패밀리-

헤모글로빈이라는 단백질이 있다. **헤모글로빈**은 혈액 속에서 산소를 운반하는 분자이다. 피가 빨간 이유는 이 분자가 빨갛기 때문이다. 헤모글로빈은 알파글로빈과 베타글로빈이라는 두 종류의 글로빈 팩으로 이루어지는데, 각각 2개씩 총 4개가 조합되어 '헤모글로빈'을 구성한다. 그중에서 우리는 1장의 '요리의 달인' 편에 나온 단백질 합성을 통해서 베타글로빈을 만들어 보았다.

글로빈 단백질은 성인이 된 후에 생기는 것과 태아 때 생기는 것에 약간의 차이가 있다. 태아일 때는 ε, γ^G를, 성인이 되면 γ^A을 이용해서 베타글로빈을 만든다. 이런 글로빈들을 코드하는 유전자를 통틀어 '글로빈 유전자 패밀리'라고 한다. 실제 염색체 상에는 385p 그림과 같이 몇 개의 글로빈 유전자가 배열되어 있다.

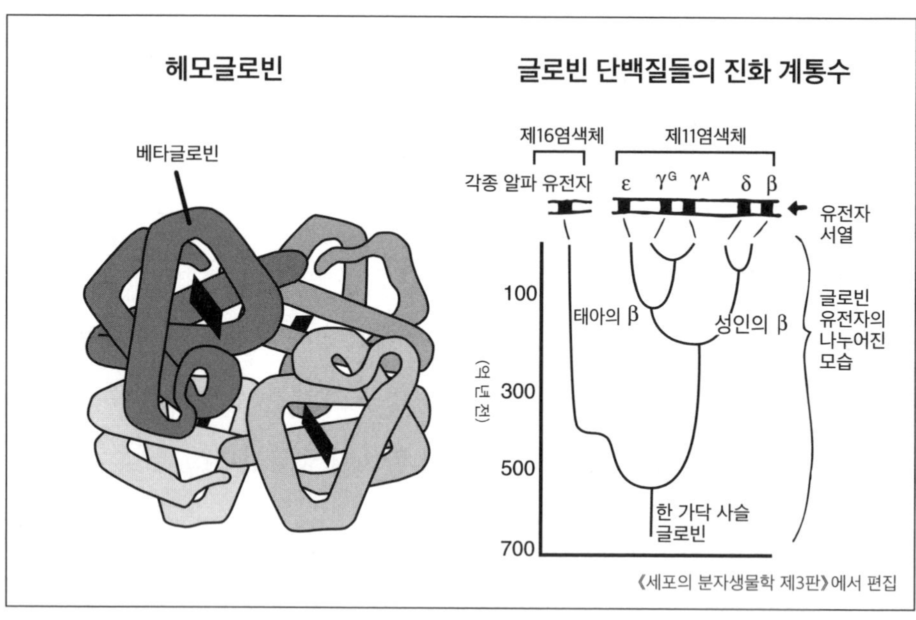

이 글로빈 유전자에 관해서는 진화의 역사적인 면이 잘 연구되어 있다. 이 유전자 패밀리 간에는 아미노산 서열이나 유전자 구조에 명확한 상동성이 있는데, 이것은 그들이 공통된 조상의 유전자에서 생겨났다는 뜻이다. 즉 이 글로빈 유전자 패밀리는 '**유전자 중복**'에 의해서 탄생했다고 볼 수 있다.

또 그 염기의 정도 차에 따라서 DNA 서열이 중복된 시기(α−글로빈과 β−글로빈이 나뉜 시기: 약 5억 년 전)까지 짐작할 수 있다.

유전자 중복은 생물의 기능을 다양화해. 그것은 한 번에 진화에 필요한 요건을 만족시키는 아주 좋은 방안이지. 생물의 생존을 보수적으로 유지해가는 것과, 그와는 반대로 다양화를 향해 진화시키는 놀라운 방법이야.

중복 유전자의 한 쪽은 원래의 기능을 유지하면서도 다른 쪽은 변화를 시도하는 실험을 할 수 있어. 만약 새로운 기능을 획득할 수 있다면 생존에도 유리하니까 자연스럽게 같은 종의 개체들 속으로 퍼져갈 거야. 미국 호프시 벡맨 연구소의 특별연구원인 오노 스스무 씨는 '원본 하나가 100가지를 표절한다'라고 했어. 진화의 역사가 유전자에 반영되어 있다는 것이지.

글로빈 유전자 패밀리의 흔적을 통해서 생물이 어떤 식으로 진화했는지 상상할 수 있구나. 즉 DNA에는 '반복'이 있고, 그 반복은 진화와 깊은 관계가 있었던 거야.

◆ DNA는 어떻게 변하는가?

글로빈 유전자 패밀리는 '유전자 중복'이 어떻게 단백질을 진화시키는지 보여주는 명확한 예라고 할 수 있다.

DNA는 중복 이외에도 여러 가지 변화를 겪는다. 다양한 현상 중에서 가장 흔한 것이 **유전자 재조합 방식**이다. 재조합이 항상 진화적 변화를 일으키는 것은 아니지만, 돌연변이가 DNA, 즉 유전정보에서 어떻게 일어나는지를 보여주므로 알아볼 가치가 있다.

-유전자 재조합 -

① 감수분열 시의 재조합

감수분열은 다세포생물이 정자와 난자의 생식세포를 만들 때 일어나는 세포분열이다. 감수분열을 할 때 재조합은 아버지 쪽과 어머니 쪽 염색체의 상동한 DNA 분자가 복제된 상태에서만 일어난다. 달리 말해서 유전자는 두 개의 상동염색 사이에서는 서로 교환되지만, 주어진 염색체 내에서는 그 위치를 바꾸지 않는다.

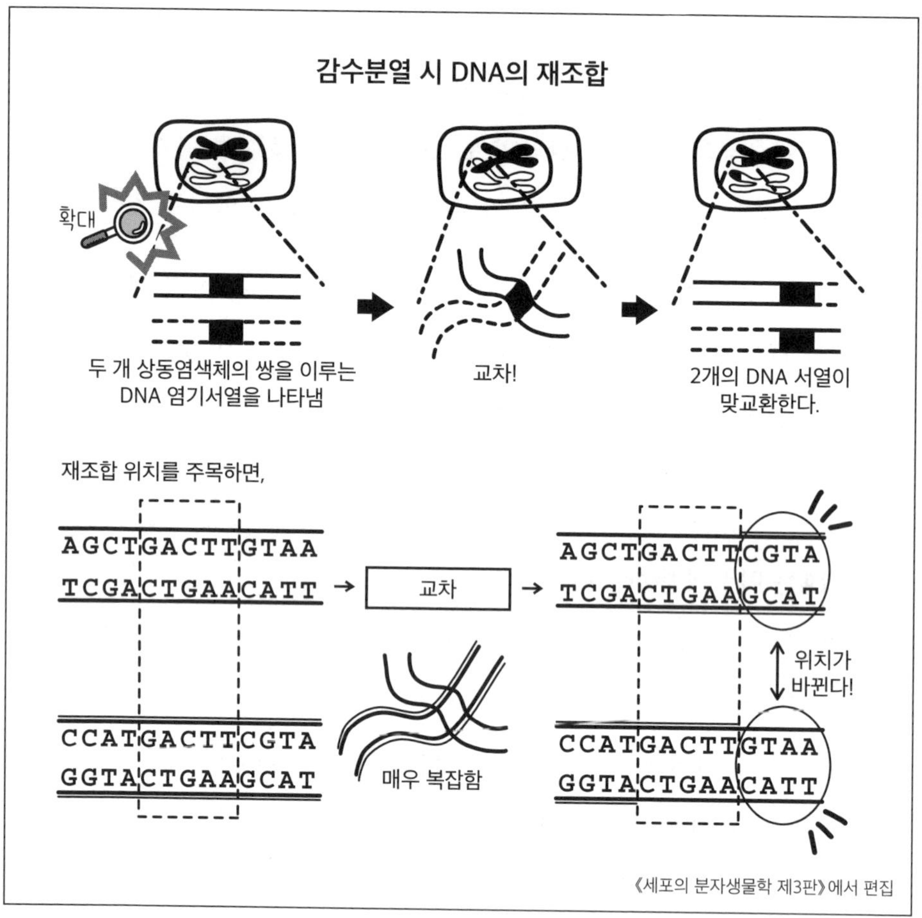

《세포의 분자생물학 제3판》에서 편집

② 전이인자에 의한 재조합

전이인자는 짧은 길이(수백~수만 염기쌍의 범위)의 '움직이는 DNA'로, 이따금 활성화되어 DNA 안을 이동한다. 전이인자는 '**위치 특이성 재조합**site specific recombination'이라고도 한다. 즉 감수분열 시의 재조합처럼 DNA의 상동성은 필요 없다. 또 언제, 어떤 형태로 이동하는지 알려지지 않았는데, 염기서열이 무작위로 DNA에 삽입되는 것으로 보인다.

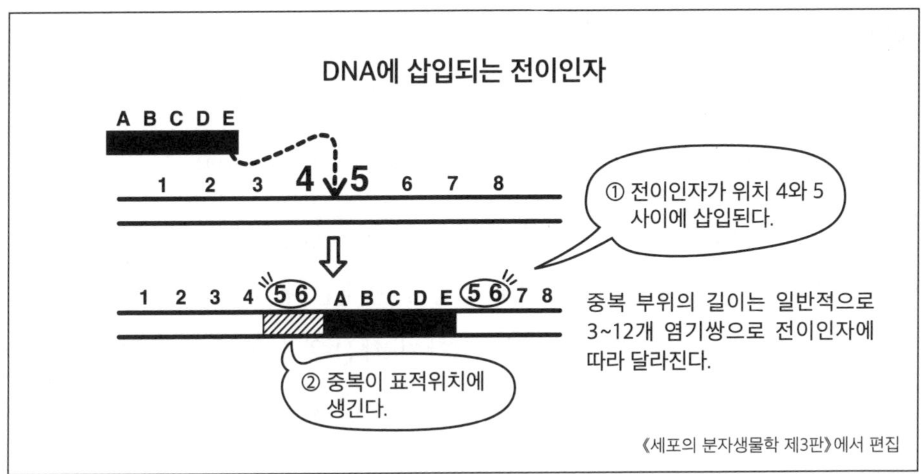

① 전이인자 자체가 표적위치에 삽입되면 주변 유전자의 위치를 바꿔버린다.

② 관련 효소의 활성 때문에 전이인자의 삽입이 항상 표적위치에 있는 짧은 DNA 조각을 중복시킨다.

-위성 DNA: '기능이 알려지지 않은' 염기서열의 반복-

염색체 상에는 짧은 염기서열이 몇 번씩 중복된 곳이 있다. 그 염기서열의 종렬 반복을 '위성 DNA'라고 한다. 그런데 지금까지 다양한 실험이 이루어졌지만, 위성 DNA의 염기서열에서는 아무런 기능도 발견하지 못했다.

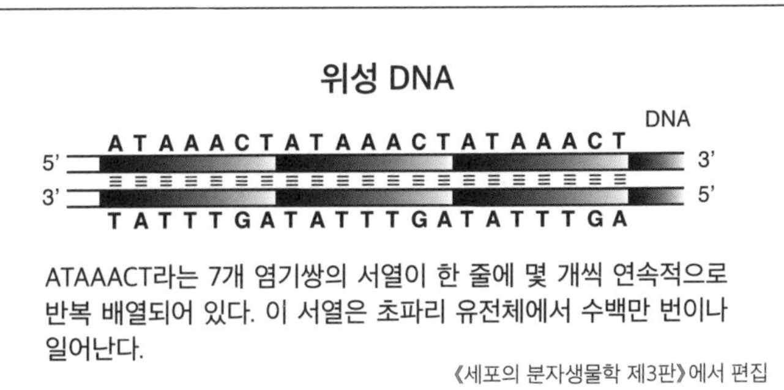

위성 DNA
DNA
A T A A A C T A T A A A C T A T A A A C T
5'
3'
3'
5'
T A T T T G A T A T T T G A T A T T T G A
ATAAACT라는 7개 염기쌍의 서열이 한 줄에 몇 개씩 연속적으로 반복 배열되어 있다. 이 서열은 초파리 유전체에서 수백만 번이나 일어난다.
① 전이인자가 위치 4와 5 사이에 삽입된다.
중복 부위의 길이는 일반적으로 3~12개 염기쌍으로 전이인자에 따라 달라진다.
② 중복이 표적위치에 생긴다.
《세포의 분자생물학 제3판》에서 편집

아무런 기능도 발견하지 못했다고 해서 쓸모없는 것으로 볼 수는 없어. 《세포의 분자생물학》에서는 이렇게 말하고 있거든.

"포유류 중에는 한 종류의 위성 DNA 서열이 DNA의 10% 이상을 차지하거나 염색체의 팔 전체를 점령하는 것도 있다. 이 경우 그 반복서열은 몇 백만 카피나 존재한다."

위성 DNA의 염기서열은 **"…자기 자신을 유지하기만 할 뿐, 그것을 포함하는 세포의 생존에는 아무런 도움도 되지 않는 '이기적인 DNA'의 극단적인 형태라고 볼 수 있다."**

《세포의 분자생물학 제3판》 제8장에서 인용

트래칼리 좌담회

위성 DNA!? 이거 수상해요. 의미 없는 염기서열이 반복적으로 계속되다니. 음, 반복이라고 하니까 왠지 '파동'의 냄새가 나는데요?

더구나 인트론이나 스페이서 부분에 집중되어 있잖아. 반복성이 있는 물질이 '무슨 일을 하는지 잘 알려지지 않은 부분'에 있다니, 역시 이건 쓸모없는 게 아닐 거야.

우리의 일상생활도 하루 세 번 밥을 먹고 청소하고…, 늘 바쁘지만 같은 리듬의 반복이지. 하지만 이따금 좋은 일이 생기면 감격도 하잖아. 우리 아이는 지금 다 커서 따로 살고 있는데, 얼마 전 내 생일에 선물을 보냈더라고. 바쁘니까 잊었을 줄 알았는데 뜻밖

의 선물에 참 기뻤어.

반복이란 말에는 '단조'로운 이미지가 있지만, 어쩌면 일상 속에 잠들어 있다가 가끔 깨어나서 감동을 주는 것인지도 몰라. 그런 의미에서 위성 DNA는 극적인 진화를 향해서 준비하는 게 아닐까?

유전자 재조합, 즉 '감수분열' 시의 재조합과 '전이인자'를 보면 마치 DNA에 '의지'가 있는 것만 같았어요. 그래서 좀 넘겨봤죠.

그래서? 그래서?

감수분열을 할 때는 아버지와 어머니의 유전자를 재조합해서, 자신의 것과 똑같지 않은 새로운 유전자 세트(의 절반)를 자손을 위해 만들어요. 운 좋게 그것을 물려받은 자손이 새로운 '나'를 만들어가는 거예요.

그렇다면 DNA 서열에는 '나다움'이 있지 않을까요? DNA 염기서열을 '입자'로 가정해보면 생물에 따라 염기서열이 다르니까, '나'를 발견할 수가 없어요. 하지만 전체를 공명군으로서의 '파동'이라고 생각하면 제대로 설명할 수 있을 것 같아요.

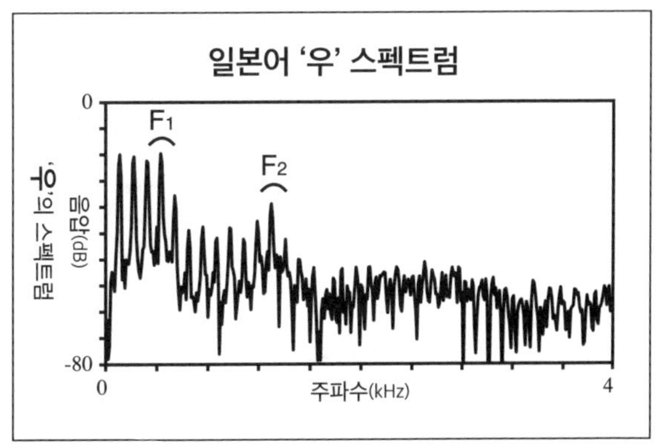

무슨 말인가 하면, 푸리에 수학을 이용해서 DNA의 '스펙트럼'을 복잡한 파동으로 볼 수 있지 않을까 하는 거죠. 일

본어 5모음 때처럼 각각의 스펙트럼으로 살펴보면 포먼트 같은 것이 있을 것 같아요. 그렇다면 DNA의 어떤 특징을 발견할 수 있지 않을까요?

다세포생물처럼 인트론과 엑손이 번갈아 나온다는 것 자체가 '반복적인 구조'로 이루어졌다는 얘기잖아요? 생각해보면 '반복'이란 '변하지 않는' 것이니까 '대칭성'이라고 해도 되지 않을까요? '반복'이 뭔지 좀 더 알게 되면 DNA 안에서 대칭적인 구조를 볼 수 있을지도 몰라.

DNA에서 공명군을 볼 수 있다면 멋지겠는데.

인트론과 엑손에는 아직 발견하지 못한 보물이 잔뜩 숨어 있을 것 같아.

우리의 망상이 만발하고 있는데,
다 함께 그 보물을 발굴했으면 좋겠네요.

아무튼 스페이서와 인트론에 관해서는 아직 밝혀지지 않은 내용이 많이 있으니 앞으로 알아가는 일이 또 기대돼요. 그것이 해명된다면 게놈의 진화에 관해서도 더 많이 알 수 있을 거예요.

Chapter 3

인간과 언어의 탄생

진화는 인류에서 끝난 것일까?

다시 화이트보드로 돌아가 볼까요?

어머나~, 우리가 어느새 40억 년이나 거슬러 올라갔구나.

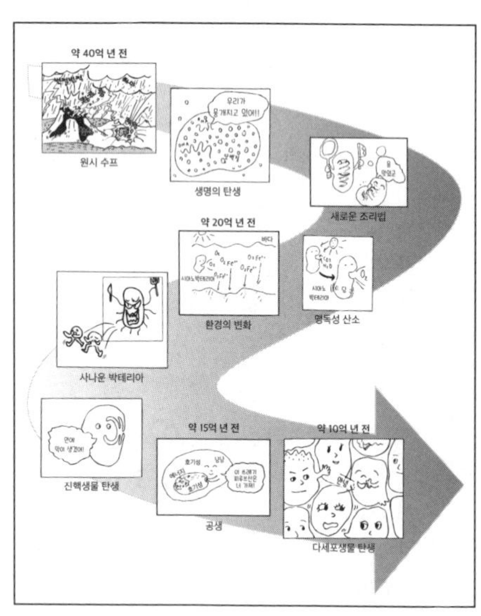

46억 년 전에 지구가 탄생했고, 40억 년 전에 원시 수프에서 최초의 세포가 출현했다. 이 최초의 세포에서부터 식량문제나 쓰레기 문제(양성자 배출), 환경오염 문제(효소) 등 다양한 환경변화를 헤치고 기나긴 단세포생물의 시대가 이어진다. 이윽고 단세포생물끼리 공생하는 관계를 통해서 15억 년 전에 진핵생물이 등장한다. 그리고 10억 년 전, 그 진핵생물에서 마침내 다세포생물이 탄생한다. 이를 이어 이제부터는 우리 인류의 탄생까지를 살펴보려고 한다.

"10억 년 전, 다세포생물이 탄생한 이후에도 많은 일이 일어났어. 여기서부터 단숨에 갈게."

시게 씨는 싱긋 웃으며 매직으로 연대표를 이어 쓰기 시작했다.

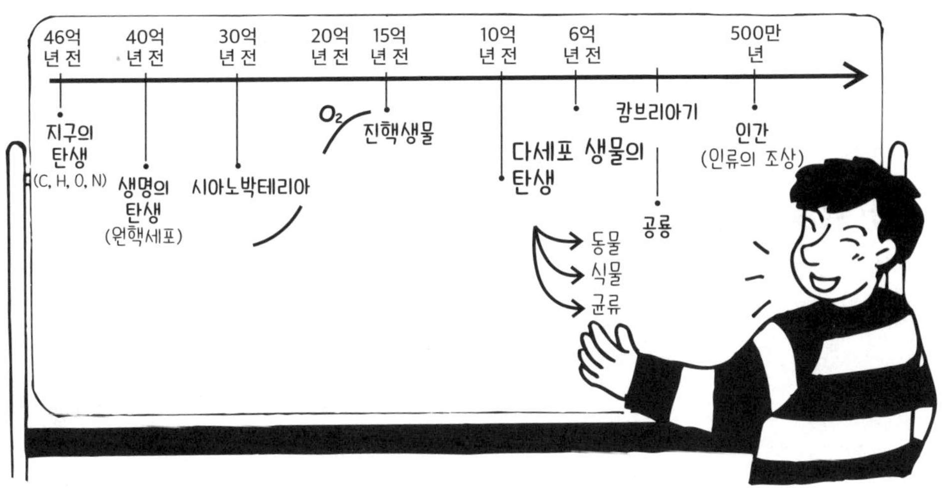

단세포생물에서 다세포생물이 되는 데 30억 년이나 걸렸어요. 여기까지는 긴 여정이었지만, 다세포가 되면 10억 년 만에 인류가 탄생해요. 다세포가 된 순간 무슨 일이 일어났는지 아세요?

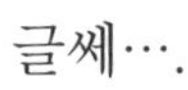

바로 종의 다양화가 일어났답니다.

다세포가 되자 생물의 종류가 급격히 늘어난 거예요. 식물, 동물, 균류…. 마치 자신의 몸을 이용한 실험을 즐기는 것처럼 차례차례 생명의 모든 형태, 변주를 시도한 끝에 다양한 생물이 탄생하는 거죠.
여기서 주목할 것이 '환경'인데요.
변화하는 환경 속에서 생존경쟁이 펼쳐졌고, 환경에 적응한 것만이 살아남아 자손을 퍼뜨렸어요. 이것이 다윈이 말하는 '자연선택'이에요. 우리 인간을 포함해서 현재 살아 있는 생물은 적어도 지금까지의 시점에서는 성공을 한 거죠!
먼저 생물이 환경에 어떻게 적응해왔는지에 초점을 맞춰서 살펴볼까요?

1) 식물과 동물

다세포생물이 나타난 후 동물, 식물, 균류 등 다세포생물의 종의 분기가 분명해졌어요.
아무튼 계속 변화하는 환경에 따라 그때그때 유연하게 적응했기 때문인데, 재미있는 것은 생물에 따라서 적응 방법이 완전히 다르다는 점이에요.

식물과 동물 간에도 적응 방법은 완전히 달랐어요.

식물을 예로 들어볼까요? 식물은 보통 이 그림처럼 뿌리가 있고, 줄기에서 잎사귀가 돋아나고, 꽃이 피어요. 하지만 전부 그런 것은 아니에요. 자, 트래칼리 사무실에 있는 식물만 봐도 이렇게 다양한 종류와 형태가 있잖아요.

그렇구나. 전부 달라. 신기하네.

자!! 식물이라면 나한테 맡겨줘!!

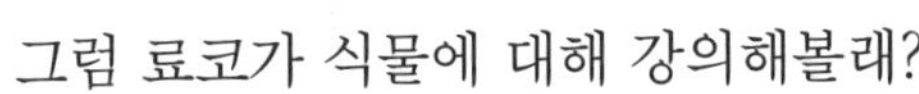

그럼 료코가 식물에 대해 강의해볼래?

이렇게 해서 식물에 관한 료코의 강의가 시작되었다.

◆ 식물

식물은 매우 신비로워요!!

한 가지 예를 들면, 식물은 밥을 먹지 않아요! 햇볕을 쬐어서 광합성을 하면 되거든요. 하지만 동물처럼 움직이거나 걸을 수가 없죠.

그럼 여기서 질문!

‘동물과 식물의 공통점은 무엇일까요?’

비슷한 점? 전혀 안 비슷해 보이는데…?

아, 알았다! 둘 다 다세포생물이야!

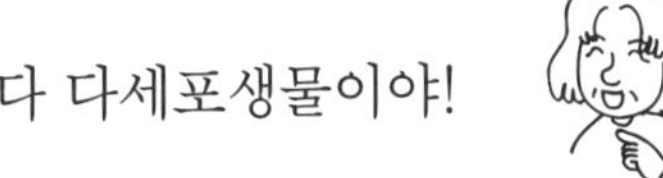

맞아요. 식물도 동물도 세포로 이루어져 있고, 양쪽 다 다세포생물이에요. 하지만 식물과 동물의 세포를 비교해보면 차이점이 또 있어요.

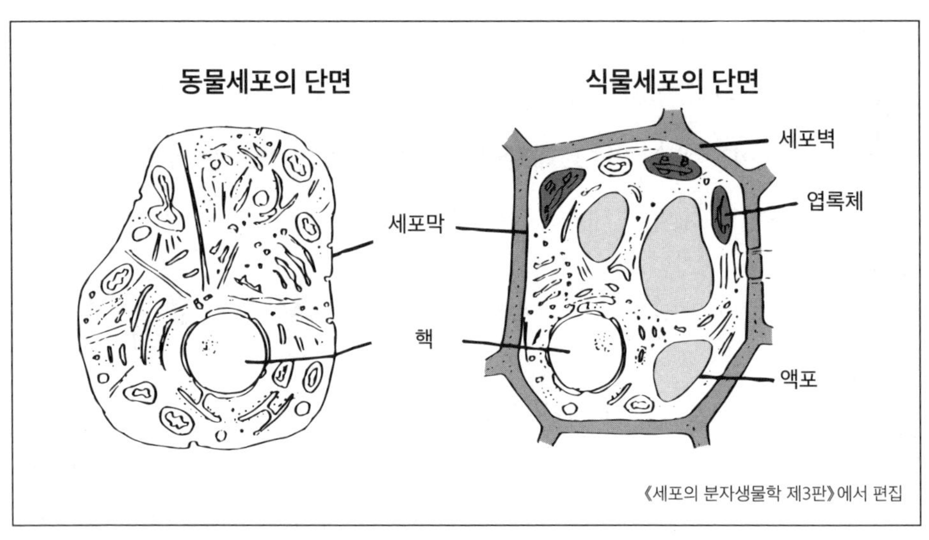

《세포의 분자생물학 제3판》에서 편집

어디가 다른지 보이세요?

식물세포에는 세포벽과 엽록체, 액포가 있지만, 동물세포에는 없어요. 하지만 세포벽이 있기 때문에 식물은 몇 미터씩 크게 자랄 수 있어요.

식물과 동물의 차이점은 또 있는데, 인간의 아기는 수정 후 10개월 정도면 태어나고, 초파리는 수정 후 1개월이면 부화해요. 그런데 식물은 수정 후 싹이 나올 때까지 시간이 얼마나 걸릴까요?

씨앗을 땅에 심으면 며칠 만에 싹이 나오던데….

몇백 년 전의 씨앗을 발견해서 심었더니 싹이 났다는 뉴스를 본 적이 있어.

맞아요! 종자는 싹을 틔우지 않고 그 상태 그대로 있는 게 가능해요. 몇 년이든 몇백 년이든 상관없죠. 하지만 동물에게는 종자 시기가 없으니까 발생을 멈출 수 없어요.

종자는 떡잎이 돋아난 바로 다음 단계에서 발생을 멈춰요. 종자 속의 배는 물기를 다 빼앗긴 후 안정적인 상태에 있거든요. 그러면 식물은 잠이 드는 거죠.

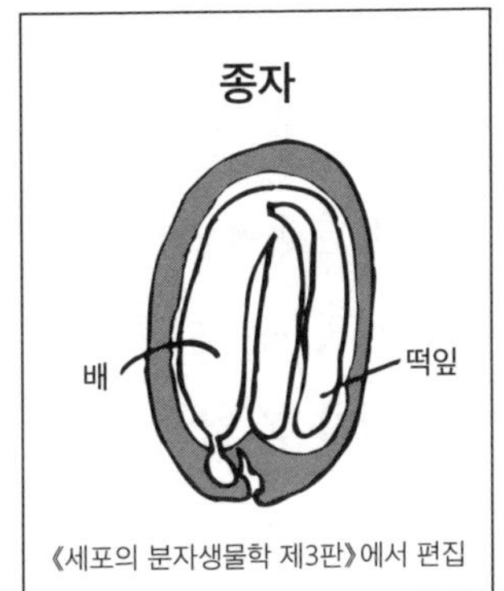

《세포의 분자생물학 제3판》에서 편집

트래칼리에도 한번 잠이 들면 절대로 일어나지 않는 사람이 있지.

맞아, 흔들어 깨워도 소리를 질러도 꿈쩍하지 않더라. 그런데 잠자는 식물을 어떻게 해야 깨울 수 있지?

물을 주면 돼요.

그거 좋은 방법이네. 다음번에 그 사람에게 물을 한 바가지 뿌려볼까?

식물은 물을 주면 **발아**하고, 배 발생을 재개해요. 이 발생 방법에도 놀라운 사실이 있어요!! 2장에서 보았듯이 동물의 발생에서는 배 전체가 몸의 형태를 만들어 가잖아요.

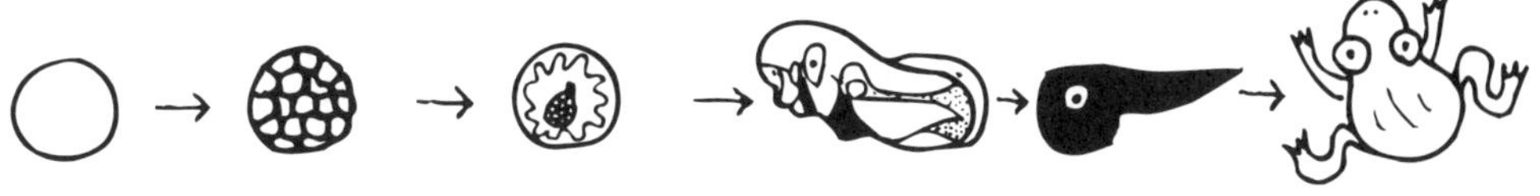

식물의 싹이나 뿌리 끝에는 새로운 부분을 만들어가는 **정단분열조직**이라는 세포군이 있어요. 식물이 성장할 때는 우선 그 세포군에서 세포를 많이 만들어내는데, 그것들은 다시 줄기나 잎, 싹으로 분화해요. 뿌리와 싹이 끝에 새로운 것을 차례차례 추가를 반복하면서 성장하는 거죠.

즉 식물의 발생은 세포군에 의한 부분적인 발생이라고 할 수 있어요. 부분적인 발생이 쌓여서 성장하는 거죠. 하지만 만약 식물의 몸 곳곳에서 발생이 제멋대로 이루어진다면 식물은 몸 전체를 유지할 수 없을 거예요! 그래서 항상 몸 전체가 각각 다른 부분과 소통하는 시스템이 있어요.

만약 정단분열조직이 잘려서 몸의 다른 부분에 전달하지 못한다면, 그 식물은 성장하거나 자손을 남길 수 없을 거예요.

하지만 소통을 하는 시스템이 작동하기 때문에 잘려나간 곳이 몸의 다른 부분에 전달돼요. 그러면 지금까지 정단분열조직이 아니었던 부분이 정단분열조직으로 기능하기 시작해서 세포를 만들고 성장시켜요!

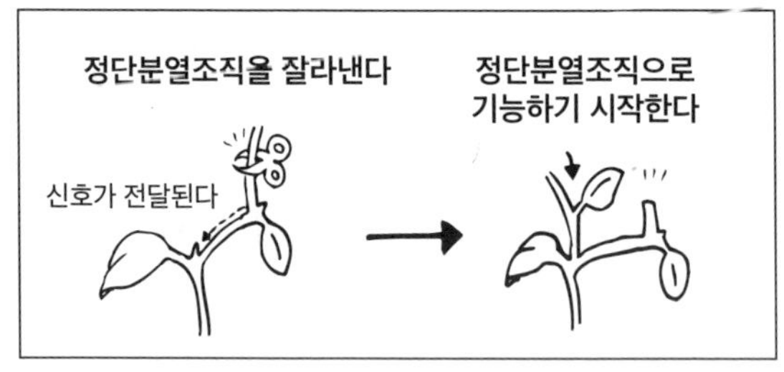

그럼 어디를 자르냐에 따라서 식물의 형태가 달라지는 거네?

맞아요. 그래서 식물에는 정해진 형태가 없다라고 할 수 있어요. 식물은 언뜻 복잡한 형태로 보이지만, 기본적으로 줄기와 잎, 뿌리로 이루어져 있어요. 그것들이 어디에, 몇 번이나 만들어질 수 있는지는 주변 환경의 영향을 받는 거죠.

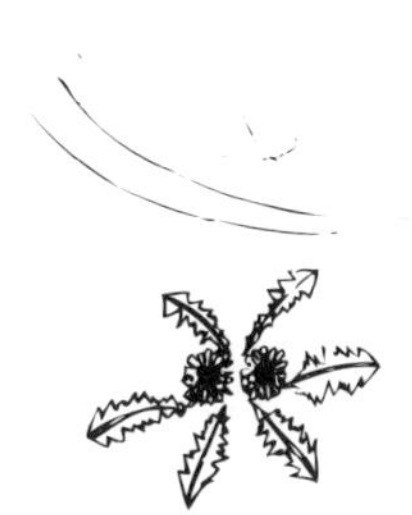
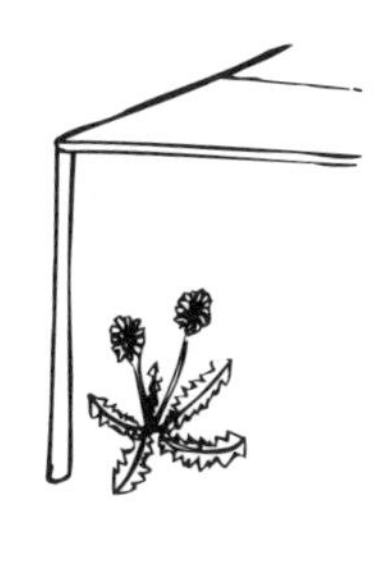

그러고 보니 바다에 갔을 때 바람이 세찬 곳에 피어 있는 민들레는 바람에 날리지 않도록 땅에 바짝 붙어서 피어 있었는데, 몇 미터 옆에 있는 벤치 아래의 민들레는 바람을 많이 맞지 않으니까 줄기가 20센티 정도까지 자라 있었어.

환경의 영향이라고 할 수 있어요. 줄기가 어떤 식으로 자라는지는 바람의 세기라는 환경에 의해서 결정되는 거죠.

이렇게 환경의 영향을 받는 이유는 식물이 움직일 수 없기 때문일 거예요. 동물처럼 몸을 움직일 수 있다면 자신이 적응할 수 있는 환경으로 이동하겠지만, 식물은 움직이지 못하기 때문에 주변 환경에 맞춰야만 살아남을 수 있거든요.

그럼 강의는 이것으로 마치겠습니다.

료코의 이야기를 주의 깊게 듣고 있던 시게 씨가 말을 꺼냈다.

맞아. 식물의 발생은 외부의 환경에 깊은 영향을 받지. 종자가 발아할 때도 물 같은 외부의 영향을 받고, 생장할 때도 환경의 영향을 받아서 줄기나 잎사귀가 돋아나. 그래서 줄기, 꽃, 뿌리 등의 기관이 수정란에서 나오는 경로도 몇 개씩이나 있대. 베고니아 같은 식물은 땅에 고착된 잎에서 뿌리가 돋아나고, 그 뿌리에서는 싹이 나오고, 햇볕을 받으면 그 줄기에서 잎이나 꽃이 핀대. 역시 환경의 영향을 받는 거지.

외부 환경의 요구에 부응해서 자신의 몸을 바꿀 수 있는 식물의 발생은 장소를 이동할 수 없기 때문에 더욱 다양하고 유연한 거야.
반면 동물의 발생은 일정한 속도로 정해진 방향으로만 진행돼. 그렇다고 환경에 폐쇄적이거나 적응하지 못하는 것은 아니야.

맞아, 환경에 대한 동물의 반응도 흥미진진해.

나스카가 이렇게 말하며 끼어들었다.
이번에는 나스카의 강의가 시작되었다.

◆ 동물

식물은 환경의 영향을 받아 형태를 바꾸지만, 동물은 그렇게까지 극단적으로 모습을 바꾸지 않아요. 움직일 수가 있으니 살기 좋은 곳으로 이동하면 되거든요. 하지만 환경의 영향을 전혀 받지 않는 것은 아니에요. 그런데 동물이 어떻게 환경에 적응하는지 아시나요?

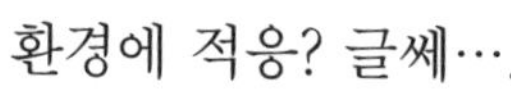
환경에 적응? 글쎄….

추위나 더위를 느낀다는 것은 신경이 있기 때문이 아닐까?

정답! 맞았어요. 신경이 환경과의 접점이에요. 신경계는 인간뿐만 아니라 벌레나 해파리, 말미잘 등 다른 동물에게도 있어요. 신경계는 빛, 소리, 냄새, 온도 등 환경에서 오는 정보를 받아들이는 역할을 해요.
인간의 경우에는 오감(시각, 청각, 취각, 촉각, 미각)인 거죠.

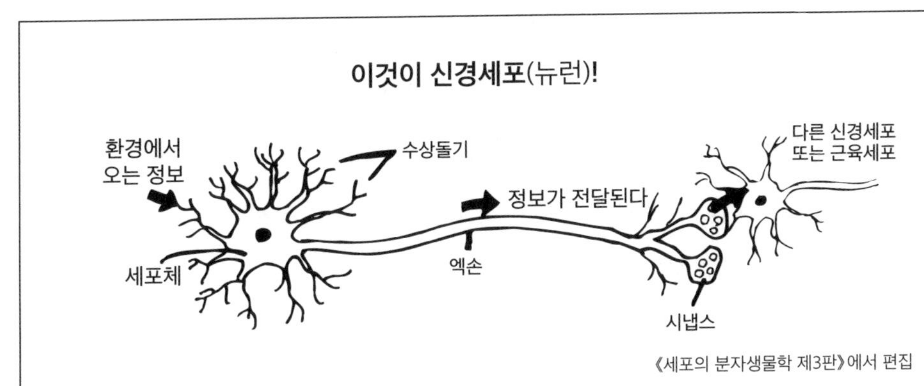

수상돌기가 환경에서 오는 정보를 받아들이면, 전기신호의 형태로 축색을 타고 시냅스까지 전달돼요. 거기서 다시 다른 신경세포나 근육세포 등으로 전달되는 거예요.

재미있는 점은 신경세포의 발생 프로세스예요. 신경세포도 물론 하나의 수정란에서 분화하고 발생 과정을 거치는데, 그 모습이 다른 세포와는 전혀 달라요.

신경의 발생 방법

《세포의 분자생물학 제3판》에서 편집

① 뉴런이 만들어 진다		신경계는 외배엽에서 생겨나고, 뉴런(신경세포)은 세포분열을 통해서 증식한다. 그런데 어느 시점이 되면 신경세포는 세포분열을 멈추고, 그 이상은 절대로 분열하지 않는다. 그때부터 신경세포는 감소하는 일은 있어도 증가하는 일은 결코 없다.
② 엑손과 수상돌기가 뻗어나온다		신경세포는 수상돌기와 엑손이 나와서 다른 세포와 많은 '시냅스 접속'을 형성한다. 세포끼리 연결되는 것이다. 이 접속은 신경계의 프로세스를 통해서 다양한 정보를 처리한다.
③ 시냅스 연결이 결정된다		이 시냅스접속 시스템은 실제로 각 시냅스에서 전기적 신호가 얼마나 일어나는가에 따라서 새로 연결되거나 끊어진다. 신호활동이 많은 시냅스는 점점 증가하고, 신호활동이 적은 시냅스는 접속이 끊어진다

'환경에서 얻은 정보'에 위해서 '신경배선'이 결정돼요.
동물의 몸은 환경에 따라 형태가 변화하지 않지만 '신경세포 배선'이라는 형태로 환경 변화에 적응하는 거죠. 신경계는 그 이상 분열하지 않지만, 환경에서 얻은 정보를 받아들이면서 개체가 죽을 때까지 그 배선을 변화시켜요.

또 한 가지, 동물이 환경에 적응하기 위한 시스템에는 '**면역계**'라는 것이 있어요.

면역이 있다, 없다는 표현은 자주 들었는데, 그걸 말하는 거야?

면역계도 신경계와 비슷하게 환경에서 얻은 정보, 이 경우에는 오감이 아니라 세균이라든지 바이러스에 적응해서 평생토록 계속 변화해요.

예를 들어 홍역에 걸렸다고 가정하면, 면역작용에 의해 항체가 생기기 때문에 두 번 다시 홍역에 걸리지 않아요. 신경계처럼 면역계에도 비슷하게 기억능력이 있거든요. 그래서 홍역 면역은 수두나 유행성 이하선염 같은 다른 질병에는 효과가 없어요.

하나의 항체는 한 가지 질병에만 대응할 수 있기 때문이에요. 언제, 어디서, 어떤 세균이나 바이러스가 침입할지 미리 알 수 없기 때문에 면역계는 이물질이 침입할 때마다 그때그때 대처해야 해요. 이른바 후천적으로 획득하는 능력인 거죠.

면역세포에는 B세포와 T세포가 있는데, B세포는 림프절 등에 모여 있고, 체액에 섞여서 순환하는 이물질을 감시해요. 그리고 T세포는 스스로 체액과 함께 몸속을 떠돌면서 이물질을 발견하면 공격해요.

B세포나 T세포 모두 수명은 매우 짧아서, B세포는 만들어진 지 이틀이 지나면 절반으로 줄어요. 몸은 끊임없이 면역세포를 만들어서 외부의 공격에 대비하는 거예요.

면역세포가 잘못 공격하는 일은 없을까?

그건 걱정하지 않아도 돼요. 면역계는 나와 내가 아닌 것을 확실하게 구분하는 능력이 있거든요. 자기 자신을 공격하게 되면 큰일이니까요. 하지만 과잉대응하는 일은 종종 있어요. 화분증이나 알레르기 같은 질환은 몸에 들어온 이물질에 면역기능이 과잉으로 반응해서 생기는 증상이에요. 그래서 눈물이나 콧물이 나오는 거랍니다.

그렇구나. 동물의 경우 신경계와 면역계가 몸의 '대표'로 환경정보를 받아들인다는 말로 들려. 이렇게 보니 동물이나 식물도 다들 자신을 둘러싼 환경에 멋지게 적응하고 있구나.

2) 종의 멸종

"이것 좀 봐."

시게 씨가 주머니에서 뭔가를 꺼냈다. 그것은 나뭇잎 화석이었다.

지구상에 다세포생물이 출현했고 많은 종류의 생

물이 탄생했다는 것은 그 시대의 화석을 통해서 알 수 있다.

지금까지 발견한 것 중 가장 오래된 화석은 약 6억 년 전인데, 그 이후 생물이 폭발적으로 생겨나거나 대부분이 멸종하는 등 생명계 전체에 커다란 변화가 생겼다.

나스카가 물었다.

한 가지 원인만 있는 것도 아니고, 여러 가지 설이 있어서 정확히는 알 수 없어. 하지만 정말 방대한 종류의 생물들이 생겨나서 각자 주변 환경에 다양한 방법으로 적응해서 살아가고 있는 건 분명해. 많은 멸종이 일어난 이 시대에 관해서 다양한 책이 나와 있는데, 꽤 재미있어. 예를 들어서….

시게 씨는 《大진화하는 진화론》(NTT출판사) 《캄브리아기의 괴물들》(고단샤 현대신서) 《원색판 공룡멸종동물도감》(대일본회화) 등의 책들을 꺼냈다.

"어제 백과사전에서 멸종과 화석을 살펴봤는데, 정말 깜짝 놀랐어. 보통 생물을 연구한다고 하면 고생물학이라고 생각하잖아! 그런데 글쎄! 별 상관없어 보이는 지질학이 화석을 근거로 삼아서 구분하는 거더라. 지질학이란 지층이나 흙의 성분 같은 것을 연구하는 분야라고만 생각했는데, 생물 화석과 매우 관련이 깊었던 거야."

지질시대의 구분

6억 년 전							2억 5천만 년 전		6500만 년 전	
선캄브리아기	화석이 나오지 않는다									
원생대	고생대						중생대			신생대
	캄브리아기	오르도비스기	실루리아기	데본기	석탄기	페름기	트라이아스기	쥐라기	백악기	
	캄브리아기 대폭발		식물 상륙	*겉씨 식물			*속씨식물·공룡출현	거대공룡 전성기		매머드 멸종 인류 등장
		바다생물의 22%가 멸종				바다생물의 90~96%가 멸종			공룡 대멸종	
		대멸종				대멸종			대멸종	

이때부터 다세포동물 화석 출현

* **겉씨식물**: 표면에 드러나 있는 씨로 번식하는 식물(침엽수 등).
* **속씨식물**: 꽃이 있고 열매를 맺어 씨로 번식하는 종자식물 가운데 밑씨가 씨방에 싸인 식물.

이 도표는 지질시대에 따른 연대표인데, 각 시기에 특징적으로 발견되는 화석에 따라 시대가 구분되어 있어.

가장 크게 구분이 되는 것은 다세포동물의 화석이 나온 가장 초기가 되는 캄브리아기와 그러한 화석이 발견되지 않는 선캄브리아기(캄브리아기 전의 지구 역사의 모든 시기를 말함)이다. 그 시기는 약 6억 년 전 시작되었다.

그 시기에서 오늘날까지 다시 3개 연대로 나눌 수 있는데, 각 연대는 그 시기에 만들어진 화석으로 구분된다. 고생대는 최초의 동물들이 나타난 시기였으며, 단단한 껍질을 가진 무척추 동물이 주를 이뤘다. 중생대는 대형 파충류의 시기였으며, 오늘날까지 이르게 된 신생대는 포유류의 시기였다.

각 연대기는 좀 더 나누어져 지질학적 기로 나타낸다. 대부분의 기는 그 시기에 풍부히 나타난 화석의 지역 이름을 따랐다. 어떤 종들은 한 시기나 연대를 뛰어넘어 적응되기도 했고 살아남았으나, 한 시기를 넘기지 못한 종들도 있었다.

지구 생명체의 역사를 보면 여러 차례 각 시대의 대표적인 여러 종들이 짧은 시기에 걸쳐 죽어버리는 대소멸기가 발생하였다. 이러한 대소멸기가 몇 번 찾아왔는지는 과학자들에 따라 다르지만, 그래도 대부분 동의하는 것은 적어도 3차례는 된다는 것이다. 첫 번째는 오로도비시기 말경에 일어났는데, 모든 해양 생명체 22퍼센트가 소멸되었다. 둘째로는 고생대와 중생대 사이로서 모든 해양 생명체 90~96퍼센트가 사라져 이를 대소멸기라 한다. 세 번째 소멸기는 공룡이 소멸된 시기로서 중생대와 신생대 백악기 사이에 일어났다.

어느 시기에 한번 우위를 점했던 많은 종들이 그렇게 한번에 다 죽어버리면, 생태계에 엄청난 영향을 미친다. 하나의 생태계란 생명체들의 서로 다른 종 사이에 관련되는 전체를 말하는데, 이 안에서는 어느 것은 먹고 어느 것은 먹히는 관계가 생긴다. 생태계란 전체 먹이 사슬을 나타낸 것이다.

◆ 캄브리아기의 대폭발

자, 이 책을 한번 봐.

시게 씨는 이렇게 말하며 한 권의 책을 펼쳤다.

책에는 캄브리아기의 동물들이 그려져 있었다.

캄브리아기는 지금으로부터 약 5억 5천만 년 전에서 5억 년 전, 육지 위에는 아직 풀 한 포기, 벌레 한 마리도 살지 않았던 시대야. 그때까지는 수십 종류에 불과했던 생물이 순식간에 바다 속에서 1만 종류나 늘어났어. 이것을 캄브리아기 대폭발이라고 해.

그때까지의 생물이 매우 단순한 형태를 띠고 있었던 것에 비해, 이 시대의 생물은 현재의 생물 원형을 모두 갖췄다고 해도 될 만큼 온갖 형태를 띠고 있었어.

30억 년이라는 기나긴 시간에 걸쳐 단세포생물에서 다세포생물이 되자,

이 대폭발이 일어났다는 점도 재미있어. 생물은 마치 '기다렸다'는 듯이 각자 자신의 몸을 이용해 놀거나 다양한 형태를 시험하는 것 같았거든.
이전 시기인 선캄브리아기에는 생물의 수도 적고 경쟁도 별로 없었어. 이른바 넓은 공터 같은 세계였기 때문에 빈 공간을 채우기 위해서 이 대폭발이 일어난 것이라고 해.
바다 속에 이토록 풍요로운 '동물의 왕국'이 있었다는 사실을 과연 누가 믿을 수 있을까? 더구나 이 동물들은 하나같이 형태도 다양하고 크기도 거대했어. 이렇게 많은 동물이 한꺼번에 생겨난 캄브리아기 대폭발의 원인은 무엇이었을까?
그 원인을 지구의 대기 산소 증가와 연결 짓는 학자도 있어. 또 캄브리아기 이전의 생물이 화석으로 남아 있지 않을 뿐 실제로는 그 이전부터 일어나고 있었을지도 모른다고 주장하는 학자도 있지.
이 놀라운 생물들은 대부분 멸종하고, 살아남은 소수의 생물이 현재의 생물들의 선조가 되었어.

◆ 공룡과 매머드의 멸종

멸종이라고 하면 역시 공룡 이야기겠지?

시게 씨가 공룡도감을 펼쳤다.
"공룡시대는 지금으로부터 2억 2500만 년 전의 트라이아스기 중기에 막이 열렸어요. 짜잔! 자, 여기랍니다."

에게? 이게 공룡이야? 작잖아.

약 4억 년 전, 바다 속에만 있었던 생물 중에서 제일 먼저 육지에 진출한 것은 식물이었고, 그 뒤를 이어 파충류가 진출했어요.

놀랍게도 최초의 공룡은 의외로 작았는데, 캐나다의 박물관에는 불과 80cm 밖에 안 되는 크기의 초기 초식공룡의 표본이 전시되어 있어요.

처음에 공룡은 파충류 중에서도 눈에 띄지 않는 소수파로 시작한 거지요.

쥐라기에 들어와 식물은 소철류, 침엽수류, 영장류, 양치류 등 종류도 다양해지고 크게 자라서 최고 전성기를 맞이했어요. 초식성 공룡은 쥐라기 중반(약 1억 5천만 년 전)부터 전성기에 접어들어 거대화되었는데, 디플로도쿠스나 브라키오사우루스 등 어린이들에게 인기 있는 목이 길고 거대한 공룡들이 해당되죠.

공룡은 위 속의 식물을 으깨는 데 사용한 위석과 끊임없이 이갈이를 하는 이빨을 가졌기 때문에 많이 먹고 큰 몸을 유지할 수 있었던 것 같아요.

그 무렵 식물계에도 대혁명이 일어났어요. 꽃이 탄생한 거예요!

백악기 중기를 거치면서 꽃이 없는 겉씨식물은 쇠퇴하고, 꽃을 피우는 속씨식물이 번성해요. 겉씨식물은 꽃가루가 암술에 닿은 후 수정이 끝날 때까지 반년에서 1년이라는 시간이 걸리는데, 속씨식물은 빠르면 3분, 늦어도 24시간이면 수정하기 때문이었죠.

겉씨식물이 이룬 거대한 숲은 차츰 사라지고, 속씨식물의 열대우림, 초원계로 식생이 변화해요.

백악기에는 거대 공룡 대신 초원의 낮은 식물을 먹는 데 적합한 소형 공룡이 출현해서 풀이나 어린 나무를 대량으로 먹어치웁니다. 로버트 바커의 가설에 의하면, 이 공룡들이 정원사로 출현함으로써 대륙에는 라이프사이클이 느린 겉씨식물은 쇠락하고 주기가 빠른 꽃으로 채워졌다고 해요. 반대로 식생植生이 변하자 먹을 것이 사라져서 공룡이 멸종했다고 주장하는 학자도 있어요.

어쨌든 중생대 말에는 이렇게 함께 진화했던 공룡도 식물의 변화에 따라 쇠퇴했어요. 그리고 작은 포유류가 점차 주역으로 활약하게 됩니다.

크고 강하다고 해서 반드시 살아남는다고 할 수는 없구나.

그렇지. 매머드도 크고 강했지만 멸종했으니까.

그런데 매머드는 언제 생겨난 거야?

지금으로부터 200만 년 전이 매머드의 전성기였어. 지금의 아프리카코끼리나 인도코끼리는 매머드의 친척쯤 돼.

매머드

학명: Mammuthus primigenius (매머드 프리미제니우스) **통칭 매머드**

이 덩치들은 체고가 3~4m, 상아의 길이는 4.5m나 되는 것도 있고, 소화력이 낮아서 하루에 150~200kg의 식물을 먹어치웠다고 해요. 그리고 15~20마리씩 무리지어 살았어요.

그런데 약 3만 년 전쯤에 호모사피엔스(신인류)라고 불리는 인류가 출현한 거죠. 그들은 추운 곳에서 살아남기 위해서 짐승의 가죽으로 따뜻하게 옷을 만들어 입고 집도 지었어요. 그러기 위해서 석기로 무기를 만들어 매머드를 사냥한 것 같아요. 우크라이나의 메지리치 유적에는 매머드의 뼈로 만든 주거흔적이 있는데, 그것에는 매머드 약 95마리분의 뼈가 사용되었다고 해요. 그리고 이 석기가 출현한 지 약 1000년 만에 매머드나 기타 대형 동물이 멸종했어요.

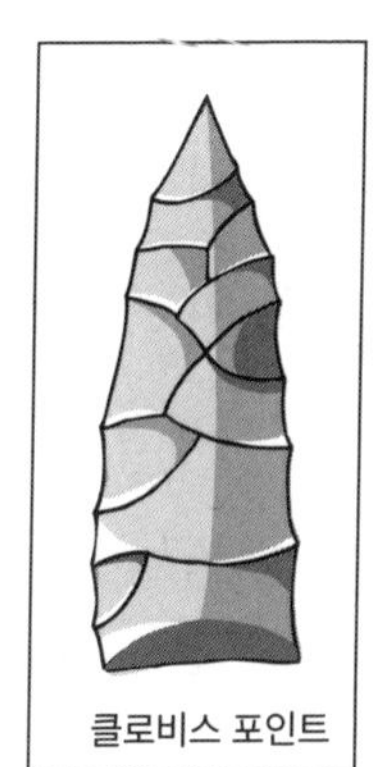

클로비스 포인트

인류가 멸종의 원인이었을까?

그렇게 단순하지는 않을 거예요.

매머드가 살았던 환경을 생각해보자.

이 1만 1천 년 전의 북아메리카는 마지막 빙하기에 해당된다. 하지만 생각만큼 춥지는 않아서 적당한 습도가 있고 식물도 많아서 매머드 등의 대형동물이 서식할 수 있는 풍요로운 환경이었다. 그런데 그 빙하기 말에 급격한 기후 변화가 생기면서 온난화가 찾아왔다. 특히 여름은 덥고 건조해져서 매머드가 좋아하는 식물은 훨씬 북쪽 지방에서만 나게 되었고 먹이는 부족해졌다.

먹이사슬이라는 말이 있듯이 지구상의 생물들은 먹는 행위를 통해 연결되어 있다. 식물은 햇빛을 받아 자라고, 초식동물은 그 식물을 먹고, 육식동물은 그 초식동물을 먹는다. 눈에 보이는 연결고리뿐만 아니라 흙속에는 시체를 분해하는 박테리아도 있다. 박테리아는 시체나 동물의 분비물을 분해하여 다시 흙으로 돌아가게 만든다. 먹는다는 행위를 에너지에 대입해 생각한다면, 훨씬 더 옛날인 최초의 세포가 출현했을 때부터 이 먹이사슬이라는 순환이 시작되었다고 할 수 있다. 그로부터 40억 년간 종이 다양화되는 과정에서 이 순환에 합류한 것만이 살아남을 수 있었던 것이다.

먹이사슬은 어느 것 하나만 끊어져도 치명적인 손상을 입는다. 기후 변화로 매머드의 먹이가 사라지자 먹이사슬의 순환이 무너졌다. 이때 인간의 등장과 대형화된 몸 등이 매머드의 멸종에 박차를 가한 것으로 보고 있다.

◆ 대규모의 지구 변화

한창 토론을 하고 있을 때였다.

오사카에서 방금 기차를 타고 온 시니어 펠로우 미나미 선생님이 트래칼리를 방문했다.

안녕하세요, 미나미 선생님.

오늘은 꽤 덥군요. 여러분 모두 열심히 하고 있나요?

미나미 선생님은 트래칼리 학생들이 가장 좋아하는 시니어 펠로우 중 한 분이다. 선생님께서는 우리에게 여러 면에서 조언을 해주거나 연구 테마에 관해서 재미있는 강의를 들려주신다.

그런데 여러분, 이렇게 날씨가 더워지면 지구온난화가 걱정되는 사람도 있겠죠? 하지만 자연 앞에서 인간은 먼지만큼이나 작은 존재랍니다. 인간이 관측할 수 있는 자연은 찰라일 뿐이에요. 하물며 우리가 아는 지식은 고작 100년 정도의 것에 불과하죠. 그렇게 생각한다면 인간은 자연 앞에서 좀 더 겸허해질 필요가 있어요.

요즘 지구온난화에 대해서 말들이 많죠?

환경문제라고 하면 금세 생省에너지와 연결 짓곤 하는데, 인간이 아무리 전기나 석유를 절약하더라도 기후 변화 앞에서는 별 의미가 없어요.

물론 도시가 특히 좀 더 더운 이유는 에어컨 때문일 수도 있지만, 지구 전

체의 입장에서 본다면 아주 미미한 수준이죠. 인간이 불태우는 열기나 지열을 합쳐도 태양에서 쏟아지는 열의 1억분의 1밖에 안 되거든요. 그러니 태양이 조금이라도 더 뜨겁게 타오른다면 기후는 순식간에 변화하겠죠. 즉 자연의 힘이 훨씬 더 크다는 뜻이에요.
그런데 지금 멸종에 관해서 이야기하고 있었나요? 저는 멸종이라고 하면 지구의 입장도 중요하다고 생각하는데, 여러분은 어떤가요?

학생들 속에서 래빗이 손을 들었다.

지구! 네, 저는 이렇게 생각했어요.
대륙은 움직이잖아요. 아무도 본 적은 없지만 대륙과 바다가 만들어진 후에 지금까지 대륙의 형태나 크기가 변했고, 지금도 조금씩 변하고 있어요. 지구의 내핵인 맨틀 위에 판(암반)이 실려 있고, 그 위에 다시 대륙이 놓여 있으니까, 판끼리 부딪치면 밀려 올라와서 높은 산이 돼요. 인도와 유라시아 대륙이 부딪치는 바람에 히말라야가 생성됐다는 이야기는 유명해요.
판에는 두 종류가 있는데, 무거운 판이 가벼운 판 아래로 파고 들어가서 대륙에 변형이 생겼고, 지진의 원인이 된 거예요. 대지진 역시 멸종의 원인인지도 몰라요. 스케일이 너무 커서 연구가 어려워 확실하게 말할 수는 없지만, 캄브리아기 이전의 일은 잘 알려져 있지 않아요. 어디와 어디에서 비슷한 화석이 나오는지도 육지가 어떻게 연결되어 있었는지를 알 수 있는 중요한 단서 같아요. 생물에게 환경이 되는 대지가 이렇게 엄청나게 움직였다면 영향을 미치지 않을 리가 없잖아요.

그렇군요. 지구는 마치 백 개의 얼굴을 가진 것 같군요. 지구가 어떤 식으로 변했는지 좀 더 살펴볼까요?

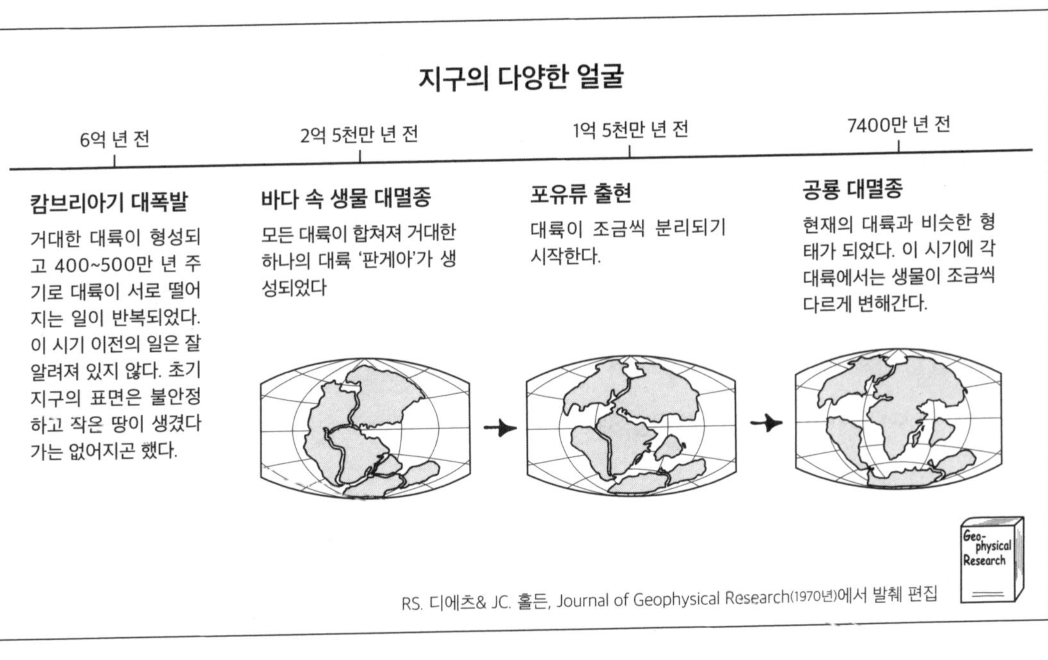

지구의 다양한 얼굴
6억 년 전
2억 5천만 년 전
1억 5천만 년 전
7400만 년 전
캄브리아기 대폭발
거대한 대륙이 형성되고 400~500만 년 주기로 대륙이 서로 떨어지는 일이 반복되었다. 이 시기 이전의 일은 잘 알려져 있지 않다. 초기 지구의 표면은 불안정하고 작은 땅이 생겼다가는 없어지곤 했다.
바다 속 생물 대멸종
모든 대륙이 합쳐져 거대한 하나의 대륙 '판게아'가 생성되었다
포유류 출현
대륙이 조금씩 분리되기 시작한다.
공룡 대멸종
현재의 대륙과 비슷한 형태가 되었다. 이 시기에 각 대륙에서는 생물이 조금씩 다르게 변해간다.
Geo-physical Research
RS. 디에츠& JC. 홀든, Journal of Geophysical Research(1970년)에서 발췌 편집

바다가 아무리 넓다 해도 대부분의 생물은 육지 끝, 대륙붕이라고 하는 얕은 수면에서밖에 살 수 없으니까 육지가 붙어버리면 살 곳이 없어져요. 이것을 바다생물의 멸종 원인으로 보는 설도 있습니다. 땅에 사는 생물도 서식지가 극지방에 가까워서 추워지거나, 대륙 중간에서 사막이 된다면 살아남을 수 없겠죠.

하지만 살기 좋은 곳도 있었어요. 대륙이 나뉜 덕분에 생물은 전혀 다른 종으로 진화하면서 다양성이 증가했어요.

여러분, 온천에 간 적이 있겠죠? 그것도 지구 내부의 열이 작용한 덕분이랍니다.

온천은 좋아하지만…, 난 멸종되기 싫은데. 큰일이네.

이렇게 질겁하는 아주머니. 그야말로 아주머니다운 생각이었다.

그게 그렇게 나쁜 건 아니에요. 멸종은 큰 스케일로 생각해야 해요. 멸종은 지구의 방대한 사이클 중 일부입니다.

아, 1억 4천만 년 동안 계속된 공룡시대가 막을 내린 원인에 여러 가지 설이 있는 것처럼 말이군요.

앞에서 나왔던 식물의 변화 외에도 거대 운석이 지구와 충돌해서 일어난 환경변화에 적응하지 못해서 멸망했다는 설도 있어요. 이것이 공룡이 살던 시대에 외부의 환경변화에서 멸종원인을 찾는 외인설이에요. 또 몸이 비대해지자 체내에 이변이 일어나 죽게 됐다는, 공룡 쪽에서 멸종 원인을 찾는 내인설도 있어요. 양쪽 다 정확한 사실은 알 수 없지만 지금 살펴본 대륙의 이동이라든지 기후 변화도 큰 원인 중 하나일지 몰라요.

지금까지 동물이나 식물을 살펴보면서 알 수 있었듯이 환경에 적응한다는 것은 생물에게 매우 중요한 일이에요. 변화하는 환경에 적응하지 못한 종은 멸종되는 거죠.

그럼 여러분! 이제 그만 점심 먹으러 갈까요?

미나미 선생님과 함께 밥 먹으러 갈 사람?

저요! 저요! 저요!

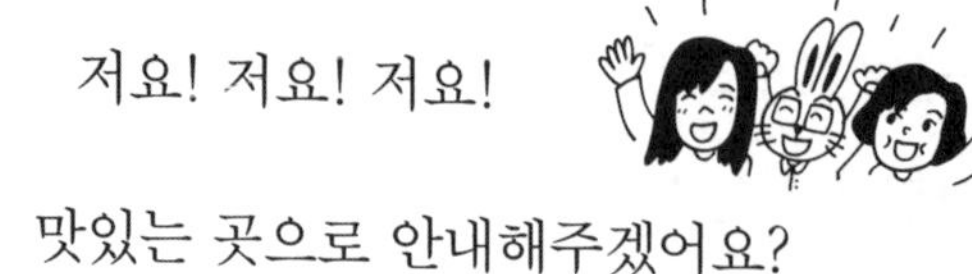

맛있는 곳으로 안내해주겠어요?

네. 선생님

3) 유인원에서 인간으로

유인원에서 인간으로
마침내 진화의
클라이맥스야!
500만 년
인간
(인류의 조상)

시게 씨가 화이트보드에 쓰여 있는 인간 부분을 가리켰다.

생물은 환경과 상호작용을 하고, 환경은 생물이 살아남는 데 적합한 변화를 선택한다. 그리고 이렇게 환경에 적응하는 것이 살아남아 진화를 한다. 이것이 이른바 다윈이 주장한 '자연선택'인데, 발표 당시 이 진화론은 불꽃 튀는 논쟁을 불러일으켰다. '모든 생물은 신이 창조했다'라는 기독교 교리에 비추어보면, 인류가 원숭이에서 진화했다는 주장은 용납할 수 없었을 것이다. 하지만 다윈도 유인원에서 인류에 이르는 과정을 명확하게 제시하지는 못했다. 유인원과 인류의 중간 화석도 그 후로는 좀처럼 발견되지 않는 '미싱 링크'로 남아 있다.

인류가 언제 유인원에서 분기되었는지, 유인원에서 분기됐을 때 최초로 나타난 특징이 무엇이었는지 아는 사람? 유인원과 인류의 차이점 하면 제일 먼저 떠오르는 것은 보통 지능지수로 상징되는 뇌의 크기일 것이다. 실제로 진화론에 관한 연구가 진행되었던 당초에도 유인원과 인류의 분기는 뇌에서 시작되었다고 보고 있었다.

하지만 1974년에 오스트랄로피테쿠스 아파렌시스라는 가장 오래된 인류과의 화석이 발견되면서 그 가설은 뒤집혔다. 오스트랄로피테쿠스 아파렌시스의 뇌 용량은 400cc 정도로 침팬지와 거의 비슷하고, 손가락의 길이나 턱의 구조도 침팬지와 같았다. 하지만 놀랍게도 오스트랄로피테쿠스 아파렌

시스의 골반 구조를 분석한 결과 두 다리로 걸었다는 사실이 밝혀진다. 이로 인해 인류와 유인원이 분기된 첫 번째 계기는 직립보행이라는 사실이 명확해진다. 그렇다면 분기한 시기는 언제일까?

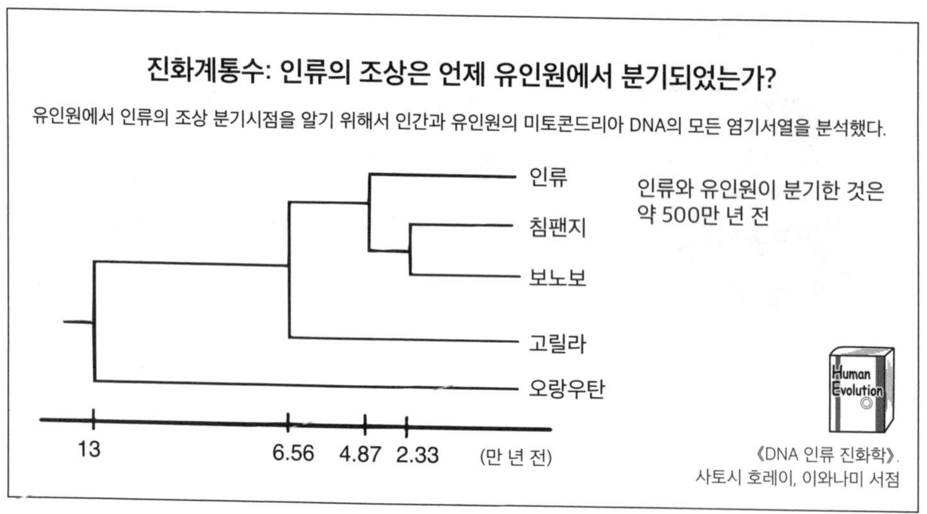
진화계통수: 인류의 조상은 언제 유인원에서 분기되었는가?
유인원에서 인류의 조상 분기시점을 알기 위해서 인간과 유인원의 미토콘드리아 DNA의 모든 염기서열을 분석했다.
인류
침팬지
보노보
고릴라
오랑우탄
인류와 유인원이 분기한 것은 약 500만 년 전
13
6.56
4.87
2.33
(만 년 전)
Human Evolution
《DNA 인류 진화학》, 사토시 호레이, 이와나미 서점

실제로 인류와 유인원의 유전자 서열을 연구하면 대략적인 분기 시기를 추정할 수 있다.

그렇다면 500만 년 전에는 무슨 일이 일어났을까? 대표적으로 프랑스의 이브 코펜스 박사의 이론에 의하면, 아프리카의 격렬한 지각변동은 500만 년 전보다 훨씬 오래 전부터 일어났다고 한다. 거듭되는 화산 분화와 지진 등으로 인해 아프리카를 남북으로 가르는 표고 4000m의 산맥이 출현했다. 그로 인해 서쪽에서 몰아치던 습한 바람이 산맥에 가로막혀서 산맥의 동쪽에는 비가 잘 내리지 않았고, 정글은 건조한 사막으로 변해갔다.

동쪽에 있는 유인원에게 이것은 일대사건이었다. 풍요로운 숲의 먹이가 격감했기 때문이다. 유인원들은 드문드문 남아 있던 숲에서 다른 숲으로 먹

이를 찾아 이동해야만 했다. 그런 환경에서 직립보행이 정착된 것이 아닐까 추측한다. 유인원은 숲속을 돌아다니느라 네 다리를 모두 사용하면서도, 직립으로 앉아 있는 습관을 갖게 되었다. 그들은 나무에서 내려와 사막지대의 나무가 거의 없는 지역을 건너가곤 했다. 이때 유인원에게 네 발을 쓰는 대신 뒷다리로 걷는 습관이 생겼다는 것이다. 직립보행으로 많은 잇점이 생겼다. 예를 들어 유인원은 음식이나 물건을 들고 갈 수 있게 되었고, 이로 인해 더 멀리 볼 수 있게 되었으며, 포식자의 접근도 미리 경계할 수 있었다. 그리고 몸을 움추려서 햇빛에 노출되는 것을 감소시켜 몸을 시원하게도 하였다.

직립보행을 하게 된 최초의 인류는 차츰 체형 구조도 변하기 시작했다. 손을 자유롭게 움직일 수 있게 되고, 손가락의 근육도 발달해 석기 같은 도구를 사용할 수 있게 되었다. 또 직립을 함으로써 목구멍이 넓어져 복잡한 음성도 낼 수 있게 되었다. 그로 인해 언어를 갖게 되었고, 뇌의 크기도 점점 증대했다.

인류는 언어를 손에 넣음으로써 생태계 안에서 특별한 생물이 되었다. 삶의 방식이 바뀌고 유인원과 달라진다. 그리고 도구를 만들기 시작하면서 인간과 가장 비슷하다는 원숭이와도 전혀 다른 존재가 된다. 이로 인해 인간은 자연 생태계 속에서 원래 인간에게 주어진 한계를 넘어선다. 예를 들어 동물은 추위가 닥치면 그에 대한 대비로 몸에 털이 나서 환경을 받아들인다. 하지만 인간은 옷을 입거나 집을 짓거나 난방이라는 수단을 만들어냈다. 그 덕분에 인류는 살아남기 힘든 곳에서도 살 수 있었고, 서식공간을 확대시킬 수 있었다. 인간은 스스로 환경을 선택하고 또 만들어낼 수 있었던 것이다.

또 언어를 도구 삼아 다양한 커뮤니케이션이 가능해졌다. 그러자 집단과 사회를 만들 수 있었다. 많은 사람들이 협력함으로써 혼자서는 잡을 수 없었던 동물을 사냥할 수 있었고, 또 대대적인 농사도 시작할 수 있었다.

인간은 언어를 통해서 환경, 이른바 자연에서 탈출할 수 있었던 것이다.

4) 진화론 스토리

"그리고 생명이 탄생한 지 40억 년!!
다세포생물이 탄생한 이후, 생물은 그야말로 다종다양하게 진화했어."

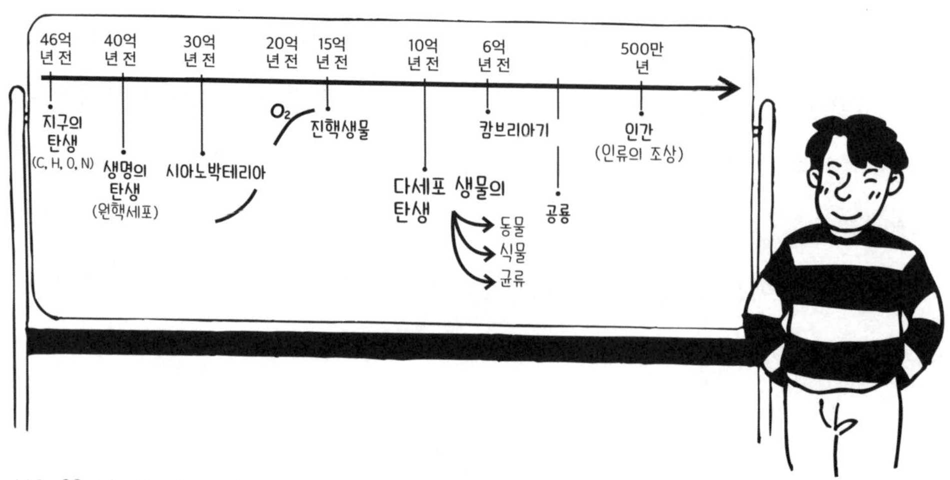

시계 씨는 들고 있던 《대진화하는 진화론》을 휘리릭 넘겼다.

"다윈은 천재구나. 과연 진화론의 아버지라고 불릴 만해. 우리가 진화에 대해 이야기할 수 있는 건 모두 다윈 덕분이야.

지금은 진화라는 개념이 일반적이지만, 진화를 어떻게 받아들여야 하는지, 즉 진화론이 만들어지는 과정에는 엄청난 논쟁이 있었어.

진화론이 어떻게 변화했는지 한번 살펴볼까?"

-18세기까지의 서양세계-

서양인들은 신이 최초의 7일 동안 모든 생물을 만들어냈고, 그때부터 생물은 전혀 변하지 않았으며, 예나 지금이나 앞으로나 불변이라고 믿고 있었다.

신께서 만물을 창조하셨음을 믿지 않는 자는
신앙이 불충한 자이며 이단이니 파문해야 합니다!!

-19세기, 진화론의 서막-

J. B. 라마르크

봉주르! 쥬마펠, 라마르크. 저는 파리의 자연사박물관에서 식물학을 연구하고 있습니다. 생물을 연구해보면 무척추동물 같은 단순한 생물에서, 우리 인간처럼 복잡한 생물까지 점점 복잡해지는 양상을 알 수 있습니다. 생물은 시간이 흐르면서 변화합니다. 즉 그것이 진화입니다.

라마르크는 1809년 저술한 《동물철학》에서 진화라는 개념을 소개했다. 하지만 생물의 노력이나 행동을 진화의 요인으로 생각한 그의 이론은 전근대적이라는 평가를 받고 있다. 그래서 근대진화론은 다음에 등장하는 다윈을 시초로 본다.

-다윈의 자연선택-

다윈은 원래 일반 창조론을 믿는 젊은이였다. 그런 그의 믿음이 일대 전환을 맞이한 것은 영국의 관측선 비글호를 타고 여행한 5년간의 대항해였다. 다윈은 항해 중에 《지질학 원리》를 숙독하고, 세계 곳곳의 생물을 관찰하고, 화석을 발굴하고 조사하면서 진화론의 원형이 되는 개념을 만들어냈다.

C. 다윈

"나는 영국의 경제학자 토마스 맬서스T. R. Malthus의 《인구론》이라는 책을 읽고 생각했다. 생존경쟁은 인간뿐만 아니라 생물 전체에도 똑같이 적용할 수 있을 것이다. 그렇다면 자연 속에서 보다 적합한 것이 선택받아 살아남게 됨으로써 생물은 진화하고 다양해질 것이다. 이것이 자연선택이다. 이것은 모든 생물을 진화라는 사슬로 새롭게 연결하는 혁명적인 사상이 아닌가!?"

그리고 1859년 그 유명한 《종의 기원》이 간행되었다.

다윈의 가장 위대한 업적은 이 '자연선택'이라는 개념에 있다. 이것은 진화의 중심이론으로 150년이 넘은 지금까지도 면면이 이어져 내려오고 있을 정도이다. 하지만 다윈의 진화론이 하룻밤 사이에 받아들여진 것은 아니다.

-획득형질은 유전되지 않는다-

사실 다윈은 앞에서 언급했던 라마르크의 '획득형질 유전'을 지지하고 있었다. 획득형질 유전이란, 부모가 획득하거나 상실한 변화가 자식에게도 전해진다는 이론이다. 이 이론에 의하면 예를 들어 두더지는 어두운 흙속에서 눈을 쓰지 않기 때문에 눈이 퇴화되었고, 기린의 목은 높은 곳의 잎사귀를 먹기 위해서 길어졌으므로 자손들에게도 유전된다는 설명이다.

그런데 독일의 생물학자 와이스맨A. Weisman이 중요한 발견을 한다.

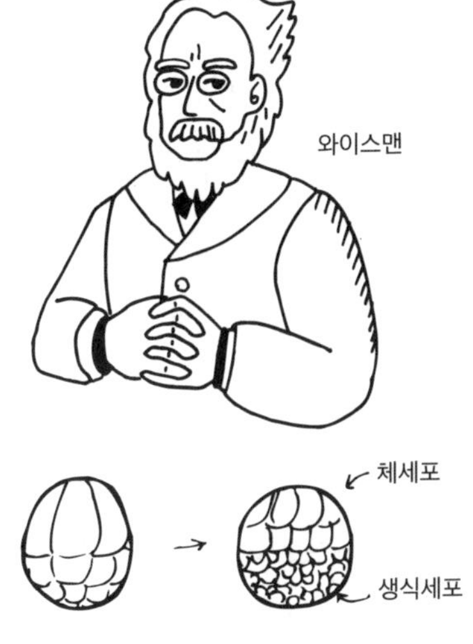

"나는 생식세포가 발생 중에 어떻게 변화하는지 흥미를 느꼈다. 어디 보자. 응?? 이게 뭐지? 배 발생 과정을 연구하니 생식세포는 발생 초기에 분화하고, 체세포와는 다르게 나뉘는구나. 이게 어찌된 일일까? 이상하지 않은가! 이렇게 되면 내가 존경하는 다윈의 말대로 획득한 형질이 생식세포를 통해 유전되는 것은 불가능하지 않은가? 즉 발생 과정을 연구하니 생장 후 체세포에 일어난 변화는 생식세포와는 상관 없었다! 좋아. 쥐를 통해서 실험해볼까?

나는 몇 대에 걸쳐 쥐의 꼬리를 잘라내고, 성장 후에 획득한 형질은 유전되지 않는 것을 확인했다. 획득형질은 유전되지 않았어!! 즉 자연선택만이 옳다."

나중에 쥐의 꼬리를 자르는 것은 획득형질이 아니라고 밝혀졌지만, 당시에는 큰 영향력을 발휘했다. 사실 쥐의 꼬리를 자른 것은 인간이므로 쥐가 스스로 짧은 꼬리를 획득한 게 아니라는 것이다. 이로써 다윈의 진화론에서 자연선택만이 진화의 지도 원리로 남게 되었다.

-멘델의 법칙 재발견-

1900년에 멘델의 법칙이 재발견되었다. 멘델의 법칙이란 1860년대에 완두콩을 연구해서 인자가 유전적 성질을 전달한다는 사실을 밝혀낸 이론이었다. 멘델은 다윈에게도 논문을 보냈지만, 1900년까지 이 법칙은 묻혀 있었다. 세 명의 과학자가 독자적인 연구를 통해서 이 이론을 재발견했을 때 멘델은 이미 사망한 후였다.

-드브리스에 의한 돌연변이-

폴란드의 드브리스Hugo De Vries는 멘델의 법칙을 재발견한 세 명 중 한 명이다.

1901년 드브리스는 큰달맞이꽃의 육종실험 과정에서 조상에게 없었던 형질이 갑자기 나타나 자손에게 유전되는 것을 발견했다.

유전법칙에 의하면 빨간색 꽃과 흰색 꽃 사이에서는 빨간색이나 흰색이나 이 두 가지 색이 섞인 핑크색만 나와야 하는데 어느 날 갑자기 검은색 꽃이 생겨난 것이다. 즉 갑자기 전혀 다른 성질이 나타난 것인데, 드브리스는 이 것을 돌연변이라고 명명했다.

생물에는 '갑자기, 새로운 형질이 생겨나는 구조가 있다'고 한다. 이것은 중요한 발견이었다. 이 돌연변이와 자연선택을 조합하면 진화를 통일적으로 설명할 수 있는 가능성이 생기기 때문이다.

-종합설 진화론-

그 후 1930년대에서 1950년대에 걸쳐 동물학, 식물학, 생태학, 집단유전학, 고생물학 등 진화에 관련된 분야의 연구 성과가 축적되어 '종합 진화론'이 확립되었다. 이것은 DNA 상의 돌연변이와 거기서 생겨난 개체가 자연선택된다는 두 이론을 큰 기둥으로 하여 진화의 메커니즘을 종합적으로 재구성한 것이다. 이 종합설을 바탕으로 발달한 것이 오늘날 우리가 알고 있는 현대의 진화생물학이다.

◆ 다양한 현대의 진화론

많은 학자들이 '진화란 무엇인가?'에 대한 대명제에 답하기 위해서 다윈의 발자취를 더듬었어. 지구상의 수많은 생명들은 도대체 어떻게 발생한 것일가? 그것은 수세기 동안 많은 과학자들을 매

혹시킨 미스테리였던 거지.

최근에 어떻게 진화과정이 실제 작용했는지 진화의 메커니즘을 더 잘 이해하기 위하여 진화이론가들은 생물학과 유전학을 통털어 모든 잇점들을 찾아봤다. 아직까지도 진화에 대해서 아무도 설명하지 못하고 있지만, 그 종합성은 진화에 대한 메커니즘을 이끌어낼 기나긴 여정의 시작이었다.

오늘날의 진화생물학에서 진화를 설명하기 위하여 종합설을 어떻게 이용하고 있는지 한번 알아보자.

-진화란 무엇인가?-

진화란 이전의 수준을 넘어서서 항상 앞서가는 어떤 의미를 나타낸다. 그러나 진화가 항상 그렇게 진행되는 것만은 아니다.

진화생물학은 오히려 진화를 '한 세대에서 다음 세대로 전달되는 유전형질에 변화가 생긴 것'으로 정의한다. 한 세대에서만 나타나고, 자손에게 유전되지 않는 형질은 진화적이지는 않지만, 혁명적이라 할 수는 있다! 진화는 한 형질이 다음 세대로 전달되어, 집단 내에서 퍼져나가고, 한 종 내에서 새로운 우성 특징으로 형성될 때 일어난다.

간혹 이런 방식으로 옮겨가는 새로운 형질은 그 환경에 적응할 수 있도록 도와준다. 이것을 진화라고 한다. 그러나 전혀 쓸모없는 형질(가령, 더 이상 유용하게 사용되지 않는 인간의 충수)이 서서히 퇴화되더라도 세대에서 세대로 지속적으로 전달될 때는 진화가 맞다. 모든 진화가 눈에 보이는 곳에서 일어나는 것은 아니다. 진화적 변화는 여러 유전자에서 일어나고 있으며, 생물체에는 눈에 띄는 변화 없이 다음 세대로 전달된다.

진화의 첫 번째 단계는 동일한 집단 내에서 동료에게는 없는 새로운 형질을 가진 돌연변이 생물체의 출현이다. 이런 돌연변이는 정자나 난자세포에 있는 DNA가 복제하는 동안 잘못 복제될 때 또는 염색체 일부가 부서지거나 복사본을 만들 때 일어날 수 있다. 대부분의 돌연변이는 생물에게 좋지 않은 변화를 일으키지만, 간혹 '잘못된'DNA 염기서열이 생물의 생존이나 증식능력에 이로울 수도 있다. 이런 경우 돌연변이에 의해 만들어진 형질은 여러 세대를 지나면서 집단 내에서 퍼질 수 있으며, 결과적으로 전체 종의 범주에서 정상이 되기도 한다.

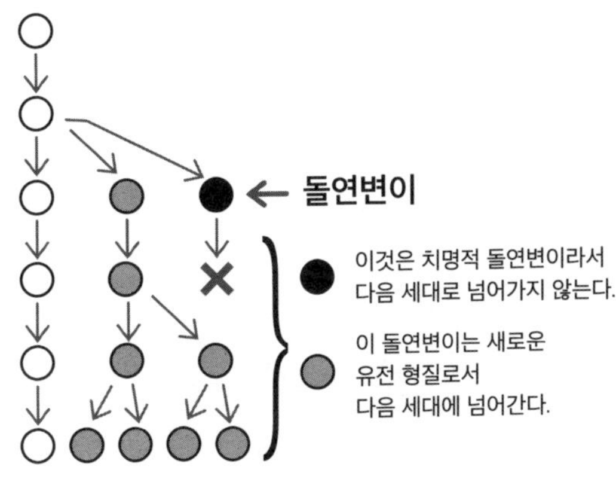

돌연변이
이것은 치명적 돌연변이라서 다음 세대로 넘어가지 않는다.
이 돌연변이는 새로운 유전 형질로서 다음 세대에 넘어간다.

그런데 한 개체에 일단 돌연변이가 발생하면, 집단 전체에 돌연변이가 퍼지는가? 그 점이 바로 진화의 '메커니즘'을 설명하려고 할 때 과학자들이 답변해야 하는 질문이 되고 있다. 그 메커니즘의 이해를 돕는 이론은 많지만, 그중 가장 중요한 이론이 '자연선택'이다. 이 개념은 다윈이 처음 선을 보였는데, 그후 다른 학자들이 오랜 시간에 걸쳐 다듬었다. 그리고 이 이론은 오늘날 진화이론의 대들보가 되고 있다. 유전이 실제로 어떻게 작동되는지 이해하기도 전에 자연선택에 관한 의견을 제시했다는 점에서 다윈의 업적은 위대하다고 할 수 있다.

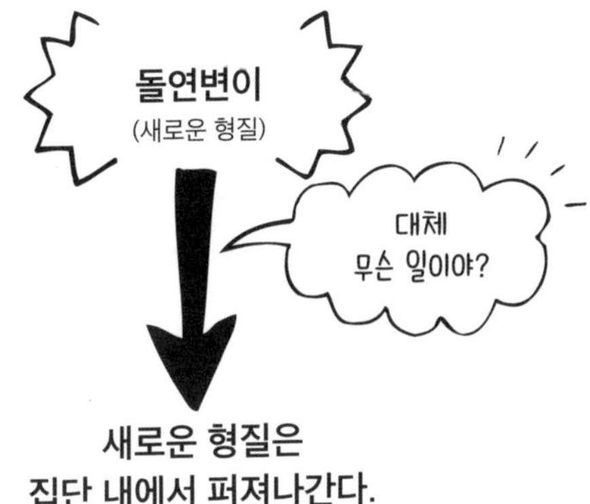

-자연선택, 진화의 메커니즘-

자연선택이 어떻게 작동하는지 실제 생물을 예로 들어 살펴보자.

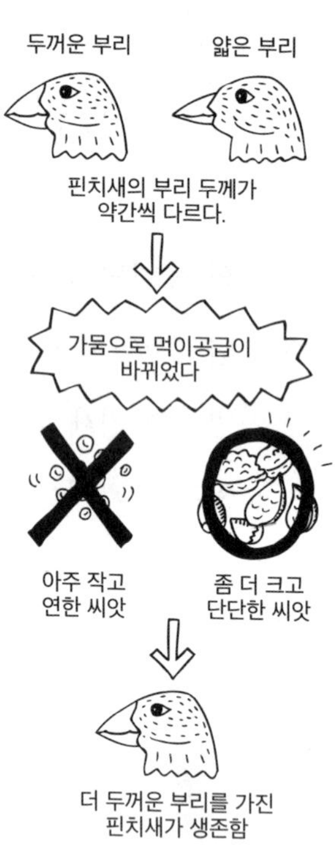

페루 해안에서 멀리 떨어진 갈라파고스 군도는 1977년 극심한 가뭄에 시달렸다. 가뭄으로 인해 섬에 서식하는 많은 식물이 죽어가면서 핀치새Geospiza fortis의 주식인 씨앗의 공급에 큰 변화가 생겨났다. 핀치새의 주 식량이었던 작고 연한 씨앗을 생산하던 식물은 죽고, 크고 단단한 씨앗을 가진 식물만 살아남았다. 이 변화는 핀치새 집단에 큰 영향을 미쳤다. 가뭄을 겪은 이듬해인 1978년 두꺼운 부리를 가진 핀치새의 숫자가 크게 증가한 것이다.

이 사실을 발견한 프린스턴 대학의 부부 생물학자인 피터 그랜트와 로즈마리 그랜트 교수는 핀치새의 부리 현상을 설명하기 위해 자연선택의 개념을 도입했다. 아래는 그들이 발견한 내용이다.

(1) 개체 간의 부리 두께가 달랐다(개체변이)

(2) 두꺼운 부리를 가진 개체는 크고 단단한 씨앗을 쉽게 먹을 수 있어서 가뭄에도 더 많이 살아남았고, 얇은 부리를 가진 개체보다 더 많은 새끼를 낳을 수 있었다(개체 간 적응도의 차이)

(3) 유전자가 부리 모양의 차이를 결정해서, 두꺼운 부리를 가진 어미가 두꺼운 부리를 가진 새끼를 낳게 되었다(유전현상)

자연선택의 프로세스는 개체 중에서 부리 두께가 다른 유전적 돌연변이를 가진 핀치새의 출현으로 시작된다.

돌연변이에 의한 차이를 개체변이라고 한다. 돌연변이에 의한 형질(두꺼운 부리 또는 얇은 부리)이 유전되기 때문에 동일한 형질은 대부분의 개별 자손에게 유전될 것이다. 만약 유전된 형질이 개체의 생존에 도움이 된다면, 그 개체는 자손을 더 많이 낳을 것이다. 그러면 다음 세대에 같은 형질을 가진 자손이 더 많아질 것이고, 자손도 더 많이 낳게 될 것이다. 따라서 이러한 형질을 유전 받는 개체의 숫자는 각 세대마다 증가한다.

한편, 얇은 부리를 가진 핀치새는 살아남기 어렵기 때문에 새끼도 적게 낳는다. 이런 형질을 타고난 핀치새 숫자가 점차 감소할수록, 얇은 부리의 핀치새는 무리에서 점점 줄어든다. 결국 생존율을 높이는 두꺼운 부리의 형질이 많아진다.

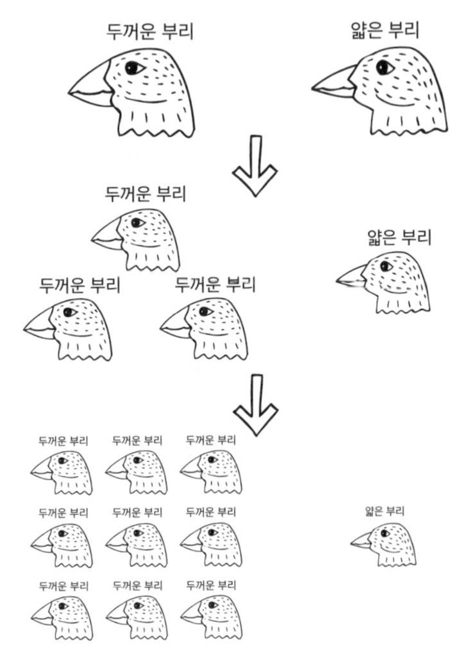

두꺼운 부리를 가진 핀치새는 크고 단단한 씨앗을 깨먹기가 쉬운 만큼 더 많은 숫자가 가뭄에서 살아남는다. 두꺼운 부리를 가진 핀치새의 형질을 물려받은 새끼가 많이 태어나자 생존율이 높아졌고, 이 형질을 가진 자손이 널리 퍼지게 된다.

자연선택의 요점을 간단히 말하면 살아남는 자손을 번식시킬 수 있는 개체 간의 차이일 것이다. 이 말이 너무 어렵게 들린다면 **적응도**라는 좀 더 간단한 용어를 쓰면 된다. 과학자들은 이 적응도의 의미를 **생존율**(무리 내에서 성체가 될 때까지 살아남는 개체 비율)과 **번식률**(각 개체가 생산한 자손의 평균 수치)을 곱해서 공식으로 나타냈다.

적응도=생존율×번식률

그랜트 교수 같은 연구자들은 모집단에서 개체의 적응도를 밝히기 위해서 실제로 현장에 나가 모든 핀치새의 숫자를 세었다. 과학자들의 이런 헌신은 경외심을 갖게 한다.

이것을 좀 더 이해하기 쉽도록 토끼의 소집단에서 보이는 형질을 살펴보았다.

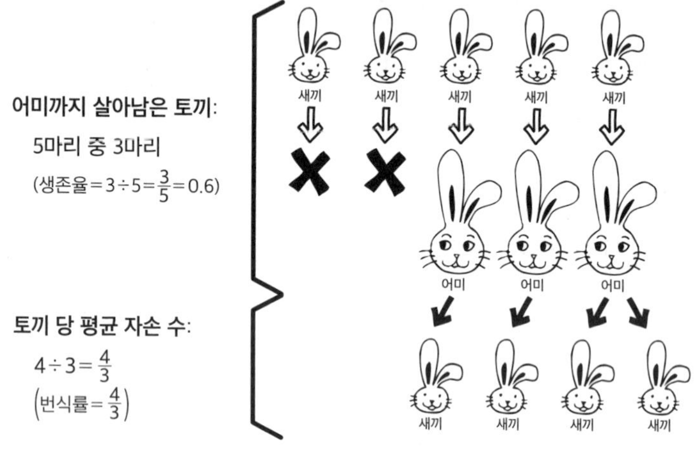

이 집단의 토끼 중 일부는 다른 개체보다 귀가 짧았다. 자손에게 유전될 수 있는 이런 형질을 가진 5마리의 토끼 집단을 관찰하자, 그중 세 마리는 새끼를 생산할 수 있는 성체가 되었다. 이것은 생존율이 $\frac{3}{5}$이라는 뜻이다. 성체가 된 세 마리의 토끼는 각각 한 마리, 한 마리, 두 마리의 새끼를 낳았다. 그렇다면 각 토끼의 번식률은 $(1+1+2)\div3$, 즉 $\frac{4}{3}$가 된다. 여기서 생존율$\left(\frac{3}{5}\right)$에 번식률$\left(\frac{4}{3}\right)$을 곱하면 $\frac{4}{5}$, 즉 0.8이므로 이 토끼 집단에서 개체의 적응도는 0.8이 된다. 이 숫자가 의미하는 것은 무엇일까? 이 집단의 개체는 각각 0.8마리의 자손을 남길 수 있다는 뜻이다. 다시 말해서 적응도란 한 세대에서 다음 세대로 얼마나 많은 자손을 남길 수 있는지 측정한 값이다.

이 공식에서 볼 수 있듯이 한 집단의 생존율이나 번식률이 높을수록 자손을 생산할 수 있는 적응도도 커진다. 물론 실제로 적응도가 크다고 해서 특정 개체가 더 많은 자손을 낳는다고 보장할 수는 없다. 여기에는 운도 작용한다. 예기지 못한 사고 등의 불운이 작용해서 개체의 생식을 방해할 수도 있다. 하지만 우리가 말하려고 하는 것은 여러 세대에 거쳐 자손을 남기는 많은 개체의 집단에 관한 것이다. 우리가 관찰하는 집단이 더 크고 세대가 많을수록 이 적응도의 수치는 정확해질 것이다.

이번에는 진화과정에 확률론을 대입해보자.

주사위를 열두 번 던졌을 때 같은 면이 두 번 나올 확률은 낮다. 하지만 주사위를 10만 번 던졌을 때 같은 면이 나올 확률은 높아진다. 마찬가지로 많은 집단과 세대를 관찰할 경우 적응도를 더 정확하게 측정할 수 있다. 개체의 평균 적응도를 알아내는 것은 그 생물 집단에서 긴 시간 동안 진화의 결과를 예측하는 좋은 방법이다.

예를 들어 한쪽 귀가 짧은 토끼의 적응도가 0.8이라면 두 귀의 길이가 같은 토끼의 적응도는 1.2이다. 이 적응도의 차이로 인해서 여러 세대에 걸쳐 낳은 양쪽 귀가 같은 토끼의 집단이 더 클 때, 한쪽 귀가 짧은 토끼의 수는 적어지고, 양쪽 귀가 같은 토끼의 수는 많아질 것을 예측할 수 있다.

진화에서 적응도가 그렇게 중요한 요소라면 여러 세대에 걸친 생존경쟁에서 그런 형질만 전달될 것이라고 생각하기 쉽다. 하지만 항상 그런 것은 아니다. 예를 들어 식량공급 상태, 동종 개체와의 협력이나 이종과의 공생(상호의존)처럼 환경에 의존하는 것은 완전한 경쟁관계에 있는 것보다 더 나은 생존전략이 될 수도 있다.

어떤 생물은 다른 생물과 경쟁하거나 협력하거나 공생할 수 있는 형질을 가졌을 수도 있다. 하지만 그 생물이 개체의 적응도를 높이는 형질(예를 들어 자손을 생산하는)을 가졌든지, 자연선택에서 이 형질이 다음 세대로 넘어가거나 집단 내에 확산되든지는 중요하지 않다.

즉 진화에서 말하는 '경쟁'에 대해 우리가 아는 것은 극히 단순하다. 다윈에 의해서 널리 알려진 '생존경쟁'이라는 말은 이긴 자가 살아남는다는 뜻이 아니다. 여기서 말하는 생존자란 여러 세대에 걸쳐 가장 많은 자손을 남기는 자를 뜻한다. 그 생존 방법이 경쟁이든 협력이든 공생이든 전혀 상관이 없는 것이다.

-다른 진화론-

일차적인 진화 메커니즘으로 자연선택이 어떻게 작동하는지 살펴 보았다. 간단히 말해서 진화는 자손을 낳는 개체의 능력 차이에서 비롯된다. 아주 간단하게 들릴 것이다. 우리를 놀라게 하는 것은 어떻게 그렇게 단순한 과정이 생존을 위해 보다 현명하고 복잡한 전략을 구사하면서 오늘날 지구상에서 놀라울 만큼 다양한 생명체를 만들어냈냐는 것이다. 사실상 이것이 진화생물학자들이 요즈음 대답해내려는 큰 질문이 되는 것으로, 결과적으로 그들은 적합율에 나타나는 이러한 차이점이 일어나는 메커니즘을 아주 가까이 들여다 보고 있다.

갈라파고스 핀치새의 예에서 아주 직설적인 면을 본 것이다. 즉 우리는 새에게 공급되는 식량과 새와의 관계를 관찰할 수 밖에 없었다. 그러나 적합율이 예를 들어 서로 다른 생명체들 끼리의 관계처럼 다른 요인에 의해 영향을 받을 때 좀 더 복잡해진다. 과학자들은 적합율에서의 개체간 차이점처럼 단순한 메커니즘이 어떻게 종 내부에서의 엄청난 진화적 변화를 만들어낼 수 있는가를 설명하려고 여러 이론적 모델을 갖다 댄다. 이는 또한 복잡한 이야기인데, 더 상세히 읽고 싶으면, 더글러스 J. 푸투이마 박사의 놀라운 책 《진화생물학》을 권한다.

우리는 여기서 진화에 있어서 자연선택의 역할에 대해 집중하고 있다. 그러나 물론, 자연선택은 진화에서 일어나는 모든 것을 다 설명하고 있지는 않다. 예를 들어 무작위적인 기회도 어느 한 집단에서 나타나는 유전자의 빈도에 중요한 역할을 하는 것이다(유전적 표류라 함). 이 유전적 표류라는 개념은 자연선택으로만 설명할 수 없을 때 진화적 변화에서 주요 요소가 될 것이다.

그밖에 최근까지도 많은 진화론이 발표되었나.

예를 들어 1989년 미국의 존 케언즈는 다음과 같은 실험을 했다.

영양소가 부족해 대장균이 살 수 없는 배양토에서 대장균이 어떻게 되는지 관찰했다. 그곳에 대장균이 먹을 수 없는 락토스만 넣어둔다. 상식적으로 생각하면 충분한 영양소가 없으므로 자연선택이 일어나지 않아 분열하지 못하고 사멸해야 한다. 그런데 분열할 수 없는 상황임에도 갑자기 락토스분해 효소를 가진 대장균이 나타나 점점 증식하기 시작했다.

이것은 '**돌연변이의 정향성**', 즉 무작위적인 돌연변이가 아니라 살아가는 데 유리한 방향으로 변이한다는 것을 증명하는 실험이었다. 종합설 진화론 학자들은 동요를 감출 수 없었다.

스티븐 굴드Stephen Jay Gould와 닐스 엘더리지Niles Eldredge의 중단평형설 이론도 있다.

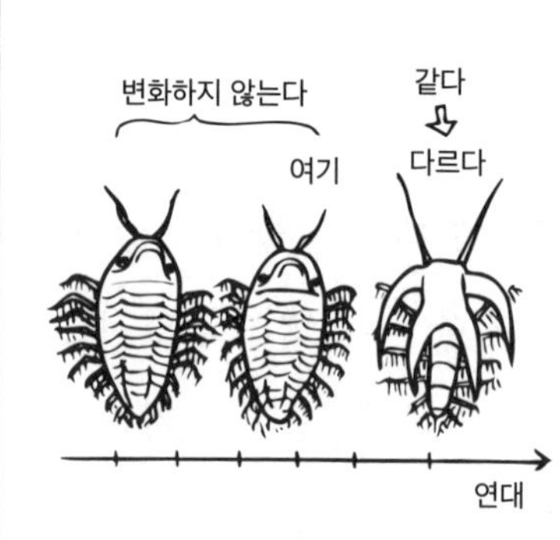

삼엽충 화석을 연구했더니, 어떤 시기에는 삼엽충이 전혀 변화하지 않지만 어떤 시기에 갑작스러운 변화를 보였다. 기린이나 박쥐의 진화도 중간화석이 나오지 않는다. 즉 이것도 무작위로 변이하는 것이 아니라 오랜 안정기를 거쳐 나뉜 시기에 갑자기 진화가 일어난 것이다. 이것을 '중단평형설'이라고 한다.

기무라 모토오Kimura Mottoo의 **분자진화중립설**도 있다.

헤모글로빈 유전자의 돌연변이 숫자를 조사하였고, 포유류는 2년마다 한 번씩 돌연변이를 일으킨다는 사실을 알았다. 이것은 그때까지 주장하던 변이가 일어나는 발생빈도에 비해 매우 큰 수치였다. 이로 인해 DNA 상에 발생하는 변이는 자연선택에 의해서 선별되는 것이 아니라 확률법칙에 따라 중립적인 방식으로 일어난다는 가설을 만들었다.

기무라의 이론에 의하면, 개체의 생존율이나 생식률에 영향을 주지 않는 DNA의 변화는 자연선택과는 아무런 상관 없이 빈도가 증가하거나 감소하면서 무작위로 일어난다고 한다. 중립설은 자연선택과 무관하게 보이는

DNA 돌연변이를 뒷받침하고 진화에서 일어나는 유전적 표류의 중요성을 강조한다. 기무라가 처음 이 가설을 내세운 이래 과학자들은 그것을 뒷받침하는 증거를 많이 발견했으며, 중립설은 이제 분자진화설의 주요 이론이 되고 있다.

그렇구나. 정말 다양한 설이 있어. 이것말고도 더 많이 있는 것 같아.

나는 돌연변이와 자연선택을 이론적으로 정확히 이해하지는 못하지만, 그것만으로는 설명할 수 없는 현상이 있기 때문에 지금도 다양한 진화론이 만들어지고 있대. 진화론도 진화하고 있는 거지!

지구가 탄생하고 원시 수프에서 최초의 생명인 세포가 태어나고, 진핵세포가 되고, 다세포가 태어나고, 지금의 우리가 있어!

40억 년이라…. 길다. 단세포생물에서 지금까지 용케도 진화해왔구나.

정말 대단해. 인류의 탄생에서부터 길고 긴 진화의 스토리는 여기시 끝이야! 잠시 쉬어갈까?

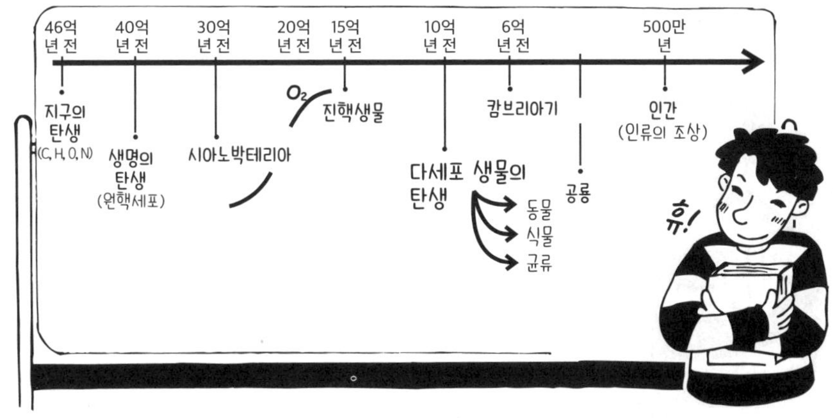

3.2 물질·생명·언어까지

1) 언어를 진화의 줄기로

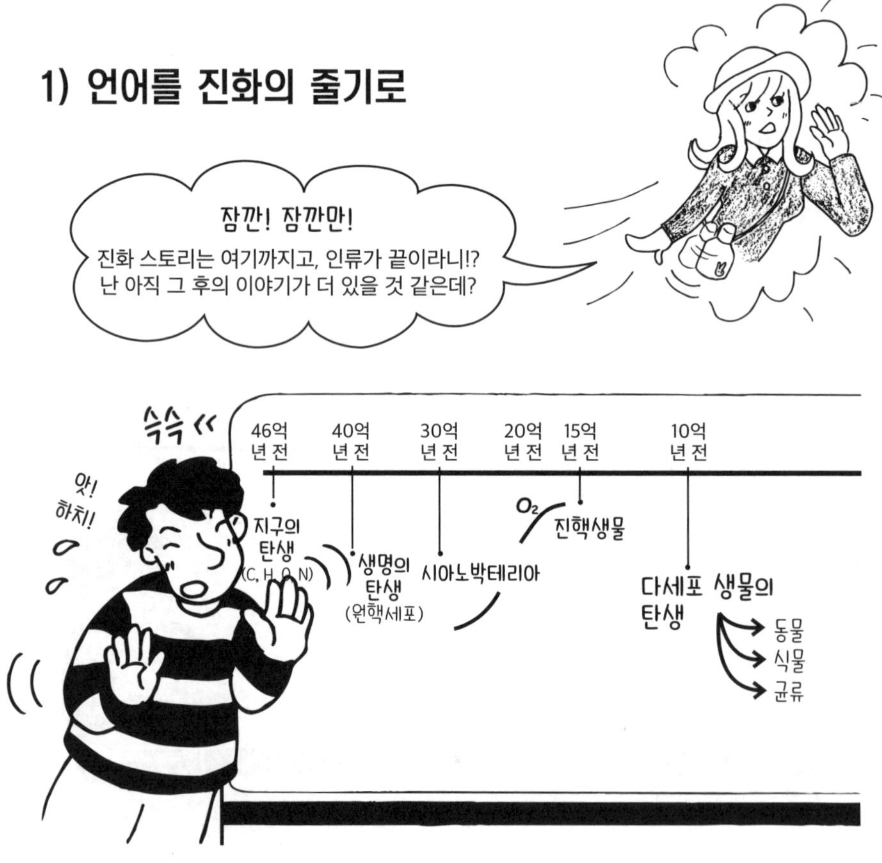

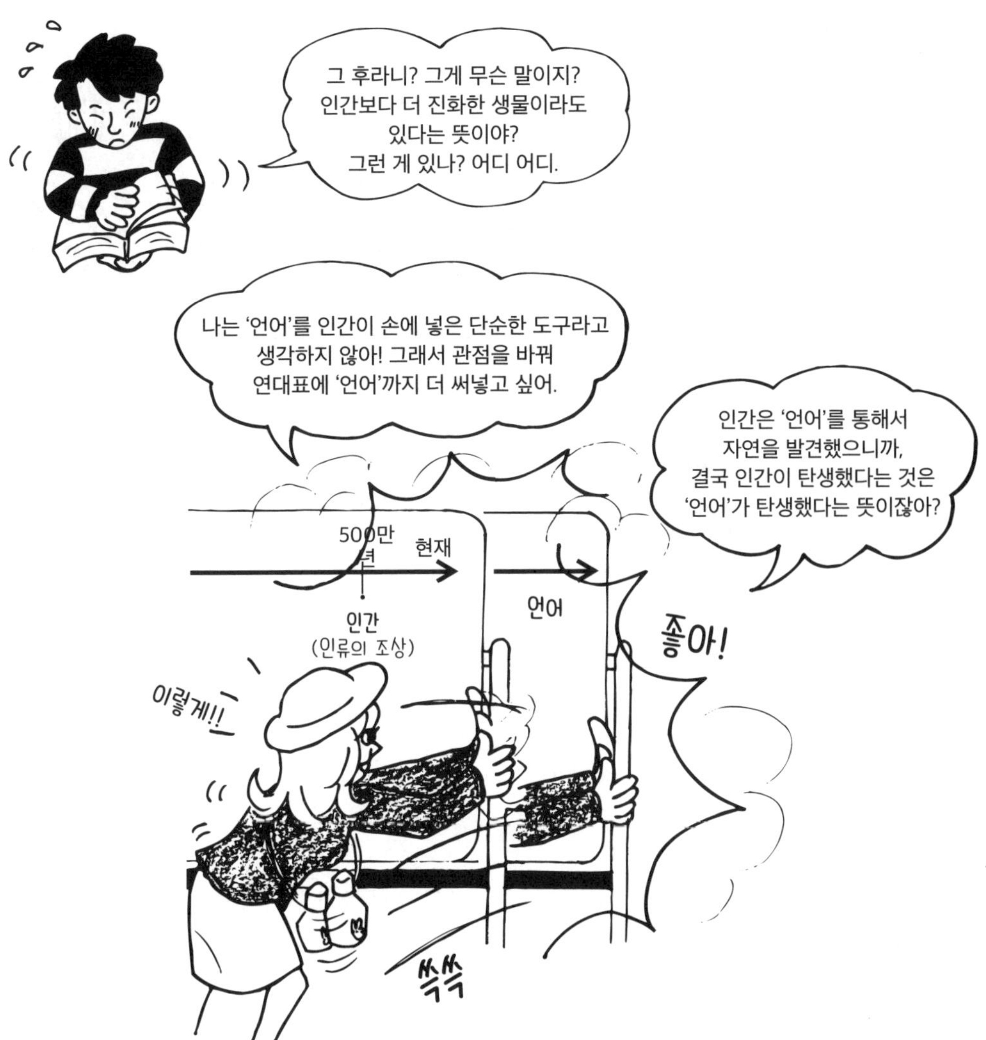

우리의 몸은 세포로 이루어져 있고, 세포는 원래 물질로 이루어져 있잖아. 원시 수프의 시대에 제각각 떠다니던 여러 개의 분자가 어느 순간 하나로 모여 새로운 전체인 세포가 태어났어. 그리고 그 세포끼리 새로운 관계를 만들어서 하나로 모여 다세포생물이라는 새로운 전체가 생겨났어.

그 다세포생물인 인간끼리 결합해서 또 하나의 새로운 전체를 만드는 것이 언어가 아닐까 해.
즉 제각각인 분자에서 세포, 세포에서 다세포, 다세포에서 하나의 전체를 가진 인간 집단이 탄생한 원리는 똑같지 않을까 하는 거지.

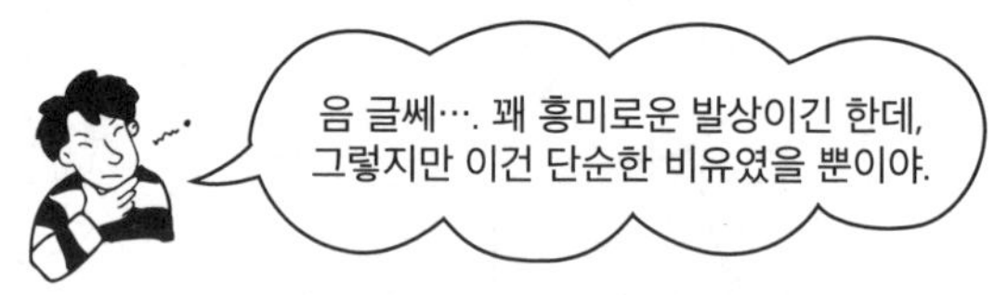

음 글쎄…. 꽤 흥미로운 발상이긴 한데,
그렇지만 이건 단순한 비유였을 뿐이야.

생물은 항상 주변 자연과 관계를 형성하며 환경에 적응해. 마찬가지로 언어도 학자가 만든 게 아니라 자연환경에 적응하기 위해서 인간과 인간 사이에 새로운 관계를 만들면서 생겨난 거야.
그런 언어의 탄생을 생각한다면, 언어도 자연계에 포함해야 한다고 봐. 그 언어를 통해서 인간은 자연을 발견했잖아. 그렇다면 자연을 기술하는 언어 자체도 자연현상이라고 할 수 있지 않을까?

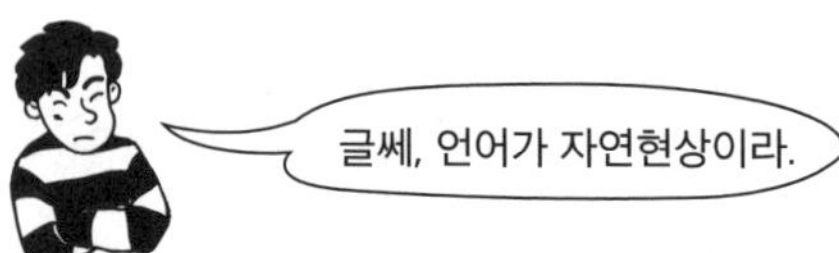

언어를 자연현상으로 가정하고, 진화 스토리를 다시 언어의 관점으로 살펴보고 싶어. 언어에 의해서 인간이 어떤 식으로 태어나고 생각하고 세계를 발견하게 되었는지. 이제부터 그 이야기를 해볼 테니 잘 들어봐!

2) 원시인 스토리

생각해봐!

우리는 지금 아주 다양한 말을 하고 있는데, 최초에는 어땠을까?

여기서의 최초는, 태어나자마자 하는 말이 아니라 인간으로서의 최초, 즉 원시시대를 뜻해. 인간의 탄생으로 거슬러 올라가면 원시시대가 되잖아. 물론 지금 같은 언어가 있었을 리 없다는 건 쉽게 짐작할 수 있지. 원시시대, 언어는 분명 그곳에서 탄생했어.

타임머신이 있다면 단숨에 거슬러 올라갈 테지만 그건 불가능하니까, 우리 인간만이 가진 상상력이라는 타임터널을 이용해볼게.

그 무렵 지구는 어떤 모습이었을까? 이미 꽤 살 만한 공간이 있었지 않을까? 초목이 무성하고, 몸을 누일 장소도 있고 말이야. 물론 상상이니까 정확하지는 않지만 원시인이 살아가는 데 충분한 환경이었을 거야.

위 그림을 보면 두 원시인이 걷고 있고, 맞은편에서는 개가 멍멍 짖으면서 다가오고 있지. 처음 보는 생물의 모습에 두 원시인은 도대체 뭐지? 하고 수상하게 생각하면서 다가갔어. 개가 꼬리를 파닥파닥 흔들면서 멍멍

짖는 모습을 한동안 지켜보던 원시인 중 한 사람이 '워우워우' 하고 그 개를 가리키며 시선을 향해. 다른 한 사람도 역시 개를 가리키며 '워우워우?' '머우머우' 하고 고개를 갸웃거려. '워우워우'도 '머우머우'도 딱히 맞는 느낌이 아니야.

그때 갑자기 한 사람이 '멍멍!' 하고 말했어. '멍멍'이라고. 그래 그거야, 하면서 다른 사람도 '멍멍!' 하고 반복했어. 두 사람은 눈앞에 있는 생물이 '멍멍'이라는 것을 함께 발견한 거지. 지금까지의 두 사람에게는 존재하지 않았던, 새로운 '멍멍'을!

두 사람에게 새로운 세계가 열린 순간이었어. 함께 확신한 기쁨으로 왠지 가슴이 뜨거워졌지.

어때? 상상력을 동원하니까 이런 한 컷이 눈앞에 보이지 않아?

이 원시언어에서는 이름 붙인 대상(멍멍 하고 우는 것)과 그것을 표현하는 '멍멍'이라는 인간의 음성, 그리고 음성을 내뱉는 인간의 육체는 분리할 수 없는 하나의 전체가 아닐까?

이번에는 고양이야. 고양이를 본 두 사람은 그들 사이에 통하는 말인 멍멍에서 시작했어. 하지만 다가가 보니 조금 다른 거야….

그래도 처음에는 멍멍으로 해결했겠지.

그러다가 어느 순간 다른 소리로 우는 것을 발견해. 멍멍? 아웅아웅? 냐옹냐옹! 하고.

이런 식으로 사람과 사람의 관계 속에서 언어를 공유하고 주변의 자연을 발견해간 거지.

이때의 원시인들은 처음에는 나무열매를 줍거나 풀을 뜯어 먹었어. 숫자가 적었으니까 그것만으로도 충분히 먹을 수 있었을 거야.

그런데 점차 사람의 수가 늘면서 식량 확보가 삶의 기본이 되기 시작해.

이제 단순하게 나무열매를 줍기만 하는 게 아니라 그 열매를 심어도 보고 여러 가지 도구를 개발해서 물고기를 잡거나 수렵도 하게 된 거야.

주변의 자연에 대해 전보다 더 많이 의식하게 됐어.

봄이 되어 따뜻해지자 초목은 숨을 쉬기 시작하고, 여름의 햇빛과 충분히 비 덕분에 가을에는 열매가 열렸어.

고대 중국에서 그런 자연을 하나의 전체로 파악한 것이 '주역'이야.

주역은 점과 비슷한 건데, 점은 '맞아도

그만, 안 맞아도 그만'이잖아? 사실 이 주역은 고대인들이 자연을 어떤 관점으로 보았는지 묘사한 책이라고 할 수 있어.

고대, 자연을 관측하는 정밀한 기계도 계기도 아직 없었던 시절, 인간은 오체오감을 모두 이용해서 자연을 받아들였어.

자연은 시시각각 변화하고
변화하지만
그곳에는 변하지 않는 순리인
질서가 있다.
봄에서 여름이 되고, 계속해서 가을
겨울로 이어지고
다시 봄이 찾아온다. 하지만
그 봄은 결코 작년과 똑같은 봄이 아닌
새로운 봄일 것이다.

인간은 그런 자연과 함께 살고, 그 자연을 전체로 받아들였어. 인간도 그 자연에 포함된 존재로, 자연의 질서를 따르는 존재라고 생각한 거지.

자연에서 식물의 씨앗에서 싹이 나고, 떡잎이 나오고, 다시 지엽으로 나뉘는 일이 반복적으로 분기하듯이 주역에서는 세상의 시작을, '태극'이라는 혼돈된 하나의 전체로 보고, 거기서부터 음과 양의 대칭적인 2개로 나뉘고, 그것이 다시 각각 음양으로 나뉘어 4개가 되고, 또 다시 각각 음양으로 나뉘자 8개가 되어 팔괘가 탄생했다고 보거든.

그 팔괘에는 하늘, 땅, 산, 연못, 번개, 바람, 불, 물이라는 자연이 해당되는데, 팔괘와 팔괘를 조합한 64괘로 우주의 삼라만상을 풀이하는 거야.

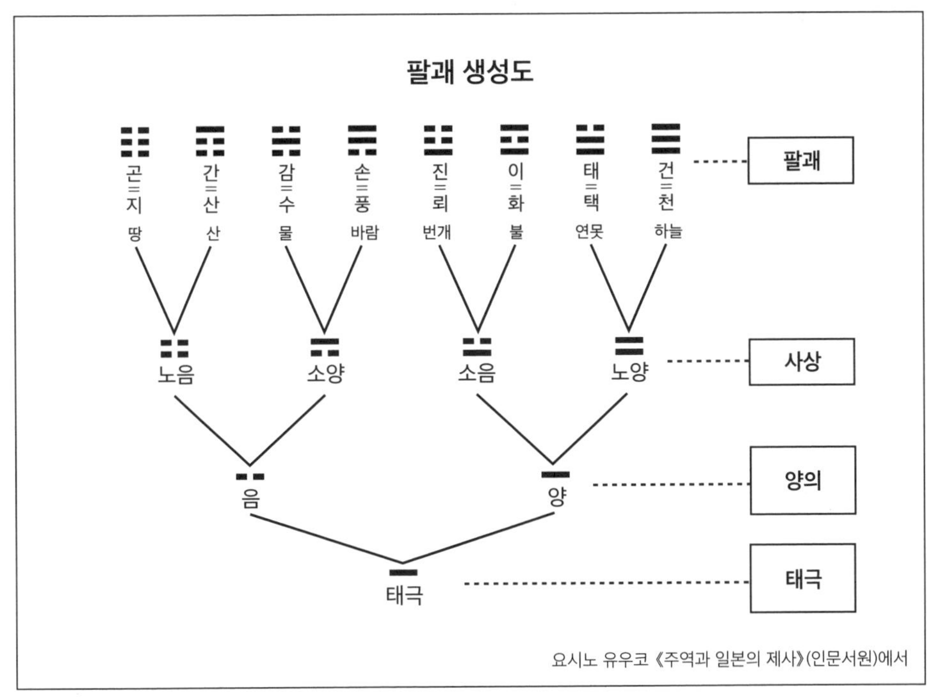

요시노 유우코 《주역과 일본의 제사》(인문서원)에서

주역은 자연의 움직임을 진지한 시선으로 관찰한 고대의 자연과학서였다고 할 수 있어. 거기에 쓰여 있는 것은 자연 전체를 인간과 분할하지 않고 하나의 전체로 받아들인 고대 중국인의 탁월한 관점이었어.

이처럼 원시시대 때부터 인간은 자연 그 자체를 언어로 받아들이고, 언어는 자연과 일체라는 자연관, 이른바 전체를 보는 관점을 구축해온 거야.

자연은 언어에 의해 다양한 형태로 받아들여졌다. 하지만 근대에 이르러 그 자연을 인간과 분리하는 자연관이 생겨났다.

16세기, 근대에 접어들자 철학자 데카르트가 발표한 자연과 인간을 구분하는 사고관이 주류가 된다.

인간의 사유, 즉 언어를 물체인 육체에서 분리해야 한다는 주장이다.

인간이 생각하거나 말하는 부분인 '정신'은 물질로 이루어진 자연과는 다른 존재라는 것이 그 내용이다.

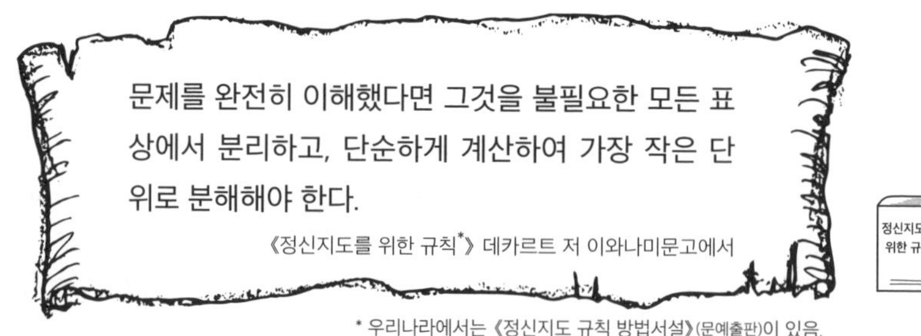

문제를 완전히 이해했다면 그것을 불필요한 모든 표상에서 분리하고, 단순하게 계산하여 가장 작은 단위로 분해해야 한다.

《정신지도를 위한 규칙*》 데카르트 저 이와나미문고에서

* 우리나라에서는 《정신지도 규칙 방법서설》(문예출판)이 있음.

이 시대에 이르면, 인간과 자연을 분리하고, 다시 그 복잡한 자연을 세분화하여 자세하게 분해함으로써 보다 본질에 가까워질 수 있다고 생각했다.

이것이 근대철학의 시작이다.

이전과 같이 인간을 포함한 자연을 기술하는 데 점차 인간의 자의적인 관점이 들어가기 시작했다.

더욱 복잡한 현상을 분석하려고 하자 그것을 보는 사람들 각자의 관점에 따라 "난 이렇게 생각하네." "아니 나는 이렇다고 보네."하고 주장하는 일들이 일어났기 때문이다.

무엇을 근거로 해야 하는지가 불명확해지고, 극단적인 신비해석이 나오기도 하는 등 어떤 의미에서는 제멋대로라고 할 정도의 견해가 나오기도 했다.

그런 상황에서 자연과 인간을 분리하는 것은 명확한 방법으로 받아들여졌다.

미신이나 개인이 가진 경험 등의 주관성은 모두 배척하고, 실험 등의 방법으로 누구에게나 증명할 수 있는 객관적인 사실만을 과학의 대상으로 기술하는 데 의견이 모아졌다.

사물을 작게 분해하고, 그 하나하나를 더 자세히 연구하는 사고방식이 주류가 되기 시작했다.

분해한 것을 전부 더한다면 자연 전체의 큰 그림이 그려질 것이 틀림없다고 생각했기 때문에 근대과학이 확립된 것이다.

그 근대과학의 확립에 크게 공헌한 사람은 뉴턴이었다.

17세기 영국. 뉴턴은 질문의 성립 방법을 바꾸었다.

세분화된 사물에서 일관된 질서를 찾아내려던 그는 어떤 법칙을 발견한다.

그때까지 행성의 움직임 같은 천체의 운동은 지상에서 일어나는 물질의 낙하나 추의 움직임 등의 운동과는 전혀 다른 우주의 일로 치부되고 있었다.

뉴턴은 여러 가지 운동을 관찰하고, 그 운동의 변화를 일으키는 원인으로 '**힘**'이라는 관점을 도입했다.

그러자 그때까지는 다른 것으로 간주되었던 다양한 운동은 다음과 같은 단순한 법칙으로 이해할 수 있게 되었다.

$$F = ma$$ (힘 = 질량 × 가속도)

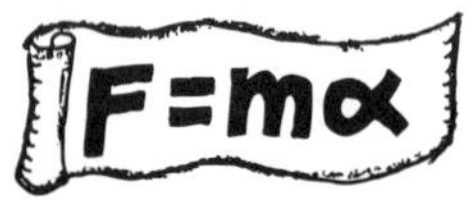

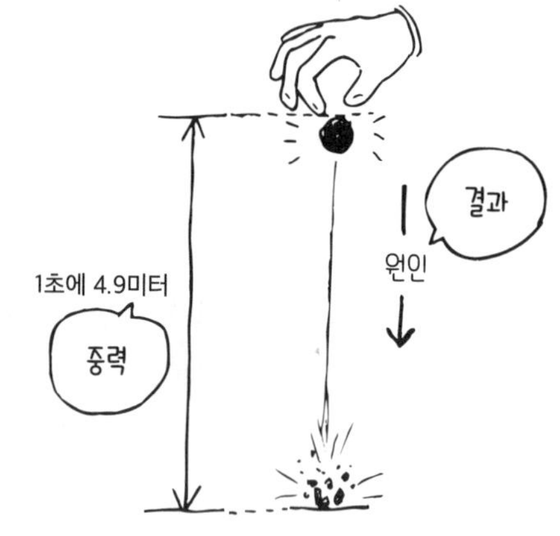

뉴턴의 운동법칙에 의하면 힘이라는 원인에 의해서 일어나는 운동의 결과는 모두 예측이 가능하고, 어느 높이에서 떨어지는 물질이 몇초 후에 지상에 도착하는지 누구

나 알 수 있었다.

'원인'과 '결과'가 확실해지자 쉽게 결론을 내릴 수 있었다.

다양한 사상의 배후에 있는 법칙을 발견함으로써 인간은 기술의 진보를 이루었다. 예를 들어 '에너지' 하나만 봐도 혁신적으로 발전해서 지금 우리의 생활은 그런 과학적 혜택 없이는 상상할 수 없다고 해도 과언이 아니다.

이런 근대적인 방법, 즉 자연과 인간을 분리함으로써 근대과학은 자의적인 생각을 배제하고 실험에 의해서 누구나 옳다고 증명할 수 있는 객관적인 것만을 대상으로 삼게 되었다. 그 명확한 예가 수식이다. 세계 공통인 수식이라는 언어로 문제를 기술함으로써 누구나 문제를 공유하고 이해할 수 있다.

이렇게 해서 과학적 사상은 보편적인 존재로 세상 사람들에게 퍼져나갔다.

인류는 과학의 발달로 크게 진보했다.

눈에 보이는 거시적인 사상에서 눈에 보이지 않는 미시적인 세계로 들어가 물질을 구성하고 있는 원자의 세계, 더 작은 전자나 양자, 광자 등 **양자**의 세계로 발을 내디딘 것이다.

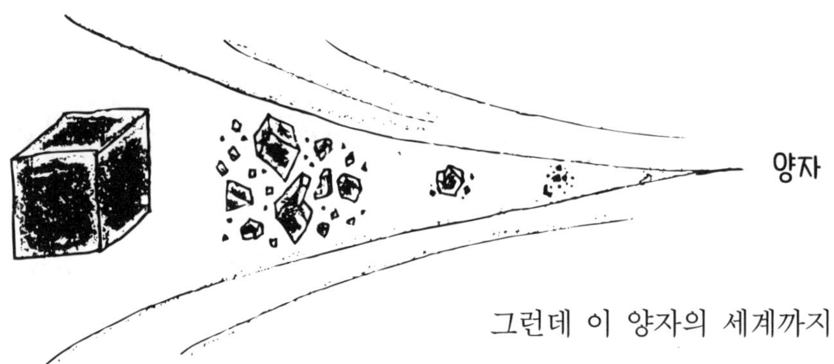

그런데 이 양자의 세계까지 더듬어 가자, 그때까지 객관적인 것으로 기술되었던 자연 속에 인간을 포함하지 않으면 이해할 수 없는 현상이 발견된다.

과학의 진보와 함께 자연은 점점 세분화되었다.

그때까지 세상의 물질은 '**입자**'와 '**파동**'이라는 전혀 다른 성질을 가진 둘 중 한 가지 물질로 설명할 수 있었다.

양자의 세계 역시 '입자'와 '파동' 중 하나로 설명할 수 있을 것이라고 생각했다.

전자를 입자로 가정하고 수식을 만든 하이젠베르크

하이젠베르크

안개상자를 이용하면 전자의 궤도를 관측할 수 있으니 '**입자**'가 분명해.

파동이라면 궤도를 그리지 않고 퍼질 테니까.

전자를 파동으로 수식을 만든 슈뢰딩거

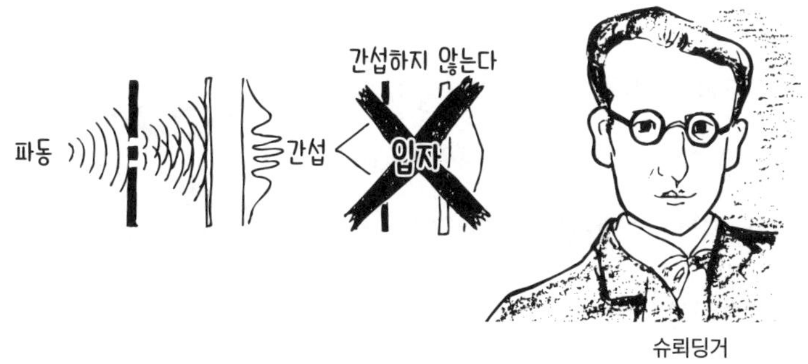

슈뢰딩거

슬릿 실험에서는 간섭하니까 전자는 '파동'이 분명해. 입자는 간섭하지 않으니까.

하이젠베르크가 만든 행렬역학 수식과 슈뢰딩거가 만든 파동역학 수식은 힐베르트 공간이라는 수학에 의해서 완전히 똑같은 값을 갖게 되었다(2장 4절 참조).

그렇지만 수학의 세계에서는 똑같은 값임에도, 안개상자 실험과 슬릿 실험은 서로 모순된 채 입자와 파동처럼 움직이고 있었다. 이것을 어떻게 설명해야 할까?

하이젠베르크는 생각했다.

"지금까지 안개상자 속에서 궤도를 관측할 수 있었기 때문에 전자를 입자라고 생각했지만, 사실 전자로 인해 생성된 안개 입자를 본 데 불과한 것이 아닐까? 또 전자 자체는 눈으로 볼 수 없는 게 아닐까?"

그는 전자가 만들어낸 굵은 안개 입자 줄기를 설명할 수 있는 식을 연구했다. 이것이 **불확정성 원리의 식**이다.

$$\Delta x \cdot \Delta p \approx h$$

h : 플랑크상수

Δx : 전자의 위치 분포

Δp : 전자의 운동량 분포

이 식은 전자의 정확한 위치와 운동량을 동시에 아는 것이 불가능하고, 위치와 운동량은 대개 이 정도의 **확률**로밖에 알 수 없다는 것을 나타낸다.

더구나 위치를 정확하게 보려고 하면 운동량은 더욱 정확성이 떨어지고, 반대로 운동량을 정확히 알려고 하면 할수록 전자의 위치의 정확성은 떨어진다.

이것은 지금까지의 뉴턴역학의 상식으로 보면 도저히 믿을 수 없는 일이었다. **뉴턴역학**에서는 물질의 위치와 운동량을 동시에 정확하게 아는 것이 전제였기 때문이다.

이 식을 이용해 안개상자 실험을 설명하자, 안개상자 속에서 안개 입자가 생김으로써 전자의 위치가 관측되었다. 하지만 불확정성원리로 위치를 알게 되자 운동량의 정확성은 떨어졌다. 즉 파동처럼 퍼진 것이다. 이 파동 같은 것을 **확률파**라고 한다.

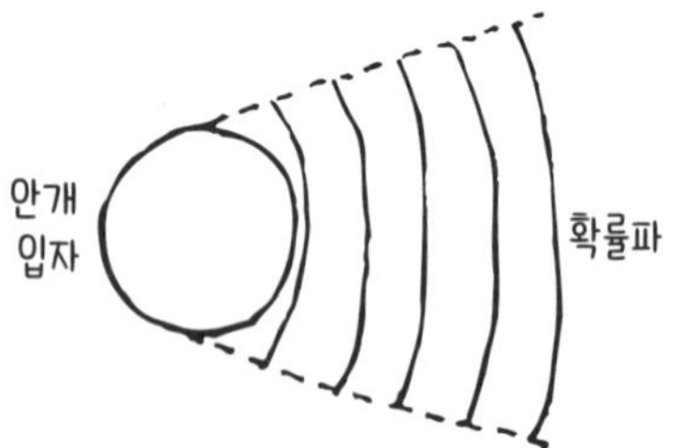

하지만 확률파가 많이 퍼지기 전에 다음 안개 입자가 생김으로써 확률파는 위축되고, 그 현상이 연속적으로 일어남으로써 안개상자 속에서 전자는 궤도를 그리는 것처럼 보이는 것이다.

안개 입자가 생긴다는 것은 전자의 위치가 확실하다는 뜻이었다. 즉 전자는 그 외부에는 없기 때문에, 일

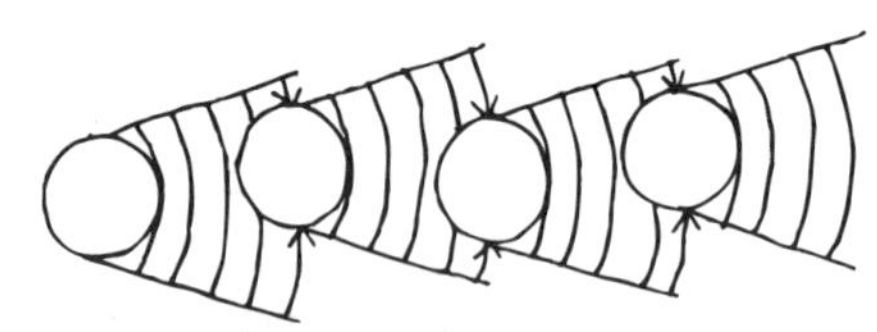

단 퍼진 확률파는 그 안개 입자의 크기로 줄어든다는 뜻이 된다!

하지만 안개 입자를 만들 때마다 전자의 확률파가 퍼지는 것을 그만둔다니, 어떻게 설명해도 쉽게 이해할 수 없는 일이다.

확률파가 수축한다?

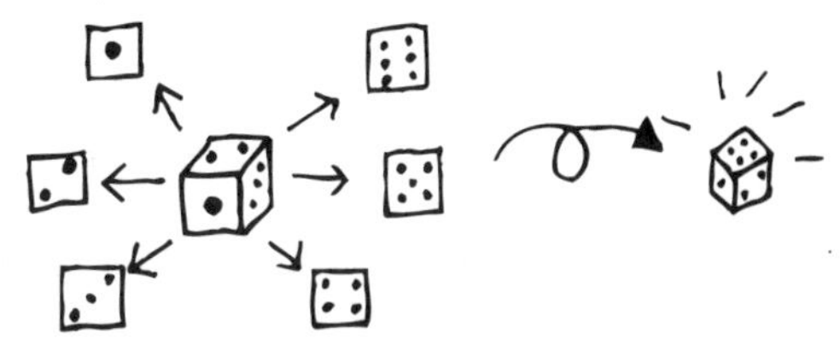

주사위를 예로 들어 생각해보자.

주사위를 던지기 전에는 6종류의 숫자가 나올 가능성을 갖고 있다. 그리고 주사위를 던지면, 6가지 가능성 중에서 한 가지 숫자가 선택된다. 즉 주사위의 숫자가 나온 순간, 다른 숫자가 나올 가능성은 사라진다.

확률파란 그 파면 어딘가에 전자를 발견할 수 있다는 가능성을 나타낸다. 이른바 '가능성의 파동'이다. 주사위의 예와 마찬가지로 '그곳에 전자가 있다'는 것을 안 순간, 다른 곳에 전자가 있을 가능성은 사라지고 가능성의 파동은 '수축'한다.

전자가 어디에 있는지 알기 위해서는 안개상자 안의 안개 입자를 보거나, 전자에 빛을 쬐어 전자가 방출하는 빛으로밖에 볼 수 없다. 전자는 너무 작아서 눈으로 볼 수 없기 때문에 그렇게 함으로써 비로소 인간은 전자를 관측할 수 있다.

관측한다는 행위가, 불확정성 원리가 작용하는 양자의 세계에서는 너무나도 불가사의한 현상이 된 것이다.

슬릿을 통과하는 전자실험을 생각해보자. 이제까지 슬릿 실험은 전자가

파동이라는 증거인 간섭을 하고 있었다.

아래 그림처럼 2개의 슬릿 사이에 전구를 놓는다. 이 전구를 켜두면 전자가 슬릿을 통과했을 때 반짝이는 것처럼 보인다. 그러면 전자가 어느 쪽 슬릿을 통과했는지 알 수 있다.

하지만 이처럼 '관측하는 장치'를 만들어 실험하자, 파동의 간섭이 일어나지 않았다.

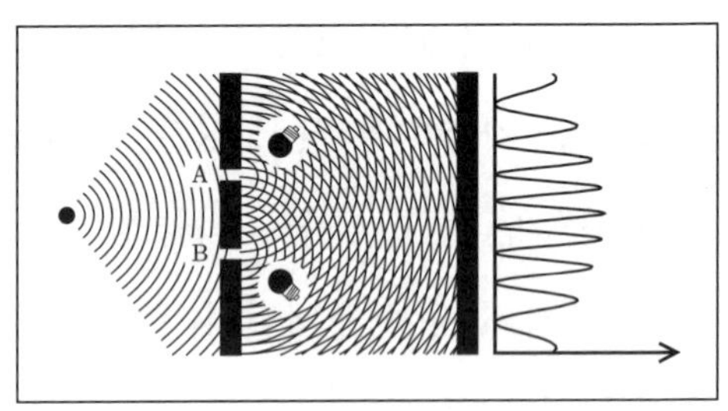

예를 들어 전자가 슬릿 A를 통과한 것이 관측되었다면, 그 순간 슬릿 B를 통과할 가능성은 사라진다. 이때 양쪽 슬릿에 도달한 전자의 파동은 슬릿 A로 '압축'된다. 그렇게 되면 결국 전자의 파동은 슬릿 A에서만 나갈 수 있게 되므로 간섭은 일어나지 않는다.

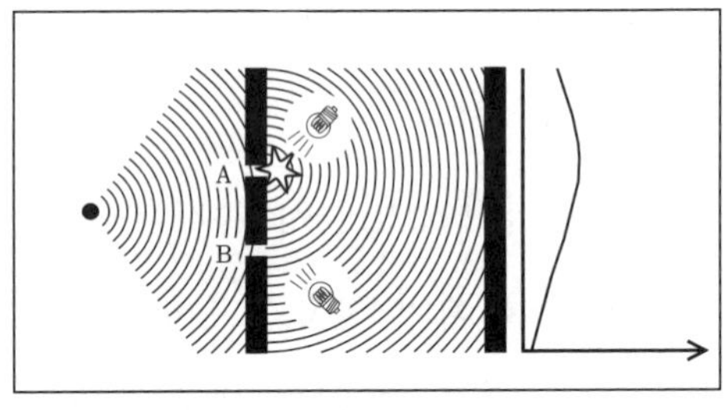

전자는 관측될 때는 입자처럼, 관측되지 않을 때는 파동처럼 움직인다. 인간의 관측 자체가 대상에 영향을 미치고 그 움직임을 바꾸기 때문에 관측 자체를 포함한 자연을 생각해야 하는 상황이 된 것이다.

자연과 인간의 분리에서 시작한 근대과학은 또다시 사고를 일대전환해야만 했다.

아인슈타인은 이 주장을 결코 받아들일 수 없었다.

그때까지 자연은 인간과 분리되어 있는 객관적인 존재였고, 확률이 아닌 원인과 결과를 확실하게 설명할 수 있는 대상이었기 때문이다.

하지만 현재에 이르기까지 이 불확정성 원리를 뒤집는 사실은 한 가지도 나오지 않았다.

이것은 양자의 세계에서 일어난 일이지만, 인간의 관측이 자연에 영향을 미친다는 사실은 신중하게 생각해야 할 일이다. 확대해석을 해서는 안 되겠지만, 적어도 '인간과 분리된, 확고한 자연이 존재한다'는 전제가 흔들린 것이다.

인간과 자연은 분리할 수 없는 존재야.

인간도 원래는 자연 존재잖아. 인간은 생명이 탄생한 이래 40억 년의 역사 속에서 자연에 의해 생겨난 존재야. 그 인간이 언어를 만들어냈어.

언어는 자연을 기술하고, 자연과 인간의 관계를 나타내는 도구로 탄생했어.

그래서 이 40억 년의 진화 연대표에, 인간만이 아니라 언어까지 써넣어야 한다고 생각한 거야.

인간이 탄생하고 그 개체인 사람과 사람 사이에 언어가 생겨난 거니까, 언어까지 포함한 새로운 자연 전체를 생각하자는 거지.

자연을 어떻게 받아들일지 자연을 기술하는 언어 역사의 시작은, 현상으로서의 자연 그 자체였어. 그런데 언어는 점차 현상과 분리되었고, 다시 그것을 기술하는 인간까지도 분리되었어. 자연은 객관적으로 존재하고, 언어는 그 도구가 된 거야.

하지만 양자역학에 이르자 그렇지 않은 자연 존재가 나타났고, 인간은 그 자연에 포함됨으로써 다시 그 기술도 원인과 결과가 확실한 것에서부터, 확률이 아니면 나타낼 수 없었어. 절대적인 자연의 존재, 절대적인 자연의 기술은 포기해야만 했던 거지.

40억 년의 진화 속에서 물질에서 세포, 세포에서 다세포, 그리고 인간(언어)으로 자연은 맥을 이어 존재하는 거야. 그 자연의 연장선상에 언어를 말하는 인간이 있어.

언어, 그 자체가 자연현상으로 존재한다는 뜻이지.

그래서 이 40억 년의 진화 연대표에 사람까지가 아니라 언어까지 실어야 한다고 생각한 거야.

언어도 진화의 연장선상에 놓여 있으니까.

언어에서 본 진화의 스토리라…
흐음… 언어를 진화의 연장선상에
놓는다라….

어머나? 이런 곳에 책이 떨어져 있네?

어? 고사기의 암호다… 후지무라 유카… 누가 잃어버린 걸까?

앗 그건 제 책인데요. 고마워요.

"앗, 후지무라 유카 씨다. 그런데 어쩐 일이세요?"

"안녕하세요. 후지무라 유카예요. 실은 아까부터 두 분의 대화가 흥미진진해서 계속 듣고 있었어요. 그것에 대해서는 나도 생각이 많은데, 들어볼래요?"

3) 40억 년을 내부에서 보는 관점

"과학을 만든 것은 인간이다. 너무나도 당연한 이것을 사람들은 흔히 잊곤 한다."

《부분과 전체》의 서문에서. 하이젠베르크 저

40억 년의 역사 속에서 생명은 세 단계의 큰 계단을 올라갔다고 할 수 있는 시기가 있다.

첫 번째는 40억 년 전에 일어난 세포의 탄생. 그때까지 원시 수프 속을 떠돌던 다양한 분자가 서로 얽혀 복잡하면서도 정교하기 짝이 없는 관계를 구축하여 세포라는 하나의 덩어리, 하나의 전체를 이루었다.

두 번째는 10억 년 전에 일어난 다세포생물의 탄생. 그때까지 제각각 흩어져 살던 단세포가 역시 서로 복잡하면서도 정교하기 짝이 없는 관계를 구축하여 개체라는 하나의 덩어리, 하나의 전체를 이루었다.

그리고 세 번째. 그때까지 제각각 흩어져 살던 다세포생물이 하나의 전체, 하나의 덩어리를 이룸으로써 언어와 인간이 탄생했다.

분자에서 세포가, 단세포에서 다세포가, 그리고 그 다세포에서 언어와 인간이, 그때까지는 실현하지 못했던 하나의 커다란 전체를 구축함으로써 구조의 계층이 상승했다.

물질 · 생명 · 언어를 하나의 시간축 상에 놓고 보면 표면적으로는 서로 전혀 다르게 보이지만, 그곳에서 일어나는 관계성을 구축하려는 시도는 보편적인 것이 아닐까 한다. 여기에 일관된 간명한 질서가 존재한다는 것이 우리 트래칼리의 관점이다.

트래칼리의 명제는 '언어와 인간을 자연과학한다'는 것이다. 15년 전, 지금 여기서 말하는 언어가 어떤 의미인지 별 생각 없이 학장님의 이야기에 막연한 흥미를 느끼고 트래칼리의 모험이 시작되었다. 자연과학에 막연한 이미지밖에 없었으면서도 '언어'와 '자연과학'이라는 언뜻 상반된 대상을 함께 살펴보려고 한 것이다.

우리가 사용하는 언어의 정체는 무엇일까? 누구나 태어난 환경에서 하는 말은 자연스럽게 할 수 있게 된다. 언어란 무엇일까? 어떤 것일까?

인간의 탄생

인간이 등장하기 이전에도 동물은 언어를 갖고 있었다고 주장하는 사람이 있다. 하지만 동물과 인간의 언어에는 커다란 차이가 있다.

오른쪽 그림처럼 멋진 저택의 거실 쿠션 위에 세인트버나드가 잠들어 있다. 이 단순한 광경은 시간과 공간이 무엇인가라는 명제에 관해서 생각하게 만드는 재미있는 장면이다. 개의 주인은 소파 옆 의자에 앉아 흘러나오는 베토벤교향곡 '운명'을 듣고 있다. 베토벤의 음악은 시간계에서 연주되어 흐른다. 세인트버나드는 지금 그 교향곡 소리를 듣고 있을까? 물론 개에게도 분명 그 음악소리는 들릴 것이다. 베토벤의 음악에 감동한 주인은 어떤 이미지를 떠올리면서 듣고 있다. 세인트버나드의 경우에는 어떨까? 주인의 마음속에서 떠오르는 이미지, 의미상을 만들어내고 있을까? 아닐 것이다. 이 개에게는 표상에 따라 구조화된 언어공간이 없을 테니 호화로운 거실도 반짝이는 샹들리에도 푹신푹신한 페르시아산 카펫도 없을 것이다. 우리 집의 너저분한 거실에서도 이 개는 비슷한 기분이 아닐까? 개에게 시간 · 공간이라는 것은 도대체 어떤 개념일까?

동물의 언어는 어디까지나 신체적 행동의 연장선상이다. 예를 들어 자신의 영역 안에 먹잇감이 왔을 때 아우우~ 울거나, 위험을 느끼고 새들이 울며 무리지어 날아가는 것처럼 신체적 행동선상에 있는 커뮤니케이션일 것이다. 동물의 언어는 'hic et nune' '지금, 여기서'라는 영역을 넘지 않는 신호라고 한다. 지금 여기서 일어나는 상황에 대한 일종의 음성적인 반응이다. 이에 반해 인간의 언어는 그 범위를 넘어선다. 인간의 언어는 과거나 미래에 대해서도 말할 수 있다. 얼마 전에 미국에 가서 어쨌더라 하는 이야기도 할 수 있다. 시간과 공간을 넘어서 개념적인 것에 관해서도 말할 수 있다.

(사카키바라 요오) 《아이들아 언어를 노래하라!》

이처럼 동물의 언어는 시간적으로는 '지금'에, 공간적으로는 '여기'에 한정되어 있다. 그런데 단숨에 시간과 공간에 자유롭게 날아다닐 수 있는 것이 바로 인간의 언어였다. 인간의 언어가 탄생한 것이다.

그 일은 어느 날 갑자기 비연속적으로 일어났을 것이다. 언어가 탄생한 그날부터 그 언어는 현재의 우리가 가진 보편적인 구조를 전부 갖고 있었다. 인간의 아기는 처음부터 어엿한 언어적 존재로 태어난다. 그와 같이 인간은 인류가 탄생한 그날부터 완성된 언어적 존재였다. 소위 원시인이 언어를 몰라서 고민하는 모습 등을 상상할 수 있지 않은가?

인간은 그때그때 자기가 가진 모든 언어로 자신을 탐구하고 자신을 둘러싼 자연과 세계를 발견해왔다. 상상력—이것도 언어다—을 동원하여 과거, 미래를 자유롭게 왕래하고, 그 자연이 창조해낸 언어로 자연의 외부에 몸을 숨기고 그 자연을 관찰하고 그것을 기술하는 언어도 발견해온 것이다.

그래서 우리는 40억 년 전 생명이 탄생한 그날부터의 자연사를, 아니 그것을 거슬러 올라가 지구가 탄생한 그날부터, 아니 더 거슬러 올라가서 우주의 역사를 엿보기라도 한 듯 말할 수 있는 것이다.

음성의 의미

세포는 세포막에 둘러싸인 속에서 RNA가 DNA 정보를 읽고, 단백질을 만들어내는 하나의 흐름이 이루어지면서 탄생했다. 또 DNA에서 출발해서 만들어진 단백질이 '조절'이라는 형태로 다시 DNA에 관여하고, DNA→RNA→단백질→DNA 같은 하나의 순환을 만들어냈다.

이 순환이 나타나기 전까지는, 현재 DNA와 단백질이 나누어서 하고 있는 역할을 RNA 혼자서 일인 이역하던 'RNA 월드'가 있었다고 한다. 처음 RNA에는 정보의 저장과 기능이 하나였는데, 정보를 저장하는 것은 DNA, 기능은 단백질이 그 역할을 분담하기 시작했다.

이것을 보고 떠오른 것이 우리 인간의 음성에 관한 것이었다. 앞에서 원시 지구일 때의 모습을 상상했던 것처럼 아직 문자도 없었던 고대를 상상해보자. 문자의 발명은 인류역사에서 얼마 되지 않은 고작 몇 천 년 전의 일이다.

중요한 것은 고대에는 동음의 언어가 공통적인 하나의 의미를 나타냈다는 점이다. 동음동의어는 중국어 한자 음독의 중핵이 된다. 문자가 없었던 음성 주체의 세계에서는 음성 자체가 공간적인 이미지로서의 의미를 전달해야 했을 것이다. 이것은 고대이기 때문이 아니라 현재 우리가 사용하는 소리에서도 쉽게 유추할 수 있다.

스륵
뭔가 작은 것을
쏟아내는 듯한 느낌.
퍽
뭔가 무거운 물체가
떨어지는 느낌
탁
뭔가 깨지는 듯한 느낌

인간은 상상력을 통해 입에서 나오는 소리에 공통적인 의미를 그려낼 수 있다. 음성은 그것을 말하는 입 모양을 그대로 베낀 것이기 때문이다. '스륵'이라고 할 때는 치아 사이로 숨이 작게 새어나오는 모습, '퍽' 하는 소리는 닫힌 입에서 숨이 파열해서 나오는 모습, '탁'은 병이나 작은 물건을 떨어뜨릴 때 혀끝과 윗니가 닿아서 나오는 소리이다. 인간의 말에는 다소의 장단이나 크기 등의 차이는 있겠지만, 똑같이 입이라는 기관을 통해서 나온 음성이므로 그 모양을 그려서 이미지를 전할 수 있었다. 그리고 그 소리를 발음하는 기관은 듣기도 하는 구조였기 때문에 입 모양 자체로 의미를 이해할 수 있었다.

물론 상당한 폭은 있겠지만 아직 문자가 없고 음성뿐이던 세계에서 일단 음성은 입 모양 자체로 의미를 직접 전할 수 있었을 것이다.

게슈탈트(외양, 모습)라고 명명하다

이렇게 음성은 원래 입 모양과 의미를 분리해서 생각할 수 없는 하나의 결합체, 즉 게슈탈트로 존재했다. 그 음성이 시간계에 흘러나온 것이 의미로서 새로운 공간상을 그려냈고 이것은 언제나 변함없는 언어의 기능이었다.

게슈탈트로서 언어는 시간계, 공간계에 존재하면서 다양한 것으로 분화된다. 음성은 입 모양을 통해서 의미세계를 만들어내고, 다양한 것을 표현하지 않았는가? 그리고 어느 순간 그것은 더 높은 단계로 비약해서 새로운 게슈탈트를 형성하게 됐을 것이다. 외계의 사물과 특정 음성이 결합된 것이다. 음성=의미를 포함하면서 더 큰 하나의 약속으로서 사물이나 행위 등이 음성으로 명명되어 주변 사람들 사이에서 공유되었을 것이다.

그 명명에 의해서 비슷한 다른 것에도 같은 음성이 적용되면서 의미와 음성은 다양해졌을 것이다.

이것은 언어적 존재인 우리 인간에게는 너무나도 평범한 일이어서 아무런 고충도 없이 해왔을 것이다.

하지만 왜 손을 '손'이라고 부르게 됐는지 신기하지 않은가? 그때까지 명명된 명칭의 관계성 속에서 정해졌겠지만 '귀'든 '발'이든 무엇이든 상관없는 일이 아닐까?

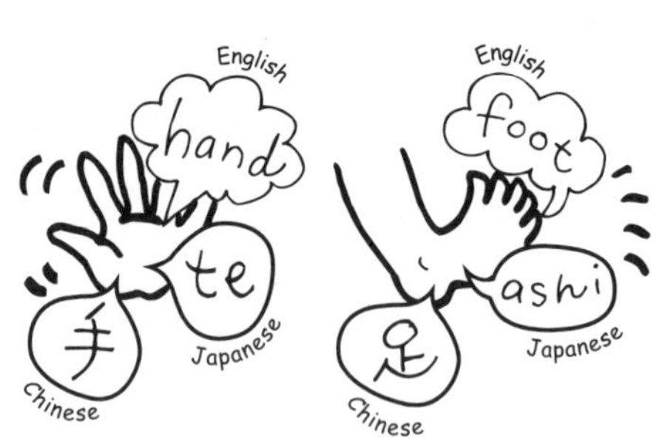

청력도 시력도 없이 태어난 헬렌 켈러에게 가장 힘들었던 일은 외계의 사물과 어떤 음성이 연결되어 있는 명명행위 자체를 이해하는 것이었다. 하지만 불현듯 'water!'라는 하나의 단어를 통해서 그 관계성을 발견한 순간, 그녀의 언어세계는 움직이기 시작했다.

입 모양이 곧 의미였던 단계에서 자의적인 음성에 의한 명명하는 단계로 비약적인 발전을 이룬 것은 언어세계에서는 필연적인 과정이었을 것이다. 입 모양이 발음하는 음성만으로 다양한 의미를 변별하기에는 한계가 있었고, 그 의미상은 말하는 측뿐만 아니라 듣는 측에도 그 의미를 환기시킨다. 따라서 소리의 나열이 어떤 사물로 연결되고, 그 언어가 인간들 사이에서 공통이 되어가는 과정은 명명행위의 연장선상에 있었다.

RNA 월드에서 코돈의 탄생도 그에 필적하는 단계였을 것이다. RNA 분자가 다루던 정보의 저장과 기능이 하나였던 세계에서 정보와 정보를 적용하는 물질이 확연하게 분리되기 시작했다. 이 과정의 핵심은 DNA의 유전정보가 특정 단백질을 합성하는 데 어떻게 쓰이는지 알려주는 3개의 염기단위, 즉 코돈의 성립이다. 코돈이 중요한 이유는 DNA 염기서열이 아미노산과 연결되어 단백질을 만들기 때문이 아니라 어느 염기서열이 어느 아미노산에 연결되는지 고정되어 있기 때문이다.

유전암호

2문자째

1문자째(5' 말단)	U	C	A	G	3문자째(3' 말단)
U	UUU Phe UUC Phe UUA Leu UUG Leu	UCU Ser UCC Ser UCA Ser UCG Ser	UAU Tyr UAC Tyr UAA STOP UAG STOP	UGU Cys UGC Cys UGA STOP UGG Trp	U C A G
C	CUU Leu CUC Leu CUA Leu CUG Leu	CCU Pro CCC Pro CCA Pro CCG Pro	CAU His CAC His CAA Gln CAG Gln	CGU Arg CGC Arg CGA Arg CGG Arg	U C A G
A	AUU Ile AUC Ile AUA Ile AUG Met	ACU Thr ACC Thr ACA Thr ACG Thr	AAU Asn AAC Asn AAA Lys AAG Lys	AGU Ser AGC Ser AGA Arg AGG Arg	U C A G
G	GUU Val GUC Val GUA Val GUG Val	GCU Ala GCC Ala GCA Ala GCG Ala	GAU Asp GAC Asp GAA Glu GAG Glu	GGU Gly GGC Gly GGA Gly GGG Gly	U C A G

더구나 이 코돈이 지금 대부분의 생물에 공통된다는 점을 생각하면 현재의 다양한 생물이 얼마나 심플한 구조로 구축됐는지 새삼 경탄한다. 코돈에는 64종류가 있다고 한다. 이것은 앞에서 이미 말했지만 중국의 주역에 나오는 괘의 조합과도 상통하는 면이 있을지도 모른다. 주역에서는 팔괘를 조합한 64괘로 삼라만상을 이야기한다. 이 64라는 숫자가 과연 우연의 일치일까? 이 대응의 시비는 알 수 없지만, 주역이 음과 양이라는 대칭적인 관계의 조합으로 기술되어 있다는 점을 생각한다면 64라는 숫자에서 자연의 본질인 대칭성의 상징으로서 필연성을 느낀다.

게슈탈트로 기능하다

외부에서 음성과 입 모양을 하나로 묶어 그것을 명명하자 인간 언어는 시공의 범위가 넓어졌다. 시공을 초월한 언어는 또한 그 시공을 더욱 확장시켜 문자까지 발명하게 되었다. 인간은 문자를 통해서 시공을 초월하여 메시지를 남기고 전달하는 행위를 할 수 있게 된 것이다.

문자의 발명은 언어 세계를 한 단계 상승시켰다. 다양한 경험을 문자로 남기면서 많은 사람들이 공유할 수 있게 된 것이다. 고대인들이 어떤 식으로 생각하고 사물을 보았는지, 그 속에서 무엇을 발견했는지 전부 문자로 쓰여 있었기에 전달이 가능한 일이었다. 선인들의 발견이 모두 문자로 기술되었기 때문에 오늘날 인류 공통의 재산이 될

수 있었다. 거시적인 의미에서 문자로 쓰인 것들 안에 우리 인간의 역사가 새겨져 있다고 할 수 있다. 물론 시간 축뿐만 아니라 공간도 시간과 대칭을 이루며 일거에 확장되었다.

문자는, DNA 두 가닥 사슬로 인해 생물의 역사와 발자취가 보존되고, 그 때까지의 분자 집단에서 세포라는 커다란 전체가 탄생한 것과 맞먹는 발명이다.

DNA의 염기서열에는 단백질을 만드는 정보가 기록되어 있다. 하지만 RNA가 그 정보를 읽지 않으면 단백질을 만들어내지 못한다. 즉 게놈 정보라는 공간상은 시간계에 풀려야 비로소 의미를 갖게 되는 것이다. 예를 들어 여기에 한 권의 책이 있다고 할 때, 그 책을 읽는 행위가 없다면 책의 내용은 공허할 뿐이다. 누군가 그것을 읽는다는 행위를 통해서 시간적으로 풀리고, 그 시간상은 그 사람의 뇌리에 나름의 이미지(공간상)를 창조해냄으로써 비로소 실재의 것이 된다. 정보는 시간적, 공간적으로 풀림으로써 비로소 볼 수가 있다.

DNA를 읽어서 만들어내는 단백질도 이것과 마찬가지가 아닐까? DNA가 있기만 한 것은, 책이 있기만 한 것과 같다. 그것을 손에 들고 읽어서 의미상을 만들어내고, 엮어가는 가운데 새로운 전체가 탄생하는 것이다.

시점을 발견하다

'고대 일본은 다언어의 세계였다'라는 학장님의 말씀에 우리는 고대로 거슬러 올라가기로 했다.

트래칼리 회원들은 일본에서 태어났기 때문에 일본어를 말한다. 하지만 당연하게 말하고 있는 일본어도 생각해보면 어느 날 갑자기 하늘에서 떨어지지는 않았을 것이다. 어떤 시간 속에서 일본열도라는 공간 속에서 자연이 인간을 통해서 만들어낸 것이다.

일본에는 일본어를 표기할 수 있는 고유의 문자가 없었다. 히라가나, 가타가나도 한자를 바탕으로 만들어졌는데, 알다시피 한자는 중국에서 만들어진 문자이고 그 문자가 일본으로 건너온 것이다. 이때 문자만 날아든 것이 아니라 그 문자로 표기된 사물, 사고, 그 문자를 자유롭게 읽고 쓰며 구사하는 사람들이 함께 건너왔다고 한다. 그 문자가 원래 일본에서 말하던 원주민 언어와 결합했다고 보는 것이 종래의 해석이다.

하지만 실제로는 그리 간단하지 않다. 예를 들어 오늘날 한자를 쓰는 일본어에는 중국어가 많이 섞여 있다. 오히려 중국 본토에서는 다소 변한 소리들도 일본에서는 변화 없이 그대로 남아 있는 경우도 많다. 뿐만 아니라 고대 일본은 중국어, 한국어, 난하이南海를 건너온 언어 등 수많은 언어가 뒤섞여 난무하는 공간이었을 것이다.

아직 국가의 틀이 견고하지 않았을 시절, 사람들은 자유롭게 왕래했을 것이다. 그 과정에서 차츰 일본어의 모양이 만들어진 것이다. 야마토 언어라는 틀을 벗어나 한국과 대륙을 포함하는 한자권 언어 중에 일본어를 놓고 본다면 지금까지 볼 수 없었던 것이 보이지는 않을까?

한국어의 소리와 일본어의 소리를 비교해보면 일본어의 기원이 하나둘씩 밝혀진다. 공통적으로 여러 단어가 같이 쓰였는데, noppo라는 말은 일본어에서 '키가 크다'라는 의미이고, nopun 높은이라는 말은 한국말에서 '높다'라는 의미이다. '배고프다'라는 말은 일본어로 pekopeko라 쓰고, 한국어로는 pegoputa '배고프다'라고 쓴다. 일본어 발음 중에는 한국어에서 온 것이 많다. 각 단어를 상세히 하지 않고 우리가 쓰는 테이프를 들으면 대충 한국어로 들린다. 한국어 '전체'를 들으면 얼마나 두 나라 언어가 가까운지 알 수 있다. 또한 대체로 한국어는 일본의 도호쿠 방언과 비슷하게 들린다. 이런 점들로 보아 한반도의 언어가 일본어의 어원이 됐다는 가설은 옳은 것으로 보인다.

《고사기》《일본서기》《만엽집》 문헌들의 원문은 모두 한자로만 쓰여 있다. 특히 기기에 나오는 신화시대 이야기는 그림책을 읽는 것 같아 어린이용으로 적합한 느낌도 있는데 한자만으로 쓰여 있는 그 준엄한 정취와의 갭에 일단 놀라게 된다. 일본의 정사라고 하는 《고사기》의 신화시대 부분은 신화의 범주에 속하고, 설화로는 널리 알려진 것이 많다. '이나바의 흰토끼', '야마타노 오로치 퇴치', '우미사치히코와 야마사치히코' 등 대부분 어릴 때 그림책에서 읽은 것이다. 일반적인 해석으로는 이 설화에는 비약과 단절이 가득하다. 즉 설화 간의 전후 관계가 잘 알려져 있지 않다.

당시 한자를 읽거나 쓰거나 구사할 수 있었던 것은 일류 지식인뿐이었다. 대륙의 선진문화에 통달하고, 그 사상에도 조예가 깊었던 일부 사람들이 편찬한 것이 《고사기》였다.

지금까지 어린이들이 보는 단순한 이야기와 해석에 익숙한 우리로서는 도저히 납득할 수가 없는 일이다. 정사란 일왕가의 역사를, 일본국의 성립을 기술하는 내용이 아니던가! 《고사기》의 편찬 시대에 일본은 일왕을 중심으로 한 중앙집권국가의 성립에 접어들고 있었다. 대화개신을 비롯해서, 대보율령의 제정까지 시대는 크게 격변하고 있었다. 그런 시대를 배경으로 탄생한 정사였던 것을 고려해야 할 것이다.

자연 기술의 변천

고대 중국의 주역에서는 자연을 인간까지 포함하여 하나의 전체로 보았다. 계절에 따라 달라지는 별자리의 움직임이나 궤도, 태양의 움직임 등 매일 변화하는 자연 속에서 변하지 않는 법칙성이 있는 현상을 음양이라는 대칭적인 조합으로 설명한다. 이렇듯 다양한 규칙, 다양한 사상을 언어로 표현하게 되었고, 언어가 발달할수록 점차 복잡한 현상도 기술할 수 있게 되었다.

그런데 시간이 흐르면서 복잡한 현상을 기술하게 되자, 그 기술 자체도 복잡해지고 인간의 자의적인 관점도 강하게 개입되었다. 대상물인 자연을 주관적인 관점으로 왜곡해서 파악하기 시작한 것이다. 자연을 사고하는 방법 자체가 기술 방법에 좌우되기 시작했다. 이때 그 자연과 인간에 확실한 선을 그어 분리한 것이 데카르트였다. 데카르트는 자연이 객관적으로 존재하는 대상이며, 그것을 기술하는 인간, 즉 인간의 언어는 자연의 외부에 존재한다고 주장했다.

언어는 자연의 외부에서 그 자연을 객관적으로 표현하는 도구로 자리 잡았다. 그리고 대상인 자연은 점차 분해되고 세분화됨으로써 더욱 세부적으로 기술되기 시작했다. 그리고 그 분해된 기술을 더하면 자연의 이미지를 그릴 수 있다고 생각했다. 이것이 데카르트, 뉴턴으로부터 시작되는 근대과학의 출발이다.

자연은 객관적으로 존재하므로 서로 다르게 보이는 현상의 배후에 존재하는 보편적인 자연의 움직임, 질서를 발견할 수 있다면 모든 자연현상은 명확해질 것이다. 다양한 현상 속에서 법칙이 발견되고, 분해된 국소적인 범위의 기술이 발달하면서 점차 세부적인 사항까지 명확히 밝혀졌다. 그리고 그 성과는 우리 인간에게 기술적 진보를 가져다주었고, 현대생활을 뒷받침하는 기반이 되었다.

데카르트

뉴턴

하지만 그렇게 분해하는 과정에서 자연의 전체상이 상실되는 경향이 생겼다.

21세기를 눈앞에 둔 지금, 우리는 인간이라는 부분을 포함한 자연 전체를 다시 시험하고 있는 것이 아닐까? 지구라는 거대한 스케일로 인간까지 포함한 자연에 관한 고찰이 시작되었다고 할 수 있다. 몇 번이나 반복해서 하는 이야기지만, 우리가 잊어서는 안 될 것은 그것을 기술하는 인간의 '언어란 무엇인가'라는 점이다.

인간이 자연의 질서가 어떻게 작동하고 있는지를 발견할 수 있는 방법은 오직 언어뿐이고, 언어를 가진 우리 인간만이 자연의 질서를 발견할 수 있는 존재이다. 우리는 언어를 통해서 40억 년 동안의 생명의 프로세스를 현대에, 아니 우리의 모습 속에서 발견할 수가 있다. 40억 년의 역사 속에서 이 프로세스가 발현된 결과가 바로 인간과 언어인 것이다. 우리는 언어를 통해서 자연을 탐구하고 인간을 탐구한다. 40억 년 전에도 자연은 완벽한 전체로 존재했다. 아기나 원시인이 그랬듯이 말이다. 어떻게 보면 언어를 탐구하는 모험을 떠난 트래칼리의 명제, '언어와 인간을 자연과학'하는 행위는 40억 년 전에도 존재하고 있었는지도 모른다.

눈앞에서 40억 년의 시간이 순식간에 흘러가는 모습이 보인다. 물질, 생명, 언어까지 관통하는 일관된 질서로 이루어져 있는 내가 느껴진다.

4) 원시인 토크

"음, 아기와 어른, 고대인과 현대인이 그 당시의 언어로 전체를 묘사할 수 있다는 말이구나, 그런데 나는 그렇게 오래 전의 자연에 대해서는 잘 몰라. 또 천년도 더 된 원시인이 지금과 다르지 않다고 하는데, 나로서는 원시인이 하는 말이 전혀 들리지 않는데?"

"그래서 말하잖아. 단순히 원시인을 생각도 미숙하고 현재 인류보다 열등했다는 식으로 외부에서 바라보면 아무것도 모르고 단순히 워워 하는 것처럼 들리지만, 거기서 일어나고 있다는 일에 주목해봐. 시점을 바꾸는 거야."

"안으로 들어가서 들어보는 거야!"

"안으로 들어가라고?"

"아무것도 안 들려. 뭐라고 하는지 모르겠는데?"

"좀 더 깊숙이 그들의 본질을 들여다 봐. 사람을 보라구. 무슨 일이 일어나고 있는지 안으로 들어가서 보라니까."

"안? …안으로…?"

"어때, 들려?"

"드, 들린다! 하치! 저 사람들이 무슨 말을 하는지 알겠어!! 뭐야, 원시인도 지금의 우리와 조금도 다를 바가 없잖아! 이해한다는 건 이런 거구나!"

"…."

Chapter 4

나를 발견하는 여행

- 40억 년의 프로세스 -

4.1 자연의 순환

1) 엉뚱하타케 등장

탁!
엉뚱!

와 재미있다! 이 《DNA의 모험》이라는 책, 정말 재미있어!! 그렇지! 엉뚱하타케 경위님에게 가져다주자. 분명 좋아할 거야.

따릉따릉따르릉따릉따릉따르릉

아얏!
퍽!

오, 엉뚱이즈미 군 아닌가? 위험하네. 그런 식으로 길 한가운데 서 있다가는 차에 치이네.

무슨 말씀이세요? 위험한 건 경위님이잖아요!! 나처럼 운동신경이 뛰어난 젊은이가 아니었다면 지금 받은 충격으로 다리뼈 한두 군데는 부러졌을 거라고요!

운동신경이 뛰어난 게 아니라, 웬만한 일로는 다치거나 병에 걸리지 않는 튼튼한 몸이겠지. 뭐~ 부러울 따름이네.

두 분 지금 여기서 교통사고가 난 건가요? 다친 사람은 없나요? 하여튼 요즘 이런 일이 많아서 큰일이라니까! 둘 다 조심했어야지!!

등장인물

 이름: **엉뚱하타케** 직업: 트래칼리서 조사 제1과 경위 생일: 11월 5일 혈액형: O형 성격: 온화한 엉터리. 냉정하고 과묵한 미남. 엉터리가 아닌가!? 취미: 자전거.	이름: **엉뚱이즈미** 직업: 트래칼리서 조사 제1과 순경. 생일: 5월 8일 혈액형: A형 성격: 덜렁대는 엉터리. 훌륭하리만치 진짜 엉터리.	이름: **엉뚱야마** 직업: 세포서 교통과 여경 생일: 2월 23일 혈액형: O형. 성격: 엉터리 소악마. 빠른 말투로 기관총처럼 떠들어댄다. 실제로는 다정한 작은 악마. 즉 무섭다.

갑작스러운 등장에 놀랐겠지만, 사실 이 수상한 3인조는 알 만한 사람은 다~ 아는 엉뚱하타케 경위와 유쾌한 친구들이다. 멍하게 생긴 것과 달리 괴상하거나 희한한 사건을 몇 건이나 해결한 적이 있는 이 세 사람을 사람들

은 '엉뚱하타케 패밀리'라고 부른다. 척 보기에 터무니없는 엉터리(엉뚱) 집단으로 보이는데, 실제로도 정말 엉터리이다! 하지만 엉뚱하타케 경위는 간혹 섬광처럼 번뜩이는 지혜로 미궁에 빠진 사건을 어렵지 않게 해결하기도 했다. 이런 세 사람이 모인 곳에 사건이 있는 것은 당연지사! 이번에도 무슨 일이 벌어질 듯한데….

어머, 누군가 했더니 엉뚱하타케 경위님이군요? 오랜만이에요. 이런 곳에서 뭘 하고 있었던 거죠?

네? 누구세요?

아, 엉뚱야마 여경이군? 모처럼 날씨도 좋기에 잠시 산책 겸 기분 좋게 자전거를 타고 있었는데, 이상한 사람이 와서 부딪쳤다네.

잠깐만요, 경위님! 와서 부딪친 건 경위님이잖아요! 제가 이 책을…. 아 그렇지! 마침 잘 됐네요. 사실 제가 지금 재미있는 책을 읽고 있거든요. 보세요. 《DNA의 모험》이라는 책인데, 너무 재미있어서 순식간에 다 읽었어요. 그런데 어찌된 일인지 4장이 찢겨서 없거든요. 뒷내용을 알고 싶어서 못 참겠는데, 아무리 찾아도 나오질 않더라고요. 그런데 단서가 하나 있어요. 그게 책 전체를 나타낸 지도 같은 건데…. 이것도 4장 부분만 찢겨 있어요. 흑, 도대체 무슨 내용이 쓰여 있었는지 궁금해 죽겠어요.

정말이네. 4장 부분만 없어.

덧붙여 말하자면, 3장까지의 스토리는 이겁니다.

DNA Adventure Map
언어와 인간의 자연과학
푸리에의 모험
양자역학의 모험
DNA의 모험
고전
음성
DNA
언어와 인간
문자
컴퓨터
아기
Chapter 1
THE CELL
생물, 세포 대단해!
복제
RNA
단백질
왓슨
크릭
이중나선 발견
DNA 모형 만들기
RNA DNA 단백질
대
단백질 합성
생존경쟁이야
그 말은 싫은데!
경쟁?
세포 분열
다세포 생물
공생
낼름
생명은 질서를 발견하고 만들어내는 거야
진핵세포
컴퓨터
DNA는 청사진! 유전자 발현은 스위치!
Chapter 2
형태
다세포
단세포
단백질
개구리의 발생
대략적인 전체에서 세분화된 전체로
오카피
기린
기계 부품이 아니야!
생명은 언제나 전체야!

Chapter 3
진화는 인간까지
잠깐!
언어도 진화의 길로!
환경에 적응한 것이 살아남는다
고사기
40억 년을 내부에서
분기
종의 다양화
멸종
공룡
유인원에서 인간으로
현재의 인간
언어
Chapter 4
이화작용
동화작용
H⁺프로톤이 멋대로!
어라? 에너지?
자연의 방향
물질 생명
물질
파인만
정보와 에너지
S=Klog
RNA
대장균
흐음…
봐요, 여기가
아 정말 없네!

지금까지의 스토리를 설명하면, 이거예요….

먼저 트래칼리라는 작은 대학에서 DNA의 모험을 시작했어요. 이 모험은 생명의 진화를 따라 이야기가 진행돼요.

1장에서는 원시 수프에서 세포가 탄생할 때까지를 살펴보고 있었는데 DNA, RNA, 단백질 등이 나와서 재미있었어요. 하지만 시게 씨가 RNA 월드 이야기를 하면서 진화는 생존경쟁일지도 모른다는 결론을 내리자, 하치가 경쟁은 싫다고 외쳐요.

2장에서는 1개의 세포에서 다세포가 탄생한 스토리인데, 다세포생물의 몸이 어떤 식으로 만들어지는지 초파리와 아프리카발톱개구리를 예로 들어서 설명하고 있어요. 신기하죠? 어떻게 그런 걸 연구할 수 있는지 정말 놀랍다니까요. 생물의 발생 구조에도 질서가 있다는 설명을 듣고, 진화로 돌아와서 언어 체험을 다시 살펴보니, 세상에! 생물을 파동으로 나타내면 질서가 설명되는 게 아니겠어요? 참신하죠!!? 정말 놀랐다고요.

3장에서는 다세포가 된 이후의 생물의 진화를 인간까지 더듬어가요. 캄브리아기에는 신기한 생물이 많이 나타났지만 모두 멸종했고, 또 나중에는 공룡도 번성했다가 멸종했어요. 그런 진화의 흐름을 환경이라는 관점에서 살펴보는 법도 나와요. 여기서는 원시인의 대화가 재미있는데, 안에서 보면 이런 식으로도 보이는구나, 경위님도 사건을 해결할 때 그렇게 하는지 궁금해하면서 읽었어요. 뭐 상관없긴 하지만요.

…어쨌든 이런 내용이에요. 그리고 3장의 마지막에서 물질 · 생명 · 언어를 관통하는 질서가 있음이 틀림없다고 했으니, 4장에서는 그 일관된 질서를 찾을 것 같은데, 그 4장이 없는 거예요. 그래서 안타까워하고 있을 때 경위님이 와서 부딪친 거라고요!!

자네가 와서 부딪친 거라니까. 없어 보이니 남 탓은 하지 말게. 그건 그렇다 치고, '일관된 질서'라…. 그거 꽤 재미있어 보이는군. 잠깐 책 좀 보여주게. (펄럭펄럭) 흠흠, 그렇군.

이 책을 읽은 사람들은 《세포의 분자생물학》을 기본교재로 삼고 있군. 뭐지, 뭐지? '**생물도 물질로 이루어져 있으니 물질언어로 나타낼 수 있을 터**'라니…. 하긴 생물도 작게 나누다 보면 결국 물질이긴 하군.

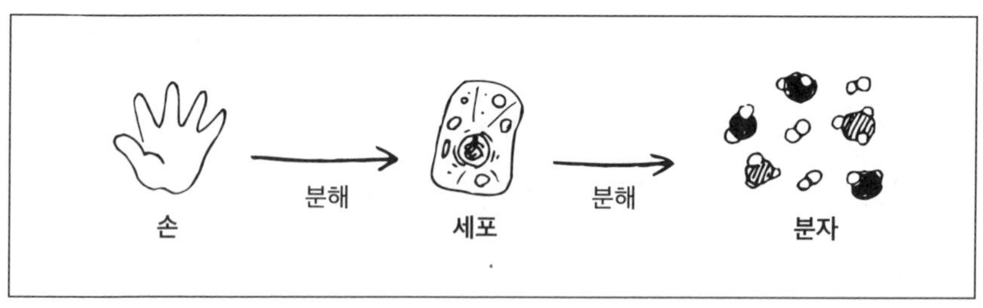

그런데 똑같이 물질로 이루어졌음에도 생물은 걷거나 뛰거나 움직일 수가 있는데 책상이나 컵은 움직이지 않아. 그렇지? 식물은 걸을 수 없잖아. 로봇은 움직이지만 생물이라고 할 수 없고….

물질과 생명의 차이를 확실하게 구분하는 것은 무엇일까? 즉 '살아 있다'는 것은 무엇일까?

좋은 질문이네요. 생물은 증식하는 게 특징 아닐까요?

네? 물건도 증가하잖아요? 가령 블록이 있는데 이 블록을 만들어내는 기계에 재료를 쏟아 부으면, 기계가 고장 날 때까지는 블록을 계속 만들어내요. 또 이런 예는 어떨까요? 제 특기인 가라데로 판자를

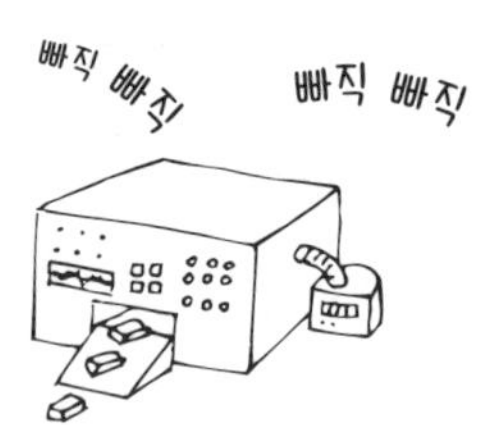

깨면 두 조각이 되고, 그렇게 반복하다 보면 늘어나잖아요?

잠깐! 그건 증식하는 게 아니지 않아? 경우에는 원래의 블록이 늘어난 게 아니라 기계가 똑같은 블록을 계속 만들어내는 것이고, 가라데에서 판자를 깨면 판자 수는 늘어나지만 크기는 점점 작아지는 것인데, 이건 늘어나는 게 아니라 분해된다고 하는 거야.

'생물이 증식한다'는 건 예를 들면 이런 거야. 개구리는 알을 낳고, 그 알은 올챙이를 거쳐 다시 개구리가 돼.

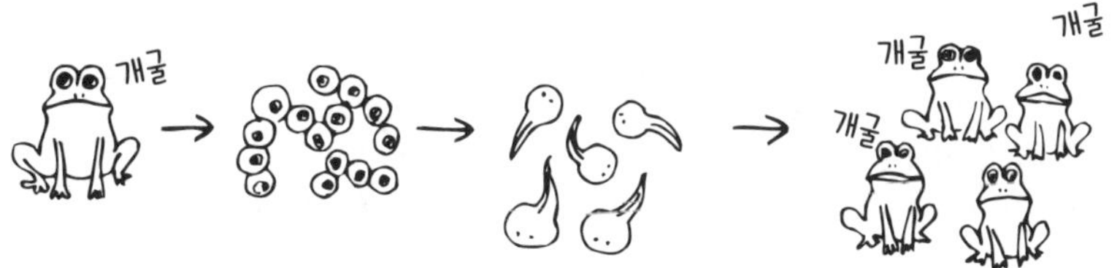

닭이 알을 낳아서 병아리가 태어나고, 다시 닭이 되지.

식물은 씨앗을 심으면 크게 자라서 꽃이 피고, 다시 씨앗이 생겨.

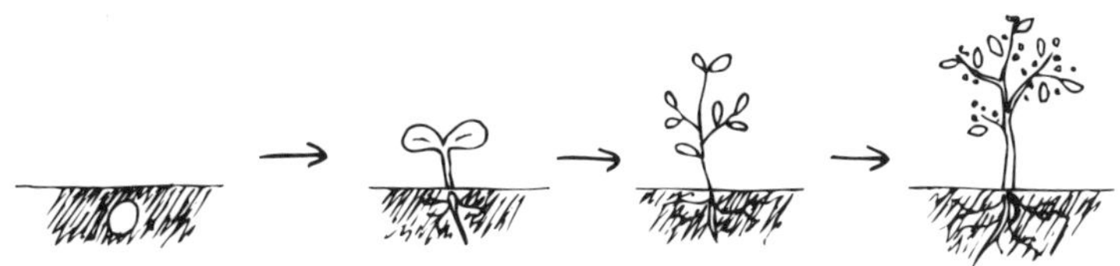

대장균 같은 세포도 분열해서 증식해.

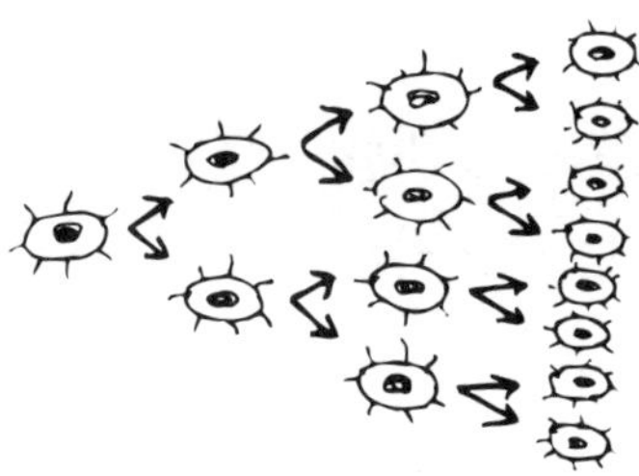

그래서 '생물'을 규정할 때는 그것이 증식하는 대상인지가 중요해.

생물은 증식한다고요? 그러고 보니 이 책의 1장에 '세포분열'에 대해서 쓰여 있었어요.

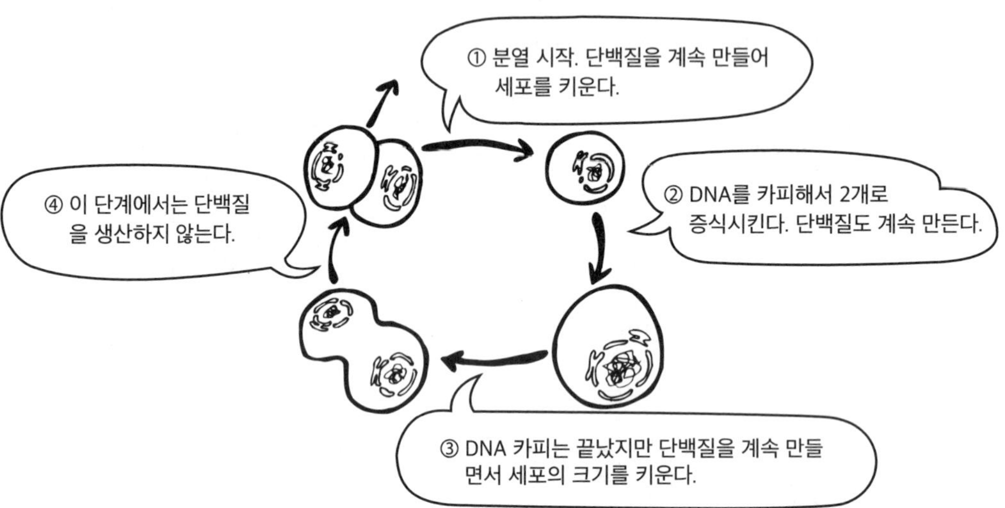
① 분열 시작. 단백질을 계속 만들어 세포를 키운다.
② DNA를 카피해서 2개로 증식시킨다. 단백질도 계속 만든다.
③ DNA 카피는 끝났지만 단백질을 계속 만들면서 세포의 크기를 키운다.
④ 이 단계에서는 단백질을 생산하지 않는다.

지구상의 모든 생물은 세포로 이루어져 있고, 그 세포가 분열해서 증식한대요. 그래서 내 몸을 만들고 유지하고 자손을 남기는 거예요. 1장에서는 이렇게 세포가 분열하는 동안에 일어나는 일을 살펴보고 있어. 포인트는 두 가지!

첫 번째, DNA는 유전정보를 갖고 있는데, 그것을 정확히 하나 더 카피하는 것. 이것을 **복제**라고 해요.

두 번째, DNA의 유전정보를 읽고 전사하면 그것이 작용해서 **단백질을 만들어요**(단백질 합성). DNA 복제를 만들어낸다 해도 그것을 받아들일 새 그릇(즉 이 경우에는 세포가 되겠는데)이 없으면 일할 곳이 없는 거나 마찬가지예요. DNA라는 것은 세포라는 장소 안에 있어야 일을 할 수 있으니까요.

흐음. 알겠네. 그건 사실이야. 물질을 가만히 내버려둔다고 증식하는 건 아니지. 시험 삼아 블록이 늘어나는지 아닌지 알기 위해서 계속 내버려둔다면 블록은 풍화작용을 일으켜 작게 쪼개질 뿐이겠지.

그런데 생물은 증식한다라…. 재미있군.

잠깐 질문이 있는데, 이런 게 나만 궁금한 건지 모르겠지만 들어주지 않겠나? 세포가 분열할 때는 유전정보의 기본인 DNA가 이미 1개 만들어졌거나 그 정보를 읽고 작용해서 단백질을 만들잖나!

그런데 말이지. 무엇을 만들기 위해서는 재료가 필요하지 않은가? 그렇다면 세포 속의 재료를 사용해서 만드는 것이겠지? 세포가 계속 분열한다면 그때마다 재료를 사용하니까 증식할수록 세포 속은 점점 비어야 하지 않을까? 다시 말해서 내 몸이 텅텅 비어 가는 건 아닐까? 음, 걱정이군.

그렇군요. 경위님의 머릿속은 텅텅 비어 있을지도 모르겠네요. 하지만 괜찮아요, 경위님. 세포 속이 텅텅 비는 일은 없으니까요. 엉뚱이즈미 군이 말한 세포분열이 맞는 내용이기는 한데, 또 하나

중요한 게 있잖아요? 세포가 분열하고 증식하기 위해서는 외부에서 에너지를 섭취해야만 해요. 여기서 말하는 에너지는 가솔린이나 전기 같은 게 아니에요. 생물에게 에너지라는 건….

저요! 저요! 제가 말할게요! 생물은 음식물을 섭취해서 에너지를 얻어요. 세포는 음식을 먹는 겁니다!

맞았어. 생물의 에너지원은 음식이야. 그 에너지원이 생물마다 다른데, 식물은 태양, 동물은 음식에서 에너지를 얻지. 어떤 생물이든 살아가기 위해서는 에너지를 섭취해야 하고, 에너지를 섭취하기 때문에 세포분열이 가능하다고도 할 수 있어.

아하! 세포는 외부에서 에너지를 얻는군. 음, 세포분열과 에너지의 관계가 꽤 흥미로운데.

앗!! 경위님, 여기를 보세요. 찢어진 지도의 이 부분에 뭔가가 남아 있어요. 여기요…. 뭐지? '이화작용'? 이게 뭐죠? 4장의 내용 같은데요.

뭐? '이화작용'이라고? '이화작용'이라면 세트로 딸려 나오는 게 바로 '동화작용'이지. **'이화작용과 동화작용'**은 생물의 에너지에 대한 이야기야. 경위님, 이건 좀 조사해보는 게 어떨까요?

그렇군. 이 《DNA의 법칙》이라는 책에서는 아직 '세포분열'을 에너지에서부터 보는 것 같지는 않군. '이화작용과 동화작용'이라는 키워드도 지도로 입수했으니, 엉뚱야마 씨의 말대로 그 주변부터 탐색하면 '일맥상통하는 자연의 질서'를 추적할 수 있을지도 모르겠어. 그럼 조사를 시작해볼까!?

이렇게 해서 엉뚱하타케 패밀리는 《DNA의 법칙》의 찢어진 지도 끝자락에 쓰인 말을 근거로 일관된 자연의 질서를 찾아나섰다. 키워드는 '이화작용과 동화작용'. 과연 앞으로 이 삼인조는 어떤 모험을 펼칠 것인가!

2) 이화작용과 동화작용

이렇게 해서 지도에 쓰여 있는 단서를 토대로 '이화작용과 동화작용'의 내용을 알아보기로 한 '엉뚱하타케 패밀리'는 즉시 수사에 착수했다.

◆ 세포분열과 이화작용과 동화작용

에헴, 세포가 분열해서 증가하기 위해서는 밖에서 에너지를 흡수해야만 해. 그 에너지에 관련된 것이 '이화작용과 동화작용'이야.

엉뚱야마 씨, '이화작용과 동화작용'이 도대체 뭔가요? 동화책의 그 동화인가요?

그보다 엉뚱야마 씨가 갖고 있는 그림은 뭐지? 오호라, 이건 아까 봤던 지도 끝에 있던 그림과 비슷하군.

기억나세요? 이 '이화작용과 동화작용'은 이런 거예요.

이화작용: 몸속에서 사용할 에너지를 만드는 것. 동화작용: 에너지를 이용해서 몸을 만들어내는 것.

이화작용과 동화작용은 세포분열 자체예요. '음식물을 먹고 몸을 만드는 것!'. 단세포라면 밖에서 영양소를 흡수해서 분열한다는 뜻이고, 다세포의 경우에는 세포분열을 한다는 뜻이에요. 예를 들어 피부세포의 경우에는 28일마다 새로운 세포로 바뀌는 것처럼 말이죠.

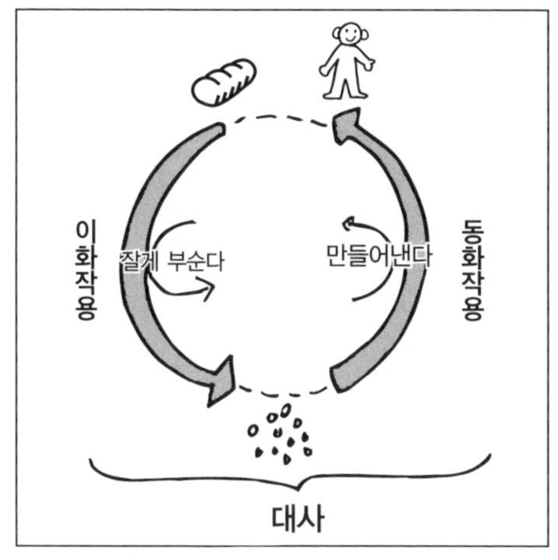

아까 경위님이 계속 분열한다면 새로운 세포를 만드는 재료가 점점 줄어들지 않을까 걱정했잖아요? 세포는 항상 외부에서 내부로 에너지를 흡수해서(이화작용), 몸을 계속 만들기 때문에(동화작용) 실제로 그런 일은 절대 일어나지 않아요. 이 자체가 이화작용과 동화작용이죠.

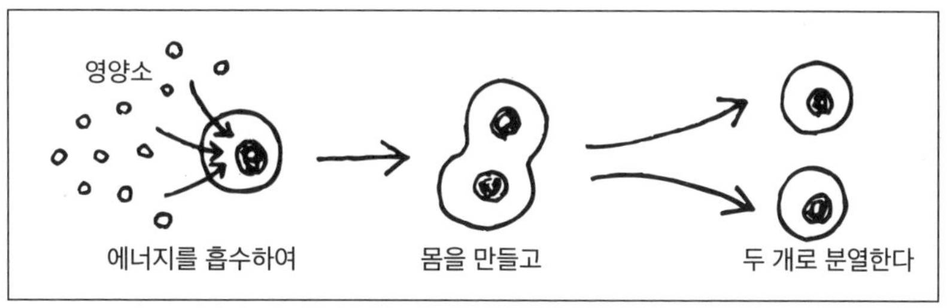

생물이 살아가기 위해서는 에너지가 필요한데, 생물에게 에너지란!

저요! 저요! 제가 말할게요. 음식이에요.
음식! 엉뚱야마 씨, 아까도 말한 거잖아요?

까르르, 정확히 기억하고 있구나. 그래 엉뚱이즈미 군이 말한 대로야! 생물에게 에너지는 음식이지. 어떤 생물이든 살기 위해서는 에너지를 흡수해야만 해. 식물에게 에너지는 태양이고, 동물에게 에너지는 음식이야. 그 에너지를 만들어내는 과정을 '이화작용'이라고 해.

음식이 에너지이지만, 섭취한 음식은 몸 속에서 사용할 수 있는 에너지의 형태로 만들어내야 해.

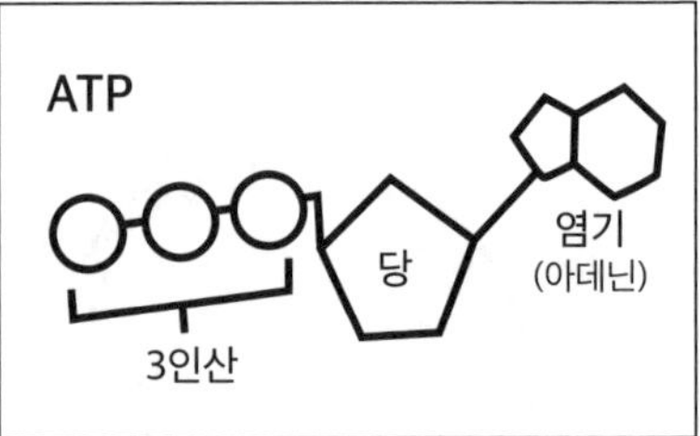

생물은 어떤 형태로 있는 경에만 에너지를 사용할 수 있어. 그것을 아데노신3인산 adenosine triphosphate, 짧게 줄여서 ATP라고 하는데 그림과 같은 형태야. 즉 이화 과정에서 만들어낸 에너지가 ATP로 세포에 축적되는 거지. 그리고 이 ATP는 몸을 만드는 데 이용되는데 이게 '동화작용'이야. 이런 **'이화작용과 동화작용'**을 통틀어 **'대사'**라고 해.

NOTE
ATP는 '아데노신3인산'이라고 하는 '아데닌이라는 염기'와 '당'과 '인산'으로 이루어진 물질. 생물에게는 에너지통화라고 불릴 만큼 중요하다.

그렇군, 이 '이화작용과 동화작용'은 간단히 말하면 에너지를 만들고 몸을 만드는 것, 뒤집어 말하면 세포분열이라는 뜻이군. 흠, 아주 흥미로워. 엉뚱야마 씨, 좀 더 자세히 설명해주시겠나?

◆ 복잡한 대사경로-이화작용

좋아요. 그럼 먼저 어떻게 에너지가 만들어지는지, 즉 이화작용의 과정부터 살펴보죠. 그럼 엉뚱이즈미 군 벗어줘!

"네? 뭐, 뭐라구요? 갑자기 이런 곳에서 독자 여러분도 계신데 무슨 말씀이에요? 어차피 벗을 거라면 이런 곳 말고…. (크게 꿀밤 소리) 으으, 왜 나를….

짜잔. 사실 이런 일이 있을까 해서 그동안 열심히 운동을 했답니다.

그럼 형광투시경 앞에 서 봐. 그러면 먹은 음식이 뱃속에서 어떤 과정으로 진행하는지 볼 수 있거든.

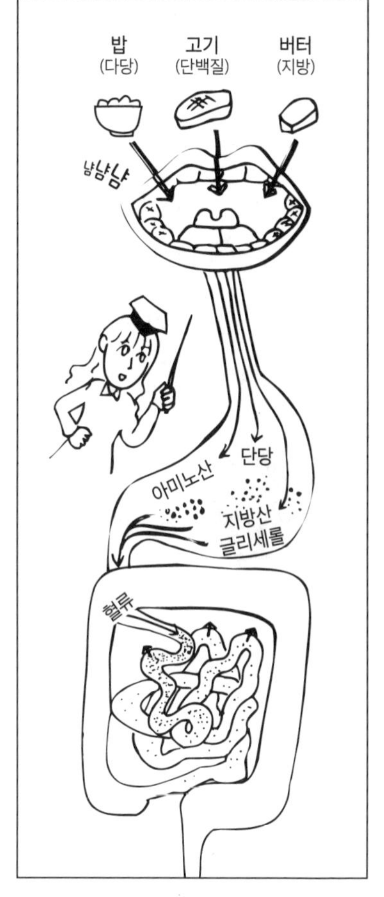

그럼 '이화작용' 과정, 즉 '먹은 음식이 몸속에서 어떻게 에너지가 되는지'를 살펴보기로 할까?

음식을 먹으면 뱃속에서 소화과정을 거쳐서 작은 분자가 돼. 먼저 입에 들어간 음식물은 '치아'에 의해 잘게 부서진 후 '식도 · 위 · 장'에서 소화돼. 음식물은 크게 세 종류로 분류할 수 있는데 소화된 후에는 각각 다음과 같이 분해돼.

탄수화물(주로 쌀, 빵) → 소화 → **단당류**(글루코스)
단백질(육류) → 소화 → **아미노산**
지방(버터, 기름 등) → 소화 → **지방산과 글리세롤**

이런 식으로 작아지면 소장에서 흡수된 뒤 혈류를 타고 몸의 각 세포로 들어갈 수 있어.

아하! 소화되어 작아지는 거군요. 왠지 배가 고파지는데요? 엉뚱야마 씨, 나중에 맛있는 거 먹으러 가요.

…저기, 있잖아? 아직 안 끝났거든?
이번에는 소화되어 작아진 음식이 어떻게 세포 속에서 사용되어 에너지가 되는지 살펴볼게.

음식물이 소화되어 작은 물질이 되면 세포 속으로 들어가. 그러면 당은 세포질에서 '해당과정'이라는 반응을 거치면서 더 작게 분해되어서 미토콘드리아로 들어가. 아미노산이나 지방산은 당과 완전히 똑같은 반응경로는 아니지만, 역시 미토콘드리아로 들어가. 그 안에서 이루어지는 '구연산회로'와 '전자전달계' 반응을 거쳐서 마침내 에너지가 합성되는 거야.

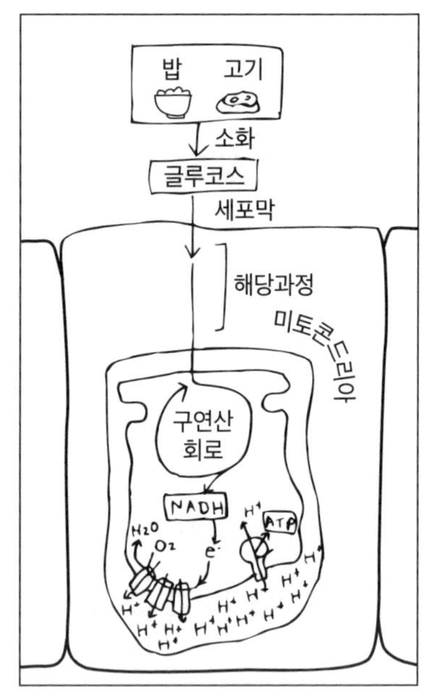

아하! 음식물이 잘게 소화되는 과정에서 에너지가 생겨서, 아까 말했던 ATP로 저장되는 것이군. 결코 우리가 먹은 밥 자체가 에너지가 되는 게 아니었어.

음식 → 소화 → 해당과정 → 구연산회로 → 전자전달계 → ATP

에너지를 추출하는 방법은 아주 복잡해….

맞아요. 왜 그런 거죠? 생물은 에너지가 없이 살아갈 수 없으니 좀 더 간단하게 에너지를 만들 수 있어야 하는 거 아닌가요? 앗, 경위님…, 저한테 좋은 아이디어가 떠올랐어요. ATP드링크를 만들면 잘 팔리지 않을까요? 순식간에 부자가 될 거예요. 앗, 엉뚱야마 씨, 제 아이디어를 훔쳐가면 안 돼요.

이런, 어쩌면 좋아…. 그런 건 만들어봐야 별로 효과가 없을 텐데! 그보다 다음 이야기를 진행하죠. '이화작용과 동화작용' 중에 아직 '동화작용'이 끝나지 않았거든.

◆ 복잡한 대사경로-동화작용

동화작용은 동화책 이야기인가요? 아핫핫, 미안해요.

엉뚱이즈미 군은 좀 조용히 해줄래? 그럼 '동화작용'에 대해서 이야기를 해볼게. 동화작용은 몸을 만드는 것인데, 생물은 세포로 이루어져 있으니 몸을 만든다는 것은 결국 세포를 만든다는 뜻이야.

다시 말해서 동화작용이란 세포를 만들어내는 건데, 이화 과정에서 만들어진 ATP와 소화되어 분해된 분자를 이용해서 만들어져. 그럼 먼저 세포의 재료를 잠시 볼까?

세포는 크게 이 4가지 재료로 이루어져 있어.

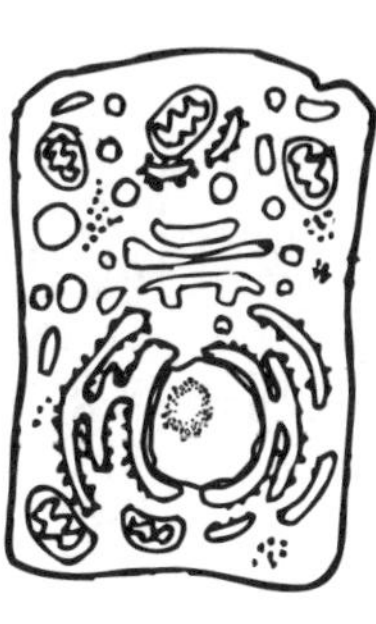

① **뉴클레오타이드**(DNA나 RNA의 재료)

② **지질**(세포막 등의 재료)

③ **단백질**(효소의 원료물질)

④ **당**(에너지 저장 등에 쓰인다)

어라? 겨우 4가지 재료로 세포가 이루어져 있다고요!? 놀라운데요.

놀랍지? 그 재료를 어떻게 만드는지 이화작용의 대사경로처럼 그림으로 보면 이렇게 돼. 이래봬도 극히 일부분만 실은 거야. 아까 말했던 이화작용의 일부인 구연산회로는 비교할 수 있게 검은 선으로 굵게 표시했어.

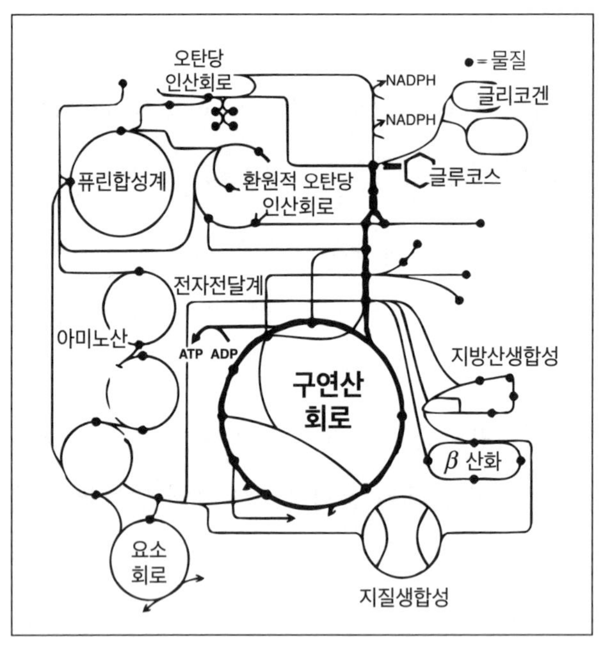

음, 원이 잔뜩 있군. 그런데 엉뚱야마 씨. 동화작용이 몸을 만들어 내는 작용이라고 했었지? 그렇다면 세포의 재료를 만들기만 해서는 소용없고, 그것을 조합해야 하지 않나? 그러니까 이 그림으로 말하자면….

역시 경위님이세요. 좋은 지적이에요. 이 그림에는 재료를 만드는 경로만 쓰여 있지만 사실 이 재료를 만든 후에 무엇에 쓰이는지가 중요한 거죠. 예를 들어 뉴클레오타이드는 세포의 핵 안에서 DNA 복제를 하는 데 쓰여요. 단백질도 갑자기 만들어지는 게 아니라, 먼저 아미노산이 만들어지고 DNA가 전사되면 단백질합성이 일어나는 거예요.

어쩐지 이쪽도 이화작용만큼이나 복잡한 것 같네요.

아, 잠깐만요. 이화작용의 경로에서 세포가 이용한 음식물의 종류는 이 세 가지예요.

① 탄수화물(당), ② 단백질(아미노산), ③ 지방

그리고 동화작용의 과정에서 만들어내는 물질은…,

① 뉴클레오타이드, ② 지질, ③ 단백질, ④ 당

잘 보면 이화작용에서 먹은 거나 동화작용에서 만든 거나 비슷하잖아요? 도대체 어떻게 된 일이지? 왜 이런 귀찮은 작업을 하는 거죠?? 먹은 것과 똑같은 물질을 만들다니, 두 배로 고생이잖아요.

엉뚱이즈미 군도 꽤 날카로운데? 맞았어. 먹은 물질도 만들어진 물질도 사실은 같아.

에헴! 요약은 내가 하지.

이화작용에서는 먹은 음식물을 계속 작게 분해하는 과정에서 에너지를 흡수해서 ATP로 저장해. 동화 과정에서는 이화 과정에서 작게 분해한 분자와 생성된 ATP를 이용해서 세포의 재료가 되는 물질을 만들어. 엉뚱이즈미 군이 말한 대로 이화 과정에서 분해하기 전의 물질과 동화 과정에서 만들어낸 물질은 거의 같아. 도대체 왜 굳이 이런 일을 하는 걸까?

◆ 쇠고기는 내 살!

그건 쇠고기가 내 살이 되는 과정을 상상해보면 돼요. 예를 들어 스테이크를 먹으면 어떻게 될까요?

맛있는 걸 사주시는 겁니까? 역시 엉뚱야마 씨도 배가 고팠군요. 제가 맛있는 가게를 알아요. 고기는 적당히 웰던으로 굽고, 와인은 역시 레드와인으로 하는 게(꿀밤!!)….

내 말 안 듣고 있지? 그게 아니라, '밥을 먹으면 에너지를 흡수해서 몸을 만들어낸다', 즉 먹은 스테이크(쇠고기)가 내 몸(내 살)이 된다는 이야기거든?

쇠고기나 인간의 살은 똑같은 단백질로 이루어져 있잖아. 하지만 쇠고기를 내 몸에 붙인다고 내 살이 되지는 않아. 똑같은 단백질이라는 물질로 이루어져 있다면 먹어서 작게 분해한 분자를 다시 재구축하는 귀찮은 일을 하지 않아도 되지 않을까? 만약 그런 일이 가능하다면 반대의 경우 필요 없는 군살도 떼어낼 수 있을 테니 스타일도 좋아지고, 아주 편리할 텐데 말이야.

엉뚱야마 씨. 쇠고기와 제 살의 차이점이 뭐죠?

둘 다 단백질이니까 같아. 물론 이건 아미노산이라는 분자 레벨에서 하는 말이야. 좀 더 거시적으로 세포 레벨에서 본다면 소의 세포와 인간의 세포는 분명 다르지. 같은 인간끼리라 해도 유전자가 다르니까 개체가 다르면 세포도 다르다고 할 수 있어.

그렇군. 같은 물질로 만들어졌다고 해도 외부에서 접착하는 것은 불가능하다는 뜻이군? 하지만 도대체 왜일까…? 놀랍군.

◆ 이화작용인 동시에 동화작용인 구연산회로

이화작용과 동화작용의 프로세스는 제각각 따로 일어나는 게 아니에요. 단순하게 먹은 음식물을 전부 분해한 후에 다시 그 분해된 음식을 이용해 몸을 만들기 시작하는 게 아니라는 거죠. 사실 이화작용과 동화작용은 동시에 일어나요.

그렇군! 그런데 그 근거가 뭐지?

구연산회로를 보고 그렇게 생각했어요. 구연산회로는 에너지를 만들어내는 이화 반응의 일부예요.

앗, 이 그림 본 적이 있어요. 생물 교과서에 반드시 나오는, 동그란 거죠? 세상에, 학교 다닐 때 배웠는데! 진짜 오래 됐네요…. 그런데 이 회로는 몸속의 어느 부분에 있는 거죠?

몸의 어느 부분에 있냐니? 동그란 회로처럼 그려져 있으니 그렇게 생각하는 것도 무리는 아니지만, 이 구연산회로가 실제로 몸속의 어딘가에 있는 건 아니야. 이건 구연산이라는 물질에서 반응이 시작되어 화학반응에 따라 물질이 변화하면서 회로의 최종 생산물이, 다시 최초의 물질인 구연산의 재료가 된다는 반응을 회로로 나타낸 거야. 최초의 물질명과 반응이 회로가 됐다는 뜻에서 붙은 이름이지.

그렇군, 그럼 음식물을 먹고 소화시켜서 작은 분자가 되면, 그 분자가 가는 곳이 구연산회로군. 그래서 그 구연산회로는 어떻게 되나?

음식물을 먹고 분해한 물질의 최종 도착지가 사실은 이 '구연산 회로'예요. 경위님은 지금 그 끝에 전자전달계가 있는 게 아니냐고 묻고 싶은 것 같은데, 그 반응계로 가는 물질은 구연산회로의 반응에 사용되는 물질이 직접 가는 게 아니에요. 반응할 때 생긴 부산물이 '전자전달계'에서 반응하는 거죠. 따라서 구연산회로는 이화된 물질의 최종 도착지가 돼요.

그럼 큰일이네요? 작게 분해된 그 분자는 구연산회로에서 끝없이 빙글빙글 돈단 말이잖아요. 그 다음에는 어떻게 되는 거예요? 아무데도 가지 않는다면, 구연산회로에서 반응하고 있는 물질의 양이 점점 늘어날 텐데? 큰일이다! 불쌍한 미토콘드리아가 빵 터지겠어. 도와주러 가자고요!!

너 정말 단순하구나! 하지만 그렇게 생각하는 것도 무리는 아니지. 사실 구연산회로에서 순환하는 물질 중에는 구연산회로 밖으로 빠져나가는 물질도 있어. 그게 몸을 만든다고 생각하면 돼.

그거 흥미롭군! 구연산회로를 이화작용의 최종도착지로 여겼는데, 사실은 그곳에서 몸을 만들기 시작한다? 즉 동화 과정의 출발점도 되는 거군?!

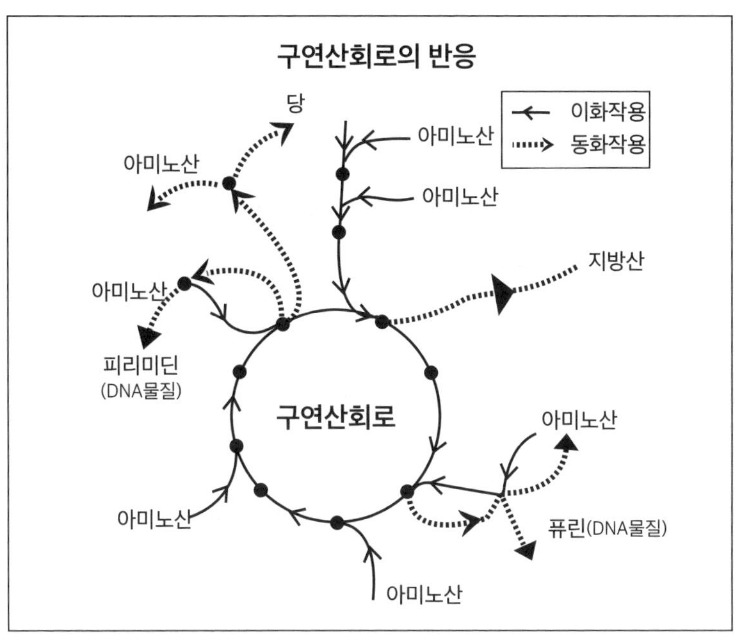

맞았어요. 구연산회로의 물질은 몸을 만드는 단백질의 전구체(아미노산). 나아가서 DNA를 만드는 전구체(뉴클레오타이드)도 돼요. 그래서 구연산회로가 이화작용이기도 하고 동화작용이기도 하다는 거죠. 이 그림을 화살표 방향대로 봐주세요. 보다시피 구연산회로는 이화작용과 동화작용의 중간지점이라고 할 수 있답니다.

이 그림은 꼭 야마노테선(서울 2호선의 노선과 비슷)처럼 보이는데요? 야마노테선은 순환을 하는데다 지선이 많이 나 있어서 멀리 갈 때 환승만 잘 하면 빨리 도착해서 편리하죠.

어쨌든 이 구연산회로는 꽤 재미있군. 음식물을 분해해서 만들어진 물질을 연료삼아 구연산회로의 반응이 진행된다. 하지만 거기서 사용되는 물질은 그대로 이화작용으로 구연산회로를 순환할

수 있고, 또 동화작용의 과정으로 진행할 수도 있다! 음, 즉 이런 건가? '구연산회로는 빙글빙글 순환하는, 이화작용이기도 하고 동화작용이기도 한, 생체 대사(이화나 동화)경로의 중심이 되는 것'이다.

또 이렇게도 말할 수 있을까? 구연산회로는 빙글빙글 순환하므로, 출발점도 도착점도 없다. '순환' 이것이 이번의 포인트가 아닐까? 순환의 특징은 중간에 끊어지지 않는다, 즉 '끝이 없다'는 거야. 시작도 끝도 없이 영원히 순환하는 구연산회로는 목적이 없는 경로라고도 할 수 있겠지. 하지만 목적이 없다고 해서 중요하지 않은 것은 아니야. 이화작용과 동화작용의 양쪽에 관련되어 있는 구연산회로가 없다면 이화작용도 동화작용도 불가능하지.

'구연산회로'라는 반응으로 인해 '이화작용과 동화작용'이 점점 더 재미있게 보이기 시작했어. 구연산회로는 이화작용이기도 하고 동화작용이기도 한, 떼려야 뗄 수 없는 관계. 그렇다면 이화작용과 동화작용 자체가 같다고 할 수는 없을까? 즉 '이화작용은 동화작용'입니다. 구연산회로가 이화과정인지 동화 과정인지가 아니라 빙글빙글 순환함으로써 양쪽 다 될 수 있는 '순환' 프로세스 자체가 중요했던 것처럼 이화작용과 동화작용은 떼려야 뗄 수 없는 대사라는 일관된 프로세스 속에서 순환하는 형태로 존재하는 게 아닐까? 이것으로 '이화작용과 동화작용'에 관한 의문은 풀렸군.

네, 이상으로 엉뚱하타케이였습니다. ♪♪짠짜자잔 짠짠잔♪♬♩

'이화작용과 동화작용'이라는 키워드를 입수한 엉뚱 패밀리. '이화작용과 동화작용'을 자세히 살펴봄으로써 '구연산회로'라는 화학반응이 중요한 위치를 차지한다는 것을 깨달은 듯하다.

이 '구연산회로'는 사실 엉뚱 패밀리와 깊은 관계가 있다. 왜냐하면 2년 전 엉뚱 패밀리를 결성한 계기가 바로 '구연산회로 사건'이었기 때문이다.

여기서 다시 한 번 그 사건을 살펴본다면, 지금 우리가 찾고자 하는 관통하는 질서가 무엇인지 그 윤곽을 알 수 있게 될 것이다.

3) 환경이 멋대로 -구연산회로 사건-

엉뚱하타케 경위

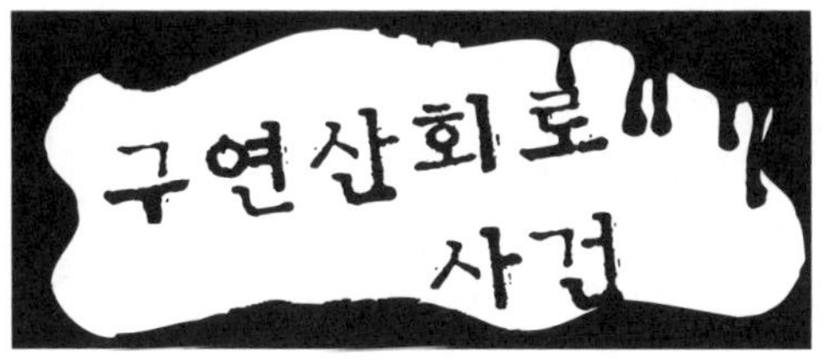

네, 에너지에 미토콘드리아,
그리고 효소, DNA,
이번 사건은 매우 복잡하고 어려운 사건입니다.
사건은 세포 안에서 일어납니다.
그리고 거기에 얽혀 있는 진화의 실마리.
그것을 더듬어간 결말은…
…훗훗훗, 읽어보세요.

♪♪♪ 라라라라라라라… ♪♬♩

◆ 사건 발생

지금으로부터 15억 년 전으로 거슬러 올라가, 어느 원핵생물의 자식(물론 진짜 부모자식 사이는 아니다)이 실종되었다. 이 넓은 세계에서 그것은 사소한 사건에 불과했지만….

그로부터 15억 년 후인 현재…

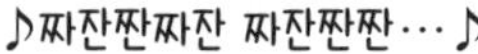

경위님, 우린 언제쯤 노벨상을 받을까요? 수상식에 뭘 입고 가야 할지 미리 결정해야 하는데 말이죠. 일관된 질서를 발견하는 것도 코앞에 다가왔잖아요.

자네 노벨상, 노벨상 하는데, 무슨 상이 있는지 알고나 하는 말인가?

당연하죠. 제가 바보인 줄 아세요? 이래 봬도 그런 것에는 빠삭하답니다. 감독상에 남우주연상에…, 음, 감독상은 경위님에게 양보하고 저는 남우주연상으로 만족할게요.

이런, 이런, 이런(꿀밤). 이 바보 같은 친구야, 그건 아카데미상이지. 그런데 어디로 끌고 가는 건가? 왠지 상당히 수상한 곳까지 온 것 같은데….

어라? 이상하다. 분명히 지도를 보고 왔는데. 스톡홀름에서 노벨상 수상식이 있다는 소식을 들어서 사전답사를 하려고 했는데….

삐이이익

거기 골지체는 저쪽으로 가고! 리보솜은 이쪽으로 와.

어라!? 이런 데서 뭐하는 거죠?

아, 실례합니다. 이 바보 녀석 때문에 아무래도 길을 잘못 든 것 같습니다.

나이도 있는 분들이 어린애같이 뭐하시는 건가요? 어디로 가려는 거였죠? 여기는 세포 안입니다.

네에!? 세포!?

응? 뭐였죠? 지금 비명 같은 게 들렸는데….

도와주세요. ATP가 미토콘드리아에서 대량생산되고 있어요! 이게 그 증거사진이에요.

ATP가 미토콘드리아에서 대량생산되고 있다고!? 알겠습니다. 당신은 안전한 곳으로 피해 있어요.

경위님, 이건 사건인데요!?

이 일은 내게 맡기고 자네는 진정 좀 하게. 실례합니다. 제 소개를 하죠. 저는 엉뚱하타케 경위, 이 녀석은 부하인 엉뚱이즈미입니다. 괜찮다면 좀 더 자세히 들려주시지 않겠습니까? 그러니까 아까 뭐라고 말씀하셨죠?

저는 세포서 교통과의 엉뚱야마예요. 이런 곳에서 동료를 만나다니 신기하네요. 뭐라고 설명해야 하나…, 먼저 이 ATP부터 이야기하는 게 좋을 것 같군요.

◆ ATP란 무엇인가?

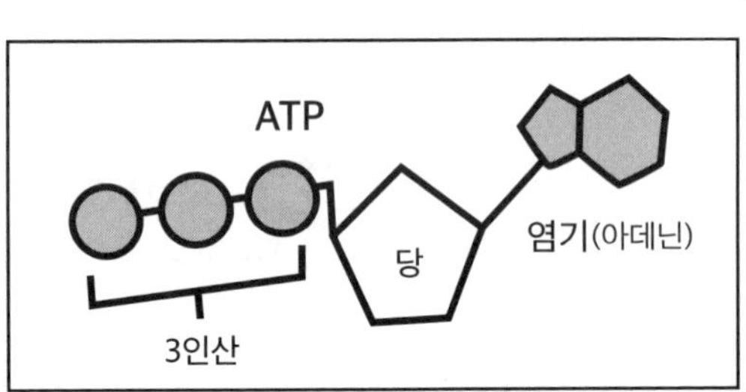

ATP는 **아데닌3인산**이라는 물질로, 아데닌이라는 염기와 당과 3인산이 결합되어 있는 거예요. 그림으로 나타내면 이런 식이에요.

이 ATP는 생물의 몸속에서 에너지의 주요 운반자 역할을 하는데, 에너지 통화라고 할 만큼 중요한 물질이에요.

그렇다면 ATP 자체가 에너지는 아니군요. 어디까지나 에너지를 운반하는 그릇 같은 것…인가요?

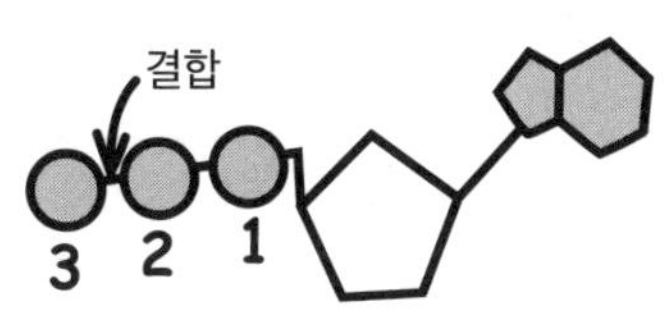

그렇죠, 간단히 말하면 그래요. 에너지는 이 ATP의 구조에서 두 번째와 세 번째 인산 사이에 결합되어 저장돼요.

지금은 자세히 말할 시간이 없지만, 어쨌든 몸속에서 ATP는 매우 중요해요. 그것이 대량으로 생산된다고 하니….

설명 감사합니다. 정리하면 ATP는 세포 내의 에너지통화라고 할 만큼 중요한 역할을 하는 물질이군요. 그리고 3개의 인산이 결합하는 구조 사이에 에너지를 지장해두는 비법이 있다는 거네요.

제법이군요. 이제 ATP가 세포에 얼마나 중요한 존재인지 알았습니다. 그런데 그 ATP는 실제로 어디에서 만들어지는 겁니까?

미토콘드리아에요!

그럼 어서 현장으로 출동하죠?

◆ **세포지도**(미토콘드리아 확대 그림)

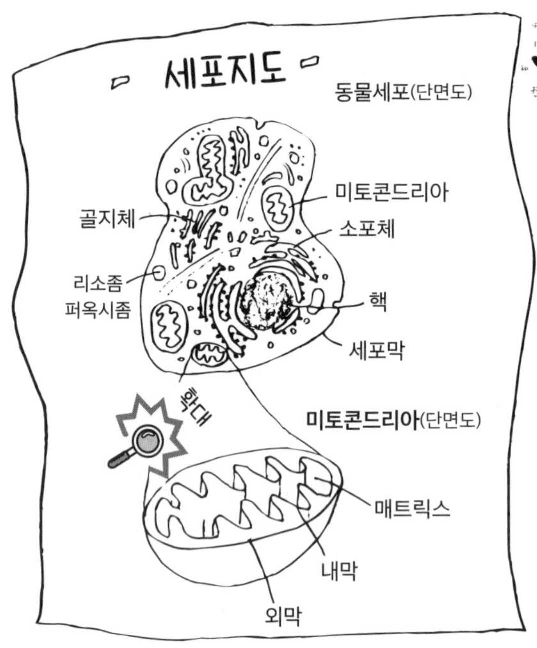

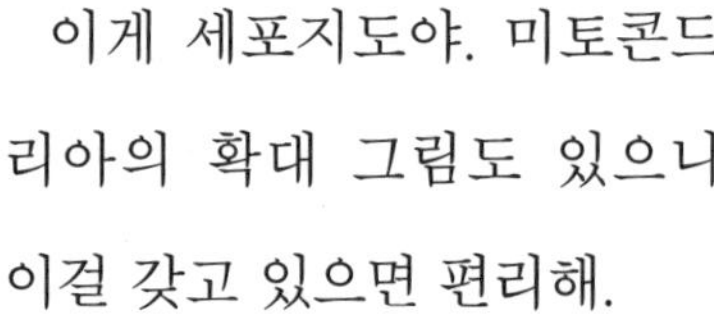

이게 세포지도야. 미토콘드리아의 확대 그림도 있으니 이걸 갖고 있으면 편리해.

아래의 주의사항도 읽어두면 좋을 거야.

※ 주의사항 ※

몸속의 모든 세포에는 미토콘드리아가 있는데, 1개의 세포에 1개씩 있는 것은 아니다. 예를 들어 간장세포 1개 안에는 1000~2000개나 되는 미토콘드리아가 있다(ATP를 대량으로 소비하는 심장 등의 세포에는 특히 더 많다). 또 미토콘드리아는 외막과 내막이 있는 이중막으로 둘러싸여 있는데, 그중 내막은 몇 겹씩 접혀 있다.

마치 복잡한 미로 같군. 이 미토콘드리아는 주름이 잔뜩 있어서 기분이 나빠. 음, 아직 ATP를 만든 범인은 근처에 숨어 있을 가능성이 높군. 이 막이 특히 더 수상해. 엉뚱이즈미 군, 자네가 그쪽을 탐색하고 오겠나?

맡겨주세요!

◆ **ATP 합성효소**

경위님!! 용의자를 찾았습니다! 이 녀석 주변에 ATP가 잔뜩 있어요! 게다가 미토콘드리아의 내막에 숨어 있었어요! 이 녀석이 확실해요! 체포할까요?

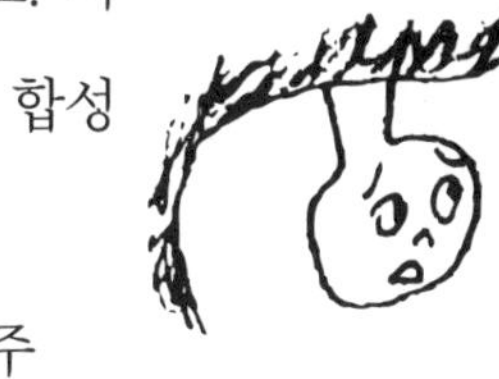

용의자라니 무슨 소리죠? 여기 책임자 좀 불러줘요. 저는 잘못한 게 없어요. 저는 ATP를 합성하는 ATP 합성효소라고요. 효소란 단백질의 일종이예요.
무슨 일인지 모르겠지만 범인 취급은 하지 말아주세요!

역시 당신이 범인이군! 당연해. ATP를 합성한다는 건 ATP를 만든다는 뜻이니까! 실컷 애를 먹여놓고 발뺌하다니! 연행해가죠!

자, 잠깐만. 그건 오해예요. 오해! 저라고 좋아서 ATP를 만드는 게 아니예요. H^+(프로톤)가 ATP를 데리고 저를 지나가는 것뿐이예요.

자 보세요. 세포 안에는 물이 가득 있는데, 물이 꼭 H_2O 형태로만 있는 건 아니예요. H^+와 OH^-로 분리된 것도 있어요.
그중 H^+가 미토콘드리아의 내막과 외막 사이에 잔뜩 머무르면서 내막 안

(매트릭스 공간)으로 계속 흘러가요.

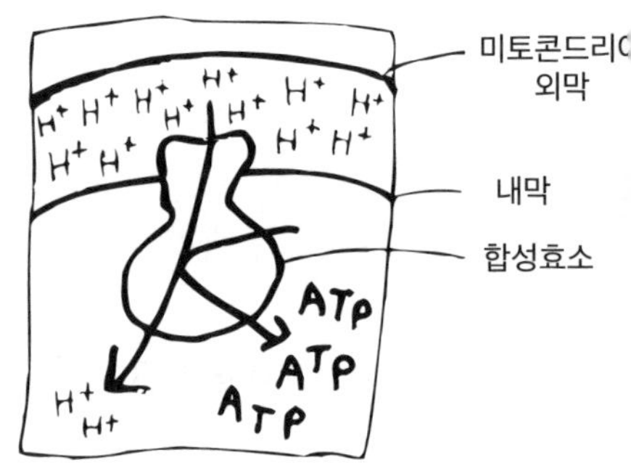

제 몸은 H^+가 흘러들어오면 저절로 ATP를 만드는 구조로 되어 있어요. 예를 들어 물이 흐르는 곳에 물레방아가 있으면 물보라가 튀는 것과 같은 원리랄까요?

진짜 나쁜 놈은 H^+를 이렇게 잔뜩 외막 공간에 버린 녀석이라고요. 전 결백해요!! H^+가 저를 통과하기 때문에 ATP가 만들어지는 거예요!! 제가 ATP를 만들고 싶어서 만드는 게 아니라고요.

결백하다고? 누굴 바보로 아나! 그런 변명이 통할 줄 알아?

진정해, 엉뚱이즈미 군. 성급하게 굴지 마. ATP 합성효소의 말은 사실인 것 같아. H^+가 ATP 합성효소의 몸을 멋대로 지나가면서 당사자도 모르는 사이에 ATP를 만들게 했다는 얘긴데, ATP 합성효소에게는 정말 죄가 없는지도 몰라.

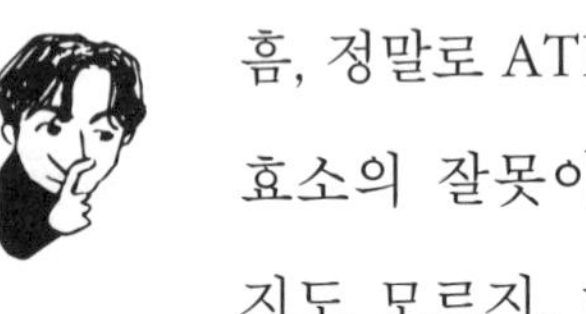

흠, 정말로 ATP 합성효소의 잘못이 아닌지도 모르지. 하지만 유감스럽게도 ATP 합성효소가 ATP를 만들어내는 이 사건과 연관 있는 건 분명해. 그건 부정할 수 없는 사실이지.

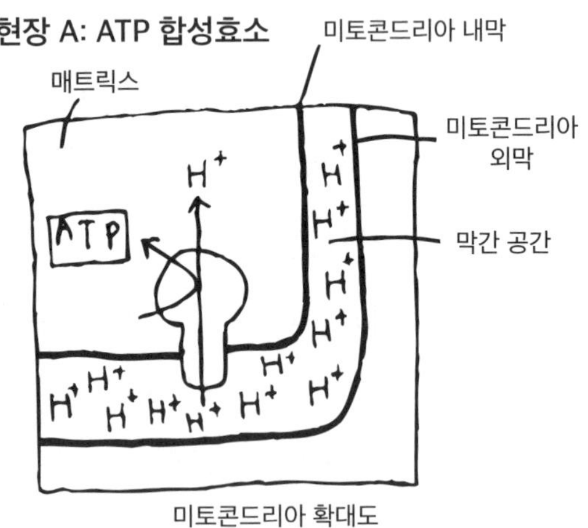

미토콘드리아 확대도

다만 ATP 합성효소의 변명에 의하면 그에게 동기가 있는 것 같지는 않아. 이 사건에는 더 큰 내막이 있는 것 같군.
특히 이 H^+(프로톤)가 왜 이렇게 막간의 공간에 고여 있는지를 해명하는 것이 이 사건을 해결하는 단서가 아닐까?

◆ **전자전달계**

알아냈어요, 경위님! 프로톤이 막간 공간에 고여 있는 현장을 보고 왔습니다. 사실 전자전달계라는 효소 일당의 소행 같습니다. 이것으로 사건은 해결이네요. 어때요? 저도 할 때는 하죠!?

전자전달계? 아, 그 일이라면 마침 지금 엉뚱야마 씨에게 들었는데…. 다른 정보는 뭐 없나?

네? 그, 그럴 수가!!

그 녀석들은 이 동네에서는 유명한 불량배야. 나도 직접적으로는 알지 못하지만 소문이 좋지 않아. 바람둥이인 줄만 알았더니 이런 사건에도 관련되어 있었을 줄이야.

좋아. 다음 용의자는 그 녀석들이다! 바람둥이는 절대 용서할 수 없어요!! 전자전달계를 체포하러 가죠, 경위님!

으음, 녀석들이 유력한 용의자인 것 같군. 어서 현장으로 가지.

이 녀석들! 정말 바람둥이 같아요. 재미있다는 표정으로 H^+(프로톤)를 매트릭스에서 막간 공간으로 계속 내던지고 있어요. 나쁜 녀석들 같으니!

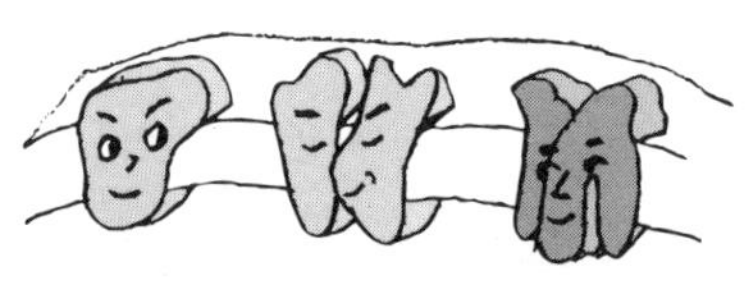

저기, 미남 형님들…, 자…잠깐요, 이, 이유 좀 알려주시겠어요? 왜… 왜 H^+를 잡아다가 막 밖으로 계속 내던지시는 건가요?

자네 지금 뭐하는 건가? 갑자기 공손하게.

하지만 이 녀석들 정말 잘생긴데다 강해 보이는 걸요.
선불리 건드렸다가 우리까지 막간 공간에 던져버리면 어떡해요.

그렇군. 자네도 가끔은 쓸모가 있어. 자, 여러분! 여러분은 어쩌다가 H^+를 내던지는 재미있는 놀이를 생각해낸 겁니까? 정말 부러운데요?

재미있는 놀이? 그래 보여? 그럼 당신도 하면 되잖아. 꽤 재미있긴 해. 하지만 왜냐고 물으면 글쎄, 곤란하군. 우리가 있는 곳에 H^+와 에너지가 큰 전자가 오면 몸이 멋대로 움직이는 것뿐이거든. 우리라고 좋아서 그러는 게 아니야. 하지만 재미있는 것만은 분명하지.

에너지가 큰 전자라고 말씀하셨는데, 그럼 그 '에너지가 큰 전자'라는 건 어디에서 오는 겁니까?

NADH라는 운반업자가 우리에게 가져오지. NADH에게는 전자(e^-)가 2개 있는데, 그 2개가 모두 고에너지야.

NADH는 일단 첫 번째 효소인 나에게 전자를 2개 주지. 그러면 내가 먼저 전자에서 에너지를 조금 받고, 에너지가 조금 남은 전자를 다른 동료에게 넘겨주는 거야. 우리는 사이가 좋아서 좋은 건 함께 나누거든.

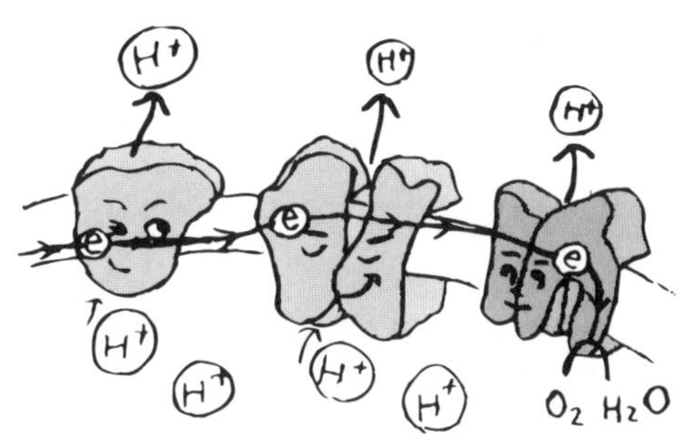

우리를 지나가는 전자에게서 에너지를 조금씩 빼앗은 후에 차례차례 다음 효소에게 보내는 거야. 나는 첫 번째 효소에게 에너지를 빼앗기고 넘어온 전자에게서 다시 에너지를 약간 빼앗은 후에 세 번째 효소에게 넘겨주지.

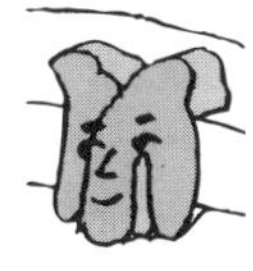

전자는 우리 3효소에게 에너지를 죄다 빼앗겨서 초죽음상태가 되는데, 그때 착실한 O_2(산소) 분자가 전자를 받아주지.

그 O_2(산소)가 꽤 능력이 있는 녀석이야. 그쪽에 있는 H^+(프로톤)를 그 전자의 에너지와 효소라는 내 힘까지 이용해서 자신에게 결합시켜 H_2O, 즉 물이 되니까 말이야!!

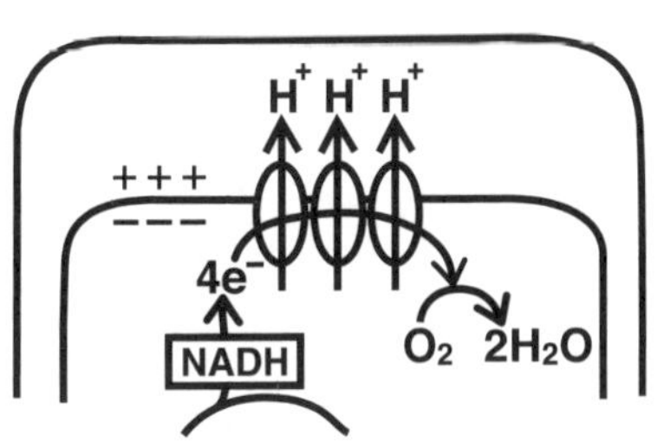

그런데 H^+들에게는 그게 다행인지도 몰라. H^+들은 잘생기기만 하면 우리 같은 바람둥이한테도 간단히 걸려들어서 매트릭스 밖으로 내동댕이쳐지는데, O_2는 나, 즉 세 번째 효소 안에서 H^+를 만나면 놔주지 않거든. O_2를 만난 H^+는 행복한 거야. 말이 길어졌는데, 우리는 NADH가 운반해오는 '고에너지 전자e^-'에게서 조금씩 에너지를 흡수한 후 그 찌꺼기를 O_2에

게 주는 거야.

그리고 흡수한 에너지를 이용해서(공역시켜서) H^+를 매트릭스 밖으로 내던지는 거지. 하하하.

당신들은 모르나본데 당신들이 H^+를 서슴없이 매트릭스 밖으로 내던지는 바람에 ATP가 많이 만들어지는 대사건이 일어나거든!! 당신들은 좋다고 즐기는 건지 모르겠지만 대사건이 된 거야! 알겠어?

하아 누님, 저쪽 두 사람보다 낫군. 내 가슴에 안겨 막간에 내동댕이쳐져 볼 텐가? 꽤 스릴 있을 텐데.

그런데 우리 입장에서 보면 전자가 멋대로 우리 안으로 들어오는 거지. H^+가 멋대로 우리에게 흡수되는 거라고! 그 점을 오해하면 곤란해!!

그런 말을 해봐야 소용없어. 아무리 봐도 저 녀석들이 범인인 게 분명해요. 경위님, 이제 그만 사건을 종결하죠…. (꿀밤) 아얏.

정말이지 자네는…. 잘 생각해보게. 문제는 에너지통화라고도 불리는 ATP를 누가 만들었냐는 거야. 첫 번째 용의자인 'ATP 합성효소', 이 녀석은 ATP를 생산하

현장 B: 전자전달계

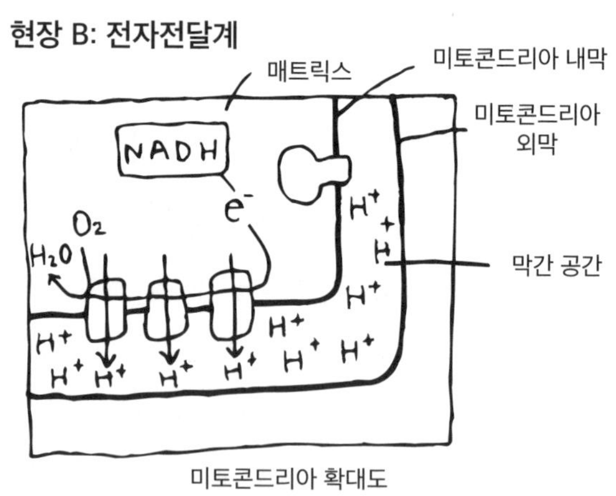

미토콘드리아 확대도

는 장본인이야. 하지만 본인은 미토콘드리아의 막간 부분에 쌓여 있는 H^+가 멋대로 자기 안을 지나가면서 만들어질 뿐 자신과는 상관없는 일이라고 주장하고 있어. 두 번째 용의자인 '전자전달계'. 이 녀석은 그 H^+를 막간 부분에 던져 넣는 녀석이야. 하지만 그도 'NADH가 고에너지 전자를 운반해 와서 멋대로 자기 안을 통과하기 때문에 H^+를 내던지는 것뿐이다'라고 주장하고 있어.

그들의 말에도 일리는 있어. 그럼 NADH가 어디에서 오는지를 밝혀내야겠군.

◆ 구연산회로

경위님, 제가 NADH가 어디에서 오는지 알아요. 그건 바로 구연산회로예요. 생물학 책을 보면 구연산회로는 이런 그림이에요.

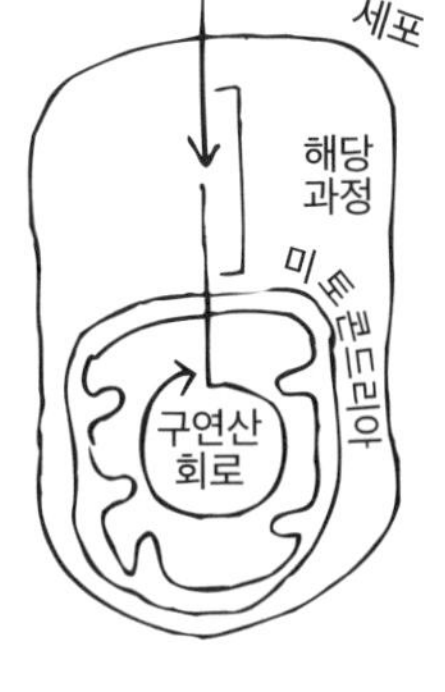

구연산회로만 주목해서 본다면 이런 식이죠.

●는 음식물이 잘게 분해된 것인데, 조금씩 변화하는 상태를 →로 나타내고 있어요. ●만으로는 잘 모르겠어서 각각 이름을 써넣었더니 이렇게 되네요. 대부분의 그림은 이렇게 둥글게 그려져 있어요.

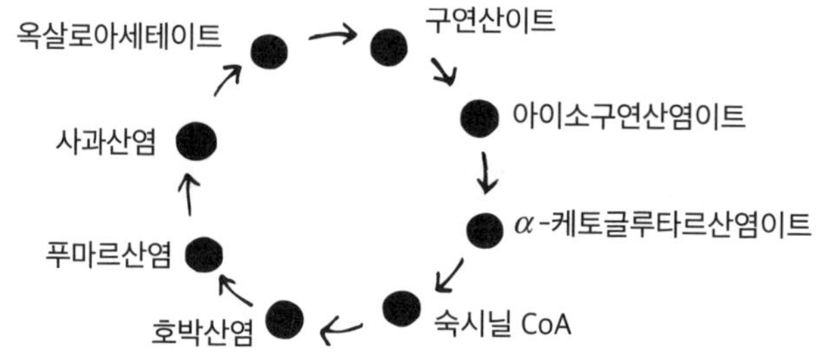

그렇군요. 그런데 이 구연산회로라는 게 어디에 있는 건가요?

제발 사람 말 좀 주의 깊게 들어주면 안 되겠니?
그림을 보면 마치 몸속에 이렇게 둥근 구연산회로라는 게 있는 것처럼 느껴지지만 사실은 그렇지가 않다니까. 하긴 내가 알던 사람도, '여기쯤 있는 걸까?' 라면서 진심으로 위 부근을 가리킨 적이 있었으니 그렇게 생각하는 것도 이해는 가.

구연산회로는 미토콘드리아 안에서 이루어지는 화학반응이야. 그리고 화학반응이란 건 어떤 물질이 다른 물질로 변하는 움직임을 뜻해.
따라서 미토콘드리아 안에 둥글게 순환하는 구연산회로가 있는 게 아니라 물질의 변화를 뜻하는 것이고, 그것을 그림으로 나타내면 반응의 마지막 물질이 다시 최초의 물질의 재료가 되어서 반응이 빙글빙글 돌게 되지. 빙글빙글 돌아서 회로가 되니까 리사이클이라고도 할 수 있어.

순환

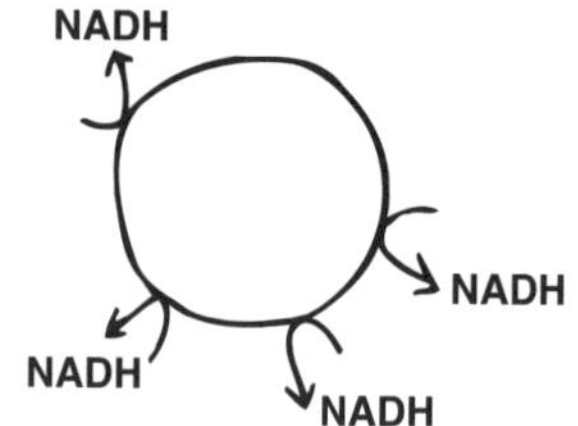

이때 이 구연산회로의 몇몇 곳에서 NADH가 만들어지고, NADH가 고에너지 전자를 전자전달계로 운반하는 거야.

알았다!!
구연산회로가 범인이군요! 체포하러 가죠.

또 성급하게 구는군…. 잠깐 기다려보게.

애초에 구연산회로는 물질이 아니라 화학반응이라고 하지 않았나! 물질이 아니니 연행하는 건 불가능해.

음, 하지만 자네의 마음도 조금은 이해가 돼.

엉뚱야마 씨, 이 구연산회로에 관해서 좀 더 가르쳐주겠습니까?

알겠어요. 이 구연산회로에 관해서 좀 더 자세히 살펴보죠. 먼저 이 구연산회로에서 사용되는 물질은 도대체 어디에서 왔을까요?

이야기는 훨씬 앞으로 돌아가서, 음식을 먹는 데까지 거슬러 올라가요. 음식을 먹으면 그 음식물은 소화되면서 점점 작은 분자로 분해되어 세포 안으로 흡수될 수 있어요.

먼저 작게 분해된 분자가 세포 안의 미토콘드리아로 들어가서 구연산회로의 반응물질이 돼요. 그리고 그 반응이 진행되면서 NADH를 만들어내죠.

그런데 뭔가 좀 이상하지 않아요? 구연산회로는 음식을 먹어서 분해된 물질, 즉 분자가 빙글빙글 순환한다는 건데, 그 물질은 계속 그 자리에서 도는 걸까요?

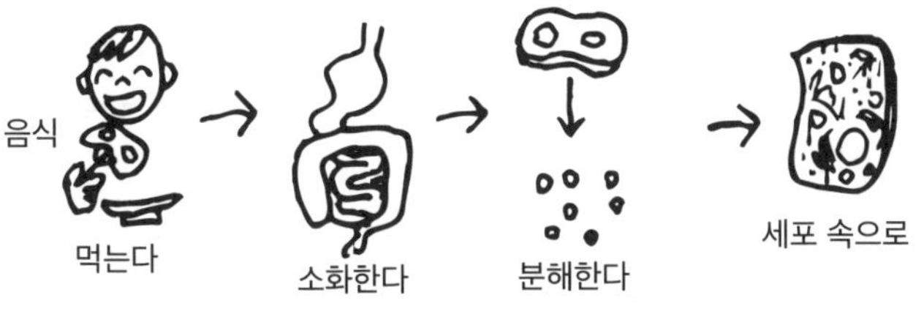

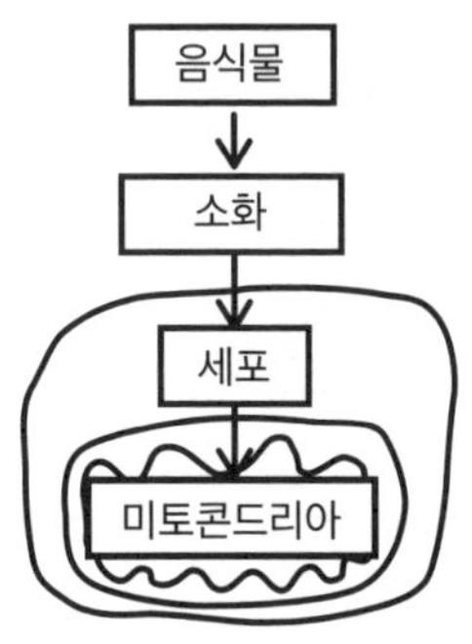

그것이 이 구연산회로의 놀라운 점이에요. 다시 한 번 구연산회로 그림을 볼게요. 사실 구연산회로에

는 이런 식으로 많은 분기점이 있어요.

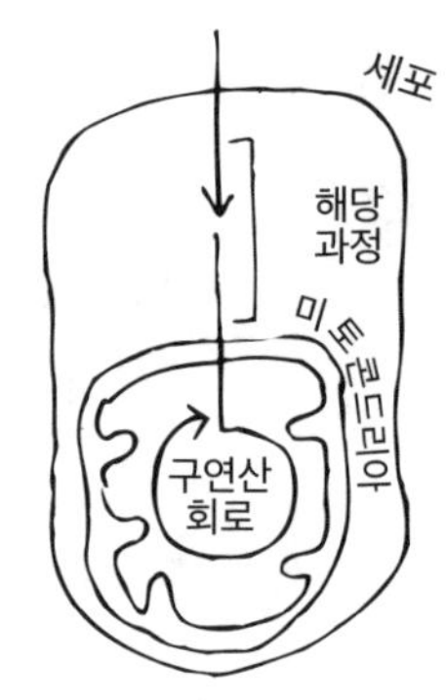

구연산회로에 들어온 물질은, 일단 섭취한 음식물이 소회되어 세포로 들어간 후 세포질을 지나 다양한 화학적 반응을 거치면서 최종적으로 미토콘드리아에 도착하는 거예요.

여기서 일단 섭취한 음식물이 구연산회로에 들어갈 때까지라는 물질의 흐름이 생기죠. 음식물이 분해되어 만들어진 물질이 구연산회로에 도착했으니, 일단 종착점에 온 셈이에요.

그 후 구연산회로를 순환하는 물질 중에는 구연산회로 안에서만 계속 반응하는 게 아니라 사실은 구연산회로 밖으로 나가는 물질도 있어요. 아까의 그림을 잘 보면 화살표가 붙어 있었죠? 그 화살표에 방향이 있었던 거 기억나시나요?

구연산회로 밖으로 나오는, 즉 구연산회로의 반응에서 다른 반응으로 가는 물질은 몸을 만들어내는 데 사용돼요.

그렇다면 구연산회로는 세포 밖에서 받아들인 것을 분해하는 과정의 종착점인 동시에 몸을 만들어내는 과정의 출발점이기도 하겠죠. 중요한 경로인 셈이죠.

그리고 그 구연산회로의 반응과정에서 NADH가 만들어진다는 거군요.

역시, 구연산회로가 수상하다고 생각한 제 생각이 맞았군요.

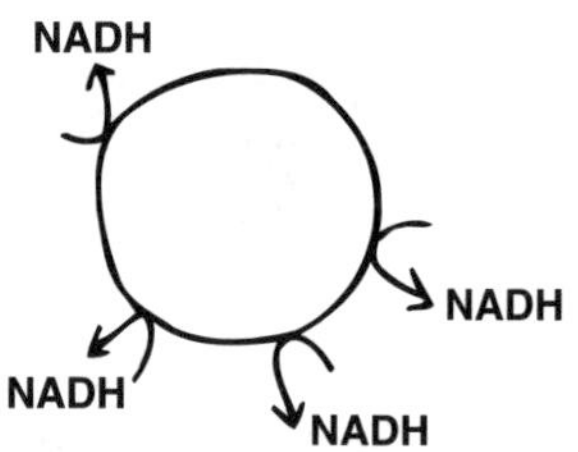

몇 번이나 말하지만 구연산회로는 화학반응이라니까! 문제는 이 구연산회로의 반응을 진행하는 녀석이 누구냐는 거지. 회로 속의 물질을 그냥 내버려두면 반응하는 데 시간이 걸려. 그 반응을 빠르게 진행시키는 녀석이 있어.

아하, 그게 누굽니까?

다름 아닌 효소예요. 이 구연산회로에는 무려 8가지나 되는 효소가 관련되어 있어요.

뭐라구요? 8가지 효소? 이거 큰 건이군요!

이쯤에서 사건을 되짚어볼까요? 먼저 용의자로 떠오른 게 ATP 합성효소. 이것은 ATP 합성에 직접 손을 대죠. 그리고 전자전달계, 이 녀석들은 3인 1조로 H^+(프로톤)를 매트릭스에서 막간으로 내던지죠.

현장 C: 전자전달계

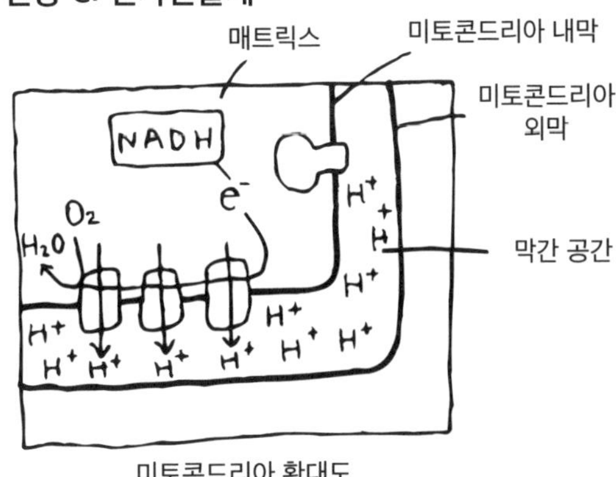

미토콘드리아 확대도

내동댕이쳐진 H^+가 농도구배에 의해 ATP 합성효소를 통과함으로써 ATP가 합성된다.

그리고 그 전자전달계를 작동시키는 것은 구연산회로에서 NADH가 운반해온 고에너지 전자.

이렇게 끝없이 순환하고 있으며 이 사건의 중심이라고도 할 수 있는 구연산회로.

아무런 연관도 없어 보이는 이 사이클을 만들어내는 것이 사실은 이와 관련된 8가지 효소였다는 거군요.

이렇게 보니 어느 경로든 결국 모든 효소가 연관되어 있었어요. 지금까지 거론된 용의자도 사실은 전부 효소였던 겁니다.

현장 D: 구연산회로

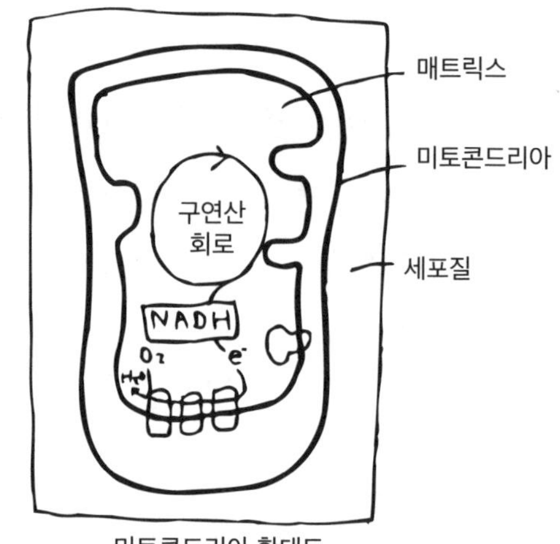

미토콘드리아 확대도

효소라고요!? 체포하러 가시죠!

잠깐…, 자네는 여전하군.
그런데 자네, 효소가 뭔지는 아나?

네? 글쎄요.
엉뚱야마 씨는 효소에 관해서 잘 알고 있나요?

전공은 아니지만 뭔지는 알아요. '미래이의 효소파일'이라는 게 있으니, 잠깐 볼까요?

◆ 미래이의 효소파일

전 효소에 관해서 알고 싶은 소녀, 미래이예요. 효소에 관해서라면 제가 아는 범위 내에서 전부 다 알려드릴게요.

효소는 단백질의 일종이에요. 이걸 절대 잊지 마세요. 효소는 기질분자를 감싸서 화학반응의 속도를 빠르게 해주는데, 기질분자를 리간드라고도 해요.

여기에 리간드를 감싸고 있는 효소가 있어요. 큰 쪽이 효소 간드 기질이에요.

효소
리간드

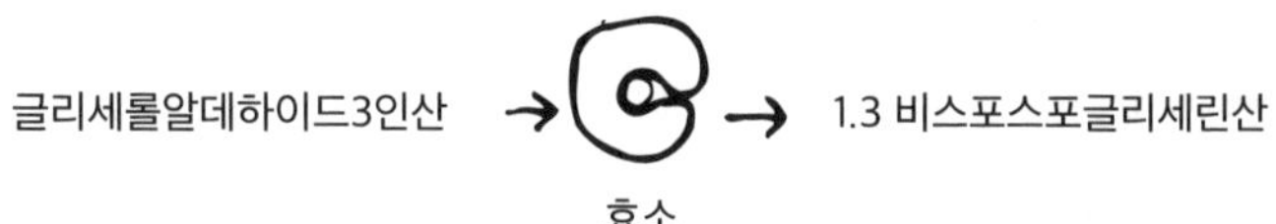

참고로 말하면 이 효소는 해당과정 중인 글리세롤알데하이드3인산을 1.3 비스포스포글리세린산으로 만드는 효소예요. 글리세롤뭐시기와 1.3 비스뭐시기는 리간드니까 따로 외울 필요는 없어요. 그냥 예를 들기 위해서 쓴 거니까요. 구연산회로로 말하자면 구연산이나 이소구연산, α-케토글루타르산염 등이에요.

여기서 구연산회로가 아닌 해당과정의 효소를 예로 드는 이유는, 이 예가 효소의 반응을 촉진하는 방법을 가장 간단히 알 수 있어서예요.

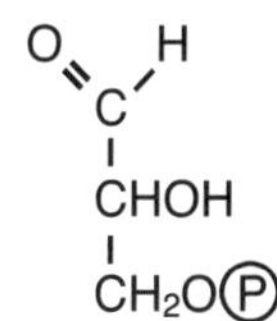

간단하기는 해도 화학식은 중요하니까 여기서 잠깐 살펴보도록 할게요.

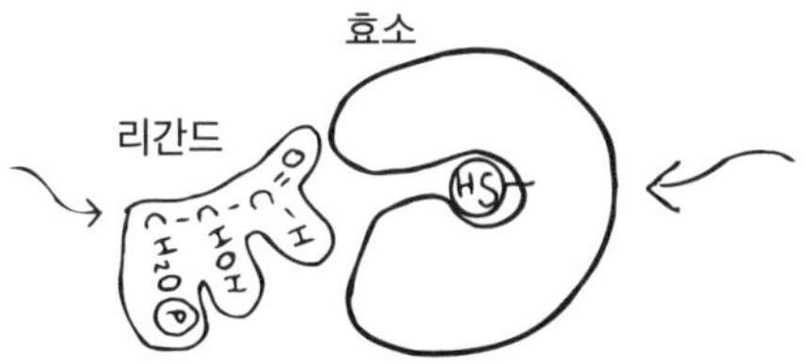

이것이 글리세롤알데하이드3인산이라는 리간드(기질)이죠.

C와 O와 H와 P(인산)로 이루어져 있어요.

효소가 여기로 와요. 효소는 거대한 단백질 분자이기 때문에 전부 다 화학식으로 그릴 수는 없지만, 반응에 관련된 부분만 화학식으로 그리면 이렇게 돼요. 이 그림에서 보면 팩맨의 입 같은 곳에 ⁻SH가 있어요. 이 ⁻SH는 설프하이드릴기sulfhydryl group로 알려져 있는데, H는 수소, S는 황이에요. 리간드가 이 효소 안에 결합되기 위해서는 설프하이드릴기가 안에 있어야 해요.

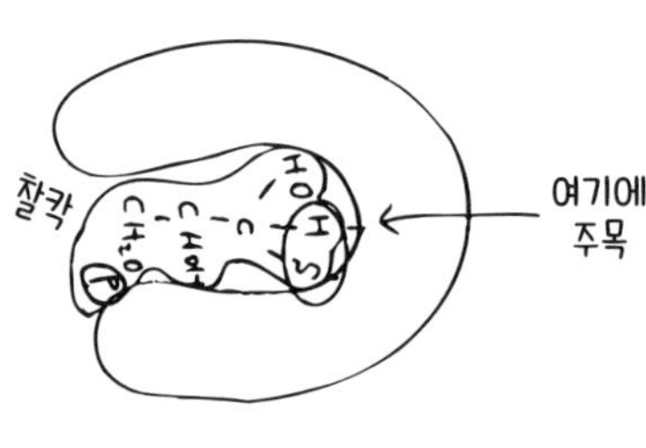

효소는 H와 S를 사이에 두고 리간드와 결합해요. 사실은 리간드와 효소는 이런 형태가 되고 싶지 않지만, 그 외의 부분은 정확히 일치하기 때문에 조금쯤 자신이 변형되는 것은 참을 수 있었어요. 행복한 결혼, 처음에는 그렇게 생각했겠죠. 하지만 지속적으로 무리할 수는 없는 법. 작은 차이는 결국 큰 균열이 되었어요. H와 S를 담기 위해서 그 부분의 결합이 이전보다도 불안정해진 거예요. 그때 우연히 그곳을 지나가던 NAD⁺에게 튕겨나간 H⁺가 붙어버려요.

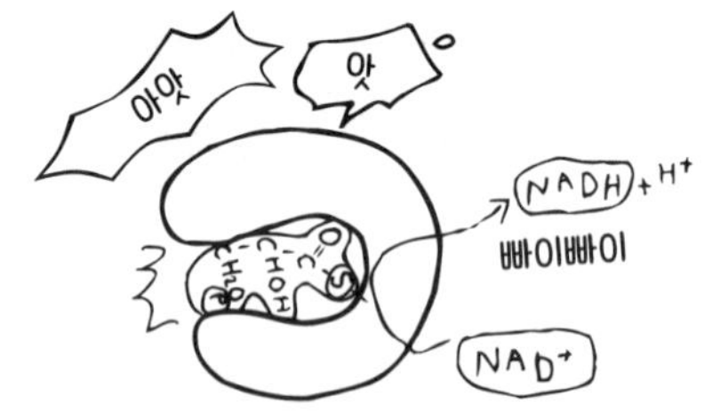

불안정했던 H⁺가 빠지자 둘은 행복해졌을까요? 아뇨, 그렇지 않았어요. H를 빼앗긴 그들의 모습은 더 이상 예전과 같지 않았거든요.

효소 내 H를 돌려줘. NAD⁺에게 빼앗긴 건 당신 때문이야!

리간드 징징대지 좀 마! 나도 H를 빼앗겼어. 당신이 억지로 H와 S를 끼겨 넣었기 때문이잖아.

이렇게 싸웠는지는 모르겠지만 어쨌든 양측은 파국을 맞이했답니다.

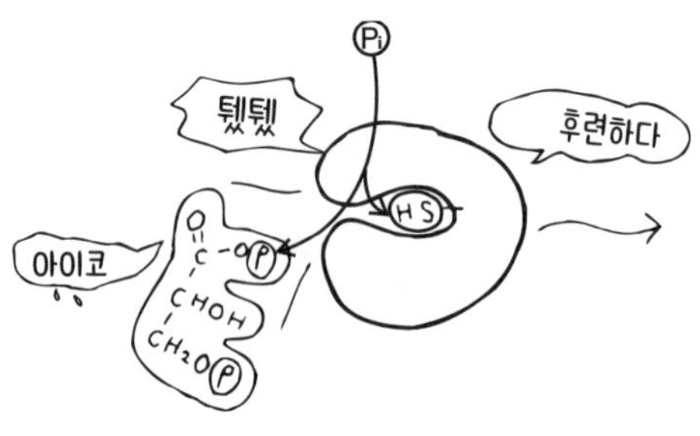

효소는 1개의 H^+를 잃은 구멍을 메우기 위해서 인근에 있던 무기인Pi에게서 H를 빼앗아 원래의 자기 모습이 되려고 했어요. 그때 리간드와의 결합 부분 C－S가 분리되고, 그 결합에너지를 이용해서 자신은 원래의 모습으로 돌아가요. 하지만 리간드에게 P를 주고 가죠.

결국 효소는 아무것도 바뀌지 않고, 리간드만 글리세롤알데하이드3인산에서 1.3 비스포스포글리세린산으로 바뀐 거예요.

제 체험과 겹쳐서 연애물이 되었지만 대략 이런 식이에요.

그렇군요. 효소에 대해 잘 알았어요. 미래이 씨는 대단하군요.

으음, 그렇군. 자네에게 잘 맞는 설명이었어. 미래이 씨에게 감사해야겠군.

이것으로 확실해졌군요, 경위님.
역시 효소가 범인입니다! 체포하러 가죠!

여전히 성급하군, 엉뚱이즈미 군.
효소가 리간드에서 어떻게 H^+(프로톤)를 빼앗는지는 알았는데, 왜 효소가 그런 짓을 해야 하는 건지 그 동기를 잘 모르겠군.

좋은 지적이에요. 그럼 먼저 참고인으로 부르기로 하죠.

NADH를 만들고 리간드를 변화시켜 NADH와 결합시킨 게 당신이지!?
시치미 떼도 소용없으니 순순히 불어!

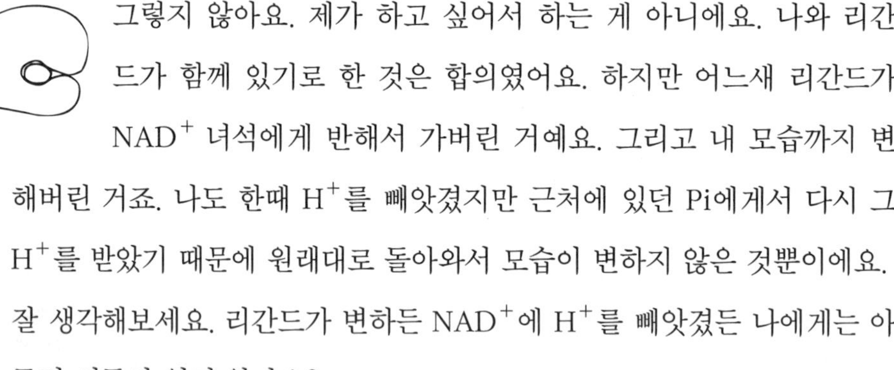

그렇지 않아요. 제가 하고 싶어서 하는 게 아니에요. 나와 리간드가 함께 있기로 한 것은 합의였어요. 하지만 어느새 리간드가 NAD^+ 녀석에게 반해서 가버린 거예요. 그리고 내 모습까지 변해버린 거죠. 나도 한때 H^+를 빼앗겼지만 근처에 있던 Pi에게서 다시 그 H^+를 받았기 때문에 원래대로 돌아와서 모습이 변하지 않은 것뿐이에요. 잘 생각해보세요. 리간드가 변하든 NAD^+에 H^+를 빼앗겼든 나에게는 아무런 이득이 없지 않나요?

그런가? 당신이 나쁜 남자 같은 냄새가 나는데….

맞아! 당신이 나쁜 놈이야. 순순히 수갑을 받아라!

그럼 여기서 다시 한 번 처음부터 흐름을 쫓아가볼까요. 사건의 원인은 이랬습니다.

'미토콘드리아에서 ATP가 대량으로 생산되다.'

네, 이것이 사건이었습니다.

그렇다면 ATP를 만드는 장본인은 도대체 누구일까요? 범인을 체포하기 위해서 지

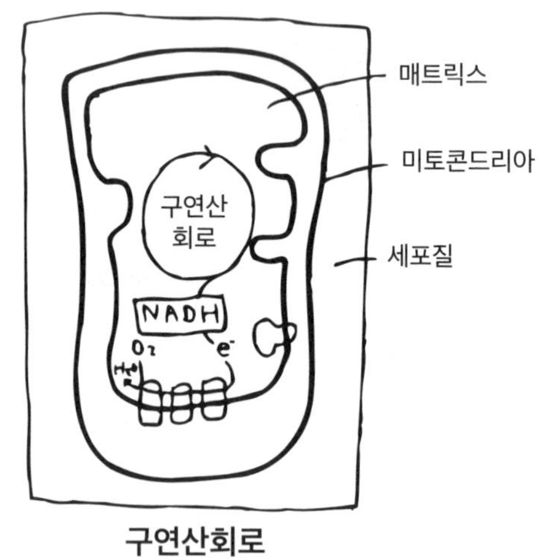

구연산회로

금까지 ATP 합성효소, 전자전달계, 구연산회로에 관련된 효소 등 용의자를 신문해보았습니다. 모든 용의자가 사건에 관련되어 있는 것은 분명합니다.

그런데 그들은 하나같이 자신이 한 짓이 아니라고 주장합니다. 빤한 변명처럼 들리지만, 이게 꼭 거짓말이라고 단정할 수 없는 부분이 있습니다.

우리는 용의자가 모두 효소였다는 사실에 주목하고, 효소의 성질을 구체적으로 살펴보았습니다. 그러자 효소 역시 아무것도 모르고, 아무런 이득이 없음에도 불구하고 각자 자신의 역할에 따라 일을 하는 듯 보입니다.

조금 전 엉뚱야마 씨가 설명한 대로 이 구연산회로는 먹은 음식물이 점점 작게 분해되어 마지막에 도착한 종착점이었습니다. 따라서 이 전단계인 해당과정, 소화로 거슬러 올라갈 수 있는데, 더 추적을 해도 범인들은 다들 '나는 모르고 반응하는 것일 뿐'이라며 완강히 부인했습니다.

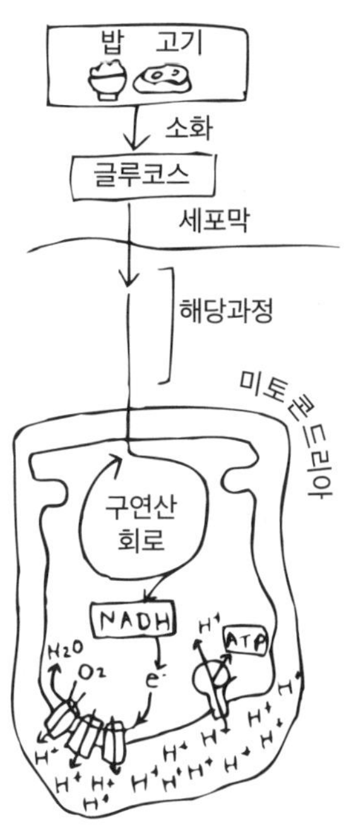

여기서 우리는 발상의 전환이 필요하지 않을까요? 만약 효소에 동기가 없다면 누구에게 동기가 있을까요? ATP 합성효소가 했던 말을 기억하십니까? 그는 "우리 몸은 H^+(프로톤)가 유입되면 멋대로 ATP를 만들어내도록 되어 있다"라고 했습니다. 즉 멋대로 효소가 일을 하도록 효소의 몸을 만들어내는 존재가 배후로 떠올랐습니다. 효소는 그 지시에 따라서 일한 것뿐인지도 모릅니다.

결론은 DNA입니다. 여러분, 기억나십니까? DNA는 효소 등의 단백질을 만들죠.

이 일련의 사건들은 모두 DNA의 소행이 틀림없습니다.

◆ DNA와 공생관계: 미토콘드리아의 비밀

진범은 DNA군요! 역시 그렇지 않을까 생각했었는데. 그런데 단백질과 DNA는 어떤 관계가 있는 거죠?

당신, 그런 것도 몰라? 엉터리네. 이 책의 2장에 계속 나오잖아. 단백질을 만드는 게 D · N · A라고!!

아, 그렇군요. 그게 DNA군요. DNA를 체포하러 가죠.

음, 마침내 거물과 맞닥뜨리게 된 것 같군. 일은 신중하게 하는 게 좋겠어. 엉뚱이즈미 군, 일단은 세포 안의 DNA에 관한 데이터를 모아주게.

맡겨만 주세요. 이 컴퓨터로 모든 데이터를 수집할 수 있어요. 어라? 어라라!? 경위님 큰일 났어요!! 세포 안에는 두 종류의 DNA가 있대요!

바보 같은 소리 하지 말고 빨리 해주게. 자네는 컴퓨터를 잘한다고 했잖은가. 설마 사용할 줄 모르는 건 아니겠지?

무, 무슨 말씀이세요, 경위님. 제가 틀릴 리가 없잖아요. 정말 두 종류가 나왔다니까요.

하나는 당연히 핵 DNA. 그리고 다른 하나는…, 미토콘드리아에요, 미토콘드리아에도 DNA가 있었어요! 이렇게 되면 또 큰 사건인데요, 경위님. 제가 잠시 탐문하러 가겠습니다.

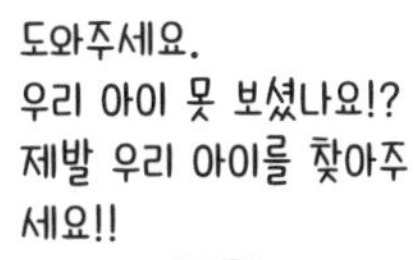

도와주세요.
우리 아이 못 보셨나요!?
제발 우리 아이를 찾아주세요!!

부인, 아이를 언제 잃어버리셨나요?

15억 년 전이에요….
훌쩍

안됐지만,
시효가 지났네요.
그럼 정말 다녀오겠습니다.

제발 우리 아이를 찾아주세요! 저를 꼭 닮은 귀여운 아이랍니다. 잊으려 해도 잊을 수도 없는 15억 년 전, 제가 잠시 한눈을 판 사이에….

다녀왔습니다. 경위님 굉장해요. 이 아리따운 아가씨가 미토콘드리아에 대해서 아주 자세히 알고 있었어요. 딱 제 이상형이라니까요. 미토콘드리아의 사진도 갖고 있었어요. 자 이것 좀 봐주세요. 이거예요.

어머나, 그건 제 아이에요.
전 알아볼 수 있다고요.

정말인가요? 이 아이가 정말 15억 년 전에 잃어버린 당신 아이인가요? 그 일은… 15억 년 전의 바다 속에서 일어났어요. 우연히 지나가던 진핵생물과 부딪친 작은 원핵생물이 그대로 삼켜진 거예요.

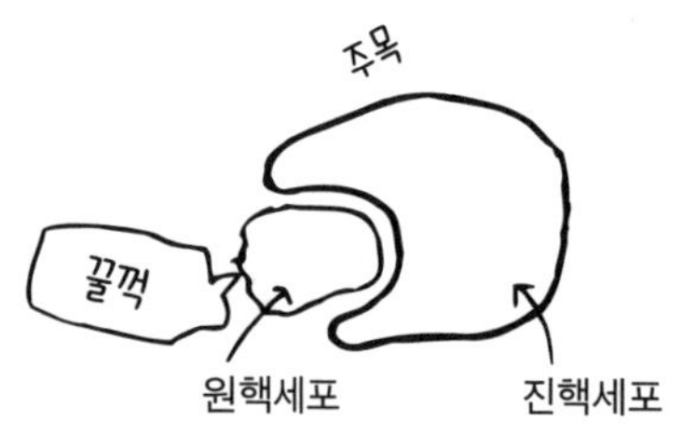

보통은 소화되었겠지만….
ATP를 잘 만들었기 때문인지 몰라도 자제분은 진핵생물 속에서 살아가게 되었어요.
그리고 지금은 미토콘드리아라고 불리는, 진핵생물에게는 없어서는 안 될 존재가 되었답니다.
하지만 역시 원래는 전혀 다른 생물이었던 거예요. 즉 사람에게는 사람이 되는 DNA가 있고 개구리에게는 개구리가 되는 DNA가 있듯이, 미토콘드리아가 되기 전의 원핵생물에게는 당연히 고유한 DNA가 있었던 거죠. 그것이 현재 세포 속에 2개의 DNA가 존재하는 이유랍니다.

그렇군요. 미토콘드리아는 다른 생물이었던 거군요. 그리고 그것은 ATP를 만드는 능력이 뛰어났었군요.

즉 지금까지 살펴본 ATP를 합성하는 사건에 가담한 효소를 만들어낸 것은 결국 미토콘드리아의 DNA였군요,

그랬었구나. 이 녀석들이 세포 안에 숨어서 ATP를 만들게 했군요. 범인은 미토콘드리아의 DNA였어요. 체포하러 가죠.

그, 그럴 수가, 우리 아이가 나쁜 짓을 저질렀다니!

잠깐만요. 한 가지 중요한 사실이 있어요. 미토콘드리아의 DNA는 분명 ATP를 합성하는 효소를 만들고 있지만 다른 효소까지 전부 미토콘드리아 DNA가 만드는 건 아니에요.

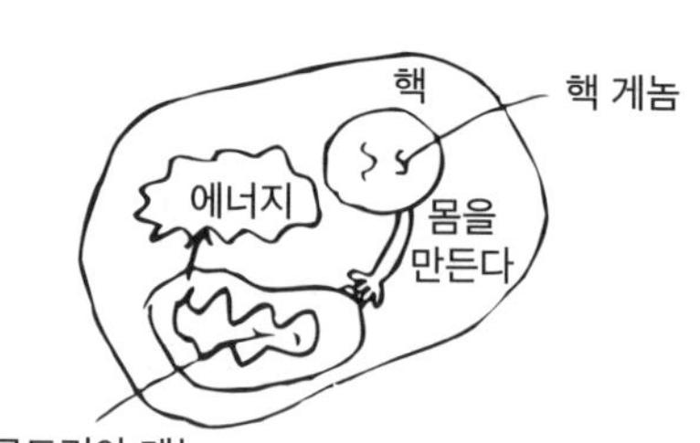

현재 미토콘드리아를 만드는 단백질은 핵 DNA가 만들고 있어요. 미토콘드리아 입장에서 보면 ATP라는 에너지를 만들어내지만, 반대로 핵 DNA에게 자신의 몸을 만들게 하지 않으면 살아남을 수가 없어요. 핵 DNA 입장에서 보면 몸을 만들 수는 있지만 미토콘드리아만큼 에너지를 효율적으로 만들어낼 수가 없었어요.

각각 자신의 DNA를 가졌으면서도 긴 진화의 여정을 지나 서로가 없으면 살아남을 수 없게 된 거예요. 이것이 바로 '공생'이라는 거죠.

음, 깊은 사정이 있는 듯하군요. 미토콘드리아의 DNA가 담당하던, 자신을 만들어낼 수 있는 유전자를 핵 DNA에 이행시켰다는 사실에 진심으로 놀랐습니다.

또 신기하게도 전부 다 핵 DNA에 이행시킨 게 아니라 몇 가지 유전자는 자신의 DNA에 남겨뒀어요. 이것이 무엇을 의미하는지 도저히 알아낼 수가 없군요. 결국 미토콘드리아도 핵 DNA에게 조종당하고 있는 것일까요?

핵 DNA가 뒤에서 전부 조종하는 게 아닐까요?
배후는 핵 DNA예요. 핵 DNA를 체포하러 가죠.

◆ 세포를 둘러싼 범죄

여러분 어떠셨습니까?
ATP 대량발생에서 시작해 끝없이 순환하는 이 구연산회로 사건.
정말로 핵 DNA가 진범일까요?

핵 DNA가 내린 지령에 따라서 효소들은 각자 자기 일을 하는 것뿐일까요? 다시 정리해보면 먼저 구연산회로, 전자전달계, ATP 합성에 관련된 효소가 ATP의 대량생산이라는 실제 사건과 연관되어 있습니다.

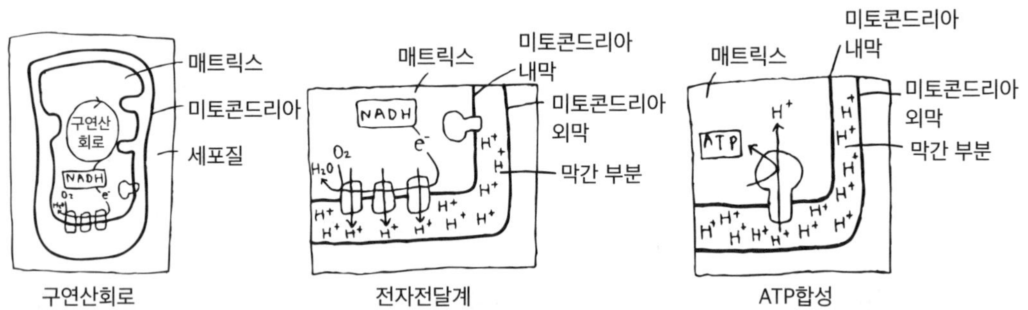

그런데 실제로는 효소 입장에서 보면 딱히 본인이 하고 싶어서 한 게 아니라(뭐 의지가 있었던 게 아니니 당연하겠죠), 프로톤이 제멋대로 유입되었다느니 에너지가 큰 전자가 들어왔다느니, 서로 자기가 피해자라고 주장합니다. 그들의 변명에도 일리는 있어요. 그래서 생각이 미친 것이, 그 효소를 만들어내는 DNA였습니다.

하지만 여기에는 또다시 얽힌 진화의 실마리, 미토콘드리아의 발생 이야기가 있었습니다. 우리가 밝혀낸 것은 ATP 생산 사건에 관여하고 있는 효소 중에는 미토콘드리아가 만들어내는 것이 많고, 미토콘드리아는 DNA가 만들어낸다는, 실로 복잡하기 그지없는 공생의 모습이었습니다.

그 DNA가 이 효소를 조종했는가 하면…, 음하하하하하, 흠, 관찰력이 뛰어난 사람이라면 벌써 짐작했을지도 모르겠군요.

그렇지 않습니다.

DNA가 효소 등의 단백질을 만들어낸다는 것은 익히 알려진 사실입니다.

그리고 이 단백질의 차이가 세포의 차이가 된다는 것 또한 사실이었습니다. 하지만 실제로 단백질을 어떻게 만드는지 살펴보니 놀라운 사실이 밝혀집니다.

흠, 2장을 제대로 읽었다면 이미 알고 있겠지요. 훗훗훗….

DNA는 단백질을 만듭니다. 하지만 어느 단백질을 만드는지 DNA가 결정하는 것이 아닙니다. 바로 단백질이 결정하는 것입니다.

상당히 복잡하고 성가신 일이죠. 단백질을 만드는 데 단백질로 조절하다니…. 또 DNA와 단백질만으로 결정되는 것이 아니라 세포 간의 상호작용을 통해서 결정됩니다.

DNA는 모든 것을 결정하지 않습니다. 물론 DNA에는 인간에서 인간이, 개구리에서 개구리가 되는 모든 정보가 숨어 있습니다. 인간에서 인간이 되는 커다란 틀과 각각의 부품을 만든다는 정보만 있을 뿐, 그것이 실현되는 방식은 결국 세포와 세포, DNA와 단백질 등의 다양한 계층에서 이루어지는 물질 간의 상호작용에 의해서 결정되는 것입니다.

ATP 합성의 흑막이라고 생각한 DNA. 그 DNA를 둘러싼 효소들, 분명이 일에 관여하고는 있지만 누가 주범인지 단정할 수는 없습니다. 즉 이것은 세포의 구조 자체로 인해 발생한 사건이었던 것입니다.

아무리 제가 대단한 사람이라고 해도 세포의 구조까지 심판할 수는 없습니다.

이제 여러분이 이 책을 읽으면서 사건의 본질을 발견하기 바랄 뿐입니다.

지금까지 엉뚱하타케이였습니다.

엉뚱하타케 경위의 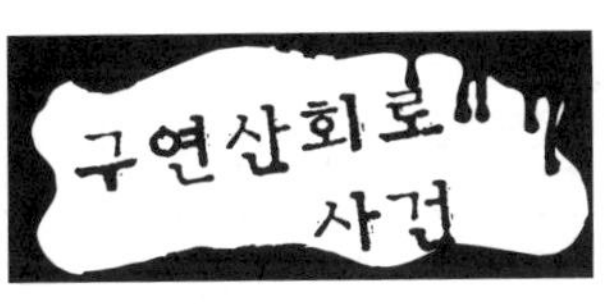

종결

이 사건은 픽션입니다. 여기에 나온 인물은 실제 인물이 아닙니다.
현실세계에서 ATP합성은 결코 범죄가 아님을 알려드립니다.

4) 구연산회로 사건의 검증: 평형과 비평형

구연산회로 속으로

정말 옛날 일인데, 제가 그때부터 대활약을 했었군요. 아니 뭐 칭찬해달라는 뜻은 아니었(꿀밤)…, 아얏. 하지만 결국 '세포를 둘러싼 범죄'라는 이유로 그 사건은 사장되었었죠. 도대체 '환경이 멋대로'라는 게 무슨 뜻인지 말입니다.

그랬지, 매우 유감이었어. 나조차도 힘을 쓸 수 없었으니. 하지만 지금 다시 한 번 그 진상을 조사해보는 것도 나쁘지는 않겠지. 그럼 지금까지의 일을 정리해주지 않겠나? 야마 씨.

물론이죠. 우리는 '이화작용과 동화작용'을 살펴보고 있었잖아요. 설마 잊으신 건 아니겠죠, 경위님?

이화작용과 동화작용을 크게 보면, 음식물을 먹고 에너지를 생성해 몸의 재료를 만들어서 몸을 만들어 우리는 세포 안에서 이 과정이 구체적으로 어떻게 일어나는지 배웠어요.

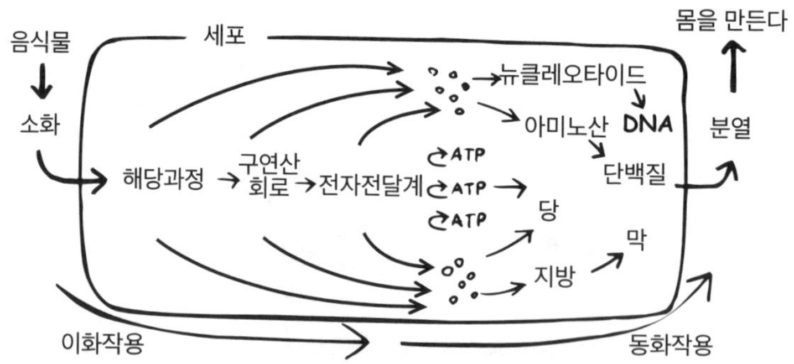

이화작용은 '**해당과정 → 구연산회로 → 전자전달계**'라는 경로에서 에너지를 만들고, 동화작용은 각각에 준한 경로를 따라서 뉴클레오타이드 · 아미노산 등을 만들어요. 또 그 물질들은 다시 DNA 유전정보를 바탕으로 복제(새로운 DNA를 만드는 것)하거나 전사(단백질합성을 위해서)가 되어 몸을 만들 수 있어요.

구연산회로 사건에서는 ATP(몸속에서 사용하는 에너지)를 미토콘드리아에서 대량으로 만드는 게 누구의 짓인지가 문제였죠. 그런데 이 수상쩍은 녀석들은 하나같이 '내가 아니야, 누구누구가…'라고 말하는 거예요. 그래서 범인을 추적하다가 DNA에까지 이른 것인데, 결론적으로 누가 지시하는 게 아니라 세포라는 전체 환경 속에서 이루어지는 일이었던 겁니다.

어? '구연산회로 사건'은 ATP를 누가 만들었는지, 즉 어떻게 해서 에너지를 만드는지 '이화작용'의 과정을 살펴본 건가?

네, 그래요. '구연산회로 사건'에서는 누가 만드는지 정확히 밝혀낼 수 없었지만 실제로는 ATP가 만들어지고 그것이 사용되는 이화작용과 동화작용의 과정이 있으니까, 분명 거기에 뭔가가 있을 거예요.

그러고 보니 사건의 배후라고 생각했던 DNA. 그녀석도 수상한 녀석이었어요. 사건의 용의자로 출석한 효소들(효소는 단백질)을 만들어냄에도 불구하고 어떤 효소(단백질)를 만드는지는 단백질에 따라서 다르잖아요. 이건 《DNA의 법칙》의 2장에도 실려 있는 내용이에요.

맞아. 그래서 그 DNA가 만든 효소(단백질)들은 구연산회로 사건, 즉 이화반응에 연관되어 있을 뿐만 아니라 몸을 만드는 동화반응에도 관련되어 있어. 예를 들어 뉴클레오타이드나 아미노산을 만드는 반응에도 관련되어 있고, 결국에는 DNA 복제나 단백질합성에도 연관되는 거죠. 즉 몸속에서 일어나는 이화작용과 동화작용에는 효소가 반드시 필요해요.

그렇군요. 역시 이곳은 그 '효소'에 초점을 맞춰서 조사해보는 것이 좋겠군요.

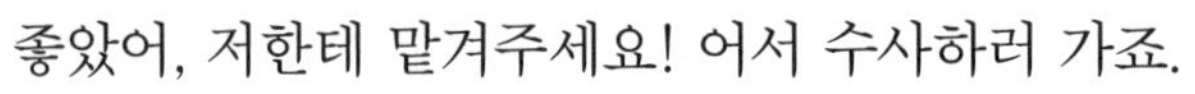

좋았어, 저한테 맡겨주세요! 어서 수사하러 가죠.

잠깐만. 그건 이미 끝났어. 사건이 일어난 지 상당히 지났잖아? 다행히 그동안 그 사건에 흥미를 갖고 자세히 조사한 사람이 있어. 그것이 파일로 정리되어 있으니 그걸 함께 보기로 할까?

효소의 비밀을 찾아라

'구연산회로 사건' 그것은 나를 효소 연구로 이끈 계기가 되었다. 그런데 효소는 희한하다. ATP가 합성되기까지는 다양한 반응이 있는데, 어떤 경우든 어떤 효소가 관련되어 있음에도 불구하고, 하나같이 자신에게는 아무런 이득도 없다고 주장하는 게 아닌가?. 도대체 효소의 정체는 무엇일까? 그리고 그 방법은 어떤 것일까? 나는 구연산회로 사건의 진상을 더욱 명확히 살펴보고 싶어서 이 파일을 정리하기로 했다.

◆ 세포 속의 모습

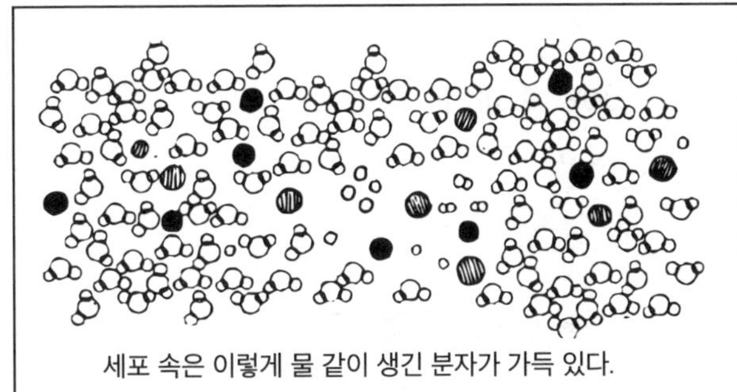
세포 속은 이렇게 물 같이 생긴 분자가 가득 있다.

구연산회로 사건에서의 각각의 화학반응은 마치 분자가 끝없이 결합하고 있는 것처럼 보이는데 과연 그럴까? 아니다, 실제 세포 안에서는 그렇지 않다.

세포 안에는 서로 다른 종류의 분자가 가득 차 미친 듯이 계속 움직인다. 실제로 모든 분자는 1초에 1억 번씩 다른 분자와 부딪친다.

그림과 같이 여러 종류의 분자가 바글바글거리는 가운데 분자와 분자는 1초에 1억 번이나 부딪치는 것이다.

세포 속은 항상 이런 상태이므로 반응이 하나씩 진행되지는 않는다. 부딪치면서 결합하거나 분리되기를 반복하는 것이다. 교과서에는 대개 이렇게 실려 있다.

$$A + B \rightarrow C + D$$

이런 화학식에서는 A와 B가 결합해서 C와 D가 되는 것이 아니라 실제로는 C와 D가 A와 B가 되는 반응이 일어나기도 한다. 각각의 반응이 많이 일어나지만, 전체적으로 평균을 내면 A와 B가 C와 D가 되는 반응이 많다는 뜻이다.

이 화학반응이 일어남으로써 생물은 에너지를 얻기도 하고 움직이기도 하면서 살아간다. 다시 말해 화학반응을 하지 않는다 생물은 죽는다.

하지만 분자끼리 부딪친다고 해서 전부 즉각 화학반응을 보이는 것은 아니다. 사실 이 화학반응에는 '구연산회로 사건'에서 연루되었던 효소가 크게 연관되어 있다. 이 효소가 화학반응에 어떻게 관련되어 있는지 자세히 살펴보기로 하자.

◆ 효소란 무엇인가?

우리의 몸에는 효소라는 물질이 잔뜩 있다. 이 효소는 단백질로 이루어져 있다. 단백질이라고 하면 쇠고기 같은 육류가 생각나겠지만 이 효소라는 녀석은 그런 단백질과는 다른 종류이다. 세포 속에 몇만 개나 있을 만큼 작으면서도, 다양한 분자끼리 결합하기도 하고 분리되는 등 형태가 바뀌곤 한다. 효소에는 본인은 변하지 않으면서 분자의 반응속도를 향상시키는 기능이 있다. 이것을 어렵게 표현하면 '분자의 화학반응을 촉매한다'라고 한다. 효소는 자기 자신은 변하지 않기 때문에 몇 번이든 촉매작용을 할 수 있다. 정말 터프한 녀석이다.

효소를 간단하게 그리면 이런 모양이다.

언뜻 팩맨(일본의 비디오게임, 상표)처럼 보이지만, 실제로는 이렇게 구멍이 뚫려 있는 모습을 볼 수 없다. 이것은 단면도이므로 옆에서 보는 것은 불가능하기 때문이다. 효소는 비밀주의자이기 때문에 안에서 무슨 일이 벌어지고 있는지 보여주지 않는다. 하긴 너무 빨라서 보려고 해도 볼 수 없을 것이다. 효소는 그 과정을 다른 분자는, 특히 물 분자들에게는 노출하려 하지 않는다.

세포 속은 물로 가득 차 있다. 사실 위의 그림에서 아무것도 그려져 있지 않은 부분에는 물 분자가 득시글득시글하다.

우리 몸의 70%는 물로, 물이 없으면 생존할 수 없지만, 효소에게 물 분자들은 꼴도 보기 싫은 녀석들이다. 왜냐하면 물 분자는 단백질 표면의 특정 부분에 결합해서 효소가 하는 일인 '여러 분자를 결합시키거나 형태를 바꾸게 하는' 일을 방해하기 때문이다. 그래서 효소는 물 분자가 들어오지 못하는 안쪽에 그 특별한 부분을 숨겨두고 있다.

그런데 효소는 왜 이렇게 커져야 하는 것일까?

그렇다. 효소는 리간드(효소가 결합하거나 변화한 분자)보다 100~1000배나 더 크다.

반응하는 데 필요한 부분은 안쪽에 숨겨둔 극히 일부분에 불과하다. 이것은 드라이버를 떠올리면 쉽게 이해할 수 있다. 드라이버는 나사를 돌리는 이런 모양의 도구이다.

드라이버가 실제로 일하는 부분은 나사 머리와 결합하는 끝 부분이지만, 끝부분만 있는 드라이버로는 나사를 돌릴 수가 없다. 마찬가지로 효소도 결합 부분만으로는 제대로 일할 수 없다. 원래 효소는 단백질이고, 열심히 일하고 있기 때문에 형태가 쉽게 바뀐다. 내부의 결합 부분을 일정한 형태로 유지하기 위해서, 그리고 리간드와 결합했을 때 잘 유지할 수 있도록 이렇게 크기가 커질 수밖에 없었던 것이다.

리간드와 효소는 세포 안에 몇천, 몇만 개나 존재하기 때문에 서로 계속 부딪친다. 하지만! 리간드가 몇백 몇천 종류가 있다면, 효소 쪽에도 다양한 종류가 있다. 그림으로 그리면 이런 식으로 보일지도 모른다.

이렇게 다양한 효소와 리간드가 서로에게 딱 맞는 상대를 만나기는 좀처럼 쉬운 일이 아니다. 그렇다면 그들은 어떻게 상대를 찾아낼 수 있을까? 수고스럽게도 일일이 맞춰본다고 한다. 일일이 맞춰보고 정확히 일치하지 않으면 다음 상대를 찾는다. 귀찮아 보이지만, 1초에 10^8번꼴로 부딪치기 때문에 그중 10^3번 정도는 결합한다고 한다. 엄청나게 빠른 속도라고 할 수 있다.

여러 가지 효소가 공처럼 하나로 뭉쳐 있는 것을 **효소복합체**enzyme complex 라고 한다. 여러 효소복합체가 대사경로에 따라 잘 조직화되면 화학반응 속도가 점점 빨라진다. 복합체 중 첫 번째 효소가 리간드와 결합하면 다른 효소에게 차례대로 리간드를 넘기기 때문에 화학반응이 부드럽고 빠르게 진행되는 것이다.

한 종류의 리간드에서도 결합한 효소의 형태에 따라 다양한 반응이 이루어진다. 따라서 실제로는 두 방향 이상으로 반응하는 일도 많다.

그 예를 구연산회로에서 살펴보면 다음과 같다.

구연산회로 안에서 오른쪽 위 그림에 이름이 나와 있는 생성물은 다음에 만나는 효소에 따라서 반응이 달라진다. 예를 들어 구연산은 한쪽에서는 α-케토글루탐산으로, 다른 한쪽에서는 지방산스테로이드가 된다. 이것은 1개의 리간드가 2종류 이상의 효소에 의해서 촉매되어 1개 이상의 반응 생성물이 된다는 뜻이다.

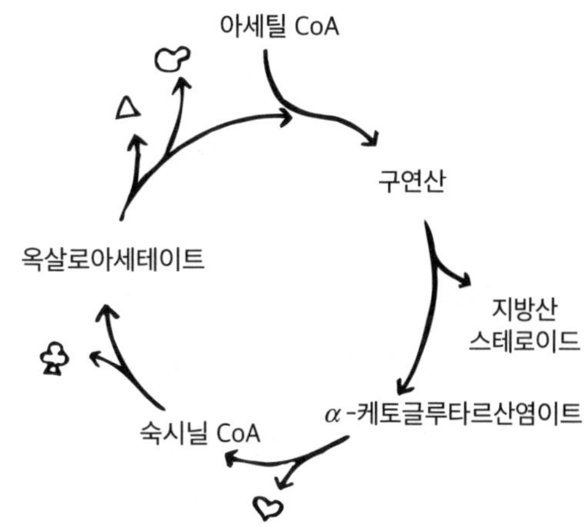

비슷한 현상은 α-케토글루탐산, 숙시닐 CoA, 옥살로아세테이트에 대해서도 일어난다.

◆ 활성화에너지

'구연산회로 사건'에서 효소가 어떻게 작용하는지를 살펴보았다. 실제로 효소는 그보다 더 많은 재주가 있는데 기본 기능은 한 가지이다. **활성화에너지**를 낮추는 것이다.

활성화에너지란 분자가 보다 안정된 상태의 분자로 변화하기 위해 필요한 에너지를 말한다. 가장 안정된 상태란 원자가 산소(O나 O_2)와 결합한 상태를 뜻한다. 예를 들어 탄소(C)는 이산화탄소(CO_2)와 결합하고, 수소(H)는 물(H_2O)과 결합하는 것이 가장 안정적인 상태이며 에너지도 가장 낮다.

여기에 포름산이라는 분자가 있다고 가정하자. 이 그림에서 왼쪽의 H가 2개 없어지면 이산화탄소가 된다.

Formic acid

Carbon dioxide

즉 포름산은 현재 적당히 안정된 상태(준안정상태)에 있다고 할 수 있는데, H가 2개 분리되면 이산화탄소가 되므로 더 안정된 상태가 되는 것이다. 하지만 포름산은 나름대로 안정적이기 때문에 혼자서 멋대로 분리되어 이산화탄소가 되지 않는다. 포름산이 이산화탄소가 되기 위해서는 2개의 H를 분리시킬 수 있는 에너지가 필요하기 때문이다.

이것이 활성화에너지이다.

분자가 활성화에너지를 얻기 위해서는 주변의 활발한 분자와의 충돌이 필요하고, 충돌이 일어나면, 예를 들어 포름산의 경우 2개의 H가 분리되어 이산화탄소가 될 수 있다. 그때 포름산은 충돌로 얻은 활성화에너지뿐만 아니라 H 2개 분량의 결합에너지를 방출하여 전보다 낮은 상태의 에너지가 된다.

그림으로 그리면 아래와 같다.

분자 X(포름산)는 더 안정적인 분자 Y(이산화탄소)가 될 수 있는 준안정상태에 있다. 하지만 보다 안정적인 상태가 되기 위해서는 주변에서(활발한 분자의 충돌에 의해서) 활성화에너지를 얻어야 한다. 그림 속의 산이 활성화에너지에 해당하고, 분자 X는 이 벽을 넘을 수 있을 만큼의 에너지를 얻지 못하면, 분자 Y가 될 수 없다.

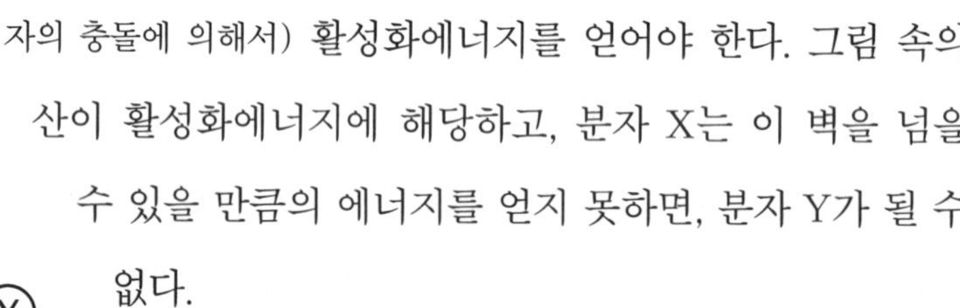

◆ **효소의 대담한 재주: 활성화에너지를 낮추다**

이제 효소가 등장한다. 효소는 분자 X를 가만히 내버려두면 좀처럼 일어나지 않을 반응 속도를 급격히 올릴 수 있다.

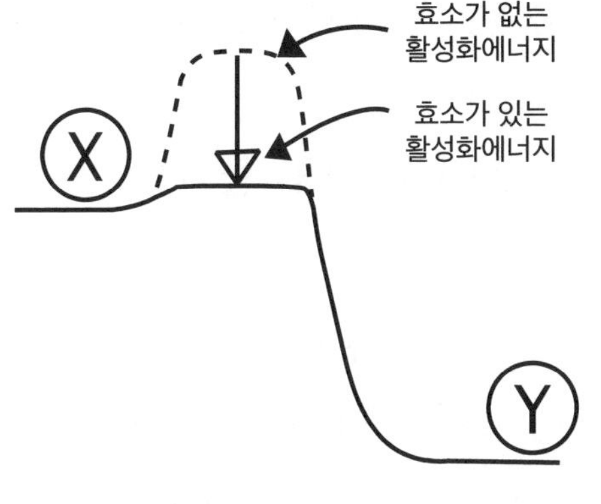

어떻게? 활성화에너지 자체를 감소시키는 것이다. 그림으로 말하면 활성화에너지의 벽을 내린 것이다. 이제 분자 X는 자동적으로 분자 Y로 변한다.

이렇게 하면 효소는 리간드를 완전히 감쌀 수 있다. 이 '완전히' 라는 게 중요하다.

효소가 리간드를 완전히 감싸는 이유 중 하나는 '물 분자에서 멀어지기 위해서'이기 때문이다. 하지만 더 중요한 것은 완전히 감싸야 리간드와 효소 간에 **약한 결합**(수소결합 등)이 가능하기 때문이다. 이렇게 되면 마치 리간드의 결합에너지를 효소가 흡수하는 것처럼 되는데, 결과적으로 활성화에너지가 내려간다.

효소는 아무런 에너지를 사용하지 않아도 리간드가 완전히 빈틈없이 들어오는 형태이기 때문에 활성화에너지를 낮출 수 있다. 놀라운 능력이 아닐 수 없다.

만약 효소가 이 반응에 관여하지 않는다면, 분자 X는 활성화에너지의 산을 넘는 데(활성화에너지를 얻는 데) 효소가 관여할 때보다 10^{14}배의 시간이 더 걸릴 것이다. 이 숫자로 어림짐작해도 효소의 대단함을 엿볼 수 있다.

◆ 정리: 효소

여기서 효소에 관해서 다시 한 번 정리해보자.

· **효소는 단백질의 일종으로, 세포 내의 화학반응을 촉진하는 촉매로 작용한다.**

· **효소는 화학반응의 속도를 높인다**(활성화에너지를 낮춘다).

· **반응 전과 반응 후, 효소의 형태나 효소가 가진 에너지의 값은 변하지 않는다.**

효소 자체는 아무것도 하지 않는다. 중요한 것은 '효소가 활성화에너지를 낮춘다'는 사실이다. 이렇게 함으로써 보다 안정적인 에너지 상태로 반응이 진행된다. 즉 구연산회로의 현장에서는 '환경이 멋대로' 반응을 진행하는 것처럼 보인다.

(효소의 비밀을 찾아서 파일 끝)

엉뚱이즈미 군, 효소에 대해서 잘 알았나?

그럼요. 그런데 구연산회로 사건에서 효소가 어떻게 작용한 건지, '환경이 멋대로'의 방법을 아직 모르겠어요. 그게 뭐였죠?

구연산회로 사건을 떠올려보게. 최종적으로 ATP는 ATP 합성효소에 의해서 대량으로 만들어졌는데, 이 ATP 합성효소는 프로톤(H^+ 이온)의 농도구배를 이용했지. 그리고 ATP 합성효소는 내막 안에 가득 들어 있어.

즉 미토콘드리아는 **비평형**을 만들어냄으로써 ATP의 대량생산에 성공한 것이지. 그렇다면 비평형을 만들어내는 방법에 관해서 조사해야겠군. 엉뚱야마 씨, 혹시 비평형 파일이 있나?

물론이죠. 준비해두었어요.

평형과 비평형

◆ 비평형을 만들어내는 방법

비평형을 만들어내는 가장 좋은 방법은 막으로 둘러싸서 안팎에 차이를 만드는 것이다. 예를 들어 순수한 물이 들어간 수조의 중앙을 칸막이로 막은 후 한쪽에 소금을 넣는다. 그러면 소금과 물이 섞인 한쪽은 소금물이 되어 짠맛이 나고, 다른 쪽에는 소금이 들어가지 않았기 때문에 그대로이다.

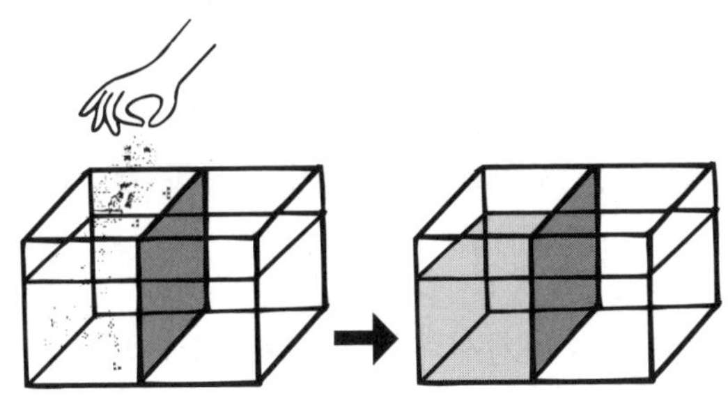

이 그림에서 수조 왼쪽은 소금의 농도가 높고, 오른쪽은 소금의 농도가 0인 상태이다. 칸막이를 끼운 이 수조의 상태를 '비평형 상태'라고 한다.

좀 더 자세히 설명하면 일반적으로 우리가 사용하는 소금의 분자명은 NaCl(염화나트륨)이다. 왼쪽 수조에는 많은 물분자(H_2O) 안에 NaCl 분자가 빈틈없이 섞여 있고, 오른쪽 수조의 NaCl 분자 수치는 0이다(이렇게 농도란 일정 영역 내의 분자 수치를 표로 나타내는 것이다. 이 사실을 처음 알았을 때, 나는 미시적인 세계의 정밀함에 크게 감탄했었다).

이제 수조의 칸막이를 제거해보자. 칸막이를 제거한 순간, 왼쪽의 NaCl 분자가 오른쪽으로 침투하려는 힘이 작용해서, 결국 NaCl 분자가 수조의 물 전체에 빈틈없이 섞인 상태가 된다.

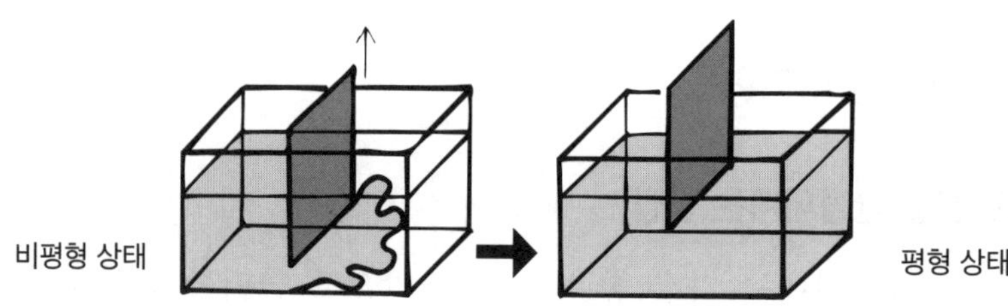

이런 현상을 '비형평상태에서 평형 상태가 된다'라고 표현한다.

주변에서 흔히 볼 수 있는 예로는 커피에 우유를 부으면 녹아든 우유가 빈틈없이 퍼져서 갈색이 된다든지, 뜨거운 물에 찬물을 넣으면 농도가 섞여서 미지근한 물이 되는 것 등이 있다. 이런 현상은 모두 '분자의 상태가 비평형에서 평형 상태가 된다'는 자연원리의 힘이 작용한 것이다.

이렇게 비평형 상태에서 평형 상태가 되는 것을 열역학에서는 **엔트로피가 증가한다**고 표현한다. 여기서 엔트로피를 '상태의 비평형 정도'를 나타내는 것이라고 했을 때, 엔트로피가 낮다는 것은 비평형 상태를 의미하고, 엔트로피가 최대라는 것은 평형 상태를 의미한다.

세포의 내부도 예외는 아니다. 오히려 세포는 이 평형과 비평형 상태를 이용해서 생물이 살아가는 데 필요한 에너지를 만들어낸다. 구연산회로 사건에서 살펴봤듯이 ATP의 대량생산을 유도하는 H^+의 농도구배는 미토콘드리아 내막의 안팎에서 일어나는 현상이다. 그럼 그 방법에 대해서 좀 더 자세히 알아보자.

◆ H^+구배로 생성되는 에너지

미토콘드리아 내막을 사이에 두고 안쪽(매트릭스)과 바깥쪽(막간)에서 반응이 이루어진다.

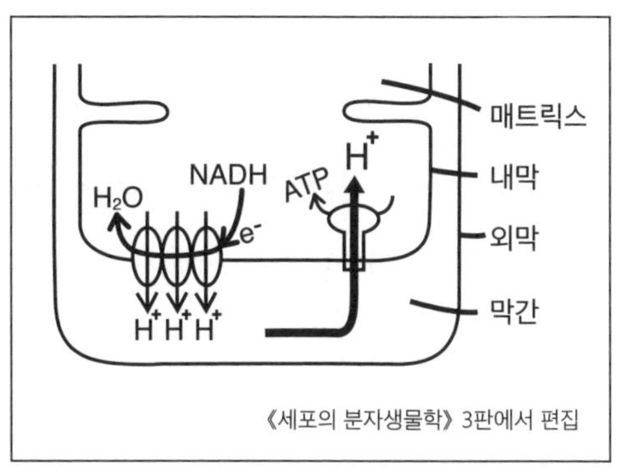

《세포의 분자생물학》 3판에서 편집

내막에는 전자전달계라는 3인조 효소와 ATP 합성효소가 있다. 주의해서 잘 보지 않으면 막의 존재를 놓칠 수 있다. 여기서는 H^+ 구배가 내막이라는 '막'을 사이에 두고 이루어진다는 사실에 주목해야 한다.

먼저 전자전달계 효소들은 NADH에서 전달된 에너지를 이용해서 H^+를 막간 공간에 계속 던진다. 그러면 내막의 안쪽인 매트릭스보다 바깥쪽인 막간에 H^+가 많아진다. 즉 내막을 사이에 두고 안쪽과 바깥쪽에서 H^+의 농도구배가 시작되어 비평형 상태가 형성된다.

비평형 상태에서 평형 상태가 되는 방향으로 흐르는 것이 자연의 섭리인데, H^+ 구배의 경우 2개의 커다란 에너지가 생성된다.

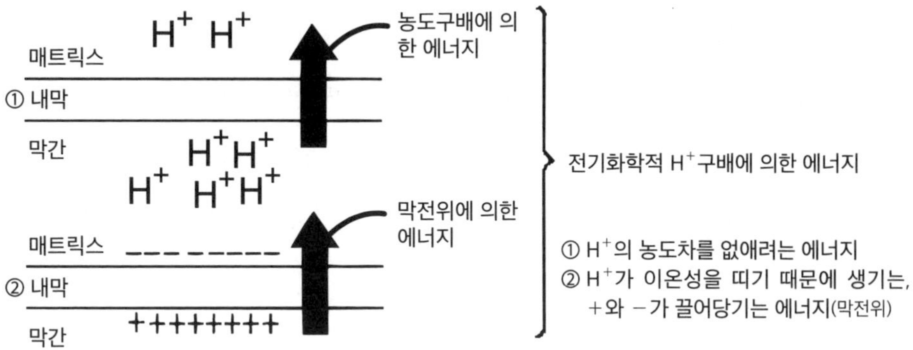

①은 H^+의 농도가 매트릭스와 막간에서 동일해지려고 할 때 작용하는 에너지이다.

②는 H^+가 전기적으로 플러스 성질을 갖기 위해서 생성되는 에너지이다. 즉 막간에서는 H^+의 농도가 커지기 때문에 내막 부근에서 플러스 +전위가 생성된다. 그에 반해 매트릭스 내에서는 막간보다 H^+의 농도가 낮아지기 때문에, 내막 부근에서 마이너스 −전위가 생성된다. 이때 +와 −가 서로 끌어당기는 에너지가 생성되는 것이다.

H^+같은 이온분자에 의한 구배를 '**전기화학적 구배**'라고 한다. 전기화학적 구배에서는 위의 2가지가 합쳐진 에너지양이 생성된다.

덧붙여 이 2개의 에너지의 정량적인 내역에 관해서 살펴보면,

H^+의 농도구배에 의한 에너지 : 막전위＝3 : 7

이다. H^+라는 물질의 농도구배 에너지보다 막전위가 생성하는 에너지가 훨씬 더 크다는 것이 흥미롭다.

◆ H^+ 구동력에서 ATP 합성으로

지금까지 막을 사이에 두고 H^+ 비평형 상태가 만들어지고, 그로 인해 에너지가 생성되는 것까지 살펴보았다. 그런데 이 에너지는 어떻게 이용되는 것일까? 그것은 다름 아닌 구연산회로 사건에서도 나왔던 ATP 합성효소가 에너지를 이용하는 것으로 밝혀졌다.

만약 H^+가 전자전달계를 통해서 일방적으로 막간에 떠밀리는 상태가 계속되면, H^+의 농도가 막전위효과를 한층 높이게 되고, 전기화학적 H^+구배에 의해 생성되는 2개의 에너지도 점점 커진다. 이 비평형 상태에서 평형 상태가 되기 위해서는 막간의 H^+가 매트릭스로 돌아가야만 한다.

전기화학적 H^+구배로 생성된 에너지는 H^+가 ATP 합성효소를 통해서 매트릭스 안으로 돌아가기 위한 구동력(H^+ 구동력)이라는 에너지로 변환된다. 그리고 구연산회로 사건에서 본대로 ATP 합성효소는 H^+구동력을 이용해서 ATP를 만들어낸다.

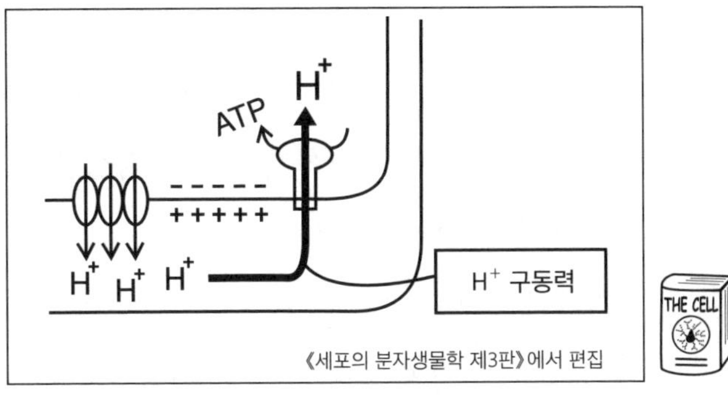

《세포의 분자생물학 제3판》에서 편집

◆ 비평형을 만들어서 이용하기

지금까지의 경로를 에너지변환이라는 시점으로 재조명하면 다음과 같다.

NAD$^+$와 전자를 방출해서
NADH가 해체될 때 방출된 에너지로,
↓
전자전달계가 H^+를 매트릭스에서 막간으로 구동시켜,
비평형 상태를 만들기 위한 에너지
↓
내막의 안과 밖에 생성된 H^+의 비평형 상태가
평형 상태로 되돌아가려는 에너지
↓
H^+가 막간의 ATP 합성효소를 통해서
매트릭스 안으로 돌아가기 위한 H^+구동력
↓
ATP 결합에너지

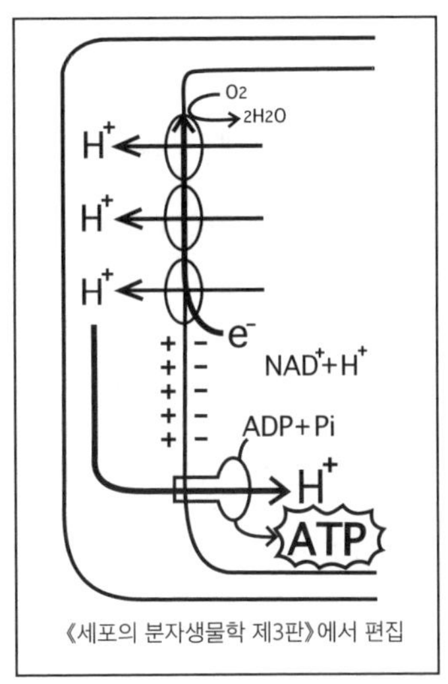

《세포의 분자생물학 제3판》에서 편집

이것을 보면 ATP를 만들어내는 방법은 정말 멋진 구조라고 감탄할 수밖

에 없다. ATP는 세포 안의 에너지를 필요로 하는 반응에 거의 대부분 사용할 수 있는 에너지의 형태이다. 사실 단순한 농도구배가 아니라 전기화학적 구배에 의해서 더욱 높은 에너지를 생성할 때 막을 이용하는 것이야말로 정말 어려운 방법이 아닐까?

미토콘드리아를 내막으로 구분함으로써 안과 밖에 비평형 상태가 만들어진다. 그리고 비평형 상태가 평형 상태로 돌아가려고 할 때 생기는 에너지를 세포가 필요로 하는 에너지 형태로 바꾼다. 막은 비평형 상태를 만들어내는 방법으로 세포를, 나아가서는 생명을 유지하는 데 중요한 역할을 하는 것이다.

◆ 평형·비평형 정리

이렇게 세포 안에서는 적극적으로 농도차, 즉 비평형 상태가 만들어진다. 이 비평형 상태는 여기서 언급한 H^+(프로톤)구배뿐만 아니라, 세포의 밖과 안을 Na^+(나트륨)과 K^+(칼륨이온)의 비평형을 적극적으로 만들어내는 데서도 볼 수 있다. 세포는 글루코스를 흡수하는 데 이 Na^+와 K^+의 비평형을 이용하고, 신경전달에도 이 비평형을 이용한다. 그렇게 해서 세포는 비평형에서 평형 상태로 향하는, 바꿔 말하면 무질서한 방향으로 흐를 때 생기는 에너지를 이용해서 몸을 만들어내고 질서를 만들어낸다.

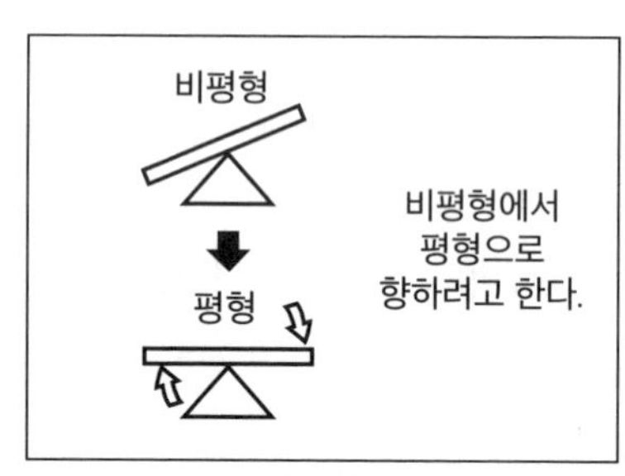

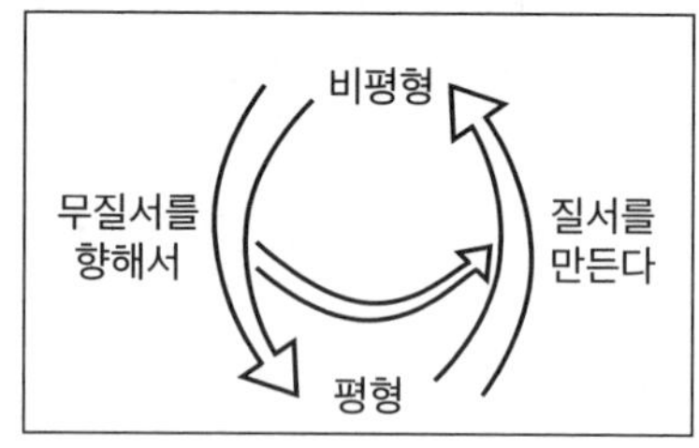

자연은 무질서한 방향으로 흐르지만, 세포는 질서를 만들어서 살아남는다. 이 말은

모순처럼 들릴 것이다. 여기에는 특별한 뭔가가 있는 게 아닌지 궁금해할 수도 있지만 그곳에 있는 것은 '생물은 무질서한 방향으로 흐르는 자연의 힘을 이용한다'는 것, 즉 무리하지 않는 선에서 '자연의 방향성'을 이용해 질서를 만들어낼 줄 아는 존재이다.

공역반응

아하! 비평형 상태에서 평형 상태가 될 때의 에너지를 이용해서 비평형 상태, 즉 질서를 만들어내는군요. 비평형에서 평형이 되는 상태는 구체적인 예가 있어서 알겠는데, 그 에너지를 이용해서 비평형 상태를 만들어내는 것은 어떻게 설명할 수 있을까요?

그건 《세포의 분자생물학》에 이렇게 쓰여 있어. 이 그림을 봐.

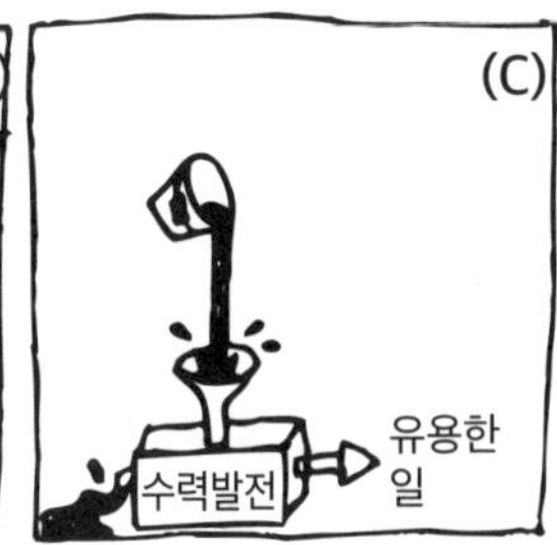

《세포의 분자생물학》에서는 바위의 낙하를 예로 설명하고 있어.

(A) 바위가 떨어지며 생성된 에너지는 땅에 떨어질 때 열로 바뀐다.

(B) 양동이를 들어 올리는 것만으로는 자연에서는 있을 수 없는 일을 하고 있다.

(C) 그렇게 얻은 에너지로 일을 한다. 즉 자연에서 일어나는 일과 일어나지 않는 일을 공역시켜서 질서를 만들어낸다는 뜻이지.

먼저 에너지가 큰 상태라는 건 에너지가 더 낮은 상태로 이동하기 쉽다는 뜻이야. 그때 생물이 하는 일이 여기에 쓰여 있어. 바위를 떨어뜨려서 얻은 고에너지를 내버려두면 열만 될 뿐 아무 기능도 못하지만, 생물에게는 이때의 에너지를 이용해서 일할 수 있는 형태로 바꾸는 능력이 있어. 이렇게 에너지의 방출과 질서의 형성이라는 두 개의 톱니바퀴가 맞물림으로써 세포 안에서 질서를 세우는 일을 모순되지 않게 설명할 수 있는 거지. 이 두 개의 톱니바퀴가 맞물리는 반응을 '**공역반응**'이라고 해.
즉 세포는 자연스럽게 일어나는 상황에서 발생하는 에너지를 이용해서, 필요한 에너지를 자연스럽게 만들어내지 못하는 반응인 비평형 상태를 만들어내. 세포는 생물이 살아가는 데 필요한 질서상태를 유지하기 위해서 이 공역반응을 이용해 끊임없이 비평형 상태를 만들어내고, 비평형에서 평형이 될 때 생성되는 에너지를 추출하는 거야.

세포분열과 자연의 법칙

경위님, 이번 사건의 결과는 맥이 빠지는데요. '환경이 멋대로'라고 할 정도니까 어떤 거물이 뒤에서 손을 쓰고 있는지 궁금했는데, 아무것도 없다니요. '엔과 루피' 같은 졸부 같은 녀석 때문이었다니.

엔과 루피가 아니라 엔트로피일세. 지금까지 뭘 듣고 있었나…. 한 번 더 정리할 테니 잘 듣게.

자, 포인트는 공역반응이었어. 그것을 정리하면 이렇게 되지.

1. 세포에서 일어나는 화학반응 중에서, 질서를 만드는 방향(즉 엔트로피가 감소하는)으로 가는 반응 (B)가 있다고 하자. 이 경우 평형에서 비평형으로 가면서 에너지가 필요하다.
2. 세포에서 즉각적으로 일어나는 또 다른 반응 (A)가 있다 하자. 이 반응은 비평형에서 평형으로, 즉 엔트로피를 증가시키는 방향으로 움직인다. 이때는 에너지를 방출한다.
3. 반응 (B)는 에너지가 필요하고, 반응 (A)는 에너지를 만든다. (A)와 (B)반응이 겹쳐지면 반응이 진행되도록 반응 (B)에게 (A)가 에너지를 준다. 이 경우 반응 (B)가 반응 (A)에서 필요 에너지를 가져간 뒤에도 아직 에너지가 남아 있다.
4. 전체적으로 공역반응 (A+B)는 에너지를 방출한다. (A)는 엔트로피를 증가시키는 자연스런 방향으로 가기 때문에 쉽게 일어나는 반응이라는 것이다. 이렇게 공역반응이 일어나면서 세포는 질서를 만들 수 있고, 이때 자기가 만든 에너지보다 더 많은 에너지를 소모하지 않을 수 있다.

결국 '환경이 멋대로' 일어나는 반응은 각각의 분자가 '비평형 상태에서 평형 상태로 흐르는 자연의 방향성'을 따르기 때문인데, 이것을 다르게 표현하면 '열역학법칙－엔트로피 증가의 법칙'을 따른다는 거였어. 즉 에너지상 무리하지 않는 자연스러운 방향으로 진행된다는 뜻이지.

맞아요. 그리고 그것은 '이화작용과 동화작용'도 마찬가지예요.

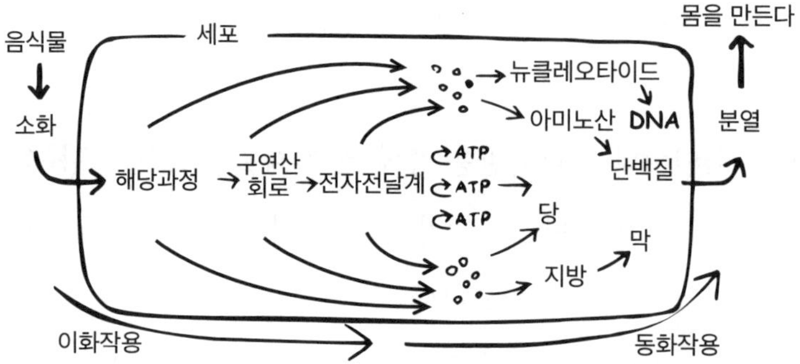

사실 음식물에서 에너지를 추출하는 이화반응은 일어나기 쉬운 반응이고, 몸을 만드는 동화반응은 바꿔 말하면 질서를 만드는 반응이기 때문에 일어나기 어려운 반응이에요. 즉 이화반응을 이용해서 동화반응을 일으키는 것. 자연의 방향성을 이용한 '공역반응'이 '이화작용과 동화작용'을 순환하고 있는 거였어요.

오! '이화작용과 동화작용'은 무리가 없는 것이었군요. 그런데 이 이야기가 어디서부터 시작됐었죠?

'살아 있는 것은 증식한다'라는 것에서부터 시작했어. 그건 세포분열을 해서 증식한다는 뜻이야.

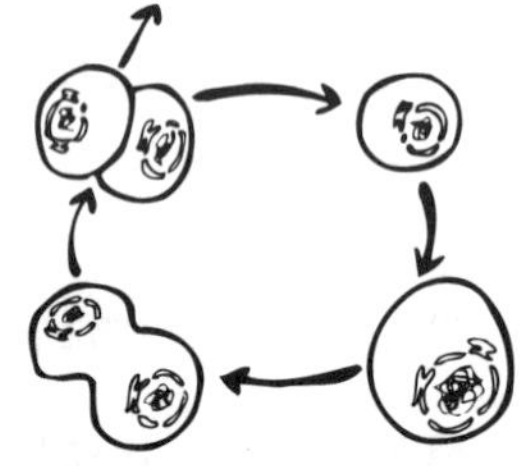

개구리는 알을 낳고, 알은 자라서 다시 개구리가 되는 것과 마찬가지로 우리의 피부세포도 분열해서 다시 새로운 피부가 돼.

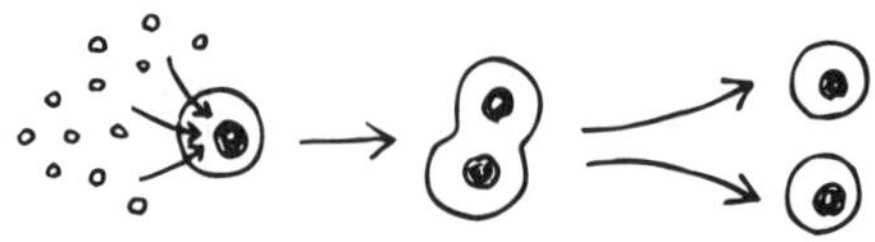

그 후 세포분열을 에너지의 입장에서 살펴봤어. 그것이 '이화작용과 동

화작용'인데, 밖에서 영양소을 흡수해서 몸을 만들고 증식해.

구연산회로 사건을 검증한 결과, '이화작용과 동화작용'에서 일어나는 일은 공역반응과 마찬가지로, 즉 자연의 방향으로 진행된다는 사실을 알았어요.

그렇다면, 어라? 세포분열도 자연스럽게 무리가 없는 방향으로 이용하는 건가요? 하지만 이 《DNA의 법칙》 1장에서 '세포분열은 경쟁이다'라고 했는데, 그건 어떻게 된 거죠?

세포분열을 외부에서 볼 때는 강한 것이 살아남아 진화한다는 적자생존, 즉 경쟁이라고 할 수 있을지도 모르지. 그런데 생각해봐야 할 점은, 우리가 경쟁에만 주목해서 다른 원인은 외면하고 있는지도 모른다는 거야. 경쟁은 유일한 원리가 아니니까.

경쟁이라는 말에는 애를 쓰거나 필사적으로 노력하는 뉘앙스가 있어. 하지만 실제로 자연은 기를 쓰고 노력한다기보다는 무리하지 않고 편한 방향으로 흘러가는 대극적인 방식을 따르고 있지. 이렇게 자연스러운 방향으로 흐르기 때문에 이화작용과 동화작용도 순환하고 있는 거니까.

그렇게 생각한다면 세포도 애를 쓰거나 필사적으로 노력하지 않으면서 자연의 법칙에 따라 세포분열한다고 할 수 있지 않을까?

이상 엉뚱하타케이였습니다

♪♪ 짜잔, 라라라라 ♪♩

엉뚱하타케 패밀리가 입수한 '이화작용과 동화작용'의 키워드를 통해서 다양한 내용을 살펴보았다.

'이화작용과 동화작용' 현상을 '구연산회로 사건'을 통해서 미시적으로 살펴보자 우리는 자연이 '무리하지 않고 자연스러운 방향으로 진행된다'는 것을 알 수 있었다.

그렇다면 이화작용과 동화작용의 현상 자체인 '세포분열' 역시 무리하지 않는 자연스러운 흐름일 것이다.

즉 지금까지 추구해온 '일관된 질서'도 결국 '무리하지 않고 자연스러운 방향으로 흐른다'는 뜻일까?

그것은 열역학 제2법칙인 '엔트로피 증가의 법칙'으로, 물질과 생명을 관통하는 것은 분명해 보인다. 하지만 언어는 과연 어떨까? 아직은 뭔가가 부족하다는 느낌이 든다. 엉뚱하타케 패밀리도 어서 눈치를 채면 좋겠는데….

5) 순환하는 에너지: 강의와 엉뚱

경위님, 저는 말이죠, '세포분열'이 무리하지 않는 자연의 방향으로 흘러간다는 말에, 아 역시 그렇구나 하는 생각이 들었어요. 그 말은 경쟁이 아니라는 뜻이잖아요?

그런데 대부분의 사람들은 경쟁에서 이기려고 열심히 노력하지 않나요? 저는 노력이라는 말과는 인연이 없지만요.

글쎄, 노력은 좋은 것이지만, 지나친 노력은 계속 할 수 없는 법이지.

진화와 성장은 자연스러운 방향으로 흐를 때만 가능하다고 생각하네. 그래서 자연의 방법이 가장 좋다는 거지. 자네처럼 젊고 야심만만한 친구는 아직 모르겠지만, 언제나 온화하고 객관적으로 사물을 대하는 나로서는 자연의 힘과 아름다움에 깊은 감동을 받았네.

사람들이 좀 더 솔직해진다면 세상은 평화로워질 텐데, 어째서 이런 범죄를 저질러서 우리를 바쁘게 하는 걸까요? 하지만 세포의 경우에는 자연이라고 해서 아무 일도 하지 않는 건 아니에요. 세포는 이화작용과 동화작용을 순환시키고 있으니까요. 역시 자연스러운 게 가장 좋은 방법이겠죠.

맞아, 세포는 진실로 위대하지. 하지만 인간도 아직 가능성이 있어. 하고 싶다는 마음이 생기면 즐겁게 열의를 불태우기도 하잖아.

저도 게임방 같은 데 가면 열의가 부글부글 타올라서, 아얏.

"자네는 그런 것밖에 생각나지 않나? 그리고 게임이야 말로 경쟁이 아닌가? 좀 더 사람들과 어울려 호기심과 지성을 충족시키는 일을 생각해보게. 그런 경험을 젊을 때 쌓아두지 않으면 훌륭한 어른이 될 수 없단 말일세."

네! 저 있어요. 벌써 몇 년 전의 일인데, 우리 엉뚱하타케 패밀리가 탄생하게 된 트래칼리의 'DNA의 모험 강의!' 그건 즐거우면서도 지성과 호기심이 넘치고 스릴과 엉터리가 가득 찬 체험이었죠. 그때는 트래칼리 학생들이나 대원들 모두 자연스럽게 알고 싶다는 열의를 갖고 강의를 진행했던 것 같아요. 결코 누가 제일 많이 이해했다든지 안다는 것을 경쟁하는 일은 없었어요.

그 당시 강의를 뜨겁게 달구던 에너지가 그립군.
그러고 보니 엉뚱야마 씨는 그 당시 매일 일기를 썼었지? 조금만 보여주지 않겠나?

엉뚱야마 씨의 일기에서

1996년 12월 16일 DNA의 모험 강의 마지막 날

DNA의 모험 강의

"건배!!!"

여기는 작은 꼬치구이집. 카운터에 10석과 정원 14인용의 작은 방이 딸려 있는 조그만 가게이다. 지금 그 방은 정원을 훌쩍 넘은 사람들로 가득 차 있다. 그 사람들이란 물론 트래칼리 학생들이다. 트래칼리와의 인연은 트래칼리가 생겨났을 때부터니까 벌써 14년째가 된다.

바로 그 트래칼리 학생들의 얼굴은 다른 날보다 더 환한 표정이었다.

"끝났다니 믿을 수가 없어. 시작하기 전에는 어떻게 될지 걱정이었는데 무사히 끝나서 다행이야."

"정말 그래. 힘든 일도 있었지만 지금은 다 재미있었다고 말할 수 있지."

"요즘 계속 바빴잖아요. 거기에 몸이 익숙해져서 내일부터 어떡하나 싶어요."

"핫, 그런 말씀 마세요. 저는 완전히 체력이 바닥나서 한 달 정도 푹 쉬고 싶다고요."

그렇다. 오늘은 DNA의 모험 강의의 마지막 날이었다.

트래칼리에서는2~3년 전부터 지금까지 DNA의 모험을 해왔다. 올해는 좀 더 많은 사람들과 함께 하고 싶어서 강의를 다시 짜고, 강의를 들으러 오는 사람들(대원)과 함께 모험을 하기로 했다. 그 모험 강의가 무사히 끝나 종강파티를 하는 중이었다.

"강의는 최고였어. 트래칼리에서 DNA에 대해 이야기하는 것도 즐거웠지만, 모두가 함께 하는 강의에서 처음에 생각했던 것보다 훨씬 더 큰 재미를 발견할 수 있었어. 뭐 힘들기는 했지만 기분 좋은 피곤함이었다고 할까?"

건배 후의 떠들썩한 분위기를 깨고 말을 꺼낸 것은 트래칼리 아저씨의 대표주자인 H군이었다. 여전히 큰 목소리는 가게 밖까지 들릴 정도였다. 모두들 그 다음에 이어질 말을 기다렸다. 그의 이야기는 항상 길었기 때문이다. 그런데 모두의 예상을 뒤엎고 침묵이 돌아왔다. H군은 반쯤 빈 맥주잔을 천천히 책상에 내려놓고, 말을 잇는 대신 담배를 피우기 시작했다. 그리고 먼 곳을 응시하며 뭔가 그리운 듯 감상에 빠져들었다. 수다쟁이인 그마저도 DNA의 모험 강의 중에 있었던 일들을 떠올리는 것 같았다.

추억에 잠긴 H군을 보고 나도 강의 중에 있었던 일들을 떠올렸다.

◆ DNA의 모험 강의 탄생

그리 넓지 않은 트래칼리의 플로어에는 200여 명의 사람들이 가득 차 있었다.

갑자기 장소에 어울리지 않는 분위기의 음악이 흘러나왔다. 뛰어다니던 아이들도 무슨 일이 일어났는지 의아해하며 걸음을 멈추고 정면을 쳐다보았다. 그 순간 9명의 트래칼리 학생이 칠판 앞에 서서 곡에 맞춰 노래를 부르며 춤을 추기 시작했다.

♪ 헤이헤이 우리는 네비게이터 ♪
♪ 우리가 당신을 안내할게요 ♪
♪ 이 강의를 계속 해나간다면 ♪
♪ 누구나 한두 가지쯤은 배울 수 있겠죠 ♪

노래와 춤이 끝나자 숨 돌릴 틈도 없이 해설이 이어졌다.

"지금부터 트래칼리 학생들의 현대 생물학 히스토리가 상연되겠습니다."

계속해서 흰옷을 걸친 생물학자 역의 트래칼리 학생이 앞으로 나섰다.

"옛날의 생물학은 박물학이었습니다. 펭귄은 조류의 동료, 꽁치는 어류의 동료…."

이렇게 'DNA의 모험 강의'는 막이 올랐다.

◆ 강의 준비 ①: 강의 참여 환경은 어떻게 만들어졌나?

'DNA의 모험 강의'는 3개월간 총 12회로 진행됐다. 거의 매주였다. 지금 생각하면 우리도 놀랄 정도인데 첫 번째 강의에서 결정된 사항이라고는 전체적인 틀뿐이었다. 즉 게놈·발생 팀과 에너지·진화 팀의 두 팀으로 나누고, 언제 어느 팀이 강의를 하는지 정도였다. 그렇다고 해서 그것만 정한 것은 아니다. 우리는 이 'DNA의 모험 강의'를 어떤 식으로 진행할지 사전 미팅에서 수도 없이 의논했다.

그중에서도 화제가 되었던 것은 바로 이것이었다.

"대원들과 함께 DNA의 모험 강의를 어떤 식으로 만들어 갈까?"

일반적으로 강의에는 '가르치는 사람'과 '배우는 사람'이 나뉘어 있다. 하지만 이 'DNA의 강의'는 조금 달랐다. 애초에 트래칼리 학생이 남을 가르칠 만한 지식을 갖고 있지도 않지만 말이다. 강의에서 무엇을 이야기할지가 그 당시 우리가 하고 있던 가장 큰 고민이었다. 그것은 《세포의 분자생물학》을 읽고 이해한 내용일 수도 있었고, 이런 게 알고 싶다는 막연한 바람일 수도 있었다. 단지 일방적으로 말하고 끝내는 것이 아니라, 함께 듣고 생각하면서 모험하고 싶었다. 하지만 어떻게 해야 그런 강의를 할 수 있을까? 그 방법만 안다면 전개가 빠르겠지만 그런 방법이 있을 리가 없었다. 참고할 수 있는 것은 이전에 트래칼리에서 했던 푸리에·양자역학 강의. 하지만 그 강의를 체험한 사람은 트래칼리에서도 소수에 불과했다.

"역시, 힘들게 와준 대원들과 어떤 식으로 강의를 공유할 수 있을지가 관건이야. 트래칼리 학생 이외에 다른 사람들과도 이야기할 기회가 있으면 좋겠는데. 그렇게 할 수 있다면 그들도 함께 하고 있다는 기분이 들지 않을까?"

이런 의견도 나왔지만, 200명이나 되는 인원이 모일 장소를 마련하기 어렵다는 이유로 제외되었다. 의논 끝에 대원을 연결하는 가교 역할이 된 것은 다음과 같다.

총 12회의 강의에 참석하도록 유도하는 '대원카드'를 만들고, 강의마다 1회씩 도장을 찍었다. 도장은 총 12회로, 수정란에서 인간이 될 때까지의 발생을 쫓는 자체 제작 도장이다. 그리고 처음부터 개근상의 존재도 밝혔다.

또 대원들의 의견을 들을 수 있도록 '회람노트'를 만들었다. 회람노트는 강의 때마다 대원이 갖고 가서 마음대로 써넣은 후 다음 강의에 가져오고, 그 강의가 끝나면 다시 다른 노트를 갖고 가는 방식이다.

강의를 마친 후에는 뜨거운 감상을 듣기 위해서 '감상문'도 준비했다.

또 우리와 대원들을 연결하기 위해서 지난회의 강의 내용을 정리한 것과 감상문, 회람노트에서 발췌한 것을 모아 매회 'DNA의 모험 강의 뉴스레터'로 발행하기로 했다.

그리고 강의에 직접 오지 못하는 사람과의 접점을 위해서 인터넷 홈페이지를 만드는 것을 검토했는데 이것은 강의 중반쯤 실행하게 되었다.

어쨌든 대원과 연결고리가 될 만한 건 뭐든지 손을 대려고 했다. 대원들과 함께 강의를 만들 수 있는지 여부가 무엇보다 중요했기 때문이다.

DNA의 모험 깅의는 이런 준비부터 시작되었다.

◆ 강의 준비②: 강의 뒷이야기

그런데 강의 내용이 처음부터 정해져 있었던 것은 아니어서 그때그때 팀마다 미팅을 하고 내용을 채워 넣어야 했다. 이 시기에는 당연히 《세포의 분자생물학》을 중심으로 생물학에 대해 이야기했다. 하지만 이 당시 우리에게 중요했던 것은 단순히 생물학 내용을 익히는 것만이 아니었다. 애초에 트래칼리 학생에게 생물학을 전공하는 사람들이 사용하는 책 《세포의 분자생물학》의 내용을 똑같이 이해하라는 것 자체가 가혹한 처사였다. 시험이라도 있다면 몰라도 트래칼리에는 시험도 출석도 없다. 그래서 뭔가를 시작할 때에는 언제나 무엇이 신기한지, 무엇이 궁금한지, 무엇이 알고 싶은지 하는 의문에서 출발한다. 우리의 모험은 이런 단계를 거치지 않고는 시작되지 않는다.

지식을 습득하는 것보다 더 기쁜 것은 사람들에게 전달하고 싶은 이야기를 자신의 언어로 강의에서 표현했을 때이다. 하지만 그 과정은 그리 녹록하지 않았다. 실제로 미팅은 언제나 다사다난해서 울음을 터뜨리는 학생도 있었고, 강의 10분 전에 갑자기 모든 흐름이 바뀌기도 하는 등 몹시 힘들었다.

특히 인상 깊었던 것은 '구연산회로 사건'이었다.

이것은 에너지·진화 팀의 2회째 강의였는데, 생물의 몸속에서 사용할 수 있는 에너지가 만들어지는 대사 프로세스가 중심 테마였다.

보통 생화학 교과서에서는 대사 프로세스의 도입 부분에 해당과정과 구연산회로와 전자전달계가 차례대로 연결된 그림이 반드시 들어 있다. 그리고 대부분 위에서부터 순서대로 자세히 쓰여 있다. 물론 《세포의 분자생물학》도 생화학 부분의 기술에서는 그렇게 되어 있다.

물질을 잘게 부수는 대사 중 이화작용이라는 프로세스는 믿을 수 없을 만큼 복잡하다. 대부분의 사람들은 눈이 핑핑 돌아서 '몸속은 복잡하구나'라는 정도로 끝내려고 한다. 하지만 트래칼리 학생들은 그것을 어떻게든 이해하려고 한다, 라기보다는 자신들이 알고 싶은 '에너지'를 그 대사의 프로세스를 통해서 얼마나 이해할 수 있는지를 중요하게 생각했다. '세포 내에서 에너지를 생산하는 것은 미토콘드리아이다. 따라서 미토콘드리아는 대단하다. 그렇다면 이제 미토콘드리아에 대해서 알고 싶다.' 트래칼리 학생들은 보통 이런 식으로 생각하기 때문에 미토콘드리아 부분을 여러 차례 읽는다. 반복해서 읽고 팀 멤버들과 이야기를 하다 보면 희미하게 알게 된다. 이 시점에서는 대사의 프로세스에 관해서 각 과정마다는 알고 있지만, 아직 전체를 이해하지는 못한다. 당연히 그 시점에서 이해

하는 내용은 제각각이다. 그러다가 강의 테마로 선정되면 전체적으로 어떻게 이루어지는지 생각하기 시작한다. 이 구연산회로 사건의 경우에는 일단 사건이 성립된다는 데 의견을 모았다. 딱히 범죄는 아니었지만 ATP가 합성되는 것을 사건으로 간주하고 반대쪽 입장에서 스토리를 구성한 것이다. 스토리를 구성하면서 대사 프로세스가 우리의 체험과 맞물려지자 비로소 이해가 되기 시작했다.

무슨 뜻인가 하면, 우리가 뭔가를 이해하게 되는 프로세스는 마치 대사 프로세스, 즉 음식물을 일단 각각 분리시키면서 몸이라는 전체를 만들어가는 이화작용과 동화작용의 순환과 비슷하다고 생각한 것이다. 그것들이 각각 분리되어 있을 때에는 잘 와 닿지 않았는데, 어떤 흐름을 타고 스토리로 연결되자 이해되기 시작했다. 우리는 전체를 접한 후에야 부분을 이해하게 되는 구조를 가진 것은 아닐까? 각각의 부품을 분해하기만 해서는 이해할 수 없는 것들이 많았다. 그것들을 동화하는 힘이 멋지게 작용한 것이 구연산회로 사건이었다. 교과서에 쓰여 있는 내용을 그대로 소개한 것이 아니라 일단 각각 분리한 후 우리 나름대로 동화를 거쳤기 때문에 웃을 수도 있고 재미도 있고 충분히 이해할 수도 있는 스토리가 되었다.

생물학적인 내용이나 그것에 관한 우리의 생각 자체를 말하기는 쉽다. 하지만 이 강의에서 가장 중요하게 여긴 것은 단순한 발표가 아니라 '어떻게 표현하는가'였다. 이것은 단순히 말하는 내용이 있을 때가 아니라 우리가 진정으로 이해할 수 있는 프로세스를 공유했을 때 이루어진다. 그곳에 있는 사람들마다 각자 말하고 듣고 읽기를 반복하는 과정 속에서 각각 분리되었던 것들이 전체라는 커다란 하나로 통합되기 시작하는 것이다.

◆ 대원과 트래칼리 학생 1-질문 코너

강의를 12회씩이나 하다 보면 해프닝도 생기게 마련이다. 다른 때 같으면 시간이 모자라다고 호들갑을 떨 정도인데, 그 회차만큼은 시간이 엄청나게 남게 되었다. 팀별로 임하는 첫 번째 강의였기 때문에 이야기를 만드는 단계에서 시간 감각이 익숙하지 않았던 것이 원인이었다.

남은 시간을 어떻게 운용할지 다른 팀과 상의한 결과 '질문 코너'를 급조하기로 했다. 물론 '대답할 수 없는 것도 있지만…'이라는 전제하에서 말이다. 하지만 질문을 받았다고 해도 애초에 우리가 생물학 전문가가 아닌 이상 제대로 대답할 수 있을 리가 없었다. 어떤 질문이 나올지 모르는 상황에서 정확히 답변하는 것이 간단한 일 같지는 않았지만, 그래도 질문 코너 시간은 찾아왔다.

이때 나온 질문은 이랬다.

"DNA와 유전자와 게놈은 어떻게 다른가?"

이 질문에는 그날 강의 중에 마침 그 부분을 퀴즈로 내서 설명한 선배 트래칼리 학생이 대답했다.

"(싱글벙글 웃으며) 제가 아까 나름대로 자세히 설명한 것 같은데 역시 전달이 안 된 건가요(미소)? 'DNA'란 물질을 뜻해요. 쇠라든지 직물 같은 거죠. 그에 반해 '게놈'이란 DNA 물질 위에 실려 있는 유전정보의 모든 것이에요. 사람의 경우에는 46개의 염색체가 1세트예요. 그리고 게놈 상의 '유전자'가 작용해서 구체적으로 눈이나 모발 색깔 같은 것을 결정해요. 유전자는 게놈의 한 부분인 거예요. 이해가 되시나요?"

질문 코너는 트래칼리 학생들이 일방적으로 이야기하는 강의와는 전혀 다른 분위기였다. 질문하는 쪽과 대답하는 쪽에서 서로 주고받는 식이었다. 다른 대원들도 질문자와 하나가 되어 집중했다.

뒤를 이어 게놈·발생 팀의 리더가 추가로 설명했다.

"우리 트래칼리 학생도 처음에는 유전자와 DNA와 게놈의 어디가 어떤 식으로 어떻게 다른지 전혀 이해하지 못했어요. 간신히 이해하는 데만 반년이나 걸렸던 것 같아요."

이 질문 덕분에 우리 트래칼리 학생과 대원 양쪽이 이 DNA의 모험 강의가 다른 강의와는 조금 다르다는 것을 새삼 인식했다. 이것은 대원의 회람노트에도 분명하게 적혀 있었다.

〈회람노트에서〉

질문 코너에서 나온 '유전자와 DNA와 게놈이 어떻게 다른가?' 하는 질문은 엄청났다. 솔직하게 말해서 나는 그 순간, '어이쿠, 지금까지의 한 시간 반은 뭐였냐!' 고 타박하고 싶었다. 하지만 더 대단한 것은 그 질문에 트래칼리 학생들이 성심성의껏 대답했다는 점이다.

모르는 것을 당당히 모른다고 말할 수 있는 곳이 있다는 게 대단하게 느껴졌다. 만약 이것이 고등학교 생물 수업이었다면 그 질문을 한 사람은 '지금까지 뭘 듣고 있었나!'라는 핀잔을 들을지도 모른다. 하지만 이곳은 지식의 양을 겨루는 곳이 아니었다. 똑같은 스타트라인에 서서 1년 후에 누가 가장 많은 지식을 습득해서 1등을 하는지 겨루는 곳도 아니었다. 모두 함께 발견하고 깨닫게 된 기쁨을 체험하는 곳이었다. 그래서 DNA가 어디에 있는지 몰랐던 사람도 DNA를 분리하거나 결합하는 무슨무슨 화학식을 알게 된 사람도 전부 똑같다! 모든 발견에는 똑같은 가치가 있다.

(T.U 씨)

대원들과 함께 강의를 만들고 싶어서 회람 노트라든지 감상문 등의 다양한 장치를 연구했는데, 중요한 것이 무엇인지 T. U씨가 정곡을 찌른 것이다. 아는 사람과 모르는 사람이라는 구분, 또는 질문하는 측과 대답하는 측이라는 구분은 흔히 학교에서 볼 수 있는 선생과 학생이라는 틀에 박힌 구조이다. 공원에서 함께 노는 타로나 메리에게는 그런 틀이 없다. 그들에게 있는 것은 함께 즐겁게 놀고자 하는 마음뿐이다. 그렇게 노는 사이에 서로 소통하는 법을 배운다. 이 강의는 결코 지식만을 전달하고자 하는 장이 아니다. 함께 생각하면서 탐구하는 장이다. 질문을 받는다는 것은 결코 그에 대한 답을 한다는 것을 의미하지 않는다. 답을 알지 못한다면 그 질문을 함께 생각하면 된다. 질문 코너를 해보면 어떻겠냐는 의견에 대답하지 못하면 낭패라고 생각한 나의 틀에 박힌 사고방식을 이 회람노트는 깨끗이 불식시켜주었다.

아, DNA의 모험 강의. 그때가 그립군요. 그 강의를 하는 3개월 동안 각자 하고 싶었던 것을 모아서 혼자서는 결코 할 수 없는 것을 해낸 것 같습니다. 엉뚱이즈미 군, 자네도 평소 이상으로 힘을 발휘해서 멋지게 활약했었지 않나?

무슨 말씀이세요? 그게 제 실력이라고요. 노래하고 춤추고 과학하는 엔터테이너를 목표로 한 엉뚱캄에서 'DNA의 모험 강의 엉뚱 대상'도 받았었고, 엉뚱하타케 패밀리에 의한 구연산회로 사건에서 'DNA의 모험 강의 작품상'을 받았었죠. 또 가수그룹의 헤봅도 되어 노래도 몇 곡 불렀습죠. 음 확실히 몸도 머리도 잘 움직였어요. 바빴지만 힘들다는 생각 없이 매우 즐거웠어요.

뭐랄까, 그 강의에는 독특한 분위기가 있어서 강의를 하는 트래칼리 학생과 들으러 온 대원들의 힘이 모여 분위기가 저절로 만들어진 것 같았지. 지금 생각하면 도대체 그게 무엇이었나 싶어. 강의를 움직였던 원동력은 정말 신비로운 에너지였는데 말이야.

강의의 환경이 저절로 거기 있던 사람들에게 영향을 끼친 게 아닐까요? 저같이 재능 있는 젊은이의 훌륭한 면모도 끌어냈을 정도니까요. 엉뚱야마 씨의 일기에 쓰여 있을지도 몰라요. 계속 읽어볼까요?

강의를 만들어내는 힘

◆ 엉뚱함의 힘

강의는 매주 테마송으로 시작되었다. 딱딱한 생물학이 주제일 텐데 노래며 춤이며 만담이며 퀴즈 등 마치 버라이어티쇼 같았다.

엉·엉·엉·엉뚱!~
에너지 팀이여!~
노벨상을 타는
그날까지 힘내자!!

나아가서 에너지·진화 팀의 발표에 이르러서는 '엉뚱'의 개념까지 탄생했다.

강의 최초의 엉뚱캄 만담으로 시작해서, 휴식시간에는 남성 5인조 인기 그룹을 흉내 낸 엉봅이 등장했다. 엉봅은 춤도 제각각이고 노래도 제대로 부르지 못하는 엉뚱 그룹이었다. 엉뚱함이 주제에 '노벨상, 노벨상' 하며 꿈같은 소리로 대원들을 어이없게 만들었다.

강의 중에는 생물학자인 R. 도킨스를 흉내 낸 엉킨스 박사 캐릭터도 등장했다. 엉킨스 박사와 함께 진화를 설명한 사람은 실험군과 이론군이었다. 이 두 사람도 엉뚱이였다. 이론군은 본인이 강의하면서 그 내용을 정말 이해하고는, '지금 깨달은 것 같아'라는 명언을 남겼다. 이 엉뚱이들의 특징은 일부러 엉뚱스럽게 구는 것이 아닌데도 어느새 엉뚱이가 된다는 점이다. 그러면 보는 사람들은 또 조마조마 두근두근 하는 심정이 된다. 아기가 비틀거리면서 걸음마를 하기 시작했을 때 저도 모르게 손을 뻗게 되는 심정이 되는 것이다. 이 엉뚱함에 관한 감상문은 실로 관용 그 자체였다.

〈대원의 감상문에서 발췌〉

전체적으로 엉뚱함이 자랑거리가 되는 분위기인데, 들으러 오는 사람도 강의를 함께 만드는 기분이 들게 해서 좋았다. '이해한다'는 게 무엇인지 조금은 이해하게 된 것 같았다. 이론군의 '지금 깨달은 것 같아'라는 말이 마음에 들었는데, 그런 말을 자연스럽게 할 수 있는 분위기가 좋아서, '이런 게 중요하구나'라는 생각이 들었다. 이 모험은 충분히 할 만한 가치가 있었다.

(주부 A.T 씨)

그러다가 어느새 엉뚱함이 강의 전면에 등장했다. 강의가 반쯤 지나자, 대원들 사이에는 강의 하프타임에 트래칼리 학생들이 뭔가 할 것이라는 소문이 퍼졌는지 강의 시간에는 늦더라도 하프 타임쇼 시간에만 맞게 오면, '아 늦지 않았다'라는 말을 했다고 한다. 감상문에도 이미 아이돌이 된 엉뚱돌에게 보내는 팬레터나 리퀘스트가 올라오는 등 대원들에게도 트래칼리 학생들의 엉뚱함이 옮은 것 같았다.

강의가 진행될수록 엉뚱 캐릭터들이 속출했다. 엉뚱하타케패밀리 3인조를 비롯해서…. 증식하는 양상은 놀라울 정도였다. 처음에 이 캐릭터들을 만든 이유는 한숨 돌리려는 의미였기 때문에 DNA 강의 내용과 전혀 상관이 없었다. 하지만 시간이 흐르면서 그 캐릭터들이 DNA 강의를 하기 시작했고, 강의에는 빼놓을 수 없는 존재가 되었다. 처음에는 엉뚱돌을 연기하기 싫어하던 트래칼리 학생들도 어느새 즐거운 듯 자신의 엉뚱한 모습을 보이기 시작했다.

에너지진화 팀이 발견한 엉뚱함은 테마의 크기와는 관계가 없었다. 진지하게 이렇게 큰 테마에 몰두할 때 보이는 트래칼리 학생들의 자기방어본능이었는지도 모른다. 진화나 에너지 같은 큰 테마를 진지하게 다루기 위해서는 그와는 대극적인 균형을 잡지 않고서는 도저히 불가능했을 것이다. 어쩌면 큰 테마를 중화시키기 위해서 엉뚱함이 필수였던 것은 아닐까? 물론 그렇다고 해서 부자연스럽게 엉뚱함을 만들어내서는 안 된다. 우리에게는 어디까지나 내용을 전달하기 위해서라는 목적이 있었다. 그리고 엉뚱함은 어중간해서도 안 된다. 강의를 만들 때, 갖고 있는 100%의 엉뚱함을 발휘해야 한다. 생물학을 말할 때도 체험을 말할 때도, 엉뚱돌을 하고 있을 때도, 말을 잘 할 수 없다는 이유로, 노래가 서투르다는 이유로 드러내지 못한다면 엉뚱이 될 수 없다. 100%의 엉뚱함을 발휘함으로써 하고 싶은 말을 다른 사람에게 전달하는 데 큰 위력을 발휘했다. 그때 비로소 엉뚱함은 대원들에게 받아들여지고 강의도 만들어지기 시작했다.

◆ 구분함으로써 탄생한 에너지

'가르친다, 배운다' '이해한다, 이해하지 못한다'라고 구분하기 때문에 보이지 않는 것이 있다고 했는데, 반면 구분하지 않으면 보이지 않는 것도 있다. 이것은 강의를 반쯤 마쳤을 때 느낀 점이었다.

각 팀이 준비한 발표를 마치자 트래칼리 안은 일종의 평형 상태가 되었다. 다음 강의까지 에너지가 넘치는 비평형 상태를 만들기 위해서 필요한 것은… 멤버 교체였다. 새로운 틀, 즉 구분이었다. 지금까지는 트래칼리에 있었던 5명의 베테랑 멤버가 구성한 '게놈·발생'과 '에너지·진화' 두 팀으로 움직였다. 그러던 것을 기존의 5명과 나머지 어시스트 4명이 각각 게놈, 발생, 에너지, 진화의 4팀에 들어가고, 신입생들은 번호를 뽑아서 그 4팀에 각각 들어가기로 했다.

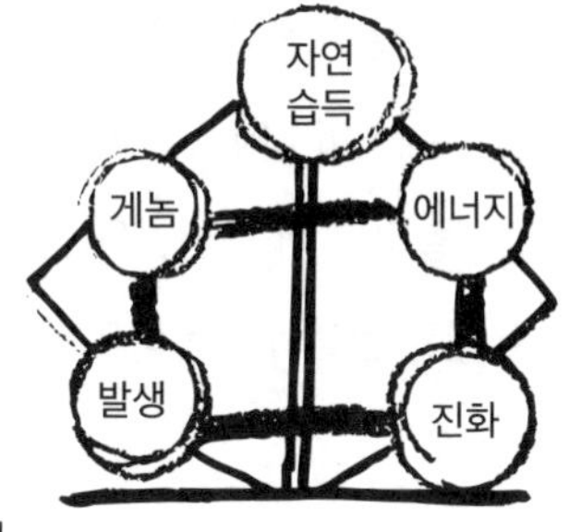

DNA의 모험 강의에서 매회 이렇게 큰 에너지를 만들어낼 수 있었던 원천은 무엇이었을까? 그것은 본강의라는 구분이 있었기 때문일 것이다. 만약 언제라도 상관이 없었다면 이런 에너지를 만들어내지 못했을 것이다. 팀을 나누는 것도 그렇다. 트래칼리에서는 뭔가를 할 때 곧잘 팀으로 나눠서 진행하는데, 팀이 나뉜 순간 팀 사이에는 '다르게 하자'는 척력이 작용한다. 어느 팀이나 똑같다면 팀을 나누는 의미가 없기 때문이다. 하지만 단순히 다르게만 하면 되는 것이 아니라 팀끼리 서로 관계를 맺고 표현하고 싶은 전체 속에서의 위치를 찾아내야 한다.

실제로 팀을 나누고 멤버를 바꿔서 진행하면서 그 방법의 효용성을 자각하게 되자, 각 팀은 다음날 강의에서 표현하고 싶은 것이 무엇인지 적극적으로 말하기 시작했다. 평형 상태가 새로운 틀에 의해서 비평형 상태가 되고 에너지가 탄생했다. 마치 트래칼리가 꿈틀꿈틀 살아 있는 것 같았다.

이렇게 멤버 교체를 통해서 확실해진 것은 지금까지와는 다르게 강의 레벨이 올라갔다는 점이다. 지금까지 중요했던 것은 알기 쉽게 말하는 것이었는데, 이때부터는 생각한 것을 말하는 것이 중요해졌다. 머릿속으로 혼자 생각하는 게 아니라 여러 사람의 머리로 같은 주제를 다양한 관점에서 생각하는 것이다.

이번 강의 준비 때 했던 멤버 교체는 총 12회에 걸친 DNA의 모험 강의에 걸친 가장 큰 구조변화였다. 구조는 단순히 형식 문제가 아니라 지금의 상황을 어떤 식으로 구분해야 에너지를 가진 비평형 상태가 탄생할지가 달린 중요한 문제였다. 구분 기준을 어디에 두는지는 환경을 보는 관점에 달린 것인지도 모른다. 어찌됐든 트래칼리는 이 대변환을 잘 헤쳐나간 것 같다. 이때 더 높은 에너지 레벨로 향할 수 있는 환경의 원동력을 느꼈다.

◆ 강의를 둘러싼 에너지

이 강의를 만들어낸 것은 무엇이었을까? 12회를 계속할 수 있게 만든 원동력은 무엇이었을까?

어쩌면 그것은 몇몇 미팅 중에 반복된, 트래칼리 학생들의 대화 속에서 탄생했는지도 모른다. 우리는 생물학에 관련된 것에서부터 시작해 그것을 듣고 어떻게 생각했는지, 어떻게 느꼈는지를 말하고 듣고 읽고 다시 말하기를 반복했다. 이 과정을 반복할 때마다 트래칼리 학생들은 한 단계씩 이해도가 상승하고 새로운 발견을 하기도 했다. 그리고 그것은 다음 강의를 향한 밑거름이 되었다.

또 그와 맞먹는, 아니 그 이상으로 강의에 에너지를 불어넣어준 존재는 12회 동안 믿음을 갖고 강의를 들어준 대원들이었다. 12주 동안 매주 같은 얼굴을 보다 보니 트래칼리 학생들 입장에서는 매우 친근한 느낌이 들었고, 대원들에게도 강의에 참가한 자체가 일종의 체험이 되었다. 우리는 감상문이나 회람노트, 그 밖의 다양한 방법으로 대원들과 잊을 수 없는 교류를 했다. 그것은 실로 체험이라는 말 외에 달리 표현하기 힘든 소중한 경험이었다. 기쁨을 표현한 감상이나 질타와 격려, 강의를 듣고 생각난 것들을 열심히 적어준 대원노트를 보면서 트래칼리 학생들도 많은 생각을 하고 말을 하고, 또 그것을 노트에 씀으로써 똑같은 대원으로서 함께 DNA의 모험 강의를 만들어냈다. 같은 강의를 듣고 어떻게 생각하는지 노트를 보고 알 수 있었기 때문에 트래칼리 학생 이외에도 대원들과도 연결고리가 생긴 것 같았다. 그런 반복 속에서 이야기를 나눈 적도 없는 대원들과 우린 오랜 친구라는 동질감을 갖게 되었다. 이렇게 대원들과 함께 생각하면서 강의를 만들어 온 것이라고 생각하자 매우 고마웠다.

제대로 된 환경이 마련될 때 외부인과 내부인이라는 구분은 사라진다. 그곳에 있는 모두가 함께 환경을 만들어가기 때문이다. 대원들은 다정하면서도 엄격했다. 그런 엄격한 대원들의 시선이 DNA의 모험 강의 전체를 성장시켜준 것 같다. 이것은 DNA의 모험 강의 마지막 날에 43인의 개근상 멤버를 발표할 때 가장 크게 느낀 점이었다. 우리는 개근상 멤버를 위해서 엉뚱 캐릭터가 총출연한 개근상 스페셜 테이프를 제작했다. 개근상을 받는 분들이 우리의 엉뚱함을 잘 받아들여준 덕분에 강의가 성공했기 때문이다.

강의 마지막에는 엉뚱 캐릭터&트래칼리 학생들이 총출연해 '우리는 엉뚱이'를 불렀다. 물론 강의에 와준 사람들도 함께했다. 그렇게 뜨거웠던 12월의 월요일 밤, DNA의 모험 강의는 모두의 노랫소리가 울리는 가운데 막을 내렸다.

◆ 외부로 전파되는 DNA 강의

트래칼리 학생과 대원이 만들어낸 강의는 트래칼리 안에서만 머무르지 않았다. 강의가 끝난 후, 대원들은 자신이 소속된 히포 패밀리클럽 모임에 나가서 강의에서 들은 내용을 전파했다.

언젠가 트래칼리 학생 한 명이 이렇게 말했다.

"일전에 일곱 살짜리 대원인 카에데의 패밀리(히포 패밀리클럽 모임)에 간 적이 있어. 잘 아는 사이는 아니지만 어느 날 카에데가 전화해서, '노부 형, 날개 좀 가져오면 안 돼? 나도 직접 만든 날개를 갖고 갈 거거든. 사실은 날개를 달고 와주면 좋겠는데, 부끄러우면 가방에 넣어 와도 돼. 그러니까…'라고 하는 거야. 그래서 '아이 꼬마는 내가 강의에서 초파리로 연기했을 때 왔었구나!' 하고 생각했지. 나는 강의에서 말하는 사람, 카에데는 듣는 사람이라는 확실한 구별이 있는 게 아니었어. 꼬맹이와 말하고 있다기보다 즐거운 일을 공유하고 있는 동료라는 기분이 들어서 기뻤어. 그리고 패밀리에서도, 전에는 트래칼리에서 했던 거라고 하면 말하기가 힘든 분위기였는데, 카에데네 패밀리에 갔더니, 'DNA 이야기를 해줘'라고 요구하거나 '파리다!'라고 말하는 거야. 매주 강의에 오시는 카에데의 부모님이 패밀리 때마다 DNA에 대해 말했는지 다들 강의에 대해서 알고 있었어. 그래서 전혀 위화감 없이 DNA 이야기를 할 수 있었지. 트래칼리 교실만이 강의하는 환경이 아니고, 여기에도 DNA의 모험 환경이 있구나 싶었어. 뭐랄까, 대원들과 우리 트래칼리 학생들은 모두 똑같이 'DNA가 재미있어, 즐거워, 알고 싶어, 모두 함께 하는 일이 두근거려'라는 마음을 갖고 있다는 걸 깨달았지."

그곳에 트래칼리 학생들은 없었지만 대원들이 중심이 되어 이루어지는 DNA의 모험 강의가 생겨난 것이다. 이렇게 해서 DNA의 강의는 예상하지 못했던 전파력

을 보여주었다. 트래칼리 안에서만 강의했다면 이런 일은 불가능했을 것이다. 트래칼리 학생들과 대원들이 함께 만든 강의였기 때문에 가능한 게 아니었을까?

환경은 만드는 것이었다. 하지만 그것은 환경을 컨트롤한다는 의미가 아니다. 이번 DNA의 모험 강의도 한 번에 만들어진 것이 아니었다. 트래칼리 학생 사이에서, 트래칼리 학생과 대원 사이에서, 대원과 대원 사이에서, 대원과 패밀리 사이에서 이렇게 만들어내는 환경이 연속되는 것도 중요했다. 환경의 연속이 프로세스인 것이다. 1회성의 환경에서 좋은 것은 자라나지 않는다.

환경을 만들 때 우리는 거기에 맞는 틀에 대해서 진지하게 생각한다. 내용물을 쥐어짜내는 틀이 아니라 밀어내는 틀을 만들고 싶기 때문이다. 그리고 DNA의 모험 강의를 통해서 틀의 원동력이 얼마나 중요한지 실감했다. 틀도 살아 있는 대상이었다.

그리고 또 잊어서는 안 되는 것이 엉뚱함이라는 요소였다. 엉뚱함은 자신을 100% 다 발휘하는 데서 출발했는데, 그것은 결코 우스꽝스러운 것이 아니었다. 엉뚱함 또한 환경과의 관계 속에서 변해가는 것이었다.

DNA의 모험 강의는 끝난 것이 아니다. 끝은 시작이다. 새로운 DNA의 모험 강의는 새로운 틀과 새로운 멤버와 함께 나타날 것이다. 이 책은 그 작은 한 걸음에 불과하다. 이제부터 더 넓은 세계에서 DNA의 모험 강의가 펼쳐질 것이다. 물론 새로운 설렘과 함께.

정신을 차리고 보니 책상 위에는 빈 술병이 몇 병이나 굴러다니고 있었다.

이제 슬슬 DNA의 모험 강의의 뒤풀이도 끝난 것 같았다.

“여기 계산 부탁해요. 학생은 천 엔, 직장인은 적당히 놓고 가세요.”

“좋아, 2차는 당연히 노래방이지!”

“응? 지금 가면 차가 끊기는데.”

“아침까지 부르면 돼. 괜찮아, 괜찮아….”

강의는 끝났지만 트래칼리의 밤은 앞으로도 계속 될 것이다. 내일 다시 건강한 얼굴로 트래칼리 수업에 올 수 있을까 걱정이 되지만. 걱정하지 말자… 그것은 내일의 일이니까.

엉뚱야마 씨 덕분에 그때의 강의 정보가 떠올라서 그립군요. 감사합니다. 그런데 강의에 관한 에너지와 엉뚱함에 대한 고찰이 꽤 예리한 면이 있군요. 최선을 다해서 발휘한 엉뚱함이 바로 열쇠였던 겁니다. 아기의 신통함과 통하는 면이 있었어요. 그리고 구분이라는 것 말인데, 시간을 나누거나 그룹을 나누거나 트래칼리 학생과 대원을 구분하는 등 여러 가지가 있지만, 그것이 적절한 구분일 때 비평형의 에너지가 생겨나 본강의에서 방출된 적이 몇 번이나 있었죠.

아 젊은 청춘의 나날. 확실히 강의를 둘러싼 에너지는 누구에게 명령받은 것도 아닌 자연스러운 에너지였어요.

그 에너지가 강의에만 머무르지 않고 밖으로도 전파됐으니, 에너지의 신비가 느껴집니다. 마치 세포분열을 하듯이 각 지역에서 대원들이 DNA 워크샵을 열었었죠.

그 강의는 누가 1등이라는 경쟁이 아니라 대원과 트래칼리 학생이 서로 최선을 다했을 때 탄생해서 순환으로 이어진 것 같아.

여기에 트래칼리 신입생의 DNA의 모험 강의에 대한 수기가 있어요. 엉뚱야마 씨의 일기가 강의를 구분한다든지 대원과의 관계라는 외부에서 바라본 데 반해, 이 학생은 자신의 내부에서 강의를 바라보았어요. 조금 중복되는 부분도 있지만, 신입생답게 커다란 틀에 몰두하는 마음가짐이 잘 나타나 경쟁이 아닌 에너지가 느껴질 거예요.
그리고 그렇게 만들어진 환경이 더 많은 사람들에게 전파됐다는 것을 알 거예요. 자연의 순수한 흐름을 실현하기 위해서 비평형을 탄생시켰던 에너지의 공급. 그 에너지가 흐르기 시작하면 즐겁게 순환할 수 있을 거예요. 세포도 인간 단체도 자연의 흐름을 따른다는 것을 보여주는 것 같습니다.

트래칼리에 들어와서 -원시인 탄생-

◆ 강의가 시작되다

1996년 가을부터 시작된 'DNA의 모험 강의'에 앞서 우리는 그룹을 두 개로 나눠서 만들기로 했다. '게놈·발생 팀'과 '에너지·진화팀'. 게놈 발생은 《DNA의 모험 95》에 쓰여 있는 내용을 중심으로 했기 때문에 트래칼리로서는 일단 축적된 지식이 있다. 하지만 에너지·진화 쪽은 《DNA의 모험 95》에는 별로 거론되지 않은 내용이 중심이 되는 팀이다.

나는 올해 트래칼리에 입학했기 때문에 DNA에 관해서는 아무것도 모른다. 어느 팀에 들어갈지 생각해봤지만, 게놈 발생은 강의가 시작할 때까지 4주밖에 안 남은 데다 내게는 게놈이나 발생에 대한 지식이 전혀 없었다.

그에 비해 에너지·진화 쪽은 게놈·발생 강의가 끝난 후에 시작하니 스케줄상 아직 여유가 있었다. 그래서 에너지진화 팀에 들어가는 게 좋겠다고 생각했다. 에너지진화 팀의 가장 큰 매력은 작년에 하지 않은 내용이 대부분이라는 점이었다.

히포나 트래칼리에는 다른 학교처럼 '가르친다, 배운다'는 개념이 없다. 있는 것은 '다른 사람에게 받는다'(이것은 배운다기보다는 다른 사람의 흉내를 낸다든지, 통째로 카피하는 것에 가깝다)와 '발견한다'가 있을 뿐이다. 트래칼리의 아버지 격인 H씨도 '다른 사람에게 뭘 가르친다는 건 불가능해!'라고 단언할 정도인 곳이다. 그런 만큼 새로 시작하는 내용이 많은 에너지·진화 팀 쪽으로 들어가면 뭔가를 발견할 수 있지 않을까 하는 생각이 들었다.

하지만 팀을 나눌 때 문득 떠오른 생각이 있었다. 나는 부모님의 지원을 받고 트래칼리에 들어왔다. 그때 부모님께서는 이렇게 말씀하셨다. '학교 다닐 돈은 대줄 테니, 1등이 되어 오너라'라고. 하지만 트래칼리에는 가르친다는 개념도 없거니와 배운 것을 어느 정도나 이해했는지 얼마나 암기했는지를 가늠하기 위한 시험도 없으며 성적을 매기는 일도 없다. 이런 곳에서 어떻게 1등을 하고 오란 말인가!

'여기는 1등이라는 개념이 없으니까 1등이 될 수 없어요'라고 말했지만, 시골에 계신 부모님께서 이해하셨을지는 모르겠다.

하지만 이 팀 중에서 게놈·발생에 들어가면, 게놈·발생 강의가 끝난 후에 다소 시간이 생기기 때문에 에너지·진화에도 참가할 수 있을 것 같았다. 게놈·발생, 에너지·진화 팀 모두 참가한다면 1등이 됐다고는 할 수 없겠지만, '최선을 다했다!'고 할 수 있지 않을까?

그런 이유로 나는 게놈 발생 팀에 들어가게 됐는데 막상 뚜껑을 열어보니 게놈 발생 팀에 들어간 신입생은 나 혼자였다. 지식이 없는 내가 모두에게 피해를 줄 것 같아 불안해졌다.

게다가 강의를 들으러 오는 대원들과 강의를 만드는 트래칼리 학생들 사이를 연결해서 '함께 만들어가는 강의'를 위해 만들어진 시스템, '네비게이터 팀'의 일원까지 되었다. 딱히 하고 싶어서 한 건 아니다. 솔직히 말하면 '왜 내가?'라고 생각했다. '나로서는 함께 하는' 일이 고역이었기 때문이다.

뭘 해야 할지 전혀 알 수가 없는 만큼 가장 불안한 팀이기도 했다. 따지고 보면 강의를 하는 것도 굉장히 불안했지만.

어쨌든 강의에 앞서 트래칼리에서는 3개의 팀을 만들었고, 내 예정으로는 모든 팀에 발을 담그는 것이었다(어디까지나 내 예정에 불과하다). 만약 예정대로 잘 된다면 가슴을 활짝 펴고 당당하게 '최선을 다 했다'라고 말할 수 있을 것이다.

◆ '나는 과연 최선을 다했다고 말할 수 있는가' 편

• 제 1·강의편

DNA 강의를 위해서 우리가 교과서로 채택한 것은 《세포의 분자생물학》이라는 책이었다.

일단 이것을 읽지 않고서는 말을 할 수가 없는데, 혼자서 읽으면 하나도 재미가 없다. '어떻게 여기까지?'라는 생각이 들 만큼 자세한 내용이 잔뜩 쓰여 있는데, 읽고 생각나는 것이라고는 '흐음'이라든지 '그래서 뭐?' 정도밖에 없었다. 그런데 강의를 하러 오신 시니어 펠로우들의, '지금 내가 재미있게 연구하는 생물학'에 대한 이야기나, 트래칼리 선배들에게 《세포의 분자생물학》에 쓰여 있는 내용을 들은 후에 《세포의 분자생물학》을 읽으면, '앗, 이건 그 사람이 연구한 부분이다!'라든지, '그 이야기가 여기에 쓰여 있구나!'를 발견할 수 있어서 재미있게 읽을 수 있었다.

'아는 게 없으니 들어가지 말까?' 게놈 팀에 들어가기 전에 이렇게 불안해했던 이유는 다른 팀원들에게 피해가 갈까 봐서이기도 했지만, 사실은 '아직 게놈이나 발생에서 재미있는 점을 발견하지 못했으니 단순히 책에 쓰여 있는 것만 암기하는 게 되지 않을까?' 하는 점 때문이기도 했다.

트래칼리는 다른 사람에게서 받는 것과 발견하는 것만으로 이루어진다고 할 수 있는 곳이다(받기만 기다리다가는 강의가 진행되지 않을 테니 스스로도 필사적으로 《세포의 분자생물학》을 읽는다).

이렇게 만들어진 강의 내용에 대해서는 본문을 읽어보면 된다.

《세포의 분자생물학》에서 생물의 신기한 점을 발견하고, 그 과정에서 스스로 질문을 찾아내고 답을 구하고, 구하지 못한 답은 함께 생각한다. 강의는 그렇게 찾아낸 것을 이야기하는 시스템이었다.

• 제2·내비게이터의 임무편

내비게이터 팀의 일 중에는 강의를 들으러 온 대원이 쓴 감상문과 회람노트에서 몇 개를 골라서 정리하고 뉴스레터(DNA 모험 강의 통신)로 만들어 대원에게 나눠주는 업무가 있었다. 작업을 시작하기 전에는 괜찮은 걸 골라내서 그것을 게재하기만 하면 되는 간단한 일이라고 생각했다.

그런데 막상 작업에 들어가 열심히 골라서 정리한 감상문을 내비게이터 팀 사람이 읽더니 이렇게 말했다.

"으음, 읽어보니까 다 똑같은 말만 쓰여 있는 것 같아."

상상하지도 못했던 그 말에 엄청난 충격을 받았다.

강의를 만드는 입장에서는 듣는 사람들이 이런 걸 느꼈으면 좋겠다 싶은 것이 있기 마련이다. 그래서 감상문을 고를 때도 그런 마음이 잘 전달되는 글을 선택했는데, 결과적으로 비슷한 내용만 골라낸 것이다.

그렇게 감상문과 회람노트를 고르던 모습이 지금까지 내가 열 받아했던 모습과 겹치는 것 같아서 몹시 울적했다. 나는 국어시험에서 '여기서 저자가 하고 싶은 말은 무엇일까요?' 하는 질문에 유일한 정답이 있고, 그 질문에 제대로 대답할 수 있어야 저자의 의도를 정확히 이해했다는 사고방식으로 상징되는 것을 보면 화가 났었다.

그런데 내가 바로 그와 똑같은 방식으로 뉴스레터 편집 작업을 하고 있었던 것이다. 지금까지 그런 일에 계속, 화를 냈었으면서 정작 본인이 '강의'라는 걸 하게 되더니, 시험 보는 입장과 똑같은 태도로 감상문을 고르고 있었다. 입장이 좀 달라졌다고 해서 변덕을 부리다니 부끄러웠다. 일단 반성을 하고 자문자답해봤지만 그렇다고 좋은 감상문을 고르는 방법을 깨달은 것도 아니었다. 이럴 때 내가 할 수 있는 유일한 방법은 전력을 다해 부딪치는 것뿐이었다(이런 점이 원시인라고 불리게 된 원인일지도 모르겠다. 나에게는 작업을 멋들어지게 해치우는 테크닉 따위는 없단 말임).

이렇게 느긋하게 읽자
'키누에 씨 빨리 해!!'라며 화를 냈다.
감상문
회람노트

일단 감상문, 회람노트를 편집하겠다는 의도는 젖혀두고 차근차근 다시 읽기 시작했다. 지금까지 글씨가 지저분하다든지 너무 길다는 이유로 제대로 읽지 않았던 것들까지 꼼꼼히 읽었다. 한 번만으로는 별 느낌이 없어서 몇 번씩 다시 읽고 나서야 비로소 확실한 인상을 받았다. 그렇게 차분히 읽어가자 지금까지 깨닫지 못했던 것이 확연히 보이기 시작했다.

어린이부터 젊은이, 아버지, 어머니, 대학 교수, 팔십대 노인까지 유례없이 다양한 사람들이 강의를 들으러 왔다. 그때까지는 이렇게 다양한 사람들 중에서 누가 쓴 감상문인지 별로 신경 쓰지 않았는데, 꼼꼼히 읽어가면서 '아, 이 사람은 DNA 모험 강의를 듣고 이런 것을 느끼고 생각하는구나' 하는 것이 보이기 시작했다. 그렇게 읽어가면서, '뉴스레터에 싣고 싶다'라는 마음이 든 감상문은, '강의를 들으면서 이런 것을 느꼈으면 좋겠다'라고 이쪽이 의도한 반응이 아니라, 각자 나름대로 강의에서 발견한 내용을 쓴 것이었다('이 사람은 제대로 이해했구나'하고 지금까지 골라낸 감상문도 잘 읽어보니, 나름대로 각자 발견한 것까지 잘 쓰여 있어서, 지금까지 내가 뭘 읽었던 거지? 라는 생각이 들었다).

온힘을 다해 부딪치면서 나는 비로소 강의를 들으러 온 사람들이 어떤 사람들인지를 발견한 것이다(그 때문에 작업이 늦어져서 모두에게 폐를 끼치기도 했지만).

- **제3·강의가 끝나고 편**

모두 열심히 한 덕분에 DNA의 모험 강의는 성공을 거두었다.

강의를 들으러 온 사람들이 중심이 되어 'DNA 패밀리'가 열렸다. 거기서는 강의에 온 사람들이 DNA의 모험 강의에서 얻은 생물학 이야기를 자신의 것으로 소화해서 히포 멤버나 히포에 흥미를 갖고 있는 사람들에게 재미있게 설명하기도 했다.

내 입장을 말하자면, 역시 3개 팀을 동시에 하기는 힘들었다. 밤새 《세포의 분자생물학》을 읽기도 했고, 도중에 기절한 적도 있고, 지금으로서는 믿을 수 없을 만큼 연약한 심정을 미팅 중에 토로하기도 했다(지금은 원고를 쓰겠다고 호언장담한 것 치고는 좀처럼 원고를 쓰지 못하는 입만 산 인간이 되어버렸다. 뉴스레터를 만들 때도 그랬지만 원고를 쓰는 것이 느리다).

지금 이 원고를 쓰면서 떠오르는 것은 11회 강의 '생물학 스토리'에서 일어난 일이다. 여기서는 생물학을 인간이 생물에 대해 설명하는 '언어'를 발견해온 역사로 규정했다.

이 '생물학 스토리'는 짖고 있는 개를 처음 본 두 원시인이 각자 개가 짖는 모습을 표현하는데, 마침내 두 사람 사이에서 공통된 개를 나타내는 말 '멍멍'을 발견함으로써 언어가 만들어졌다는 데서 출발한다. 여기서 나는 원시인1을 맡았다.

원시인이라고 해도 '플린스톤' 같은 귀여운 캐릭터가 아니었다. 이런 원시인 역할을 500여 명 앞에서 하니 부끄러웠다.

트래칼리의 사카키바라 학장님은 '만약 인간이 언어 없이도 살아갈 수 있는 존재였다면 언어를 발명하는 일은 없었을 것이다. 언어 없이 살아남을 수 없는 인간이라는 생물의 필사적인 노력이 언어를 발명해낸 것이다'라고 말씀하셨다. 나는 끊임없이 언어를 발견해가는 원시인이었던 것 같다. 필사적인 노력으로《세포의 분자생물학》을 읽는 언어를 발견하고, 강의를 들으러 온 사람들과 소통할 수 있는 언어를 발견하는 원시인이었다. 처음에 원시인 역을 억지로 맡았을 때에는 '왜 내가?' 하고 불만스러웠지만 지금은 꽤 마음에 든다. 역시 인간은 그렇게 시작할 수밖에 없었겠구나, 나는 앞으로도 그렇게 살아가겠구나 하는 생각도 든다(하지만 나를 원시인으로 부르는 것은 그만둬다오!)

그런데 시골에 계신 부모님께 '1등은 아니지만 필사적으로 언어를 찾는 멋진 원시인이 되었습니다!'라고 말한다면 기뻐하실까?

4.2 새로운 전체를 찾아서

1) 먹는다: 에너지와 정보

하하, 이번에도 간단한 사건이었군요, 경위님. 제가 있으면 어떤 어려운 사건이라도 어느새 해결이 되니까요.

이번 사건의 어디에 자네가 활약했다는 건가? 믿을 수가 없군. 음, 그렇긴 한데 흥미진진한 사건이었어. 떼려야 뗄 수 없는 프로세스로 존재하는 '이화작용과 동화작용' 더구나 그 프로세스는 결코 무리를 하는 법이 없이, 자연의 흐름을 따라서 진행된다. 흠 편안해 보여서 좋군. 나도 항상 그렇게 살고 싶은데.

무슨 말씀이세요? 경위님은 타고난 엉뚱이니까 언제나 자연체라고요. 그보다 경위님 우리 집에 안 오실래요?

제가 깜빡 잊고 말을, 그렇지 참. 잠깐만요, 아 여보세요? 자기? 있잖아, 경위님과 함께 갈 건데, 엉뚱야마 씨도 부르자. 그럼 이따 봐. 자기.

잠깐만 기다리게. 난 간다는 말은 뻥긋도 하지 않았네. 부인한테도 실례가 되고 말이지.

사실은 아내가 경위님의 팬이라고 꼭 만나고 싶대요.

뭐? 그런 말은 빨리 했어야지.
그런데 부인은 어떤 분인가? 아무도 모르게 결혼해버리다니, 정말이지 독자 여러분도 깜짝 놀랐을 거 아닌가!

어머나? 경위님과 엉뚱이즈미 군이잖아? 안녕?

마침 잘 됐다, 엉뚱야마 씨한테 연락하려고 했는데. 우리 집에 오세요. 제 아내를 소개할게요.

사건을 해결한 엉뚱하다케페밀리, 어째서인지 비번 날에도 함께 행동하게 되었다. 그건 그렇고, 엉뚱이즈미 군, 부인이 있는 줄은 지금까지 몰랐습니다. 거 참, 어찌된 일인지….

안녕하세요, 실례합니다. 앗!! 당신은…

어서 오세요.

짜잔, 그렇습니다. 그 '구연산회로 사건' 때 '공생'에 대해 증언해준 사람이에요.

네. 그때는 신세가 많았어요. 차린 건 없지만 마음껏 드세요.

잠시 엉뚱이즈미 군의 부인이 차려준 맛있는 음식을 먹으며 수다에 빠진 엉뚱하타케패밀리. 문제는 어느새 엉뚱이즈미 군이 언제나 모아오는 정보 이야기로 빠지고 말았다는 것이다.

그런데 뭐 새로운 정보는 없나?

사실은 정보가 아주 많아요. 최근에 인터넷에 손을 대기 시작했더니 정보의 홍수에 빠졌다니까요.

음, 큰일이군. 정보는 존재하는 것만으로는 의미를 갖지 않아. 의미 있는 부분을 흡수하기 위해서는 오랜 경험과 숙련된 감이 필요하지. 예를 들어 이 요리에도 많은 정보가 담겨 있다고 할 수 있지. 먹는다는 것은 결코 에너지만을 얻기 위한 행위는 아니야.

역시 경위님이세요. 이 사람은 언제나 많이 먹긴 하지만 가장 알아주었으면 하는 부분을 소화하지 못하는 것 같아요. 그래서 먹는다는 것에 대해서 이런저런 생각을 해봤는데, 한번 들어주세요.

◆ 먹는다

살아 있는 생물에게 에너지를 얻는다-먹는다는 행위는 가장 근본적인 문제일 것이다. 먹지 않으면 죽게 되니 당연한 일이겠지만, 생각해보면 굉장한 일이다.

먹고 먹히는 관계성은 진화의 프로세스에서 가장 의미 있는 부분이다. 예를 들어 얼룩말의 줄무늬는 사자 등의 포식자에게 먹히지 않도록 몸을 숨기기 위해서라는 설이 있다. 그렇다면 얼룩말이라는 종의 진화는 먹히지 않도록 노력한 결과라는 뜻이 된다. 그 노력은 거짓 정보를 보내는 형태를 띠고 있다. 줄무늬는 자신을 먹으려는 포식자에게는 부정적인 메시지이며, 양측의 관계 속에서 만들어진 것이다. 만약 얼룩말을 먹는 사자가 없었다면 그 줄무늬에는 아무런 의미가 없을 것이다. 그렇다면 얼룩말의 정체성은 무엇일까? 좀 어려운 말로 표현했지만, 즉 생물에게 먹는다는 관계성 생성과 정보는 따로 떼어놓고 생각할 수 없는 가장 중요한 부분이다.

그런 이유에서 인간의 환경, 에너지와 정보=먹는다는 것, 커뮤니케이션, 그리고 이화작용과 동화작용은 좀 더 복잡하다고 할 수 있다.

◆ 정보는 에너지

생물의 세포는 먹은 음식물을 소화시켜 몸에 ATP를 저장한다. 하지만 그렇지 않은 경우도 있다. 집까지 돌아가는 길은 항상 빈속에 피곤해 '아 정말 지쳤어…'를 노래하던 어느 날 우연히 친구를 만났다. 오랜만에 만난 친구와 수다를 떨면서 걷다 보니 어느새 집에 도착했고, 도중에 뭘 먹은 것도 아닌데 기운이 쌩쌩하게 넘치기까지 했다. 이 에너지는 어디에서 온 것일까? 신기했다.

이런 일은 다른 데서도 볼 수 있다. 나는 독서를 매우 좋아한다. 밥 사먹을 돈은 없어도 책은 사서 본다. 책을 사서 읽다 보면 밥을 먹는 것보다 기운이 나기 때문이다. 반대로 불쾌한 뉴스를 들으면 밥을 먹은 후에도 기운이 없거나 밥을 먹을 기운도 나지 않는다. 친구와 다투기만 해도 왠지 기운이 없고 컨디션이 나빠지는 경우도 있다.

"인간은 빵만으로 살 수 없다."

이것은 성경에 나오는 말이다. 나는 트래칼리에 입학하기 전에 간호사였다. 그래서 인간은 아무리 완벽하게 영양소를 공급한다 해도 그것만으로는 살 수 없다는 사실을 알고 있다. 암이 등뼈로 전이되고 신경을 압박해 가슴 아래의 신경이 마비된 환자가 있었다. 당연히 누워서 잠만 자고, 외부의 자극도 점점 줄어들었다. 흔히 '자극이 없는 생활'이라는 말을 하는데, 사실 인간은 생각한 이상으로 항상 자극을 받고 산다. 무의식중에 들리는 소리나 보이는 대상, 눈에 날아든 글자를 통해 스스로 생각하고, 배고파하고 화장실에 가고 싶어 한다.

그런데 이 환자의 경우 보이는 것이라고는 천장뿐이고, 움직이지도 못한 채 점적만 맞고 있으니 배가 고프다는 감각도 거의 없는 상태였다. 이렇게까지 자극이 없어지면 잠들어 있는 시간만 길어지고 무기력해지기 마련이다. 물론 다양한 요인이 있으므로 질병 상태를 일괄적으로 말할 수는 없지만, 우리 간호사들은 환자를 위해서 음악을 틀어주거나 잘 보이는 곳에 그림 또는 사진을 걸어주기도 하고 가능한 많은 대화를 하려고 노력했다. 살아갈 힘을 내기 위해서는 외부와의 커뮤니케이션이 반드시 필요하기 때문이다.

대장균의 에너지원은 글루코스였다. 인간에게 정보는 에너지가 아닐까?

◆ 다바이 쿠체 Давай Кушать Please eat!

먹거나 먹히는 먹이사슬. 이것을 먹는다는 행위에 의한 관계성이라고 표현할 수도 있지만, 인간의 경우에는 '먹는다'는 행위 자체가 관계성을 만들기도 한다. 먹는 행위 자체가 언어가 된다는 뜻이다.

작년에 멕시코 홈스테이에 갔었다. 처음에는 에스파뇰(스페인어)을 잘 몰랐기 때문에 마마가 하는 말을 잘 알아듣지 못했다. 마마 역시 자기가 무슨 말을 해도 내가 '께?(Que, 뭐?)'나 '씨!(Si, 네)'라는 대답만 하니 난처해 보였다.

첫날 음식이 나왔는데, 나는 위장이 약해 여행지에서는 뭘 먹든 배탈이 날 게 뻔했기 때문에 망설이지 않고 먹었다. 그러자 여전히 대화는 불가능했음에도 불구하고 양쪽은 모두 왠지 안심이 되었다. 그 후부터는 서로를 이해하려는 분위기가 생성되어 대화가 통하기 시작했다. '생소하고 맛이 없더라도 일단 웃으면서 먹는다.' 이것이 내가 홈스테이를 할 때의 철칙이다. 뜻이 전달되기 시작하면, 좋아하는 음식을 부탁하거나 싫어하는 음식을 거절할 수 있게 되니 그때까지는 일단 먹고 보는 것이다.

돌아오는 길에 경유했던 L.A의 레스토랑에서, 함께 홈스테이를 갔던 중학생이 메뉴를 잘못 주문해서 싫어하는 코리앤더가 들어간 샐러드가 나왔다. 러시아, 멕시코 등 두 번이나 홈스테이로 단련된 아이가 그때 했던 말이 떠오른다.

"이런 맛이 나는 음식치고는 맛있네."

누군가 차려준 음식을 먹는다는 것은 배려라든지 신뢰를 나타내는 첫 번째 커뮤니케이션인 것 같다. 홈스테이를 받을 때도 차려준 음식을 다 먹어주면 무엇보다 안심이 되었다. 반대로 먹어주지 않으면 뭘 차려줘야 잘 먹을지 가족들은 고민에 빠지고 매번 다 먹지 못할 만큼 잔뜩 음식을 만들게 된다.

우리는 12개 언어를 말하는데, 각 언어에는 나름대로 가장 먼저 떠오르는 이미지의 말이 있다. 내 경우 스페인어에서는 '바모노스!(가자!)', 한국어에서는 '괜찮아요'가 있다. 러시아어에서는 '다바이 쿠체Давай Кушать(자, 드세요)!'였다. 러시아에 홈스테이 갔던 멤버들은 이렇게 말했다. "러시아는 확실히 일본보다 물품이 적어. 하지만 매우 풍요롭고 따뜻한 나라였어." 이 보고에서 '다바이 쿠체'라는 말은 몹시 따뜻하고 즐거운 뉘앙스로 반복된다. 러시아에는 외식하는 가게도 적고, 반찬가게도 거의 없는 것 같았다. 그런 러시아에서 일본으로 홈스테이를 하러 온 일라는,

"주부의 일은 밥 짓는 거야."

라며 나에게 요리를 가르쳐주었다. 그중에는 밀가루와 고깃덩어리로 만든 물만두 같은 뻬리메니도 있다. 러시아에서는 맛있는 요리를 만들어 가족이나 친구에게 대접하는 것이 중요한 커뮤니케이션이며 큰 즐거움이라고 한다. '다바이 쿠체' 라는 말에는 그런 풍경이 깃들어 있다. 함께 음식을 먹는 행위에는 뭔가 마법 같은 힘이 있는 것이다.

◆ 요리하다

인간에게 '음식'은 에너지이자 정보이기도 하다. 인간뿐만 아니라 생물에게 음식이 에너지인 것은 분명하다. 그렇다면 정보란 무엇일까? 지금까지 먹는다는 것에 대해서 썼는데, 차려진 음식을 먹을 때만 커뮤니케이션이 되는 것은 아니다. 요리하는 행위도 일종의 언어가 된다.

생각해보자. 우리는 왜 요리를 하는 것일까? 당근이나 무나 쇠고기를 그대로 식탁 위에 올려놓고, '밥 다 됐다'라고 말하는 사람은 없다. 왜일까? 이것들은 날것으로도 충분히 먹을 수 있는 재료들이다. 오히려 야채는 가열하면 비타민이 파괴되고, 고기도 날것이 소화가 더 잘된다고 한다. 하지만 그래도 우리는 요리를 한다. 날것으로 먹으면 기분이 나빠서일까? 하지만 열을 가하지 않는 요리도 있다. 회나 샐러드도 훌륭한 요리이다. 먹지 않는 부분까지 원래 모습 그대로 통째로 담아낸다. 거의 원래 모습 그대로이다. 그래도 어엿한 요리이다. 생선에서 회로 변신한 요리에 작용하는 것은 조금이라도 맛있고, 먹기 쉽고, 즐겁게 먹어주기를 바라고, 먹어서 기운이 나기를 바라는 마음이다. 요리는 필요한 영양

소를 섭취하기 위해서 하는 것만은 아니다. 재료를 분리하고 다시 조합하는 프로세스에서 마음(의도)가 담기는 것이다.

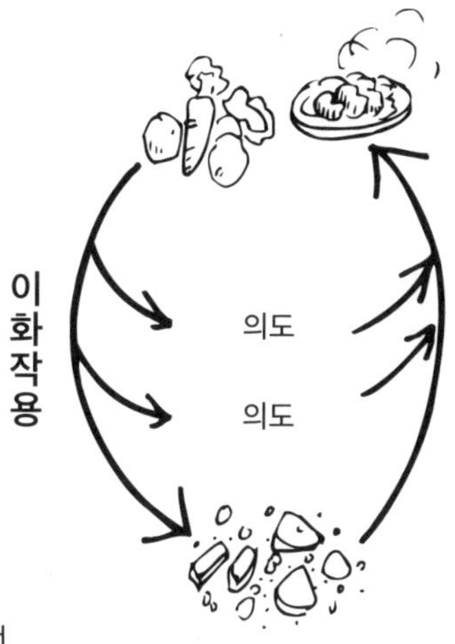

의도가 담긴다는 것은 정보의 본질이라고 할 수 있다. 정보란 쓰여 있는 글자라든지 그 내용이라는 이미지만을 가질 수도 있지만 반드시 그런 것만은 아니다. 정보는 상대가 받아들임으로써 비로소 의미를 가지며, 의미를 가져야 곧 정보가 될 수 있다. 아무도 보지 않은 그림, 아무도 듣지 않는 음악, 아무도 읽지 않은 글자에 무슨 의미가 있을까? 음식도 먹지 않는다면, 차려진 음식 모형이나 다를 바 없을 것이다. 반대로 음식점 앞에 진열된 음식 모형은 가게와 손님 사이에 오가는 정보가 된다. 따라서 정보는 그것을 보낼 때, 받아들일 것을 전제로 한다. '이런 식으로 받아들였으면 좋겠다' 하고 보내는 쪽의 마음이 더해져서 성립된다고 할 수 있다. 그리고 음식은 정보와 에너지 양쪽을 담당한다.

◆ 그래서 뭔가가 다르다

음식은 제각각 분리하고 조립한다. 이것은 앞에서 수도 없이 봐온 그 말, 그렇다, '이화작용과 동화작용'이다. 요리는 재료를 모아서 만드는 것이지만, 단순히 분리한 재료를 더하는 것이 아니라 하나의 '전체'로서의 개념이다. 그 전체라는 것을 잠시 생각해보자.

트래칼리 학생들이 자주 가는 한국 음식점이 있다. 이 가게의 음식은 매우 맛있다. 뭐가 다른지 잘 표현할 수는 없지만 다른 한국 음식점이나 야키니쿠 음식점과는 좀 다른 맛이 난다. 한국에 갔던 사람의 말에 의하면 그것이 '한국의 맛'이라고 한다. 한국에서 밥을 먹으면 꼭 이런 맛이 난다고 한다. 재료가 다르다거나 맵다든지 하는 문제가 아니다. 지금은 대부분의 재료를 구입할 수 있고, 매운 정도만이라면 만드는 것은 간단하다. 뭔가 하나가 부족한 맛이 아니라 통째로 뭔가가 좀 다르다. 전체가 다르다고 표현할 수밖에 없다.

또 맛있는 가게, 맛없는 가게라는 것도 있다. 나는 그런 곳을 잘 알지 못하지만, 좋은 재료를 쓰고 비싸게 파는 곳이라면 맛있는 음식이 많이 있을 것이다. 하지만 예를 들어서 재료가 거의 같고 같은 음식을 만들었을 때 맛있는 곳과 맛없는 곳이 있다. 그런데 요리란 그런 게 아닐까? 즉 그것이 정보니까!

정보란 항상 전체가 있어야 비로소 의미가 확정된다. 언어는 글자 속에서 비로소 의미가 확정된다. '물'이라는 말에는 물론 H_2O라는 의미가 있다. 하지만 '그렇게 물정 모르는 소리는 하지도 마라'라든지 '물물교환'의 경우에는 조금 의미가 달라진다. 정보는 항상 전체를 받아들이지 않으면 의미가 없다.

처음 멕시코에 홈스테이 갔을 때에는 아는 스페인 말이 정말 적었다. 누가 스페인어로 물어보면, 몇 개 안 되는 아는 말(단어)을 알아듣기 위해서 최선을 다해 노력했다. 어느 날 호스트의 동생 말렉이 영화 전단지를 보여주면서 스페인어로 말했다.

말렉: …이 영화, …알…?

나 : 응, 하지만, 본 적은 없어.

말렉: …내 여자친구가…가…, …

영화 이야기를 하고 있고, 여자 친구가 나온다. 거기까지는 괜찮다. 분명 데이트 이야기라는 것을 알 수 있었다. 거기서부터가 문제였다. 갔다는 것인지, 가고 싶다는 것인지, 간다는 것인지, 그게 나와 무슨 상관이 있고, 어떻게 하고 싶은 것인지 전혀 이해가 되지 않았다. 잘 모르는 말을 들으면서 열심히 단어를 쫓고 있는, 그런 시험공부 같은 노력은 오래 가지 않았다. 그런 행동에 질렸을 무렵, 멍하게 전체가 들리기 시작하고 상대가 무슨 말을 하는 건지 이해가 되기 시작했다.

어느 날 호스트의 여동생 킴베와 마트에 장을 보러 갔을 때, 제과점 앞에서 케이크를 보면서 많은 말을 했다. 가족 모두 이 케이크를 좋아한다는 것, 얼마 전에 친구와 함께 만들었다가 실패했다는 것, 친구가 남자친구에게 주려고 몇 번이나 만들어서 가져왔기 때문에 이제는 먹고 싶지 않다는 것 등등. 내가 알고 있는 단어는 손에 꼽을 정도였지만 그래도 알아들었다. 전체부터 파악하자 이상할 정도로 이해가 잘 되었다.

일주일이 지났을 무렵, 내가 그들의 말에 'Si'나 'No'라고 말하자, 가족들은 내가 정말 알아들은 건지 신기한 듯이 들었던 말을 해보라고 했다. 그래서 대답하면, 대부분의 경우 제대로 알아들었다는 결론이 났다.

언뜻 이것은 설명하기 어려운 신기한 현상처럼 보인다. 하지만 정보가 전체 속에 존재한다는 전제하에 생각한다면 당연한 일인지도 모른다.

◆ 마음(의도)의 문제구나

우리는 어떤 것을 분리한 후 다시 하나로 조합해서 전체를 만든다. 각각 분리된 것이 '전체'로서의 형태를 유지할 수 있는 포인트는 마음인지도 모른다. 애초에 이화작용과 동화작용도 처음과 끝은 크게 다르지 않다. 돼지고기를 먹고 이화하고 동화해서 만들어지는 것은 내 몸. 조직성분은 크게 다르지 않은 단백질이다. 물질이었던 단백질이 살아 있는 몸으로서의 단백질이 된다. 세포에는 마음이 있다고 할 수 없지만, 물질과 생명 사이에는 마음이 살아 있을 것이다(잘 표현할 수 없지만). 그래서 이화작용과 동화작용의 과정은 그 마음을 담기 위해서 있는 것인지도 모른다.

요리도 그렇다. 앞에서도 썼지만 시작과 끝에는 크게 차이가 나지 않는다. 가열해서 잃은 수분이나 지방질을 더하고 파괴된 비타민 대신 채소 등을 첨가해본다. 결국 잘게 다진 것을 원래의 형태에 근접하게 만들기 위해서 노력한 결과이다. 그렇게 생각하자 허무한 기분이 들었지만 마음이 담긴 행위라고 생각하자 구제받았다. 하지만 그것은 소위 '마음 문제'만이 아니다. 이화작용과 동화작용을 해서 한 바퀴 순환. 같은 곳으로 돌아온 듯이 한 단계가 올라간 것이다. 인간은 쇠고기를 먹어도 소가 되지 않는다.

그렇다면 마음이란 무엇일까? 유부남 H씨에게도 그것은 커다란 의문이었던 것 같다. 부부싸움을 할 때 부인이 종종 이렇게 말했다고 한다.

"당신은 집안일에 대해서 아무 생각이 없어!! 아무것도 안 하잖아."

그렇지만 사실 H군은 가끔 도왔기 때문에 반론했다.

"무슨 소리야? 내가 얼마나 잘 하고 있는데? 설거지라든지 청소 같은 걸…."

하지만 부인에게는 그런 문제가 아니었는지 이렇게 화를 냈다고 한다.

"단순히 하기만 하면 끝이 아니야. 마음이 담겨 있지 않아. 당신은 말만 앞서잖아."

그런데 부인이 이렇게 말한다고 해서 돕지 않아도 되는 것은 또 아니다. 도대체 마음이 무엇이길래?

유부남인 H군에게는 안된 일이지만, 마음은 그 두 사람의 관계 속에 있는 것이니 나로서는 도와줄 수가 없다.

◆ 마음, 관계 그리고 언어 발생

마음이란 당연히 관계 속에 존재한다. 대상물이 없다면 감정은 움직이지 않기 때문이다. 끓어오르는 마음을 스스로 이해하려는 것이, 그것을 전달하려는 것이 언어이다. 따라서 언어도 사람과 사람 사이에서 만들어진다. 아기는 엄마에게 말을 배우는 것이 아니다. 태어날 때부터 마음을 표현하고 받아들이고 전달하는 관계성 속에서 언어를 습득하게 된다. 혼자서 언어를 습득하는 사람은 없다. 이것은 성인이 처음 접하는 언어를 습득하는 경우에도 마찬가지이다. 왜냐하면 언어는 감정을 표현한 것이고, 누군가와 함께 주고받으면서 만들어진 것이기 때문이다.

배가 고파 울고 있는 아기에게 엄마가 말한다.

“배가 고프구나. 우유 줄게.”

아기는 어느새 입에 가득 들어오는 맛있는 것이 우유라는 것을 깨닫고 불쾌한 상태가 배가 고파서라는 것을 배운다. 처음에 아기는 배가 고픈 것도, 기저귀가 젖은 것도, 단순히 불쾌한 기분이라고만 생각할 것이다. 그것을 엄마와 함께 발견해가면서 점차 언어가 만들어진다. 아기는 그것을 듣고 말하면서, 그것이 작용하는 환경을 발견한다. 아기는 이렇게 자신의 세계를 만들어간다.

언어를 통해서 세상을 발견하는 과정은 흡사 세포분열 과정과 유사하다. 세포가 분열한다는 것은, 마치 닌자 영화에 나오는 분신술처럼 갑자기 똑같은 것이 하나 더 생기는 듯이 보인다. 하지만 실제로 세포는 필요한 재료를 받아들여서 이화작용과 동화작용을 거치면서 충분히 크기를 키운 후에 분열한다. 분열하기 전에 재료가 전부 구비되어 있고, 그것을 자신에게 받아들이는 과정이 있기에 분리가 아니라 분열이 된다. 이런 세포분열은 또 하나의 커다란 이화작용과 동화작용인 ‘배발생’의 일부분이기도 하다.

발생은 1개의 알에서 출발해서 개체가 되어가는 것이다. 세포가 증가하고 상호작용함으로써 다시 전체가 만들어져서 인간은 인간의, 개는 개의 형태가 된다. 인간의 형태가 될 때까지 인형을 조립하듯이 갑자기 손이 나오거나 발이 나오는 일은 없다. 먼저 배와 등이 결정되고, 상하의 기준인 머리와 다리가 결정되고, 좌우가 결정되고… 축이 만들어진다. 그런 식으로 1개의 알이 점점 다른 작용을 가진 부분으로 나뉜다. 즉 이화작용이다. 또 축이 만들어지면 동시에 전체 속에서의 위치가 결정되는데, 이

때 대칭성을 발견하고 새로운 전체가 그곳에서 만들어진다. 이것이 바로 하나의 개체가 되는 동화작용이다. 요리가 재료를 이화하고 동화하는 것과 마찬가지로 생물은 자신을 이화하고 동화한다. 다세포생물이 각각 따로 분리되지 않는 이유는 발생이라는, 이화해서 동화하는 프로세스가 있기 때문이다.

요리나 언어습득, 배 발생에서 중요한 것은 똑같다. 제일 먼저 분리되지 않은 전체가 있고, 이화작용과 동화작용을 거치면서 점점 형태가 확실해진다.

처음에 개를 배우고, 그다음에 고양이를 배우고, 그러고 나서 새를 배우고…. 아기는 이런 식으로 조금씩 공부하지 않는다. 처음에 동물 전체를 멍멍이로 파악하고, 그것은 곧 짹짹이나 냐옹이로 나뉜다. 이것도 전체 속에서 동물이라는 축을 발견한 다음에 네 발 달린 동물이라는 축의 대칭성을 발견하는 과정이라고 할 수 있다. 분열하는 과정이 있기에 들리는 말을 따라 할 수 있게 된다. 인간의 경우 재료는 언어가 되겠지만 이화작용과 동화작용을 통해서 자기 안에 좀 더 세부적인 세상을 만들어간다는 사실에는 변함이 없다.

◆ …살아 있다는 것은?

먹는다는 것은 '전체'인 내 몸에 새로운 요소를 받아들이는 행위이다. 이 요소를 내 몸의 일부로 만들기 위해서는 동화작용이 필요하다. 생물은 먹지 않으면 죽는다. 그래서 항상 새로운 것을 섭취하여 끝없이 새로 몸을 만든다. 모든 생물은 예외 없이 그런 과정을 거친다.

최초의 세포가 무엇인가를 받아들이기 시작했을 때부터 생물은 먹는다는 행위를 매개로 하여 정보를 교환하고 상호관계를 만들고, 그것을 다른 것으로 바꾸어 왔다. 이것이 바로 살아 있다는 뜻이다.

어머나, 저 혼자 계속 떠들었네요. 죄송합니다.

당신 정말 수다쟁이구나. 경위님이나 엉뚱야마 씨가 지루해 하겠어.

자네는 조용히 좀 해주게. 부인, 매우 재미있는 이야기를 들려주셔서 감사합니다.

음 지금까지 우리가 살펴본 '이화작용과 동화작용'. 분명 음식을 먹는 것에서부터 시작해서 에너지를 추출하거나 사용하는, 에너지에 관한 이야기였었지. 우리는 그 측면에서만 봤다고 할 수 있군. 이 사건, 해결됐다고 하기에는 성급했었나? 에너지와 정보… 음 일단 '정보'에 관해서 좀 더 살펴볼 필요가 있겠군.

그런데 '정보'란 게 뭐죠…? 그것부터 알아야 할 것 같은데…
경위님, 오늘은 일단 그만하고, 내일부터 '정보'에 관해서 각자 조사해오기로 하죠.

맛있게 잘 먹었습니다.

또 오세요들.

2) 생물에게 정보란 무엇인가?

그러니까, 정보란….

① 어떤 것에 대해 알려주는 것.

② 판단을 내리거나 행동하기 위해서 필요한 지식.

《광사연》 이와나미서점에서 인용

그리고 내가 조사해서 수집한 것도 정보. 내 정보가 있기에 언제나 사건이 해결되는 거지. (끄덕끄덕)

아내가 말한 '정보도 에너지'라는 게 뭘 말하는 건지 알겠는데, 그것이 '관통하는 질서' '이화작용과 동화작용'과 관계된다는 건 무슨 뜻일까?

내가 사건을 해결할 때 계기가 되는 것도 정보겠지. 할인이나 전단지에 쓰여 있는 것도 정보일 테고, 그렇다면 TV나 신문 같은 건 정보덩어리겠지. 말은 이렇게 할 수 있지만, 지금 당장 와 닿지는 않는군….

안 그래도 이상한데 혼자서 중얼거리고 있으면 정말 이상한 사람으로 오해받겠어.

아무튼 엉뚱이즈미 군의 말대로 정보라는 말이 애매하다는 게 무슨 뜻인지도 알 것 같아. 에너지라는 말도 누군가에게 에너지를 받거나 기분상 에너지가 솟아오른다, 즉 의욕이 샘솟는다는 표현을 할 때 쓰지. 하지만 에너지에 관해서는 지금까지 '이화작용과 동화작용'을 살펴보면서 우리 몸속에서 에너지가 어떤 식으로 만들어지고 쓰이는지 정확히 알았잖아. 그에 비해서 정보에 대해서는 아직 잘 몰라, 조사가 부족해.

그건 그렇고, 경위님이 늦는데요. 약속시간이 훨씬 지났는데.

내가 좀 늦었군. 잠깐 어딜 들렀다 오느라. 정보에 관해서 나 나름대로 생각해봤지만 잘 모르겠더군. 그래서 난처해하고 있었는데, 그때 마침 정보에 관해서 이야기해줄 수 있을 것 같은 친구가 떠오른 거야. 그래서 오늘은 함께 오기로 했지. 이쪽은 엉뚱 동생. 한 사람보다 두 사람, 세 사람보다 네 사람이 생각하는 게 더 도움이 되니까.

아, DNA의 모험 강의 때 함께했었던 엉뚱 동생이시군요? 우리와 엉뚱 캐릭터 동지죠. 반가워요. 엉뚱 형님은 잘 지내시나요?

오랜만입니다. 엉뚱 동생입니다. 형님이 요즘 '정보'에 대해서 연구하더니 일을 할 때도 멍하고 집에서도 갑자기 설거지를 하질 않나, 최근에는 요리에 푹 빠져 있어요. 정말 곤란한 상황입니다.

자, 자, 형님에 관한 이야기는 이제 그만 하고. 오늘 자넬 초대한 이유는 사실 우리가 지금 '정보'에 관해서 별로 아는 게 없기 때문에 강의를 좀 들었으면 해서야. 정보와 의미와 주체라는 말이 생각났는데. 이걸 설명해줄 수 있겠니?

알겠어요. 해볼게요.

생명은 정보를 만든다

◆ 의미가 없는 정보란 무엇인가?

세상에는 정보이론이라는 학문이 있다. 이 문제를 거기서부터 시작해야 한다고 생각한 나는 그 주제에 관한 책을 잔뜩 쌓아놓고 읽기 시작했다. 대부분의 책에는 첫머리에 전제가 쓰여 있었는데 나는 거기서 딱 멈춘 채 더 이상 페이지를 넘길 수가 없었다. 왜냐하면 그 전제라는 것이 '이 정보이론에서는 정보가 갖는 의미라는 측면은 생각하지 않기로 한다'였기 때문이다. 의미를 생각하지 않고 정보를 생각할 수 있다는 말인가?

물론 의미에 관해서 논하기가 쉽지 않다는 것은 나도 알고 있다. 같은 정보라고 해도 사람에 따라서 느끼는 가치가 다르고, 자연과학에서는 의미를 측량하거나 수량화할 수 있는지 하는 문제가 생긴다. 물론 의미를 생각하지 않는다는 전제하에서도 정보의 전달 효율이라든지 잡음 제거라든지 중요한 문제는 다양하게 있을 것이다. 하지만 지금은 정보에 대해서 생각하는 이상, 의미는 그 본질적인 요소이므로 의미를 생각하지 않는다는 것은 가장 중요한 핵심을 잘라낸 것이라고 생각할 수밖에 없었다.

◆ 정보, 의미, 그리고 주체

위에서, '똑같은 정보라고 해도 사람에 따라 가치가 다르므로 의미의 수치화는 불가능'하다고 썼다. 이 문장을 다시 곱씹어보면, '정보에는 의미라는 요소가 부여되어 있는데, 유감스럽게도 그것은 객관적이지 않기 때문에 숫자로 측량할 수 없다'는 뜻이 된다.

여기서 관점을 살짝 바꿔, 의미를 '누군가가 어떤 것에 부여한 것'이라고 생각해 보자. '의미를 부여한다'는 말은 문자 그대로 의미를 둔다는 뜻이다. 그렇다면 정보도 '어떤 정보에 대해서 누군가가 의미를 부여한 것'이다. 여기서 지금까지는 등장하지 않았던 요소가 나타난다. '누군가'이다. 이렇게 본다면 의미는 정보 쪽에서 부여하는 것이 아니라, '누군가' 쪽에 있다는 뜻이 된다.

'정보에 의미를 부여하는 주체'. 이 '주체'를 탐구한다면, 정보와 의미를 따로 분리하지 않고 파악할 수 있지 않을까?

◆ 생명에 나타난 정보의 역사

그렇다면 그런 관점에서 정보와 의미와 주체를 생각해보자.

이 세 가지를 동시에 살펴볼 수 있는 모델이 없는지 인간, 동물, 세포, 분자 등 다양한 계층에서 생각해 보았다. 분자생물학에서는 정보를 두 가지 타입으로 분류했다. 하나는 몸을 만드는 정보로서의 DNA이고, 다른 하나는 외부에서 환경정보를 전달하는 수용체이다. 수용체의 초기 부분을 살펴보면 힌트가 있을지도 모른다고 생각하고, 《세포의 분자생물학》을 넘겨보니…, 있었다! 그것은 바로 대장균이었다.

◆ 대장균과 글루코스

원핵단세포생물인 대장균은 주식인 글루코스를 한곳에서 계속 기다리면서 먹는 게 아니라 글루코스의 농도차를 감지하고 농도가 큰 쪽으로 움직이는 성질이 있다. 이것을 주화성이라고 한다. 대장균은 다리가 없지만 6개의 편모가 있어, 이 편모를 회전시키는 방법으로 움직인다. 회전에는 방향이 있어서 한 방향으로는 편모가 다함께 비교적 똑바로 움직이는데, 반대 방향으로 갈 때에는 섬모가 흐트러져서 지그재그 방향이 된다. 대장균은 이 두 방향으로밖에 운동하지 못하지만, 이것을 조합해서 글루코스가 있는 곳까지 갈 수 있다.

헤엄치는 대장균 편모

(A) 시계 반대 방향으로 회전하면, 편모는 한 줄기 다발이 되어 나사처럼 매끄럽게 움직이며 헤엄친다.

(B) 시계 방향으로 회전하면 편모다발을 풀어서 균체가 덤블링한다.

(A)

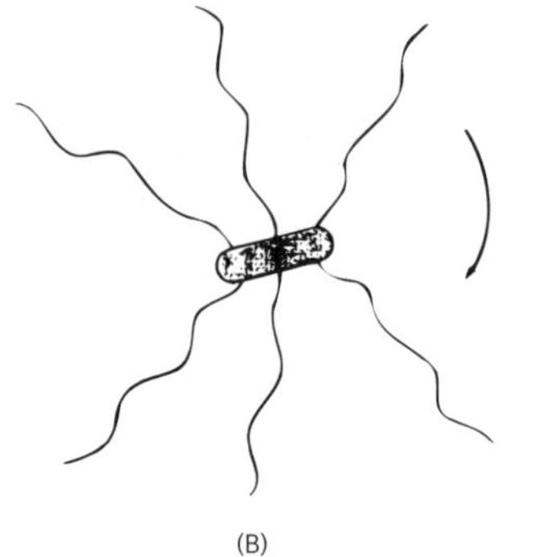

(B)

대장균이 헤엄친 흔적

(A) 주화성 시그널이 없는 경우 매끄럽게 헤엄치다가 덤블링을 해서 멋대로 방향을 전환하기 때문에 양측이 번갈아가면서 일어나, 삼차원의 무작위적인 움직임이 된다.

(B) 주화성 유인 물질이 있는 경우, 그 농도가 진한 쪽으로 헤엄치는 동안에는 덤블링이 억제되고 점차 유인 물질을 향해 집중된다. 이렇게 무작위의 움직임을 보이면서도 지향성이 나타난다.

《세포의 분자생물학 제3판》에서 편집

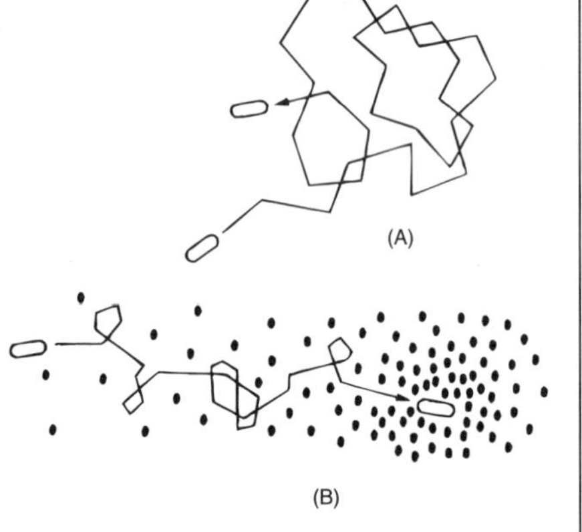

이 농도차를 감지하는 수용체도 연구 중인데, 글루코스를 잡으면 편모 쪽으로 전달하고, 반대로 대장균이 싫어하는 물질(기피물질이라고 한다)이 있으면 그쪽으로 가는 것을 억제시키기도 한다.

글루코스는 대장균이 가장 좋아하는 에너지원이다. 그것을 잡으면 무작정 먹는 것이 아니라 일단 농도차라는 정보를 뽑아내고, 그쪽으로 움직이려고 한다. 정보는 글루코스의 농도차, 의미는 글루코스의 에너지, 주체는 대장균이다. 이 경우 정보와 의미는 양쪽 모두 글루코스이고, 양측이 분리되지 않는다는 점이 주목할 만하다. 이렇게 되면 알기가 쉽다.

◆ 다세포생물과 수용체

이번에는 다세포생물을 살펴보자. 단세포생물인 대장균에서는 기본적으로 먹기 위한 정보를 다뤘지만, 다세포생물이 되면 상황은 급격히 복잡해진다. 즉 먹는 것뿐만 아니라 발생 시 세포 간에 정보를 교환하거나 성체가 된 후 세포끼리 기능을 분담·조절하기 위한 정보교환 등 음식물과는 직접 관련되지 않는 정보의 양이 상당하다. 더구나 다세포생물의 각 세포는 독립된 하나의 세포로는 살아가지 못하게 역할을 분담하고 있기 때문에 이 다세포들 간의 정보교환은 생명줄이라고도 할 수 있다.

40억 년 전에 생명이 탄생하고 10억 년 전에 다세포생물이 출현했다면, 원시적인 다세포가 탄생한 이후 인류가 될 때까지 10억 년밖에 걸리지 않았는데, 단세포에서 다세포가 될 때까지는 30억 년이나 걸린 셈이다. 그 이유를 《THE CELL》에서는 세포 간의 커뮤니케이션 시스템을 확립하는데 30억 년이라는 긴 시간이 걸린 게 아닐까라고 말하고 있다. 어쨌든 다세포생물이 되는 데 정보혁명의 일면이 있는 것은 분명해 보인다. 여기서 수용체가 대활약을 한다.

수용체는 세포의 외부 환경정보를 받아들여 내부로 전달한다. 수용체가 없다면 아무리 정보 분자가 있다 해도 세포는 정보를 받아들일 수 없다. 그렇다면 수용체는 안팎을 연결하는 통로이고, 세포 입장에서 보면 자신이 가진 수용체가 받아들이는 것만이 정보라고도 할 수 있다. 정보란 주체와 멀리 떨어져서 객관적으로 존재하는 것이 아니라 그것을 받아들이는 수용체가 있기 때문에 정보가 될 수 있다. 오히려 수용체 쪽이 주체의 일부가 되어 정보를 선택한다고도 할 수 있을 것이다.

여기서는 수용체의 구조에 관해서는 언급하지 않겠지만 수용체의 반응에 대해서 재미있는 예가 있어 소개한다. 그것은 바로 정보를 전달하는 분자인 아세틸콜린에 대한 세 가지 세포의 반응이다.

〈시그널 분자 아세틸콜린의 경우〉

안녕, 나는 시그널 분자인 아세틸콜린이라고 해. 난 트래칼리에서는 시그널전달 아이돌이라고 부르는 꽤 유명한 존재야. 그거 아니? 세포마다 나에게 반응하는 방법이 달라. 아래의 그림을 보면서 읽으면 이해하기 쉬울 거야.

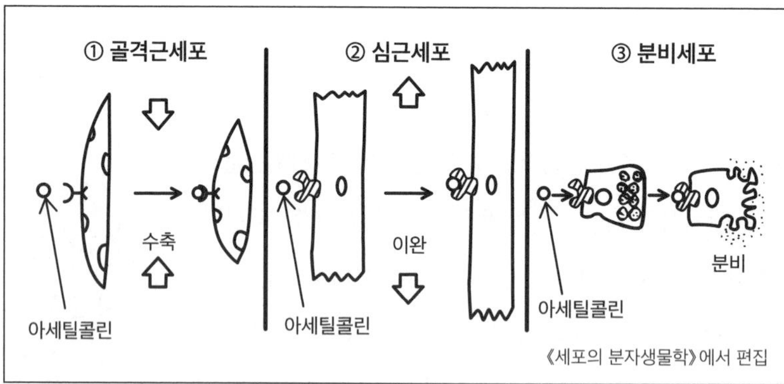

《세포의 분자생물학》에서 편집

골격근세포는 나를 수용체로 잡으면 자신이 수축돼. 나를 만나면 심장이 쿵 내려앉아서 수축하는 것 같아.

하지만 심근세포는 나를 수용체로 잡으면 정반대로 풀어져(이완이라고 하지). 심근세포는 나를 만나면 기분이 좋은가 봐. 이렇게나 다르다니 재미있지 않아?

이 차이는 두 수용체의 타입이 다르기 때문이야. 타입이 다르니 다른 반응을 보이는 건 당연하겠지.

그런데 분비세포는 심근세포와 똑같은 수용체를 갖고 있지만 나를 잡으면 분비를 시작해.

신기하지? 다 똑같은 아세틸콜린인 나를 잡고서는 이렇게 반응이 다르다니 말이야. 하지만 어느 세포의 수용체든 나를 소중히 대해주니까 시그널 분자 일을 그만둘 수가 없어. 그럼 이제 누구를 만나러 갈까?

이 경우 정보는 아세틸콜린이라는 분자가 되고, 의미는 1.수축한다, 2.이완한다, 3.분비한다는 세 가지가 있다. 각각의 의미를 부여하는 주체 역시 골격근세포와 심근세포와 분비세포 등 세 가지가 있다. 이때 정보로 작용하는 아세틸콜린 분자 본인에게는 고유의미가 없고, 세포가 실제 의미를 해석해서 부여한다. 심근세포와 분비세포는 수용체까지 똑같지만, 그 다음 반응은 다르다. 다시 말해서 외부에서 오는 시그널 분자에 대해서 그 반응을 세포측이 규정하고 있는 셈이다.

이것을 정보라는 관점에서 보면 큰 의미가 있다. 즉 시그널 분자 자체가 글루코스처럼 대장균에게 도움이 되는 물질일 경우 시그널 분자 자체에 정보가 부여되어 있기 때문에 가장 알기 쉬운 직접적인 정보라고 할 수 있다. 그런데 지금의 아세틸콜린 같은 경우는 시그널 분자 쪽에는 아무런 의미의 실태는 부여되지 않고, 그것을 받아들이는 세포 측에서 정보의 의미를 부여해야 한다. 즉 주체가 없다면 시그널 분자를 받아들여도 그 정보에서 의미를 끌어낼 수 없다. 다세포의 세포 간 정보전달이 되면, 완전히 정보와 의미가 분리된다. 더구나 의미는 정보측이 아니라 주최 측이 갖고 있다. 이렇게 되면 이야기는 복잡해진다.

지금까지 주체로 언급된 것은 대장균, 골격근세포, 심근세포, 분비세포 등 모두 세포였다. 이 세포 레벨에서 주체를 좀 더 자세히 살펴보면, 주체는 각 세포의 DNA가 된다. DNA는 몸을 만들기 위한 정보이므로 수용체에서 보내는 외부의 '환경' 정보에 의미를 부여하는 것도 실제로는 'DNA'의 정보였던 셈이다.

◆ 동물과 뇌

동물의 경우에도 세포 레벨에서의 의미는 DNA가 부여하지만, 전체적인 개체 레벨에서는 뇌가 외부환경의 자극에 대해 의미를 부여한다. 개체의 내부와 외부를 연결하는 것은 감각기이고, 그 감각기의 정보를 전달하는 것은 신경세포이다. 그리고 감각신경에서 오는 자극을 종합하는 부분의 뇌가 운동신경을 매개로 삼아 근육으로 반응을 보낸다. 신경세포의 경우 신경세포 사이에서는 시그널 분자가 정보

전달을 하지만 신경세포 내에서는 사실 전기신호로 정보를 전달한다. 물론 전기신호 자체에 의미가 있는 것은 아니다. 그렇다면 앞에서 나온 아세틸콜린과 마찬가지로 다세포동물은 이 전기신호의 자극 조합으로 각자 그 환경에 대한 의미(반응)를 이끌어내야 한다. 그 일을 신경세포가 집중되어 있는 뇌가 수행하는 것이다.

◆ 인간과 언어

그리고 다시 복잡한 일이 인간에게 일어나고 있다. 인간은 개체 간의 정보교환을 가능하게 하는 시스템을 만들어냈다. 그것이 언어이다. 언어는 지금까지처럼 정보, 주체, 의미라는 것을 설명하기가 더 어렵다.

구어의 경우 정보는 소리로 전달되는데, 그렇다고 소리라면 뭐든지 다 되는 것은 아니다. 어떤 사상을 전달하기 위해 만들어진 것이 언어로, 언어마다 모음이나 자음 등의 특정 요소로 조합된 특정 음군으로 정해져 있다. 또 그 소리의 나열 방식에도 복잡한 규칙이 있기 때문에 이것도 뭐든지 가능한 것은 아니다.

의미는 정보만으로는 규정되지 않는다. 또 주체에 의해서 부여될 때도 언제나 미래를 향해 열려 있다, 라기보다 큰 맥락 안에 들어가야 비로소 부분적인 언어의 의미가 생긴다.

주체는 각 개인의 뇌마다 다 있지만, 태어나자마자 뇌가 주체의 기능을 하는 것은 아니다. 태어난 개체군마다 다르게 만들어진 환경 속의 언어를 흡수하고, 뇌 속에 주체적으로 자신의 언어세계를 만들어낸다. 따라서 주체는 원래 개체군이 만들어내는 환경이라고 할 수 있다.

이 주체마저도 언어에 의해서 만들어지는데, 이 또한 인간 언어의 대단한 점이다. 언어에 의해서 주체의 세계가 만들어지는 이것을 자연습득이라고 한다. 이렇게 복잡하고 다양한 정보환경 속에서 아기는 자신의 주변에서 들리는 말의 음군과 의미까지 완벽하게 받아

들일 수 있다. 이것은 실로 엄청난 일이다. 하지만 더 놀라운 것이 있다. 언어 자체가 아름다운 질서계이며 자연의 원리를 반영하고 있고, 인간이 그와 똑같은 원리를 갖고 있기에 언어를 자연 습득할 수 있다는 점이다.

◆ 정보의 시작

종합해보면 생명의 진화와 더불어 정보·의미·주체도 복잡하게 진화해왔음을 알 수 있다.

한편 DNA가 가진 정보도 진화해왔다. 양도 증가했고, 기능유전자뿐만 아니라 조절유전자도 생겨났다. 무엇에 쓰이는지 구체적으로 기능이 밝혀지지 않은 영역도 대량으로 존재한다. 거시적으로는 다세포생물과 단세포생물로, 미시적으로는 핵산분자로 돌아가서 이 DNA의 최초 모습을 생각해보자.

즉 DNA의 전신인 RNA 분자가 최초의 정보를 최초로 복제할 수 있었다고 가정해보자. 이때 정보는 RNA 서열이고, 주체는 RNA 분자이고, 의미는 복제가능이 된다. 정보도 의미도 주체도 모두 RNA에 중복된다. 생명은 정보와 에너지와 그것을 담을 수 있는 물질이 종합됨으로써 탄생했다.

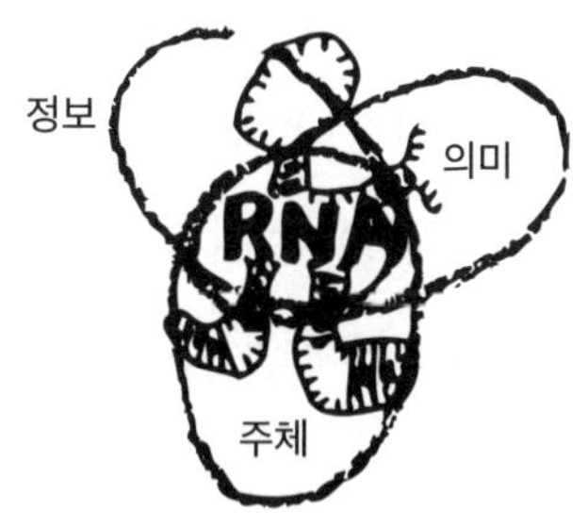

이번에는 정보를 있는 그대로가 아니라 전달이 되었을 때 비로소 정보가 된다고 가정해보자. 이 경우 RNA 서열을 아무리 많이 갖고 있다 해도 그것을 복제할 수 없다면 정보가 되지 않는다. 그렇다면 RNA 분자에게 자가 복제능력이 생겼을 때 최초의 정보가 탄생한 것이 아닐까?

즉 정보는 생명이 탄생했을 때 만들어졌다. 최초의 생명은 최초의 주체였고, 그 주체에 의해서 최초의 정보와 의미가 창조된 것이다. 따라서 정보는 생명의 속성으로 탄생했다고 할 수 있다.

뭐 이런 이야기예요. 복잡하죠? 정리를 해볼까요?

정보에는 의미가 있고 그 의미를 누군가가 부여한 것이라면, 생물에게 있어서 정보란 그 의미를 부여하는 '누군가', 즉 주체는 곧 생명이 되는 거죠. 그렇다면 주체가 없는 객관적인 정보는 존재하지 않잖아요. 그래서 정보를 가졌다는 것은 생명을 가졌는 말이 되는 거예요.

그렇군요. 정보가 애매한 느낌이 드는 이유는 의미를 생각해야 하기 때문이네요. 이것을 수치화할 수 없다고 해서 버릴 수도 없고 함께 생각해야 하는 거니까요…, 역시 명확하시네요.

그러고 보니 《DNA의 법칙》의 1장에도 DNA가 유전정보라는 이야기가 실려 있었어요. 정보란 존재하기만 해서는 아무 소용이 없고, 받아들여야 비로소 정보라고 할 수 있지 않겠냐는 말이었어요. DNA를 예로 들면, 유전정보가 어떻게 작용하는지를 뜻하겠죠? 미시적인 관점으로 살펴본다면 그것은 단백질과 DNA의 관계라고 할 수 있겠지만, 좀 더 크게 본다면 유전정보는 세포끼리의 상호작용, 그리고 생물과 주변 환경과의 관계에 영향을 미치는 거군요.

음, 매우 흥미진진한 이야기였어요. 처음부터 정보는 생명의 속성으로 탄생했다는 말씀이군요. 이화작용과 동화작용의 에너지라는 측면에서 살펴보고 깨달은 것은 그것이 자연의 방향을 따라서 실행된다는 사실이었어요. 하지만 우리가 정보에 대해 이야기 하는 게 도대체 무슨 의미가 있을까요?

앗, 알겠어요, 경위님. 정보 보존의 법칙이라는 게 있지 않나요? 생각해봐요, 물리학에서는 에너지보존법칙이라는 것도 있잖아요.

그러고 보니 아까 엔트로피 증가의 법칙은 '자연의 방향으로'라는 뜻이었죠. 생물은 비평형에서 평형을 향한다는 자연의 흐름을 이용해서 질서를 세운다, 즉 몸을 유지해나간다는 것 말이에요. 그 이야기와 정보도 관련이 있지 않을까요?

와아 대발견이다, 이건. 앗 이건 제가 발견한 거예요 경위님.

너 또 혼자 앞서 나가는구나. 생각은 좀 하고 말하는 게 좋지 않을까? 엉뚱 동생의 이야기는 재미있었는데, 역시 정보란 건 애매한 것 같아요. 그것을 에너지와 똑같은 관점으로 생각해도 되는 건지 걱정돼요.

엉뚱야마 씨의 말대로 엉뚱이즈미 군의 생각은 비약인지도 모르지만, 좀 더 살펴보는 것도 재미있을 것 같군. 내 오랜 형사로서의 감이 그렇게 말하고 있어. 하지만 어떻게 찾아야 할지…, 무슨 좋은 정보가 없을까?

3) 새로운 역학체계

엔트로피: 정보의 불확정성

◆ 정보에서 에너지를 추출하다

아이쿠, 엉뚱하타케 씨. 여러분끼리만 모여서 이렇게 재미있는 걸 하다니, 나빴어요!!

앗, 이 큰 목소리는?

제가 엉뚱 형입니다. 마음을 담아 노래하죠.

형, 이제 와서 무슨 소리야. 아까 집에서 요리만 하겠다며 거절했잖아. 그리고 노래는 부르지 않아도 돼. 엉뚱하타케 씨들한테 실례야.

이런, 제가 실례를 했군요. 미안합니다. 하지만 엉뚱하타케 씨, 저도 요리를 하면서 정보에 대해서 생각했답니다. 지금 동생의 이야기나 엉뚱하타케 씨들의 이야기를 들었더니 또 생각이 났어요. 예를 들어서 그쪽의 안경을 쓴…, 엉 · 덩 · 이즈미 군이었나? 아무튼 앞에서 엔트로피 증가의 법칙이라고 했는데, 그것에 관해서 어떻게 생각하시나요? 생물도 열역학의 엔트로피 증가의 법칙에 따른다는 이야기였죠. 그것은 생물이 흡수한 물질은 자연스러운 흐름을 따라서, 즉 엔트로피가 증가하는 방향을 향해서 분해되는데, 동시에 그것을 이용해서 질서를 만들어내므로 그 두 방향을 전체적으로 보면 결국 무질서한 방향으로 향한다는 이야기예요. 그렇게 말하면 또 그럴싸하지만, 그것은 단순히 모순되지 않는다는 말일 뿐, 적극적으로 질서가 만들어지는 방법에 대해서는 설명이 되지 않아서 저로서는 왠지 산뜻한 느낌이 들지 않았어요. 뭔가가 부족한 것 같거든요. 그래서 말이죠, 제 직감입니다만, 아까부터 저 이야기에 나오는 정보라는 것을 포함시켜서 생각해보았더니 뭔가 새롭게 보이는 것만 같더군요. 열역학 안에 '정보'를 포함한 '새로운 역학체계'라고 표현할 수 있을까요?

그래서 여러 가지 책을 읽었습니다, 좋은 책들이 꽤 많더군요. 자, 이겁니다. 《Feynman Lectures On Computation》. 이 책은 저자인 물리학자 파인만이 대학에서 강의했던 '컴퓨터 계산'에 관련된 내용을 정리한 책입니다. 사실 그 안에 정보에 관해서 물리적으로 생각할 수 있다는 내용이 담겨 있습니다. 조금 어렵지만 꽤 재미있으니 한번 읽어보세요.

흐흠, 어디어디. 음… 이건 영어잖아요. 두통이 나는군요. 한정된 이 지면에서 우리가 알아가는 과정까지 전달할 수는 없으니, 조금이라도 설명해주실 수 있을까요?

기꺼이 그러죠. 어쨌든 우리의 요점은 '정보'에서 에너지를 꺼내는 겁니다. 파인만은 열역학의 기본 원리를 설명하기 위해서 '피스톤과 실린더'를 이용했어요. 그는 이 모델을 이용하면 정보도 이해할 수 있다고 했어요.

저, 잠깐만요. 난 물리는 잘 몰라서… 열역학에서 자주 나오는 피스톤과 실린더라고 해도 확 와 닿지 않는데요.

네? 엉뚱야마 씨가 물리를 못해요? 그렇다면 저에게 맡겨주세요.

열역학은 열을 어떻게 에너지로 바꿀 수 있는지를 연구하는, 문자 그대로 열에 대한 학문이에요. 19세기의 과학자들은 기관차가 달리기 시작했을 때, 그런 열기관을 좀 더 효율적으로 움직이기 위해서 열역학을 연구하기 시작했어요. 최소한의 연료로 얼마나 많은 에너지를 추출할 수 있는지 알고 싶었거든요. 하지만 곧 벽에 부딪치게 돼요. 그 당시의 열기관 연구는 지금의 스페이스셔틀만큼이나 최첨단 학문이었거든요.

자네, 꽤 잘 알고 있군. 열기관이라…. 증기기관차 말이지? 하지만 지금은 달리지 않으니까 나는 잘 상상이 안 되는군.

아직 안 끝났어요.

증기기관차에 대해서는 잘 모른다 해도 우리 주변에는 경험적으로 알고 있는 '열'에 관한 현상이 아주 많아요.

예를 들어 뜨거운 것과 차가운 것을 붙여놓으면 어떻게 될까요? 뜨거운 것에서 차가운 것으로 열이 전달되어서 뜨거운 것은 차갑게 식고, 차가운 것은 따뜻해져요. 붙여도 양쪽 온도가 변하지 않는다든지 점점 뜨거워진다든지 차가워지는 일은 없어요.

또 스프레이 캔을 뿜어내면 왜 캔이 차가워지는지 아세요? 이런 것도 열역학 언어로 설명할 수 있어요.

여기서 말하는 열역학 언어란 간단히 말하면 P(압력), V(체적), T(온도), S(엔

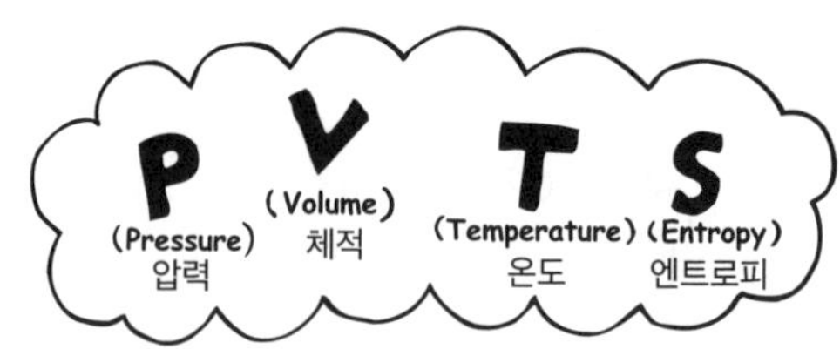

트로피)를 뜻해요. 열역학은 이 4가지 언어로 다양한 현상을 설명할 수 있어요.

P(압력), V(체적), T(온도), S(엔트로피)? 여전히 추상적이잖아? 알기 쉬운 예 없어? 그리고 피스톤과 실린더 얘기는 어디로 간 거지?

알았어요, 알았어. 하려고 했다고요. 간단하게 말하면 이 P, V, T, S는 떼려야 뗄 수 없는 관계예요. 서로가 서로에게 밀접한 영향을 미치거든요. 간단한 예로 P와 V와 T로 생각해볼게요. 빈병을 코르크 마개로 막은 채 뜨거운 물속에 넣으면 어떻게 될까요? 그러면 안의 공기가 따뜻하게 데워져서 코르크가 빵 튀어나올 거예요. 여기서 알 수 있는 건 T(온도)가 올라가면 안의 공기 P(압력)가 증가해서 코르크가 튀어나온다는 건데, 그럼 그때의 V(체적)는 어떻게 될까요? 코르크가 튀어나오기 전에 V(체적)는 증가하려 하지만, 코르크가 있기 때문에 증가할 수 없어요. 그 대신 P(압력)가 올라가요. 그리고 코르크가 빠진 순간 V(체적)가 증가하고, 반대로 P(압력)는 줄어드는 거죠.

스프레이 캔을 예로 들면 캔 속에 압축되어 있던 기체가 갑자기 넓은 곳으로 나오면 체적이 증가하고, 압력이 줄고, 온도는 내려가요. 그래서 캔이 차가워지는 거죠.

즉 P, V, T는 이런 식으로 연관되어 있어요. 그렇지만 병이나 스프레이 캔의 예만으로는 다양한 물질에 적용할 수 없겠죠? 그래서 피

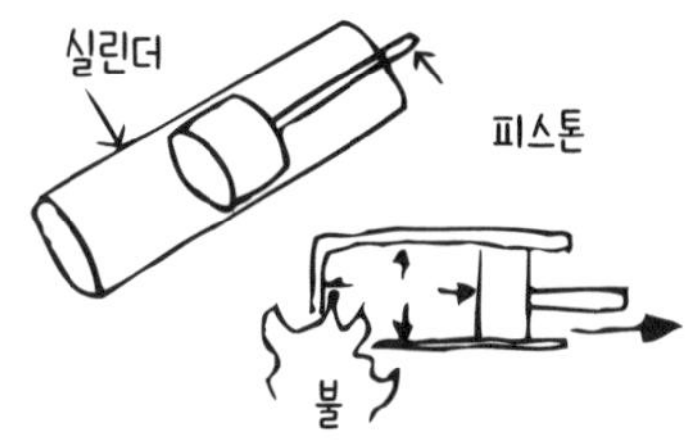

스톤과 실린더가 등장하는 거예요. 주사기 끝에 구멍이 뚫려 있지 않다고 상상해보세요. 병과 코르크로 비유하면, 병이 실린더, 코르크가 피스톤이 되려나요? 아무튼 이런 식이에요.

당신, 멍하기만 한 사람이 아니군요. 그럼 아까 하던 이야기로 돌아가도 될까요? 네, 바로 '피스톤과 실린더' 말입니다. 보통 열역학에서는 이 피스톤과 실린더를 이용해서 에너지를 추출하는 방법을 설명하는데, 우리는 이것을 이용해서 정보를 살펴볼 수 있어요.

먼저 피스톤과 실린더 장치 안에 어떤 기체를 담아놓았다고 가정해보죠. 좀 더 간단하게 그 기체를 원자 1개로 이루어져 있다고 가정할게요. 그리고 지금 실린더는 큰 열과 가까이 접해 있습니다. 뭐 욕조 안에 주사기가 있다고 상상하면 되겠네요. 이제 피스톤을 눌러 실린더 안의 체적을 반으로 줄여볼까요?

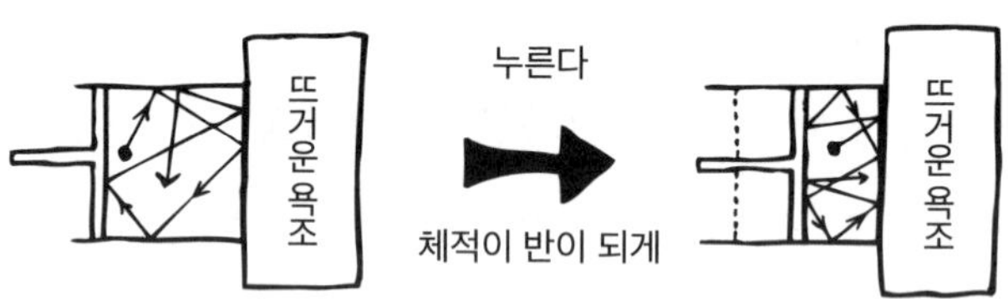

이렇게 기체를 압축하면 온도가 올라가는데, 피스톤을 아주 천천히 밀어 올리면 여기서 발생한 열이 크고 뜨거운 욕조에 천천히 퍼지면서 실린더 안의 온도는 변화하지 않는다고 할 수 있어요.

이때 피스톤을 누르는 것을 물리학에서는 '일한다'고 하는데, 이것은 실린더 안에 에너지를 주입하는 것을 말하죠. 하지만 그 에너지는 열이 되어 뜨거운 욕조에 퍼지는 거예요.

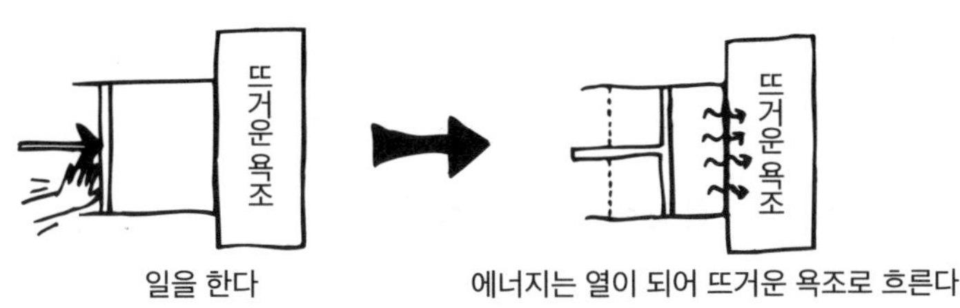

이번에는 반대로 생각해볼까요? 먼저 피스톤이 반쯤 눌린 실린더와 뜨거운 욕조를 준비해요. 피스톤은 원래 눌려 있어 안이 압축된 상태입니다. 이때 손을 떼면 당연히 원래의 위치로 돌아오게 되고, 그 결과 아까와는 반대로 실린더의 온도는 내려가겠죠? 이것만 보면 단순히 피스톤 안에 압축되었던 에너지가 밖으로 이동했다는 이야기일 뿐이에요. 하지만 이 실린더를 뜨거운 욕조에 대고 아주 천천히 피스톤을 당기면, 뜨거운 욕조에서 실린더로 열이 유입되므로 외부에서도 일정하게 일을 할 수가 있다. 즉 뜨거운 욕조에서 에너지를 추출할 수 있어요.

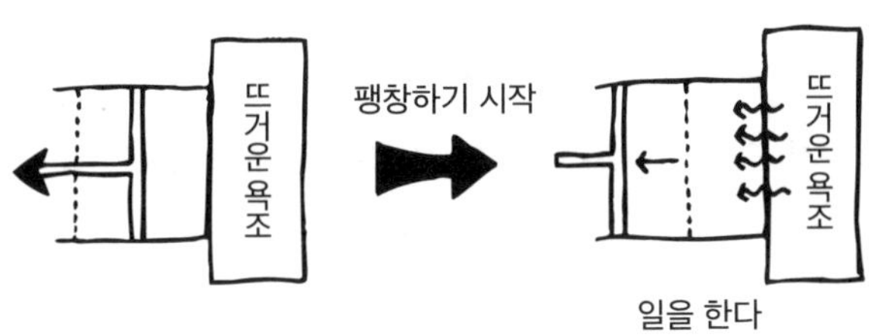

지금까지 한 이야기는 정보가 아니라 단순히 열역학에 관해서 살펴봤을 뿐이에요.

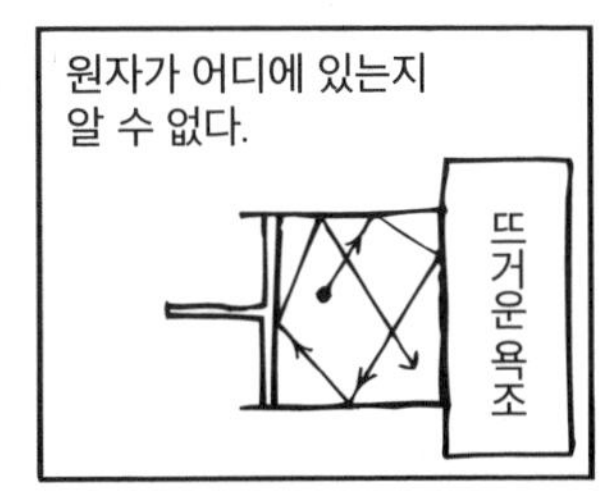

원자가 어디에 있는지 알 수 없다.
뜨거운 욕조

그럼 이제 실린더 안에 들어 있는 원자 1개에 대해서 생각해볼까요? 피스톤을 누르기

전의 상태에서 원자는 실린더 안에서 빠르게 운동하고 있기 때문에 실린더 안의 어디에 있는지 정확히 말할 수가 없어요.

그런데 이 피스톤을 천천히 중간까지 누르면 적어도 원자는 실린더의 오른쪽 반에 있다고 할 수 있어요. 즉 원자의 위치에 관한 정보가 좀 더 확정된다는 뜻이죠.

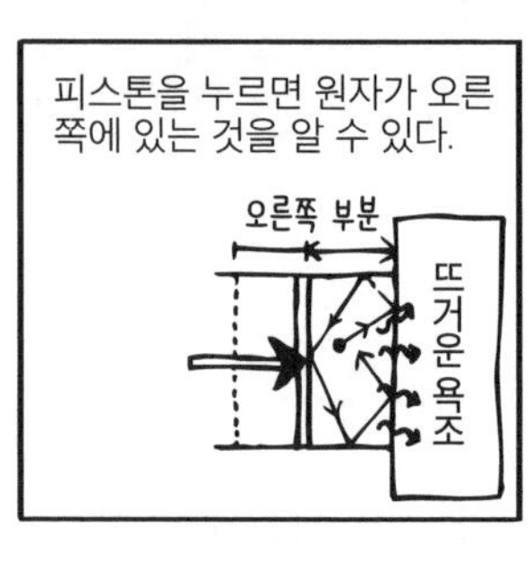
피스톤을 누르면 원자가 오른쪽에 있는 것을 알 수 있다.
오른쪽 부분
뜨거운 욕조

정보를 확정하기 위해서는 피스톤을 누르는 작업을 해서, 실린더에 에너지를 공급해야 한다는 뜻이에요.

반대로 피스톤이 반까지 눌려 있는 실린더를 가정해볼까요? 이때 1개의 원자는 오른쪽 반 부분에 있다는 것을 알고 있어요. 실린더를 뜨거운 욕조에 대고, 피스톤을 천천히 당기면, 열 욕조에서 에너지를 얻어 외부에 일을 시킬 수가 있어요.

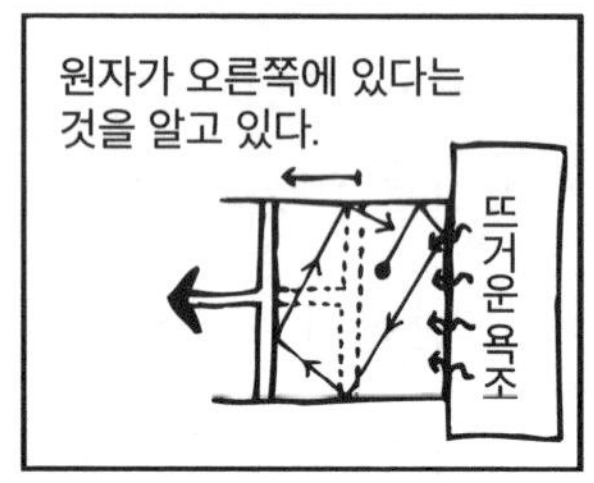
원자가 오른쪽에 있다는 것을 알고 있다.
뜨거운 욕조

그런데 에너지를 추출한 후에는 원자가 오른쪽 반에 있는지 왼쪽 절반에 있는지 더 이상 알 수가 없어요. 즉 원자의 위치에 관한 정보는 더욱 불확정되는 거죠.

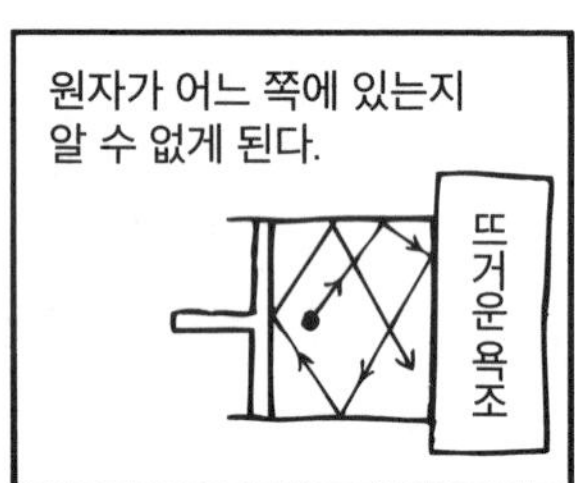
원자가 어느 쪽에 있는지 알 수 없게 된다.
뜨거운 욕조

정보가 불확정: 어느 쪽에 있는지 모른다 → 에너지가 필요

정보가 확정: 어느 쪽에 있는지 알고 있다 → 에너지를 추출할 수 있다

파인만의 논쟁으로 우리가 '알고 있는지 아닌지' 하는 정보 자체가 에너지의 교환과 관련되어 있다는 것을 이 이야기로 알 수 있어요. 대단하죠? 역시 파인만이 한 말이 맞았어요.

그뿐만이 아니에요. 이 정보라는 개념은 사실 엔트로피와 직접적인 관계에 있는데, '정보가 불확정할수록 엔트로피는 크고, 정보가 확정되어 있을수록 엔트로피는 작다'라고 해요. 실린더의 예로 보면, 피스톤이 눌린 상태는 눌리지 않은 상태에 비해서 적어도 원자가 오른쪽에 있는 것을 안다는, 정보가 보다 확정된 상태에 있기 때문에 엔트로피는 작아집니다. 이것은 책에 잘 설명되어 있으니까 천천히 읽어 보세요.

제가 정리해볼게요. 피스톤을 누르지 않으면 원자가 어디에 있는지 알 수 없기 때문에 원자가 어디 있는지 알기 위해서 에너지가 필요해요. 반대로 피스톤이 눌려 있으면 원자의 위치는 확정되어 있으니, 그것을 이용해서 에너지를 꺼낼 수 있어요! 꽤 참신한 사고방식이에요. 파인만 같은 천재가 아니고서는 도저히 생각해낼 수 없는 일이군요.

◆ **해당과정-글루코스는 세포가 이미 알고 있는 정보이다**

흠, 그러고 보니 생각나는 게 몇 가지 있군요. 지금까지의 이야기를 듣고 비슷한 이야기가 떠올랐습니다. 세포가 글루코스를 둘러싸고 에너지를 추출해서 자신의 몸을 만드는 과정인 '이화작용

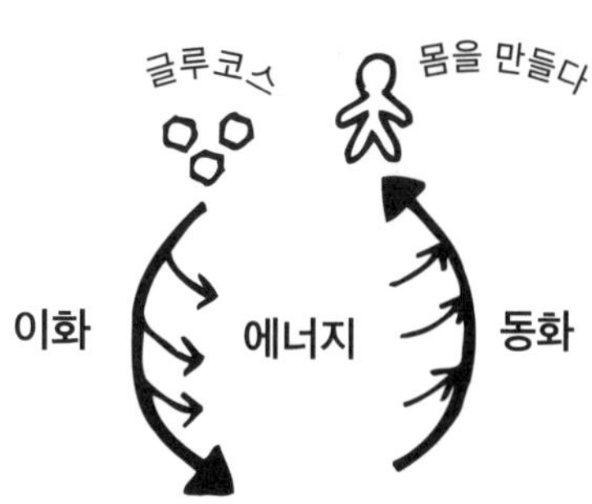

과 동화작용' 말입니다.
이렇게 생각할 수 있지 않을까요? 세포가 글루코스를 분해하고 영양소으로 삼을 수 있는 이유는, 세포가 글루코스를 '알고' 있기 때문이라고 말입니다.

경위님, 의문이 있는데요. 앞에서 나온 피스톤과 실린더 모델이랑 글루코스를 어떻게 같은 식으로 생각할 수 있는 거죠? 비약이 심한 거 아닌가요? 너무 건너 뛴 것 같은데.

이런이런, 자네는 내가 아무 생각도 없이 이런 말을 한다고 생각했나? 대체! 자네, 글루코스가 분해되는, 즉 해당과정을 기억하고 있나?
아닌 것 같군. 이건 엉뚱야마 씨에게 정리해달라고 해야겠어. 잘 듣게. 그럼 부탁할게요, 엉뚱야미 씨.

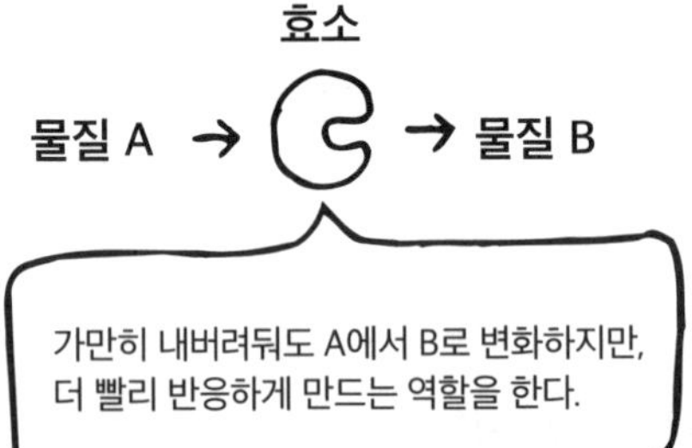

효소
물질 A
물질 B
가만히 내버려둬도 A에서 B로 변화하지만,
더 빨리 반응하게 만드는 역할을 한다.

네, 알겠어요. 글루코스란 탄소를 포함한 분자로, 우리 몸속에서는 이 글루코스를 분해하면서 에너지를 추출하는 구조가 있는데, 그것을 '해당과정'이라고 해요. 이 해당과정은 총 9단계로 이루어져 있는데, 각각의 단계에는 그 단계의 반응을 담당하는 효소가 있답니다.
효소가 뭔지는 기억나나요? 효소란 예를 들어 A라는 물질에서 B라는 물질로 변화하는 물질을 더욱 빠른 속도로 반응하게 만드는 역할을 하는 물질이죠.

따라서 이 경우 글루코스는 해당과정 반응 중에서, 릴레이 경기처럼 어떤 효소에서 다음 효소로 점점 건네지고, 마지막에는 피루브산이라는 물질이 돼요. 그림으로 그려보면 이런 식이에요.

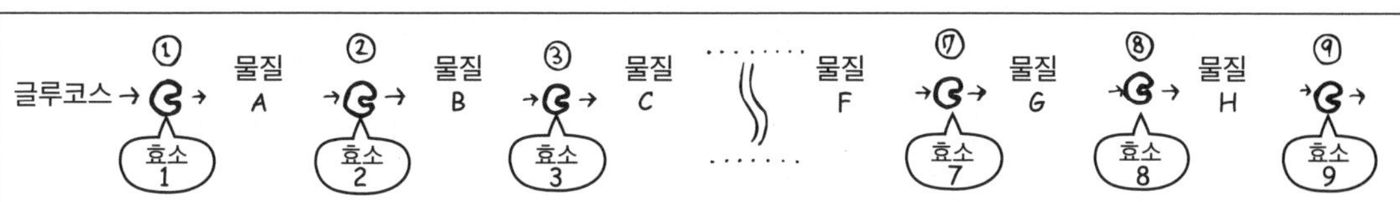

실제로는 물질 A~B나 효소 1~9에도 각각 이름이 있지만 여기서는 생략할게. 어쨌든 어떤 물질에서 다른 물질로 변할 때(화학반응이 일어날 때) 특정 효소가 관련된다는 사실.

이 해당과정 반응 중 세 곳에서 에너지가 추출되는데, 잠시 간단히 살펴볼게요.

글루코스든 도중의 반응물질이든 이것은 모두 원자가 결합해서 일어나는 거예요. 그 결합 중에 '높은 에너지를 가진 결합'(이하 '고에너지 결합'이라고 쓴다)이라는 게 있어요. 에너지를 추출한다는 것은 '고에너지 결합'을 가진 물질에서 그 높은 에너지 상태를 밖으로 끌어내는 거예요. 그 방법에 효소가 관련되어 있는 거죠. 효소는 고에너지 결합의 물질과 결합해서, 그 안에 있는 높은 에너지 상태를 다른 물질 속의 결합으로 바꿔버리거든요.

해당과정은 이런 식이예요.

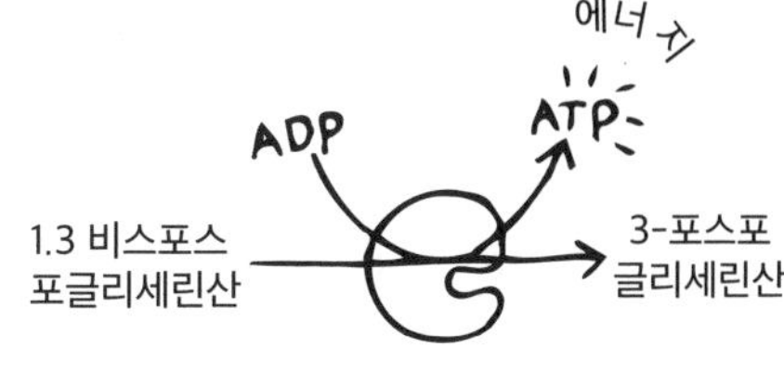

이 효소는 1.3 비스포스포글리세린산 안에 있는 고에너지 상태를 추출해서 ADP와 인산 결합으로 바꾸는 역할을 해요. 그렇게 해서 에너지 ATP와 3-포스포글리세린산(1.3 비스포스포글리세린산의 반응물질)이 생성되는 거죠. (주의:

ATP는 ATP 합성효소가 만드는 건가? 라고 생각하시는 분. 맞습니다. 그리고 ATP는 이렇게도 만들 수 있어요. 하지만 미토콘드리아 안에서 하는 ATP 합성에 비하면 아주 적은 양에 불과해요)

이런 식으로 효소는 에너지를 추출하는데, 처음에 말했다시피 고에너지 결합을 가진 어떤 물질과 결합하는 것이 특정 효소로 정해져 있기 때문에, 어느 효소든 상관없는 건 아니예요. 그 물질 전용 효소이기 때문에 에너지를 추출할 수 있는 거죠.

설명 고맙네.

엉뚱이즈미 군, 알겠나?

여기서 포인트는 효소야. 9단계로 나눠져 있는 해당과정의 각 단계마다 담당하는 효소가 정해져 있거든. 즉 글루코스는 점차 분해되면서 단계별로 다른 분자가 되는데, 각 단계마다 관련된 효소가 항상 정해져 있는 거지. 그것은 곧 각 효소가, 글루코스가 분해할 수 있는 고에너지 결합을 갖고 있다는 사실을 알고 있기 때문이 아닐까? 그 글루코스와 '결합할 수 있다'는 것 자체가 글루코스의 정보 상태를 확정하고 있는 셈이야. 반대로 결합할 수 없을 때 글루코스에 관한 정보는 불확정인 거지. 어떤가, 내 생각이?

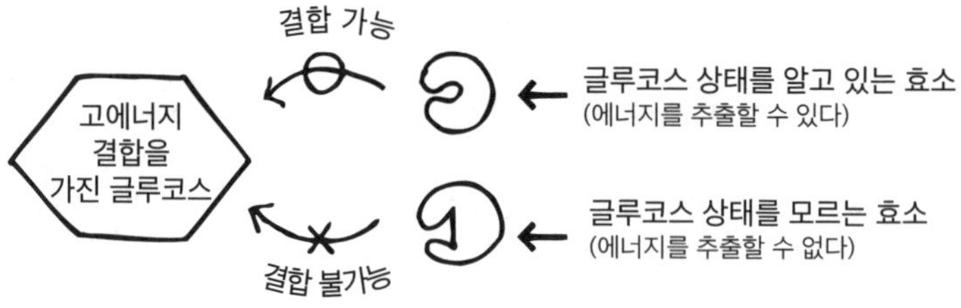

흠. 피스톤과 실린더 이야기에서는 '실린더 안에 있는 원자의 위치가 확정된다' 즉 '원자가 왼쪽에 있는지 오른쪽에 있는지 알고 있을 때' 에너지를 추출할 수 있었어요. 마찬가지로 글루코스의 경우를 보면 글루코스와 효소가 밀착해서 결합할 수 있다는 것은 효소가 그 글루코스를 분해할 수 있음을 알았다는 것, 즉 글루코스의 정보가 확정되어 있기 때문에 에너지를 추출할 수 있다는 거군요.
이건 피스톤과 실린더의 이야기와 똑같잖아요. 그렇게 되면 글루코스가 분해되고, 에너지를 추출한 후에는 피스톤과 실린더와 마찬가지로 글루코스의 정보는 불확정이 된다는 거네요?

그렇구나. 확실히 글루코스는 효소에 따라서 분해되면 효소에서 분리되지. 분해된 글루코스는 이미 분자의 형태가 변해버려서 그 효소와는 밀착 결합할 수가 없게 되니까. '밀착할 수 있다'를 정보의 확정이라고 가정한다면, 분리는 '정보의 불확정'이라고 생각해도 될 것 같아.

그럼 이렇게 되겠네요. '확정된 정보가 불확정이 되는 프로세스에서 에너지를 추출할 수 있다'. 즉 해당과정에서 글루코스가 분해된다는 것은 정보의 불확정성이 점차 증가한다는 뜻이에요.

그렇다면 글루코스가 분해하는 것도 '구연산회로 사건'에서 말한, '환경이 멋대로' 작용해서 '엔트로피 증가의 법칙'을 따르는 거니까, 엔트로피도 증가하는 거지. 이것을 지금 생각한 것에 대입해보면,

엔트로피와 정보의 불확정성은 동일하다

라고 생각할 수 있을 거야. 그렇다면 환경이 멋대로 일으켰던 엔트로피 증

가의 법칙 역시 '정보의 불확정성이 증가하는 법칙'이라고 할 수 있지 않을까?

그리고 정보는 관측된다

◆ 맥스웰의 도깨비: 엔트로피는 감소한다!?

하고 싶은 이야기가 한 가지 더 있어요. 이것도 파인만의 책을 읽고 발견했는데, 아마 여러분도 흥미를 느낄 거예요. **'맥스웰의 도깨비'**라고 하는 건데, 맥스웰이라는 사람이 생각해낸 패러독스죠. 매우 흥미진진한 내용이 담겨 있답니다. 먼저 이 패러독스 '맥스웰의 도깨비'가 무엇인지 설명할게요.

여기에 온도가 다르게 칸막이로 분리한 기체상자가 있다고 가정하죠. 칸막이로 분리된 양쪽 공간에는 위치와 속도가 각각 다른 분자로 이루어진 기체가 가득 들어 있어요. 이 말은 양쪽 상자의 평균 에너지는 같다는 뜻이에요. 다른 말로 하면 온도가 같다는 얘기죠.

그리고 이 상자 위에 작은 도깨비가 앉아 있다고 가정할게요. 상자 가운데는 도깨비가 자유롭게 열고 닫을 수 있는 작은 창문이 나 있어요. 도깨비는 상자 왼쪽의 속도가 빠른 분자가 창문 쪽으로 오기를 기다리면서 지켜보고 있다가 분자가 오른쪽으로 오면 재빨리 칸막이를 열어서 오른쪽으로 보내고 즉시 칸막이를 닫아요.

마찬가지로 상자 오른쪽의 속도가 느린 분자가 오면 앞에서 했던 방법대로 상자 왼쪽으로 보내요. 이 작업을 한참 반복하다 보면 도깨비는 어느새 빠르게 움직이는 분자와 느리게 움직이는 분자를 두 방으로 분리하는 데 성공해요. 즉 도깨비는 차가운 곳에서 따뜻한 물질을 분리해 상자의 양쪽에 온도의 차이를 만들어낸 거예요. 즉 상자의 오른쪽 온도는 높고, 왼쪽 온도는 낮다는 뜻이에요.

엔트로피는 언제나 증가한다는 자연의 법칙 기억나죠? 만약 뜨거운 기체와 차가운 기체를 섞으면 알맞게 섞여 중간 온도가 되는 이유에요. 하지만 맥스웰의 도깨비는 상자 양쪽의 온도 차이를 전보다 크게 다르게 만들어서 엔트로피를 감소시키고 있으니 완전히 반대로 작용하고 있거든요. 뿐만 아니라 이 도깨비는 어떤 에너지도 이용하지 않았어요. 즉 '엔트로피 증가의 법칙'을 확실히 깨뜨린 거죠.

이런! 도깨비가 법칙을 깨요? 그럼 이 도깨비를 쫓아버려야겠군요? '엔트로피 증가의 법칙'이라는 자연법칙을 깨뜨렸으니 곤란했겠군요. '구연산회로 사건'에서 일어난 '환경이 멋대로'는 이 '엔트로피의 증가'를 따르고 있었으니까요.

맞아요. 이 패러독스는 물리학자 사이에서 엄청난 논쟁을 일으켰죠. '엔트로피 증가'라는 자연의 법칙이 도깨비의 장난에 깨진다는 건 이상하니까요.

그래서 파인만은 뭐라고 했나요?

좋은 질문이에요. 앞의 실린더 편에서 봤던 것처럼 정보의 불확정성과 엔트로피가 밀접하게 관련되어 있다고 생각하자 모순도 논쟁도 아니게 되었죠.

정보의 불확정성은 그것이 관측되어 결과를 알게 되면 당연히 감소되게 되어 있어요. 주사위를 예로 들어 생각하면, 주사위를 던지기 전에는 1에서 6까지의 숫자 중 어느 것인지 알 수 없는 불확정 상황이지만, 일단 던진 후에는 한 가지로 확정이 되잖아요. 도깨비의 경우에도 무작위의 분자 상태에서 그것을 관측하고 특정 속도를 가진 분자를 선택해서 정보의 불확정성을 줄이는 조작을 하고 있는 거니까, 엔트로피는 감소하는 게 당연해요.

단 실린더 때, 정보를 불확정시키기 위해서는 에너지를 투입해야 했던 것과 마찬가지로 도깨비가 분자의 속도를 관측하는 일련의 조작 속에서 엔트로피가 필요해져요. 도깨비가 작은 창문을 조작함으로써 감소한 엔트로피와 정보를 확정시키기 위해서 삽입된 에너지를 합쳐서 생각하면 전체로서는 엔트로피가 감소한 게 아닌 거죠.

◆ 공역반응

이 '맥스웰의 도깨비'를 들으니 떠오르는 게 있어요. 사실 구연산 회로 사건의 전자전달계를 배울 때 말인데요.

기억나시나요? 미토콘드리아의 내막을 이용해서 프로톤을 막간 부분에 던져 넣었잖아요?

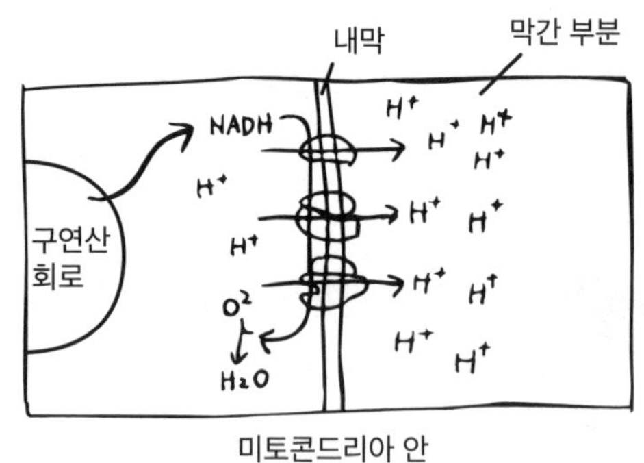

미토콘드리아 안

아 그 3인조 말이구나. 듣고 보니 지금 이야기와 똑같네? 그러니 마치 전자전달계는 맥스웰의 도깨비 같아. 이때도 전자전달계가 만들어낸 프로톤 구배가 최종적으로 ATP를 합성하는 계기가 되었지.

맞아요. 프로톤의 비평형 상태를 만들어내고, 그 비평형이 평형으로 향하는 힘을 이용해서 ATP를 만들었어요. 그러고 보니 이때도 3인조 복합효소가 고에너지 전자를 붙잡아 에너지를 다 빼앗고 나서 프로톤을 막 사이로 내던졌었죠.

그랬었지, 앞에서 이야기한 글루코스의 분해든 이 전자전달계든 엉뚱 형님이 말한 내용과 연결되는 것 같아서 재미있는데?

그렇군. 더구나 이 둘의 관계는 피스톤과 실린더의 관계와 비슷해. 즉 어떤 것에서 에너지를 추출하고, 다시 에너지를 사용해서 엔트로피를 감소시키고, 질서를 만들어간다. 뭔가 생각나지 않나?

앗! **공역반응**이군요!!

맞았어! 생물에게 몸을 만드는 동화반응은, 에너지의 관점에서 보면 일어나기 어려운 반응이야. 그것은 음식물에서 에너지를 추출하듯이 에너지의 관점에서 일어나기 쉬운 반응과 함께밖에 일어나지 않아. 그렇게 해서 결국 자신의 몸이라는 질서였던 것을 만들어내는 것을 '공역반응'이라고 한 거지. 나는 아주 오래전부터 이상하다고 생각했지.

그래서 일어나기 쉬운 반응과 일어나기 어려운 반응을 공역시켜 세포 내에서 잘 꾸려나가는 역할을 하는 게 '효소'인 거야. 즉 지금 살펴본 언어로 말하자면, 효소가 글루코스 등의 영양 분자를 조금씩 분해해서 퍼진 '정보의 불확정성'을 관측하고 확정시킨다는 뜻이야. 그리고 그것은 전체적으로 보면 엔트로피 즉 정보의 불확정성이 증가하는 방향인 거지.

아하! 공역반응은 정보가 불확정성을 증가시킨다는 자연의 방향 안에서 효소가 관측함으로써 생물의 몸을 만들어내고, 질서를 만들어내는 일이라고도 할 수 있군요.

그렇지. 그리고 공역반응이 크게 보면 뭐였는지 기억하나?

네? 뭐였더라. 엉뚱야마 씨 기억나요?

당연하지! 그건 바로 이화작용과 동화작용야.

그렇지. 즉 이화작용과 동화작용도 정보가 불확정성을 증가시키는 과정에서 관측에 의해서 질서를 만들어내는 일련의 프로세스라고 볼 수 있는 거지.

그렇군요. 대단한 발견인데요?

엉뚱 형님, 왜 그러죠? 왠지 불안해 보이시는데요.

앗 지병인 '말하고 싶어서 근질근질'한 게 결국 얼굴에 나타나 여러분을 불편하게 했군요. 이렇게 된 거, 조금만 더 들어주시겠어요?

새로운 역학체계 -물질·생명·언어까지-

◆ 트래칼리의 모험

트래칼리에 입학했을 때, 나는 수학이나 수학으로 기술되는 물리학은 인간과는 직접적으로는 전혀 관계가 없다고 생각했다. 무기적인 기호가 나열되고 물체가 어떻게 떨어지는지 전기가 어떻게 흐르는지는 나와 본질적으로 아무런 상관없는 일이라고 생각했던 것이다.

그런데 트래칼리에서 하이젠베르크의 《부분과 전체》를 읽고, 학장님을 비롯해 시니어 펠로우 분들의 말씀을 들으면서, 수학은 인간이 자연의 다양한 현상을 표현할 때 쓰는 '언어'라는 사실을 점차 알게 되었다. 더구나 거기에는 인간의 지고한 기쁨이나 희열이 담겨 있었다.

헬골란트 섬에서 행렬역학을 발견한 하이젠베르크는 기쁜 나머지 잠을 설친 채 섬의 남단 암벽에 올라 일출을 바라보았다. 그 아침 해는 얼마나 아름다웠을까?

또 닐스 보어는 파동역학의 해석에 관해서 철저하게 토론하기 위해 슈뢰딩거를 집으로 초대했다. 보어는 피로에 지쳐 쓰러진 슈뢰딩거의 침대 옆에서 계속 '그래도 자네는 ~를 이해하지 않으면 안 되네'라고 말했다고 한다. 거기서는 또 어떤 이야기가 오고 갔을까?

'푸리에의 모험'과 '양자역학의 모험'은 수학이나 물리 등 언뜻 무기적이고, 비인간적인 기호의 광풍 속에서 나와 전혀 다를 바 없는 '인간'을 발견하는 모험이었다.

처음에는 전혀 이해가 되지 않았다. 수없이 꺾일 뻔했지만 뚫어져라 책을 읽고 또 트래칼리의 동료와 많은 토론을 하면서, 그 기호 너머에 기쁨으로 얼굴이 반짝거리는 하이젠베르크와 보어의 모습이 보이기 시작했다.

그 뒤부터는 내 몫이었다. 지금까지는 나와는 상관없는, 비인간적이었던 기호의 나열이 우리의 기쁨이 담긴 언어가 되어 하나의 스토리를 만들어내기 시작한 것이다.

이번 DNA의 모험에서도 그런 발견을 하고 싶었다.

지식이 저쪽 너머에 있을 때, 나와 상관없었을 때에는 이론적으로는 받아들일 수 있었지만, 정말 이해했다는 느낌은 들지 않았다. 하지만 그 지식 안에서 나와 다르지 않은 '이쪽'의 모습을 발견하자, 그것을 진정한 나의 언어로 표현할 수 있게 된 것 같았다.

◆ DNA의 모험

그때 트래칼리 학생들은 모두 《세포의 분자생물학》을 읽기 시작했는데, 꽤 어려운 책이었다.

분명 곳곳에 재미있거나 놀라운 이야기가 많이 있었다. 눈에 보이지도 않는 작은 세포 안에서 무수히 많은 분자가 서로 유기적으로 결합하면서 다양한 기능을 실현하고 있었다. 생명은 이런 작은 곳까지도 관여하고 있구나, 하고 놀란 동시에 그것을 이만큼이나 밝혀낸 사람들의 정열에도 감동했다.

하지만 아무리 읽어도 전체상이 보이지 않았다. 생물학의 주요 명제는 '생명이란, 살아 있다는 것은 무엇인가?'일 것이다. 《세포의 분자생물학》에는 세포의 곳곳에서 어떤 일이 일어나고 있는지에 대해서는 자세히 기술되어 있었다. 하지만 그것들이 '전체'로서 생명을 얼마나 실현하고 있는지, 또 좀 더 거슬러 올라가면 생명이 원래 어떤 것이었는지에 관해서는 아무리 읽어봐도 눈앞에 선명하게 그려지지가 않았다.

분자생물학에서는 생물을 '기계'로 이해하려 한다. DNA를 설계도나 컴퓨터 프

로그램 같은 것으로 설정하고, 그 지령을 따라서 단백질을 비롯하여 많은 분자가 마치 톱니바퀴처럼 맞물려서 전체적으로 통제된 기능을 실현한다. 그리고 그 기계끼리 서로 경쟁하면서 보다 환경에 적합하고 우수한 것이 살아남는다는 것이다.

분명 과학이란 사물을 냉정하게 있는 그대로 이해하려는 학문이다. 하지만 생명이, 살아간다는 것이, 정말 그게 전부일까? 나는 도저히 지령을 받아서 의욕이 생기고 경쟁하는 것이 자연의 이치라고 생각하고 싶지 않았다.

그때 생명과 오버랩되어 보이기 시작한 것이 트래칼리에서 우리가 해온 모험의 프로세스, 언어를 발견해가는 프로세스였다.

귀에 익숙하지 않은 새로운 언어를 듣고 처음에는 아무것도 이해하지 못하지만 반복적으로 계속 듣다 보면 어느 순간 그 음성에서 나와 전혀 다를 바 없는 인간의 모습이 보이기 시작한다. 그러면 그때까지 낯설었던 언어는 돌연 '나의 언어'로 모습이 바뀌고, 얼마 지나지 않아 술술 말할 수 있게 된다.

세포가 영양분을 밖에서 흡수하고 새로운 자신을 만들어냄으로써 세포분열을 하는 이화작용과 동화작용의 프로세스. 처음에 세포에게 영양분이 되는 것은 이물질이다. 그런데 이화과정이 진행되면서 어느덧 그것은 자신의 것이 된다. 그것이 구연산회로이다. 구연산회로에 이르면 이물질은 내 몸을 만들 수 있는 원재료가 된다. 그곳에서 동화의 프로세스가 시작되고, 세포는 그 원재료로 단백질을 합성하기 시작하며, 새로운 질서인 '나'를 만들기 시작한다.

세포는 인간이 아니다. 그것은 물론 알고 있다. 하지만 세포와 인간을 동일시해서는 안 되는 걸까?

나와 하이젠베르크는 다르다. 일본인과 미국인은 다르다. 어른과 아기는 다르다. 현대인과 1천 년 전에 살았던 조상은 다르다. 하지만 거기서 똑같은 모습을 발견했을 때, 우리는 첫눈에 우리와 다른 그들을 이해할 수 있을 것이다.

인간은 원래 자연 존재이다. 세포와 인간을 포함하는 자연의 보편적인 모습, 그것을 발견했을 때 비로소 생명을 이해할 수 있게 된다. 생명을 인간이 아닌 기계 같은 것이라고 여기는 한 본질적인 이해와는 거리가 아득할 것이다.

◆ 정보와 관측

여기서 생각난 것이 양자역학의 관측 문제였다.

그때까지 과학이란 객관적인 자연을, 이른바 인간이 외부에서 기술하는 방식이었다. 그런데 물질을 분해한 끝에 궁극적으로 발견한 것은 객관적이었어야 할 자연과, 그것을 기술하는 인간을 '명확히 분리할 수 없다'는 사실이었다.

불확정성 원리는 양자가 관측에 따라 움직임을 달리한다고 주장한다. '자연을 관측하고 기술한다'는 것 자체가 자연과는 분리된 행위가 아니라 자연 자체의 속성으로 생각해야 한다는 내용이다.

DNA의 모험을 하는 동안, 세포 내부의 움직임을 기술하는 물리학인 열역학에도 비슷한 내용이 있다는 것을 알게 되었다.

파인만은 분자를 일일이 제어할 수 있는 상황에서는 엔트로피가 '그것을 기술하는 측의 지식'과 밀접한 관계를 가진 것, 즉 정보라고 말한다.

지금까지 열역학과 정보이론은 수학적으로는 완전히 똑같지만 전혀 상관없는 대상이라고 여겼다. 열역학은 자연 쪽이고, 정보이론은 인간 쪽의 문제라고 생각했기 때문이다.

하지만 이제 그 벽이 허물어지고 있다. 정보는 자연에 속하는 일이고, 정보를 관측하고 기술하는 것도 자연에 속하는 일이라고 생각해야 할 것이다.

◆ 새로운 역학체계

이처럼 정보를 자연에 속한 것으로 받아들이면 이화작용과 동화작용의 프로세스는 또 다른 색채로 보이기 시작한다.

세포가 영양분을 흡수하면 몇 종류의 효소가 단계적으로 분해하고 엔트로피는 증가한다. 엔트로피의 증가를 파인만 식으로 표현하면, 정보의 불확정성이 증가한다는 뜻이다. 정보가 불확정하다는 것은 다양한 가능성이 있음을 의미하므로, 엔트로피의 증가란 '사물이 다양화되는 프로세스'라고도 할 수 있다.

그것이 구연산회로에 이르면 이번에는 동화작용의 프로세스, 즉 세포분열이 시작된다. 이 동화작용의 프로세스는 다양화된 분자가 DNA를 중핵으로 삼아 결합되고 세포라는 '전체'를 구축해가는 과정이다. 이것은 바야흐로 에너지를 투입함으로써 정보를 관측하고, 그것을 확정시키는 프로세스라고 할 수 있지 않을까?

정보는 언제나 받아들여짐으로써 '의미'가 되고, 그 의미는 보다 큰 전체가 구축됐을 때, 보다 정밀하게 확정되기 시작한다. 세포가 분열해서 새로운 세포라는 하나의 전체를 구축한다는 것은, 그 시점에서 최대치의 정보가 확정된 것이라고 할 수 있다.

이것은 '발생'에서도 마찬가지로 생각할 수 있을 것 같다.

발생 프로세스에서는 먼저 알이 맹렬한 속도로 분열해서 몇천 개에 달하는 세포의 집합체가 된다. 하지만 그 시점에서 세포들은 거의 똑같은데, 이것을 정보라는 측면에서 생각하면 다양화가 극히 적은 상태라고 할 수 있다. 그렇다면 그것은 자연의 이치를 따라 다양화되는 과정일 것이다. 여기에 조절유전자가 발현하고 각각의 세포가 모두 다른 번지 표시를 갖게 되는 프로세스이다.

그리고 어느 순간 발현하면서 모든 세포는 머리나 촉각이나 '몸'이라는 하나의 전체 안에서 개별 역할을 갖게 된다. 여기서부터 각 세포가 전체를 구축해가는 프로세스가 시작된다.

DNA를 유전정보라고 한다. 그렇다면 그 정보란 도대체 무엇일까? 우리가 정보와 관측을 자연의 내부에 있는 것으로 받아들이는 것은 생명이 무엇인지 생각하는 일이며, 그것은 40억 년 전의 원시 수프에서 현재 인간의 삶에 이르기까지 일관된 질서 체계로 기술할 수 있을 것이다.

그리고 그것은 열역학이나 양자역학 등 지금까지 우리가 발견해온 자연법칙의 틀을 거쳐 새로운 역학적 체계를 가진 것이 아닐까 한다.

아주 흥미로운 생각이군요. 재미있어요.

정말 노벨상을 탈 것 같아요.
그렇게 되면 역시 물리학상이겠죠?

여전히 노벨상 타령이구나.

아니 아니요! 노벨상도 그렇게 멀리 있다고 느껴지지 않을 만큼 이 질문, 그리고 이 질문에 대한 자세에 대단함이 느껴집니다.

뭐 이 '새로운 역학체계'를 발견한다 해도 노벨상을 받을 수 있다고는 할 수 없지만….

아무튼 우리는 물질 · 생명 · 언어까지 관통하는 질서를, 자신을 포함한 자연을 전체로 기술하는 여행을 해온 겁니다. 이것을 학자들에게 맡겨놓은 게 아니라 우리같이 평범한 사람들이 자신의 문제로 여기고 한 사람씩 모여서 서로 토의하는 그런 환경을 만들었으면 좋겠군요.

오늘은 정말 재미있었습니다. 여러분, 감사합니다. 엉뚱 형제분도 또 함께 토론해보죠.

아, 이상 엉뚱하타케사부로였습니다.

♪♪ 짜라라라 라라라라라 ♬♪

4) 새로운 전체를 발견하는 자연의 프로세스

‘정보와 관측’을 ‘이화작용과 동화작용’의 관계로 묶을 수 있을 줄은 상상도 못했는데요. ‘이화작용과 동화작용’을 흥미진진하게 살펴봤는데, 여전히 무슨 냄새가 나지 않나요? 털어보면 먼지가 나올 것 같아요. 이건 저의 오랜 순경생활에서 비롯된 감이랍니다.

100번에 한 번꼴로 맞는 자네의 감 같은 건 신용할 수 없군. 하지만 ‘이화작용과 동화작용’에 다양한 견해가 나올 것 같기는 해. ‘정보와 관측’에 대해서 토론하고 나니 오랜만에 머리가 돌아가는 것 같군.

정말 그래요. 정보라는 개념을 통해서 지금까지 각각 다른 것이라고 생각했던 것들이 정리되기 시작하다니 멋지지 않아요? 지금까지의 사고방식과는 다르게 새로운 세상이 보이는 것 같아요. 이제까지 우리가 살펴본 것들을 복습해보면 새로운 것을 발견할 수 있을지도 몰라요.

좋았어, 이화작용과 동화작용에 관련 있을 것 같은 녀석들을 쭉 훑어보죠. 지금까지의 수사에서는 드러나지 않았던 의문이 풀릴지도 몰라요. 새로운 것을 발견하자고요! 정말로 뒤에서 조종하는 녀석이 나타날지도 몰라요!

자네는 여전히 앞서 가는군. 이건 딱히 사건이 아니니까 차분히 상상력을 발휘하는 게 포인트일세. 대충 훑어본 곳도 놓치지 말고 잘 살펴보게. 의외의 관계가 숨어 있을지도 모르거든.

네! 알겠습니다. 다녀오겠습니다.

가다니, 엉뚱이즈미 군, 어딜 간다는 거야?

당연히 《DNA의 법칙》 속으로 가는 거죠, 분명 엉뚱한 트래칼리 학생들이니까, 놓친 게 잔뜩 있을 거예요. 놓친 실마리를 주워올 테니 기대하십시오. 저는 1장에 다녀오겠습니다.

음 여전히 조급하군. 그럼 난 3장에 다녀오지. 엉뚱야마 씨는 2장으로 가주게. '정보와 관측' '이화작용과 동화작용' '전체'와 '관계성' '순환' 등 키워드가 몇 가지 있어. 그럼 나중에 다시 만나지.

'먹는' 것도 잊지 마세요. 발생이라든지 언어라든지 다양한 곳에서 이화작용과 동화작용을 발견할 수 있으니까요. 전 일단 거기부터 들어가 봐야겠군요.

이렇게 해서 엉뚱하타케패밀리 3인조는 지금까지 《DNA의 법칙》에서 살펴본 것을 다시 훑어보기로 한다. 그들은 과연 무엇을 발견할 수 있을까?

세포의 탄생

있었어요, 정말 빅뉴스가 있었어요. 제가 살펴본 곳은 '46억 년 전' 중에서도 가장 큰 이벤트인 '세포의 탄생' 부분이에요. 뭐니뭐니해도 생명의 원점이니까요. 그중에서 가장 수상한 건 RNA 월드에서 DNA－RNA－단백질의 순환으로 넘어가는 부분이에요.

1장의 '세포분열은 생존경쟁?'에 쓰여 있는 부분이구나.

아주 먼 옛날 40억 년 전, 원시 수프 속에서 분자가 연결되기 시작했죠. 그중에는 폴리펩타이드(단백질)라든지, 폴리뉴클레오타이드(핵산) 같은 게 있었어요. 그 폴리뉴클레오타이드 중에서 RNA라는 분자에게는 다른 분자에 없는 특별한 성질이 있었어요. 보이시나요?

물론! RNA에는 A, U, G, C라는 4종류의 서로 다른 염기가 있는데, 그것들은 A와 U, G와 C라는 쌍으로 연결되어 있어. 이걸 상보적 염기쌍이라고 해. 이 RNA 구조에는 두 가지 특별한 성질이 있는데, 첫 번째는 특정 염기서열에 의해서 복제 가능한 정보를 가질 수 있다는 점이고, 두 번째는 자기 안에서 염기쌍을 연결함으로써 다양한 형태로 접을 수 있다는 점이야. 이 형태에 의해서 화학반응을 촉매할 수 있는 거지.

맞아요! 역시 엉뚱야마 씨군요. 즉 RNA는 스스로 정보도 가질 수 있고, 그 정보를 복제하는 반응을 촉매할 수 있는, 1인 2역의 슈퍼 분자였어요. 그래서 생명의 시작이 RNA 분자에서 출발했다고 생각하는 거죠.

그런데 RNA 분자가 혼자 일하던 시기는 오래 가지 않았어요. RNA보다는 단백질의 촉매 기술이 더 뛰어났기 때문에 RNA는 단백질을 동료로 끌어들여서 촉매 일을 맡긴 거죠. RNA가 가진 정보는 단백질을 합성하는 방법이 되기 시작해요. 그러자 RNA 세 가닥 서열이 코돈의 형태로 특별한 아미노산에 대응하게 되었답니다. 또 정보를 저장하는 기능은 RNA보다 DNA 쪽이 뛰어났어요. 즉 DNA는 상보적 염기쌍을 이용해서

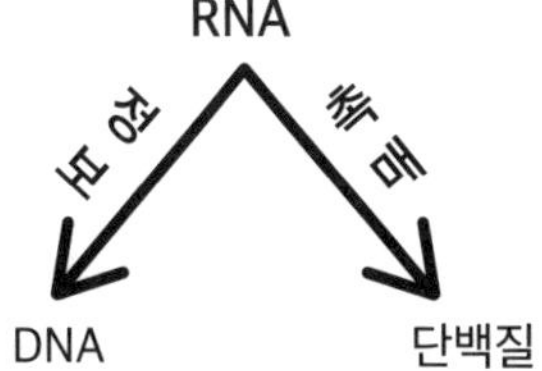

안정된 이중나선 구조를 취할 수 있었거든요. 이중나선이기 때문에 한쪽이 다른 쪽의 주형이 될 수도 있었어요. 그렇게 되면 만약 DNA의 일부가 손상된다 해도 상대의 정보를 원래대로 수복할 수 있거든요. 이로 인해서 DNA는 대량의 정보를 정확하게 전달할 수 있게 된 거예요. RNA는 정보를 지키기 위해서 DNA에게 그 역할을 양보한 것이죠.

원래 RNA가 정보를 저장하는 동시에 촉매 기능을 수행하는 데 한계가 있었던 거지. 이 상황에서 RNA는 촉매 기능이 뛰어난 단백질과 정보저장 능력이 뛰어난 DNA에게 자신의 임무를 넘겨 각각의 기능이 진화하는 데 중요한 역할을 한 거야.

단백질은 DNA 이중나선의 굵은 홈을 인식함으로써 DNA의 어느 부분의 정보를 사용하면 되는지 알려줄 수도 있게 됐어요. 이렇게 해서 DNA-RNA-단백질의 순환이 이루어진 거예요. 단순히 물질이 모이기만 한다고 세포가 될 수는 없어요. 살아 있는 세포에게는 그 세포 내의 물질반응의 상호관계가 무엇보다 중요하거든요. 이것이 세포의 탄생에 관한 이야기입니다.

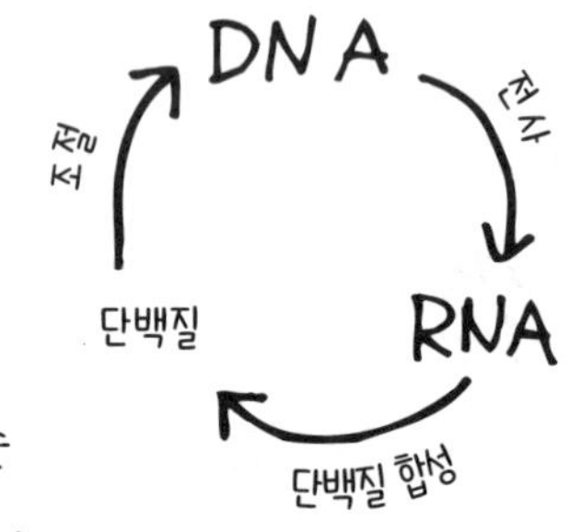

그런데 엉뚱이즈미 군. 이 이야기의 어디가 이화작용과 동화작용라는 건가?

네. 언뜻 보면 이화작용과 동화작용처럼 보이지는 않죠. 그런데 이 장대한 스토리 속에서 제가 이화작용과 동화작용을 발견한 거예요!

그 전에 잠시 조사한 내용에 대해서 이야기해볼게요. 일전의 구연산회로 사건 때 깨달은 건데요. 에너지를 운반하는 ATP가 나왔잖아요. 그 ATP의 분자 형태가 RNA와 비슷하다고 생각했어요. 예리한 직감이었죠. 그래서 조사해보니 나올 때마다 같은 형태. 그것도 전부 중요한 분자들이었어요. 깜짝 놀랐죠. 모두 RNA의 동료였으니까요.

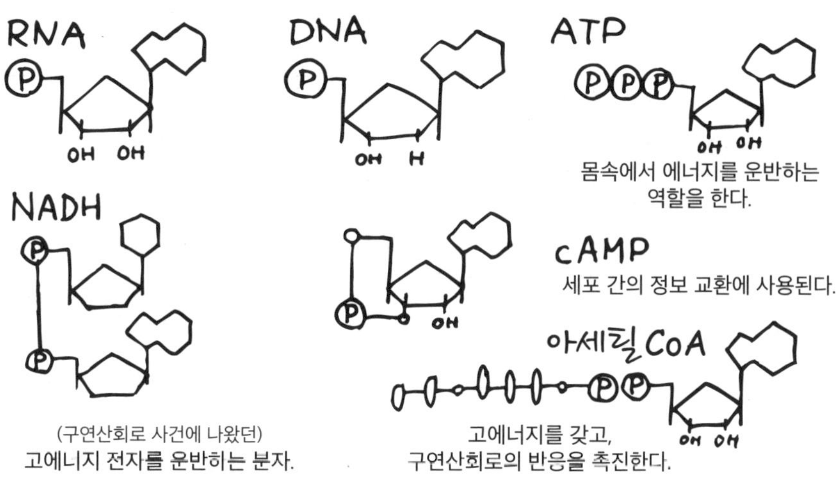

이 물질의 구조를 보면, 모든 분자의 주요 부분이 거의 유사하다는 걸 알 수 있어요. 특히 ATP는 RNA나 DNA와 전체적인 형태가 동일해요. 우리가 생명에 대해서 배우지 않아도 난 RNA와 그 사촌이 오늘날의 ATP처럼 에너지를 운반할 수 있었다고 확신해요. 즉 RNA 월드는 정보를 저장하고 촉매 기능뿐만 아니라 에너지 운반까지도 생명에 필요한 모든 재료를 갖고 있었던 거죠.

이것을 본 순간 저는 RNA에서 생명이 시작되었다는 주장이 사실이라고 확신할 수 있었어요.

그럼 이제 이화작용과 동화작용으로 가볼까요?

처음에는 RNA가 혼자서 **정보**(복제)와 **촉매**(형태) 역할을 둘 다 하고 있었어요. 그리고 지금 보았다시피 ATP의 역할도 가능했기 때문에 에너지까지도 가질 수 있었죠. 즉 RNA는 정보와, 에너지와 물질이라는 현대의 자연과학에서도 가장 중요한 요소를 모두 갖고 있었던 거예요.

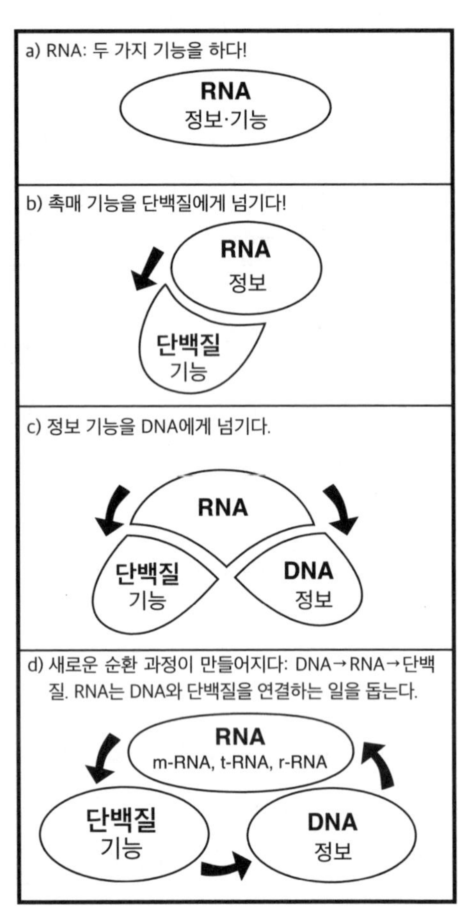

저는 이 세 요소가 RNA 분자 안에 있었다는 점이 RNA가 생명물질로서 출발할 수 있었던 열쇠라는 생각이 들었어요. RNA의 분자 형태가 정보와 에너지 양쪽을 담당했던 거죠.

처음에는 전부 다 혼자 했던 1인 독점상태에서(a) RNA는 제일 먼저 촉매 기능을 단백질에게 넘겼어요(b). 이것이 코돈의 탄생이죠. 이때 정보와 형태(기능)가 나뉘는데, 정보는 RNA에 남았고, 촉매로서의 형태(기능)는 단백질이 담당하게 된 거예요. 그리고 다시 RNA에서 DNA로 정보 기능이 이동했어요(c). 이 과정을 이

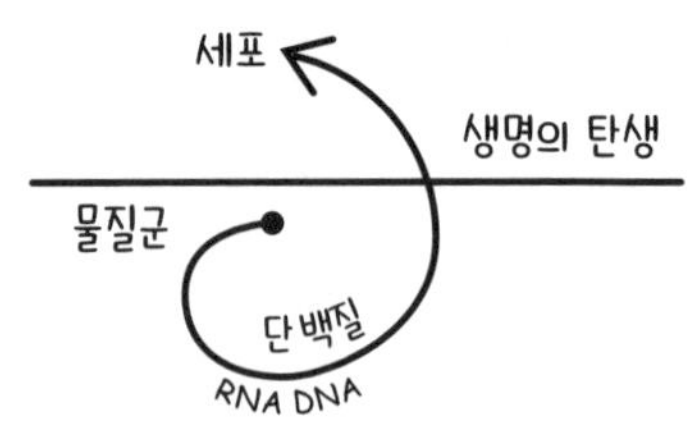

화작용이라고 보는 거죠. 처음에 RNA에 통합되어 있던 기능이 다시 두 개의 물질로 분해되어서 이동한 것이니까요. 그런데 이 기능은 단순하게 분리된 것만이 아니라 서로 상호관계를 갖고 다시 결합되었어요. 이것이 동화작용, 즉 DNA-RNA-단백질, 그리고 다시 DNA(d)가 되는 순환인 거죠.

기능의 종류에는 RNA가 혼자 일했을 때와 크게 달라진 건 없었어요. 하지만 그 기능이 2개로 나뉘었다가(이화작용), 다시 정확히 결합(동화작용)됐을 때 전체의 계층이 올라간 거예요. 물질인 RNA에서 새로운 전체인 세포로 탄생한 거죠. 이때 물질이었던 분자군이 생명인 1개의 세포로 큰 계단을 점프했다고 볼 수 있지 않을까요?

음, 꼼꼼하게 잘 조사했군. 오랜만에 엉뚱이즈미 군을 다시 보게 됐어. 부모로서의 책임감이 생겼기 때문인가?

분자끼리 순환하는 관계성을 찾아냄으로써 새로운 전체인 세포가 탄생했다고 보는 거구나. 이건 내가 발견한 것과 중복되는 면이 있어.

이번에는 내 이야기를 들어줄래?

난 다세포생물이 탄생한 부분이 수상했어. 다세포생물과 단세포생물의 차이점은 증식 방법이잖아. 단세포일 때에는 세포분열이 곧 다른 단세포 하나를 낳았지만, 다세포생물이 되자 세포분열만으로 끝나지 않고 발생이라는 프로세스가 나오게 된 거야. 나한테는 이 개체의 발생이, 그때까지의 단세포 분열과는 전혀 다른 새로운 단계로 접어든 것처럼 보였어. 그래서 그 단계가 올라갔을 때 어떤 관계성의 순환이 생겼는지 생각해봤어.

역시 그 부분을 주목했군요. 그래서 어떻게 됐나요? 세포가 모여서 다세포가 됐으니 세포끼리 관계성을 발견하는 것이 일반적인 과정일 텐데요, 좀 더 자세히 들려주세요.

한마디로 말하면, 맞았어. 그런데 이것도 좀 더 자세히 살펴보면 꽤 재미있는 면이 있어. 바로 DNA에 관한 이야기야.

다세포생물의 탄생

초기의 세포에서 DNA에게 복제할 수 있는 기회가 있었다면 놓치지 않고 복제를 했을 거야. 실제로 현재의 대장균은 영양 조건이 좋을 때에는 20분에 1회의 속도로 세포분열을 해. 즉 유전자로서의 DNA는 언제 어디서든 즉각적인 복제 대기상태였다고 생각할 수 있지.

언제 어디서든 출근 가능이라니, 대단한 녀석이군요. 마치 나처럼 말이죠.

그런데 DNA가 더욱 복잡해지면서 다양한 타입의 유전자를 갖게 됐어. 그러자 항상 대기하고 있을 필요가 없는 유전자도 생긴 거야.

예를 들어서 대장균 입장에서는 글루코스를 분해하는 효소와 젖당을 분해하는 효소를 동시에 합성할 필요가 없어. 에너지원으로 사용할 글루코스가 없고 젖당만 있을 때에는 젖당분해효소를 합성하면 되거든. 필요 없는 것까지 항상 합성하는 것은 에너지 낭비니까. 대장균 같은 세포의 유전자는 살아가는 데 필요한 환경 정보를 반영한 '조절'이라는 구조가 잘 발달되어 있어. 그게 유전자조절영역이라는 부위야. 환경에 따라서 여기에 활성인자나 억제인자가 결합돼. 유전자의 발현이 조절된 거야. 시간 조절이 가능해졌기 때문에 항상 대기상태를 유지할 필요 없어진 거지.

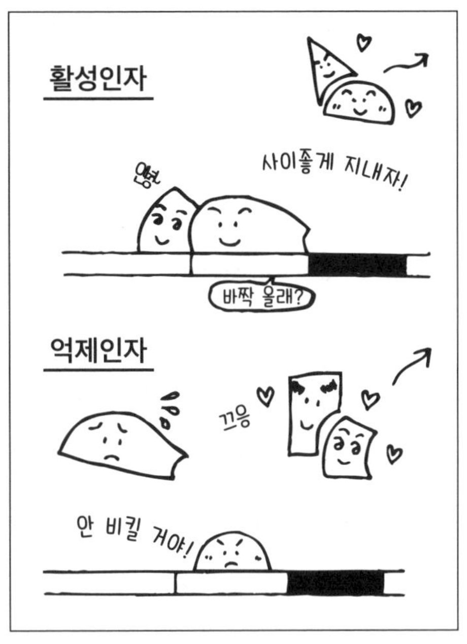

활성인자나 억제인자는 유전자조절단백질이라고 하는데, 그것들을 만들어내기 위한 조절유전자도 생겨났어. 실제로 효소로 기능하던 지금까지의 유전자뿐만 아니라 유전자를 조절하기 위해서 기능하는 조절유전자까지 생긴 거야.

일할 때에는 열심히 일하고 쉴 때에는 푹 쉬는 게 중요하지. 모두가 항상 엉뚱이즈미 군처럼 에너지를 뿜어낼 수는 없으니까.

그리고 원핵세포에서 진핵세포로 시대가 흘러, DNA의 양이 비약적으로 증가하고, 이 많은 DNA 안에 조절유전자의 영역도 증가하자 마침내 호메오선별유전자라는 슈퍼 조절유전자가 생겼어.

살아 있는 작은 메모리칩 같은 존재인 호메오선별유전자는 그때까지의 조절유전자 기능을 이력으로 기억할 수 있었어. 이력을 가질 수 있는 호메오선별유전자는 유전자 간의 관계성을 조절할 수 있는 유전자인 거지.

이 호메오선별유전자의 대단한 점은 '언제 일하면 되는지'라는 지금까지의 시간 조절뿐만 아니라 '어떤 세포가 어디에서 일하면 되는지'라는 위치 조절까지 가능하다는 거야. 이 슈퍼 유전자 덕분에 세포 내의 유전자는 언제 어디서 일하면 되는지 조절할 수 있게 됐어.
각 유전자들 사이에서 이런 조절이 가능해졌기 때문에 새로운 '전체', 즉 하나의 배에서 여러 개의 세포로 발생하게 된 거지.
앞에서 엉뚱이즈미 군의 말을 들었을 때 뭔가 중복된다고 했잖아. 조절유전자가 생기기 전에는 유전자가 언제, 어디에서든 일을 했기 때문에 언제, 어디에서 작용하는지가 분리되어 있지 않았거든. 그런데 조절유전자가 생겨나고, 다시 호메오선별유전자까지 생겨나자 유전자가 일하는 시간과 공간을 각각 따로 조절할 수 있게 된 거야. 이게 나에게는 이화작용으로 보였어. 이때 호메오선별유전자가 언제, 어디서를 통합해서 전체 기능을 조절하는 건 동화작용인 거지. 이로 인해서 다세포생물의 발생이 가능해진 거야.

그렇게 본다면 세포의 상호관계라는 건 내부 유전자의 상호관계구나.

맞아. 그리고 이 발생이라는 프로세스 말인데, 각 개체는 서로 다른 부품처럼 부분이 모여서 만들어진 게 아니야. 사실상 발생 프로세스의 어느 시기든 무작위로 골라내더라도 그 시점에서의 전체가 되는 거지.
난세포 1개의 전체 과정을 보면, 세포는 일단 세포분열을 해서 증가해. 마치 작게 분해하는 이화 과정과 비슷해. 하지만 발생 과정은 부품을 전부

만들고 나서 조립하는 식이 아니야. 초파리의 경우에는 전후축, 등배축, 좌우축과 전체를 대칭적으로 살피고, 다시 또 계층적으로 매 시점마다 전체를 살피면서 개체가 만들어지거든. 이건 동화 과정이지.

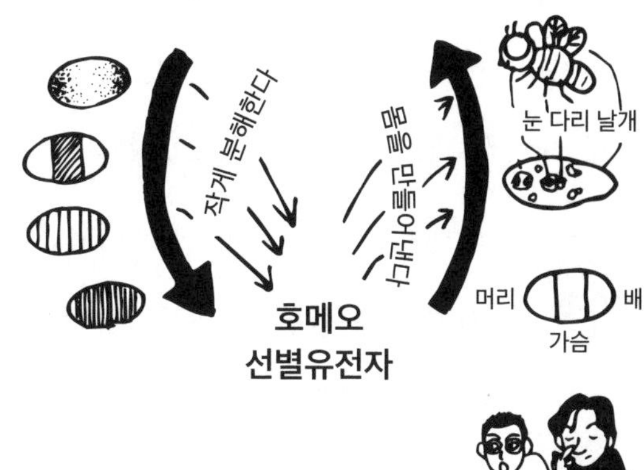

발생은 이화작용과 동화작용이 물질이 아닌 하나의 세포 단위가 될 때까지 순환하는 과정이라고 할 수 있어.

정리하면 세포 안에는 지금까지 살펴본 기능유전자와, 호메오선별유전자로 대표되는 조절유전자가 뒤섞여 있어. 이 때문에 1개였던 단세포가 외부로 퍼져서 다세포생물로 발생하게 된 거지.

이걸 보면 1개의 세포 안에도 아름다운 대칭성이 있는 것 같지 않아?

그리고 다세포생물에서 시작된 성별이라는 시스템도 정보라는 관점에서 보면 흥미로워. 기본적으로 단세포가 자신을 통째로 카피해서 만드는 데 비해 다세포생물은 유전자를 혼합시키잖아. 수컷과 암컷의 유전자가 반씩 섞여야 새로운 유전자가 조합되어 수정란이 생겨. 즉 난세포 입장에서 보면 처음에는 아무것도 없다가 어머니에게서 물려받은 유전자와 아버지에게서 물려받은 유전자를 실제로 작동시키면서 스스로를 만들어내는 과정이 바로 발생인 거지.

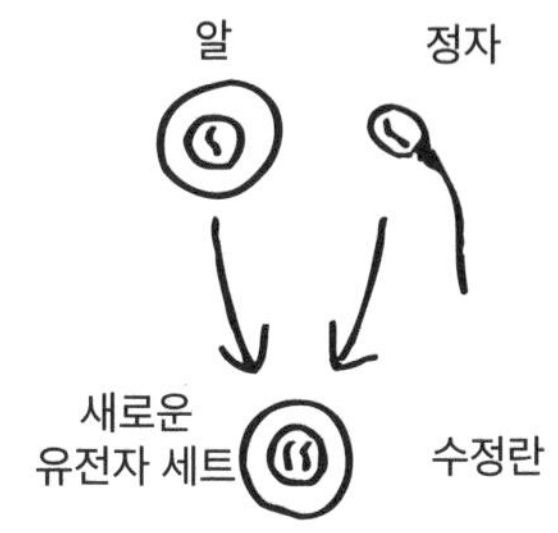

정보라는 관점에서 보면, 난세포 유전자는 외부에서 온 이물질인 정자의 유전자 정보를 받아들여. 그리고 지금까지처럼 통째로 자기만 복제하는 게 아니라 새로운 정보(몸)로 발현하는 거지.

엉뚱야마 씨, 정말 대단하시네요!! 다세포생물의 발생을 조절유전자의 순환을 통해서 파악하다니, 제 직감과 통하는 게 있어서 좋네요. 함께 일을 하다 보니 제 재능에 영감을 받았나 봐요?

자네들이 말하는 프로세스는 아주 상식적인 면이 많이 보이는군. 그런데 이렇게 보니 분자에서 세포, 단세포에서 다세포라는 단계로 비약적인 발전을 했어. 각각 화학반응과 유전자라는 차이가 있는데도 비약적인 발전을 통해서 요소가 새로운 전체가 된다는 상호관계가 전체적으로 잘 들어맞는 것 같아.

소리와 의미

이번에는 내가 조사해온 것을 들어보게.

난 3장 안에 들어가서 조사했는데, 쉽게 와 닿은 부분이 후지무라 유카 씨의 이야기였어. 그래서 경부보라는 지위를 이용해서 약간의 직권남용을 했는데, 많은 대화를 하면서 친해졌지.

네? 후지무라 유카 씨라면 베스트셀러 《인마로의 암호》랑 《고사기의 암호》를 쓴 후지무라 유카 씨말인가요? 제가 그분 팬인데요. 경위님, 물론 사인은 받아오셨겠죠?

난 이제 후지무라 유카 씨와 친구가 됐으니 사인 같은 건 언제든 받아다주지.

3장에서 후지무라 유카 씨는 언어에 관해서 언급했었지. 처음에 언어는 소리와 의미가 입 모양에서 시작되었고 분리되어 있지 않았대.

예를 들어 스륵 하고 말할 때에는 숨이 잇사이로 조금씩 새어나가는 모양. 탁 할 때는 숨을 힘껏 밖으로 내뱉은 상태. 뭔가가 깨질 때에는 혀가 윗턱에 붙어 있는 상태를 연상할 수 있어. 소리는 그 소리를 낼 때의 입 모양을 반영한 거니까, 인간은 인간이 입으로 내는 소리에 공통의 의미를 그릴 수가 있는 거야.

그것이 명명이라는 행위에 의해서 소리와 의미가 나뉘었다는 거지. 명명이란 어떤 물질이나 사상과 어떤 소리가 결합된다는 뜻이야.

명명은 아주 평범한 일이어서 보통은 의식조차 못하는 일인데, 손을 왜 '손'이라고 부르는 걸까라는 질문을 듣고 보니 정말 이상한 거야. 이 신체 부위가 다른 부위인 '혀'든 '발'이든 상관없는 거잖나? 즉 명명이라는 행위는 그때까지 명명된 것과의 관계성까지 반영해서 이루어지는 거지 아무런 규칙성 없이 임의로 이루어지는 게 아니었어.

후지무라 유카 씨는 이 명명과 RNA가 코돈을 발견한 스토리를 연결해서 설명했어.

유카 씨는 RNA 월드에서 기능과 정보의 분리를 돕는 코돈의 모습을 짚어냈어. 소리와 의미의 결합 가능성을 확장한 명명뿐만 아니라, 코돈에서도 DNA 염기쌍과 특별한 아미노산의 결합 가능성까지도 확장시킨 거지.

과연 후지무라 유카 씨네요. 스케일이 커요. 과연 누가 소리와 의미 이야기를 40억 년 전의 RNA와 코돈 이야기로 비유할 수 있겠어요. 그야말로 40억 년을 넘어선 랑데부군요. 떨리는데요.

그런데 경위님, 후지무라 유카 씨에게 무슨 말씀을 하셨나요? 설마 넋 놓고 듣고만 온 건 아니겠죠?

글쎄, 그렇진 않았어. 사인도 받고 이런저런 대화를 하느라 바빴거든.

혼자만 사인을 받다니 치사해요. 이래서 제가 따라가지 않으면 안 된다니까요.

진정하게 이즈미군. 그렇다고 내가 빈손으로 돌아온 건 아니라네. 자네가 조사해온 내용을 듣는 동안 여기에 일관된 법칙이 있는 게 아닐까 하는 생각을 했었지. 이제 내가 조사해온 걸 듣게.

자연의 순환: 이화작용과 동화작용

일단 나는 엉뚱이즈미 군과 엉뚱야마 씨의 대화에서 언급된 세포의 탄생과 다세포의 탄생에 관해서 곰곰이 생각해봤어. 각각의 경우 상호관계 속에서 새로운 순환관계가 발생하자 진화의 다음 단계로 비약적으로 발전했지. 세포의 경우에는 화학반응의 레벨에서 일어났고, 다세포생물의 경우에는 유전자의 레벨에서 일어난 거야.

추상적이지만 여기서 공통점을 느꼈는데, 두 경우 모두 비약적인 발전이 분자 레벨에서 일어났다는 거야. 그건 상호관계의 순환이 사실상 물질에서 일어나는 현상이기 때문이지.

이건 다른 얘기지만, 언어는 인간의 입 모양이 만들어내는 소리와 그 소리에 부여된 의미에서 시작됐어. 즉 언어는 신체적 현상인 거지. 언어는 입 모양과 그것을 포함한 인간의 신체와도 불가분의 관계였어. 그런데 명명이라는 행위로 인해서 소리와 의미로 나뉜 거야. 소리는 공기 속을 전달하는 파동이고, 의미는 사람들 사이의 상호 이해의 개념인데, 명명과 언어는 물질이나 형태로부터 독립되기 시작한 거야. 물론 소리가 전달되기 위해서는 공기가 필요하니 물질이 전혀 필요 없는 것은 아니지만, 세포나 유전자가 RNA나 DNA처럼 실제로 실험하고 연구할 수 있는 구체적인 물질이 있는 것과는 크게 다르다고 할 수 있지.

문자가 등장하면서 마침내 이 언어와 육체, 또는 언어와 물질의 분리에 박차가 가해졌어. 그리고 문자는 그것을 기록할 물질이 필요해졌는데, 그렇다고 그 물질이 특정 물질로 고정된 건 아니야.

그렇다면 언어의 발달을 물질로부터의 이륙이라는 관점으로 볼 수 있지 않을까? 즉 인간은 그때까지 RNA나 DNA 같은 물질의 구체적인 상호관계에서 일어나는 자연의 프로세스였을 거야. 그런데 자연의 프로세스인 언어를 통해서 관념 세계에서 갑자기 자유로워진 거야.

인간 외의 다른 생물은 추워지면 털을 기르는 것 말고는 달리 대응할 수 있는 방법이 없어. 털을 기른다는 것은 유전자의 변화를 의미해. 하지만 인간은 추워지면 옷을 입거나 불을 지펴. 이건 언어가 기본이 되는 행위지. 유전자로 표현된 상호관계가 언어를 통해서 표현된 것이라고 할 수 있어.

언어를 다루는 신체 기관은 뇌인데, 이 뇌는 신경세포의 집합이야. 신경세포의 가장 중요한 기능은 자극을 전달하는 것인데, 할 줄 아는 게 이것밖에 없다고 해도 과언이 아니거든. 다르게 표현하자면 뇌는 그야말로 상호작용을 연결하는 덩어리인 거야.

언어에 의해서 뇌가 발달하고, 뇌가 발달함으로써 언어는 더욱 세분화되었어. 그렇다면 언어와 뇌의 상호관계가 인간이라는 종이의 폭발적으로 진화하게 된 원인이 아닐까?

중요한 것은 언어가 결코 뇌 속에서만 존재하는 게 아니라는 점이야. 언어는 개인의 뇌 속에서 폭발한 게 아니라 개체 사이에서 발달했기 때문이지. 뇌는 개체를 둘러싸고 있는 언어라는 네트워크를, 자신의 것으로 자연스럽게 받아들이게 되어 있거든.

하지만 인간이 스스로 이치를 깨닫고 언어를 발명한 건 아닐 거야. 인간은 언어가 '필요'했던 거지. 왜냐하면 개체 간의 상호관계 없이 살아남을 수 없었기 때문이야. 인간은 다른 생물에 비해서 신체적으로 강한 존재가 아니었으니 살아남기 위해서 개체 간의 상호관계를 이룰 수밖에 없었던 거지. 그리고 인간은 다시 언어라는 매개체를 통해서 거듭 개체 간의 상호관계를 이루고 있어.

언어는 풀지 못할 의문 중 하나라고 생각했는데 제가 엉뚱한 데서 찾았던 거군요. 경위님도 물질세계에서 언어를 찾지 못하고, 우리가 매일 소통하는 모든 말 속에서 상호적으로 발견한 거잖아요.

네. 언어에 관한 경위님의 설명 잘 들었어요. 그런데 이렇게 되면 물질, 생명, 언어까지 관통하는 질서가 되지 않는데, 그건 어떻게 되는 거죠?

그래서 지금 그걸 하려고 했어. 그게 중요한 내용이거든. 이건 후지무라 유키 씨와의 대화중에 나온 건데, 언어의 세계를 한마디로 정의하면 '시공의 게슈탈트(종합)'라는 거야.

3장에 나왔던 통합된 각각의 전체의 형태이자 요소의 결합인 게슈탈트를 떠올려보게. 자네는 그것을 부분의 합이라기보다 커다란 전체라고 했었지. 여기서 내가 말하는 게슈탈트는 언어 세계의 시간과 공간 요소의 결합을 뜻해.

사람들이 대화할 때 어떤 일이 일어나는지 상상해보게. 자네는 머릿속에서 어떤 이미지(공간상)를 떠올리면서 시간에 따라(시간상) 음성으로 표현할 걸세. 그런데 듣는 사람은 시간상을 물질이나 개념의 공간적 이미지로 받아들이게 되지. 아마도 인간의 두뇌는 공간상이 시간상으로 암호화되어 있고, 반대로 이 시간상은 공간상로 해독할 거야. 이 시간적 공간적 이미지의 게슈탈트가 우리가 경험한 언어의 전체인 거지.

이제 인간의 인식이라는 측면에서 언어의 시간적 공간적 역할을 생각해보지. 인간은 언어를 도구 삼아서 자신을 둘러싼 환경을 인식하고 정의하거든. 만약 언어가 시간적 공간적 이미지를 게슈탈트화 할 수 있는 시스템이라면, 그것은 인간의 인식 구조를 따르는 것일 거야.

현상	시간상	공간상
1. 언어에는	음성	문자
2. 문자에는	표음문자(영어 알파벳 등)	표의문자(중국어 한자 등)
3. 음성에는	음파	입 모양
4. 음악에는	멜로디(움직임)	리듬(구조)
5. 그림에는	색채(색깔)	윤곽(형태)
6. 분석에는	기능(작동)	모양(구조)
7. 고전역학에는	파동	입자
8. 양자역학에는	파동역학	행렬역학
9. 불확정성 원리에는	운동량의 불확정성	위치의 불확정성

이 표를 보면 내 말이 이해될 거야. 먼저 (1)언어는 두 가지 요소, 말하고(음성) 쓰는(문자) 구조로 나눌 수 있어(실제로 아직도 많은 나라에서는 문자 시스템이 부족한데, 여기서는 음성과 마찬가지로 문자 언어도 관련 있어). 음성은 시간적 요소, 문자는 공간적 요소인데, (2)문자를 분석하면 시간적으로는 표음문자(예를 들면 서양의 알파벳처럼)를 취하고 공간적으로는 표의문자(예를 들면 중국어 한자처럼)를 취한다는 사실을 알 수 있어. (3)음성에도 시간적 요소와 공간적 요소가 있어. 음파는 시간에 따라 성대에서 나오는데, 입모양은 공간적으로 의미 있는 소리의 파동으로 나타나. 그리고 인간의 인식 단계에서 우리는 시간과 공간적 요소가 결합된 세계에서 세상을 경험한다는 것을 발견하게 될 거야.

다른 예를 더 들어보지. 우리는 (4)음악은 시간적이라고 생각하는 경향이 있는데 멜로디의 움직임은 사실상 시간적이지만, 리듬과 박자가 제공하는 건 공간적이야. 마찬가지로 (5)그림을 그리는 중에는 선이나 도형 등의 명백한 공간적 요소뿐만 아니라 빛의 진동수 차이에 의해 발생하는 색깔에서는 시간적 요소를 갖고 있어. 분석, 고전역학, 양자역학, 불확정성 원리…, 모든 것들이 각각 시간적, 공간적 측면을 갖고 있지. 나는 이게 우연의 일치라고 생각하지 않아. 아마도 우리 인간이 시간과 공간 요소의 게슈탈트인 언어의 프리즘을 통해서 세상을 바라보기 때문이 아닐까?

마지막으로 또 다른 관점에서 언어의 시간적 공간적 측면을 생각해볼까? 왼쪽의 표를 보면 시간적인 관점에서 오늘날 인간의 인식에 어떻게 영향을 미쳤는지 공간적으로 서술한 것이라고 할 수 있겠지. 그런데 시대에 따른 언어의 공간적 발달이라는 게 과연 무엇일까?

다시 후지무라 유카 씨가 한 말을 단서 삼아서 언어의 초기 무렵을 상상해볼까? 언어는 음성으로 시작되었어. 처음에 소리와 의미는 똑같은 하나였지. 양쪽 다 입모양이 만드는 소리에 의존하고 있었거든. 그러다가 명명이라는 행위를 통해서 소리에서 의미가 분리되었지. 소리와 의미가 신체적으로는 연결되어 있지 않았지만, 명명 과정에서는 항상 연결되어 있었어. 이것이 소리와 의미의 다양화를 낳은 거야. 한마디로 우리는 소리와 의미의 '이화작용'에 대해서 말하고 있는 셈이지. 두 개의 다른 것으로 분리된-하나는 시간적 측면(소리), 다른 하나는 공간적 측면(의미). 그 명명 과정에서 소리와 음성을 하나로 묶자 그것은 '동화작용'이 되었어.

그리고 시간이 흐르면서 인간은 문자를 발명했어. 문자가 도입되면서 이 시간적-공간적 이화작용과 동화작용의 게슈탈트의 다양성의 범위가 더욱 확대된 거야. 그래서 현재 인간은 시간적, 공간적으로 존재하지 않을 때도 언어를 진행시킬 수 있어. 게슈탈트가 시간적, 공간적 제약에서 자유로워진 거야. 문자는 언제 어디서든 읽을 수 있으니까.

인간과 언어가 나타날 때까지 이화작용과 동화작용의 순환은 오직 분자, 유전자, 세포 등의 물질세계에서만 일어나는 일이었어. 언어가 등장하면서 이 순환이 물질적인 제약에서 벗어나 새로운 의미를 갖게 된 거야. 그런데 언어는 인간에게 시간과 공간의 통합시키는 주기적인 프로세스를 이용할 수 있게 했어. 그리고 바로 그 덕분에 인간은 비약적으로 발전해서 과거의 모든 다른 동물보다 자유로워졌다고 생각해.

알겠어요, 경위님, 언어도 하나의 이화작용과 동화작용군요. 이화-동화의 순환이 다음 단계인 양자의 비약적인 발전을 이룬 진화의 예를 우리는 적어도 세 가지는 찾았어요.

· RNA가 DNA와 단백질에게 자신의 임무를 넘겼을 때.

· 언제 어디서든 일하던 단세포의 유전자가 다세포생물의 호메오선별유전자에 의해 시간과 공간을 조절할 수 있게 되었을 때

· 인간의 언어가 소리와 의미로 분리되었을 때.

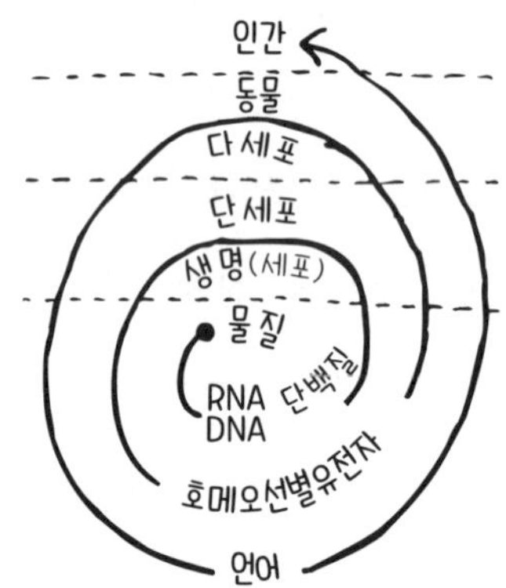

이 비약적인 도약을 할 때마다 언제나 막연한 현실에서 새로운 이화작용과 동화작용의 순환이 나타났어요. 그리고 그 새로운 순환을 통해서 새로운 전체가 탄생하죠. 무생물이었던 물질은 세포로 진화하고. 단세포는 다세포로 진화하고, 동물은 인간으로 진화한 거잖아요.

그래서 아무래도 이 '이화작용과 동화작용의 순환'이 물질, 생명, 언어까지 관통하고 있는 자연의 프로세스가 아닐까 하는 생각이 들어요. 제 생각 어때요?

좋은데? 정보도 마찬가지야. 안 그래? 이화작용과 동화작용의 순환은 정보를 통해서 의미가 만들어지잖아. 불확정한 정보의 증가가 이화과정이고, 그것이 관측되어 정보가 확정되는 게 동화과정이야. 확정과 불확정의 순환은 전체(이 경우에는 정보)를 낳고, 그것은 새로

운 전체가 되어 확정된 정보에 우리가 의미를 부여한다는 뜻이 아닐까? DNA의 염기서열에는 단백질을 합성하는 정보가 있어. 하지만 RNA가 그것을 읽어내는 행위를 하지 않는다면 – 시간의 흐름에 따라 일어나지 않는다면 단백질을 만들어내지 못하지. 즉 게놈 정보는 읽힘으로써 의미가 생기는 거야. 그리고 그 의미는 다음 단계인 새로운 전체, 즉 세포로 대변되는 좀 더 복잡한 단계에서 더 중요하거든.

그렇지! 예를 들어 한 권의 책이 있다고 가정할 때, 그것을 읽는 행위가 없다면 책의 내용은 아무런 의미도 되지 않아. 새로운 전체는 우리가 시간적, 공간적으로 읽어낼 때 비로소 얻을 수 있는 거야. 그게 바로 새로운 게슈탈트, 즉 부수고 다시 만드는 이화작용과 동화작용의 순환을 통해서 의미를 파악하는 방법이지.

양자역학 건설의 스토리를 생각해볼까? 처음에 사람들은 빛을 단순히 빛으로 생각했어. 그러다가 과학자들은 빛이 간섭하므로 파동이라고 주장했고, 다시 아인슈타인은 빛이 입자로 이루어져 있다고 반박했지. 빛에 대한 개념이 입자와 파동으로 이화된 거야. 이 과정에서 입자파는 행렬역학을 발견하고, 파동파는 파동역학을 발견했어. 그리고 누군가가 이 두 역학은 전혀 다른 게 아니라 수학적으로 동등하다는 사실을 밝혀내지. 마지막으로 과학자들은 불확정성 원리에 의해서 빛은 입자도 파동도 아닌 양자라는 결론을 내렸어. 정리하면 빛은 이화작용과 동화작용의 프로세스를 밟음으로써 양자라는 새로운 전체에 도달할 수 있었던 거야.

게슈탈트된 것은 시간과 공간에 풀리고, 이 시간과 공간에 풀린 것이 다시 새로운 게슈탈트를 만들어가는 거야. 이 끊임없는 과정

이 RNA 월드 때부터 40억 년이 넘도록 단세포와 다세포를 거쳐, 언어를 가진 우리가 있는 지금에 이르기까지 반복되고 있는 거지.

단순히 《DNA의 법칙》 책에서 모험을 시작한 엉뚱하타케 패밀리는 결국 터무니없는 생각까지 도달했습니다. 고작 두 개의 화살표였던 순환 그림을 보면서 세 사람은 어마어마한 스케일에 아연실색했습니다. 모험지도 끝에 쓰인 순환 지도는 사실상 엄청난 힌트였던 것입니다.

트래칼리 학생들이라면 벌써 눈치챘을지도 모르겠군요.

어느새 정신을 차린 엉뚱하타케 씨, 뭔가 좋은 생각이 떠오른 것 같은데요?

그렇지! 이건 그 사람에게 물어보자. 그 사람이라면 틀림없이 재미있는 얘기를 들려줄 거야.

누구 말이에요?

알면서 왜 그래? 《DNA의 법칙》에 나온 사람 말이야.

아, 그 사람!

경위님, 지금 '힘내라 시계 씨' 말씀하시는 거 맞죠?

엉뚱하타케 패밀리, 트래칼리를 방문하다

똑똑! 시게 씨 계신가요? 엉뚱하타케 패밀리입니다.

어서 오세요. 다들 오셨군요. 여러분에 대해서는 들었어요. 《DNA의 법칙》을 읽고 계시다고요?

맞아요.

대단한 발견을 했답니다. 사실 이화작용과 동화작용 말인데요….

이러쿵 저러쿵 이러쿵 저러쿵

…이런 이유로 이화작용과 동화작용이 물질 · 생명 · 언어까지 관통하는 자연의 프로세스가 아닐까라고 생각했습니다.

그거 정말 흥미롭군요. 과연 베테랑 경부보님들이시네요. 정말 흥미로워요. 그런데 이화작용과 동화작용 이야기 말인데요, 푸리에 수학도 거기에 적용할 수 있다는 얘길 듣고 오신 건가요?

아뇨!? 금시초문입니다!

그럼, 그것부터 설명하겠습니다.

◆ 이화작용과 동화작용 그리고 푸리에 수학

푸리에 수학을 한마디로 정의하면, '반복성이 있는 복잡한 파동은 단순한 파동의 합'이예요. 그것을 그림으로 그리면 왼쪽과 같은 느낌이에요.

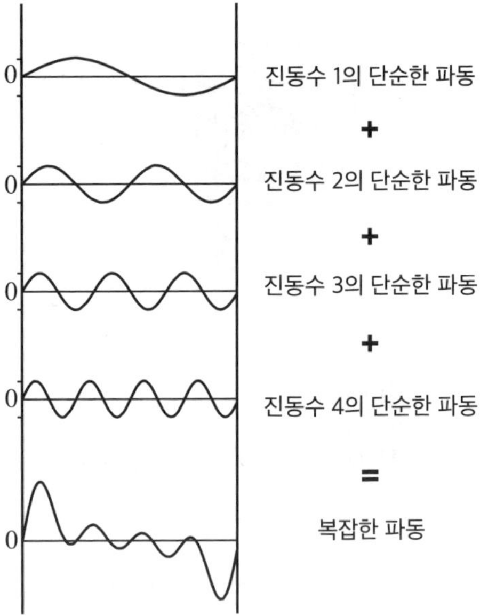

그리고 식으로 표현하면 이렇게 돼요.

$$f(t) = a_0 + \sum_{n=1}^{\infty} (a_n \cos n\omega t + b_n \sin n\omega t)$$

복잡한 파동 안에 단순한 파동이 얼마나 들어 있는지 그 분량을 구하는 것이 푸리에 전개이고, 기호로 나타내면 a_1나 b_1이라는 양을 구하는 것이죠. 그리고 구한 a_1나 b_1에서 원래의 복잡한 파동을 복원하는 것을 푸리에 급수라고 해요. 이것은 야채주스 안에 어떤 성분의 야채가 들어 있는지를 조사하는 것과 같아요.

그런데 여기서 하고 싶은 말이 있어요. 멍하니 푸리에 전개와 푸리에 급수를 떠올리며 생각하다가 문득 이 둘의 관계가 구연산회로 사건에서 살펴보았던 이화작용과 동화작용의 관계와 비슷하다는 것을 깨달았거든요

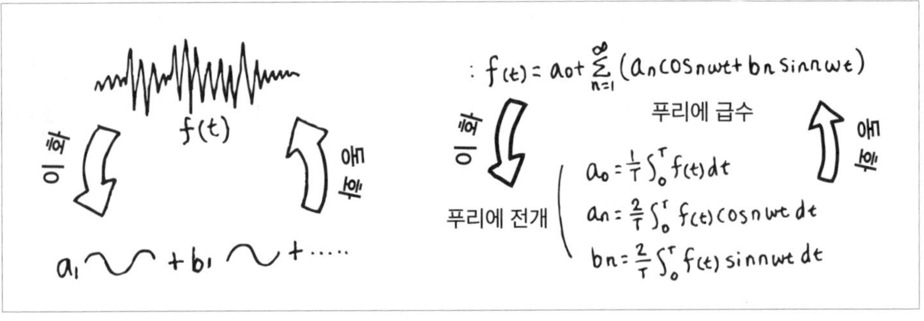

복잡한 파동을 제각각 이화하면 단순한 파동으로 분해되고(푸리에 전개), 그것을 분량마다 정확히 조립하면 다시 원래의 복잡한 파동이 동화된다(푸리에 급수).

자, 똑같죠? 깜짝 놀랐다니까요.

정말 근사한데요? 역시 시게 씨군요.
그런데 그 표정을 보니 아직 뭔가 더 있는 것 같군요?

이런, 벌써 간파하시다니, 역시 경위님은 속일 수가 없네요. 사실 이 푸리에 이야기는 '정보와 관측'이라는 관점으로도 볼 수 있어요.

푸리에 전개를 통해서 '파형을 분석한다는 것'을, '파형을 관측한다는 것'에 대입해보면, 그 관측 행위로 인해서 파동의 성분이라는 새로운 정보를 얻어요. 그리고 푸리에 급수로 그 성분을 이용해서 파동을 복원하면, 그 과정에서 정보를 얻었기 때문에 처음과 똑같지는 않아요. 제각각 분리해서 조립하는 전체의 순환은 관측을 의미하고, 우리가 관측을 하면 확정된 정보를 얻을 수 있다는 거죠.

그리고 이것은 좌표축에서도 살펴볼 수 있어요.

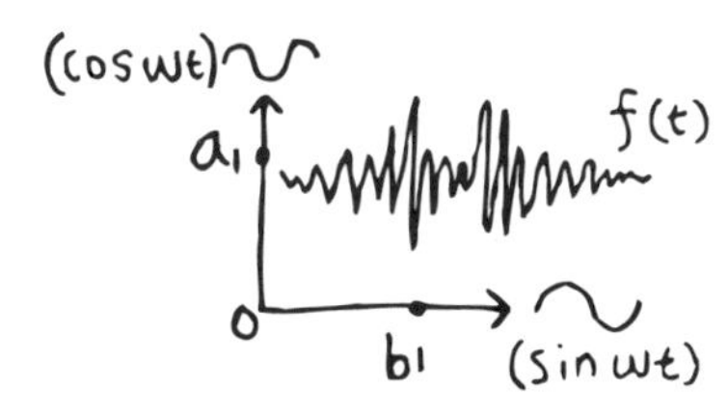

$f(t)$ 안에 $\cos \omega t$는 분량 a_1만큼 들어 있고
$\sin \omega t$는 분량 b_1만큼 들어 있다는 뜻

각 축은 단순한 파동 하나를 나타내요. 푸리에 전개로 구하는 a_1이나 b_1의 값은 복잡한 파동 안에 포함된 각 축의 단순한 파동의 분량이에요. 이해가 되나요?

여기서 이화작용을 복잡한 '전체'(이 경우 복잡한 파동)를 좌표축에 투영하는 것으로 대입할 수 있어요. 그리고 동화작용은 이 축들의 다양한 성분에서 새로운 전체를 만들어내는 거죠. 우리가 이화작용과 동화작용을 이렇게 정의 내린다면 중요한 건 어떤 좌표축의 세트를 선택하는가예요. 이런 경우 지금 우리가 말하고 있는 효소나 언어도 그 자체가 좌표축의 한 줄일지도 모르죠.

그런데 양자역학에서도 이 좌표축 이야기가 나오는데, 알고 있나요? 이 푸리에 수학에서 사용하는 좌표축을 무한차원 직교좌표계라고 해요. 이건 힐베르트 공간으로 알려져 있는데, 양자역학에서 행렬역학과 파동역학의 결합도 이 개념이에요. 이 두 역학은 힐베르트 공간에서 서로 다른 좌표계에 투영되었지만, 사실 원래의 모습은 같았던 거죠.

수학도 이화작용과 동화작용으로 볼 수 있다니, 대단하군요.

그 밖에도 이화작용과 동화작용의 다른 형태에 관해서 더 알아봤어요. 구연산회로는 이화작용을 한 후 동화작용을 하는 게 아니라 이화작용과 동화작용을 동시에 하는, 즉 '이화작용=동화작용'이였어요. 이것에 관해서 살펴보니 실제로 일어나는 현상 중에서 이화작용과 동화작용의 프로세스는 대부분 이화작용과 동화작용이 하나가 되어 일어난다고 할 수 있었어요.

예를 들어 호메오선별유전자는 시간과 위치를 구별하는 프로세스인 이화작용의 형태인 동시에 발생의 측면에서 그 두 가지를 통합하기도 해요. 앞에서 말한 구연산회로도 그랬어요. 하지만 더 미시적인 레벨로 파고들어서 각각의 공역반응을 살펴보면, 엔트로피가 증가하는 방향과 감소하는 방향이 동시에 일어나는 걸 볼 수 있어요.

이화작용과 동화작용은 동전의 양면처럼 언제나 등을 맞대고 동시에 일어나는 거죠. 아무튼 이화작용과 동화작용은 정말 심오한 주제예요.

테이프의 소리가 나의 언어가 되다

그렇지 참, 사실 전 최근 이화작용과 동화작용에 관해서 실험을 했었어요. 이전에는 머리로만 생각했지만, 하치에게 많은 영향을 받았거든요. 저도 내부로 들어가 보려고 한 거예요. 그게 바로 이화작용과 동화작용였어요.

이화작용과 동화작용 실험이라고요? 그거 흥미진진한 얘기군요. 그건 도대체 어떤 실험인가요?

'테이프의 소리가 나의 언어가 되다'라는 제목의 실험이에요. 히포 패밀리는 다언어를 자연스럽게 익히고자 하는 목적을 가진 단체이고, 트래칼리는 그런 히포의 칼리지예요. 그 히포 패밀리 멤버가 되면 일상적인 환경으로 늘 들어야 하는 다언어 테이프가 있어요. 그 테이프를 배경으로 틀어놓으면 어느 나라 말인지 알 수 있게 되고, 그러다가 의미를 알게 되고 어느 순간 노래하듯이 테이프의 구절을 따라할 수 있게 돼요. 소리가 저도 모르는 사이에 내 안에 쌓이는 거예요.

그런가요? 

언어는 본래 소리이자 파동이에요. 소리는 반드시 사람의 내부에 질서 있게 쌓여요. 이 선택된 소리의 형태가 각 언어의 핵심이죠. 왜냐하면 인간의 인식에 맞지 않는 소리는 언어 속에 남아 있을 수가 없으니까요.

히포에서 테이프의 소리를 따라 하다 보면 입 모양이 조금씩 변하다가 갑자기 그 언어처럼 들리는 소리가 나오게 돼요. 예를 들어 굴러가는 듯한 스페인어 발음이라든지 목에서 나오는 듯한 한국어 발음이라든지 프랑스어의 비탁음 같은 것 말이에요. 그런 소리만 따로 발음 연습하지는 않지만, 몇 번씩 테이프의 소리를 듣고 입으로 따라하다 보면 어느 순간 혀에 감기듯이 착착 나오게 되거든요. 그러면 부분이 변해서가 아니라 전체적으로 그 언어에 다가간 것 같아서 매우 기뻐지죠. 히포 멤버들은 원어민과 인사를 나눴을 뿐인데도 발음이 좋다고 칭찬받는 일이 많아요. 이것은 귀, 즉 소리부터 그 언어에 들어가 있기 때문이에요.

그래서 그 테이프의 소리가 자신의 언어가 될 때가 있어요. 이화작용과 동화작용으로 표현하면, 쇠고기가 내 살이 되는 것과 같다고 할 수 있죠.

그렇다면 제각각 분해된 후 만드는 건가요? 언어라면 미리 문법이라든지 발음이라든지 의미라든지 그런 식으로 분해하는 건가요?

아뇨, 전혀 그렇지 않아요. 그렇게 학교에서 공부하는 방식의 언어는 어디에도 없어요. 살아 있는 언어라는 건 커리큘럼이라든지 공부를 하면서가 아니라, 언제나 전체로 존재한다는 뜻이에요.

사실 언어의 경우, 테이프의 소리를 말할 수 있게 되었다고 생각하고 노래할 경우와, 자신의 소리가 되어 말하고 있는 것과, 소리 자체로 보면 그렇게 크게 다르지 않아요. 그러다가 어느 날 갑자기 자신의 언어가 되는 거죠.

그게 참 신기한 현상이군요. 이건 조사해볼 가치가 있겠는데요. 뭔가 단서가 없을까요?

많은 히포 멤버의 체험담이 있어요. 적절한 예가 많이 있지만, 모처럼 오늘은 저, 시게의 체험을 얘기해볼게요. 독일 홈스테이에서 겪었던 일이에요.

독일에서의 홈스테이

1995년 여름, 나는 독일의 작은 도시 페히타Vechta에 홈스테이를 간 적이 있다. 50대 중반의 롤랜드와 이졸데 부부의 집에 머물렀는데, 롤랜드는 페히타의 고등학교(김나지움) 물리와 수학 선생님이었다. 독일은 와인과 맥주가 유명한 만큼 이 부부 역시 지하실에 와인 셀러를 갖고 있었다. 그들은 저녁식사 때 와인을 마시는 것이 아니라 정리를 마치고 나서 잠들기 전까지 2시간 정도 와인타임을 가졌다. 우리는 맛있는 와인을 마시며 소시지를 안주 삼아 이런저런 이야기를 나눴는데, 그 두 시간은 환상적이었다.

두 아이를 이미 독립시킨 주부 이졸데는 드라이플라워가 취미였는데 언제든 가게를 열 수 있을 만큼 멋진 드라이플라워가 집안 가득 장식되어 있었다. 또 탁구를 좋아해서 페히타 지역에 탁구를 보급한 공로자라고 한다. 다정한 두 사람 사이에서 나는 오랜만에 집에 온 듯한 기분을 느꼈다.

◆ 3개의 'trocken'

페히타에서 30분 정도 차를 타고 야외 미술관이 있는 크로펠브루그라는 곳에 함께 간 적이 있다. 유감스럽게도 그곳에 도착하자 폭우가 쏟아지기 시작했다. 야외 미술관에 비는 치명적이었다. 잠시 비를 피했지만 잦아들 기세가 보이지 않아 그냥 돌아올 수밖에 없었다. 그런데 페히타에도 비가 올 줄 알았는데 그렇지 않았다. 도로가 말라 있었다. 이졸데는 도로를 가리키며 "Das ist trocken(trocken이다)"라고 했다. 내가 "Das ist trocken?"(trocken이야?) 하고 반문하자 "Ja－a, Das ist trocken(그래, trocken이야)" 하며 끄덕였다.

밤이 찾아와 와인 타임이 되자 롤랜드가 말했다.

"오늘은 두 가지 와인을 비교하며 마셔볼까?"

두 병의 와인을 꺼내온 롤랜드가 설명하기 시작했다.

"Das ist Normal Wein. Alber das ist trocken Wein.(이건 보통 와인. 이건 trocken 와인이야)"라고 말하는 게 아닌가?

"Das ist trocken Wein?(이게 trocken 와인?)"

"Ja－, trocken Wein(그래 trocken 와인이야)."

마셔보니 Normal Wein은 진한 과일 향으로 Sehr Gut(매우 맛있다)였다. trocken Wein 쪽은 신맛이 나는 와인이었다. 이쪽도 물론 Sehr Gut였다.

나는 낮에 이졸데가 마른 길을 가리키며 했던 trocken을 떠올리며 처음부터 상황을 설명한 후 그 trocken과 trocken Wein이 같은 trocken인지 물었다. 대답은 "Ja−, das ist gleich(그래, 같아)"였다. 마른 길과 신맛이 있는 와인의 공통점은 무엇일까? 그런 생각을 하며 안주로 나온 빵을 버터나 잼도 바르지 않고 먹었더니 롤랜드는 내가 손에 든 빵을 가리키며 또다시 "Das ist trocken Brot(그건 trocken 빵이야)." 하고 말했다. 마른 길과 신맛이 있는 와인과 맨 빵. 세 개의 trocken이 등장한 것이다. 머리로는 신기했지만 몸은 알아듣고 있었다. 다른 사람에게 설명할 수 있을 만큼 이해한 것은 아니었지만 독일의 풍경 속에서 어쩐지 그 세 가지 trocken은 내 안에 들어왔다.

이렇게 해서 독일에서의 멋진 시간은 순식간에 지나가고 일본으로 돌아오는 비행기 안에서 나는 페히타 사람들과 풍경을 떠올리며 눈물을 흘렸다. 다섯 번의 홈스테이를 했지만 처음 겪는 일이었다.

◆ 풍경이 따르는 언어

일본에 돌아와서 독일에서 있었던 일을 아내에게 이야기했을 때였다. 세 가지 trocken 이야기를 하자 아내는 잠시 생각한 뒤 'trocken을 영어로 말하면 dry라는 뜻 아냐?'라고 물었다. 옳거니! dry라면 마른 길도 와인도 빵도 설명이 가능하다. 순식간에 머릿속이 정리된 것 같았다. 하지만 이때의 dry는 trocken으로 정의되지 않았다. 나에게 trocken은 그 페히타에서의 세 가지 trocken이지 dry가 아니었다. 이렇게 생각할 수 있다는 것이 매우 기뻤다.

그러고 보니 예전에 트래칼리에서 하치가 러시아어의 다바이에 대해 말한 적이 있었다. "다바이가 뭐야?" 하는 질문에 "다바이는 다바이야." 하고 답했다고 한다. 하치에게 다바이는 도저히 한마디로 정의할 수 없는 풍경이 붙어 있었다고 한다. 선물로 가져간 게임을 하며 그 집 아이와 놀 때, 하치의 차례가 되면 "다바이"라고 했다. 식사 때가 되면 많은 접시를 앞에 두고 "다바이, 다바이"가 쏟아졌고, 헤어질 때도, "리타, 다바이" 하며 꼭 끌어안고 키스해 주었다고 한다. 이 모두가 하치의 다바이였기 때문에 도저히 한마디로 정의내릴 수가 없다는 것이다. 이제는 나도 하치의 기분을 이해할 수 있을 것 같다. 하치의 다바이와 마찬가지로 나에게 trocken은 그 페히타의 풍경이 담겨 있는 trocken이기 때문이다.

환경 속에서 발견한 언어에는 풍경이 깃들어 있다. 그 풍경이 trocken이라는 말을 나의 언어로 만들어주었다.

그렇군요. 정취가 느껴지는 게 참 멋진 홈스테이였나 봅니다. 하아, 나도 Wein Zeit(와인타임)에 함께 하고 싶은데요. 와인글라스를 한손에 들고 있고 촛불이 흔들리는 방안 정경이 그려지는군요. 그게 유럽이겠죠. 부러울 따름입니다.

우리도 언제 마시러 가요. 제가 분위기 좋은 가게를 알아뒀거든요. 꼭 trocken Wein를 마셔 봐요.

'테이프의 소리가 내 언어'가 되는 경험이군요.

바로 그거예요. 아직 실험중이라 정확히 결론은 내리지 못했지만, 힌트는 '함께 마신다'는 데에 있는 것 같아요.
좀 더 자세히 말하자면 '테이프의 소리에 자신의 풍경이 담겼을 때 자신의 언어가 된다'는 거죠.
다른 사람과의 사이에서 얻은 풍경이 그 언어를 자신의 언어로 만들어줘요. 그리고 개인의 노력에 의해서가 아니라 환경에 의해서 끌려나올 때 가장 선명한 풍경이 붙는 거예요.
하지만 문제가 있어요. 저도 이 실험을 시작하자마자 부딪친 문제인데, 다른 사람의 경험담을 아무리 분석한들 결코 내 풍경이 되지는 않는다는 거죠. 그래서 저를 실험대에 올려봤어요. 언어를 연구할 때에는 이게 매우 중요하니까요. 지금으로서는 이런 방법으로 언어를 '전체'로 접할 수밖에 없는 것 같아요.

음, 어려운데요. 과학적 수사에 익숙한 우리로서는 감이 안 오는군요. 나 자신을 외부에 드러내지 않으면 객관적인 판단을 내리기는 어려우니까요.

맞아요. 현대 과학의 방법론으로 보면 그렇죠. 저도 꽤 고민했었어요. 하지만 사실 이건 간단한 거예요. 나를 대신해서 살아주는 사람이 없는 것처럼, 나를 대신해서 내 언어가 되는 순간을 체험해주는 사람도 없잖아요. 개인의 내부로 들어가 언어를 자연습득하다 보면 그 언어에 반드시 자신만의 풍경이 붙어요. 우리는 그렇게 인간 사이의 언어 네트워크를 구축하면서 살아가는 거죠.

그렇군요. 인간은 누구나 할 수 있다는 것이 힘내라 시게 씨가 하고 싶었던 말이군요.

맞아요. 우리는 다른 사람에게서 받은 언어를 이화하고 동화해서 자신의 언어로 만들고, 그 언어를 통해서 자신의 세계를 발견해요.

저도 다언어의 자연습득 활동으로 많은 언어를 얻었고, 세계도 넓어졌어요.

트래칼리에 들어오기 전까지만 해도 분자생물학의 세계와 이렇게 가까워질 줄은 몰랐는데 말이죠. 분자생물학의 어려운 전문용어에 처음에는 무슨 말을 하는지 전혀 알아듣지 못했어요. 하지만 이 전문용어도 인간이 발견해온 언어라고 생각하고, 모두와 함께 반복해서 읽다 보니 어느새 이해할 수 있게 되었죠. 그러다 보니 왓슨과 클릭과도 더 가까워졌고, 경위님들과 알게 된 것도 꿈만 같아요.

언어의 이화작용과 동화작용은 사람들 사이에서 만남의 이화작용과 동화작용인지도 몰라요. 그래서 우리 트래칼리의 테마가 '언어와 인간을 자연과학한다'인 거죠. 지금까지 알게 된 언어를 주신 분들께도 감사하고, 또 더 많은 분들과 함께 언어를 발견하고 싶어요.

엉뚱이즈미 군, 태어날 아기와 부인을 소중히 여기고 좋은 아빠가 되세요.

엉뚱야마 씨, 트래칼리에 입학하지 않겠어요? 분명 즐거울 거예요.

경위님, 오랜 시간 트래칼리와 인연을 맺어주셔서 감사합니다. 앞으로도 잘 부탁드릴게요. 트래칼리 일동은 더 많은 활동을 기원하고 있으니까요.

그러면 여러분, 다시 만날 그날까지 안녕히 계세요. 자이젠再見.

재미있는 얘기를 들려줘서 고마워요. 주역에서 '끝은 또 다른 시작'이라고 했어요. 트래칼리의 DNA의 모험은 앞으로도 계속되겠죠. 또 만날 수 있기를 바랄게요.

우리 '엉뚱하타케 패밀리'는 Never Die!

이 세상에 사건이 있는 한, 이 세상에 호기심이 있는 한, 우리의 활약은 계속 되겠죠. 여러분 다음에 또 만나요. 안녕.

지금까지 엉뚱하타케 엉뚱사부로였습니다.

♪♪ 짜라라, 라랄라 라랏라라 ♩♪

엉뚱하타케 패밀리의 귀가…

앗, 경위님, 이것 좀 보세요!
《DNA의 법칙》 책의 4장이 갑자기 나타났어요!
이게 뭐지? 엉뚱하타케 패밀리 등장?

어머 뭐야! 우리가 지금까지 살펴본 게 쓰여 있잖아?
도대체 어떻게 된 거야?

그렇군, 우리가 지금 구연산회로에 투입되어 하고 있는 수사가 실제 DNA의 모험이었군. 우리가 생물을 '이화 · 동화'하고 있는 스토리가 이 책에 삽입되어 보다 구체적이 되었어. 즉 책에 '이화 · 동화'되었다고 할까?

음하하하, 이거 재미있군. 이 책이야말로 '살아 있는' 건지도 몰라….

음, 이상 엉뚱하타케 패밀리였습니다~.

(끝?)

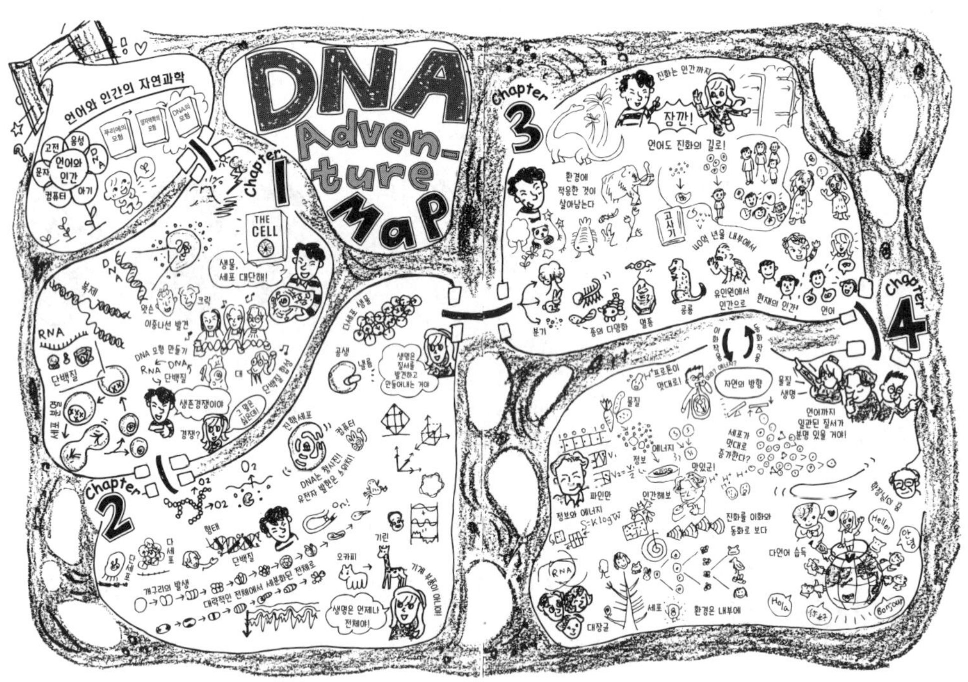

4.3 엉뚱의 진화

1) 진화의 재발견

물질, 생명, 언어까지… 장대한 드라마 같아. 안 그래?

맞아. 원핵세포와 진핵세포, 그리고 단세포생물과 다세포생물도 잊지 말아야지.

그리고 균류, 식물, 동물, 그리고 언어를 가진 인간….

46억 년의 긴 시간 동안 때때로 굉장한 변화가 일어난 것 같아.

진화라기보다 혁명에 가까운 것 같아.

99%의 생물이 멸종하고, 살아남은 생물은 불과 1%밖에 안 된다는 사실을 알고 있어?

우리 트래칼리 학생들은 긴 여정을 걸어왔다. 처음에는 DNA와 NTT도 구별하지 못했던 아주 트래들이 요즘에는 생물학적 개념에 대해서 대화를 주고받는다.

생물학, 분자생물학은 눈부신 발전을 이루고 있다. 생명의 탄생, 그리고 생명의 진화에 관해서 누구나 그 비밀을 알고 싶을 것이다.

그런데 우리가 진화의 신비에 대해 이야기한다는 게 주제 넘는 일은 아닐까?

괜.찮아.

진화의 프로세스는 우리 인간이 절대로 밝혀낼 수 없는 미스터리인지도 모른다. 하지만 그 미스터리에 매료되었으니 어쩔 도리가 없다. 우리 트래칼리 학생들에게는 '이해하고 싶다'는 마음과 '무리가 아닐까?' 하는 마음이 교차했다.

먹는다는 것에 대해서도 배웠지. 쇠고기가 내 살이 된다는 거 말이야.

그건 이화작용과 동화작용을 통해서야.

맞았어.

우리가 섭취한 음식물은 어느새 피부, 뼈, 손톱 등으로 바뀌어 몸 전체를 새로 만들어. 이화작용과 동화작용은 언제나 새로운 전체를 다시 만드는 프로세스인 거지.

어쨌든 아주트래들은 반세기 이상 살아온 이력 위에 서 있는 만큼 뭔가 하나를 이해하고 나면 다른 것까지 연결지어 생각하는 경향이 있었다.

“이 나이에도 새로운 것을 이렇게 많이 배울 수 있을 줄은 상상도 못했어.”

그리고 아주머니들은 이렇게 기쁨을 표하는 말을 자주 했다.

“자!”

아주트래 한 분이 두꺼운 《세포의 분자생물학》을 책상 위에 놓고 펄럭펄럭 넘겨보기 시작했다. 기나긴 이력을 등에 지고 있는 아주트래들은 진이 빠지는 생물의 세세한 분자나 세포의 구조 부분을 읽기보다는 스케일이 큰 진화의 드라마틱한 이미지를 그리며 책을 읽곤 한다.

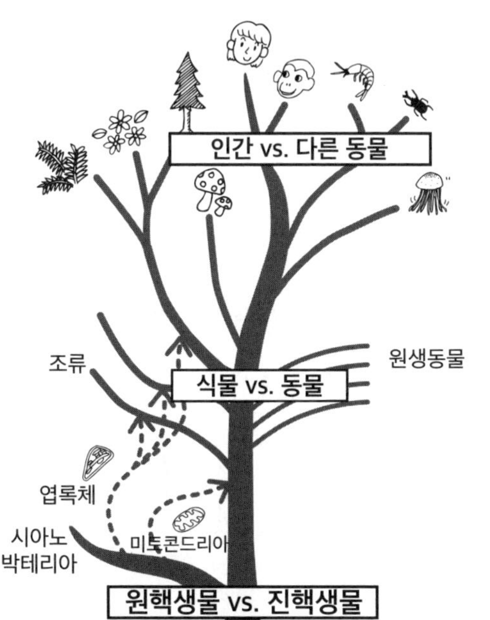

이것 좀 봐. 이게 진화의 계통수래. 재미있어! 인간이 제일 위에 있는데, 그럼 인간이 가장 진화한 생물일까?

가장 우수하다고? 설마? 우리가?

아주머니들은 책을 들여다보았다. 그 계통수에는 40억 년 전부터 생물이 어떻게 분기되고, 다양한 생물이 되어왔는지가 그려져 있었다.

이걸 자세히 보면 인간으로 진화할 때까지는 몇 가지 커다란 분기가 있는 것 같아. 그 시대에 무슨 일이 일어난 걸까?

그렇구나. 그럼 계통수를 더듬으면서 그것에 대해 알아볼까?

◆ 진화의 분기점

-분기1: 원핵생물과 진핵생물

과거로 거슬러 올라가면, 원시 지구에서 산소는 독이었다. 어마어마한 양의 산소가 대기 중에 증가하자, 막을 이용해서 산소를 사용할 수 있게 된 원핵생물이 분기했다. 그와 반대로 인간 세포의 조상은 산소를 사용할 수 없었다. 그래서 멸종한 것도 있지만 개중에는 미토콘드리아와 공생하는 것도 생겨났다. 공생을 하게 되자 세포막은 미토콘드리아에게 에너지대사를 맡기고 다른 일을 할 수 있었고, 결국 진핵다세포생물로 진화했다.

-분기2: 식물과 동물

식물과 동물의 차이가 뚜렷해졌을 무렵에는 단연 식물이 우세해 보였다. 광합성

이 가능했기 때문이다. 식물은 한곳에 고정되어 움직이지 않고도 필요한 에너지를 태양에게서 흡수할 수 있었다. 또 단단한 세포벽을 갖고 있었기 때문에 강한 골격 구조는 미국삼나무처럼 약 120m나 되는 어마어마한 크기의 나무를 만들어내기도 했다. 이렇게 해서 식물은 즉시 계통수에서 분기하게 된다.

그에 반해 초기의 동물은 흐물흐물한 세포막과 구조적으로도 매우 약하고 우스꽝스러웠다. 그들은 살아남기 위해 위험을 무릅쓰고 사냥해야 했고 사냥당하지 않도록 애써야 했다. 그런데 이런 유동성은 환경이나 다른 생물과 복잡한 관계성을 발달시켰고 각자의 목적에 맞게 신경체계 등이 복잡해졌다.

-분기3: 인간과 동물

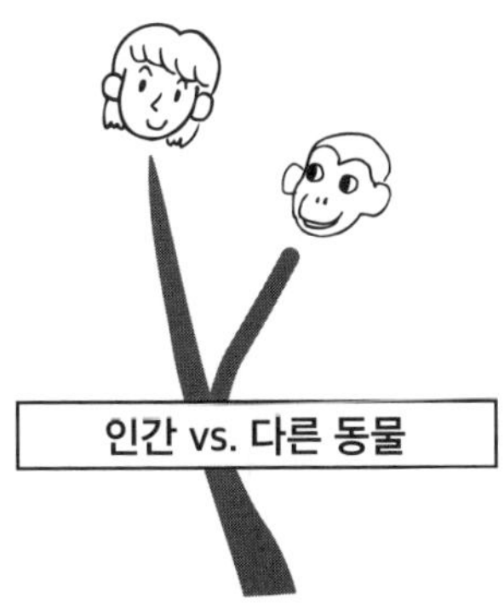

인간은 스스로를 동물 중에서 가장 진화한 존재로 여기고 있다. 하지만 생각해보면 인간은 태어난 후 상당 기간 부모의 보호를 받아야만 살아남을 수 있는 만큼 동물과 비교해도 생물로서는 매우 약한 존재이다. 이런 인간이 어떻게 살아남을 수 있었던 것일까? 답은 간단하다. 인간뿐만 아니라 모든 생물의 기본적인 명제가 '살아남는 것'이기 때문이다.

초기의 인류가 살아남기 위해서, 소통하기 위해서 필사적으로 노력해서 만들어진 것이 '언어'는 아니었을까? 그리고 그 '언어'에 의해서 인간은 극적인 진화를 달성한 것이다.

인간은 환경에 재빠르게 적응하거나 살아남기에 적합한 강한 생물이 아니었다. 오히려 도저히 살아남을 수 없을 만큼 약하고 불리했기 때문에, 살아남기 위해서 다른 생물과 환경과의 상호관계를 구축하면서 이뤄낸 것이라고 할 수 있다.

그렇구나. 난 전혀 그렇게 생각하지 못했는데. 강하고 우수한 생물이 진화한 게 아니구나.

우수하기는커녕 가장 모자라는지도 모르지. 갓 태어난 아기는 혼자 젖을 먹으러 갈 수도 없고, 1년 정도는 걷지도 못하잖아. 다른 동물과 비교하면 훨씬 오랫동안 주변의 도움이 필요해.

이 말을 들으니 다행이야! 난 바보라서 살아남을 수 없을 거라고 생각했는데, 자신을 가져도 되겠어.

이런! 바보여서 살아남은 건 아니야. 단순히 바보멍청이 같은 존재라서 살아남았다고 볼 수는 없어.

우리 주제를 바꿔볼까? 지금 주변의 도움에 대해서 이야기하고 있는데, 우리가 지금 말하는 게 상호관계잖아. 그렇지?

맞아! 화이트보드에 쓴 진화연대표를 살펴볼까?

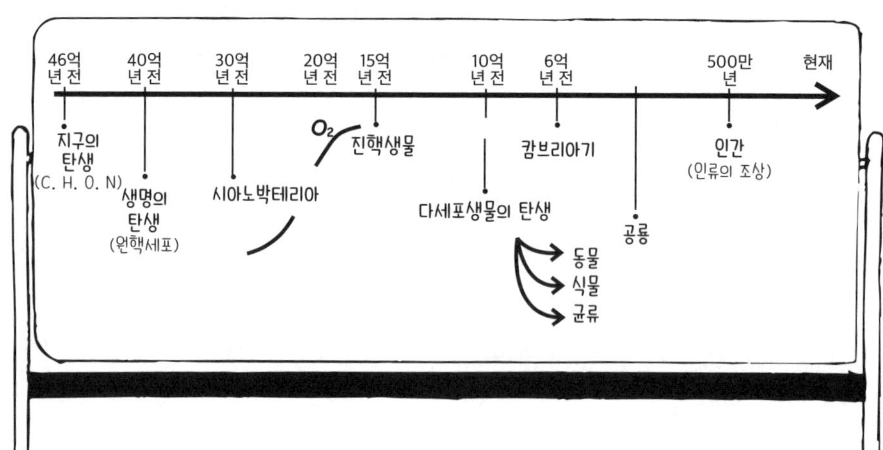

40억 년 전, 무생물 분자끼리 상호작용을 하면서 최초의 원시세포가 탄생했다. 진화의 첫 번째 단계는 산소가 없는 곳에서 화학반응을 통해 에너지를 조금씩 생산한 원시세포의 시대이다. 그 후 세포끼리 공생을 하거나 상호작용을 하기 시작하면서 비약적으로 진화하여 진핵생물의 시대로 접어든다. 이 세포가 더욱 복잡하게 발생하고 상호의존적인 관계성을 맺으면서 최초의 다세포생물이 만들어지고, 이것이 더욱 진화하여 개체(인간)가 탄생한다. 그리고 인간과 인간이 상호작용을 하면서 살아남기 위해 언어가 탄생한 것이다. 40억 년간 생물에게 일어난 진화의 프로세스는 조금 부족한 생물이 어떻게든 살아남기 위해서 서로서로 노력한 상황의 연속이었을 것이다.

그런 생명체가 서로 상호관계를 맺는 전체의 환경이 중요하다는 말로 들려.

◆ 전체를 나타내는 계통수

그런데 일반적으로 생물학 책에 나오는 계통수에는 현재 생존하고 있는 종만 실려 있어. 게다가 대개 인간이 정점에 쓰여 있기 때문에, 인간이 강해서 진화한 것으로 오해하기가 쉽지.

맞는 말이야. 난 멸종한 99%의 생물이나 분기해서 진화해가는 모습도 계통수에 그려 넣고 싶어. 동시대에 살았던 생물이 100%의 상호작용을 만들면서 생명계를 만드는 모습이나, 40억 년 전부터 현대까지 보편적으로 존재하는 DNA에 대해서도 쓰여 있었으면 좋겠어.

트래칼리 학생들은 미팅에서 지식을 나누고 책에 쓰여 있는 계통수와는 다른 방식으로 다양한 계통수를 만들어보았다. 하지만 40억 년간의 수많은 생물의 상호관계를 총망라한 자연 전체를 표현하는 계통수를 만들어내는 일은 좀처럼 쉽지 않았다.

첫 번째 미팅은 새로운 계통수를 만들자는 과제를 끝으로 일단락되었지만, 다양한 계통수를 동시에 생각하다 보니 전체라는 관점이 얼마나 중요한지 알 수 있었다. 또 그 전체를 파악하는 것이 얼마나 어려운지도 깨달았다.

생물에서 가장 눈에 띄는 전체의 예는 먹이사슬이라는 상호관계가 아닐까? 먹고 먹히는 상호관계에서 가장 기본적인 상호관계가 있는 거지. 생물에게 먹는다는 것은 에너지를 얻는 뜻이니까 매우 중요한 문제잖아. 먹지 않으면 죽게 되니 당연한 일이겠지.

요점은 전체군. 그것은 결국 우리가 앞에서 말한 에너지와 정보까지 포함하는 거잖아. 정보라는 관점에서 진화의 전체를 살펴보면 이해할 수 있지 않을까?

어디선가 영문을 알 수 없는 동료의 말이 들려왔다.
전체, 진화, …먹고 먹히는 관계…, 정보…
우리의 머릿속에서 그런 말들이 맴돌기 시작했다.

2) 진화를 이화작용과 동화작용으로 생각해보자

진화를 이화작용과 동화작용으로 보면 어떨까요?

지금까지 자고 있던 사카나가 갑자기 끼어들었다.

사카나는 트래칼리에 오면 언제나 자고 있지만 중요한 순간에 예리한 한 마디를 던지곤 해서 아주머니들도 한수 위로 보고 있었다. 이번에도 사카나는 아주머니들의 대화에 끼어들지 않을 수가 없었던 모양이다.

아이쿠 깜짝이야. 사카나, 자고 있던 게 아니니?

이화작용과 동화작용은 새로운 전체를 만들어내는 거잖아?

뭐? 새로운 전체와 진화라니? 그게 뭐람?

무슨 말씀이세요.

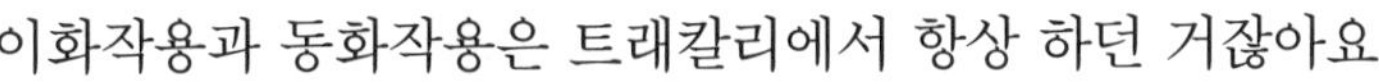

이화작용과 동화작용은 트래칼리에서 항상 하던 거잖아요.

뭐? 무슨 말을 하는 거니?

◆ 트래칼리에서의 전체 바꾸기

트래칼리에서는 해마다 신입생을 받고 있다. 학년 구분이 없으니 신입생이 들어오지 않아도 매년 다른 걸 하면 되지만, 그렇게 되면 우리의 활동은 왠지 정체되고 생기도 사라진다. 그래서 신입이 들어오거나 새로운 틀을 만드는 일은 매우 중요했다. 그럴 때 우리는 불끈 의욕이 샘솟아 즐거워지기 때문이다.

작년 봄 우리는《DNA의 모험 96》이라는 책을 썼다. 그리고 올해에는 그것을 약간 수정해서《DNA의 모험 97》을 출판했다. 이렇게 하려면 당연히 작년에 했던 그대로 팀을 바꾸지 않고 각 팀에 신입생만 넣어서 하는 것이 가장 덜 수고스럽겠지만, 트래칼리에서 그렇게 할 리가 없지 않은가?

우리는 신입생도 참가시키고 새로 팀을 나눠서 작업을 수정하기로 했다. 지금까지 DNA의 모험을 함께 하지 않았던 신입생이 무엇을 할 수 있을지 걱정스럽기도 했다. 하지만 막상 시작해보니 이 작업은 지금까지 우리가 해 놓은 틀에 신입생을 추가해서 약간의 수정만 하면 되는 수준이 아니었다. 새 멤버를 추가한 새로운 틀에서 생각해본다는 것은 그때까지 해온 틀에 새것을 덧붙이는 작업이 아니었던 것이다.

결국《DNA의 모험 96》은 각각 분해되었고, 신입생도 함께 뛰어들어 적극적으로 대부분을 고쳐 썼다. 그렇게 해서 이번 책은 작년에 만든 책에서는 이루지 못했던, 한층 수준 높은 새로운 내용이 되었다.

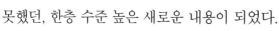

지금까지의 것을 완전히 없애지는 않았지만 전부 바꾸고, 다시 처음부터 시작해서 새로운 것을 만들어내는 것, 이것을 우리는 '전체 바꾸기'라고 했다. 물론 그러기 위해서는 혼자만 잘 하려고 하기보다 모두 함께 열심히 하려는 자세가 중요하다.

전체가 새로운 틀을 받아들인 순간 낡은 틀은 무너지고, 새로운 틀을 만들기 위해서 움직이기 시작하는 거죠. 그것이 바로 트래칼리의 이화작용과 동화작용인 거예요.

난 생물의 '성'에도 전체 바꾸기 과정이 있는 것 같아.

그래요? 그게 무슨 뜻인지 설명 좀 해주세요.

아기가 태어나면서 부모가 가진 지식이나 지혜를 그대로 물려받을 수 있다면 얼마나 효율적이겠어? 하지만 그렇지 않잖아! 아기는 다시 처음부터 시작해. 단세포는 자신과 똑같은 물질이 증식하는 거지만, 다세포는 아버지의 세포와 어머니의 세포를 굳이 반씩 섞어서 완전히 새로운 세포를 만들어내. 그래서 똑같은 건 하나도 없는, 다양한 생물의 세계가 만들어지지. 이건 마치 생물의 전체 바꾸기와 새로운 전체인 거잖아. 이게 이화작용과 동화작용이 아니라면 뭘까?

그래. 그게 바로 신화구나. 그렇지 않아?

환경이 변하면 생물은 그 환경 속에서 살아남기 위해 최대한 노력한다. 그 결과 지금까지와는 다른 새로운 모습을 선보이게 되고, 그렇게 해서 진화한 생물에 의해서 다시 새로운 환경이 만들어진다. 여기에는 살아남기 위해서 환경과 정보를 교환하면서 변화하고, 그 결과 환경을 변화시키는 생명체의 순환이 존재한다.

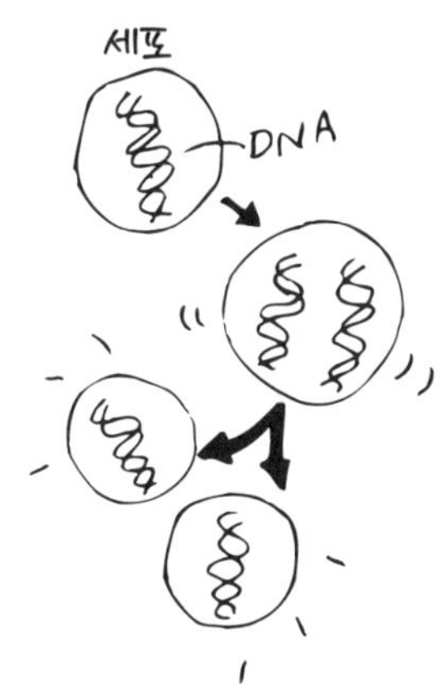

DNA도 마찬가지이다. DNA는 유전정보를 뜻하

지만 DNA만 있다고 해서 그것이 정보라고 할 수는 없다. DNA를 복제하고 전사해서 단백질을 만들어내는 과정 속에서 세포가 분열할 때 DNA는 비로소 정보가 된다.

◆ 확산과 축소

진화란 전체를 새롭게 다시 만드는 생명의 프로세스이다. 이런 관점에서 본다면 멸종은 불가사의한 일이 아니다. 멸종은 새로운 전체를 만들기 위한 '전체 바꾸기'라고도 할 수 있다. 멸종은 결코 소멸하는 것이 아니라, 이후에 탄생하는 새로운 전체를 흐릿하게라도 이미 알고 있는 상태에서 지금의 것을 변화시키는 것이다. 그렇게 처음부터 새로운 관계를 재정립했을 때, 그때까지 뿌옇게만 느껴지던 전체가 비로소 확연히 다가오는 것이다. 그리고 전보다 더 큰 미래를 구축할 수 있게 된다.

알았다! 우린 지금 '관측'에 대해서 말하고 있구나!

누군가 큰소리로 말했다.

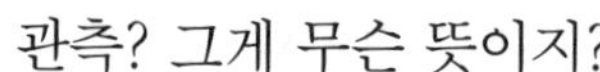

관측? 그게 무슨 뜻이지?

양자역학에서 나왔었어. 기억나? 얼마 전 이 책에서도 언급했었는데. 빛은 관측하면 입자가 되고 관측하지 않으면 파동이 된다는 거 말이야.

우리는 전자를 눈으로 볼 수 없지만, 안개상자 안에 안개 입자를 만들어 그 흔적을 관찰할 수는 있다. 이런 식으로 전자가 관측된다는 것은, 전자가 안개 입자 크기의 범위 내에 있다는 사실을 관찰자가 안다는 뜻이다.

안개 입자가 생기면 확률파는 수축하는데, 거기서부터 다시 확률파가 퍼지기 시작한다. 그리고 다시 안개 입자가 생기고 그때마다 확률파는 다시 수축한다. 이것을 그림으로 나타내면 다음과 같다.

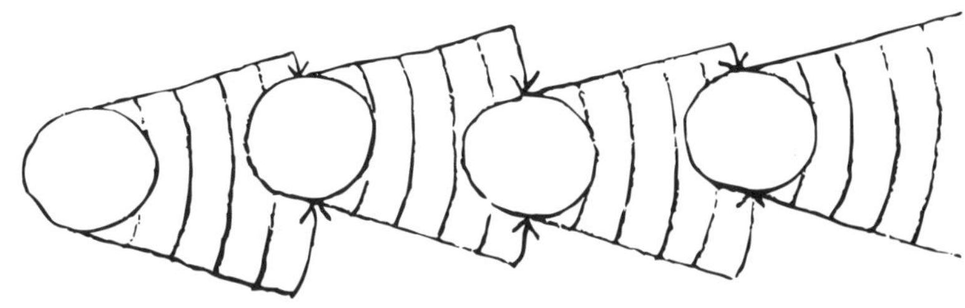

이걸 보면 꼭 진화의 방식 같지 않아? 먼저 생물이 번식하면서 다양화가 일어나고, 대멸종이 찾아와서 개체수를 감소시키고 생물의 다양화를 거의 제로에 가깝게 만들어. 그러고 나서 새로운 전체가 다시 시작되잖아. 이거야말로 우리가 진화에서 이화작용과 동화작용을 설명했을 때와 똑같지 않아?

그러고 보니 전자파의 수축은 새로운 안개 입자와 동시에 시작되는 것 같아. 안개가 관측되는 순간은 마치 진화 과정에서의 대멸종과 같은 상황 같아.

확률파란 가능성의 파동이므로 그곳에 전자가 있다는 사실을 안 순간, 다른 곳에 전자가 있을 가능성은 사라져. 이것을 가능성의 파동이 수축한다고 해. 이것은 마치 주사위 게임과도 같아. 주사위를 던져서 하나의 숫자가 나온 순간, 다른 숫자가 나올 확률은 제로가 되는 거야.

하지만 관측 순간이 지나면 다시 가능성의 파동이 퍼지기 시작해. 이것을 어떻게 진화에 적용할 수 있을까? 지구상에 지금까지 살아남은 생물은 1%에 불과하다고 해. 지구 역사상 어마어마한 숫자의 생물이 탄생했다가 사라지고, 다시 탄생하기를 반복해온 거지.

이 가능성의 파동은 세포의 탄생, 다세포의 탄생, 언어와 인간의 탄생도 새로운 가능성의 파동이 시작된다는 점에서 다 똑같은 게 아닐까 하는 생각이 들어.

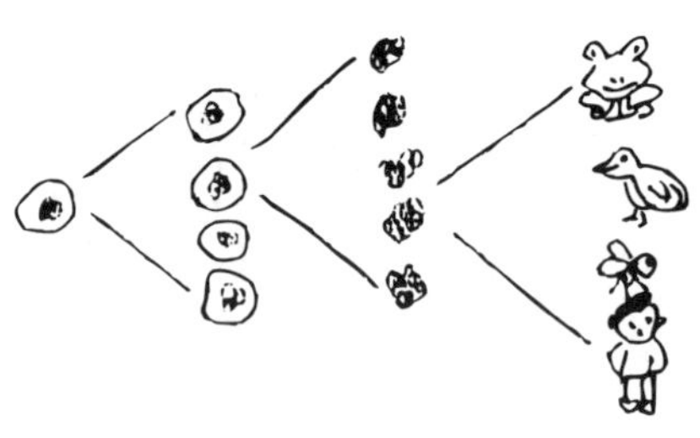

40억 년의 진화를 양자에 비추어 생각하다니 정말 대단해.

안개 입자가 언제 어떻게 생기는지에 관해서는 양자역학이 부여하는 확률 이상으로는 결코 알 수 없어. 그러니까 진화도 그런 관점에서 본다면, 멸종 프로세스도 본질적으로 외인설인지 내인설인지 알 수 없고, 그중 어느 하나라고도 할 수 없는 거지.

언제, 어떻게 만들어지는지 알 수가 없다니, 놀라운데.

외부에서 객관적으로 관측하려고 해도 실제로 무슨 일이 일어나는지는 관측되지 않아. 관측하는 '나'라는 인간이 그 프로세스에 포함되어야 비로소 그 모습을 볼 수 있는 거지.

◆ 내부에서…

아무리 외부에서 진화를 관찰해도 우리가 그것을 이해하기는 어려웠다. 우리의 체험을 통해서, 즉 내부에서 생물을 관찰했을 때 비로소 전체의 모습이 보이기 시작했던 것이다. 앞에 나온 진화의 문맥에서 환경과 정보에 대해 이야기했는데, 이것은 스스로 의미를 갖지 못하는 대상이다. 환경과 정보는 주체(생물)와 상호관계를 이루었을 때 비로소 의미를 갖기 때문이다.

"그렇구나. 진화는 환경을 재구성하는 거잖아. 보통 환경을 자신의 외부에 '있다'고 생각하기 쉬운데, 사실은 내부에서 만들어내는 거였어."

우리 트래칼리에서는 '언어'라는 관점에서 자연을 이해하려고 노력한다. 그리고 언어를 말하는 인간의 행동 자체가 자연이 어떻게 작용하는지 반영한다. 하나의 단어는 보편적으로 광범위한 의미를 갖는다. 하지만 그 의미는 상호관계를 이룰 때 보다 명확해진다. 언어의 진정한 의미는 사람들의 상호관계 속에서 발휘된다. 그 상호관계가 바로 '정보'이고, 종횡무진 활약하는 그 네트워크가 바로 우리가 말하는 '환경'이다.

관계를 구축하는 것, 즉 정보의 교환으로 만들어진 환경(전체). 과거가 만들어온 그 환경을 포함해서 지금도 존재하는 진화의 여정이 우리 인간의 세포 하나하나에 지금도 생생하게 살아 있다. 그것은 40억 년을 살아온 인간의 DNA 안에 하나도 빠짐없이 이력으로 새겨져 있을 것이다. 그렇다면 DNA는 외부에서 만들어진 환경을 40억 년 동안 언제나 자신의 내부에 시시각각 나타내온 세포의 '언어'라고 할 수 있을 것이다.

다들 손바닥 좀 들여다봐봐. 세포를 들여다보듯이 찬찬히 보는 거야. 거기에 40억 년이 담겨 있으니까!

응? 어디에?

당신의 몸 안에 있는 모든 세포에 있어.

안 보이는데?

난 보여. 내 세포 안에는 이런 그림이 담겨 있는 것 같아.

◆ 환경은 우리의 내부에서

"맞아요, 환경은 우리 안에 있어요!!"

씩씩하게 말을 꺼낸 사람은 마리에였다. 마리에는 홈스테이를 갔을 때 겪었던 다언어 체험을 언제나 재미있는 화술로 묘사하곤 했다.

마리에의 이야기가 이어졌다.

미국에 가도 영어가 없고,
다언어의 나라에 가도 다언어는 없어요!
트래칼리에 와도 트래칼리는 없는 거죠!
그럼 환경은 어디에 있을까요? 아무 데도 없어요!
환경은 우리 안에 있거든요!

그래? 미국에 가면 영어가 있을 것 같은데….

환경이 내부에 있다는 게 무슨 뜻이니?

아, 전 알 것 같아요. 작년에 친구를 만나러 영국에 갔을 때, 그런 체험을 했던 것 같아요.

이제 막 트래칼리에 합류한 료코가 말하기 시작했다.

영어를 좋아하던 친구 한 명이 고등학교를 졸업하자마자 영국에 있는 일본인대학에 입학했다.

2년쯤 후 놀러갔을 때, 친구는 여러 곳을 데리고 다니며 안내했다. 영국에 2년이나 살았던 만큼 아는 게 많아 보였다. 하지만 친구의 평소 생활을 알았을 때 나는 놀라고 말았다.

친구가 다니는 일본인대학에 놀러가니 일본인이 거의 대부분이었다. 그들은 수업을 마치면 당연한 듯이 기숙사로 돌아간다. 그러면 거기에도 일본인이 잔뜩 있다.

방에 들어가자 몇몇 일본인 학우가 놀러와 있었다. 그들은 일본에서 보내준 TV드라마나 예능 프로그램을 시청하거나 일본 잡지를 들춰보고 있었다. 그 풍경은 일본에서와 하등 다를 바가 없었다. 그뿐만 아니라 영국에 와서까지 어째서 일본에서 하듯이 똑같이 생활하는 것인지 의아했다. 그 친구는 이렇게 말했다.

"선배들 말로는 이 학교에 4년을 다녀도 영어를 잘 하게 되는 건 아니래."

나는 놀랐다. 그리고 저도 모르게 큰소리로 반문했다.

"뭐? 여긴 영국이잖아? 쇼핑이라도 가면 영어를 쓰지 않아? 영국인 친구 없어?"

"쇼핑을 가더라도 하는 말이라고는 '플리즈, 땡큐' 정도인걸. 학교에서 돌아오면 기숙사 방에는 일본인 친구가 있고…. 물론 적극적으로 밖에 나가서 영국인 친구를 많이 만드는 사람도 있어. 요전에는 축구팀에 합류했다고 신문에도 났었는데."

그러자 옆에 있던 A씨가 대답했다.

"억지로 영국인 친구를 만드는 것보다 일본에서 온 사람들과 친구가 되는 게 더 자연스럽고 즐겁잖아."

나는 많은 일본인들이 영국까지 와서 답답하게 틀어박혀 지낸다는 인상을 받았다. 두 사람에게서는 '어쩔 수 없어'라는 느낌이 전달되었다.

다음날도 학교에 놀러갔는데, 학생들의 상하관계가 엄격하고 부자연스러웠다. 그것을 친구에게 말하자 이렇게 대답했다.

"여기는 일본보다 더 일본 같은 대학이야."

도대체 여기는 어딘가 하는 현기증이 났다.

이삼일 후에 더 놀라운 일을 경험했다.

런던으로 외식을 하러 갔을 때 우리는 스페인 레스토랑에 들어갔다. 뇨끼가 먹고 싶었던 나는 웨이트리스에게,

"뇨끼 있나요?"

라고 물었고 그 후 이런 대화가 이어졌다.

웨이트리스　죄송합니다, 손님, 우리 레스토랑에는 뇨끼가 없습니다.

나　아, 없어요? 뇨끼가 정말 먹고 싶었는데….

웨이트리스　하하하! 저도 뇨끼를 아주 좋아하죠.

나　저도 좋아하거든요. 맛있잖아요. 그런데 여기에는 없다니 아쉽네요.

웨이트리스　유감스럽게도 여긴 스페인 레스토랑이니까요.

이렇게 웃으며 대화한 후 무사히 다른 메뉴를 주문했다. 그러자 친구는 놀란 얼굴로 물었다.

"어떻게 그렇게 영어가 유창하니?"

이번에는 내가 깜짝 놀랐다.

왜냐하면 나는 뇨끼가 먹고 싶다는 말밖에 하지 않았기 때문이다. 그 말에 상냥한 웨이트리스가 호쾌하게 대꾸를 했고, 약간의 대화가 이어졌을 뿐이었다. 이때 했던 영어라고는 고작 중학교에서 배우는 수준의 영어였다.

여기는 영어가 날아다니는 영국. 영국에서 2년쯤 살다 보면 다들 현지 친구도 만들고 영어를 잘 하게 되는 줄 알았다. 하지만 내가 만난 사람들은 그렇지 않았다. 영국까지 와서도 일본에서 온 사람들과 생활하고 있었다. 이래서야 2년, 아니 4년을 보내도 영어를 할 수 있을 것 같지는 않았다.

이 일로 나는 외국에 간다고 해서 누구나 그 나라 언어를 잘 하게 되는 건 아니라는 사실을 깨달았다.

나도 이런 얘기는 많이 들었어. 

내 친구도 남편 전근 문제로 미국에 가서 3년 동안 살다 왔는데, 일본인 틈에서만 지내다 보니 영어를 접하지 않아도 충분히 살 수 있는 환경이었대.

제 친구도 워킹홀리데이로 오스트레일리아에 갔었는데, 일본음식점이나 일본인 상대로 관광용품을 팔다 보니 영어가 늘지 않았대요.

그 언어를 쓰는 환경에서 생활하다 보면 누구나 할 수 있게 되는 줄 알았는데, 왜 못하는 거지? 

환경이라는 말에서 우리는 병원이나 학교 설비가 정돈되어 있거나, 나무가 울창한 쾌적한 주거환경 등 완성되어 있는 인상을 받는다. 그런데 생물에게 환경이라는 관점은 어떤 것일까?

예를 들어 소음, 공기의 냄새, 밝음 등은 단순히 주변에 존재하는 것이 아니라 우리가 우리의 신경을 통해서 적극적으로 받아들이는 대상이다. 인간과 개가 함께 산책을 해도 인간에게 들리는 것이 개에게는 들리지 않기도 하고, 반대로 인간에게 들리지 않는 것이 개에게는 들리기도 한다. 그렇다면 같은 환경에 있어도 인간과 개의 환경은 다르다고 할 수 있다.

대장균의 경우를 생각해보자. 대장균은 글루코스만 먹고, 시각도 청각도

없으니 아무리 어둡고 시끄러워도 생활환경이 나쁘다고 느끼지는 않을 것이다. 오히려 고기나 달걀 등의 맛있는 음식이 있어도 대장균 입장에서는 내키지 않을 것이다.

이렇게 본다면 대장균의 환경과 인간의 환경은 눈물겹도록 거리가 멀다. 즉 환경이란 주변에 있는 그대로의 것이 아니라 그것을 관측하고 받아들이는 측에 의미가 있다.

인간은 환경 속에서 살아가는 것이 아니다. 환경을 받아들이고 그 일부가 되어 살아가는 것이다. 따라서 환경은 그것을 받아들이는 인간의 내부에 있다고 할 수 있다.

영어를 쓰는 나라가 영어 환경이 되는 것이 아니라, 영어를 듣고 말하고 내부에서 그것을 받아들여 자기 것으로 만들어야 영어 환경이 된다. 영국에 가더라도 자신의 내부에서 그것을 받아들여야 비로소 영국을 경험했다고 할 수 있다. 그리고 자신의 내부에서 영국을 발견했을 때 비로소 자신의 것으로 만들 수 있다.

3) 엉뚱 찬가

"환경은 자신의 내부에 있다"

이 말은 실로 아주트래들을 위해서 존재한다고 해도 과언이 아니다.

아주트래 중 한 분인 후지코 씨는 자기가 있는 곳에서는 웃음이 끊이지 않는다고 할 만큼 주변 학생들을 자신의 페이스로 끌어들이는 능력이 있었다.

기본적으로 아주트래들은 자신이 있는 곳이 세상의 중심이라고 믿는 경향이 있었다. 그 모습은 자신만만하고 존재감마저 상당해서 우리 젊은이들은 명함도 내밀지 못할 정도였다.

멸종? 난 멸종당하고 싶지 않아! 전체라느니 정보라느니 하는 얘기도 참 어려워!

맞아. 정보란 게 뭘까? 우리에게 정보라는 건 바겐세일 광고나 신문에 나오는 쿠폰, TV에 나오는 광고 같은 건데!

하지만 다른 시간에는 똑같은 아주트래들이 입심 좋게 이화작용, 동화작용, 새로운 전체 만들기 등을 쉴 새 없이 이야기하면, 우리는 이 갭에 간혹 당황스럽기도 했다. 도대체 아주트래들의 내부는 어떤 모습이기에 가능할까?

올해 트래칼리를 졸업하는 페코린 씨는 신입생들이 걱정되는 듯했다.

올해 15기생 중에도 아주트래가 입학할까?

14기생인 두 사람은 기혼자이기는 해도 아직 20대라서, 우리와 같이 묶여 아주트래라고 부르기에는 좀 귀여운 감이 있지.

그러고 보니 그 사람들도 스스로를 아주트래 예비군이라고 하던데.

아주트래의 정의도 다양하구나.

그런데 아주트래의 정의가 뭐지?

젊은이들이 본 아주트래는 트래칼리 학생이자, 주부이자 어머니이며 대부분 히포 패밀리클럽의 펠로우(연구원)다. 상냥한 말투로 말씀하지만 수십 년의 연륜이 말해주듯 그 내용은 쿡 찌르는 듯이 엄격하게 들릴 때도 있다.

누군가 노트북을 사면 부러워하면서도 좀처럼 사지 못하는 젊은 학생들과 달리 앞을 다투어 시스템 군을 끌고 가 노트북을 산다. 그리고 '조야마' '사카모토군' '하나양' '메비군' 등 이름을 붙여서 옷을 입히고는 귀여워한다. 아주트래들에게 잘 사용하는지 어쩌는지는 문제가 아닌 듯했다. 그래도 벌써 e-메일을 주고받는 아주머니도 계셨다.

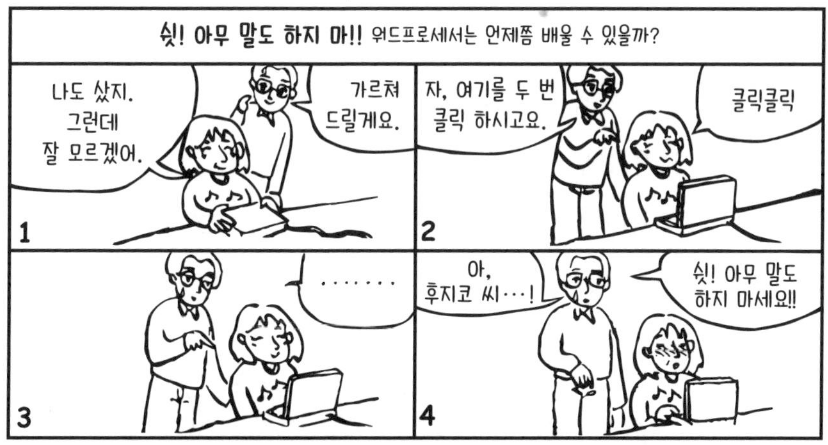

트래칼리에서는 이런 분들을 아주트래(아주머니 트래칼리 학생)라고 부른다. 이것은 외부에서 본 모습이고, 우리가 아주트래라고 부르고 한수 위로 보는 이유는 사실 그 내부에 숨어 있다. 이분들 중 대부분은 DNA의 모험을 시작할 때까지만 해도 자신을 아주트래라고 생각하는 사람이 아무도 없었다. 주변에서 보면 의심할 여지없이 아주트래인데도 말이다.

DNA의 모험을 하는 동안 평범한 아주머니였던 사람들이 아주트래라는 새로운 큰 틀을 발견한 스토리를 한 아주트래의 이야기로 소개해본다.

◆ 엉뚱의 발견

나는 DNA의 모험 발표회 당일 아침에야 무엇을 말해야 하는지 깨달았다. 그때까지는 동료들이 항상 '아주트래의 진화를 말씀하세요. 아주트래의 진화!'라고 했었다. 진화 이야기를 했는데도, 다 듣고 난 후에 또 '아주트래의 진화 이야기는?'이라고 했다. 앞에서 다 했는데 뭘 또 말하라는 건지 의아했다.

전날의 연습 시간에도 내가 발견해온 진화 이야기를 했는데, 말을 마치자 또 '그럼 아주트래의 진화를 이야기해보세요'라는 것이다. 통 이해가 되지 않았다.

그 상태에서 당일 아침이 되었다.

무대에서 내가 진화에 대해 강의할 때 내 뒤에는 아주트래들이 주루룩 서 있다가 강의를 마치면 모두 함께 '엉뚱 찬가'를 부르기로 했다.

나는 내 뒤로 아주트래들이 주루룩 서 있는 풍경을 상상해보았다.

30~60여 년간 다양한 장소에서 다양한 시간을 살아온 여성들. 그 사람들이 지금 생물의 진화를 필두로 다 함께 발견해온 진화를 말하기 위해 이 자리에 모여 있었다. 이 광경을 떠올리자, 전부터 듣던 '아주트래의 진화'가 무슨 뜻인지 순식간에 이해되는 것이었다. 그것은 '개인이 발견해온 진화' 이

야기가 아니었다. 모두 함께 트래칼리에서 발견해온 진화를 내 입을 통해서 발표하는 것뿐이었다. 그래서 강의에서는 뒤에 서 있는 사람들이 각자 발견해온 진화까지 말한 후에 '엉뚱 찬가'를 부르면서 끝맺기로 했다.

어떻게 이것을 당일까지 깨닫지 못했던 것일까?

그때까지 나는 나 자신을 트래칼리에서 정의내린 아주트래라고도, 엉뚱하다고도 생각하지 않았기 때문일 것이다.

인간은 분명 엉뚱함에서 진화했을 것이다. 지금 우리 아주트래들은 그야말로 엉뚱에 딱 맞는 이미지이다. 아주트래들은 트래칼리에 매일 나오거나 하루 종일 머무르는 것이 불가능했다. 대부분 집안일도 해야 했고 가정도 돌봐야 했다. 그래서 중요한 미팅에 빠져야 할 때도 많았다. 이렇게 물리적으로 제약을 받다 보니 하루 종일 트래칼리에 전념할 수 있는 젊은 학생들 입장에서 보면 그야말로 엉뚱한 존재였을 것이다. 하지만 어느 순간 그렇게 엉뚱한 아주트래들 사이에 기·적이 일어났다.

설거지 하고…
저녁 준비하고…
청소하고…
시장도 가야 하고…
트래칼리도 가야 하고…

◆ 엉뚱 아주머니의 탄생

그것은 DNA의 모험의 발표회를 하기 위해 열린 준비 미팅 때였다.

학생들은 팀을 만들어서 강의할 내용을 정하기로 했다. 어느 팀에 들어갈지를 정하는 것은 나름 중요한 일이었기 때문에 여느 때와 달리 다들 격렬한 양상이었다. 하고 싶은 테마에 들어가지 못해 우는 사람까지 나올 정도였으니 열의를 짐작할 수 있을 것이다. 이렇게 가까스로 만든 팀에서 발표회 구성이나 스토리를 어떻게 짜야 할지, 또 생물을 바라보는 트래칼리의 관점을 어디에 둘지 토론이 시작되었다. 하지만 논의는 좀처럼 진전이 없었다.

그러는 사이에 어느덧 DNA의 모험 발표회 전날이 되었다. 이제 한 시간만 지나면 학교 건물의 문을 닫아야 할 시간이었다. 발표를 앞둔 미팅은 전혀 무르익지도 않았고, 앞으로 나아갈 돌파구도 보이지 않았다.

이때 누군가 이렇게 말했다.

"지금 있는 팀을 전부 바꿔서 다시 해보는 건 어떨까?"

팀을 다시 만든다는 것은 그때까지 해온 것을 전부 바꾸겠다는 뜻이다. 힘들게 만들어온 강의안을 처음으로 되돌리는 일이 흔한 일은 아닐 것이다. 하지만 우리는 그 의견에 동의했다. 그리고 무슨 생각이었는지 팀의 재편성은 그냥 앉아 있는 순서로 했다.

처음부터 순서대로 번호를 말하고 같은 번호끼리 같은 팀이 된 것이다.

"1 · 2 · 3 · 4, 1 · 2 · 3 · 4…."

그러자 공교롭게도 아주트래들끼리 모인 팀이 구성되었다. 그리고 그 팀은 '진화'를 담당하기로 했다.

큰일이었다!

아주트래들은 지금까지 젊은 학생들 사이에 섞여서 '트래칼리에 띄엄띄엄 오고 있었고, 뭐든지 젊은이들이 다 알아서 했기 때문에 자신들은 있든 없든 상관없는' 부록 같은 존재라고 여기고 있었기 때문이다.

"진화가 뭐지?"

자기 일이 되자 더 이상 뒤에 숨어 있을 수가 없었다.

"무슨 말을 해야 하나…."

"다행이다, 나만 모르는 게 아니어서."

이렇게 안심하는 사람마저 있었다. 아무튼 큰일이었다.

"팀을 빨리 정했더라면 좀 더 잘 들었을 텐데!"

이런 푸념이 나오기도 했다.

받을 생각만 하던 아주트래들은 그야말로 벼랑 끝에 몰린 상황이 되었다. 그제야 발표회에서 무엇을 이야기할지 자신의 문제로 여기기 시작한 것이다.

트래칼리 학생들은 다들 팀을 바꿀 수밖에 없다고 생각했는데, 막상 그렇게 되고 나서야 '팀은 새로 구성이 되었는데 어떻게 하면 되지? 팀 안에서 어떤 이야기를 해야 하지?' 하고 진지하게 생각했다. 그리고 다들 봇물이 터진 듯 말을 쏟아내기 시작했다.

"진화라고 하면 역시 자연선택과 돌연변이에 대해서 말해야 한다고 봐."

"인간의 DNA는 40억 년의 이력을 새긴 거라는 이야기도 필요해."

정신이 들고 보니 어느새 아주트래들이 진화를 말하고 있었다. 각자 하던 이야기는 그 환경 속에 점차 녹아들어 모두의 이야기가 되었다.

'스스로 발견할 수밖에 없는 거야.'

아주트래들은 자각했다. 이때의 아주머니들은 이전처럼 제각각 따로따로가 아니었다. 그것은 그 자리에서 자석처럼 끌려나오듯 태어난, 계층이 다른 새로운 아주트래들이었다.

이렇게 해서 트래칼리에 아주트래가 탄생했다. 그리고 엉뚱발랄한 진화를 말하게 되면서, 트래칼리에는 아주트래의 확고한 위치가 정착되었다.

DNA는 명제이다. 하지만 환경이 멋대로!

모두 최선을 다했는데, 그것은 환경이 그렇게 만들었다고 할 수 있었다. 우리를 이렇게 자연스럽게 몰입하게 만들어준 새로운 환경에 고마움을 느낀다.

그때까지 긴 미팅 시간을 가졌지만 누구 한 사람 파장이 어긋나는 말을 하는 사람은 없었다. 하고 싶은 말이 모두 똑같았던 것이다. 한걸음 내디디며, '나도 다른 사람들과 함께 이야기하고 싶어'라고 생각하면서, '해보자'라는 의욕으로, 모두들 지금 알고 있는 최대한의 언어를 활용해서 말했다. 이것은 매우 장쾌한 경험이었다. 발표는 아직 시작하지도 않았지만 이미 성취감을 느끼고 있었다.

숨어 있던 힘이 솟아오른 것이다. 그리고 아주트래들은 없어서는 안 되는 존재가 되었다.

◆ 엉뚱의 진화

이 일은 아주트래들뿐만 아니라 트래칼리 학생들에게 바람직한 교훈이 되었다. 우리는 강하고 적합한 것이 실력을 발휘하여 살아남는 것이 아니라 연약하기 때문에 살아남기 위해 발버둥치면서 주변까지 끌어들여 함께 살아남는다는, 아주트래의 생존방식이기도 한 엉뚱의 진화를 발견했다.

이것이 바로 항상 들으면서도 발표 직전까지 깨닫지 못했던 '아주트래의 진화'였다.

생물의 진화에 대해서는 트래칼리에서가 아니라도 누구든 말할 수 있을 것이다. 우리가 발견한 것은 생물의 진화가 바야흐로 우리 아주트래의 생존 방식 그 자체라는 사실이었다. DNA의 모험을 하는 동안에 발견한 것을 '아주트래의 진화'라고 말할 수 있었다.

이것을 당일이 되어서야 깨달은 것이다.

발표회 당일, 나는 지금까지의 여정을 바탕으로 트래칼리 속에서 발견해 온 '엉뚱함의 진화'를 마음속 깊이 실감하며 이야기했다.

그리고 마지막에는 다 함께 노래를 불렀다. 아주머니의 진화가 만들어낸 노래, '엉뚱 찬가'이다. 곡은 에디뜨 삐아쁘의 '사랑의 찬가'에 맞춰서 불렀다.

아무리 엉뚱해도
나를 꼭 끌어안고
아무리 엉뚱해도
살아가고 싶어.
엉뚱한 나이기에
언어를 발견했는걸,
돌고 돌아온
우리는 진화하고 있어.

노래를 마치자 회장에는 박수갈채가 쏟아져나왔다. 눈물을 흘리는 사람도 있었다. 그것은 객석에 앉아 있던 사람들이 살아온 인생 속에도 아주트래의 진화 이야기나 엉뚱 찬가에 공명하는 내용이 있었기 때문일 것이다.

지금까지는 완고하게 '난 아주머니도 아니고 엉뚱하지도 않아.'라고 생각했다. 하지만 다른 사람들이 보는 나는 분명 엉뚱한 아주머니였을 것이다.

이렇듯 사람은 자신에 대해서는 잘 알지 못한다. 자신을 둘러싼 세계를, 자신과 대상물이라는 축으로 인식하는 것이다. 그리고 혼자서는 자아를 표현할 수 없지만. 다른 사람을 포함하는 주변 환경, 다양한 시점에서 '나'라는 개인의 움직임을 발견할 수 있다. 그것을 다시 나의 내부에서 받아들여 새로운 나를 재발견한다. 그것은 내가 말하는 언어로 표현할 수 있다.

개인의 틀은 주변 환경에 의해서 만들어진다. 그리고 그것은 유동적이기도 하고 신축성도 있다.

아주트래가 말하는 진화는 결코 생명의 진화론을 크게 벗어나지 않는다. DNA의 모험을 하는 동안 우리 아주머니들은 엉뚱한 존재이기 때문에 아주트래라는 새로운 전체를 발견할 수 있었다. 그 체험을 통해서, 그런 우리였기에 생물의 움직임도 엉뚱하기 때문에 상호관계를 이루며 진화할 수 있었다는 '엉뚱함의 진화'로 바라볼 수 있었다.

생물을 이야기하는 과정에서 트래칼리가 어떻게 나아가야 하는지 깨달았다.

생각해보면 아주트래뿐만 아니라 트래칼리 자체도 엉뚱한 존재일지도 모른다. 생물을 전문적으로 공부하는 사람도 없었거니와 시험도 없고 커리큘럼도 없다는 점에 매력을 느끼고 입학한 사람이 대부분이었기 때문이다. 하지만 재미를 느꼈을 때 집결되는 에너지는 무시무시할 정도였다. 그런 가운데 완성된 책이 《푸리에의 모험》《양자역학의 모험》(한국어판 《파동의 법칙》과 《양자역학의 법칙》)이었다.

그리고 지금 이 《DNA의 법칙》이 완성되어가고 있다.

트래칼리의 학장님은 항상 '질문의 성립이 중요하다'고 했다. 제대로 된 질문만 성립된다면 못할 것이 없다는 것이다. 하지만 혼자서는 절대로 불가능하다. 생물도 항상 동시대의 다른 생물과의 상호작용이나 환경을 받아들이고, 그것을 이력으로 삼아 새로운 계층으로 올라선다. 이화작용과 동화작용의 순환이라고도 할 수 있다. 한 바퀴 순환한 그 자리는 끝인 동시에 시작이기도 하다. 그리고 새로운 전체로 계층이 올라간다. 그 프로세스가 진화인 것이다.

그래서 나는 이렇게 묻고 싶다. 이 진화를 관통하는 것은 무엇인가?

오늘도 트래칼리에서는 '인간과 언어를 자연과학한다'는 명제를 공유하는 동료들이 모여 한사람 한사람 온몸으로 그 질문에 부딪치고 있다.

◆ 트래칼리로 돌아와서

아주트래의 목소리가 트래칼리에 울려 퍼지고 있었다.

"어제 윤독한 《부분과 전체》에도 있었는데 난 그 부분이 아주 마음에 들어. 〈신세계로 출발〉이라는 장의 콜럼버스의 발견에 관한 부분이야. 자, 들어봐.

–콜럼버스의 위대한 점은 항해 전의 신중한 준비도, 배의 전문장비도 없이 육지를 완전히 떠나 지금 있는 곳에서는 배를 돌리는 것이 불가능했던 지점에서 배를 더욱 서쪽으로 운항시키겠다는 결심이었다."

"이 이야기는 앞으로 나아가야 새로운 것을 발견할 수 있다는 뜻이야."

"인생은 끝없는 여행이지. 몇 살이 되든 항상 새로운 것을 배워야 해."

"맞아! 오늘보다 젊은 날은 없으니까."

4.4 다언어의 자연습득

마지막 백지 한 장을 남겨두고 나는 펜을 내려놓았다.

아침햇살이 눈부시다. 창문을 열고 크게 심호흡을 하자 어디선가 희미하게 달콤한 향이 느껴졌다. 상쾌한 바람이 뺨을 어루만지듯이 불어온다. 새들이 시끄럽게 지저귀기 시작했다. 완연한 봄이었다.

"아, 좋아. 자연은 위대하구나."

동료들과 함께 《DNA의 법칙》 책을 써온 나, 하치는 지금 시부야의 트래칼리 사무실에서 새로운 아침을 맞이하고 있다. 도시에서도 이렇게 자연을 만끽할 수 있음을 새삼 깨닫는다. 날씨가 좋은 날에는 '기분 좋다', 아름다운 풍경을 마주쳤을 때에는 '아름답구나'라고 생각한다. 인간이라면 누구나 느낄 이런 감정. 하지만 DNA의 모험을 해온 지금의 나는, 평상시와 다름없는 풍경 속에서 더 크게 '자연'을 느끼고 있었다.

모험…. 사전을 찾아보면 성공 여부가 보장되지 않지만 감행하는 것, 위험을 무릅쓰고 극복하는 것이라고 나와 있다.

트래칼리의 과제도서인 《부분과 전체》를 여러 번 반복해서 읽다 보면 각자 마음에 드는 장면이나 구절이 생기게 된다. 그중에서도 우리 트래칼리 학생들은 공통적으로 좋아하는 장면이 있다. 자격도 뭣도 따지지 않는 트래칼리에 입학할지 망설이고 있을 때 이 부분을 읽고 용기를 얻었다는 사람도 많았다.

"누군가 크리스토퍼 콜럼버스가 이뤄낸 미대륙 발견의 위대한 점이 무엇이냐고 묻는다면, '지구가 둥글다는 아이디어에 착안해 서쪽 루트로 인도에 간 것!'이라고 대답할 수는 없다. 이 아이디어는 이미 다른 사람들이 연구하고 시도했기 때문이다. 또한 모험을 위한 세심한 준비나 배의 전문적인 장비도 아니다. 그것은 다른 사람들도 마음만 먹었다면 충분히 할 수 있었기 때문이다. 이 대항해에서 가장 힘들었던 결정은, 육지를 완전히 떠나 비축식량으로는 되돌아갈 수 없었던 지점에서 서쪽으로 배를 더욱 전진하겠다는 판단이었을 것이다.

마찬가지로 과학에서 진정한 신세계는, 결정적인 상황에서 지금까지의 과학적 토양에서 벗어나 허공을 날아오를 각오 없이는 발견할 수 없다. (중략)

새로운 세계로 편입하기 위해서 받아들여야 할 것이 단순히 새로운 내용만은 아니다. 새로운 것에 대한 이해를 넘어 사고의 구조까지도 바꿔야만 한다.

《부분과 전체》에서

다언어를 동시에 자연습득하는 히포의 활동, 그리고 그것을 기반으로 언어와 인간을 자연과학하는 트래칼리의 연구 활동이 지금까지 걸어온 여정은 말 그대로 대항해였다. 드넓은 바다에 올라탄 작은 배가 때때로 파도에 휩쓸리면서도 아득히 보일 듯 말 듯한 북극성만을 의지한 채 길을 떠난 것이다. 그리고 우리는 마침내 새로운 대륙을 발견했다. 우리의 이 여행이야말로 DNA의 모험이었다.

지금까지 함께 《DNA의 법칙》을 써온 나는 지금 이 책을 덮었다. 마지막 백지 한 장에 파노라마 같은 광경이 스친다. 그렇다, 지금부터 시작하는 것은 나의 DNA의 모험이다.

나의 DNA의 모험

"Gravina come Haxo ka vero!(그라비나는 정말 나홋카 같았어!)"

남부 이탈리아의 그라비나 디 풀리아에서 일주일 동안의 홈스테이를 마친 내 입에서 그런 말이 튀어나왔다.

광활하기 짝이 없는 러시아의 극동 한구석에 있는 작고 작은 항구도시 나홋카. 관광명소 하나 없는 그 도시는 나에게 다른 것과 바꿀 수 없는 소중한 곳이었다.

긴 장화 모양의 이탈리아반도 뒤꿈치 한가운데에 있는 아주 작은 동굴도시 그라비나. 육지의 고도孤島라고 할 만큼 관광객과는 전혀 인연이 없는 곳이다. 물론 볼 만한 것도 거의 없기 때문에 마을 주민 외에는 이탈리아 사람도 거의 방문하는 일이

없다고 한다.

그런 점이 나홋카와 꼭 닮았지만, 내가 '그라비나는 나홋카 같아'라고 느낀 데에는 사실 좀 더 특별한 의미가 있었다.

히포 패밀리 클럽의 회원이 된 지 17년, 트랜스내셔널칼리지 오브 렉스에서 활동을 한 지도 10년이나 되었다. 14개 언어의 파동 속을 떠돌며 다시 수학, 물리, 생물, 고전 등의 다양한 언어가 들리는 환경에 몸을 맡긴 채 어느덧 홈스테이로 방문했던 나라가 열 손가락에 꼽을 정도가 되었다. 성인이 되자 모험을 하면서 내 안에 쌓아온 수많은 벽이 하나씩 허물어졌다. 지난 17년은 많은 언어와 사람을 만나고, 그때마다 새로운 나를 만나온 시간이었다.

나와 새로운 언어와의 만남은 5살 무렵으로 거슬러 올라간다. 나는 '평생의 소원이야.'라며 부모님을 졸라서 어린이영어교실에 다니기 시작했다. 하지만 그 언어에 대한 기억은 없다. 어린 나를 그렇게까지 매혹시킨 것은 무엇이었을까? 미지의 세계에 무의식적으로 동경심을 품었는지도 모른다. 그곳에서는 영어로 말하는 스토리테이프를 들으며 연극을 하기도 하며 즐겁게 놀았다.

초등학교 5학년이 된 어느 날, 전국 규모였던 영어교실의 대표가 어린이들을 모아놓고 말했다.

"룩셈부르크의 공원에서는 4개 언어가 날아다닌단다. 룩셈부르크어, 영어, 독일어, 프랑스어, 다들 그 언어를 알게 돼."

그 말을 들은 나는 이렇게 생각했던 것이 기억난다.

'나도 룩셈부르크 공원에 가보고 싶어.'

그 창시자가 바로…, 무엇을 숨기랴, 후일 히포 패밀리 클럽을 설립하신

사카키바라 요오 학장님이었다.

그로부터 2년 후, 한국어 스토리테이프가 발표되었다. 당시 한국은 일본에서 가장 가깝고도 먼 나라였다. 그 시대는 지금처럼 TV에서 한국에 대한 화제는 물론 한국어가 나오는 일은 절대로 없다고 단언할 정도였다. 내 주변에는 재일한국인이나 조선인이 없었다. 나 역시 편견이 없는 만큼 아무런 흥미도 없었다. 즉 아무것도 모르는 상태였다. 그것 자체가 이미 일본이라는 나라가 그들에게 갖고 있는 편견이라고 할 수 있었다.

어쨌든 난생 처음으로 듣고 눈으로 본 한국어에 나는 두근두근 쿵쾅쿵쾅 심장이 뛰는 것을 느꼈다. 그 소리의 울림에,

'정말 이런 언어로 말하는 사람들이 세상에 존재하는구나.'

하는 생각이 들었고, 그 글자는,

'이게 정말 글자야?'

라고 생각하기에 충분했다.

"몰랐던 걸 이렇게나 많이 알게 됐어."

이렇게 생각하자 기뻐서 어쩔 줄 몰라 하기도 했다. 그때부터 한국은 나에게 못내 가고 싶은 나라였다. 친구들에게 말하자 진지하게 이렇게 되물었다.

"한국이 어디야? 중국의 한 부분이니?"

그리고 그 한국과의 만남은 나뿐만 아니라 새로운 세계에 대한 커다란 한 걸음이 되었다.

수년 후,

"가족이나 동료와 다언어를 동시에 자연습득하자"

가 목적인 히포 패밀리 클럽이 탄생한다. 나는

아무런 망설임도 없이 그 회원이 되었다.

"다양한 언어를 말할 수 있게 된다면 내 세계가 더 넓어질 거야."

이렇게 생각하기도 했고 무엇보다 한국어와의 만남이 나를 더욱 미지의 언어와의 만남으로 유혹했기 때문이다.

그로부터 벌써 17년이 지났다. 설마 그게 이렇게까지 재미있는 일이 될 줄은 상상도 하지 못했다. 그리고 다양한 언어를 말할 수 있게 된 후에 풍요로운 세계가 펼쳐지는 것이 아니라 그 언어에 귀를 기울인 그 순간부터 이미 새로운 나의 세계가 시작되었다고 이제는 분명히 말할 수 있다. 그리고 그 세계에는 끝이 없었다.

◆ 새로운 만남을 찾아서

"어째서 굳이 알지도 못하는 사람을 만나고, 낯선 곳을 찾아가보려는 호들갑을 떨어야 하는 걸까? 하지만 그렇게까지 체험할 가치가 분명 있었어."

누군가 홈스테이에 대해서 이렇게 말했다. 그리고 또 이렇게 덧붙였다.

"한번 그 감동을 맛보고 나면 멈출 수가 없거든."

히포의 홈스테이는 어학연수를 위해서도 아니거니와 이문화 체험을 위해서도 아니다. 사람을 만나고 가족의 일원이 되기 위해 나가는 것이다. 그렇다고 해서,

"언어보다 마음이 중요하다!"

라고 주장하는 것은 아니다. 우리는 어디까지나 언어를 통해서 사람을 만나고자 한다. 하지만 그것은 말을 하게 된 후에 해외로 나간다는 의미도 아니고, 단순히 술술 말할 수 있어야 사람을 만날 수 있다는 뜻도 아니다. 물론

인간은 언어를 통해서 거짓말도 하고 '마음에도 없는 말'을 할 수도 있지만, 본래 '마음'이라든지 '기분'이라든지 '심정'은 또 다른 언어라고 할 수 있다. 입에서 나오는 음성만을 언어로 한정한다면 언어와 마음이 별개의 것이라고 생각하기 쉽다.

다양한 언어와 접하다 보면 영어만이 세계였을 때에는 결코 보이지 않았던 것이 보이기 시작한다. 예를 들어 영어로 소통하는 상대라고 해도 이쪽에서 그 사람의 모국어를 한마디라도 하게 되는 순간 단숨에 상대와의 거리가 좁혀지는 것이 느껴진다. 영어를 쓸 때에는 결코 보이지 않았던 활짝 웃는 얼굴을 보면 알 수 있다. 그만큼 '언어'는 그 사람 자체를 나타낸다고 할 수 있다. 상대의 언어를 소중히 여기려는 것은 그 사람을 소중히 여기는 것이나 마찬가지이다.

다언어의 활동을 시작하면서 영어를 주로 사용하는 미국도 단일 언어사회인 일본도 많은 변화가 있었다. 다양한 언어를 모국어로 사용하는 사람들이 갑자기 보이기 시작했다. 지하철을 탔을 때, 히포에서는 아직 시도하지 않은 언어가 들려오면, "어느 나라 말일까?" 하고 귀를 쫑긋 세우게 되었다.

일전에 아프리카의 잠비아에서 왔다는 사람을 만날 기회가 있었다. 히포 패밀리 동료의 집에 잠비아 청년이 하룻밤 홈스테이를 온 것이다. 그때 잠비아의 공용어는 영어이고, 계통이 다른 부족어가 다수 쓰이는 다언어국가라는 사실을 알았다. 그의 모국어를 물어보자,

"냔자[Nyanja]!"

라고 하는 것이다.

"냔자? 냔자어? 그러니까 냔자?"

그때까지 그런 언어가 존재한다는 것

조차 몰랐던 나나 동료들은 어떤 소리인지 들어보고 싶었다. 그리고 그가 말하는 냔자어 중에 일본어와 비슷한 발음을 발견하고, 화들짝 놀라 호들갑을 떨었다. 그 말을 금방 흉내 내서 말해보는 우리에게 그는 수도 없이,

"쵸다부이이사(대단해요)."

라며 큰소리로 감격했다. 그 짧은 냔자어가 활짝 웃는 그의 얼굴과 함께 내 안에 남았다. 그래서 잠비아라는 말을 들으면 그때 일이 생각난다.

나중에 우연히 만난 사람이 잠비아인이라는 말을 들은 나는 몹시 기뻤다.

"당신의 모국어는 뭔가요?"

영어로 물어보자 그 사람은 의아한 얼굴로 대답했다.

"냔자."

"냔자! 쵸다부이이사!"

나는 큰소리로 외치고 말았다. 하지만 더 큰소리를 낸 것은 상대방이었다.

"냔자어를 알아요? 어떻게 냔자어를 할 수 있는 거죠?"

그 물음에 내가 다음 순간 내뱉은 말은,

"Ichimonji이치몬지."

였다. 냔자어로 숫자 1이다. 그것이 내가 아는 냔자어의 전부였다.

"1은 한 글자, 그럼 2는 두 글자?"

그때 그런 농담을 하며 모두가 크게 웃어서 기억에 남아 있었다. 2부터는 전혀 다른 소리여서 '한 글자'라는 일본어와 비슷한 1만 기억하고 있었다. "쵸다부이이사"는 "쵸도 이이사(ちょうどいいさ, 마침 잘됐어)"와 발음이 비슷한 것 같다고 말한 게 기억에 남았기 때문이다.

처음 만난 사람에게 갑자기 별 상관도 없는 "1!"이라고 떠들어봐야 어떻게 되는 것은 아니겠지만 그는 크게 감동했다. 아프리카를 떠난 후 그에게 모국

어가 무엇인지 묻는 사람도 없었거니와, 관심을 보인 사람도 없었다고 한다. 사람들은 그가 영어를 쓰는 것을 당연하게 여겼다. 그는 머나 먼 일본까지 와서 지극히 평범한 여자아이를 통해 난자어를 들을 수 있을 거라고는 상상도 하지 못했을 것이다. 이런 경험들이 모여 나에게도 잠비아는 언젠가 한번 방문해보고 싶은 특별한 땅이 되었다.

어른이 된다는 것은 내가 누구인지 스스로 결정하는 일인지도 모른다. 언제까지나 꿈꾸는 소녀로만 있을 수는 없는 노릇이니 물론 이것은 중요한 일이다. 하지만 때로는 자신의 세계를 작은 틀 안에 가둬버리기도 한다. 실제로는 몇 살이 되든 누구나 무한한 가능성을 지니고 있다. 그 가능성이 발현될지 여부는 환경이 작용하는 면이 크다. 특히 일상 속에서는 그 가능성이 보이지 않는 동시에 내 모습도 보이지 않는 경우가 많다.

홈스테이는 비일상의 세계이다. 그 비일상에 몸을 맡기면 일상의 내 모습이 보이거나 새로운 내 모습과 만나기도 한다. 그때 최대한 나(언어)를 힘껏 드러내면서 가족과의 상호관계(언어)를 발견하고 함께 만들어가는 것이 홈스테이이며, 그곳에서 만들어진 상호관계는 둘도 없는 경험이 된다. 그것은 바야흐로 '아기' 체험이라고 할 수 있다. 고국에서의 사회적 지위도 상황도 잊고 전혀 상관없는 다른 세계에서 전라의 한 인간으로서 다른 인간을 마주대하는 일이다.

◆ 그라비나로 향하며

"도베 소노이오?(Dóve sono io, 여기는 어디?)"

나는 지나가는 젊은 남자에게 충동적으로 물었다.

"미라벨라Mirabella!"

"미라벨라? 도베?(Mirabella? Dóve? 미라벨라? 어디?)"

그러자 오빠는 고속버스의 노선도를 가리키며,

"끼!(Qui!, 여기야!)"

라고 가르쳐주었다.

로마에서 고속버스를 타고 약 3시간. 도중 휴게소의 주차구역에서 노선도가 표시되어 있는 곳을 발견한 우리는 그때서야 지금 우리가 도대체 어디에 있는지 알 수 있었다. 그 정도로 아무것도 모른 채 나와 아키코는 홈스테이인 남부 이탈리아의 시골마을, 그라비나 디 풀리아Gravina di puglia로 향한 것이다. 이때가 히포에서 이탈리아 교류를 시작한 이래 첫 겨울 홈스테이였고, 남부 이탈리아에서 홈스테이하는 것도 우리 두 사람이 처음이었다. 그래서 아무런 사정도 몰랐다.

우리는 휴식이 몇 분인지도 몰랐다.

"운전기사님이 타면 우리도 올라타야 돼."

오직 이 생각만 하고 있었기 때문에 온몸이 긴장해서 경직되어 있었다. 운전기사가 올라타면 우리도 서둘러 버스에 올라탔다. 주변에 앉아 있던 승객이 돌아오자 운전기사는 손님의 수를 세기 시작했다. 꽤 친절했다. 그러고 나서 천천히 외쳤다.

"시 시아모 투티?(Ci siamo tutti?)"

나는 그 말에 반응해서 저도 모르게 외쳤다.

"베네, 안디아모!(Bene, andiamo!)"

그것은 언제나 듣던 스토리테이프에 나오는 이탈리아어 한 구절과 똑같았다.

"시 시아모 투티? 베네, 안디아모!(다 탔어? 그럼, 출발!)"

아키코도 웃으면서,

"정말 그렇게 말하네?"

라며 놀라워했다. 실제로 테이프에서 들리는 말과 상관없이 우리는 히포 패밀리에서,

"시샤모 돗테!(ししゃも とって, 생선 좀 줘!)"

라고 말하고는 다 함께 그 소리를 즐겼던 적이 있다.

그래서 정말 그 언어를 사용하는 사람들의 입에서 그런 소리가 나올 때에는 감탄 한다. 이번 경우에는 장면에서부터 대사까지 완전히 똑같았기 때문에 저도 모르게 그 소리에 반응해버렸고 감격도 한층 더했다. 정말 그렇게 말할 줄은 몰랐다. 고속버스 운전기사가 승객에게 그렇게 묻는다는 것까지도 그야말로 이탈리아답다는 느낌이 들었다.

창밖으로는 울긋불긋한 경사면이 차례대로 지나갔다. 그곳으로 보이는 초록색에 이따금 흰색 점이 뿌려져 있었다. 풀을 뜯는 양떼였다. 또 저도 모르게 스토리테이프의 한 구절을 읊고 말았다.

"어디 보자, 무케(mucche, 소), 카발리(cavalli, 말), 빼꼬레(pecore, 양), 마

이알리(maiali, 돼지)…, 앗 빼꼬레구나!"

산의 경사면을 기울이 듯이 버스가 달렸다. 갈색 땅에는 트랙터로 경작한 선이 멋지게 그려져 있었다. 푸른 목초지와 갈색 밭의 대비가 마치 예술작품 같았다.

"이거 전부 사람 손이 닿은 거겠지?"

"이렇게 아무것도 없는 곳에서, 정말 대단하다."

아무리 험난한 곳이라도 살고자 하는 인간의 굳건함이 느껴졌다. 올리브 나무 사이로 선인장이 나 있었다.

"이탈리아에 선인장이? 설마! 멕시코 같아."

차창 밖으로 보이는 그 광경 속에 석회암 같은 돌이 굴러다니고 있었다.

"점점 동굴마을에 가까워지고 있어."

"우리, 엄청난 곳에 온 것 같아."

눈에 보이는 것이라고는 온통 대자연뿐. 육지의 고도孤島라고 하기에 손색없는 정말 이상한 곳에 오게 된 것이다. 더구나 이 고속버스에 타고 있는 사람은 일본인인 우리 둘과 이탈리아인 셋이 전부였다. 제대로 도착할 수 있을까? 도대체 어떤 곳일까? 불안이 엄습한 가운데, 로마를 출발한 지 약 6시간 만에 우리는 그라비나에 도착했다.

◆ 나는 라카푸라 가의 막내

남부 이탈리아의 작은 시골마을 그라비나 디 풀리아에서의 홈스테이는 가족이 모두 모여 함께 하는 점심식사에서부터 시작되었다. 이탈리아에서는 하루 중 점심식사가 가장 성찬인데, 보통은 직장에서 일하던 사람도 집으로

와서 점심을 먹는다고 한다. 몸집이 큰 마마, 모델 출신의 큰딸 안나, 장신에 미남인 큰아들 프랑코와 약혼녀인 피나, 봄에 결혼해서 가까이 살고 있는 둘째딸 니에타와 활기찬 남편 마르코, 나의 호스트이자 로마대학의 학생인 셋째 딸 로미나, 이웃에 사는 어린 소녀 니콜라, 그리고 나까지 모두 함께 둘러앉아 떠들썩한 식사를 했다.

이탈리아 사람들은 말이 많았다.

'이탈리아 사람들은 노래하듯이 말하는구나.'

나는 맛있는 파스타를 먹으며 질리지도 않고 대화하는 그 모습을 지켜보았다.

일본에서 이탈리아어 스토리테이프를 듣고 히포 패밀리에서 그것을 흉내내기도 했지만, 나는 그 억양을 매우 호들갑스럽다고 생각했다. 스토리테이프이니까 일부러 그렇게 연극적으로 말하는 것이라고도 생각했다.

그런데 그들은 호들갑스럽지도 연극적이지도 않았다. 이탈리아어란 정말 그렇게 노래하듯이 말하는 것뿐이었다. 대화가 끊어지는 일도 거의 없었다. 틈이라고는 전혀 없이 모두 차례차례 겹치듯이 말했다. 결국 목소리는 점점 타올라서 더 커지고 양손을 힘껏 벌리며 말하는 토론이 되곤 했다. 마치 극장 같았다.

'칸소네나 오페라가 이탈리아에서 탄생한 이유가 있었구나.'

그들의 모습에 그런 생각이 들었다. 그리고 음악 같은 이탈리아어 속에 몸을 맡기고 있는 기분이 정말 편안했다. 지금부터 나도 이 가족의 일원이 되는 거라고 생각하니 몹시 행복한 기분이 되었다.

나의 그라비나 가족 라카푸라 가. 호스트인 로미나를 비롯해 가족은 모두 이탈리아어 외에 다른 언어를 할 줄 몰랐고, 나는 이탈리아어 테이프를 많이 듣지도 않았고 말한 적도 거의 없었다. 또 실제로 이탈리아인을 만난 적도 거의 없었고, 주변에 이탈리아어를 하는 동료도 없었다. 그래서 내 안에는 이탈리아어 소리가 그리 많이 담겨 있지 않다고 생각했다.

아키코와 나는 쭉 타고 가기만 하면 도착한다는 버스루트에 대해 들었음에도 불구하고 도중에 버스를 잘못 타기도 하는 등 우여곡절 끝에 가까스로 그라비나에 도착했다. 아무런 보호도 없는 벽지에 달랑 둘만 오는 상황인데도 아무런 불안함도 느껴지지 않았다. 유일한 걱정이라면 돌아가는 티켓을 스스로 구해야 한다는 정도였다(예정대로 로마에 돌아가는 1월 1일은 연휴여서 아드리아 해안의 발리라는 마을까지 나가서 그곳에서 열차를 타고 가야만 하는 상황이었다). 하지만 그라비나의 새 가족은 나를 안심시켜 주었다.

우리는 항상 다양한 언어가 들리는 환경에 있다. 무수히 많은 소리의 파동에 두둥실 실려 있다 보면 작은 것에 연연하지 않게 된다. 처음 만나는 언어들은 이제부터 알아가면 되기 때문이다. 언어활동을 하면서 깨달은 점은, 우리는 언어를 대하는 것이 아니라 사람을 대한다는 사실이다.

상대가 말하는 음성 하나하나를 쫓으며 의미를 파악하려고 하면 이해할 수 없게 된다. 하지만 지금 상대가 무슨 말을 하려는 것인지, 무슨 말을 전하고 싶은 것인지 진심으로 그 사람을 대하면 분명 이해할 수 있게 된다. 인간과 분리된 표면적인 음성만을 들으려 하면 언어를 이해할 수 없을 것이다. 그것을 체험했던 나는 지금 내 안에 있는 이탈리아어가 아주 조금이었지만 불안하지는 않았다. 오히려 내 안에 정말 이탈리아어 소리가 별로 들어 있지 않은 것인지, 또 어떤 일이 일어날지가 기대되었다.

마침 크리스마스와 신년에 해당하는 중요한 시기를 유럽의 이탈리아에서는 가족이나 친척과 함께 보내는 것 같았다. 그럴 때 낯선 타인을 집에 초대한다는 것은 어떻게 생각하든 좋은 가족이 틀림없었다. 라카푸라 가 사람들은 갑자기 찾아든 생판 남인 나를 따뜻하고 소중하게, 그리고 평소처럼 맞아주었다. '평소처럼'이라는 의미는 손님처럼 대하지 않고 가족의 일원으로, 그들의 일상생활 속에 넣어주었다는 뜻이다. 나는 몹시 기뻤다. 사실은 제일 나이가 많았지만, 뼈대도 제일 작고 더듬더듬 반쪽짜리 이탈리아어를 말하는 나는 어느새 라카푸라 가의 막내가 되어 있었다. 물론 이 그라비나에 가족을 만들고 싶어서 찾아왔기에 나 역시 그 마음을 최대한 내가 가진 말로 전달했다. 그것은 이탈리아어를 말하는 것뿐만 아니라, 잘 지내고 싶어서 가져온 선물이기도 했고, 맘마를 돕는 일이기도 했고, 배가 가득 찰 때까지 먹는 일이기도 했고, 일본식을 만드는 일이기도 했고, 함께 놀거나 했던 모든 일들이 나로서는 마음을 전달하는 '언어'였다.

나는 특히 호스트인 로미나(다들 로미라고 불렀다)와 거의 항상 함께 있었는데, 깨닫고 보니 가장 많은 말을 나누고 있었다. 마을에서 친구를 만나면 반드시 하는 질문은 이것이었다.

"이탈리아어 할 줄 알아?"

그 말을 들은 나는 직접 대답했다.

"뽀꼬!(Po-co, 조금)"

로미에게 묻는 친구도 있었다. 그러면 로미는 항상 이렇게 대답했다.

"뽀꼬!"

그럴 때 나는 속으로 생각했다.

'그래그래, 내 이탈리아어는 뽀꼬(조금)야.'

둘이서 대화하다 보면 로미는 가끔 이렇게 말하기도 했다.

"논 카삐또!(Non capito, 몰라!)"

그러면 나는 로미가 왜 내 이탈리아어를 알아듣지 못하는지 심각하게 생각했다.

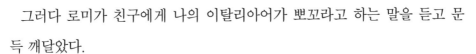

'논 카삐또? 몰라? 왜 모른다는 거야? 이탈리아어인데 왜 몰라?'

그러다 로미가 친구에게 나의 이탈리아어가 뽀꼬라고 하는 말을 듣고 문득 깨달았다.

"맞아, 뽀꼬야. 그런데 왜 뻔뻔하다는 생각이 들지?"

하지만 그런 내가 또 재미있게 느껴졌다. 나는 로미나에게 말을 할 때 거의 아무 사고 작용도 하지 않고 입에서 나오는 대로 그냥 이탈리아어를 떠들어댔다.

이탈리아어로 하는 말들은 깊은 화젯거리가 아니었기 때문에 그때그때 내가 생각했던 말, 하고 싶었던 말을 쏟아냈다.

기본적으로 로미는 내 말을 잘 들어주었지만, 못 알아들으면 가끔은 귀찮은지,

"도뽀!(Dopo, 나중에)"

라고 말하기도 했다. 그래도 말을 전하고 싶으면 나는 로미를 내 쪽으로 돌려놓고 말했다. 그때는,

'들으려고만 하면 내가 하고 싶은 말이 뭔지 분명 알아들을 거야.'

라는 마음이었다. 일부러 그렇게 한 것이 아니었기 때문에 그런 내 행동에 나중에 놀라기도 했다.

그 얘기를 일본에 돌아와서 동료들에게 하자, 어린아이를 키우는 부모들

이 입을 모아 말했다.

"우리 애랑 똑같아!"

"맞아, 우리애도 가끔씩 자기가 떠든 뒤에 '엄마, 왜 못 알아들어?'라는 얼굴로 나를 보곤 하거든."

그 말을 듣고 나서야 내 안에서 이 일이 어째서 인상적이었는지 깨달았다. 나는 내가 가진 이탈리아어가 얼마 되지 않기 때문에 내 생각을 전하는 데 부족하다는 생각은 손톱만큼도 하지 않았던 것이다. 로미나 가족의 따뜻함을 느끼며 그 속에서 함께 지내는 동안 모두가 매우 좋았기 때문이다. 라카푸라 가의 작은 막내였던 나는, 언니나 엄마가 자신을 전부 받아들여주는 존재라고 무의식중에 느꼈던 것 같다.

"아기는 분명 이런 식일 거야."

나는 평소 '아기'는 말 그대로 혼자서 살아갈 수 없을 만큼 연약하지만 사실상 매우 강한 존재라고 생각했다. 그런데 이탈리아 가족에 둘러싸인 내 안에서 언제나 당당하게 주장하는 그런 아기의 모습을 조금은 발견한 것 같았다.

맘마와 함께 요리를

향기로운 에스프레소 커피 향. 라카푸라 가의 하루는 그렇게 시작되었다. 이 에스프레소에 비스킷을 찍어 먹는 것이 이탈리아의 일반적인 아침식사이다.

"어떻게 하는 거야?"

나는 불이 들어와 있는 에스프레소 머신을 들여다보며 물었다.

"일본에는 없니?"

로미와 맘마가 하는 방법을 가르쳐주었다.

"오 까삐또!(Ho capito, 이제 알았다!) 내일 아침에는 내가 할게!"

나는 호기심이 가득해서 뭐든지 하고 싶었다.

간단한 아침식사가 끝나자 맘마는 곧장 점심식사를 준비하기 시작했다. 로미와 함께 맘마를 돕는 것이 나의 일과 중 하나였다. 마카로니 등의 파스타를 가루로 빚어서 만들기도 하고, 파스타에 얹는 소스를 만들기도 하고, 베르두라(채소)를 씻어서 데치기도 하고, 포마지오(치즈)를 프로슈토(햄)이나 카르네(고기)에 말고, 사무라이(!)라는 이름으로 알려져 있는 이쑤시개로 두 개씩 고정하기도 하는 등(이것은 구워서 먹는다) 매일 여러 가지 다른 음식을 준비했다.

그중에서도 마카로니를 만드는 일은 특히 즐거웠다. 커다란 파스타대와 긴 방망이를 이용해서 파스타를 두드리는 맘마의 손놀림은 마치 '면을 뽑아내는 장인'처럼 환상적이었다. 테이블 끝에 파스타 기계를 설치하고, 핸들을 빙글빙글 돌리면 평평하고 매끄러운 파스타 생지가 된다. 그것을 칼로 가늘고 작게 잘라, 세 손가락을 이용해 마카로니 모양으로 만들면 완성된다. 이 세 손가락을 사용해서 모양을 빚는 것이 간단해 보여서 따라해 봤는데 보기보다 꽤 어려운 작업이었다. 맘마나 로미의 손은 기계처럼 재빠르게 아름다운 마카로니를 만들어냈다. 양손으로 한 번에 두 개씩 만들어내는 그 모습은 마치 마법을 부리는 것 같았다. 못생긴 내 마카로니를 보고 로미와 맘마는 몇 번씩 방법을 가르쳐주었다. 마침내 요령을 익힌 나는 두 손으로 동시에 만드는 기술(?)에 도전, 멋지게 성공했다.

"예에! 두에 마니!(Yay! Due mani, 와아! 두 손이다~!)"

나는 저도 모르게 외쳤다.

"Due mani! 하하하…."

맘마와 로미가 웃었다.

나는 요리를 싫어하는 편은 아니다. 또 맛있는 음식을 먹는 것도 좋아한다. 홈스테이 때 요리를 돕는 것은 즐거운 일이고, 맛있는 음식을 먹을 수 있다는 것도 기쁜 일이다. 그렇다고 조리법을 쓰거나 하지는 않는다. 게을러서이기도 하지만, 내 경우 여러 나라의 다양한 요리를 만드는 방법을 배우고 싶어서가 아니라 그 가족과 함께 있고 싶어서 돕는 것이기 때문이다. 가족과 똑같은 일을 하고 싶었던 것이다.

그라비나의 맘마는 고전적인 이탈리아의 주부였다. 나는 이탈리아의 주부는 절대로 될 수 없겠다 생각했을 만큼 맘마의 하루 가사노동량은 엄청났다. 일을 나가는 안나와 프랑코에게 에스프레소를 내려주는 것부터 시작해서, 오전 중에는 점심식사를 준비하고, 장을 보러 나갈 때도 있었다. 오후 1시경, 가족들이 들르는 시간에 맞춰 점심을 준비한다. 상당한 시간과 수고를 들여 대량의 음식이 준비된다.

프리모 피아토(첫 번째 코스)는 파스타로, 매일 다른 종류의 파스타를 먹는다. 일본이라면 이제 충분하다 싶을 정도로 먹은 후, 세콘도 피아토(두 번째 코스)인 카르네(고기)나, 페체(생선)를 먹는다. 그러고 나서 빵과 케이크를 꺼내

둘로 섞어 만든 듯한 빠네토네, 산더미 같은 크림이나 아몬드, 피스타치오 등의 견과류, 마지막으로 아란치나(오렌지)나 만다리나(귤), 만다리나 치오제(만다리나 치즈)를 잔뜩 먹고, 에스프레소로 점심식사가 끝난다. 대화를 나누면서 천천히 즐기며 먹는 줄 알았는데, 프리모 피아토에서 디저트까지 쉴 새 없이 한 번에 먹었다. 꼬박 한 시간에 가까운 시간이었다.

주부의 일은 여기서 끝나지 않았다. 엄청난 양의 그릇들을 설거지하고, 냄비도 새것처럼 반질반질하게 닦고, 가스레인지의 버너 부분까지 전부 벗겨내어 닦았다. 매일 그랬다. 게다가 페슈를 굽는 날에는 세제와 식초로 환기팬까지 반드시 떼어내서 씻었다. 그러고 나서 방을 전부 청소하고 빨래를 하고 다림질까지 한다. 이렇게 쉴 새 없이 전부 다 마치면 오후 5시가 된다. 안나나 로미가 돕는데도 그 정도였다. 물론 이탈리아뿐만 아니라 일본에도 이런 주부의 모범은 있겠지만, 어쨌든 중노동이었다.

그런 맘마와 친해지기 위해서는 함께 시간을 보내면서 가사 일을 돕는 것이 가장 좋은 방법이었다. 또 하나는 맘마가 팔을 걷어붙이고 만든 맛있는 음식을 잔뜩 먹는 일이었다. 니에타나 로미는 다이어트 때문에 많이 먹지 않았다. 그래서 내가 잔뜩 먹으면 맘마는 매우 좋아하면서 내 접시에 또 얹어주었다.

"앙코르encore!"

그러면 니에타나 로미는,

"더 이상 못 먹겠으면 피에나piena라고 하면 돼."

하고 가르쳐주었다. 잔뜩 먹어서 배가 부른 나는 이렇게 말했다.

"피에나!"

그래도 가끔 맘마가 또 담아주려고 하면,

"맘마!"
하며 니에타와 로미가 말렸다.

"이거 조금만 더 먹어봐."

맘마가 그렇게 말하면서 담아주려 하면 니에타나 로미는 큰 소리로 화를 냈다.

"맘마! 배 부르다는데 왜 자꾸 억지로 먹여!?"

맘마는 어깨를 으쓱하며 "알았다, 알았어." 하고는 장난스러운 눈짓으로 나를 쳐다보았다. 이럴 때 전 세계 어디나 엄마들은 다 똑같다고 느꼈다. 나는 그런 맘마가, 그리고 니에타와 로미가 좋았다.

세 명의 오리엔타리

함께 그라비나로 홈스테이를 갔던 내 여행 파트너라고도 할 수 있는 아키코와는 결국 매일 만나곤 했다. 아키코의 호스트인 미레나와 우리 로미가 같은 로마대학에 다니는 친한 친구 사이였기 때문이다.

그리고 이번에 우리와 함께 홈스테이를 했던 사람이 또 있었다. 중국인 리였다. 리는 북경에서 패션을 공부하기 위해 로마에 유학을 온 학생이었다. 얼마 전 미레나와 알게 되었는데, 크리스마스와 신년을 함께 보내자는 초대를 받아 미레나의 집에 와 있었던 모양이다. 그래서 아키코는 갑자기 중국인과 함께 홈스테이를 하게 되었다. 우리 로미는 이탈리아어만 할 줄 알지만 미레나는 반쪽짜리 영어와 약간의 중국어, 일본어 몇 개를 알고 있었다. 이탈리아에 온 지 3개월이 됐다는 리는 아키코나 나보다 이탈리아어를 훨씬 많이 했다. 리는 중국어가 섞인 이탈리아어를 썼는데 틀려도 개의치 않고 적극적으로 말하곤 했다.

"중국인과 홈스테이할 거라는 얘기는 못 들었는데."

아키코는 처음에는 좀 놀랐지만 다언어를 배우는 히포인 만큼 곧 기뻤다.

"이탈리아에서 중국인과도 사이좋게 지낼 수 있다니, 운이 좋은데?"

미레나와 리와 아키코 사이에서는 시끌벅적한 이탈리아어와 중국어, 일본어, 영어가 뒤섞여 항상 웃음이 끊이지 않았다. 물론 거기에 로미와 내가 가세한 것은 말할 필요도 없을 것이다. 나는 리 앞에서 자연스럽게 중국어가 입에서 튀어나왔고, 미레나는 이상한 말을 떠들어댔다.

"워 다 라오쉬 사이토 센세!(내 선생님은 사이토 선생님!)"

이렇게 짧은 구절에서도 앞은 중국말, 뒤는 일본말이기도 하고,

"도마니 세라, 우리 집 라이라이!(내일 저녁, 우리 집에 오세요!)"

이렇게 이탈리아어, 일본어, 중국어가 뒤섞인 말이 나오기도 했는데, 아키코나 나는 그 말을 다 이해할 수 있었다. 일본에서 항상 다언어를 듣던 우리에게 다양한 언어는 더 이상 외국어가 아니라 히포 동료에게도 통하는 공통의 일상 언어였기 때문이다.

"손나고토와 갠차나요!(그런 건 괜찮아요!)"

그래서 흔히 앞은 일본어, 뒤는 한국어를 당연한 듯 섞어서 쓰곤 했다.

이탈리아의 이 작은 시골 마을에 중국인과 일본인이 등장하면서 히포와 똑같은 광경이 펼쳐진 것이다. 리는 일본어를 모르고, 이탈리아어는 이탈리아에 와서 처음 공부했기 때문에 기본적으로는 이탈리아어 모드였다. 하지만 미레나나 우리에게 공명했는지 불쑥불쑥(원래 그랬었는지는 모르겠지만) 중국어도 튀어나오고 일본어를 흉내 내기도 했다.

이 작은 마을에는 관광객이 오지 않거니와 외국인은 거의 없었다. 그래서

우리는 어디로 보나 이탈이아인의 외모도 아니기 때문에 마을을 걷다 보면 주목을 받을 수밖에 없었다. 마을 사람들은 우리 셋을 '오리엔타리'라고 불렀다. 그리고 젊은이들 사이에서는 곧 오리엔타리 열풍이 불었다.

"부지두!(Buzidoo, 몰라)"

"몰라요!"

"자이젠!(再現, 또 보자!)"

"또 보자!"

매일 밤 만났던 친구들은 크게 웃으며 우리의 중국어나 일본어를 흉내 내며 암호처럼 사용하곤 했다.

그 쾌활하던 젊은이들은 지금도 분명 그 피아자(광장)에 모여서,

"부지두! 몰라!"

하고 크게 웃고 있겠지.

다언어를 배우기를 잘했다는 생각이 들었다. 우리가 다언어활동을 하지 않았다면 리와의 만남을 이렇게까지 즐길 수는 없었을 것이다.

피아자에서 파라레

젊은이들 얘기가 나와서 말인데, 그라비나에 와서 가장 놀란 것이 젊은이들의 생활이었다. 홈스테이 첫날밤 9시쯤 됐을까? 로미가 나를 데리고 밤거리로 나섰다.

"도대체 어디 가는 거야?"

로미의 팔을 꼭 잡고 두근거리는 심정으로 15분 정도 걷자 마을의 피아자(광장)가 나왔다. 거기에 보이는 것은 사람들, 사람들, 사람들…이었다. 300명쯤 됐을까? 이 작은 마을에 이렇게나 많은 젊은이가 있었나 싶었다. 젊은이들은 5~10명 정도씩 모여 원을 이루며 이야기를 하고 있었다. 그리 크지 않은 작은 마을의 피아자나 주변 도로가 무수히 많은 원으로 빼곡히 차 있었다. 잘 표현할 수는 없지만, 어쨌든 이런 광경은 생전 본 적이 없었다. 하지만 놀란 것은 이렇게 모여서 도대체 뭘 하느냐 하는 것이었다.

로미와 나는 피아자의 인파 속을 천천히 걸었다. 곧 친구들을 발견했다. 인사의 키스를 나누고 그대로 대화를 나누기 시작했다. 잠시 후 아이코와 리가 미레나에게 끌려왔다. 미레나의 집은 로미의 집에서 멀다고 들었다. 지도로 보면 피아자를 둘러싸고 마을의 거의 끝과 끝에 위치해 있었다. 그런데 미레나의 집에서 피아자까지는 15분, 즉 그라비나는 그만큼 작은 마을이었다.

"뭐야. 여기서 약속한 거야?"

우리 오리엔타리 셋은 처음에 그렇게 생각했다. 이제부터 어딘가로 가는 거라고…. 하지만 그대로 그냥 서서 계속 떠들면서 시간은 흘렀다. 그라비나는 남부 이탈리아지만, 석회암 위의 고지대에 마을이 형성되어 있었기 때문에 겨울은 꽤나 추운 편이다. 한 시간쯤 지났을 무렵, 마침내 그 원이 흩어지며 걷기 시작했다. 이탈리아, 특히 남부 쪽은 느긋하고, 여유로운 성격이라 들었다. 그래서 기차나 버스 같은 것도 시간에 맞게 오지 않는다고…. 하지만 우리가 탄 버스는 아주 정확해서 오히려 놀랄 정도였다.

이제 어디로 가나 했더니 한참 걷다가 또 다른 원에서 멈춰서 다시 떠들기 시작했다. 또 한 시간 정도 지나서 걷기 시작하나 싶더니 웬걸? 처음의 원으로 되돌아가 있었다. 그쯤 되자 체온도 떨어지고 우리 오리엔타리는 기진맥진해서 이렇게 말하고 있었다.

"뭐든 좋으니까 빨리 어디로든 가자."

"지금 어디로 갈지 의논하다가 다른 수다로 빠진 건가?"

"도대체 지금부터 어쩌겠다는 거지?"

아무튼 그 수수께끼 같은 행동은 이상하기 짝이 없었다. 결국 피아자에 온 지 세 시간이 지나서야 15명 정도가 가까스로 친구의 차에 나눠 타고 어둠을 뚫고 새까만 밭 사이로 10분간 질주한 끝에 나타난 디스코 리스토란테에 다시 모였다. 22~27세 정도 되는 이 젊은 남녀들은 거의 미네랄워터나 콜라를 마시며 춤을 추었다. 나는 망설이지 않고 비라(맥주)를 주문했다. 술을 마시는 사람이 있긴 했지만 그나마 거의 한 잔 정도였다. 이탈리아인은 비노(와인)를 비롯해서 엄청나게 마신다는 이미지가 있었는데 실제로 보니 식사 때도 한두 잔밖에 마시지 않았다. 물론 전부 다 그 정도만 마시는 것은 아니었지만 나는 속으로 이렇게 생각했을 정도였다.

'일본인이 훨씬 더 술을 많이 마시는구나.'

그리고 나름대로 내가 내린 결론은 이것이었다.

'이탈리아인은 마시나 안 마시나 다 똑같아!'

물만 마셔도 충분히 즐겁게 춤을 출 수 있는 것이다. 팝에 가서도 모두 한 잔의 비라나 아쿠아(물)만 마시며 계속 수다를 떨었다.

이 날은 마지막에 춤을 추러 갔기 때문에 몰랐지만, 밤마다 나가면서 깨달은 점은 그라비나의 젊은이들에게 주된 유흥은 사실 피아자에서 원을 이루고 친구들과 서서 그대로 몇 시간씩 떠드는 것 자체였다. 그러다가 마음이 맞으면 디스코에 가기도 하고, 팝이나 스포츠센터에 가기도 하고, 집회소 같은 곳에 가서 카드게임을 즐기는 사람도 있었다. 하지만 그것은 소위 옵션일 뿐 메인은 어디까지나 내내 서서 수다 떨기였다. 밤에는 상당히 추워서 다들 코맹맹이가 되어서,

"프레도!(추워)"

라고 말하면서도 갈 생각을 하지 않고 몇 시간씩 계속 수다를 떨었다. 그러고 나서 그대로 집으로 귀가하는 경우도 적지 않았다.

그곳에서는 친구의 친구라는 형태로 새로운 친구와 알게 되기도 했지만, 젊은이들이 그렇게 많이 모여 있는데도 폭력적인 광경은 찾아볼 수가 없다. 이 사실 또한 놀라웠다. 이탈리아 남성 하면 보통 '다혈질'이라는 이미지를 가진 사람이 나뿐만은 아닐 것이다. 이탈리아 남자들은 여자를 보면 무조건 말을 거는 게 습성이라는 말도 들었다. 미레나도 이렇게 말했다.

"이탈리아 남성은 정열적이야!"

하지만 그라비나의 밤의 피아자에서 여성에게 말을 거는 남성은 찾아볼 수가 없었다. 팝이나 디스코에 가서도 여전히 말이 없었다. 여자는 여자들끼리, 남자는 남자들끼리 앉거나 춤을 추었다. 하지만 일단 연인 사이가 되면 상당히 오랫동안 사귀고, 그대로 결혼하는 패턴도 많은 듯했다. 라카푸라가의 장남 프랑코도 1999년 6월 19일에 피나와 결혼 예정이었다. 2년이나 먼 훗날의 날짜까지 정하다니 일본이었다면 좀 위험했을지도 모르겠다. 내가 겪었던 이 나라 사람들은 생각 이상으로 보수적이었다.

이탈리아 사람들이 살아가는 환경 속에 들어가 보니 외부에서 바라보았을 때와는 다른 풍경이 보였다. 물론 그라비나는 시골이라 더 그랬겠지만, 어쨌든 그라비나의 젊은이들은 매우 건전했다. 그리고 이탈리아 사람들은 정말로 다른 사람들과 대화하기를 좋아한다고 느꼈다. 이탈리아를 일컬어 흔히

'만자레(mangiare, 먹고), 칸타레(cantare, 노래하고), 아모레(amore, 사랑하는)의 나라'라고 표현하지만 나는 '파라레(parlare, 말하다)'라고 표현하고 싶다.

사실 피아자에서 이 파라레의 원을 보고 한 가지 더 놀란 일이 있다. 다음 날 아침 로미와 함께 외출하면서 지난밤과 똑같은 그 피아자 주변의 길로 접어들었을 때였다. 세상에! 이번에는 온통 할아버지들로 가득한 작은 원들이 대량 출현한 것이다. 할아버지의 원은 오전 중, 그리고 집에서의 점심식사 후 세라(cera, 저녁)까지 계속된다. 그런데 그 세라가 상당히 길었다.

"세라는 언제까지야?"

하고 묻자 오후 8시까지라고 했다. 노떼(Notte, 밤)는 저녁 9시경부터인데 이때부터 할아버지들의 원에서 젊은이들의 원으로 바뀌는 시간이다. 그리고 젊은이들의 파라레의 원은 새벽 2시까지 이어진다. 나이를 먹어도 여기 사람들에게는 변함없는 재미였던 것이다.

피아자에 할머니들의 모습은 보이지 않았는데, 할머니들은 집안에서 파라레를 한다고 한다. 할머니와 아주머니들은 이웃이나 친척, 친구가 방문하면 2시간 정도는 거침없이 수다를 떤다. 게다가 횟수도 상당히 빈번했다.

입에서 튀어나오는 말

이 파라레의 존재는 재미있기만 한 것이 아니었다. 이것은 내 안에 잠들어 있었던 이탈리아어를 끌어내는 계기도 되었다.

어느 날 밤의 피아자에 나갔을 때, 로미가 나에게 물었다.

"일본의 지오바니(giovani, 젊은이)는 퇴근이나 하교 후, 밤에는 뭘 하고 지내?"

나는 바로 대답했다.

“술 마시러 가거나 가라오케에 가기도 하고…”

그리고 다음 순간,

‘그러고 보니, 조바네(giovane) 패밀리가 있었지!’

라는 생각이 났다.

우리 회원들이 모이는 히포 패밀리에는 각각 이름이 있다. ‘신주쿠 패밀리’처럼 그 패밀리의 소재지를 이름으로 붙이거나 ‘기무라 패밀리’처럼 패밀리를 주최로 하는 펠로우 가족의 이름을 그대로 붙이는 곳도 있다. 또 히포에 들어와서 처음 한 말이 한국어인 ‘여보세요’였기 때문에 ‘여보세요 패밀리’가 된 곳 등 이름의 유래도 제각각이었다. 덧붙여서 내가 속한 패밀리는 ‘행보칸 패밀리’이다. 한국어로 말하면 ‘행복한 가족’이다.

다양한 나라의 언어로 이름을 붙이는 곳도 많지만, 이탈리아어 이름이 꽤 있었다는 사실을 나는 지금까지 전혀 깨닫지 못하고 있었다. ‘조바네 패밀리’라는 이름은 알고 있었지만, 그것이 이탈리아어라는 것도, 또 젊은이를 뜻하는 것도 알지 못했다. 그런데 로미가 말한 이탈리아어 소리에 반사적으로 대답한 순간 나는, 지오바니라는 소리가 이미 내 안에 있었다는 것을 깨달았다. 그리고 이것까지 생각났다.

‘어릴 때 읽었던 미야자와 겐지의 동화 《은하철도의 밤》에 나오는 주인공 이름도 조바니였어.’

아침이 되어 할아버지들뿐이었던 파라레의 원을 조우한 순간 나는 그 광경에 너무 놀라서 나도 모르게 외쳤다.

“베키오vecchio!”

로미는 웃으면서 고개를 끄덕였다.

"씨, 베키오!(Si, vecchio, 그래 노인들이야)"

"이에리 노떼 쎄라노 뚜띠 지오바니. 마 오찌, 씨 소노 뚜띠 안야마니…. 뻬르께?(Ieri notte c'erano tutti giovani. Ma oggi, ci sono tutti anziani…, Perche? 어젯밤은 전부 젊은이들뿐이었는데, 오늘은 전부 할아버지야…. 어떻게 된 거지?)"

나도 모르게 그렇게 말하고 있었다.

'베키오? 왜 그런 말이 입에서 나온 거지? 언제, 어디서 그런 소리를 받은 걸까?'

그러다가 불현듯 떠올랐다.

그것은 지금으로부터 약 5년 전. 이탈리아 홈스테이 원정대라고 칭한 어떤 무리가 이탈리아의 베로나에 홈스테이를 간 적이 있다. 이분들은 소위 히포의 선구자들이라고도 할 수 있는 쟁쟁한 회원들이다. 자식들은 이미 다 자란 성인이고, 손자까지 있는 분도 많았는데, 항상 호기심이 왕성한 도전자처럼 발걸음도 가볍게 전 세계를 날아다녔다. 이때도 이탈리아 홈스테이의 길을 몸으로 부딪쳐 개척하고 돌아왔다. 그 경과를 보고할 때 '베키오'라는 소리를 들었던 것이다.

"우리는 베키오니까!"

"우리 베키오 그룹은…."

그때의 나는 그냥 멍하니, '나는 젊은이니까'라는 느낌으로 받아들였는데, 사실은 반대였던 것이다. 이 회원들은 연령에 반비례하는 느낌이 강했기 때문이다. 나뿐만 아니라 히포의 회원들은 다들 저렇게 나이 들면 좋겠다는 바람이 있었다. 그래서 더더욱 '베키오'라는 소리는,

"오늘보다 젊은 날은 없다!"

“우리는 나이를 먹어도 젊은이야!!”

라고 온몸으로 표현하는 듯한 그 할머니들의 모습과 함께 흐릿하지만 내 안에 정반대로 파고들었던 것이다.

아무튼 신기했다. 왜냐하면 그때 ‘베키오’라는 말이 내 안에 담긴 것이 아니었고, 딱히 인상적인 장면도 아니었기 때문이다. 오히려 전혀 기억조차 하지 못하는 소리였다. 그런데 5년이 지난 지금, 그라비나에서 수많은 할아버지들의 파라레 원을 본 순간 홀연 내 입에서 튀어나오는 바람에 내가 더 놀라고 말았다.

어떤 의미라고 확정된 게 아니라 뿌연 풍경이 통째로 파고들었기 때문일 것이다. 내가 “베키오!” 하고 말한 순간 내 몸속에 잠들어 있었다고 할지, 전혀 기억하지도 못하고 있던 5년 전의 소리와 풍경까지도 선명하게 되살아났다. 그것은 마치 내 입에서 나온 소리에 공명하여 불러일으켜진 것 같았다.

그라비나의 파라레 원은 젊은이, 할아버지 양쪽 다 한번쯤 볼 만한 가치가 있었다. 아무튼 그 모습은 말로 설명해봐야 상상이 잘 되지 않을 것이다. 난생 처음 본 그 장면에 넋이 나간 듯 내 안에 잠들어 있던 소리가 입을 통해서 밖으로 나왔고, 그 소리에 되살아난 듯 5년 전의 장면이 떠올랐다. 그 5년 전의 소리와 풍경에 공명해서 파라레의 원을 본 순간 ‘베키오’라는 단어가 끌려나온 것이다. 소리와 풍경이 만나 공명하는 것 같았다. 우리 인간이 언어를 어떤 식으로 받아들이고, 그것이 언제, 어떻게 끌려나오는 것인지 한 예를 체감한 사건이었다.

이런 체험이 처음은 아니었다. 이런 일도 있었다.

태국인 친구가 나를 만나러 와서 즐거운 시간을 보냈을 때도 똑같은 일이 있었다. 어느덧 친구가 돌아갈 시간이 되어 아쉬운 이별을 하는 순간 나는 이렇게 말했다.

"라폽간마이나카."

그러자 그 친구는 기쁜 듯이 내 손을 잡고 말했다.

"챠이카. 폽간마이나카. 사와디카!(응. 또 만나자. 안녕!)"

친구가 떠나고 나서야 '라폽간마이나카라는 말이 내 안에 자리 잡았다는 사실을 깨달았다. 그 순간 그 말과 내가 하나로 연결되었고, 다시는 그 말을 잊지 않았다.

그 말이 무슨 뜻인지 전혀 몰랐지만 테이프에 나왔던 구절이 분명하다고 생각했다. 스토리테이프의 마지막에 가면 홈스테이를 하러 미국에 갔던 여자아이가 귀국하면서 호스트패밀리와 헤어지는 장면이 있다. 하지만 이 '라폽간마이나카'라는 소리를 테이프에서 확실하게 알아들은 것은 아니었기 때문에 내 안에 이런 소리가 있다고는 생각지도 않았다. 무의식중에 멜로디와 리듬만을 기억하고 있었던 것 같다. 그래서 그런 태국어가 정말 존재하는지 확신은 없지만 분명 있을 것 같다.

그 구절은 태국으로 홈스테이 교류를 갔을 때 있었던 일을 떠올리게 했다. 홈스테이를 했던 히포 회원들은 마지막 날에 호스트패밀리를 초대해서 감사 파티를 열었다. 즐거웠던 파티의 마지막 코너로 참가자들이 모두 손에 손을 잡고 원을 만들며 '굿바이' 노래를 불렀다.

"라콘 라콘 툭 툭 콘
라콘 라콘 ~~~
라콘 라콘 라콘 라콘
툭 툭 콘…."

노래가 단순하기도 해서 연습 없이 그 자리에서 바로 다 함께 불렀다. 이 노래는 히포 회원 중 누군가가 영어 노래를 태국어로 바꿔 만든 곡이었다. 태국 사람들도 모르는 노래였지만 파티의 시작을 알리는 신호 같은 분위기여서 함께 부를 수 있었다.

'라콘(안녕)'과 '툭 툭 콘(여러분)'은 잘 알고 있는 말이어서 다들 큰소리로 노래했다. 그런데 사실 중간에 나오는 '~~~~(또 만나요)'라는 구절은 익숙하지가 않았다. 그래서 이 노래를 부르자고 제안한 회원을 제외하고는 거의 아무도 부르지 못했다. 잘 모르는 노래에다 연습 없이 그때 딱 한 번만 불렀기 때문에 그 구절이 무슨 뜻인지는 정확히 알지 못했다.

그런데 태국인 친구와 작별인사를 한 후에 잠들어 있던 예전의 기억이 서서히 떠오르는 것이었다. 마치 내가 이미 알고 있었던 것처럼 종소리가 울리듯이 갑자기 귀에서 그 낯선 구절이 정확하게 들려왔다. 그리고 그 노래를 부르던 히포 회원의 모습이 내 머릿속에서 재현되었다.

"라콘 라콘 툭 툭 콘
라콘 라콘 폽간마이…"

'폽간마이', 이것은 분명 '폽간마이나카'가 아닌가? 테이프 소리도 노래 소리도 정확하게 듣지 못했던 내 안에 그 소리는 뿌옇게만 존재했다. 아니 사실 그 소리나 풍경이 내 안에 있다는 사실조차 깨닫지 못했다. 하물며 태국인 친구와 헤어질 때 설마 내 입에서 튀어나올 줄 누가 알았을까? 테이프의 작별 장면에서 했던 그 구절과 '폽간마이'라고 불렀던 라콘 노래를 누구에게 확인해본 것도 아닌데, 그 순간 갑자기 확신이 생겼다. 소리와 의미가 연결되어 풍경이 내 안에서 확연히 모습을 드러낸 그 시간은 겨우 몇 초에 불과했다. 태국인 친구와 보낸 짧은 시간 동안 친구의 다정함을 느끼며 정말 즐겁고 감사하고 만나길 잘했다는 마음이 들었을 때, 스스로도 깨닫지 못한 채 몸속에 가라앉아 있었던 소리가 그 마음에 실려 흘러나온 것이다. 그것은 기분 좋은 마법과도 같았다.

생각지도 못했던 말이 꼭 끌려나온 것마냥 입에서 튀어나온다. 말한 본인도 무슨 말을 했는지조차 모르고, 왜, 지금, 이런 소리가 입에서 나왔는지조차 알지 못하는 상태이다. 하지만 상대의 반응을 보고 그 말이 통했다는 것을 배우게 된다.

'지금 내가 한 말은 이런 상황에서 하면 되는구나.'

물론 모든 소리에 항상 이렇게 극적인 일이 일어나는 것은 아니다. '어느새 나도 모르게' 소리를 받아들이거나 받아들였던 소리를 '어느새 나도 모르게' 소리가 작용하는 상황에서 사용하는 경우가 대부분이다. 하지만 때로는 이렇게 신기한 일이 생기곤 한다. 그러면 그 배경에 '어느새 나도 모르게'의 정체가 응축된 형태로 보이기 시작한다.

이탈리아에서도 이런 인상적인 장면이 몇 번이나 있었는데, 이런 일이 꼭 원어민을 대하면서 일어나는 것은 아니다. 그라비나로 가는 버스 안에서 함께 갔던 일본인 아키코의 한마디가 내게 똑같은 현상을 일으켰다.

그라비나에 도착할 때까지 버스는 아무것도 없는 자연 속을 달리다가 몇 개의 작은 마을을 이따금 빠져나갔다. 그때도 멀리서 작은 마을이 보이기 시작했다.

"앗, 마을이다!!"

5분이면 빠져나갈 것 같은 작은 마을뿐이었음에도 아무것도 없는 곳을 달리던 시간이 길어서 마을이 보인다는 것만으로도 뭐라 형언할 수 없을 만큼 기뻤다. 마을 입구 부근에는 대개 그 마을의 이름이 쓰여 있다.

그 마을의 이름을 보고 아키코가 불쑥 말했다.

"이 마을은 스피나치spinaci를 많이 딸 수 있나봐?"

"그런가?"

그렇게 대답하기는 했지만 사실 나는 스피나치가 뭔지 몰랐다.

'스피나치가 뭐지?'

라고 생각한 다음 순간 갑자기 깨달았다.

"뽀빠이와 올리브의 패밀리 이름이 '스피나치패밀리'였어! 그렇구나! 뽀빠이와 올리브라서 스피나치(시금치)였구나!"

나는 뽀빠이와 올리브라는 별명을 가진 부부를 잘 알고 지냈지만 그들이 주축이 된 패밀리의 이름은 정확히 알지 못했고, 모른다고 해서 곤란한 일도 없었다. 외우기도 어렵고 내가 모르는 소리로 되어 있다고 생각했던 것이다.

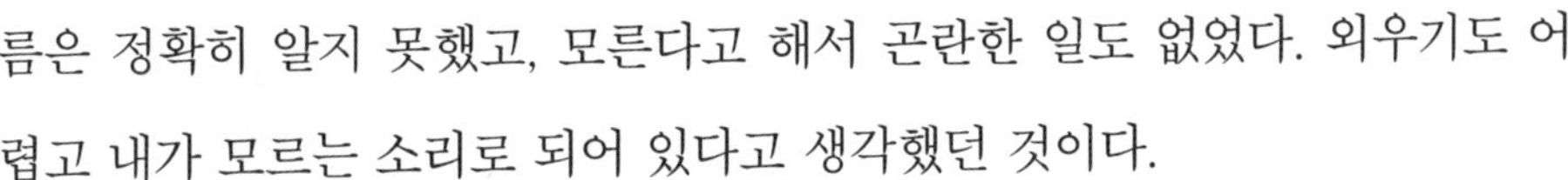

그런데 아키코가 무심히 내뱉은 스피나치라는 한마디에 그날 갑자기 그 말의 의미를 깨닫게 되었다.

이런 일이 한두 번만 일어나는 것이라면 꼭 여우에게 홀린 기분일 것이다. 하지만 이런 일은 반복적으로 일어나는데다 나뿐만 아니라 많은 사람들에게 일어나고 있는 현상이다. 그렇다면 단순히 우연일 리가 없다. 반복적으로 일어나는 현상에는 질서가 있을 것이고, 그것을 연구하고 기술하는 일이 자연과학이다. 나는 우리의 내부에서 일어나는 이런 현상을, 동료들과 함께 발견하는 것이 가장 즐거웠다. 그것이 바로 언어와 인간을 자연과학하는 것이기 때문이다.

이런 나에게 잊지 못할 이탈리아어의 기억이 한 가지 있다. 이것이야말로 '여우에 홀린 결정판'이라고 할 수 있다. 이 일은 내가 히포에서 이탈리아어 테이프를 듣기 시작한지 얼마 되지 않았을 때 겪었던 일이다. 나는 테이프의 소리를 알아듣고 노래하기 위해 노력하고 있었다.

어느 날 삼각 김밥을 한입 가득 배어 물은 순간 내 머릿속에 이런 구절이 울렸다.

"코메빠꾸라메네 잉그레제 "

처음에는 내 머리가 바보가 된 줄 알았다. '코메'는 일본어로 쌀을 뜻하고, '빠꾸'는 뭔가를 한입 가득 베어 물었을 때를 의미한다.

"설마! 쌀(코메)을 가득(빠꾸) 먹었으니, 코메빠꾸라고? 말도 안 돼!?"

이 말이 이탈리아어 스토리테이프의 구절이라는 것은 바로 알았다. 하지만 확신이 없었다. 왜냐하면 그 구절은 항상 '~~잉그레제'라고밖에 들리지 않았기 때문이다. 나는 달려가서 테이프를 돌려서 들어보았다.

"코메빠꾸라메네 잉그레제"

정말 그렇게 말하고 있었다. 도대체 이게 무슨 일이지? 쌀을 한입 가득 먹었으니 코메빠꾸라고!? 웃음이 터져나왔다. 나는 이 신기한 현상을 동료들에게도 알려주었고, 히포에서는 이것을 '코메빠꾸 현상'이라고 명명했다.

얼마 지나지 않아 '코메빠꾸라메네 잉그레제'는 '코메빠프라베네 잉그레제'라고 들리기 시작했고, 그 후 '코메 빠를라 베네 잉그레제Come parla bene inglese'라고 들리게 되었다.

코메빠구 현상은 이탈리아어 테이프를 듣기 시작한 지 얼마 되지 않았을 때 겪었던 일이다. 이탈리아에 갔었거나 이탈리아인을 만났거나 누군가 말하는 이탈리아어를 들었던 적이 없어도 이런 신기한 일은 일어났다. 이것은 몸속에서 언어가 끌려나오는 광경을 위해서 굳이 먼 곳까지 갈 필요가 없다는 사실을 보여준다.

통째로 말하다

젊은이들이 모인 그라비나의 파라레 원에서 나온 말 중에 스토리테이프의 한 구절이 있다.

"께 콤프지오네!(Che confusione, 잘 모르겠어)"

이탈리아어, 영어, 중국어, 일본어가 날아다니는 우리 원에서는 미레나가 이따금 그라비나 친구들에게 중국어로 말을 걸기도 하고 크게 웃으면서 즐거운 시간을 보냈다. 그때 나는 미레나의 모습을 보면서 이렇게 말하곤 했다.

"께 콤프지오네!"

그러면 상황에 딱 맞았는지 사람들에게 잘 받아들여졌다.

이 말은 일본의 히포 패밀리에서도 다른 의미가 담긴 소리였다.

어느 날 한 회원이 말했다.

"이탈리아어 테이프를 듣다 보면 '겍콘후지유네(결혼하면 자유가 없어)'라는 게 나와."

그러자 다른 사람이 이렇게 말했다.

"뭐? 나한테는 '겍콘시요오제(결혼하자)'라고 들렸는데…."

그 말을 한 회원들이 독신 남성들이었던 까닭에 이 일은 아버지 어머니 회원들을 중심으로 화제가 되었다. 그 구절은 내가 항상 흥얼거리는 장면에서 나오던 소리였는데, 나에게는 전혀 '겍콘'이라고 들리지 않았다. 내가 그렇게 말하자 그것이 또 화제가 되었다.

"하치는 정말…, 가망이 없구나."

아무 생각 없이 흥얼거리던 소리 '께 콤프지오네'는 그때부터 그 동료들의 얼굴이 떠오르는 재미있는 말이 되었다.

그렇게 즐기던 '께 콤프지오네'라는 소리는 그라비나에서 입 밖으로 나온 그 순간부터 '작용하는 언어'가 되었다.

처음 만나는 언어의 음성은 아무리 집중해서 들어도 전혀 파악되지 않는다. 그야말로 잘 안 들리는 것이다! 들리지 않는 그 음성은 당연히 의미도 알 수 없고 잡음처럼 느껴지기도 한다. 소리를 쫓으려고 하면 할수록 한쪽 귀에서 한쪽 귀로, 아니 머리 위로 슝 빠져나간다. 그래서 배경음악처럼 흘러나오게 하면서 듣는 방법이 바람직하다. 듣지 않는 것 같아도 몸속에서 소리가 익숙해지기 때문이다. 어느 나라 말이든 인간의 자연스러운 행동방식에 의해 만들어진 언어는 아름다운 질서를 가진 시스템이다. 몸속에 소리가 쌓인다는 것은 그 언어음군의 질서가 자기 안에 구축된다는 뜻이다.

하지만 그것은 눈에 보이지 않는 만큼 실감하기가 어렵다. 어떤 소리가 몸에 축적되어 있는지 내 속을 뒤집어 살펴볼 수도 없고, 더군다나 언제가 그 언어의 질서를 파악하고 있는 한창때라는 자각증상도 없을 것이다. 이런 상황에서 성인들은 불안함을 느낀다. 하지만 눈에 보이지 않아도 우리의 관점을 적용하면 볼 수 있다.

예를 들어 언어 테이프를 듣기 시작한 지 일정 시간이 지나면, 무슨 말을 하는지는 몰라도 어느 나라 말이라는 것 정도는 알게 된다.

이것은 음악을 많이 듣다 보면 모르는 곡이라고 해도, '이건 클래식, 이건 재즈, 이건 민요'라고 아는 것과 같은 이치이다. 이렇게 말하면 별로 대단치 않은 것이라고 생각할지도 모르지만, 사실은 대단하다. 클래식, 재즈, 민요와 각각에 관한 지식을 정확히 배운 사람이 아니어도 다양한 음악을 듣다 보면 어느새 그 음악들의 전체적인 특징, 즉 질서를 파악하게 되는 것이다. 문득 생각해보면 새삼 그 대단함이 느껴진다.

음악도 인간이 만들어낸 산물이다. 인간은 그 음악을 연주하기도 하고 듣기도 하면서 기쁨을 느낀다. 그것은 음악이 자연을 표현한 하나의 질서시스템이기 때문이다. 그 음악적 질서는 언뜻 어려운 수학과 비슷하지만, 일반 언어에 비하면 훨씬 간단하다.

노래를 배울 때도 보통 멜로디(음악)부터 흥얼거리지 가사(언어)부터 외우는 사람은 별로 없을 것이다. 요컨대 일반적으로 우리가 말하는 언어의 질서는 상당히 복잡하다는 뜻이다. 그런데 그 복잡한 언어의 질서를 아기들은 불과 3~4년이면 정확히 이해하게 되니 놀라울 따름이다.

아기들뿐만 아니다. 우리 성인이 어떤 음성을 듣고 '이건 ○○다!'라는 것을 아는 현상은 그 언어의 '특징', 즉 가장 큰 질서를 파악하고 있다는 뜻이다.

그 '특징'은 어미나 단 한 글자에 반영되어 있기도 하다. 한국어의 경우 '~다' '~요' '~까?'라는 어미는 일본어와 많이 비슷하게 느껴지지만, 태국어의 경우 '~까-' '~챠~' '~레오' 등의 어미는 부드러우면서도 이국적으로 들린다.

하지만 한마디씩 따로 발음 연습하는 것은 부분을 격리시키는 것과도 같아서 전체를 배경으로 하지 않는 부분은 의미를 갖지 않는다. 하나하나 따로따로 연습해서 연결해봐야 그 언어의 질서를 자기 안에 구축할 수 없기 때문이다. 어디까지나 그 언어 전체의 멜로디 안에서 들려오는 한마디를 자연스러운 형태로 받아들임으로써 질서가 되는 것이다. 언어 전체는 한음절 한음절의 부분으로 구성되어 있다. 따라서 한 구절, 좀 더 극단적으로 표현하자면 전체를 배경으로 삼아서 파악한 '한마디' 안에 그 언어의 전부가 담겨 있다고 할 수 있다.

우리가 평소에 듣고 있는 중국어는 소위 표준어로 알려진 푸퉁화나 베이징어이다. 그것을 듣다가 대만에 가면 같은 중국어인데도 다르게 들려 놀랄 것이다. 대만에서는 대만어, 객가어, 복건어 등 집집마다 다른 사투리를 쓰는데, 공통어는 베이징어이다. 하지만 대만에서 말하는 베이징어는 베이징의 베이징어와는 좀 다르다. 예를 들면 '나시시엠마?(그게 뭐야?)'는 '나스센모?', '하오치!(맛있다)'는 '하오츠!' 등 조금씩 다르게 들린다.

대만에서 홈스테이를 하는 동안 나의 베이징어는 보기 좋게 사투리화 된 대만의 베이징어가 되었다. 그것도 서서히 소리가 변한 것이 아니라, "나스센모?" 하고 자연스럽게 한마디가 나온 순간부터 순식간에 전체가 변화했다.

물론 그 이후 내가 말하는 베이징어가 다 그렇게 것은 아니다. 재미있는 것은 집에 와서 테이프를 들어보니 이전보다 베이징어를 확실하게 구분할 수 있었다는 점이다. 일주일간의 홈스테이를 보내고 온 나는 두 가지 베이징어를 구분해서 쓸 줄 아는 사람이 되어 있었다.

중국 사람에게 말할 때와 대만사람에게 말할 때 자연스럽게 소리가 달라진다. 하나의 소리가 바뀌면 모든 소리가 바뀐다. 이것은 라디오의 다이얼을 살짝 돌리면서 주파수를 잘 맞추려는 것과 비슷했다.

그런데 그 언어의 '특징'에 대한 실마리를 잡는 과정에서 이따금 드문드문 들려오는 소리가 있다. 그것은 자신이 이전에 갖고 있던 소리가 끌어당기는 것만 같다. 예를 들면 께콤프지오네 같이 일본인의 귀에는 일본어처럼 들리는 소리가 걸린다. 본래 그 말의 뜻과는 전혀 상관도 없고 언뜻 단순한 언어유희로밖에 보이지 않는 동료들과의 이런 대화는 소리를 받아들일 때 하나의 풍경이 된다. 누군가 그렇게 언급했던 부분이 갑자기 귀가 뜨인 것처럼 들리는 것이다.

그러면 어느새 그토록 들리지 않았던 테이프의 말을 통째로 흉내 낼 수 있게 된다. 그리고 들렸던 소리가 몸속에 파고들어 그 언어의 '특징'을 파악하게 된다. 이것이 흉내를 낼 수 있게 되는 프로세스이고, 그 계기는 바로 동료들과의 대화, 즉 그 풍경이다.

우리는 어미나 인상적인 소리, 누군가가 말했던 풍경이 떠오르면서 어느

덧 테이프의 말을 흉내 낼 수 있게 된다. 의미는 잘 알지 못해도 똑같이 따라할 수 있게 된다는 것은 기분 좋은 일이다. 동료들이 테이프의 말을 흉내 내는 것을 들어봐도 세밀한 소리까지 전부 다 정확히 말할 리는 없겠지만 테이프와 똑같다고 느끼는 경우가 있다. 특히 아이들이 그렇다.

반대로 세밀한 소리까지 정확하게 말하려고 하다가 그 언어의 본래 멜로디나 리듬을 놓치는 경우도 있다. 성인의 경우가 그렇다.

또 히포 패밀리에서는 노래를 하거나 춤을 추기도 하는데 어린 아이가 다른 사람의 흉내를 내는 모습은 상당히 귀엽다.

어린 아이들은 통째로 똑같이 흉내를 내기 때문에 이따금 재미있는 일이 일어난다. 예를 들어 내가 춤을 추다가 소매를 잠깐 걷어 올리면 아이들은 그것까지 따라한다. 전부 다 통째로 받아들이는 것이다. 이것은 언어를 자연스럽게 받아들일 때와 매우 유사한 모습이다. 언뜻 쓸데없어 보이는 것까지 통째로 받아들이는 데에 언어의 큰 비밀이 숨어 있는 것만 같다.

'시샤모 톳테(시샤모 돗테)'나 '께 콤프지오네(겍콘후지유네)' 같은 이탈리아어를 비롯해 내 안에 지금 있는 다양한 언어의 소리는 그 비밀로 가득하다. 그것은 동료들과 함께 발견하고 만들어간 풍경이며, 그 풍경은 곧 나의 언어를 탄생시킨다.

무엇이든 말할 수 있다

그라비나에서 보낸 즐거운 날들은 순식간에 지나갔다. 그동안 보러 간 곳이라고는 그라비나에서 가장 큰 카테도라레(로마의 교회를 떠올려서는 안 된다. 크다고는 해도 작은 교회이다), 작은 박물관, 그리고 동굴, 작은 공원 등 네 곳뿐이었고, 쇼핑을 가기는 했지만 가게 수도 적었고, 그라비나의 토산품이라고 해봐야 닭 모양의 흙 피리 '코라코라'뿐이었다. 그라비나는 정말 가족이나 친구들과 함께 느긋한 생활을 즐길 수 있는 곳이었다.

매일 오전 11시부터 점심시간이 될 때까지 2시간 정도는 외출을 했다. 모두 걸어서 금방 갈 수 있는 거리에 있고, 갈 곳이 네 군데밖에 없기 때문에 카테로라레 등은 처음에는 언니 안나와 함께, 그 다음에는 로미나 미레나들과 함께 두 번이나 갔었다. 하지만 볼 것은 별로 없기 때문에 관광이라기보다는 친구들과 함께 시간을 보내는 느낌이기도 했다. 어디에 가든 항상 사람들에게 둘러싸여 있었기 때문에 뭘 하거나 하지 않거나 똑같이 재미있었다.

사실 외출하는 것만큼이나 집에서 느긋하게 보내는 시간이 더 재미있었다. 맘마, 안나, 니에타, 로미, 그리고 이웃 아주머니에게까지 유카타를 입혀서 사진을 찍기도 하고, 아키코와 함께 일본음식을 만들어 파티를 열거나, 밤의 젊은이 라이프에 맞춰 낮잠을 자기도 하고, 맘마에게 마사지를 해드리기도 했다(맘마의 살에 파묻힌 내 손가락이 급소까지 닿지 못한 것은 유감이다).

그라비나에서는 남녀노소를 불문하고 카드게임을 자주 했다. 우리 집에서도 맘마가 집안일을 끝내면 혼자서도 했고, 오빠 프랑코는 친구들이나 니에타의 남편 마르코가 집에 오면 내기게임을 했다. 나도 프랑코와 로미, 맘마에게 배웠는데, 규칙이 어려워서 혼자 하는 게임만 할 수 있었다.

그밖에도 각종 테이블 게임을 하면서 노는 게 일반적인 듯했다. 덕분에 선물로 가져간 젠가나 흑발위기일발 게임은 인기폭발이었다. 함께 종이접기를 하거나 수첩에 한자와 가타카나로 가족이나 친척 이름을 써주기도 했다. 이름에 한자를 차용하는 것은 꽤 어려웠다. '로미나 라카푸라'는 '露美奈 羅香風羅', '프랑코'는 '不亂子' 등으로 지어서 뜻을 설명했다. 맘마의 이름은 '눈시아'였는데, 너무 어려워서 할 수 없이 눈은 태국어로 1이니까 '一知阿'로 쓰는 등 이상한 데서 다언어를 구사하기도 했다. 그 뜻은 '뭐든지 제일 잘 아는 사람'이라고 설명해주었다.

시간이 나면 로미에게 '히포란 무엇인가?'를 카드그림으로 연극을 해서 보여주고 트래칼리의 문자필드에서 하던 한자 인식 실험도 했다. 출발 전에 동료들이 준비해준 다양한 소품 덕분이었다. 이탈리아어로 히포에 대해서 설명한 적은 한번도 없었지만 로미에게 꼭 알려주고 싶어서 그림연극을 이용했다. 놀랍게도 나는 트래칼리 이야기를 하다가 어느새 《고사기의 암호》에 쓰여 있는 내용까지도 전달하고 있었다.

한자 인식 실험은 16종류의 한자를 로미에게 이탈리아어로 가르쳐주고 얼마쯤 시간이 지나면 무작위로 그 한자를 꺼내 보여주고는 읽을 때까지의 시간을 재는 게임이다. 예상대로 획수가 많고 어려운 한자일수록 빨리 읽을 수 있었고, 틀리는 데에도 질서가 보여서 재미있었다. '上' '下' 등은 비슷해서 틀리는 모습을 보여주었다.

게임에 나오는 한자의 이탈리아어를 내가 전부 알지 못했기 때문에 한자를 가르칠 때에도 재미있는 일이 있었다. 상하上下를 가르칠 때는 내가 알고 있는, 데스토라(destra, 오른쪽), 시니스토라(sinistra, 왼쪽)를 먼저 말한 다음에 위쪽과 아래쪽을 손가락질해서 전달했다. 그러면 로미는 이해하고,

"소프라(sopra, 위)! 소또(sotto, 아래)!"

라고 말했다. 그때 내 안에 있던 '소프라노메(sopranome, 별명)'라는 이탈리아어가 튀어나왔다.

"소프라노메의 소프라는 소프라(위)의 소프라야?"

내가 묻자 그렇다고 대답했다. 이유를 물어보니,

"베로노메(veronome, 본명), 소프라노메(sopranome, 별명)."

라고 동작으로 설명해주었다. 본명 위에 덧붙여진 이름이라는 설명인가? 이해한 동시에 감격했다. 그것은 내가 이탈리아어로 자기소개를 할 때 항상 하던 말이었기 때문이다.

"미 끼야모 리에 하츠시바. 소프라노메 하치!(Mi chiamo Rie Hatsyshuba, sopranome Hatchi)"

누군가 하던 자기소개를 흉내 내서 말했었다. 아무 생각 없이 별명을 말할 때 '소프라노메'라고 하면 되는구나 라고 생각했던 것뿐인데. 그 '소프라노메'의 정체를 이런 데서 알게 될 줄이야. 그리고 또 뭔가가 떠올랐다.

"혹시, 소프라노?"

"맞아, 가장 높은 목소리!"

로미가 대답했다. 패밀리 회원 중에서 이탈리아어로 자기소개를 할 때 소프라노 가수처럼 배 위로 손을 잡고 새된 소리를 내며 '소프라노메'라고 말하던 사람이 있었다. 물론 그는 '소프라노메'라는 소리가 '소프라노'와 비슷

하다면서 장난으로 한 행동이었을 뿐이다. 그런데 정확히 맞았던 것이다!

아무튼 나는 아기언어였던 이탈리아어로 히포에서부터 한자, 고사기의 이야기까지 설명할 수 있었다. 옛날의 나라면 이탈리아어로 할 수 있는 말이 무엇인지부터 생각했을 테고, 당연히 히포나 고사기에 대해서 설명할 단어를 모르니 아예 이탈리아어로 설명할 엄두가 나지 않았을 것이다. 하지만 지금의 나는 하고 싶은 말이 생기면 머리로 생각하기도 전에 말이 먼저 튀어나왔다. 그리고 로미가 친구에게 설명하는 말을 듣고, 내가 말하는 것이 전달되었다는 사실을 깨달았다.

나의 '그라씨에'

1998년 1월 1일을 나는 그라비나의 가족과 카운트다운을 하며 맞이했다. 그런 다음 이웃집으로 가서 문을 노크하고 이웃들과 함께 샴페인으로 건배하고 신년을 축하했다. 나는 이 새로운 해를, 이런 형태로 맞이했다는 것이 행복했다.

날이 밝아오자 이별의 아침이 찾아왔다. 불과 1주일 전에 불안한 마음으로 이곳에 도착했던 것이 거짓말 같았다. 이별이 슬퍼서가 아니라 감사의 마음이 가득해서 눈물이 흘러내렸다. 맘마와 로미와 끌어안고 손을 맞잡았을 때 내 입에서는,

"그라씨에! 그라씨에 로미."

라는 말밖에 나오지 않았다. 사전을 찾아보면 '고마워'라는 뜻이 나올 것이다. 하지만 나의 '그라씨에'에는 맘마나 로미, 가족과 친구들과 보냈던 그 일주일 동안의 사건이나 추억, 전하고 싶은 모든 것이 담겨 있었다. 그 말에 사

전적인 의미는 없었다.

'그라씨에'가 내 마음의 전부를 나타낸 말이라면, 나에 대한 가족의 마음을 느낀 것은 가족이 준 선물이었다.

헤어지기 전날 나는 가족에게 많은 선물을 받았다. 기뻐서 눈물이 났다. 많은 선물을 받아서 기뻐서가 아니었다. 그 선물 하나하나가 이 일주일 동안 가족과 내가 함께 보낸 시간을 나타내는 언어였기 때문이다. 내가 '맛있어'라든지, '귀여워'라든지 '어떻게 하는 거야?' 하고 말했던 것들이 전부 선물이 되어 있었다. 나를 잘 지켜보면서 내가 마음에 들어 한 것들을 선물해준 것이다.

에스프레소 머신에 커피가루, 또 그 커피가루를 넣는 캔, 이 캔은 외부에 달려 있는 다이얼을 돌리면 적당한 분량의 커피가루가 에스프레소 머신에 자동적으로 들어가는 구조로 되어 있다. 이 구조에 관심을 보였던 내 호기심을 가족들은 놓치지 않았던 것이다. 플랑코는 카드 게임을, 안나는 코라코라를 선물로 주었다. 닭 모양의 흙피리 코라코라는 엉덩이 부분에 입을 대고 불면 그 음색이 '코라코라'하고 들리는 데서 이름이 유래된 것 같다(물론 그런 말을 들은 적은 없다). 중국인 리가,

"왜 엉덩이에 대고 부는 거야? 냄새나게!"

하고 코를 틀어막는 포즈로 코라코라를 부는 모습에 우리는 박장대소했었다. 또 나는 로미나 미레나에게,

"일본에서는 아이를 야단칠 때 '코라코라(이녀석)' 하고 말해."

라고 가르쳐주기도 했다. 코라코라 하나에도 다양한 풍경이 담겨 있었다.

그리고 미레나의 가족과 우리 집에 표시한 그라비나 지도와 그 작은 박물관을 통째로 한권으로 정리한 멋진 책도 있었다.

산더미 같은 파스타와 브루스케터 용의 작은 러스크 모양의 빵. 밤에 간단한 식사에 나왔던 브루스케터는 단순하지만 맛있었다. 또 집이나 슈퍼마켓에는 엄청난 종류의 파스타가 있었는데 보기만 해도 행복해서 항상 바라보곤 했었다. 그밖에 선물로 받은 모든 물건에는 나에 대한 가족의, 가족에게 대한 나의 풍경이 깃들어 있었다.

"즐거웠어. 이걸 보고 우리를 생각해."

그런 말이 들리는 것 같았다.

"에스프레소를 내릴 때는 맘마, 안나, 플랑코, 로미의 이름을 부르면서 커피 캔의 다이얼을 돌릴게."

나는 기쁨의 눈물을 참으며 말했다.

가장 감격했던 선물은 맘마가 건네준 젤라또(gelato, 아이스크림)용 큰 타파였다. 젤라또일 리는 없었다. 열어보니 그 안에는 캔 같은 뽀모도로(pomodori, 토마토)가 들어 있었다. 남부 이탈리아의 요리에는 빼놓을 수 없는 뽀모도로. 처음에 맘마가 파스타소스 만드는 것을 도울 때,

"먹어도 돼요?"

라고 묻고는 요리에 사용하기 전에 생 뽀모도로를 맛본 적이 있었다.

"부오노! 모르토 부오노!(Buono! Molto buono, 맛있다! 정말 맛있어요!)"

그런 나를 보고 맘마는 물었다.

"일본에는 없니?"

"있어요. 보기에는 똑같은데 맛은 달라요. 여기가 훨씬 맛있어."

나는 그렇게 설명했다. 정말 맛이 달랐다. 그라비나의 뽀모도로는 맛이 진

하고 강했다.

그 후로 맘마는 요리로 사용하기 전에 항상 나에게 생 뽀모도로를 권했다. 그 뽀모도로를 갖고 돌아가라는 것이었다. '무겁다'든지 '식물'이라는 것은 내게 문제가 되지 않았다. 나는 그 마음이 감사해서 여행 가방에 넣었다. 그래서 내 여행 가방의 절반은 파스타와 뽀모도로로 채워졌다.

여기서 그치지 않았다. 로마와 일본까지 가려면 멀다면서 만다리나와 과자와 사탕 등 많은 음식을 만들어주었다. 이웃 아주머니도 손수 만든 와인과 쿠키, 파스타를 한아름 주었다. 무거운 여행 가방은 추억의 여행 가방이 되었다. 거기에는 가족과 내가 그 일주일 동안 함께 나누었던 모든 것이 담겨 있었다. 나는 가방이 무겁다고 불평하지 않았다.

1999년 6월 19일, 플랑코와 피나의 결혼식 날에 돌아오기로 약속한 채 마침내 나는 그 여행가방과 함께 그라비나를 뒤로했다.

"초대장 보낼게."

"꼭 와."

남부 이탈리아 땅의 외로운 시골 마을 그라비나는 나를 기다리는 가족과 친구들이 사는 소중한 고향이 되었다.

"이상해! 내 목소리가 목이 아닌 다른 데서 나와!"

1998년 1월 1일, 그라비나에서의 홈스테이를 마치고 로마에 돌아온 나는 오랜만에 각지에서 머무르다가 온 히포 동료들과 호텔에서 재회했다.

"챠오!"

나는 엉겁결에 이탈리아어로 인사했는데, 그 순간 한 번도 느껴본 적이 없는 이상한 경험을 했다.

"안녕 하치, 무사히 돌아왔구나. 동굴마을은 어땠어?"

걱정하던 동료들이 물었다.

"씨, 그라비나 벨리씨마!(Si, Gravina bellissima, 응 그라비나는 최고야!)"

이번에도 나는 이탈리아어로 대답했다. 역시 그랬다. 이탈리아어를 말할 때 내 목소리가 평소와는 다른 이상한 곳에서 나오고 있었다. 마치 소리가 입이 아닌 몸의 중심, 그랬다, 복부 근처에서 직접 튀어나오는 것 같았다.

일본어가 아닌 다른 언어를 말할 때 입에서 느껴지는 감각이 완전히 다르다고 생각한 적은 자주 있었다. 하지만 목소리가 몸의 어딘가에서 나온다고 느낀 것은 처음이었다. 게다가 목소리가 평소보다 크게 울렸다. 그라비나의 가족이나 친구들과 지낼 때에는 그런 것을 신경 쓰지 않았었다.

"내가 맘마나 로미와 똑같이 말하고 있어!!"

다음 순간 깨달았다. 그것은 마치 노래를 부르듯이 말한다고 생각했던 이탈리아 사람들의 이탈리아어였다. 이때부터 그 감각은 이탈리아어를 할 때마다 그라비나에서의 행복했던 하루하루와 가족들을 떠올리게 하는 데 충분했다.

나홋카를 발견하다

"그라비나도 나홋카였어!"

귀국한 나는 동료들에게 그렇게 말했다.

나홋카는 시베리아의 극동에 있는 작은 시골마을이다. 관광객도 없는 나홋카에 있는 것이라고는 풍요로운 자연과 따뜻한 사람들뿐이었다.

"나홋카는 나홋카였어!"

지금으로부터 약 7년 전, 러시아 홈스테이로 처음 방문한 나홋카에서 내가 체험한 것은 사람과 사람의 풍요로운 상호관계였다.

러시아어로 나홋카는 '캐낸 보물'을 의미한다.

물질적으로는 아무것도 없었던 나홋카에서 내가 마주한 것은 '언어와 인간'에 대한 경외심이었다. 사람과 사람이 마주한 가운데 언어가 탄생하고, 언어는 상호관계를 구축하는 존재라는 것을 실감했다.

아기 언어인 러시아어로 내 생각을 전달함으로써 나는 나홋카 가족의 일원이 되었다. 이때 나는 내 존재 자체가 온전한 언어라는 사실을 깨달았다. 내가 했던 행동은 전부 다 가족에게 전달하고 싶은 '언어'였다. 밥을 먹는 것도, 보드카를 마시는 것도, 설거지를 하는 것도, 노래를 부르는 것도, 전부 다 나의 '언어'였다.

일본에 돌아와서 동료들에게 나홋카에서 경험한 일에 대해서 발표했을 때 가장 기분 좋았던 점은 내가 자연스러운 러시아어로 가족에 대해서 말하고 있었다는 것이었다.

또 깨달은 것이 있었다. 그것은 나홋카의 언어를 내 안에 계속 발견하고 만들어나가는 프로세스가 바로 히포에서 추구하는 '다언어의 자연습득'의 본질적 의미라는 사실이었다.

학장님은 이렇게 말했다.

"'다언어의 자연습득'이란 단순히 많은 언어를 익히는 게 아니라 언어에 대한 사고방식의 전환을 뜻한다."

실제로 내가 나홋카에서 발견한 것은 내 안에 나홋카가 있다는 사실이었다.

미켈란젤로가 한 말이 떠오른다.

"이 대리석 안에는 아름다운 천사가 잠들어 있다. 나는 그 천사를 구해내야만 한다."

나는 나홋카, 그렇다, 내 안에도 아직 보지 못한 천사가 잠들어 있는 것이다. 새로운 언어를 접하고 새로운 사람을 만나며 새로운 나를 발견하는 여행, 그것이 다름 아닌 '다언어의 자연습득'이다.

아무 생각도 없이

히포에서 다양한 언어를 만날 때마다 처음에는 아무리 노력해도 내 안의 '어른'이 얼굴을 내밀곤 했다. 하지만 원래 문법을 따로 공부하는 것을 싫어해서 문법부터 보거나 남에게 배워서 말하게 된 언어는 하나도 없었다. 전혀 모르는 상황에서 테이프를 듣고 소리를 즐기고 여러 나라 사람을 만나면서 스스로 발견하곤 했다. 그래서 이것을 아무 의심 없이 '자연습득'이라고 생각했다.

중학교 1학년 때, 생전 처음 들은 한국어에 가슴이 설레었던 나는 아무런 망설임도 없이 한국어 공부에 푹 빠졌다. 항상 테이프를 들었고, 들리는 소리를 끊임없이 따라했다. 소리를 파악하자 그것이 일본어나 영어로는 어떤 뜻인지 빨리 알고 싶어서 더 열심히 테이프를 들었다. 뜻을 몰랐던 소리였는데 갑자기 의미를 알게 되는 것이 몹시 기뻤다. 그런 것들이 늘면서 조금씩 말이 가능하게 되는 것 같았다. 그 재미에 더 열심히 했다. 공부 자체는 하지 않았지만 무의식중에 소위 '쓸 수 있는 말'을 주워 담으려 했다.

그렇게 나는 한국어를 말할 수 있게 되었고 한국에 가족과 친구도 많이 생겼다. 한국은 내게 제2의 고향이 되었다.

이런 경험을 했으니 불어, 독일어도 가능할까? 나는 그것이 궁금했다. 과연 얼마나 많은 사람이 그렇게 할 수 있을까? 만약 말을 하지 못한다면 그 사람은 노력이 부족해서일까? 사람은 누구나 언어를 자연습득할 수 있다. 자연습득이라고 해서 아무것도 하지 않아도 된다고 생각하면 큰 착각이다. 그렇다고 개인의 노력의 결과도 아니다.

아기는 주변에서 들리는 말 중 쓸 수 있는 말을 받아들이려고 한다.

"한 번 더 아기 체험을 해보자."

러시아어 테이프가 새로 나왔을 때 나는 그렇게 각오를 다졌다. 아기들이 언어를 발견하는 과정에서 배우는 단어를 치환할 다른 언어를 갖고 있지 않나는 것을 깨달았기 때문이다. 어떤 언어든 누구나 습득할 수 있는 유일한 방법이 자연습득이다. 그것을 외국어로서가 아니라 모국어로 습득해보고 싶었다.

그래서 소리도 의미도 가능한 한정시키지 않고 둥실둥실 떠다니는 형태를 그대로 받아들이며 동료들과 즐겼다. 그렇게 들뜬 상태의 내 러시아어는 테이프의 스토리나 동료들의 얼굴과 재미있는 소리놀이, 그리고 나홋카에서 만났던 다정한 가족 등의 풍경을 통째로 그 배후에 있는 언어(러시아어)의 질서로 자신의 내부에 서서히 주입시켰다. 그래서 하고 싶은 말이 생기면 나는 머리로 고민하지 않고 입에서 바로 러시아어를 말하기 시작했던 것이다.

기기만엽필드 등이 거기에 해당되는 예였다. 나에게 수학, 물리 등의 이과는 상극이었기 때문이다. 수학과 물리는 파충류, 제트코스터에 견줄 만큼 내가 가장 싫어하는 과목이었다. 고등학생 때는 수학 시험에서 거의 매번 재시험을 받아야 할 정도였다. 모르니까 싫어하게 된다 → 싫어하니까 하지 않는다 → 안 하니까 점점 할 수 없게 된다 → 점점 더 싫어진다…. 이런 과정이었다.

“미적분 같은 거 할 줄 몰라도 사는 데 지장 없잖아. 이런 게 도대체 무슨 의미가 있다는 거야? 그리고 수학은 답이 하나로 정해져 있어서 재미도 없어! 나름대로 해석할 수 있는 여유를 원해.”

수학을 못하는 사람의 변명으로 들리겠지만 진심으로 그렇게 생각했다. 고등학교 2학년 이후로 수학을 하지 않아도 됐을 때는 정말 기뻤다.

"아, 이 영문도 알 수 없는 과목과는 평생 안녕이다!"

세상이 아름다워 보이기까지 했다.

트래칼리 4기생으로 입학해서 오래 다닌 만큼 나는 트래칼리의 강의나 필드에 이과 타입의 사람들이 많다는 것을 알고 있었다. 하지만 트래칼리에는 의무도 강제도 없었다.

“시니어펠로우 야마자키 씨의 강의는 칠판 전체가 수식의 광풍이어서 전혀 이해할 수 없지만, 반복적으로 가만히 듣다 보면 점점 이해가 돼. 히포의 테이프와 똑같아!”

1기생과 2기생들의 말에 나는 이렇게 생각했다.

“흠, 그럴지도.”

“수십 년쯤 지나면 나에게도 그런 일이 일어날지도 모르지(거의 믿지 않았다).”

“그래. 가만히 앉아 있기만 하면 된다는 거지? 그런데 트래칼리에는 그밖에도 할 게 많잖아?”

그리고 기기만엽필드 등을 즐기고 있었다.

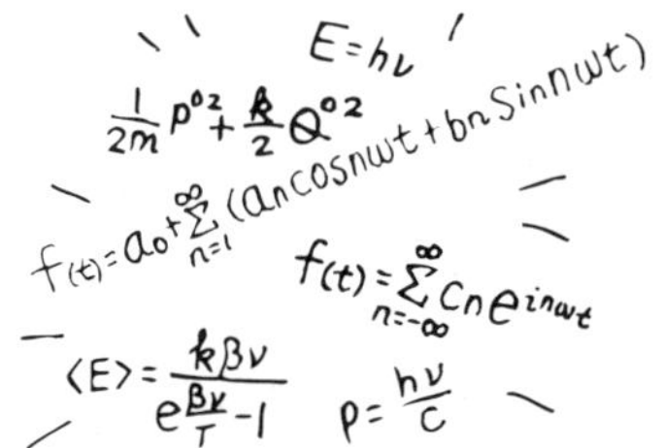

그로부터 반년 후, 그랬던 내게 말도 안 되는 일이 일어났다. 그것은 푸리에와의 만남이었다. 전년도부터 트래칼리에서는 음성 분석을 위해서 이용하는 푸리에 분석 수학을 하고 있었는데, 어느새 그것이 트래칼리 전체에 본격적으로 파고들게 된 것이다. 물론 트래칼리에는 ‘강요’가 없으니 억지로 해야 하는 것은 아니었다. 그래서 ‘난 하지 말아야지’라고 생각했었다. 정확히 말하자면 그런 생각조차 하지 않았다. 트래칼리에서는 푸리에를 푸리에 수학, 푸리에 전개 등의 항목 별로 그룹을 나누고, ‘푸리에 패밀리’가 그 성과를 히포 회원들에게 10주에 걸친 강의로 들려준다는 계획이 서 있었다. 내 주변에서도 조금씩 물들고 있었다.

“난 어디를 해볼까.”

“어느 그룹에 들어갈래?”

여전히 나는 방관자였다.

누가 어느 그룹에 들어갈지를 정하기 위한 입후보대회 전날 밤의 일이었다. 나는 동료들과 함께 트래칼리 학생들이 자주 가는 음식점에서 중화요리를 먹고 있었다. 그런데 어느새 술안주는 푸리에가 되어 있었다.

“난 푸리에 전개나 사영과 직교, 양쪽 다 하고 싶어서 망설이는 중이야.”

"복소수 표시는 어떤 느낌이야?"

"FFT법의 어딘가인데."

솔직히 놀랐다. 이 사람들은 도대체 뭐지? 마치 방영 중인 재미있는 드라마라도 되는 듯이 들떠서 수학을 화제로 삼고 있었다. 그런 분위기 속에서 나는 '좋은데?'라는 생각이 들기 시작했다. 그런 식으로 즐겁게 수학 이야기를 할 수 있다는 것이 놀라웠다.

그리고 다음날 푸리에 입후보 대회를 맞이하여 회원 모집이 있었다.

"푸리에 급수를 하고 싶은 사람?"

질문과 동시에 나는 머뭇머뭇 손을 들다가 힘껏 들어올렸다. 어차피 아무것도 모르니 일단 제일 처음부터 하기로 한 것이다. 나도 즐겁게 수학언어를 말하는 동료가 되고 싶었다.

그 순간부터 내 인생은 크게 달라졌다. 호들갑을 떨 일은 아니지만 그 일은 단순히 싫어하던 것을 극복했다는 정도의 변화가 아니었다. '언어와 인간'의 토대가 일대전환하면서 거기에 서 있는 나의 자세까지도 확 달라진 것이다.

낯선 수학의 세계로 발을 내디뎠을 때, 나는 두 팔을 높이 쳐들고 깊은 숨을 내쉬며 사람들 속으로 힘껏 다이빙했다. 동료들에게 할 수 있는 말이라고는 "잘 부탁해"가 전부였다.

그리고 나서 함께 입후보했던 동료들과 함께 책을 읽으면서 이야기하기 시작했다. 어느 때는 동료가 파동의 합이나 사인커브를 그리는 컴퓨터프로그램을 보여주면서 설명하기도 했다. 하지만 내 입에서는 '흐음~'이라는 말밖에 나오지 않았다. 내가 그것을 아는지 모르는지조차 알지 못했기 때문이다. '안다'는 것이 어떤 것인지조차 알지 못했던 것이다.

그러는 사이에 어느새 자신이 안 것을 사람들 앞에서 발표하는 '연습' 전날이 되었다.

"내일 사람들 앞에서 발표해야 하는데 못하겠어. 어떡하지…."

곤란해 하는 내게 1년 선배인 와키 언니가 조언해주었다.

"난 발표하기 전에 일단 노트에 써봐."

하지만 그 말조차도 나에게는 절망적으로 들렸다.

"난 대체 뭘 아는 게 있는지 아니면 역시 아무것도 모르는지조차 몰라. 그래서 노트에 쓰지도 못하겠어."

그러자 와키 언니는 이렇게 말했다.

"일단 책을 복사하는 셈치고 써보면 돼."

책을 복사해? 그런 거라면 할 수 있다고 생각해 그날 밤 노트를 펼쳤다. 책을 옮길 생각으로 쓰기 시작했지만, 막상 쓰기 시작하자 한 달 동안 사람들과 함께 이야기해온 것이나 여러 사람들이 이야기했던 말이 들려와 점점 펜이 날아갔다. 정신이 들고 보니 어느새 노트 2권 분량! 그것도 책과는 전혀 다른 '나만의 푸리에 급수'가 되어 있었다. 이 무렵 아직 히포에서는 언어를 '노래하는'(의미를 생각하지 않고 테이프 그대로 흉내 내서 말하는 것) 활동이 시작되지 않았었는데, 지금 생각해보면 이것이 나에게 '테이프의 소리와 내 말 사이에 경계가 없다'는 모국어 체험의 시작이었던 것 같다.

그리고 다음날 내 '연습' 시간이 찾아왔다. 아무리 전날 노트에 써봤다고는 해도 사람들 앞에서 발표하는 것은 또 다른 느낌이었다. 노트에는 책을 보고 썼을 뿐인지 내가 정말 알고 쓴 것인지 알 수가 없었다.

"오늘은 제가 24년 동안 살아오면서 난생 처음으로 수학에 대해서 말하는 날이에요."

가슴은 터질 것 같고 다리도 후들후들 떨렸지만 용기를 내어 사람들 앞에 나아가 말하기 시작했다. 그런데 다음 순간 봇물이 터진 것처럼 말이 쏟아져 나왔다. 그리고 내 언어가 사람들에게 통하고 있다는 것을 느꼈다. 그런 내 모습이 믿기지 않았지만 신경 쓸 새도 없이 푸리에 급수를 이야기했다. 가끔씩 노트를 흘낏흘낏 보면서 이야기를 끝까지 마치자 벌써 다섯 시간이나 지나 있었다. 그 후에도 다시 '푸리에 패밀리'에서 많은 사람들 앞에서 발표하기까지 했다.

이때 수학도 언어라는 사실을 실감했다. 사람들에게 많은 것을 받고 사람들과 함께 성취하게 된 푸리에는 나의 중요한, 기쁜 언어가 되었다.

나중에 트래칼리에서 양자역학을 계획했을 때도 아무런 망설임 없이 뛰어들었다. 양자역학도 분명히 할 수 있다고 확신했다. 왜냐하면 푸리에나 양자역학이나 나에게는 전혀 다를 바가 없었기 때문이다. 사람들 속에서라면 분명 할 수 있다는 것을 푸리에를 하면서 배웠다. 새로운 언어를 배울 때는 그 언어를 쓰는 다른 사람들에게 나를 오픈해야 나의 언어가 된다는 것도 알았다.

우리가 트래칼리에서 아무리 수식을 말한들, 새로운 환경에 스스로를 오픈하지 않는 한 자신의 언어가 되지 않는다. 나는 수식을 그 환경에 있는 사람들처럼 말하기 시작했고, 그것은 이제 나의 환경이 되었다.

히포에서 다양한 언어를 자연습득하는 데 가장 중요하게 여기는 것은 그 언어가 들리는 자연스러운 환경을 만드는 일이다. 우리는 매일의 일상 속에서 어디서든 기본적으로 이 언어들이 들리는 환경을 만들기 위해서 애썼다. 하지만 그것만으로는 충분하지 않다. 스스로 그 환경의 일부가 되려는 노력이 필요하다.

세상에는 수많은 언어가 공존하는 다언어국가가 숱하게 존재한다. 룩셈부르크에서는 대부분의 사람들이 룩셈부르크어, 영어, 독어, 불어 등 4개 언어를 말한다. 그런데 말레이시아에서는 말레이시아어, 영어, 힌두어, 중국어(베이징어, 복건어, 광둥어, 객가어) 등이 공존하고 있음에도 불구하고 그 언어를 전부 말할 수 있는 사람이 거의 없다고 한다. 말레이계, 인도계, 중국계 등의 민족이 각각 독립되어 있기 때문이다. 이것을 보면 한걸음 밖으로 나서기만 해도 다양한 언어가 들려오는 환경이라고 해도 다른 사람과 말하고 싶고, 그 사람이 하는 말에 집중하려는 마음이 없다면 말은 늘지 않는다는 사실을 알 수 있다. 다언어의 환경은 언어와 언어, 그 언어를 말하는 사람과 사람 사이에 차별이 사라지고, 어떤 말이든 똑같고, 다 같은 사람이라는 생각으로 마음을 열 때 구축될 것이다.

나는 푸리에나 양자역학의 모험 덕분에 사람들 속에서 수식을 말할 수 있게 되었다. 그것은 후일 내 러시아어의 모국어 체험의 기반이 된 것같다.

푸리에를 만나기 전의 내가 즐기던 기기만엽필드와 한국어 체험은 비슷했다. 내가 가진 한계점에서 최선을 다했다고 할까? 좀 더 자세히 말하자면 '내 세계 안에서 이루어진 언어'라고 할 수 있다.

그에 반해 러시아어는 푸리에나 양자역학을 할 수 있게 된 프로세스와 완전히 똑같았다. 알고 있는 언어가 전무했던 수학에서는 나를 통째로 드러내고 사람들 안으로 들어갈 수밖에 없었다. 그 속에서 조금씩 자연스럽게 언어를 배운 것이다. 그래서 나의 푸리에어나 양자역학어에는 많은 사람들의 얼굴이 보인다. 몇 개의 풍경이 떠오른다. 그리고 그런 즐거운 풍경이 입을 통해서 쏟아져 나온다.

사람들 속에서, 사람들에게 받아서 발견한 언어를, 들어주는 사람들에게 한껏 즐겁게 말한다. 몇몇 언어의 중복된 경험을 바탕으로 언어를 배울 때 어떻게 해야 하는지 느꼈던 그 감촉, 그 경험이 내 러시아어를 탄생시킨 것이다.

윤곽을 파악하다

몇 년 전, 교토 대학의 모리 시게후미 교수가 일본인으로서는 세 번째로 수학노벨상이라고 불리는 필즈상을 수상했다. 그 당시 미디어에 의하면 세상에서 오직 다섯 명만이 이해하는 수학이라고 한다.

'어떻게 뽑힌 거지? 그 다섯 명이 뽑은 건가?'

나는 의아한 생각이 들었다.

그런데 그때 우리 트래칼리에서의 반응은 이랬었다.

"시간만 있으면 우리도 분명 이해하게 될 거야."

얼마 후 트래칼리에서는 그에 관한 강의를 모리 교수님께 부탁하기로 했다.

강의에 초빙하기 위해 트래칼리에서 수학을 제일 잘 하는 현 군과 다이 씨, 그리고 교토에 산다는 이유로 트래칼리 졸업 후 간사이에서 코디네이터로 일하고 있던 준 군이 모리 교수님을 만나러 가기로 했다. 그 말을 듣고 수학을 못하는 나까지도 끼어들었다.

"나도 가고 싶어!"

예전의 내 모습을 생각한다면 믿기지 않는 상황이었다. 수학을 싫어하던 내가 수학자를 만나고 싶어 하다니! 하지만 나는 정말 모리 교수님을 만나도 싶었다. 모리 교수님을 만나서 내가 얼마나 수식을 잘 말할 수 있게 됐는지 말하고 싶었고, 모리 교수님이 발견한, 세상에서 다섯 명밖에 이해하지 못한다는 수학 이야기를 꼭 듣고 싶었다.

우리는 거의 압박에 가까운 형태로 연락을 넣고 교토 대학까지 찾아갔다. 교수님을 만난 우리는 히포와 트래칼리에 대해서 이야기하고, 어떻게 푸리에나 양자역학을 해냈는지를 전했다. 그리고 모리 교수님께 꼭 트래칼리에 방문해서 강의해주실 것을 부탁드렸다. 하지만 유감스럽게도 수상 때문에 바쁘기도 하고, 한동안 미국 쪽에 계셔야 했기 때문에 긍정적인 대답은 듣지 못했다.

그 대신 모리 교수님께서는 이렇게 권하셨다.

"다음 시간에 강의가 있는데, 괜찮다면 조금이라도 들어보겠나?"

유감스럽게도 우리가 도착하기 전에 강의가 시작되어 처음부터 들을 수는 없었다. 긴장하면서 강의실에 들어가 제일 뒷자리에 앉자 교실 안이 잘 보였다. 강의를 수강하는 사람은 스무 명 정도, 학생이라기보다는 대학원생이나 연구생, 교수까지 다양했다. 다들 수학자다운 풍모가 느껴지는 사람들뿐이었다. 여자는 나 혼자였다. 트래칼리에서는 침착하게 보이는 나도 여기서는 몹시 혼란스러웠다. 아무리 생각해도 잘못 온 것 같았다. 엄청나게 큰 칠판에는 수식이 한가득 쓰여 있었다. 그것도 숫자는 거의 없고 기호만 나열된 수식이었다.

그럼에도 나는 도망치고 싶어지지는 않을까 걱정했던 처음과는 달리, 오히려 전체의 상황을 즐기기까지 했다.

처음에 놀랐던 점은 다들 열심히 질문한다는 것이었다.

"히익! 질문하고 있어! 이런 걸 이해하는 사람이 있구나…!"

재미있는 것은 '예를 들어' '그래서'라고 말하면서 칠판에 쓸 때는 'for example'이라고 영어로 쓴다는 점이었다. 숫자가 거의 없는 수식 안에서 이렇게 영어로 된 연결어가 이따금 쓰이고 있었다.

그러는 가운데 차츰 몇 번씩 반복되는 소리가 들리기 시작했다.

"이 유리곡선을 연구하면…."

그런 멜로디가 머릿속을 흐르기 시작했을 무렵, 또다시 깜짝 놀란 일이 있었다. 청강하던 사람 중에는 일본인이 아닌 외국인이 있었는데, 그 사람이 영어로 질문하자 모리 교수님께서 영어로 대답했다. 그뿐만이 아니었다.

"일본어로 하면 명확하지 않으니 영어로 설명하죠."

영어로 강의하기 시작한 것이다. 그 순간 생각했다.

"대단하다! 단 한사람의 외국인 수강자를 위해서 영어로 강의하고 있어! 안 그래도 모르겠는데 영어로 하면 더 절망적이잖아…."

다른 사람들의 모습에는 전혀 동요가 보이지 않았다. 오히려 영어 강의를 들으면서도 태연하게 일본어로 질문하고 있었다.

"과연 교토대구나! 다들 영어도 잘하네."

이렇게 생각한 것도 잠시뿐이었다. 얼마 후부터는 그렇지 않다는 것을 깨달았기 때문이다(어쩌면 영어도 할 수 있을지도 모르지만…). 사실 영어든 일본어든 상관이 없었던 것이다. 대부분 수식이었고, '예를 들어' '그래서' '답은' 이런 부분만 바뀌었기 때문이다.

"수학은 정말 하나의 언어구나."

새삼 깨달았다.

모리 교수님은 조금 전 연구실에서 대화를 나누었을 때보다 훨씬 생기 있어 보였다. 정말 수학을 좋아하고 있구나! 모리 교수님의 강의를 들으면서 생각했다.

어느새 나 역시 교수님의 강의를 열중해서 듣고 있었다. 세밀한 부분은 이해할 수 없었지만 전체를 바라보면서 뭔가를 골똘히 생각하며 듣던 중 문득 깨달았다. 그것은,

"모리 교수님의 말씀은 혹시 이런 게 아닐까?"

라는 것이다.

"이런 게 아닐까? 분명…."

'혹시'라는 마음이 점점 강해졌다. 가슴이 두근두근 뛰고 더 이상 참을 수가 없어서 옆자리에 앉아 있던 현 군에게 물어보려 했다.

"저기, 혹시…."

"zzzzZZZ…."

이럴 수가! 현 군은 졸고 있었다.

"저기, 다이 씨 혹시 이건…."

"zzzzZZZ…."

반대쪽에 앉은 다이 씨도 완전히 잠에 빠져 있었다.

강의가 진행될수록 강의 내용이 무엇인지 내 안에서 확신에 가까운 느낌이 들었다. 물론 희미하게 이해하는 수준이었지만 말이다.

그렇게 나는 세 시간에 가까운 강의를 한잠도 자지 않고 몰입해서 들었다.

"아, 재미있었어!! 오늘 모리 교수님이 하신 말씀은 이런 애기지?"

강의가 끝난 후에 묻자 현 군이 마지못해 대답했다.

"응, 아마도."

"한 번 더 들으면 분명 이해할 수 있을 거야!"

나는 이렇게 생각했다. 한 번만 더, 이번에는 처음부터 듣고 싶었다. 모리 교수님의 전체 이야기를 듣는다면 아마도 모리 교수님이 처음에 말했을 그 한 마디를 찾을 수 있을 것 같았다. 예를 들어 '푸리에'로 말하자면 이런 식이다.

"오늘은 푸리에에 대해서 강의하죠. 푸리에란 '복잡한 파동은 단순한 파동의 합'이라는 뜻입니다. 그게 무슨 뜻인가 하면……………."

이날 나는 모리 교수님의 강의에서, '……………'라는 전체를 들으면서 강의의 '윤곽'을 파악하려 노력했다. '윤곽'이라고 하면 어쩐지 대충이고 불완전한 느낌이 들지만, 사전을 찾아보면 '사물의 본질'을 뜻한다. 세밀한 내용 하나하나를 천천히 듣고 한 번에 다 이해할 수는 없지만, 전체를 듣고 '이건 혹시 이런 게 아닐까?'라고 흐릿하게 파악한다. 즉 윤곽을 파악하는 것이다. 자세한 수식은 전혀 모르지만 무슨 말을 하고 있는지 윤곽을 이해하는 것이다. 이것은 내가 체험한 러시아어와 흡사했다.

'이해한다'는 것은 이런 것이었다. 덕분에 새로운 언어를 습득할 때 어떻게 해야 이해할 수 있는지를 깨닫게 되었다. 이것은 수학언어나 기기만엽어, DNA어, 다양한 언어를 배우면서, 그것을 말하는 많은 사람들 속에서 얻은 깨달음이다.

오카피에서 기린으로

"있잖아, 내가 하는 이탈리아어가 껑충한 것 같아."

그날 나는 히포 패밀리에 동료들이 모이자마자 그렇게 외쳤다! 모두들 무슨 일인가 의아해했다.

"하치의 병이 또 도졌군!"

"그래, 항상 갑작스럽지."

"뭐야? 껑충이라니?"

"그러니까! 내 이탈리아어가 오카피에서 기린이 됐다니까!"

"오카피에서 기린? 더 모르겠어."

"내 말은 언어는 조금씩 천천히 할 수 있게 되는 게 아니라, 껑충, 껑충 이루어지는 것 같다는 뜻이야!"

동료들은 웃으면서 고개만 갸웃거릴 뿐이었다.

"기린의 조상은 오카피라고 했잖아…."

나는 진화가 불연속이라는 설명을 하면서 지금 바야흐로 나의 이탈리아어에 그 일이 일어나고 있다고 설명했다.

그라비나에서의 홈스테이 보고를 즐겁게 들어주는 동료들이 있다. 그것은 그라비나에서 항상 가족과 친구들에게 둘러싸여 있을 때와 마찬가지로 기쁜 일이었다. 즐겁고 기쁘고 행복했던 그라비나 이야기는 끝이 없었다. 더구나 이번 이탈리아 교류에는 같은 패밀리나 지역에서 세 명의 회원이 동시에 참가했기 때문에 다들 앞다투어 말하곤 했다. 그리고 서로의 이야기를 듣고는 많은 추억을 떠올리고 자신의 체험이 점점 부풀어 올랐다.

지금까지 세 번 정도 동료들 앞에서 보고할 기회가 있었다. 그 교류의 전모를 다 말하려면 도대체 얼마만큼의 시간이 필요할까 싶을 만큼 하고 싶은 말이 산더미처럼 많았다. 그래서 매번 다른 이야기를 했다.

세 번째 보고할 때 나도 놀란 일이 있었다. 그때까지 했던 보고와 전혀 다른 내용이었는데 이탈리아어로 말한 것이다. 일본어로 말하던 부분을 이탈리아어로 바꿔서 이야기한 게 아니었다. 그렇게 이탈리아어를 말할 때마다 내 안에서는 껑충껑충 소리가 날아갈 것처럼 내 이탈리아어의 전체가 무섭도록 변화하고 있었다.

'천천히, 천천히!'

조바심이 날 정도였다.

매일 서서히 조금씩 변화하는 느낌이 아니라 어느 순간 갑자기, 쿵 소리를 내며 파동의 형태가 변하는 것 같았다.

DNA의 모험을 해온 나는 내 언어가 만들어지는 과정에서 '오카피에서 기린으로'와도 같은 변화를 느꼈다.

지금 내가 해온 DNA의 모험이 한 바퀴 순환해서 다시 새로운 계층으로 진입하는 것이 느껴진다. 앞으로 어떤 일이 일어날까? 더 이상 기다리고만 있을 수만은 없다는 생각이 든다.

마지막으로 지금까지 이 《DNA의 법칙》을 넘기며 우리와 함께 모험해온 여러분께 백지 한 장을 선물하고 싶다. 이 책을 덮고 그 페이지에 생각나는 대로 적어보자. 거기서부터 당신의 DNA의 모험이 새롭게 시작될 것이다.

MEMO

DNA의 모험이라는 모험

트랜스내셔널칼리지 오브 렉스 시니어펠로우, JT생명지연구관 부관장

나카무라 케이코

생각지도 못한 곳에서 트래칼리와 인연이 닿아 해마다 수차례 강의를 나간 지도 몇 년째이다. 언제부터인지 기억나지도 않을 만큼 트래칼리 학생들과의 만남은 이미 내 생활의 일부가 되어 있었다. 언어에 관해서 연구한다는 것 외에는 어떤 사람들이 모여서 무엇을 하는지 잘 모르는 단체였지만, 파장이 맞아서 기꺼이 동료가 되기로 결심했었다.

언어를 배우는 트래칼리에서 제일 먼저 손을 댄 자연과학 책이 '푸리에의 모험'이었고, 다음은 '양자역학의 모험'이었다. 외부에서 보면 무엇 때문에 무슨 일을 하는지 알 수 없겠지만, 여기에는 명확한 의미가 있었고 트래칼리가 아니었다면 할 수 없는 모험이었다. 공부한다는 것, 연구한다는 것은 이렇게 해야 한다는 생각이 들었다.

책을 제작하는 과정을 지켜본 입장에서, 다음에는 'DNA의 모험'을 해보는 게 어떨까 하는 생각이 든 것은 너무나도 자연스러운 일이었다. 그래서 그것을 굳이 분석하거나 설명하는 것도 이상하지만, 말로 설명하지 않으면 전달되지 않는 부

분도 있기에 간단하게 그 이야기를 해보려 한다.

첫 번째는 언어를 습득하기 위한 기본질문인 '인간이란 무엇인가?'를 생각할 때, 20세기 후반을 살아가는 우리 인간의 존재는 현대생물학의 지식을 논하지 않고는 생각할 수 없다. 다르게 표현한다면 현대 생물학에는 '인간이란 무엇인가?'를 연구할 수 있는 소재가 얼마든지 있다. 'DNA의 모험'이라는 캐치프레이즈를 걸고 생물의 세계, 세포나 생체분자 속으로 파고든다면 재미있는 소재를 발견할 수 있을 것이니 인간을 이해하기 위해서는 DNA의 모험을 꼭 해야 한다고 생각했다.

두 번째는 언어에 관심을 가진 히포 멤버가 DNA의 모험을 한다면, 단순히 생물학적으로 DNA를 연구하는 사람들과는 다른 것을 발견할지도 모른다는 기대심리도 있었다. DNA 자신, 정보 저장고, 발신의 장, 수용의 장이자 언어의 모습과 DNA의 모습을 나란히 생각하면 재미있을 것 같았다. 나는 생명지 연구에서 게놈(DNA의 총체) 안에 생명을 만들고 움직이게 하고 유지하게 만드는 데 필요한 정보가 얼마나 들어 있고, 어떤 식으로 사용되고 있는지, 그 안에 어떤 문법이 있는지 알고 싶었다. 그것이 인간의 언어와 직접적인 관계가 있는지는 확실하지 않지만 어쨌든 언어에 관심을 갖지 않을 수 없었다.

그래서 트래칼리 학생들의 모험에 참가하고 싶다는 기대감에 'DNA의 모험'을 제안하자 모두들 물통을 챙겨 들고 모자를 쓰고 밖으로 나섰다고 한다. 그로부터 벌써 6년이나 지났다니! 때로는 어디로 향하는지 몰라 불안해하면서도 모험을 계속했다. 그동안 읽은 원고를 쌓는다면 그야말로 방대한 양이 될 것이다.

이렇게 해서 DNA의 모험은 일단 완성되었지만 푸리에나 양자역학과는 큰 차이점이 있었다. 첫째 푸리에나 양자역학은 학문으로 완성되어 있었다. 푸리에, 보어, 하이젠베르크 등의 멋진 선배들이 닦아놓은 학문을 트래칼리 학생들이 나름대로 공부해가는 모험이었다. 하지만 분자생물학은 아직 완성되지 않은 학문이어서 알려지지 않은 것이 많았고, 질문을 해도 바로 답이 나오는 것도 아니었다. 따

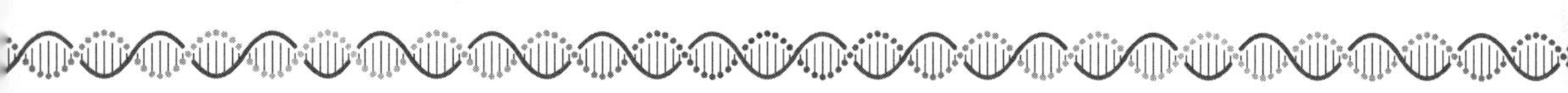

라서 여기서 말하는 것에 대해 짚고 넘어가야 할 것이 두 가지 있다. 하나는 현재 분자생물학에서 말하는 내용이 앞으로 학문이 발달하면 수정될 수도 있다는 점이다. 또 하나는 지금은 트래칼리에서 모두가 동의한 내용이지만, 앞으로 새로운 사실이 밝혀지면 어떻게 될지 알 수 없다는 점이다. 예를 들어 '진화' 부분을 보면, 지금도 나는 '힘내라 시게 씨'와는 조금 다른 생각을 갖고 있는데, 진화에 대해서 좀 더 많은 데이터가 나왔을 때 다시 살펴보면 좋을 것 같다.

마지막으로 푸리에나 양자역학의 모험과 달리 이 책에는 언어에 관한 체험담이 많이 나온다는 점이다. 이것은 앞에 쓴 것처럼 DNA와 언어에서 느껴지는 공통점 때문에 저도 모르게 비중이 커진 것 같다. 좁은 의미의 '학문'이라는 눈으로 보면 두 분야를 이렇게 뒤섞어도 괜찮은가 싶기도 하지만, 이것이 바로 트래칼리의 본 모습이라고 할 수 있다. 이만한 자유는 허용돼도 좋지 않을까?

이 정도면 잘 정리되었다는 생각이 든다. 특히 DNA 모형은 대단했다. 처음에는 어떻게 될지 걱정스러웠지만 방문할 때마다 훌륭해졌고, 큰 홈과 작은 홈이 정확히 표현되었을 때 모두들 DNA를 더 잘 이해하게 되었다.

조금 아슬아슬하게(모험이니까 당연하지만) 만나온 6년의 시간. 나에게 'DNA의 모험이라는 모험'은 매우 즐거운 여행이었기에 동료가 되어준 사카키바라 학장님을 비롯하여 트래칼리 전원에게 진심으로 감사의 말을 전하고 싶다.

그리고 모험은 앞으로도 계~속 될 것이다.

1998년 3월

에필로그

학장님의 꿈

물질·생명·인간(언어)을 관통하는 질서:

언어교류연구소 히포패밀리 클럽 대표이사
트랜스내셔널칼리지 오브 렉스 학장

사카키바라 요오

정월 어느 날이었다. 여섯 살, 네 살, 두 살 먹은 세 손자들이 TV 만화영화 프로그램에 폭 빠져서 정신없이 보고 있었다.

"저녁 먹어라."

하고 부르는 소리에도 뒤도 돌아보지도 않았다. 할 수 없이 나도 그 프로그램이 끝날 때까지 함께 보기로 하고 옆에 앉았다.

한동안 주의 깊게 듣다가 깜짝 놀랐다. 6살짜리 코오스케가 처음 들었을 법한 말이나 표현이 숱하게 나오고 있었다. 아이는 어떻게 이 프로그램을 즐길 수 있는 것일까? 마음을 빼앗긴 듯이 거기에 몰입하고 있는 코오스케의 얼굴을 한참을 바라보다 겐야와 쇼타에게로 시선을 옮겼다.

요즘 조금씩 말을 하기 시작한 네 살짜리 겐야와 더듬더듬 말을 떼기 시작한 2살짜리 쇼타. 녀석들 역시 눈도 깜빡이지 않고 같은 화면에 빠져 있었다. 그때 불현듯 이런 생각이 들었다. 이 아이들에게는 모르는 말이나 사정이 하나도 없구나! 각자가 이해하는 만큼의 상상력을 구사하며 부족함 없이 이 만화영화의 전체를 즐기고 있는 것 같았다.

나는 눈을 크게 뜨고 세 아이들을 번갈아 보면서 또 깨달음을 얻었다. 각각 두 살씩 나이 터울이 지니 체구도 상당히 차이가 난다. 하지만 코오스케도 겐야도 쇼타도 아무런 과부족이 없는 전체로서 각자 현재를 살고 있었다.

● 언어는 살아 있다

나는 오랫동안 언어는 살아 있다고 말해왔다. 만약 인간이 언어 없이도 살아갈 수 있는 존재였다면 언어는 발명되지 않았을 것이다. 개체(사람)와 개체(사람)를 이어주는 매개체 없이 살아갈 수 없는 생물이었기 때문에 언어가 발명되었던 것이다. 즉 언어란 인간이 살아가기 위한, 인간이라는 생물에게 특수화된 자연 기능의 일부로서 자연에 의해 창조된 것이 아닐까? 그렇다면 생물이 조직화되는 프로세스(발생)와 언어가 조직화되는 프로세스(말할 줄 알게 되는 것)에는 분명 일관된 자연의 논리가 존재할 것이다. 그리고 이것을 발견하는 것이 트래칼리에서 언어와 인간을 자연과학하는 목표이다.

인간의 정의는 단순하다. 사람은 누구나 주변 환경에서 들리는 말을 자연스럽게 할 수 있게 된다. 닐스 보어 식으로 말하자면, 인간은 살아남기 위해서 사람과 사람 사이에 둘러싸여 있는 언어망에 매달릴 수밖에 없는 생물이기 때문이다. 여기서 말하는 '자연스럽게 말할 수 있게 되는 것'의 그 '자연스럽게'가 무엇인지 밝히는 것이 언어의 자연과학일 것이다.

따로 공부하지 않아도 아기는 2~3살이 되면 말다운 말을 하게 된다. 그리고 어느새 순식간에 언어의 계단을 뛰어오른다. 아버지의 전근으로 가족과 함께 미국에 간 5~6세 아이들의 경우, 공원에서 미국인 친구들과 즐겁게 놀면서 빠르면 5~6개월, 늦어도 1년이면 완전한 영어를 말할 수 있게 된다.

성인의 경우에도 마찬가지이다. 특히 다언어가 날아다니는 인도나 아프리카 등에서 일본에 온 사람들은 순식간에 일본어를 유창하게 말한다.

"어떻게 한 거야?"

이 질문에 돌아오는 대답은 하나였다.

"몰라! 어느새 나도 모르게 그렇게 됐어."

이 공통적인 대답처럼 외부에서 아무리 아기를 관찰한들 아기의 내부에서 일어나는 드라마는 보이지 않는다.

● **아기가 되자!**

히포의 다언어활동은 1981년 '아기가 되자'는 슬로건으로 시작되었다. 대부분의 일본인들은 학교 교육으로 주입된 영어에 이미 선입견이 있고 녹이 슬어 있기 때문에 아기처럼 하기는 어려워 보였다. 그래서 영어 대신 우리가 익힌 첫 언어는 스페인어였다. 그런데 성인이 아기가 된다는 것이 쉬운 일은 아니었다. 지금까지의 언어관이나 사고방식, 외국어 교육의 상식 같은 것이 인간이 언어를 자연스럽게 익히는 길을 이중삼중으로 가로막고 있었다.

처음 스페인어를 들었을 때는 말이 너무 빨라서 흉내 내서 말하는 것 자체도 불가능하다고 생각했다. 그러자 마치 인력에 끌리기라도 한 듯 저도 모르게 스페인어 텍스트를 손에 들고 있었다. 그것을 펼치자 로마자가 있었다. 그 순간 읽을 수 있다는 착각에 안도의 한숨을 내쉬었다. 그런데 문자를 쫓기 시작하자 귀가 텅 비게 되었다. 문자를 보자 또 자석처럼 스페인어 사전에 손이 뻗어 있었다. 열심히 하면 하루에 20~30단어 정도는 사전을 찾아서 익힐 수 있을 것 같았다. 나름대로 스페인어 테이프도 듣고 있으니 스페인어를 자연습득하고 있는 것이라고 생각했다.

스페인어를 시작한 지 몇 개월 후에 한국어가 도입되었다. 하나만으로도 힘들어 죽겠는데 영어와 스페인어에 한국어라니! 스페인어의 성과도 확실하지 않은 마당에 도입된 한국어는 큰 물의를 빚었다. 지금까지 한국어는 그 방면의 전문가나 비즈니스 등으로 꼭 필요한 사람 이외에는 전혀 인연이 없는 언어였다. 하지만 나는 한국어를 빨리 도입하고 싶었다. 나의 논지는 이것이었다.

"한국어는 가장 가까운 이웃 나라의 언어이다. 우리는 지금까지 이웃나라 사람들을 이해하고 친구가 되려고 한 적이 있는가? 그 사람들의 언어에 귀를 기울인 적이 있는가? 가장 가까운 이웃 나라를 보고도 못 본 척 한다면 그 배후의 세계도 없을 것이다. 히포의 다언어활동을 통해서 언젠가 다양한 언어를 말하는 사람들을 만나게 될 것이다. 누구나 평등한 시선으로 서로를 바라볼 수 있는 동등한 인간으로 자라기를 바란다."

한국어의 세계는 기적의 영역이었다. 처음 들었을 때는 스페인어와 마찬가지로 너무 빨라서 전혀 흉내 낼 수가 없었다. 자동적으로 손이 텍스트로 갔는데, 스페인어보다 더 낯선 한국어 글자에 순간 머리가 새하얘졌다. 라면 부스러기 같은 글자가 나열되어 있었다. '한국어입문서'를 찾기 위해서 저도 모르게 서점으로 향하는 발걸음을 꾸욱 참았다. 우리의 목표인 언어의 자연습득 프로세스의 초기에는 글자도 사전도 존재하지 않았다는 것을 상기했기 때문이다.

글자와 사전으로 언어를 배운 후에 말하기 시작하는 아기는 없다. 미국의 공원에도 글자나 사전은 없다. 몇 달 만에 능숙하게 일본어를 말하게 된 케냐인 존 씨도 일본 글자는 전혀 읽을 줄 몰랐다. 하지만 글자나 사전이 없어도 정말 언어를 말할 수 있게 될까? 믿어지지 않았다.

그런데 글자를 단념한 순간 갑자기 입이 열리기 시작했다.

"면…은, 는…지, …다, …다."

말을 한다기보다 한국어의 멜로디를 노래한다고 표현하는 것이 적합한 것 같았다. '면'이나 '은'은 구절이 시작하는 첫단어의 끝소리, '기'나 '지'나 '다'는 문장이 끝나는 부분이었다. 우리는 이것이 리듬이라고 직감했다. 한국어에는 한국어 특유의 멜로디와 리듬이 있었다. 이 모습을 통해서 성인의 언어의 음성으로 전체적인 특징을 파악할 수 있는 것이 분명하다. 하지만 글자부터 보게 된다면 그러지 못할 것이다. 각각의 소리를 아무리 더하고 뺀다 해도 전체적인 특징은 절대로 보이지 않을 것이다.

● 언어는 음악

히포에서는 현재 14개 언어를 동시에 습득하는 활동을 하고 있다. 이렇게 해라, 저렇게 해라 지시하지는 않지만, 우리가 습득하고 있는 다양한 언어가 들리는 환경을 만들기 위해서 열심히 노력하고 있다. 처음에는 어느 나라 말인지 모르지만 몇 달쯤 지나면 누구나 그 말이 어느 나라 언어인지 정도는 알게 되고, 이것이 언어를 이해하는 첫걸음이다.

사람은 태어나면 누구나 그 환경에서 사용하는 말을 할 수 있게 된다. 이것은 즉 어떤 언어든 인간의 인식에 공통이 되는 보편적 기본 구조가 있음을 암시한다. 음성은 이 기본구조로 둘러싸인 다양한 무늬의 보자기 같은 각각의 언어가 독립된 공진, 공명음군이라고 생각할 수 있지 않을까? 즉 각 언어는 독특한 멜로디와 리듬을 가졌다고 할 수 있다. 각각의 음악 장르가 다르듯이 언어도 결코 섞이지 않는다.

일단 어느 나라 말인지 알게 되면 버스나 지하철에서 그 말이 조금씩 들리기만 해도 자기 안에 쌓여 있는 소리와 공진해서 프랑스인인지 한국인인지 직감적으로 알게 된다. 사소한 부분에서 각 언어의 전체적인 특징이 나타나기 때문이다.

어느 나라 말인지 구분하게 되면 어느새 입으로는 테이프에 나오는 말들을 조금씩 말하게 된다. 불쑥 말이 나오는 곳은 대부분 나보다 먼저 그 말을 하게 된 사람들이 말한 곳이다. 내가 하는 말은 모두 타인에게서 받은 것이기 때문이다. 말이 꽤 늘은 6살 코오스케도, 이제 막 말을 배우기 시작한 4살짜리 겐야도 분명 '내 말은 전부 주변 사람들에게 받은 거야'라고 말할 것이다. 그렇게 받은 언어로 자신을 발견하고, 자신을 둘러싼 세계를 발견해간다.

히포의 다언어활동 초기에 몇 년 동안 유행했던 말이 있다. '말을 하게 되는 사람과 못하게 되는 사람'이다. 우리는 조금씩 그 말의 뜻을 이해하기 시작했다. 제대로 말할 수 있게 된 후부터 말하려는 사람은 좀처럼 말을 하지 못하게 된다. 아기는 말을 노래하듯이 옹알거리다가 어느새 제대로 말할 수 있게 된다.

내가 조금씩 말할 수 있게 된 꽤 긴 한국어테이프의 한 구절을 누군가가 유창하게 노래했다. 그것을 두세 번 듣다 보니 어느 날 갑자기 그 구절 전체가 내 입에서도 튀어나왔다. 그 순간 나는 쾌감을 느꼈다. 자신만만하게 여기저기서 그 한 구절을 유창하게 노래하던 어느 날, 내가 무슨 말을 하고 있는지 거의 모른다는 사실을 자각하고 어이가 없었다. 의미 없는 음성의 나열. 저도 모르게 손이 사전으로 갔다. 하지만 나는 한글을 읽을 줄 몰랐다. 정말 이런 식으로 접근해도 괜찮은 것일까?

그해 여름이 지나고 홈스테이 그룹이 돌아왔다. 한 젊은 어머니 회원이 유창한 한국어로 말하는 홈스테이 보고를 듣고 있을 때였다. 어느 순간부터 갑자기 그 어머니 회원이 하는 말이 이해되기 시작했다. 긴 이야기 중간중간에 가로등을 하나 둘씩 켜듯이 세세히 듣는다면 전혀 못 알아듣겠지만, 그 회원이 무슨 말을 하는 것인지 대체적인 내용을 어렴풋이 알아들은 것이다.

내 몸속에 있는 한국어의 음성이 그 어머니 회원이 말하는 한국어 음성과 공명해서 불이 켜진 것이었다. 분명 아기가 이해하는 방식도 이런 식일 것이다. 그 순간 우리는 모국어를 유창하게 말하는 서너 살짜리 아기가 되었다.

● **한 어머니 회원의 이야기**

저는 3년 전에 히포에 가입했습니다. 다들 즐거워 보인다는 점과 유창하게 다언어로 말하게 된 딸의 생생한 모습을 목격하고, 나도 저렇게 되고 싶다는 부러운 마음으로 회원이 되었습니다. 처음에 다언어 테이프를 계속 틀어놓을 것과 패밀리(히포의 그룹 활동 장소)에 나가야 한다는 말을 들었습니다. 이유는 깊게 생각하지 않고 하라는 대로 해보려 했지만, 아이가 어려서 생각대로 패밀리에는 나갈 수가 없었습니다. 그래서 최소한 테이프만이라도 들으려고 집에서 계속 틀어놓았습니다.

1년이 지나자 테이프에 나오는 구절이 내 입에서 그대로 나왔습니다. 뭔가 변화가 일어나기 시작했다고 자각한 순간이었습니다. 어느새 테이프에 나오는 소리라면 할 줄 알게 된 부분도 조금씩 늘어났습니다. 그런데 한국어는 할 수 있었지만 뜻을 전혀 몰랐습니다. 올여름이면 2년째, 일단락을 지을 작정으로 딸과 한국으로 홈스테이를 가기로 결심했습니다.

인사와 자기소개가 내가 할 수 있는 전부라고 생각했습니다. 좋은 분들이었기 때문에 특별히 힘든 점은 없었지만 처음 이틀 동안은 언어의 세계는 완전히 안개 속 같았습니다. 사흘째 아침, 밥을 먹다가 어느 순간 한국어 호스트마마가 하는 말이 이해가 되면서 차츰차츰 마마가 하는 말을 알아듣기 시작했습니다. 그러자 내 입에서도 한국어가 튀어나왔습니다. 의미를 알 리 없는 음성이 잘 통하자 그것은 의미가 되었습니다. 그때부터 우리는 뭐든지 한국어로 말하기 시작했습니다. 이 홈스테이는 딸에게도 멋진 체험이 되었습니다.

이 체험을 패밀리에서 말했더니, 여기저기서 이야기해달라는 요청을 받곤 했습니다. 말을 할 때마다 한국어에 대한 이해도 깊어지는 것 같았고, 점점 편하게 말할 수 있게 되었습니다. 패밀리란 이런 곳이었군요. 이 체험을 통해서 말이 트이려면 가능한 테이프가 들리는 환경을 만들고, 그곳에서 발견한 음성을 주고받는 패밀리에 되도록 참가하는 것이 히포의 비결이라는 생각이 들었습니다.

이 이야기를 들은 순간, 나는 이것을 광합성이라고 생각했다. 식물은 빛을 받으면 에너지로 바꾸어 성장한다. 엽록체를 인간이 자연에서 부여받은 언어 능력으로 비유한다면, 빛은 그 음성이 들리는 환경이고, 물과 이산화탄소는 그 음성이 날아다니는 환경인 것이다.

성인 교류참가자의 입에서도 매번 나오는 이구동성의 말이 있다. 의미란 입에서 멋대로 음성이 튀어나오고, 그것이 잘 통하는(작용하는) 것을 가리킨다.

말을 하기 시작한 어린아이는 새로운 말을 한다. 이 아이는 과연 머릿속의 사전을 찾고 있는 것일까? 자기 안에 쌓여 있던 음성이 그 순간 공진해서 반사적으로 튀어나오는 것이 아닐까? 그 음성의 작용이 의미인 것이다. 아기의 이런 능력에 놀랄 필요는 없다. 사실 성인도 그랬었다. 짧은 기간 동안 습득한 일본어를 능숙하게 말하는 케냐인 존 씨에게 일일이 뜻을 가르쳐주는 친구는 없었을 것이다.

● 환경은 언제나 전체

언어가 날아다니는 환경의 전체성에 관해서 생각해보자.

미국의 공원에서 뛰어노는 아이들. 그곳에 레슨1, 레슨2… 같은 방식의 단계적인 코너가 있을까? 발음 훈련을 하는 코너는 어떨까? 일일이 단어 뜻을 가르쳐주는 친구는 있을까? 무엇보다 친구 역시 일본어를 전혀 모를 것이다. 그 단어의 나열 방법이나 문법 같은 것을 가르쳐주는 선생님이 공원에는 전혀 없다. 일본에서 온 꼬마들을 둘러싸고 있는 것은 재미있는 친구들이다. 하지만 그 친구들은 완전한 영어를 봐주는 법 없이 빠르게 말한다. 그곳에 있는 것은 아무런 과부족도 없는 영어의 전체 세계(환경)이다.

일본에서 온 아이들 역시 언어의 차이는 의식도 하지 않는다. 즐겁게 놀면서 그 말을 과부족 없는 대략적인 전체에서부터, 날이 갈수록 또 과부족 없이 확실하게 세부적인 전체로, 자연이 정한 프로세스대로 파악해간다. 그리고 어떤 아이든 반년에서 일 년이면 소위 완전한 영어 스피커가 된다. 하지만 이 표현은 바르지 않다고 생각한다. 미국의 공원에서 즐겁게 놀기 시작한 그날부터, 영어의 세계에서 살기 시작한 그날부터 완전한 영어의 세계에 사는 주민이 되어 있기 때문이다.

아기는 태어난 순간부터 어머니를 비롯한 주변의 어른들, 형들, 누나들이 쏟아내는 말을 듣는다. 아기가 탄생한 그 순간부터 그곳에는 새로운 언어의 장이 창조된 것이다. 아기도 그 환경에 없어서는 안 되는 어엿한 구성원이다. 언어를 하나하나 인위적인 커리큘럼대로 가르쳐주는 어머니는 본적이 없다. 아이가 한 살 반쯤이 되면 '우리 아이가 요즘 말을 하기 시작했어'라는 말을 흔히 한다. 외부에서 보면 그럴 것이다. 하지만 인간이라면 누구나 태어난 그날부터, 그 과부족이 없는 언어세계에서 살기 시작하고, 그곳에서 말하기 시작하는 언어를 대략적인, 이라고 해도 매순간 과부족이 없는 전체로 받아들인다. 그리고 서너 살이 되면 누구나 제대로 말하게 된다.

"언제부터 그렇게 한국어를 잘 하게 됐어요?"

이 질문에 그 어머니 회원은 느긋하게 말했다.

"한국어를 듣기 시작한 그날부터죠!"

● 외부에서 내부로

지금까지의 언어관에서 첫 번째 걸림돌은 언어를 어떤 대상으로 외부에서 기술하려고 한 데 있었다. 각 언어를 외부에서 분석하고 분류하는 일은 가능하다. 그런 방식으로 언어를 음운론, 의미론, 문법론 등으로 분석하고 분류한 것이 언어학이다. 그 사고방식을 바탕으로 현대의 외국어교육의 기본형태가 만들어지지 않았는가! 하지만 부분을 쌓으면 전체가 될 것이라는 이 접근법이야말로 지금까지의 모든 언어연구, 교육의 방향성을 그르친 주범이었다.

발음훈련, 단어 뜻(사전), 문법 공부가 각각 분리되어 추상화된 언어공간은 어디에도 존재하지 않는다. 실제 세계에서는 그 구성 요소 전부가 공진, 공명하고, 혼연일체된 전체를 통해 언어가 실현된다. 그 전체가 대략적인 것에서부터 세부적으로 질서정연하게 나타나는 것이 자연의 이치였다. 그 과정의 어느 단계에서도, 그때그때 지금의 전체와 비교해도 아무런 과부족이 없는 전체였다. 이것이 언어가 살아 있다고 주장한 내용이다.

뉴욕주립대학교에서 어학교수 20여 명을 앞에 두고 히포 회원 몇 명이 십수 개 언어로 프레젠테이션을 했을 때의 일이다. 한 교수가 이렇게 물었다.

"당신들은 어떻게 모국어처럼 몇 개 국어를 할 수 있는 겁니까? 어째서 문법도 거의 틀리지 않고 말하는 거죠?"

그 질문에 히포 회원이 대답했다.

"저는 문법을 공부한 적이 전혀 없기 때문에 맞는지 틀렸는지 모릅니다."

일본어를 말하기 시작한 서너 살짜리 아이에게, 또 미국의 공원에서 몇 개월 만에 자연스럽게 영어를 말하기 시작한 대여섯 살짜리 아이에게 똑같은 질문을 한다면 어떤 대답이 나올까?

"너는 어쩜 그렇게 발음도 좋고, 문법도 전혀 안 틀리는 거니?"

과연 이런 질문이 성립될 수 있을까?

모든 언어는 발음, 의미, 문법이 통합된 독자적인 공진, 공명음군이며 전체이다. 그것은 자연의 방식이고, 대략적인 데서부터 세부로 접근하는 자연의 프로세스에는 기본적으로 오차가 개입될 여지가 없다.

● **자연스럽게**

아인슈타인은 이렇게 말했다.

"자연과학의 목표는 자연이 어떻게 존재하는지 기술하는 것이 아니라, 자연이 어떻게 행동하고 움직이는지를 기술하는 것이다."

이 말은 자연을 기술하고 싶다면 각각의 현상 안에서 전체와의 연관성을 발견해야 한다는 뜻일 것이다.

히포의 프로그램을 통해서 말하는 법을 배운 언어의 문자를 읽고 쓰기 시작한 성인도 속속들이 생겨나고 있다. 테이프의 스토리를 거의 똑같이 말할 수 있게 된 성인이 그 언어의 텍스트를 큰 소리로 읊다 보면 어느새 읽을 수 있게 된다고 한다. 소리를 들을 수 있다면 문자도 읽을 수 있는 것이다. 문자도 자연의 내부인 언어의 산물이다. 문자를 읽게 되면 언어활동의 영역이 비약적으로 확대된다는 것은 의심할 여지가 없다. 일부 히포의 성인들은 문자를 읽게 되면 사전을 찾기도 한다.

어느 날 일본어가 유창한 미국인이 나에게 일본어로 물었다.

"운하가 무슨 뜻인가요…?"

"커널canal이야."

나는 반사적으로 영어로 대답했다.

이때 그 '커널'이라는 영어 음성은 분명 미국 청년의 머릿속에서 공진하는 다양한 이미지를 환기시키면서 무의식의 영역에까지 뻗어나갔을 것이다.

"'커널'이 운하군요."

운하라는 음성이 일본어라는 공진, 공명음군 속에 흡수되어 간다. 의미는 전체와의 연관 속에서 비로소 모습을 나타내기 때문이다.

● 내부에 있는 아기와의 만남

히포의 지난 역사는 성인이 자기 안에 살고 있는 아기와의 만남의 여정이기도 하다.

종래의 언어관에서 벗어나 이런 획기적인 방법으로 언어를 습득한다는 것이 쉬운 일은 아니었다. 가르치는 사람도 없고 공부도 하지 않고 문자를 읽지 않고 사전을 찾지 않고도 정말 언어를 배울 수 있는 것일까? 히포 사람들은 천천히 그 속박을 하나하나 풀어나가며 자연스럽게 언어를 배우는 여정을 걸어왔다. 이 길은 누구에게서나 일어나는 과정을 발견하는 여정이었다.

"이거라면 아기도 할 수 있어."

그것이 자기 안에 존재하는 아기와의 만남이었다.

이를 통해서 우리는 아프리카나 인도 등 소위 다언어사회의 사람들이 짧은 시간 동안 새로운 언어를 말할 수 있는 비밀도 엿볼 수 있었다. 아프리카에는 2500개 이상의 부족어가 있고, 인도 또한 1000개 이상의 언어를 사용한다고 한다. 개중에는 방언처럼 서로 연관성이 깊은 언어도 있겠지만, 계통이 전혀 다른 언어도 무수하게 존재한다. 이런 곳에서는 일상에서 들리는 말을 누구나 10~20개 정도는 할 수 있고, 처음 듣는 언어를 바로 말하는 경우도 흔하다고 한다. 이들은 함께 일을 하거나 살아가면서 서로의 언어를 큰 어려움 없이 소통할 수 있게 된다는 것을 몸으로 알고 있다. 대부분의 부족어들은 문자가 없다. 그러니 사전이 있을 리가 없다. 그들에게는 일본에 와서 처음 접하는 일본어도, 아프리카에서 만나는 미지의 언어와 크게 다를 바가 없는 셈이다.

앞에서 여러 번 언급했지만, 인간의 정의는 인간으로 태어난 이상 누구나 그 환경에서 사용하는 언어를 말할 수 있게 된다. 하지만 그 전제는 자연의 여정으로 한정되어 있다. 자연의 여정이란 아기의 방법으로 한다는 뜻이다. 다언어사회의 인간이란 내부에 아기가 계속 살면서 호기심 가득한 눈을 반짝반짝 빛내고 있는 사람들을 말하는 것이었다.

히포의 활동은 어른들 속에 살고 있는 아기에게 자각을 하게 만드는 것이었다. 시행착오를 거치며 어떻게든 부자연의 허들을 넘어 자연으로 돌아가는 여행이었다. 현재 히포에서는 14개 언어활동을 하고 있다. 스페인어, 한국어, 영어, 일본어, 독일어, 중국어, 프랑스어 등의 7개 언어에, 이탈리아어, 러시아어, 태국어, 말레이시아어, 포르투갈어, 인도네시아어, 광저우어가 더해져 14개 언어이다.

그 부자연의 허들을 차례차례 넘어서 자연으로 회귀하고 있는 사람들이 있다. 자신의 체험을 말하는 사람마다 새로 태어난 것 같다고 할 정도였다. 그 사람들은 새로운 언어가 발표되면, 반년 아니 3개월만 지나면 그 언어로 말하기 시작한다. 어른이 자기 안의 아기를 발견했을 때, 아기의 내부에서는 놀라울 정도로 감동적인 드라마가 보이기 시작한다.

● 집중력

6살 코오스케에게 최근 있었던 사건 하나를 소개한다. 작년 어느 날 코오스케가 이상하게 생긴 조그만 캐릭터 인형을 들고 와서 보여주었다.

나 그게 뭐냐?

코오스케 포켓몬이야.

나 그게 포켓몬이니?

코오스케 응

그 말을 듣자 작년 가을, 신문과 TV에서 화제가 되었던 사건이 떠올랐다. 아이들에게 폭발적인 인기를 끌었던 TV 만화영화에서 일어난 사건이었다. 아이들을 홀리기 위해서 고도의 기술로 빛을 점멸시키거나 색을 교차시키는 기술을 사용해 방송했었던 듯한데, 그것을 보던 아이들 수십 명이 기절하거나 병이 나서 병원에 다닌다는 내용이었다. 그 만화영화가 바로 포켓몬이었다.

나 코오스케도 포켓몬을 보니?

코오스케 응, 나 포켓몬 엄청 좋아해요.

나 그런데 얼마 전에 보니 사람들이 머리가 아프거나 몸이 아파서 병원에 갔다던데, 알고 있니?

코오스케 알아요.

나 그럼, 이제 보지 않는 게 좋지 않겠니?

코오스케 괜찮아요, 난 집중력이 없으니까.

나는 말문이 막혔다.

집중력. 여섯 살짜리가 하기에는 어른스러운 말이었다. 한자문화권인 일본의 성인이라면 그 말을 듣는 순간 반사적으로 집중이라는 한자를 떠올릴 것이다. 코오스케는 아직 한자를 읽을 줄 모른다. 코오스케는 이 집중력이라는 발음을 얼마나 들었기에 말할 수 있는 것일까? 어쩌면 사건 당시 부모가 이런 대화를 했을 수도 있다.

아버지 코오스케는 괜찮으려나?

어머니 괜찮을 거야, 코오스케는 집중력이 없으니까.

어느 날 코오스케의 아버지가 물었다고 한다.

아버지 코오스케, 집중력이 없다는 게 무슨 뜻이니…?

그러자 잠시 생각하더니 이렇게 대답했다.

코오스케 제대로 하지 않는다는 뜻이잖아.

우리가 일일이 깨닫지를 못했을 뿐 어린이들에게 이런 일은 시시각각 일어나고 있다. 머릿속에서 언어의 보편적 기초구조가 완성되면 주변에서 들었던 음성을 단번에 흡수해서 적절한 상황에서 끌려나와 작용함으로써 대략적인 뜻을 발견하게 된다.

해외 홈스테이를 체험하고 온 성인 참가자들도 같은 말을 하고 있다. 처음 듣는 음성인데도 어느 순간부터 무의식중에 그 말을 사용하고 있고, 어느새 조금씩 말을 할 수 있게 된다는 것이다.

● **푸리에 급수**

그때였다. 내 머릿속에 굉음이 울리는 것 같았다. 각각 현재의 전체를 기술하는 수학의 존재가 떠오른 것이다. 푸리에 급수였다.

나는 강의를 할 때 대략적인 전체에서 단계를 밟고 세부적인 전체에 이르는 언어의 자연습득 모델을 다음과 같은 그림을 그리며 설명하곤 했다.

그림 A: 모든 단계마다 우리는 그때그때의 전체를 경험한다

손자에게서 보이는 언어 성장을 예로 들어 언어를 파동으로 나타내자 언어습득의 프로세스는 세세한 곳에서 더 복잡해지는 파동의 모습을 보이는 것 같았다. 언제나 흐릿하게 '이건 푸리에 급수 같은데'라고 생각했던 것을 그 순간 분명하게 확신했다.

푸리에 급수의 핵심을 간단히 말하면 다음과 같다. 아무리 복잡한 파동도 반복적인 파동이라면 단순한 sin파, cos파의 진동수 정수배의 파동의 합으로 이루어져 있다. 같은 말이지만 아무리 복잡한 파동이라고 해도 그 구성 요소인 단순한 sin파, cos파의 정수배의 파동을 더하다 보면 한없이 복잡한 그 파동에 가까워진다. 또한 수학적으로는 복잡한 파동의 구성 요소인 sin파와 cos파의 정수배의 파동 하나하나를 유도해낼 수도 있다.

나는 지금까지 각 언어의 음성을 각 언어 특유의 공진, 공명음군이라고 표현해왔다. 여기서 말하는 공진, 공명은 푸리에 수학에서 말하는 정수배와 같은 값일 것이다. 정수배의 파동이 아니라면 전체의 파동 속에 포함될 수 없다. 즉 공진공명할 수 없다.

또 푸리에 급수는 수학적으로는 직교하는 무한차원의 벡터로 표현할 수 있다. 우리가 공간을 이미지화 할 때는 보통 90°로 직교하는 3차원공간까지의 개념이다. 여기에 시간축을 하나 더 넣으려고 해도 어디에 넣어야 하는지는 알 수 없다. 그런데 수학적으로 직교한다는 개념을 정의한다면 무한의 대칭축을 가진 공간으로 기술할 수 있다고 한다. 그것이 '힐베르트 공간'이다.

각 차원은 플러스 무한대에서 마이너스 무한대까지의 공간에서 이루어진다. 플러스와 마이너스. 나는 인식의 측면에서 이것을 대칭축이라고 직감했다. 푸리에 급수는 무한대칭축군인 것이다.

DNA의 이중나선 구조를 발견한 왓슨의 목소리가 들리는 듯하다.

"자연은 쌍을 이루고 있다."

여기서 그치지 않고 나는 그것이 공진, 공명음군의 이미지, 또 그것이 실현하는 의미 공간의 이미지라고 직감했다. 소리를 식별하거나 의미를 발견한다는 것은 모두 그 양자 사이에 대칭축을 넣는 것이라고 생각한 것이다.

일본의 아기는 일본어라는 공진, 공명음군의 복잡한 파동이 반복적으로 밀려오는 공간에서 태어난다. 그 복잡한 파동의 구성요소인 단순한 sin파와 cos파의 정수배의 파동을 한 줄씩 더하면서 그 복잡한 파동에 다가가고 있는 것이다.

● 언어와 DNA

그때 나는 DNA도 또 다른 푸리에 급수라고 생각했다. DNA는 부모에게서 자식에게 전달되는 엄청난 양의 정보더미일 것이다. 그리고 제각각 분리된 부품의 묶음이 아니라 공진하고 공명하는 전체의 정보일 것이다. 공진, 공명하는 파동은 단순한 sin파, cos파의 정수배의 파동의 합이다. 즉 DNA 유전자가 발현한다는 것은 한 줄씩이 더해지면서 현재의 전체에서 다음의 전체를 이루어가는 것이다. 공진, 공명한다는 말에는 유기적이고 살아 있다는 뉘앙스가 있다. 모든 세포 안에 있는 DNA는 매순간의 현재를 크게 노래하는 거대한 자연의 합창단이며, 모든 유전자는 그 속에서 자신에게 부여된 부분을 알고 있다.

여기서 나는 DNA 자체가 반복적이고 복잡한 파동이라고 주장하는 것이 아니다. 내가 바라는 것은 DNA 전체의 움직임을 얼마나 잘 설명할 수 있는가이다. 나에게는 언어와 DNA의 움직임이 크게 다르지 않기 때문이다.

sin파, cos파의 정수배의 파동은 플러스와 마이너스로 계산하면 0이 된다. 또 그 단순한 파동의 합으로 만들어진 복잡한 파동의 값 역시 0이 된다.

"어느새 나도 모르는 사이에 말을 할 수 있게 되었다."

이 프로세스의 값도 0일까?

"어느새 나도 모르는 사이에 커졌다."

과부족이 없는 전체라는 말도 말 그대로 더하고 빼면 0이 된다.

우리는 치통이 생기기 전에는 이가 있다는 것조차 잊고 지내기 십상이다. 이것은 주기가 다른, 정수배가 아닌 파동의 침입이라고 할 수 있을 것이다. 이런 파동은 전체의 파동에 속하지 못한다. 즉 그 값은 0이 되지 못한다.

● 시공 게슈탈트

"아무리 복잡한 파동이라고 해도 반복성이 있는 파동은…."

이렇게 염불처럼 읊조리던 내 손은 무의식적으로 원을 그리고 있었다. 반복하는 파동이니 원주의 한 지점에서 시작해 원을 한 바퀴 돌면 그 지점으로 돌아오고, 다시 원주를 따라 같은 궤도를 빙글빙글 돈다. 이렇게 원으로 그려보면 시간이란 순환이며, 이것은 곧 시간의 본질을 완벽하게 나타내는 것이라고 생각해왔다. 앞에서 나온 그림 A에서 쇼타, 겐야, 코오스케의 언어가 대략적인 전체에서 세부적인 부분으로 진행하는 각각의 파동을 겹쳐서 오른쪽 그림을 그렸다. 매 순간의 전체라는 뜻으로 그 한가운데에 '전체'라고 썼다.

그리고 이것은 시간과 공간의 게슈탈트를 나타내는 그림이라고 생각했다. 시간만 존재하는 세계도, 공간만 존재하는 세계도 없기 때문이다.

언어 세계도 마찬가지이다. 나를 잘 알고 나의 말도 잘 이해하는 열 명에게 말한다고 가정해보자. 언어는 음성으로 이루어져 있으니 시간계에 해당된다. 이때 머릿속으로 녹음기를 돌리며 듣는 사람은 없다. 내가 하는 말에 흥미를 느낀다면 열 명의 청자는 이해라는 프로세스를 통해서 각자 열 가지 이미지를 만들어낸다. 이렇게 생각한다면 말을 듣는다는 행위도 수동적인 것이 아니라 이미지를 만들어내는 능동적인 행위이다. 이 이미지는 공간에 존재하지만 시간이 지나면 다시 소환할 수 없다. 듣는 이는 오직 시간의 흐름 속에서만 내가 말하거나 묘사한 것을 반영할 수 있다. 또 열 명이 상상하는 이미지는 결코 동일하지 않은 열 가지가 된다. 즉 내가 하는 말은 열 가지 다른 불연속적인 값으로 재구성될 수 있다. 이처럼 언어의 움직임은 시공의 게슈탈트 자체이다.

푸리에는 파동에 관한 수학이다. 파동이란 자연을 연속적인 현상으로 설명한 개념이다. 아무리 복잡한 파동이라고 해도 결국에는 단순한 정수배의 sin파, cos파의 합인 것이다. '파동을 한 줄씩 더하다 보면…'이라고 쓰던 나는 깜짝 놀랐다. 파동을 한 줄 더한 순간 파동 전체의 형태가 변했기 때문이다. 나는 쇼타, 겐야, 코오스케들의 시간에 따른 언어를 나타내는 순환하는 파동 그림을 보고 한가운데에 '전체'라고 썼다. 그것은 또다시 충격을 안겨주었다. 전체란 불연속적인 값으로 파악할 수밖에 없는 공간상이다. '연속되는 시간을 공간에 투영하면 불연속적인 값을 갖는다.' 이것이 우리가 말하는 언어의 시공 게슈탈트의 본질일 것이다. 시간과 공간은 이렇게 대칭축을 이루고 있는 것이다.

나는 시간의 순환을 원으로 나타내면서 양자역학의 거장 드브로이가 묘사한 물질파를 떠올렸다. 그는 그때까지 파동이라고 여겨오던 빛의 현상을 입자로 기술할 수 있다면, 입자로 여겨오던 전자도 파동으로 기술할 수 있다고 직감했다. 그리고 그것을 증명하여 노벨상을 수상했다.

드브로이는 전자가 불연속적인 값을 갖는다고 설명했다. 더구나 그 불연속적인 값이 정수배(!)라고 주장했다. 물리학에서 다루는 파동의 기본 개념은 이런 파동을 전제로 한다.

나는 물질이란 각각 분리되어 존재하는 것이라고만 생각했다. 하지만 입자를 파동으로 볼 수 있다면 복잡한 파동은 정수배의 진동수를 가진 단순한 파동의 합으로 기술할 수 있다. 앞에서 이 정수배를 공진, 공명군과 같다고 했다. 따라서 자연은 모든 물질에 이르기까지 공진, 공명군, 즉 전체로 움직인다.

● '변동'에 대해서

이 공진, 공명의 개념을 DNA와 유전자에도 비유적으로 적용할 수 있다. DNA는 부모에게서 물려받은 정보를 충실하게 한 줄씩만 발현하는 것이 아니다. 외부의 환경정보를 끊임없이 받아들이고 그 환경에 적응하기도 한다. 이 환경정보 인

기초구조의 전체를 받아들인 것이다. 변화는 어느 날 갑자기 비연속적으로 일어나기 때문이다.

오카피 같은 생물에게 초원의 풀이 갈수록 줄어드는 상황은 생존위기가 되었을 것이다. 위를 올려다보자 키가 큰 나무의 푸릇푸릇한 잎사귀가 보였다. 오카피에게 필요한 것은 긴 목이었다. 그 목을 안정적으로 지탱하기 위해서는 다리도 길어져야 했다. 목이 X미터가 되었을 때 몸이 안정되는 가장 적합한 다리 길이는 얼마일까? 목이 너무 길면 피가 머리까지 올라가지 않는다. 또 물을 마시기 위해 머리를 단숨에 땅으로 낮추면 피가 역류해서 끔찍한 일이 일어날 것이다. 그것을 막기 위해서는 판막이 필요하다. 최고의 자연과학자인 자연은 오카피라는 종족을 보존하기 위해 필사적인 노력을 한다.

그런데 최종 형태가 정해지기 전에 이 비밀이 외부에 새어나가면 큰일이다. 그렇다면 비밀 형태가 새어나가지 않도록 암호를 사용하자! 생존을 위해서 오카피의 파동과 공명하지 않는 다른 주기를 가진 정수배의 파동을 연결해서 설계도를 완성하자! 자연은 오카피의 DNA에 단순한 파동을 한 줄씩 넣고 조용히 그 작업을 진행한다.

"다 했다!"

"흔들어, 흔들어. 더 흔들어!"

두둥!

그 순간 오카피의 DNA는 비연속적으로 기린의 DNA로 돌연변이했다.

이것은 올해 내가 꾼 첫 꿈이다.

돌연변이가 형태를 만드는 형태소 같은 부품이라고 상상해보자. 그 변화는 너무나도 커서 어느 날 갑자기 일어날 것이다.

공진, 공명하는 복잡한 파동을 아무리 봐도 처음부터 대칭축으로 보이지는 않는다. 하지만 우리는 앞에서 그것이 무수한 대칭축의 합으로 만들어진 것을 보아왔다.

나는 단순하게 쭉 뻗은 양팔을 서로 비교하는 것이라 대칭축이라고 생각했었다. 하지만 지금 오카피에서 기린으로 변이한 모습에서 보이듯이 다양한 대칭축이 있다. 오카피의 목이 길어지자 다리도 길어지고, 거기에 그치지 않고 DNA 전체의 대칭축이 전부 다 개조되었다. 지금 나는 대칭축의 진정한 의미를 처음으로 이해했다는 기분이 든다.

● 수식도 언어

우리는 트래칼리에서 언어와 인간을 자연과학하는 것을, 언어가 무엇을 의미하는지를 조금씩 배워왔다.

"수학도 언어이다."

처음에는 다들 이 말에 당황했다. 하지만 이미 7개 언어를 자연습득하고 있으니 하나를 더 자연과학한다면 이번에는 수학언어를 조금 배워보자는 가벼운 마음을 가지게 되었다.

자연의 언어에는 뉘앙스가 있어서 그것이 상기시키는 이미지가 사람마다 차이가 크고 그만큼 풍부하다. 하지만 자연을 기술하기 위해서는 더 정밀하고 편차가 적은 언어가 필요했다. 그것이 수학이었다.

수학은 이상한 세계였다. 잠시 수학의 역사를 살펴보면, 뉴턴의 고전역학으로 수식어가 확립되면서 자연에 대한 이해가 비약적으로 진보했다. 그리고 19세기 말, 수학이상주의자라고도 할 수 있는 사람들이 나타났다. 그들은 자연을 기술하는 데 수학을 적용했다. 숫자가 취할 수 있는 다양한 형태의 가능성을 오로지 숫자만으로 탐구하는 것이 진정한 수학이라는 것이다. 이 순결수학자의 출현으로 수의 세계는 순식간에 확대되고 진보했다.

20세기에 들어서 그 물질의 탐구 대상이 극미한 세계에까지 미치자, 거시적인 세계에서는 모조리 성공했던 뉴턴의 고전역학만으로는 설명할 수 없는 현상과 맞닥뜨렸다. 난관에 봉착한 한 과학자가 그 현상을 이리저리 뜯어보다가 예전에 보았던 어떤 수식을 떠올린다. 그것은 자연을 직접 기술하기 위한 것이 아닌, 수식이 취할 수 있는 형태 중 하나로 순결수학자가 만들어낸 공식이었다. 이 골치 아픈 현상을 그 수식으로 기술할 수 있을 것 같아 실제로 적용해보니 정말 그 수식으로 설명이 가능했다. 그런 노력이 쌓여서 새로운 역학세계가 확립되었는데, 그것이 바로 양자역학이다. 누가 뭐래도 자연은 수학법칙을 따라서 움직이고 있었다. 수학에서는 외견상 비슷한 듯 비슷하지 않은 두 개의 수식이, 어떤 수학적인 처방을 하면 등식(=)으로 연결된다. 등식이란 문자 그대로 대칭축이다. 수학은 다양한 형태를 취하는 자연의 내부 구조를 대칭성이라는 축으로 파악하고 기술하는 학문이 아니었던가?

"자연은 쌍을 이룬다."

이제까지 살펴봤듯이 자연의 본질은 대칭성이다. 수학 역시 종합된 공진, 공명일 것이다.

우리는 음성을 눈으로 볼 수 있다. 그것은 끝없이 반복되는 복잡하기 짝이 없는 파동이다. 그 파동을 읽고 해석하는 것이 푸리에 수학이다.

"하자, 하자!"

그래서 트래칼리에서는 수학에 도전하기로 했다. 대부분의 동료들이 수학은 중고교 때 끝이라고 생각한 사람들이었다. 오랜만에 수학교과서를 펼친 우리의 눈은 초점을 잃고 있었다. 공진 · 공명하지 않는, 주기가 다른, 정수배가 아닌 각각의 파동이, 수식이 잡다하게 널려 있었던 것이다.

처음에 새로운 언어를 들을 때 우리는 아무것도 알아듣지 못했지만 반복해서 책을 넘겨보면서, '이 수식, 전에 어딘가에서 봤어'라고 느끼곤 했다. 이것은 '이 음악 어딘가에서 들은 적 있어'와 같은 종류의 감각이었다. 진동수가 정수배가 아니었던 고독한 파동이 변동에 끌려 공진하기 시작했다. 수학이 재미있어지기 시작했다.

"이거 재미있군, 재미있어."

그러자 점점 쉬워졌다. 한 줄씩 파동이 추가되어 뒤섞였고, 수학언어 전체가 공진, 공명하기 시작했다. 이것이 '이해'한다는 뜻이었다.

수학에 대해서 토론하는 과정도 마찬가지였다. 처음에는 서로 충돌하는 개개인의 잡음군 같았다. 하지만 우리의 지식이 성장하고 이해도도 깊어지면서 마침내 전체가 공진, 공명하고 있다는 것을 알 수 있었다. 이전에는 한 번도 경험하지 못했던 느낌이었다.

푸리에 급수를 성공한 우리는 다시 양자역학에 도전하기로 했다. 무엇보다 트래칼리의 과제도서, 《부분과 전체》의 저자인 젊은 하이젠베르크와 친구가 되고 싶었기 때문이다.

언어가 자연현상이라면 물질세계의 미시적인 영역을 기술하는 데 성공한 언어로 인간의 언어세계를 효과적으로 기술할 수 있는 단서를 찾을 수 있을 것이라고 확신했기 때문이다.

그래서 우리는 《DNA의 모험(한국명 DNA의 법칙)》 속으로 여행을 떠난 것이다.

● 자연이 언어를 창조하다

지금까지 언어로 자연을 기술하는 것이 자연과학의 목표라고 당연한 듯 주장해 왔다. 하지만 여기서 잠깐 생각해보자.

양자역학 언어에 의한 자연관의 극적 변화도 만약 '양자'라고 명명한 대상이 자연에 존재하지 않았다면 불가능했을 것이다. 양자의 존재가 양자역학 언어를 끌어낸 것이다. 그렇다면 자연과학이란 언어로 자연을 기술하는 것이 아니라 자연을 기술하는 진정한 언어를 끌어냈다고 해야 할 것 같다. 자연이 언어를 창조해낸 것이다. 이렇게 생각한다면 언어도 자연의 내부 현상이라고 단언할 수 있다. 언어도 자연과 공진, 공명하면서 진동수의 정수배의 파동을 한 줄씩 더하면서 사물의 진상에 접근하는 것이다.

러시아의 언어학자 로만 야콥슨Roman Jakobson이 금세기의 가장 독창적인 시인이라고 소개한 벨리미르 흘레브니코프Велимир Хлевников의 말이 떠오른다.

"창조의 고향은 미래에 있다. 그곳에서 언어의 신들이 보내주는 바람이 조용히 불어온다…."

지금까지 기술한 나의 사고방식을 가능하게 한 것은 히포의 자연스러운 언어습득 활동의 체험담이었다.

"자연 현상은 누구에게나 일어난다."

자연의 내부에는 중력이 있기 때문이다.

어른의 내부에도 아기가 계속 살아간다. 히포의 체험은 그 내부의 아기와 만남의 여정이었다. 우리는 그 끝에 있는 자연의 언어라는 원점으로 돌아온 것 같다.

인간도 자연의 일부분이며, 그런 우리 인간을 인간으로 정의하는 언어도 자연의 내부 현상이다. 우리의 체험을 통해서 그 언어의 자연적인 움직임을 기술한다는 것은 결국 언어라는 자연을 내부에서 기술한다는 뜻이다. 자연을 객관적으로 기술하는 것이 지금까지 자연과학의 목표였다면, 거기서 크게 한걸음 내디딘 셈이다.

우리가 아무리 외부에서 아기를 자세히 관찰해도 내부에서 일어나는 드라마는 목격할 수 없었다. 성인이 하는 언어의 자연습득이라는 모험은 자신의 내부에 있는 아기와 만나는 여정인 동시에 자연스럽게 언어를 말하는 사람을 발견하는 여행이기도 했다.

어떤 자연현상이든 언어가 아닌 다른 것으로는 묘사할 수 없다. 인간은 자연을 언어로 재구축한다고 해도 과언이 아닐 것이다. 나는 그 언어현상이 어떤 것인지 조금이라도 깊이 이해하면서 자연을 내부에서 (전체로서) 기술하는 새로운 과학의 가능성의 문이 열릴 것이라고 예감하고 있다.

언어를 자연습득하는 히포의 활동은 올해 미국, 멕시코, 캐나다까지 확대되었다. 세계 곳곳의 많은 사람들이 이 활동을 고대하고 있다. 초심으로 돌아가 참가하는 모든 이들과 함께 우리의 내부에 있는 멋진 인간을 발견하는 여행을 떠나보자.

1998년 3월

부 록

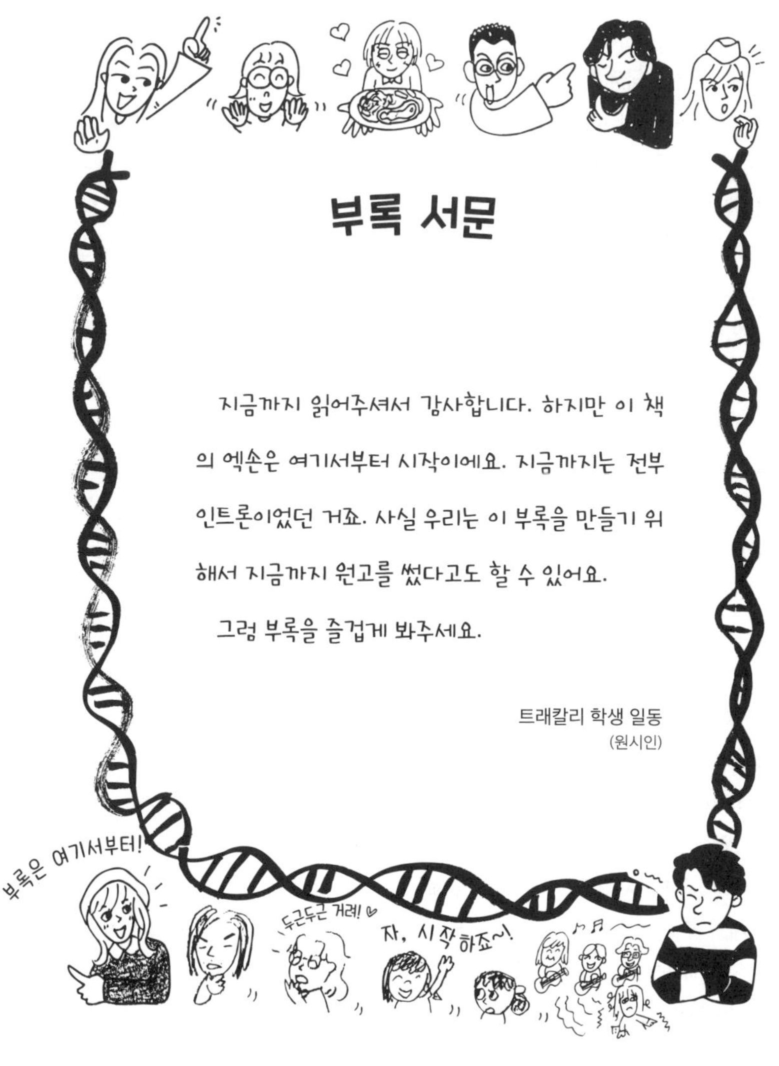

부록은 여기서부터!
두근두근 거려!
자, 시작하죠~!

부록 서문

지금까지 읽어주셔서 감사합니다. 하지만 이 책의 엑손은 여기서부터 시작이에요. 지금까지는 전부 인트론이었던 거죠. 사실 우리는 이 부록을 만들기 위해서 지금까지 원고를 썼다고도 할 수 있어요.

그럼 부록을 즐겁게 봐주세요.

트래칼리 학생 일동
(원시인)

HIPPO 용어 사전

히포 

'히포'는 히포 패밀리 클럽을 뜻하는 약어이다.
히포 패밀리 클럽는 다양한 언어를 배우는 곳이다. 하지만 히포에서는 전형적인 공부 방법으로 언어를 배우지 않는다. 우리는 아기가 언어를 습득하는 것과 똑같은 방식으로 자연스럽게 말을 배울 수 있는 환경을 만들어서 다양한 언어를 습득하고 있다.
히포에서는 스페인어·한국어·영어·일본어·독일어·중국어·프랑스어·러시아어·이탈리아어·말레이시아어·태국어·포르투갈어·광둥어·인도네시아어·아랍어·인도어·대만어 등 무려 17개나 되는 다양한 언어를 배우고 있다.
이곳에는 선생님도 없거니와 교과서나 시험, 학급 같은 것도 없다. 히포 패밀리에서는 아기에서부터 아버지, 어머니, 젊은이, 노인에 이르기까지 다양한 사람들이 함께 언어를 습득하는 동료로 활동한다. 일본에만 2만 9000명의 회원과 700곳에 히포 패밀리가 있다. 또 미국과 멕시코(1998년), 한국(2001년)에도 지사가 설립되어 있다.

테이프 

히포에서 언어를 배우는 과정에서는 이 테이프(최근에는 CD도 발매하고 있다)가 주도적인 역할을 한다. 히포 패밀리 회원들은 여러 나라에서 잘 알려진 노래 테이프와 최소한 7개 언어에서 최대 17개 언어로 된 스토리 테이프를 갖고 있다. 히포의 테이프에는 두 개의 주요 스토리라인이 있다. 하나는 카바진(일본어로 하마라는 뜻)이라는 이름의 용감무쌍한 하마 청년의 모험을 그린 '카바진'시리즈, 다른 하나는 소노코라는 여자아이가 한 달 동안 미국에서 홈스테이를 하면서 다양한 체험을 하는 '히포, 바다를 건너다'라는 시리즈이다. 히포 회원들은 집안일을 하거나 외출을 하거나 운동을 하거나 숙제를 할 때 배경음악처럼 하루 종일 이 테이프를 틀어놓고 듣는다.

패밀리 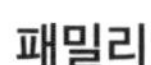 

'패밀리'란 일상적인 히포 활동을 하는 모임을 가리키는 히포 용어이다. 히포 회원들은 패밀리를 이끌어주는 연구원을 중심으로 특정한 장소에 모여 함께 활동한다. 패밀리 모임에서는 누구나 말하고 게임을 하고, 서로 다른 나라의 음악에 맞춰 노래 부르고 춤을 춘다. 이 활동을 'SA! DA!(sing along! dance along!)라고 한다. 또 우리는 17개 언어로 녹음된 스토리테이프를 노래처럼 흥얼거린다. 중요한 것은 테이프의 소리를 흉내 내기만 하는 것이 아니라 서로 흉내를 내며 즐거운 시간을 갖는 것이다.
무엇보다 패밀리에서는 자신이 발견하고 느끼고 생각한 것을 서로 나눈다. 그리고 언어가 자연스럽게 날아다니는 보다 풍요로운 환경을 함께 만들어 간다.

워크샵

다양한 패밀리의 히포 멤버나 새로운 사람들이 모여 더 큰 규모로 히포의 체험을 나누는 것이다.

국제교류

국제교류는 히포의 주요 활동이라고 할 수 있다. 관광이 목적이 아니라 다른 나라 사람들의 집에 머물면서 그들을 알아간다. 히포 패밀리 회원은 23개국에 홈스테이를 진행했고, 100여 개국에서 홈스테이를 위해 일본을 찾아온다. 히포의 홈스테이 목적은 언어연수에 그치지 않고, 호스트 가족의 진정한 가족이 되는 체험을 하는 데 있다. 우리는 그 경험이 진정한 언어습득의 열쇠라고 생각한다.

트래칼리

트랜스내셔널 칼리지 오브 렉스의 총칭.

이곳에서는 '언어와 인간을 자연과학한다'를 테마로 독특한 방식으로 연구가 이루어진다. 트래칼리에는 학년, 반, 시험, 출석도 없고 가르치는 선생님도 없다. 주로 학생들이 모여 연구하고 발견해가는 필드와, 트래칼리의 조력자이자 따뜻하게 응원해주는 연구원들의 강의로 이루어져 있다. 이 강의는 소위 일반 학교처럼 정해진 커리큘럼을 따르는 것이 아니라 연구원이 현재 진행되고 있고 재미있어 보이는 연구를 이야기한다.

트래칼리에는 많은 필드가 있다. 몇 가지 예를 들면 다음과 같다.

일본 고전 필드

고대 일본은 일본어, 고대 중국어, 고대 한국어 등이 날아다니는 다언어의 세계가 아니었을까 하는 관점에서 고대 중국의 '주역'을 통해서 《고사기》《일본서기》《만엽집》을 읽고 이해하는 과정이다. 이 필드에서 탄생한 책으로는 《인마로의 암호》《액전왕의 암호》 등이 있다. 이 분야에서는 《고사기》의 이야기에 초점을 맞춘 《고사기의 암호》가 출판되기도 했다.

음성 필드

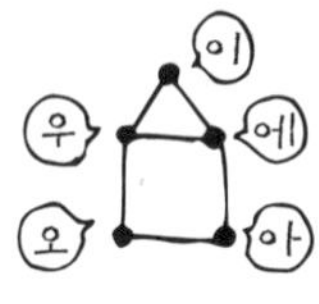

과학적으로 우리가 말하는 음성은 '공기를 타고 전해지는 진동'이다. 그 진동을 컴퓨터로 분석함으로써 모음이나 자음에 존재하는 질서를 탐구하고 있다. 인간의 음성에 대한 연구는 우리가 히포의 다언어활동을 하면서 마주치는 신기한 현상에 대해 토론하는 데 도움을 준다.

아기 체험 필드

우리의 다언어활동 체험을 바탕으로 아기가 언어를 습득하는 과정을 통해서 언어가 자연스럽게 성립하는 모습과 환경을 만들어낸다. 특히 아이를 데리고 오는 부모들이 힘을 발휘하는 장이기도 하다.

> * 이밖에도 필드에서 공부해 출간한 책으로 《푸리에의 모험》《양자역학의 모험》이 있으며, 한국어로 《파동의 법칙》《양자역학의 법칙》으로 출간되었다.

DNA Adven-ture Map
언어와 인간의 자연과학
푸리에의 모험
양자역학의 모험
DNA의 모험
언어와 인간
고전
음성
DNA
문자
컴퓨터
아기
Chapter 1
THE CELL
생물, 세포 대단해!
DNA
복제
왓슨
크릭
이중나선 발견
RNA
DNA 모형 만들기
RNA
DNA
단백질
단백질
대
단백질 합성
생존경쟁이야
그 말은 싫은데!
경쟁?
세포 분열
다세포 생물
공생
날름
생명은 질서를 발견하고 만들어내는 거야
진핵세포
컴퓨터
DNA는 청사진! 유전자 발현은 스위치!
Chapter 2
On!
형태
단백질
단세포
다세포
개구리의 발생
대략적인 전체에서 세분화된 전체로
오카피
기린
기계 부품이 아니야!
생명은 언제나 전체야!

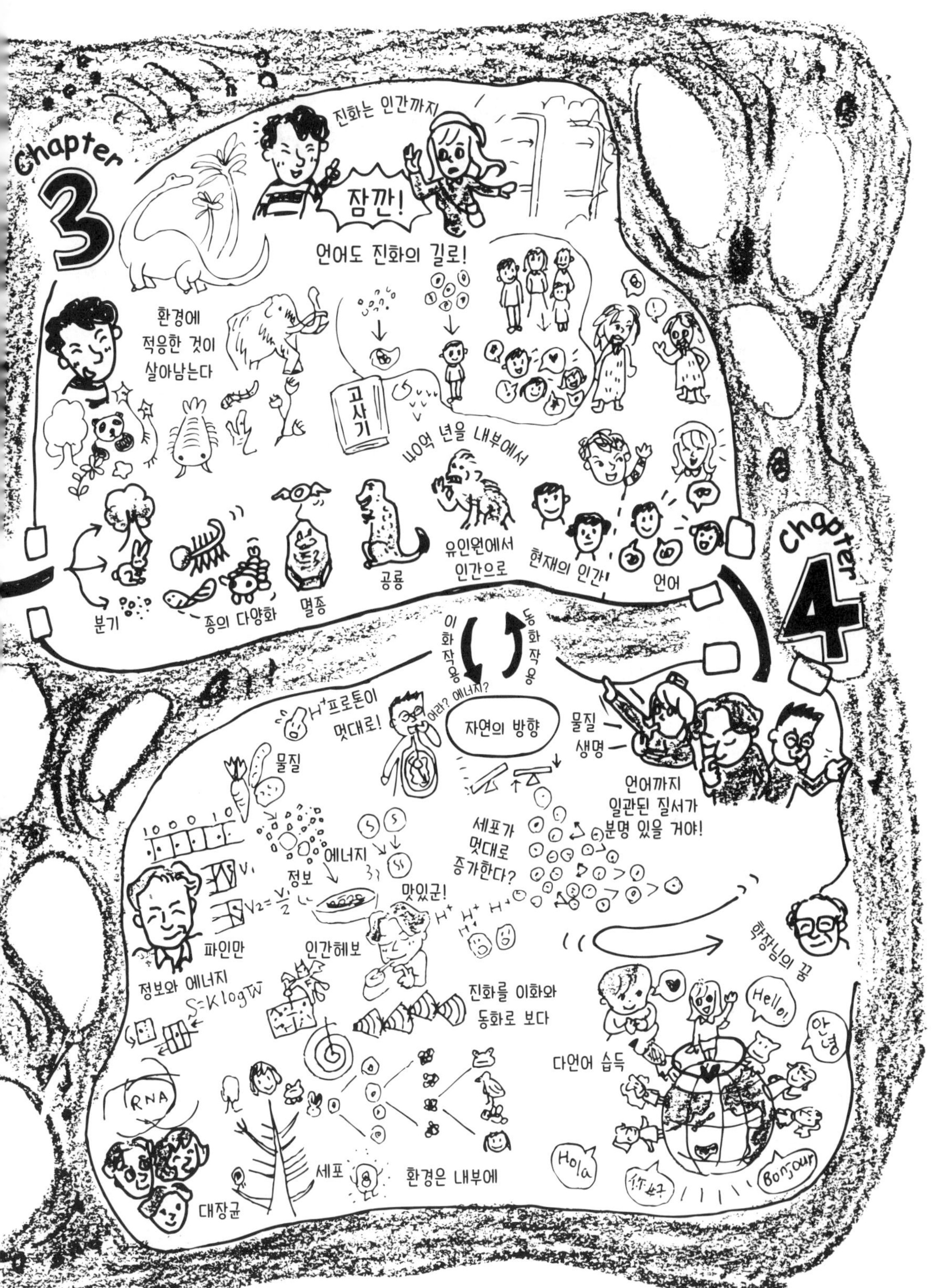
Chapter 3
진화는 인간까지
잠깐!
언어도 진화의 길로!
환경에 적응한 것이 살아남는다
고사기
40억 년을 내부에서
분기
종의 다양화
멸종
공룡
유인원에서 인간으로
현재의 인간!
언어
Chapter 4
이화작용
동화작용
H⁺프로톤이 멋대로!
어라? 에너지?
자연의 방향
물질
생명
물질
언어까지 일관된 질서가 분명 있을 거야!
세포가 멋대로 증가한다?
에너지
정보
맛있군!
파인만
인간헤보
정보와 에너지
S=K log W
진화를 이화와 동화로 보다
학장님의 꿈
Hello!
안녕
다언어 습득
RNA
세포
환경은 내부에
대장균
Hola
Bonjour

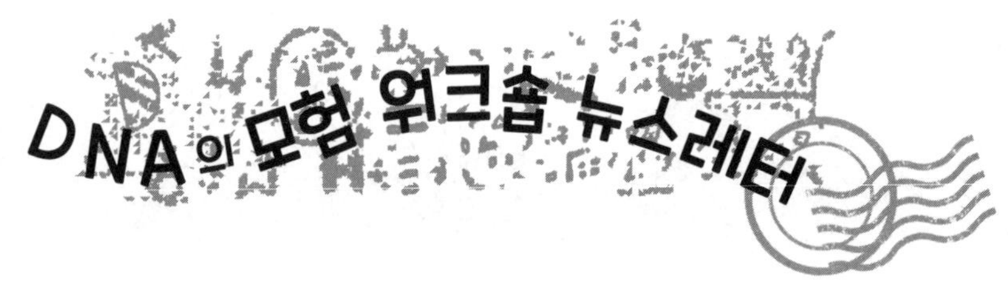

지금까지 본《DNA의 모험》은 어땠나요?

여기에 트래칼리 학생들이 총출연했습니다. 지금까지 트래칼리가 대모험을 해올 수 있었던 것은 독자 여러분의 응원 덕분입니다. 모든 페이지에 걸쳐 함께 해주신 여러분 정말 감사합니다. 이 뉴스레터에서는 본편에 실리지 못한 트래칼리의 모습과 비화 등을 소개합니다.

♪ 대사의 노래 ♪ 아미메구스타

아 미 메 구스타! 밥 밥 밥을 먹자!
먹고 소화시키면 빰빠라빰빰빰
아미노산과 글루코스 지방산과 글리세롤
세포에 들어가 해당되면 많은 에너지를 만들지
에너지를 이용해서 몸을 만들지.
단백질을 만들어 몸을 만들지

우리 몸은
에너지 ATP를
어떻게 만들까요?
여러분은 알고 있나요?

열역학의 대사작용

소위 문과 타입이었던 내가 트래칼리에 들어와서 제일 먼저 손에 든 책은《파인만 물리학》이었다. 처음에는 하나도 이해되지 않았지만 다 함께 윤독을 하는 가운데 점점 재미가 생기고 수식과 친구가 되면서 $F=ma$라는 수식에 감동까지 받았다. 초속 8km으로 물질을 던지면 그것은 지구 둘레를 계속 돈다고 한다! 굉장하지? 그 후에는 가벼운 마음으로 페르미의《열역학》에 참가했다. 이 또한 역시 처음에는 전혀 이해되지 않았다. 그래도 꾹 참고 그 자리를 지키고 있자, 그것만으로도 점점 열역학의 '소리'가 쌓여서 어느새 이해하게 되었다.

마침내 열역학 원고를 쓰는 날이 왔다. 내가 쓴 것은 〈열역학의 제1법칙〉이었다. 원고를 함께 읽어보니 '식만 잔뜩 있어서 이해하기 어렵다'는 평이 있었다. 그 의견에 나는 '식을 이해하게 되니까 말로 하기가 힘들어졌어. 식이 더 간단하거든.' 하고 대답했다. 수학을 싫어했던 나에게 이런 말을 하게 만드는 트래칼리는 정말 대단한 곳이다. 수식뿐만 아니라 화학식도 친구가 되고 있는 요즘, 점점 더 트래칼리가 즐겁게 느껴지고 있다. (14기생 벨)

-엉뚱함을 과학하다- 당신은 엉뚱의 유래를 알고 있는가?

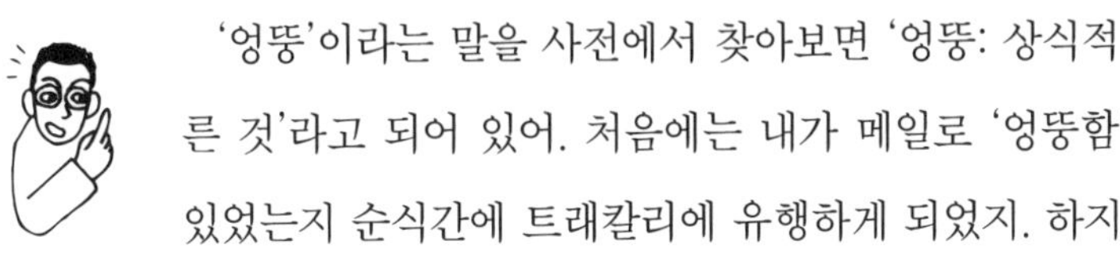

'엉뚱'이라는 말을 사전에서 찾아보면 '엉뚱: 상식적 생각이나 짐작과 다른 것'라고 되어 있어. 처음에는 내가 메일로 '엉뚱함'을 사용했는데 재미있었는지 순식간에 트래칼리에 유행하게 되었지. 하지만 지금 다들 생각하는 '엉뚱함'과는 조금 달랐어. 나는 엉뚱함을 진화의 중요한 요소라고 생각했거든. 사람마다 '엉뚱함'의 이미지는 다르겠지만, 트래칼리에서 함께 언어를 발견하면서 어쩐지 '엉뚱하다는 것은 엉뚱하구나'라고 생각하게 된 거야. (13기생 래빗)

ATP와 함께 만드는 ATP

당　어느 날 우리는 ATP 모형을 만들기로 하고, 작은 스티로폼 공과 얇은 스틱을 사서 ATP를 만들기 시작했어.

염기　모형은 매우 중요하니까! 2차원의 책은 아무리 읽어도 이해할 수 없지만 모형이라면 한 큐에 가능하지!

인산 맞아, 모형 만드는 과정도 재미있었지만 실제 모양을 책으로 상상해서 만들고, 완성했을 때는 감동이었어.

염기 우리가 참고로 한 건《세포의 분자생물학》에 실렸던 이 그림뿐이야.

당 독자 여러분도 한번 만들어보세요. 분명 재미있을 거예요.

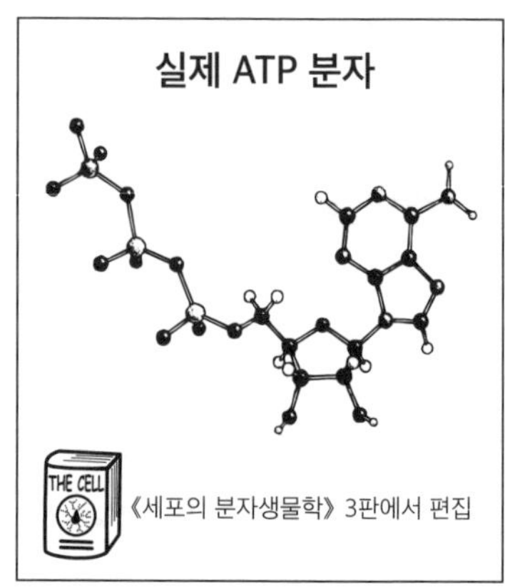

《세포의 분자생물학》 3판에서 편집

재료 스티로폼 공 41개(P3, N5, C10, O13, H10)와 얇은 스틱 아주 많이.

준비 스티로폼 공은 원자마다 다양한 색상으로 착색한다!! ATP들은 P는 오렌지, N은 파란색, C는 핑크색, O는 노란색, H는 흰색으로 칠했다. 스틱은 많이 준비해서 적당한 길이로 자르면 된다.

주의사항 스틱 끝을 문지른다! 스틱을 스티로폼 공에 연결하기 시작한다. 그림을 보면서 정확한 각도로 꽂는다.

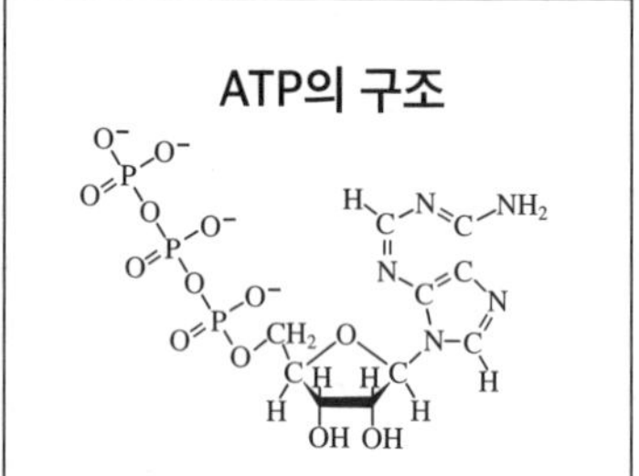

에너지송

에너지를 살펴보자

질서와 무질서란 무엇일까?

열역학 P, V, T

서서히 만들어지는 엔트로피

그것은 이화작용, 동화작용,

정보 새로운 열역학을 발견하자!

트래칼리 애독서

《부분과 전체》
트래칼리의 과제도서.

《세포의 분자생물학》
분자생물학을 알고 싶어 하는 사람에게 권하는 단 한권의 책. 무게 2kg의 이 책을 들고 걷다 보면 체력 증진에도 도움이!!

《고사기의 암호》
절찬리에 판매 중! 이미 베스트셀러! (일본에서만)

《DNA의 모험》
절찬리에 판매 중! 메가히트가 될 것인가?

트래칼리에 들어와 만난 책

아들 녀석은 이렇게 말한다.

"선반에 《THE CELL》 《부분과 전체》 《파인만 물리학》이 놓여 있는 부엌은 우리 집뿐일 거야."

그중에서 아들과 나는 《THE CELL》을 애독하고 있다. 어느 날 아들이 물었다.

"이 책은 트래칼리에서 어떻게 읽어?"

"그룹으로 나눠서 윤독해. 큰 주제의 굵은 글자만 읽어도 다들 '오, 대단한데?'라고 칭찬해줘. 그래도 재미있어."

라고 하자 이렇게 말하는 것이다.

"바보 같아. 그렇게 해서 DNA를 이해하게 될 리가 없잖아."

"그래. 아직 잘은 모르지만 DNA는 데옥시리보핵산을 말하는 거래. DNA는 단백질을 만들 수 없기 때문에 mRNA라는 RNA가 DNA를 전사하고, tRNA가 mRNA의 정보를 리보솜 상에서 읽고 단백질을 만드는 거야."라는 설명이 줄줄 튀어나왔다.

그러자 아들이 "오, 대단한데?" 하며 놀라워했다.

처음에 아는 단어라고는 DNA뿐이었는데 트래칼리에 와서 대화하다 보니 어느새 아는 게 많아지고 친근해졌다. 그래서 더 즐거워져 트래칼리에 오려면 빨리 해치워야 하는 청소나 요리나 빨래를 할 때도 에너지가 샘솟는 것 같다. 지금 트래칼리 여러분과 함께 책을 읽는 것이 매우 즐겁다. (12기생 후지코)

스티커사진 찍기!
-얼굴을 여기에 대고 사진을 찍어보자-
ATP
LOVE
LOVE

트래칼리 학생 모집!

《고등학교를 졸업한 당신! 히포를 사랑하는 당신! 아이를 독립시킨 당신! 트래칼리에서는 신입생을 대모집하고 있습니다. 일반적인 학교와는 상당히 다른 학교설명회입니다. 우리와 함께 DNA의 모험을 해보지 않겠습니까? 18세 이상으로 트래칼리의 입학에 관심 있는 분은 문의 바랍니다!

연락처: **히포패밀리클럽(한국)**
전화: (02)567-7138
주소: 서울시 강남구 테헤란로 311 아남타워 1519호

연락처: 히포패밀리클럽(일본)
전화: (03)-5467-7041
홈페이지: www.lexhippo.gr.jp

만화로 보는 **세포 이야기** 잘라서 책으로 만들어봐요~

1

안녕!
난 세포라고 해.
난 지구별에서 왔어.
내 특기는 분신술이야. 잘 부탁해.

2

3

이제 시작할게.
분신술··· 으으으음···
이얍!

4

씰룩 씰룩

5

어때, 똑같지!?

6

나도 세포야!
취미는 수학이야.

7

안녕! 나도 세포야.
난 암산을 잘해.
그중에서도 특히 로그를 잘해.

씰룩
씰룩

8

우리는 20초에 한 번씩 분신술로 분열해. 로그로 계산해볼까?

호잇
2의 1제곱
2^1
20초 후

9

호잇
호잇
2의 2제곱
2^2
(정사각형)
40초 후

10

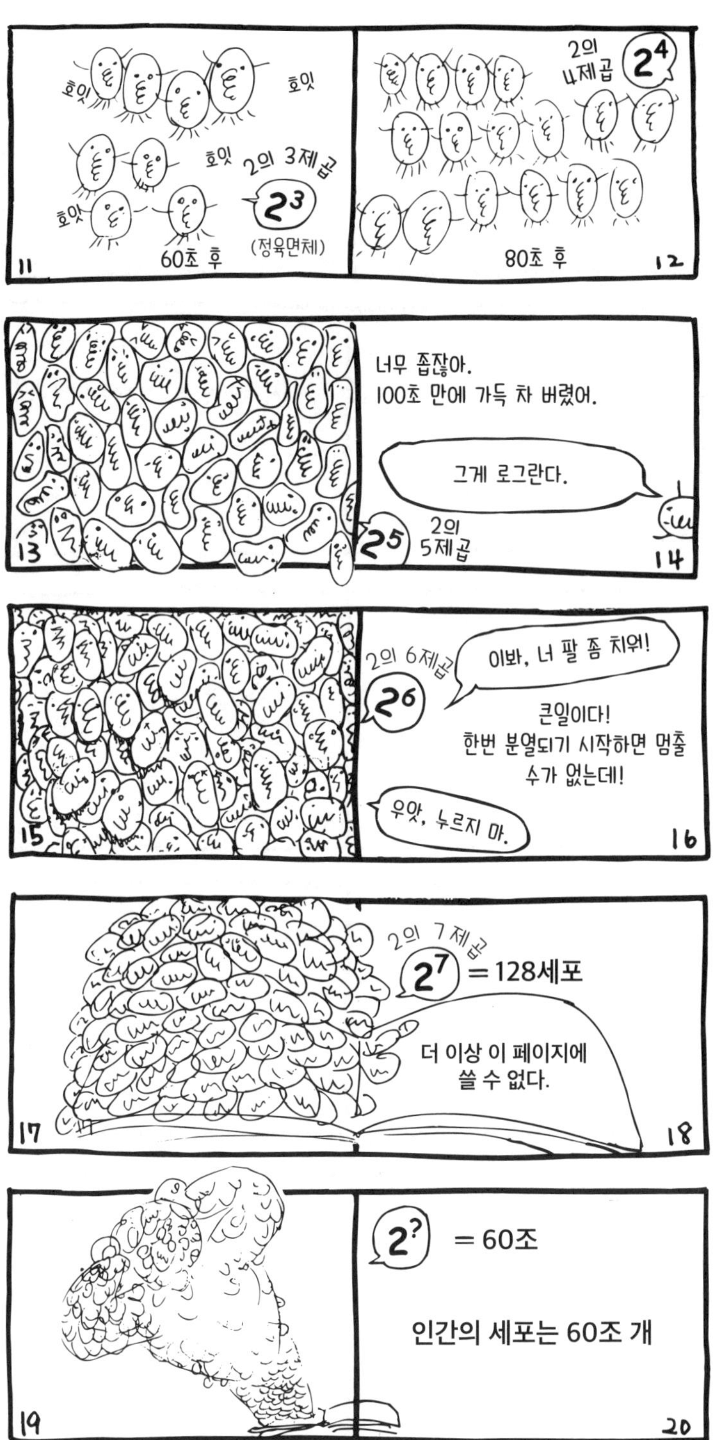
11
호잇
호잇
호잇
호잇
2의 3제곱
2^3
(정육면체)
60초 후
12
2의 4제곱
2^4
80초 후
13
2^5
2의 5제곱
14
너무 좁잖아.
100초 만에 가득 차 버렸어.
그게 로그란다.
15
2의 6제곱
2^6
16
이봐, 너 팔 좀 치워!
큰일이다!
한번 분열되기 시작하면 멈출 수가 없는데!
우앗, 누르지 마.
17
18
2의 7제곱
2^7 = 128세포
더 이상 이 페이지에 쓸 수 없다.
19
20
$2^?$ = 60조
인간의 세포는 60조 개

21
쿵
철퍽
22
하지만 전부 다 인간의 세포가
될 수는 없어.
어떡하지?
어떡하지?
23
휘웅
24
그래서 세포는 홀로 여행을 떠났다.
스르륵
25
부우웅
26
아!! 파리 아저씨다!!
안녕하세요?
27
부우웅
28
세포는 너무 작아서
초파리에게 보이지 않았다.
29
30
파리 알이다.
와, 엄청 커!
다음에 계속?

What on Earth Is Evolution?
C G
What on Earth is evolution?
Am G
I just don't understand!
C G
What on Earth is evolution?
F C F C G
I want to know first-hand!
Dm Em D G
Matter, life and language
C
There's an order
G
through and through
F
But what on Earth is
C F
evolution? I sure
G C
don't know, do you?
We are the Bunglers
I studied and studied with all my heart
But I still can't speak a word of English
Then one day I saw a poster on a corner
Saying "Let's speak seven languages together!"
"Learn to speak, just like a baby does!"
-- That's what the poster said
But how can I do that? I'm already grown up
And I can't even learn to dance!
(CHORUS)
* We are the Bunglers, we are the Hippos
* We are the ones who create the world of language
Sing the language, children! That's all you gotta do!
There's an inner baby deep in every grown-up!
"Hey, you TCLers, how about DNA
"For your next big adventure?"
As soon as we heard those stirring words,
We were all on board and ready to go
We wanted to start our journey with what we knew so well:
Our own experiences with learning language
And just where do you find those experiences?
Right inside yourselves, that's right!
(REPEAT*)
We discovered the same order we found in language
When we read that big old book, The Cell!
(INTERLUDE)
Showing up every Monday night
Bungling our way through the workshop
Navigators, crewmembers and their kids
Gathering together, rain or shine
(REPEAT*)
A new system of dynamics -- that's our discovery
A Nobel Prize waiting just for you and me!
(REPEAT*)
We found the melody of all language
In the order of consonants and vowels
(REPEAT*)
Learning languages the natural way
The future is multilingual!
CELL
DNA
Ge-ge-ge-genome!

아노말로카리스는
캄브리아기에 살던 가장 큰
육식동물이었다.
와삭
와삭
와구
와구
아노말로카리스는
삼엽충을 마치 햄버
거처럼 먹어치웠다.

하지만 멸종했다….

중생대에는
거대한 공룡이
지구를 지배했다.
쿵
쿵
공룡은
한세대를
풍미했다.

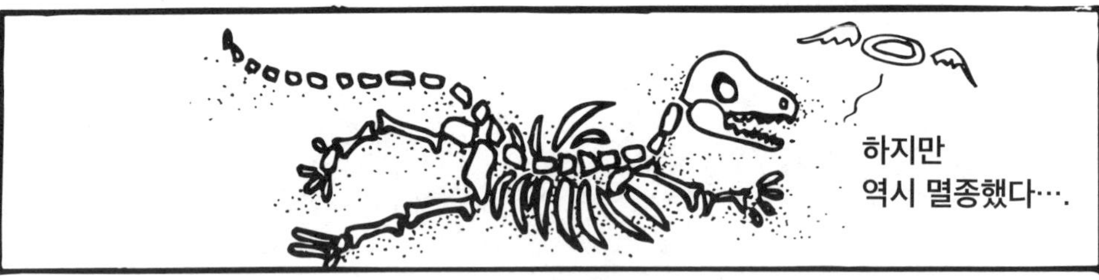
하지만
역시 멸종했다….

현재 인간은
무엇이든 아구아구 먹고
아 맛있다!!
냠냠냠
냠냠
생태계의
정점에 있다.

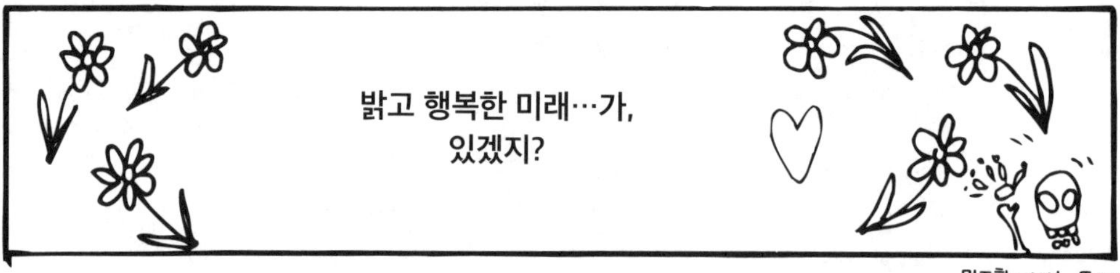
밝고 행복한 미래…가,
있겠지?

멸종할 거라는 뜻??

‘세포의 달인’ 단백질 합성의 정답

(152p의 세포의 달인에 나오는 질문의 답)

AUG Met	GUG Val	CAC His	CUG Leu	ACU Thr	CCU Pro	CAG Glu	CAG Glu	AAG Lys	UCU Ser
GCC Ala	GUU Val	ACU Thr	GCC Ala	CUG Leu	UGG Trp	GGC Gly	AAG Lys	GUG Val	AAC Asn
GUG Val	GAU Asp	GAA Glu	GUU Val	GGU Gly	GGU Gly	GAG Glu	GCC Ala	CUG Leu	GGC Gly
AGG Arg	CUG Leu	CUG Leu	GUG Val	GUC Val	UAC Tyr	CCU Pro	UGG Trp	ACC Thr	CAG Gln
AGG Arg	UUC Phe	UUU Phe	GAG Glu	UCC Ser	UUU Phe	GGG Gly	GAU Asp	CUG Leu	UCC Ser
ACU Thr	CCU Pro	GAU Asp	GCU Ala	GUU Val	AUG Met	GGC Gly	AAC Asn	CCU Pro	AAG Lys
GUG Val	AAG Lys	GCU Ala	CAU His	GGC Gly	AAG Lys	AAA Lys	GUG Val	CUC Leu	GGU Gly
GCC Ala	UUU Phe	AGU Ser	GAU Asp	GGC Gly	CUG Leu	GCU Ala	CAC His	CUG Leu	GAC Asp
AAC Asn	CUC Leu	AAG Lys	GGC Gly	ACC Thr	UUU Phe	GCC Ala	ACA Thr	CUG Leu	AGU Ser
GAG Glu	CUG Leu	CAC His	UGU Cys	GAC Asp	AAG Lys	CUG Leu	CAC His	GUG Val	GAU Asp
CCU Pro	GAG Glu	AAC Asn	UUC Phe	AGG Arg	CUC Leu	CUG Leu	GGC Gly	AAC Asn	GUG Val
CUG Leu	GUC Val	UGU Cys	GUG Val	CUG Leu	GCC Ala	CAU His	CAC His	UUU Phe	GGC Gly
AAA Lys	GAA Glu	UUC Phe	ACC Thr	CCA Pro	CCA Pro	GUG Val	CAG Gln	GCU Ala	GCC Ala
UAU Tyr	CAG Gln	AAA Lys	GUG Val	GUG Val	GCU Ala	GGU Gly	GUG Val	GCU Ala	AAU Asn
GCC Ala	CUG Leu	GCC Ala	CUC His	AAG Lys	UAU Tyr	CAC His	UAA STOP		

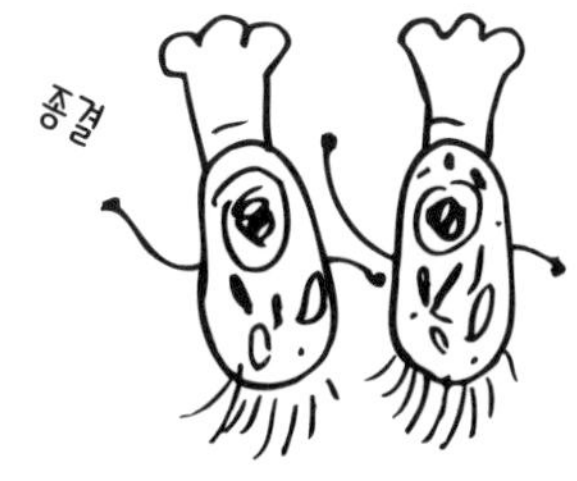

GCM(greatest common measure)

1장의 Girls! ② -생명은 경쟁-
할 수 없지, 하자!!
뭐? 정말 할 거야?
난 별로~
늦었으니까 집에 가자!
사각
사각
종지코돈 찾았다!!
이 아미노산은 귀엽잖아!
AUGCCUGG.....
사각 사각
재미있어 보이는데?
질 수 없다구!! 거의 다 했어!
아코 1등! 경쟁에서 이겼다!!
엉엉!! 난 졌어…
2등
3등
4등
역시 세상은 경쟁이야!
'경쟁이 아니야'는 왜 쓴 거니?
글쎄?

끝? 시작?
-트래칼리 학생이 쓴 책-
<DNA 책 작업 중>
야호! 끝이 보여!
컴퓨터
잘했어. 윤케루! 거의 다 해간다는 얘기지?
축하해
축하한다
아니, 시작이 보인다고!
탁탁탁
지금부터 쓸 거야.
오늘이 마감일이잖아.
이런!
뭐·라·고?

불과 몇 시간 전에 일어난 일이다.
과연 책은 나올 수 있을까?

트래칼리
모모의 4년간의 진화
첫해
《세포의 분자 생물학》과 친구가 되었다.
음!
The Cell
트…특별한 녀석이구나.
2년째
훌쩍
다리가 길고 털이 거꾸로 나 있어.
바퀴벌레의 다리에 눈물을 흘렸다.
3년째
맘모스에 푹 빠졌다
4년째인 지금.
테트라히메나에게 반해 있다.
모모는 털이 있는 것이라면 뭐든지 좋아하는구나!!

엉뚱패밀리 옷 갈아입히기

오려서 재미있게 놀아보자. ♡

엉뚱이즈미

엉뚱하타케

엉뚱야마

모형, 우리는 모형을 가졌다!

여기 있는 것은 최신 DNA 모형이다. 우리는 오늘 모형을 가지고 만들어볼 거야. 지시대로만 따라하면 만드는 건 쉬워! 이 책을 읽었는데도 DNA를 어떻게 조립하는지 모르겠다고, 그림으로 그리기 힘들다고 걱정하지 않아도 돼. 여기 친구들이 많이 있으니까. 그 친구가 누구냐고? 모형 말이야. 손으로 직접 모형을 만드는 것만큼 멋진 일은 없어. 그러는 나는 직접 만들고 있냐 하면, 헤헤, 사실 요즘엔 그냥 나가서 완성된 제품을 사와. 이제 나도 옛날 같지가 않거든. 인간은 원래 맨손으로 뭔가를 직접 만드는 것을 좋아해. 그것이 바로 우리 인간이 손을 사용할 수 있게 된 요인이지. 우리 조상들은 원래 네 다리로 걸어다녔어. 그러다 물건을 나르고, 요리하고, 도구를 사용하면서 뒷다리로 서게 됐지. 그러니까 우리도 조상님의 본을 받아 모형을 만들어 볼까?

직접 만든 모형은 다른 모형들과 좀 다르게 보이겠지만, 세상에 오직 하나뿐이니까 비교하지 마! 그럼 본론으로 들어가서, 소매를 걷어붙이고 이 위대한 DNA 모형을 만들어보자! 여기에는 네 가지 형지와 두 가지 다른 모형(기본형과 복제형)을 만드는 방법이 자세히 나와 있어.

직접 만드는 DNA 모형!!

① 먼저 823p의 DNA 형지를 두꺼운 종이나 공작용 판지에 복사한다. 형지 하나가 10염기쌍이므로 DNA 이중나선이 돌아가는 모습을 나타내기에 충분하다. 최대한의 효과를 내기 위해서 형지와 끈을 두 개씩 복사한다. 20염기쌍(2개의 회전)이 준비되었으니, 완성하면 나선의 큰 홈과 작은 홈을 뚜렷하게 볼 수 있을 것이다.

② 10염기쌍 사이의 굵은 절취선을 잘라서 각각 분리한다(사선으로 올라가는 안쪽의 절취선은 접는 부분이므로 자르지 않는다). 똑바로 자르려면 자를 이용해서 자르는 것이 좋지만 귀찮으면 가위로 오려도 된다.

③ 접는 방법이 두 가지 있는데, －－－－－은 산접기, －·－·－·－은 골접기한다. 헷갈리지 않도록 주의한다. 접는 선을 자로 미리 세게 눌러두면 반듯하게 접을 수 있다.

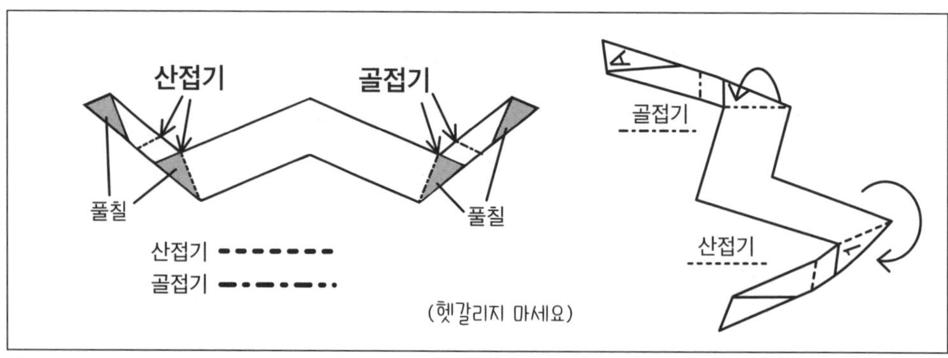

④ 그럼 이제 형지를 연결해보자. 풀칠 부분을 잘 보면 숫자와 영어 알파벳 두 종류가 있다. 영어 알파벳은 대문자와 소문자를 맞추고, 숫자는 로마자와 아라비아 숫자를 맞추면 된다.

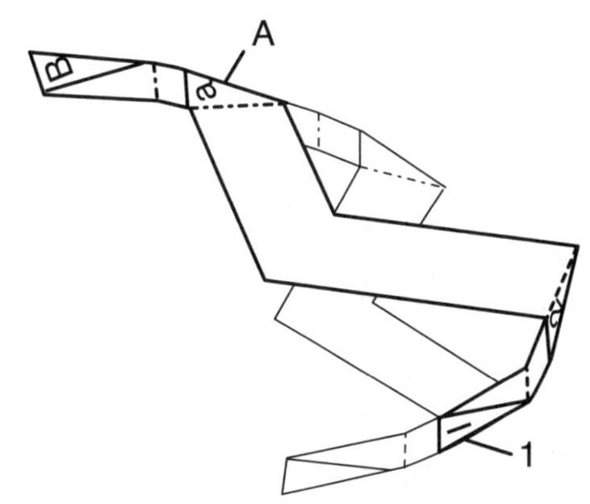

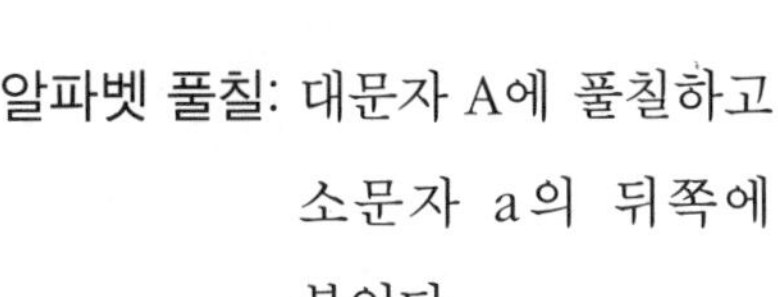
알파벳 풀칠: 대문자 A에 풀칠하고 소문자 a의 뒤쪽에 붙인다.

숫자 풀칠: 로마자 Ⅰ의 뒤쪽에 풀칠하고 아라비아 숫자1에 붙인다.

⑤ 이 작업을 반복해서 풀칠이 다 끝나면 완벽한 DNA 이중나선(10염기쌍) 모형이 완성된다. 형지의 복사본 두 개로 모형을 완성하려면 첫 번째 형지의 끝 부분의 숫자가 없는 곳에 풀칠하고, 두 번째 형지의 시작 부분의 숫자가 없는 곳에 풀칠한다.

⑥ 직접 만든 DNA 모형을 아름답게 디스플레이하려면 플라스틱 페트병을 반으로 잘라서 모형을 그 안에 넣으면 된다. 우리가 트래칼리에서 만든 모형을 병에 넣어서 관찰한 방법이다.

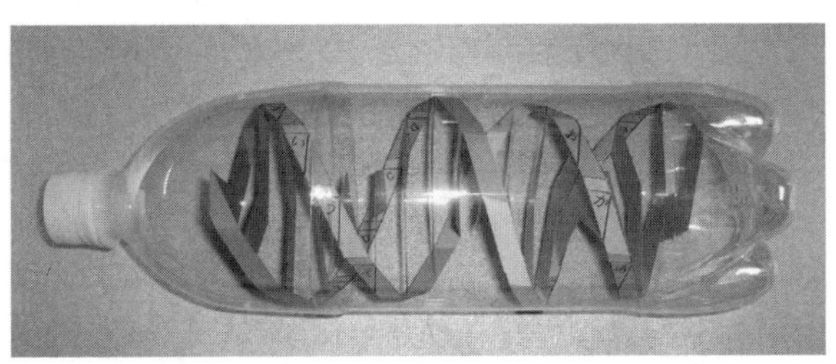

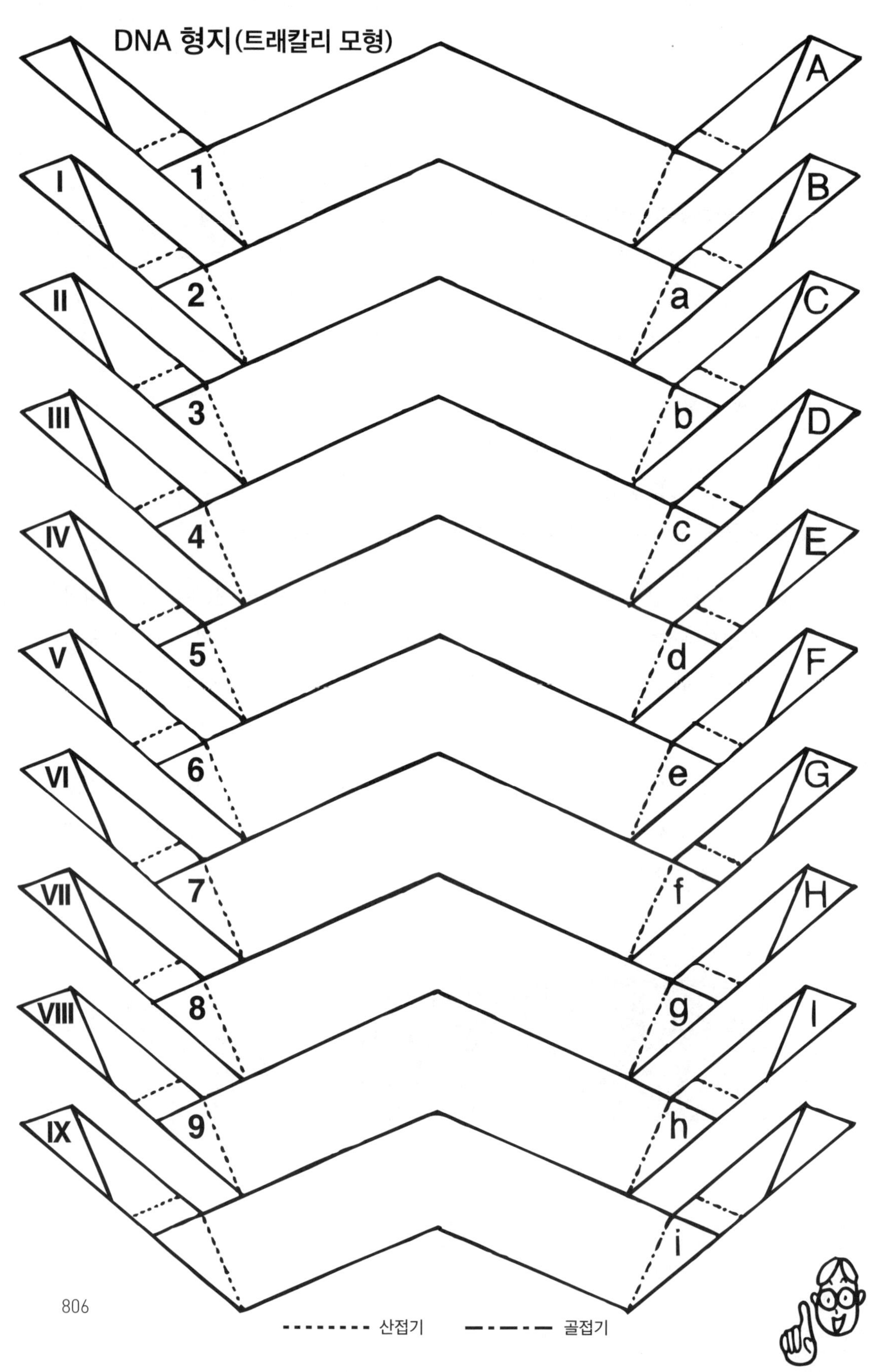
DNA 형지(트래칼리 모형)
I
II
III
IV
V
VI
VII
VIII
IX
1
2
3
4
5
6
7
8
9
a
b
c
d
e
f
g
h
i
A
B
C
D
E
F
G
H
I
산접기
골접기

보너스 염기쌍 모형

마니아를 위한 스페셜 DNA 이중나선 형지

좋은데?

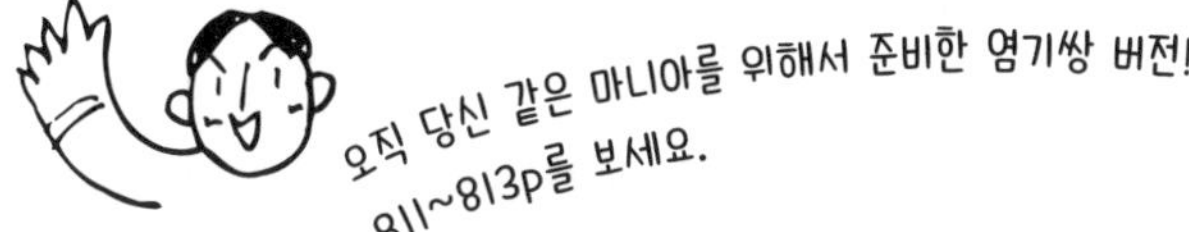

오직 당신 같은 마니아를 위해서 준비한 염기쌍 버전!
811~813p를 보세요.

- - - - - - - - 산접기

—·—·— 골접기

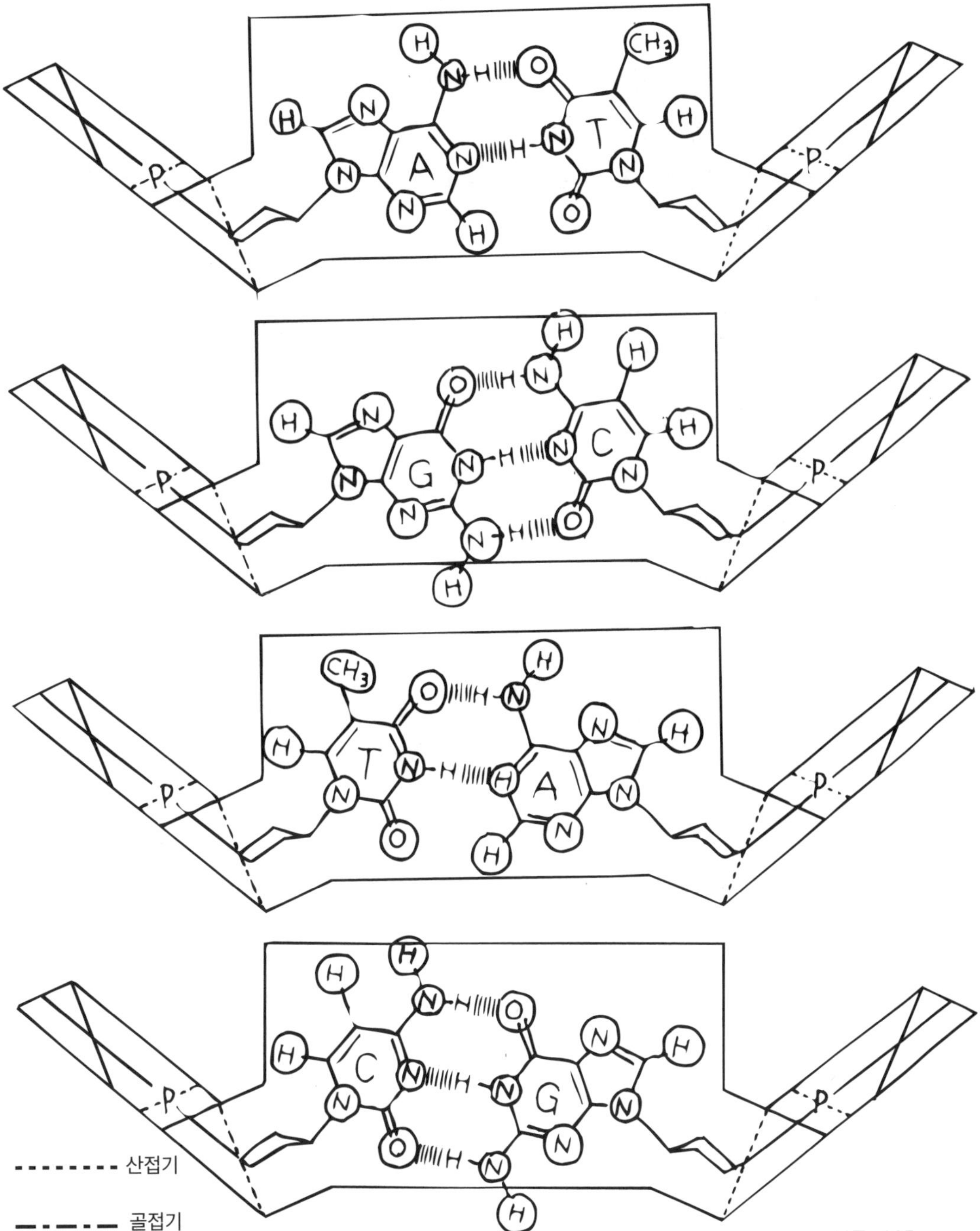

DNA 복제 모형 만들기!!

먼저 DNA 모형을 만들기 위해서 형지①(823p)를 복사하고, 1장의 102~104p 만드는 방법을 따른다(804p의 방법을 이용해도 되지만 형지는 823p의 것을 사용한다).

① 두꺼운 종이나 공작용 판지 두 장에 복제 형지②(824p)를 복사하면 총 20개의 DNA 모형(염기쌍)이 생긴다. 20개 모두 자른다(오른쪽 그림처럼 자르면 된다).

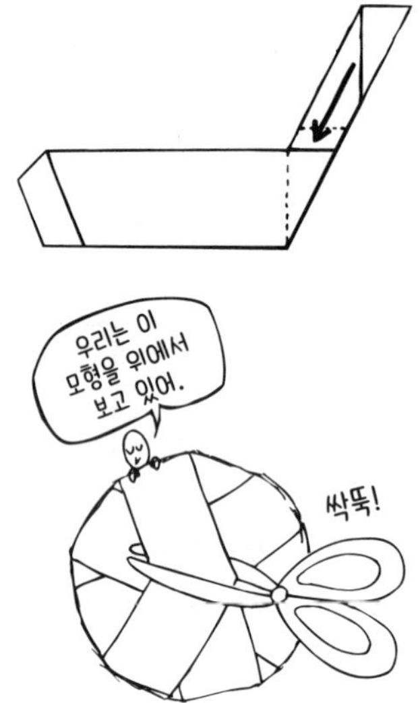

② 가위로 DNA 모형을 자른다. 처음의 6염기쌍부터 자르는데, 오른쪽 그림처럼 각 쌍의 중심부터 자른다.

③ 이제 두 개의 DNA 가닥이 생겼다. 두 가닥 중 하나는 화살표 쪽으로 멀어지고(예를 들어 자르는 방향처럼) 다른 가닥은 이쪽으로 되돌아온다. 첫 번째 가닥의 여섯 곳에 화살표 방향으로 1부터 6까지 숫자를 써 넣는다(지연가닥의 주형이 된다). 다른 가닥의 여섯 곳에 화살표 방향으로 A부터 F까지 알파벳을 써 넣는다(선도가닥의 주형이 된다).

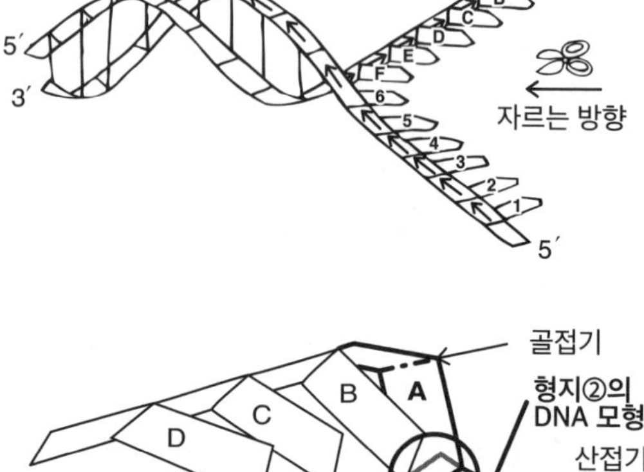

④ 선도가닥 주형의 복제 프로세스를 시작한다(A~F). 형지②에서 모형 하나를 골라서 DNA를 자른 A의 끝 부분에 풀칠을 해서 붙인다(오른쪽 그림의 I 부분).

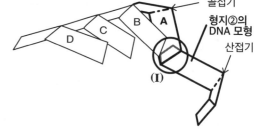

⑤ 이제 두 번째 모형을 B의 끝 부분에 풀칠을 해서 붙인다(오른쪽 그림의 Ⅱ 부분). 그러고 나서 모형의 다른(좁은) 부분 끝에 풀칠을 하고 첫 번째 모형의 A(그림의 Ⅲ 부분)의 끝 부분에 붙인다.

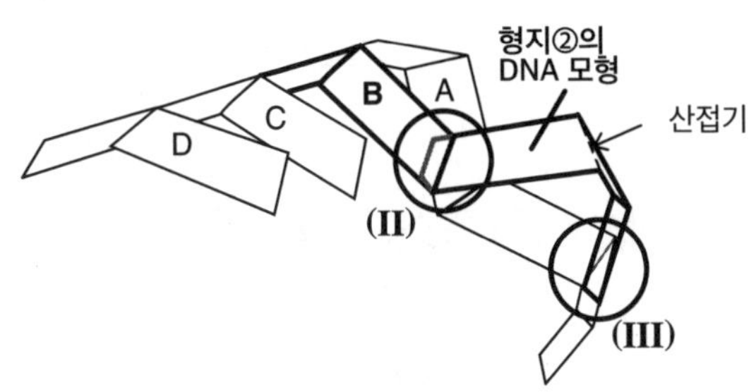

C~F까지 이 과정을 반복한다.

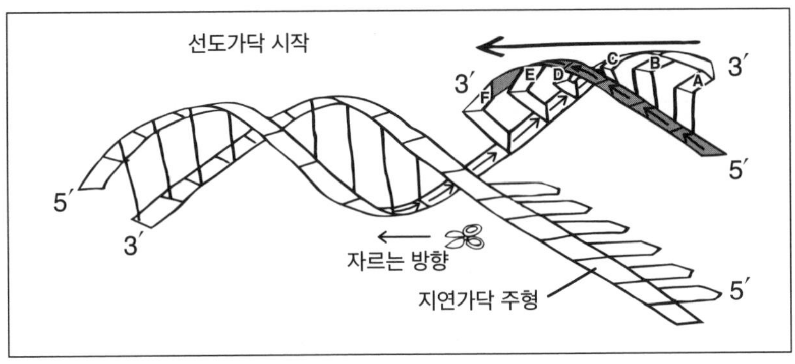

⑥ A~F까지 복제를 마쳤으면 선도가닥의 염기쌍을 잘라내고 G~L까지 써 넣는다. 그리고 G~L까지 ④와 ⑤단계를 반복한다.

⑦ 지체가닥을 만들기 시작한다. 이번에는 4와 뒤로 돌아온 1부터 시작한다. 과정은 ④와 ⑤단계에서 설명한 것과 같지만, 모형의 4－1에 풀칠하고 4→3→2→1 순으로 각각 붙인다.

⑧ 1을 마치고 8로 넘어가서 과정을 반복하면, 다시 8→7→6→5 순으로 붙인다. 그러고 나서 5와 인접한 4에 풀칠한다(이 과정을 박음질이라고 한다. 모형은 810p의 그림에서 화살표의 서열대로 복제한다).

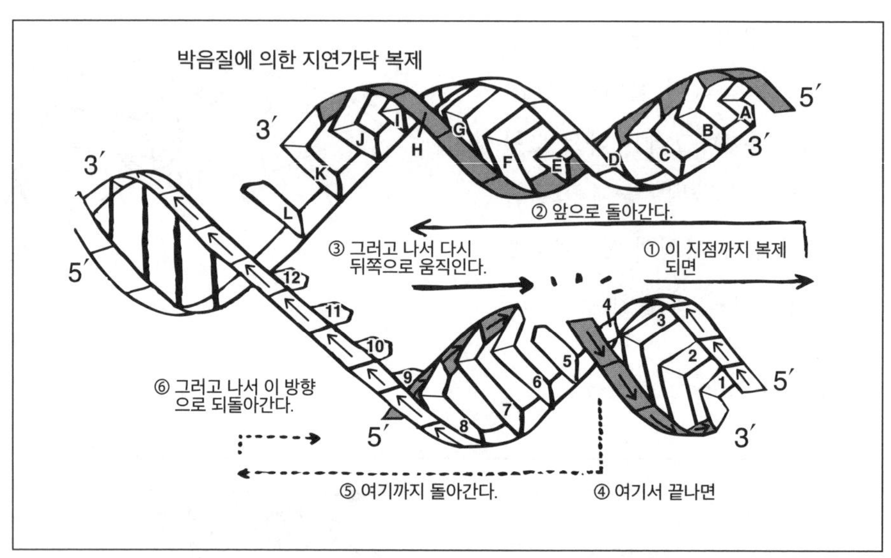
박음질에 의한 지연가닥 복제
② 앞으로 돌아간다.
③ 그러고 나서 다시
뒤쪽으로 움직인다.
① 이 지점까지 복제
되면
⑥ 그러고 나서 이 방향
으로 되돌아간다.
⑤ 여기까지 돌아간다.
④ 여기서 끝나면

⑨ ⑤~⑧까지 계속 반복하면 다음과 같은 모형을 얻을 수 있다.

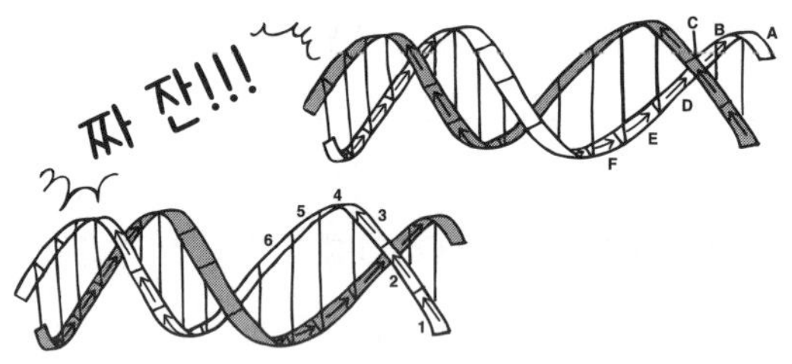
짜 잔!!!

축하합니다! 당신은 지금 DNA 모형을 복제했습니다!

직접 디자인하는 DNA 형지 (1. 3의 2) 참조)

정확한 형지를 만들려면?

● 보기만큼 쉽지 않지?

'자 책도 읽었고 DNA 모형도 만들었으니 시험 삼아 직접 형지를 설계해볼까?' 하고 생각하고 있는 거기 당신!! 자, 잠깐만 기다려 봐. 《DNA 만들기 대회》에 나오는 형지와 〈트래칼리 오늘의 요리〉에 나오는 형지가 조금 다르다는 사실 느꼈니?

사실 〈DNA 만들기 대회〉에서는 스토리를 중시한 나머지… 정확한 형지를 만드는 방법이 쓰여 있지 않아!! 미안해.

그래서 여기에서는 정확한 형지를 만들기 위해서 필요한 테크닉을 은밀히 전수하려고 해. 후후후, 정말 깜찍하지?

● 원주가 아니라 10각주!

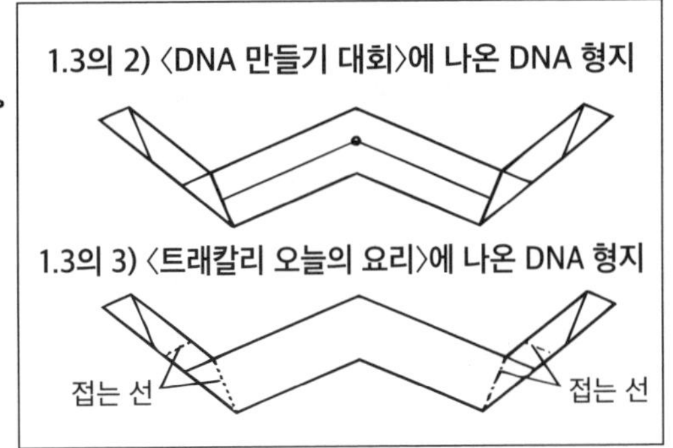

〈DNA 만들기 대회〉의 형지와 〈트래칼리 오늘의 요리〉의 형지에 차이가 나는 것을 눈치챘니?

그래 맞아. 형지를 접기 위해서 2줄의 선이 추가되었지. 이것이 포인트야.

DNA는 이중나선 구조니까 트래칼리에서도 처음에는 DNA를 원주가 되도록 설계했던 거야. 그런데 여기서 문제가 발생했어. 실제 DNA는 분자 결합에 자유도가 있어서 아름다운 곡면을 가진 나선형이 되지만, 종이로 당 · 인산 · 염기의 결합 부분을 나타내는 경우는 약간의 폭이 필요해. 그런데 그렇게 하면 원으로 수납되지 않는 부분의 오차가 생길 수밖에 없거든.

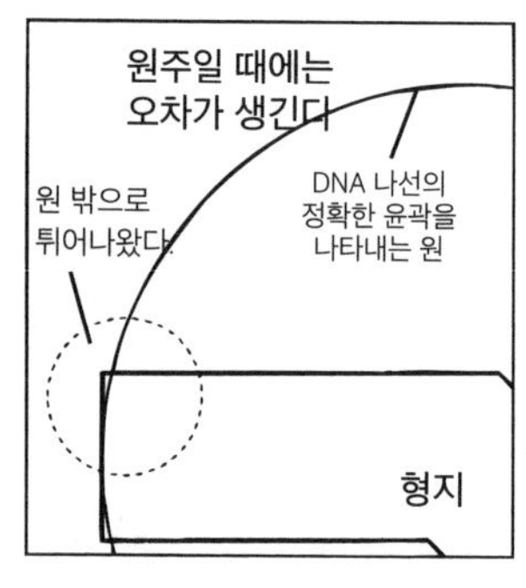

1~2개 연결하는 정도면 문제가 없지만, 10개, 20개 정도 연결하다 보면 그 오차는 배가 되어 점점 비틀릴 거야.

그래서 트래칼리 학생들이 고민 끝에 찾아낸 해결책은 바로 'DNA를 10각 기둥으로 표현한다'는 것이었어 (여기에도 파란만장한 드라마가…).

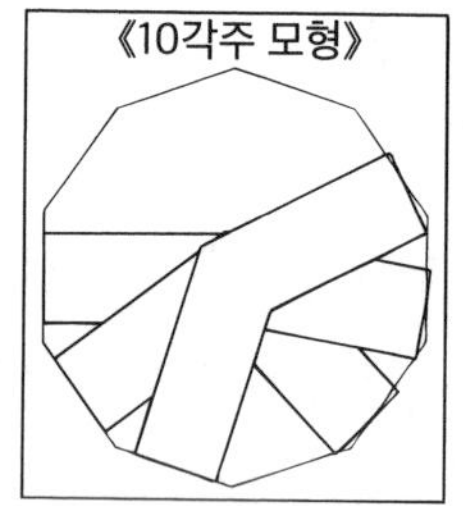

10각 기둥인 이유는 DNA가 10염기쌍이 1회전을 하기 때문이야. 즉 염기쌍에서 다음 염기쌍으로 넘어갈 때마다 36° 회전하고 10회전(10염기쌍 회전한다)하면 36°×10=360°로 원 1주가 되기 때문에 10변이 있는 10각주로 생각할 수 있지.

이렇게 하면 종이의 폭에 의한 오차가 발생하지 않아.

즉 《DNA 만들기 대회》에서 원주의 10분의 1의 길이(36° 회전했을 때의 원주) 2.51'cm'으로 계산한 것(95p 그림)을 10각형의 한 변의 중간에서 이웃변의 중간 부분까지의 길이로 바꾸면 정확한 형지가 완성돼!

(접는 곳은 변과 변 사이의 각인데, 그곳에 변과 수직으로 선을 긋는다)

● 계산은 귀찮지만 미리 준비하자!

그런데 이 문제의 길이를 계산하는 것이… 이게 좀 귀찮아.

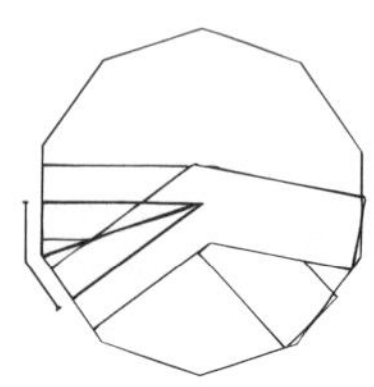

일단 10각형의 중심에서 변의 한가운데와 각에 각각 선을 그어. 그러면 삼각형이 생겨. 왼쪽 그림에 사선을 맞춘 2개의 삼각형이 있는 것을 알겠니? 그리고 지금 구하고 싶은 것은 삼각형의 세로 부분이야. 즉 이것이 10각주의 둘레가 되는 거야.

일단 삼각형의 세로 길이를 구할게. 계산식은…, 지금 알고 있는 것은 10각주의 직경 8㎝와 다음 염기로 갈 때까지의 각도가 36°라는 사실이야. 즉 삼각형의 밑변은 4㎝, 가장 예각인 각도는 18°(다음 염기로 갈 때까지의 사이에 삼각형이 두 개 있으므로 36÷2=18이 된다)가 된대. 이제부터는 삼각함수 문제(모르는 사람은 《파동의 법칙》을 읽어봐)야.

$$\frac{\text{삼각형의 세로}}{\text{삼각형의 밑변}} = \tan\theta$$

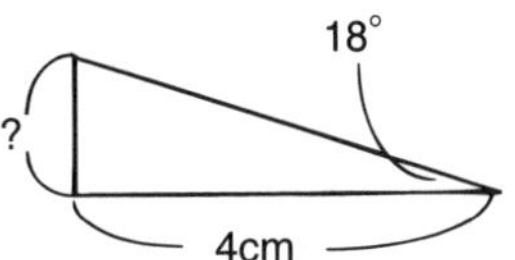

이므로

삼각형의 세로＝삼각형의 밑변×$\tan\theta$

실제로 계산해보면…

삼각형의 세로＝4㎝×tan18°＝1.3㎝

이번에 구하려는 것은 염기에서 다음 염기까지의 원주니까 1.3×2＝2.6㎝라고 할 수 있어.

됐지? 우리가 만든 트래칼리 DNA 모형의 형지(806p) 치수를 알아냈어. 이제 당신도 정확한 형지를 만들 수 있을 거야. 시험 삼아 직접 만들어보도록 해.

● **나만의 DNA 모형을 만들어보자!!**

여기에 쓰여 있는 정보만으로도 나만의 DNA 모형을 만들 수 있어. 정확히 그려진 염기쌍으로 모형을 만들고 싶다면 부록 807p를 참조하면 돼. 또 트래칼리 모형과는 전혀 다른 것도 만들 수 있어. 중요한 것은 DNA의 실측에 기초해서 만들어야 한다는 점이야.

염기 그림이 그려져 있는 DNA 모형이라든지 다른 방법으로 DNA 모형을 만들어 보는 것도 괜찮을 거야.

친구들과 DNA 데이터를 연구하다 보면 자신이 왓슨과 크릭이 된 기분을 느낄 수 있을 테니 꼭 만들어봐!

헤이~! 꼭 시도해봐! 그럼 나만의 DNA 모델을 3D로 만들 수 있어.
친구들과 만들어봐도 즐거울거야.
RNA 또한 DNA 모델을 만드는 것과 같은 식으로
만들 수 있어(트래칼리 버전 159p 참조.)

감사의 말씀

이 《DNA의 모험》을 제작하기까지 많은 분들의 도움이 있었습니다. 그중에서도 특히 감사의 말씀을 드리고 싶은 것이 있습니다.

그것은 우리가 사용한 교과서에 관해서입니다. 우리는 여러 가지 문헌을 참고로 삼았는데 트래칼리 학생들이 좌우명처럼 여긴 교과서는 《세포의 분자생물학 제2판》, 특히 《세포의 분자생물학 3판》(뉴턴프레스, Bruce Alberts)입니다. 원저명이 《Molecular Biology of THE CELL, Third Edition》(Garland Publishing Inc. 간)이었기 때문에 우리는 《THE CELL》이라고 칭했습니다. 몇 번씩 반복해서 함께 읽다 보니 1200p가 넘는 두꺼운 교과서가 이제는 손에 익었습니다.

이 책을 쓰기 위해서는 도판 등을 포함해서 이 교과서를 인용하지 않고서는 거의 불가능한 상황이었습니다. 그래서 트래칼리의 시니어펠로우이자 우리와 함께 'DNA의 모험'에 참가하고, 책을 우리에게 소개해주시고 번역을 감수하셨던 나카무라 케이코 씨에게 상담했습니다. 케이코 씨는 뉴턴프레스 쪽에 직접 문의하여 게재에 대해서 흔쾌한 허락을 받아주었습니다. 본문에 있는 그림에는 《세포의 분자생물학 3판》의 전재, 참조, 편집 등을 명기하고 게재했습니다. 또 본문 중의 인용에는 신경 써서 양해의 말씀을 넣으려고 했지만, 무의식중에 양해 없이 쓴 곳이 있는지도 모르겠습니다. 아마도 책을 수없이 읽으면서 우리의 내부에 스며들어온 언어가 되었기 때문일 것입니다. 우선 이 점에 대해 사과의 말씀을 드립니다.

이번 모험은 정말 많은 사람들 속에서 진행되었습니다. 좁디좁은 트래칼리에서 매주 200명이 넘는 히포패밀리 클럽의 회원들이 대원으로 참가한 DNA의 모험 강의. 그곳에는 춤도 있고 노래도 있고 웃음도 있고 상상도 하지 못했던 에너지가 발생하고 확산되었습니다. 이곳은 단순히 말하는 사람과 듣는 사람을 분리하지 않고 각자 알게 된 것을 서로 함께 발견해가는 장이 되었습니다. 그리고 전국으로 나간 DNA의 모험 워크숍에서는 이 모험에 참가하고 싶은 많은 회원의 뜨거운 성원을 느낄 수 있었습니다.

또 평소에는 인쇄되어 책으로 나온 후에나 읽었던 내용을 원고 상태로 읽고 정성껏 감상을 보내주신 트래칼리의 시니어펠로우 여러분. 손으로 쓴 원고까지 있었으니 정말 최초의 세포에서 발생하는 과정을 함께 해주셨다고 해도 과언이 아닙니다. 여기에는《푸리에의 모험》《양자역학의 모험》을 통해서 만났던 분들까지 동참해주셨습니다.

많은 분들께서 수많은 감상, 조언, 격려를 보내주셨습니다. 각 과정에 대한 긍정적인 의견뿐만 아니라, 때로는 '어렵다' '언어와의 관계를 모르겠다' '내부 이야기가 많다' 등의 지적도 받았습니다만, 그 덕분에 다시 새로운 계층으로 올라갈 수가 있었던 것 같습니다.

무엇보다 기뻤던 것은 이 책에 이르기까지의 모든 과정을 정말 많은 분들과 공유할 수 있었다는 것입니다. 다시 한 번 진심으로 감사의 말씀을 전하고 싶습니다.

문득 생각해보니《DNA의 모험》을 출발한 지도 벌써 6년의 세월이 지났고 트래칼리에도 많은 사람들이 오고 갔습니다. 기혼, 사회 초년병, 대학원생, 그리고 고등학교 졸업 후 입학한 사람, 대학을 마치고 다시 입학한 사람, 일을 그만두고 은퇴한 사람, 주부 등. DNA의 모험은 한사람한사람 각자의 모험이었던 동시에 그 사람들이 모인 트래칼리 전체의 위대한 모험이기도 했습니다.

DNA의 모험은 누군가가 명확한 도착점을 그리고 출발한 것이 아닙니다. 때로는 어디로 가는지도 잘 몰라 표류하는 기분이 들기도 했고, 방향이 보이지 않아 서로 반발하기도 하는 등 많은 드라마가 있었습니다. 그러면서도 매년 틀을 바꾸면서 지금까지 5권의 《DNA의 모험》 책을 만들어냈습니다. 전임자들의 눈물과 땀이 벤 소중한 궤적이 되어 이 책이 탄생했습니다.

이제 위대한 모험은 지금 목표하는 그 방향에 초점을 맞춘 것 같습니다. '언어와 인간을 자연과학하는' 트래칼리의 항해는 오로지 앞을 향해서만 나아가기 때문입니다.

DNA의 모험을 통해서 우리는 생물에게 끝이 없듯이 언어에도 졸업이 없다는 것을 알게 되었습니다. 그것은 언어가, 그리고 생명이 항상 진화하고 열려 있기 때문입니다. 그 프로세스에는 끝이 없습니다. 우리의 언어와 생명의 모험도 마찬가지입니다. 앞으로도 많은 사람들을 새로 만나면서 트래칼리가 크게 성장해가길 바랍니다. 다음 모험은 이미 진행 중입니다. 다음 모험은 이미 진행 중입니다

1998년 4월
트랜스내셔널칼리지 오브 렉스

Hola!
你好
우리가 이 책을 만든 사람들이에요!!
Transnational College of LEX
部分と全体
der teil und das ganze
DNA의 모험
트랜스내셔널 칼리지 오브 렉스

찾아보기

ㅇ

ㅈ

ㅊ

ㅋ

ㅌ

ㅍ

ㅎ

참고도서

All Chapters:

Alberts, B. et al. **Molecular Biology of the Cell, 4th Edition,** Garland Publishing, Inc., Taylor and Francis Group, 2002

Alberts, B. et al. **Molecular Biology of the Cell, 3rd Edition,** Garland Publishing, Inc., 1994

Alberts, B. et al. 中村桂子·藤山秋佐夫·松原謙一監訳 **細胞の分子生物学第3版 (Molecular Biology of the Cell, 3rd Edition)**, Kyoikusha Co., 1995

Alberts, B. et al. 中村桂子·藤山秋佐夫·松原謙一監訳 **細胞の分子生物学第2版 (Molecular Biology of the Cell, 2nd Edition)**, Kyoikusha Co., 1990

Fermi, E. 加藤正昭訳 **フェルミ熱力学 (Thermodynamics)**, Sanseido Co., 1973

Feynman, R.P. **The Feynman Lectures on Physics Vols. I, II, III**, Addison-Wesley, 1965

Feynman, R.P. **ファインマン物理学(5)(The Feynman Lectures on Physics)**, Iwanami Book Co., 1967

Feynman, R.P. **Feynman Lectures on Computation**, Addison Wesley Publishing Co., Inc., 1996

Feynman, R.P. 原康夫訳 **ファインマン計算機科学 (Feynman Lectures on Computation)**, Iwanami Book Co.,1999

Fujimura, Y. 藤村由加 **人麻呂の暗号 (The Code of Hitomaro)**, Shinchosha Co., 1989

Fujimura, Y. 藤村由加 **額田王の暗号 (The Code of Nukata no Ohkimi)**, Shinchosha Co., 1990

Fujimura, Y. 藤村由加 **枕詞千年の謎 (The Mystery of Makura Kotoba)**, Shinchosha Co., 1992

Fujimura, Y. 藤村由加 **記紀万葉の謎 (The Mystery of Kikimanyo)**, Jitsugyo no Nihonsha Co., 1995

Fujimura, Y. 藤村由加 **古事記の暗号 (The Code of Kojiki)**, Shinchosha Co., 1997

Gilbert, S.F. **Developmental Biology, 4th Edition**, Sinauer Associates, Inc., 1994

Gilbert, S.F. 塩川光一郎他訳 **発生生物学 (Developmental Biology, 2nd Edition)**, Toppan Co., 1991

Heisenberg, W. **Physics and Beyond**, Harper & Row, 1972

Heisenberg, W. 山崎和夫訳 **部分と全体 (Physics and Beyond)**, Misuzu Book Co., 1974

Hippo Family Club **Anyone Can Speak 7 Languages**, Hippo Family Club, 1997

Hippo Family Club ヒッポファミリークラブ編 **オドロ木モモノ木ヒッポノ記 (Anyone Can Speak 7 Languages)**, Hippo Family Club, 1997

Hippo Family Club ヒッポファミリークラブ編 **ヒッポファミリークラブの冒険 (Adventures of Hippo Family Club)**, Hippo Family Club, 1992

Hoagland, M. & Dodson, B. 中村桂子・中村友子訳 **Oh!生きもの (The Way Life Works)**, Mita Publishing Co., 1996

Lehninger, A.L. et al. **Principles of Biochemistry, 2nd Edition**, Worth Publishers, Inc., 1993

Lehninger, A.L. et al. **レーニンジャーの新生化学 2版（上・下） (Principles of Biochemistry, 2nd Edition)**, Hirokawa Book Co., 1993

Matsubara, K. & Nakamura, K. 松原謙一・中村桂子 **生命のストラテジー**, Iwanami Book Co., 1990

Nakamura, K. 中村桂子 **自己創出する生命**, Tetsugaku Book Co., 1993

Nicolis, G. & Prigogine, I. 小畠陽之助・相沢洋二 **散逸構造 (Self-Organization in Non-Equilibrium Systems)**, Iwanami Book Co., 1980

Sakakibara, Y. 榊原 陽 **ことばを歌え！こどもたち (Sing the Language, Children!)**, Chikuma Book Co., 1985

Schrödinger, E. **What Is Life? (Canto Edition with Autobiographical Sketches and Foreword by Roger Penrose)** Cambridge University Press, 1992

Schrödinger, E. 岡小天訳 **生命とは何か (What Is Life?)**, Iwanami Book Co., 1951

Shimizu, H. 清水博 **生命を捉えなおす**, Chuo Koronsha Co., 1978

Shimizu, H. 清水博 **生命知としての場の論理**, Chuo Koronsha Co., 1996

Todo, A. 藤堂明保 **漢字語源辞典 (Etymological Dictionary of Chinese Characters)**, Gakutosha Co., 1965

Todo, A. 藤堂明保 **学研 漢和大字典**, Gakushu Kenkyusha Co., 1978

Transnational College of LEX **Who Is Fourier? A Mathematical Adventure**, LRF, 1995

Transnational College of LEX **フーリエの冒険 (Who Is Fourier? A Mathematical Adventure)**, Hippo Family Club, 1988

Transnational College of LEX **What Is Quantum Mechanics? A Physics Adventure**, LRF, 1996

Transnational College of LEX**量子力学の冒険 (What Is Quantum Mechanics? A Physics Adventure)**, Hippo Family Club, 1991

Transnational College of LEX**トラカレ'93 (Annual Report of TCL '93)**, Hippo Family Club, 1994

Transnational College of LEX **DNAの冒険 (Adventures with DNA)**, Hippo Family Club, 1995

Transnational College of LEX **DNAの冒険'95 (Adventures with DNA '95)**, Hippo Family Club, 1996
Transnational College of LEX **DNAの冒険'96 (Adventures with DNA '96)**, Hippo Family Club, 1997
Transnational College of LEX**ただ今DNAの冒険中！(Adventures with DNA, On the Way!)**, Hippo Family Club, 1997
Transnational College of LEX**音声分析の冒険 (Adventures with Voice Analysis)**, Hippo Family Club, 1994
Watson, J.D. et al. **Molecular Biology of the Gene, 4th Edition, Vols. 1 and 2**, Benjamin/Cummings Publishing Company, Inc., 1987
Watson, J.D. et al. 松原謙一·中村桂子·三浦謹一郎 監訳, **遺伝子の分子生物学 4版（上・下）(Molecular Biology of the Gene, 4th Edition, Vols. 1 and 2)**, Toppan Co., 1988
Watson, J.D. edited by Stent, G.S. **The Double Helix**, W.W. Norton & Company, Inc., 1980
Watson, J.D. 江上不二夫·中村桂子訳 **二重らせん (The Double Helix)**, Kodansha Co., 1986
今堀和友・山川民夫監修 **生化学辞典 第2版**, Tokyo Kagaku Dojin Co., 1990
物理学辞典編集委員会編 **物理学辞典**, Baifukan Co., 1984

Chapter 1:

Nagasawa, H. et al. 長沢宏明他 **コミック ワトソン&クリック**, Maruzen Co., 1994
Takeuchi, H. 竹内均 **Newton別冊 バイオテクノロジー総集編**, Kyoikusha Co., 1987
Watson, J.D. & Crick, F. **Nature, Vol. 171, pp.737-738, 1953**, Macmillan Magazines Ltd., 1953
原生動物図鑑, Kodansha Co., 1989

Chapter 2:

Kinoshita, S. 木下清一郎 **生命からのメッセージ**, Tokyo University Publishing Co., 1995
Shibatani, A. et al. 柴谷篤弘他 **講座 進化6分子から見た進化**, Tokyo University Publishing Co., 1992
Yanagisawa, K. **柳沢桂子 卵が私になるまで**, Shinchosha Co., 1993

Chapter 3:

Darwin, C. 八杉龍一訳 **種の起源（上・下）(The Origin of Species)**, Iwanami Book Co., 1990
Descartes, 野田又夫訳 **精神指導の規則 (Regulae ad directionem Ingenii)**, Iwanami Book Co., 1950
Futuyma, D. **Evolutionary Biology**, Sinauer Associates Inc., 1998
Futuyma, D. 岸由二訳　**進化生物学 (Evolutionary Biology)**, Soujyu Book Co., 1997
Gould, S.J. 渡辺政隆訳 **ワンダフル・ライフ (Wonderful Life)**, Hayakawa Book Co., 1993
Hasegawa, M. 長谷川眞理子 **進化とはなんだろうか**, Iwanami Book Co., 1999
Honda, W. 本田済 **易（上・下)**, Asahi Shinbunsha Co., 1978
Horai, S. 宝来聡 **DNA人類進化学**, Iwanami Book Co., 1997
Kaneko, R. & Nakano, M. 金子隆一・中野美鹿 **大進化する進化論**, NTT Publishing Co., 1995
Kawata, M. 河田雅圭 **はじめての進化論**, Kodansha Co., 1990
Kurano, K. et al. 倉野憲司他 **日本古典文学体系 古事記・祝詞**, Iwanami Book Co., 1958
Morris, S.C. 松井孝典訳 **カンブリア紀の怪物たち**, Kodansha Co., 1997
NHK Team, NHK取材班 **生命40億年はるかな旅1〜5**, NHK Publishing Co., 1994
Sakamoto, T. et al. 坂本太郎他 **日本古典文学体系 日本書紀（上・下)**, Iwanami Book Co., 1967
Transnational College of LEX **うちの子天才 (Annual Report of TCL '88 Series 1)**, Hippo Family Club, 1989
Transnational College of LEX **ARTCL '86 (Annual Report of TCL '86)**, Hippo Family Club, 1987
Yoshino, H. 吉野裕子 **易と日本の祭祀**, Jinbun Book Co., 1984

Saishu's Dream:

Jakobson, R. 服部四郎監修 **ローマン・ヤコブソン選集**, Taishukan Book Co., 1985
Monod, J. 渡辺格訳 **偶然と必然 (Le Hasard et la Necessite)**, Misuzu Book Co., 1972
Prigogine, I. 鈴木増雄訳 **ソフトサイエンスへの道**, Chuo Koronsha Co., 1984

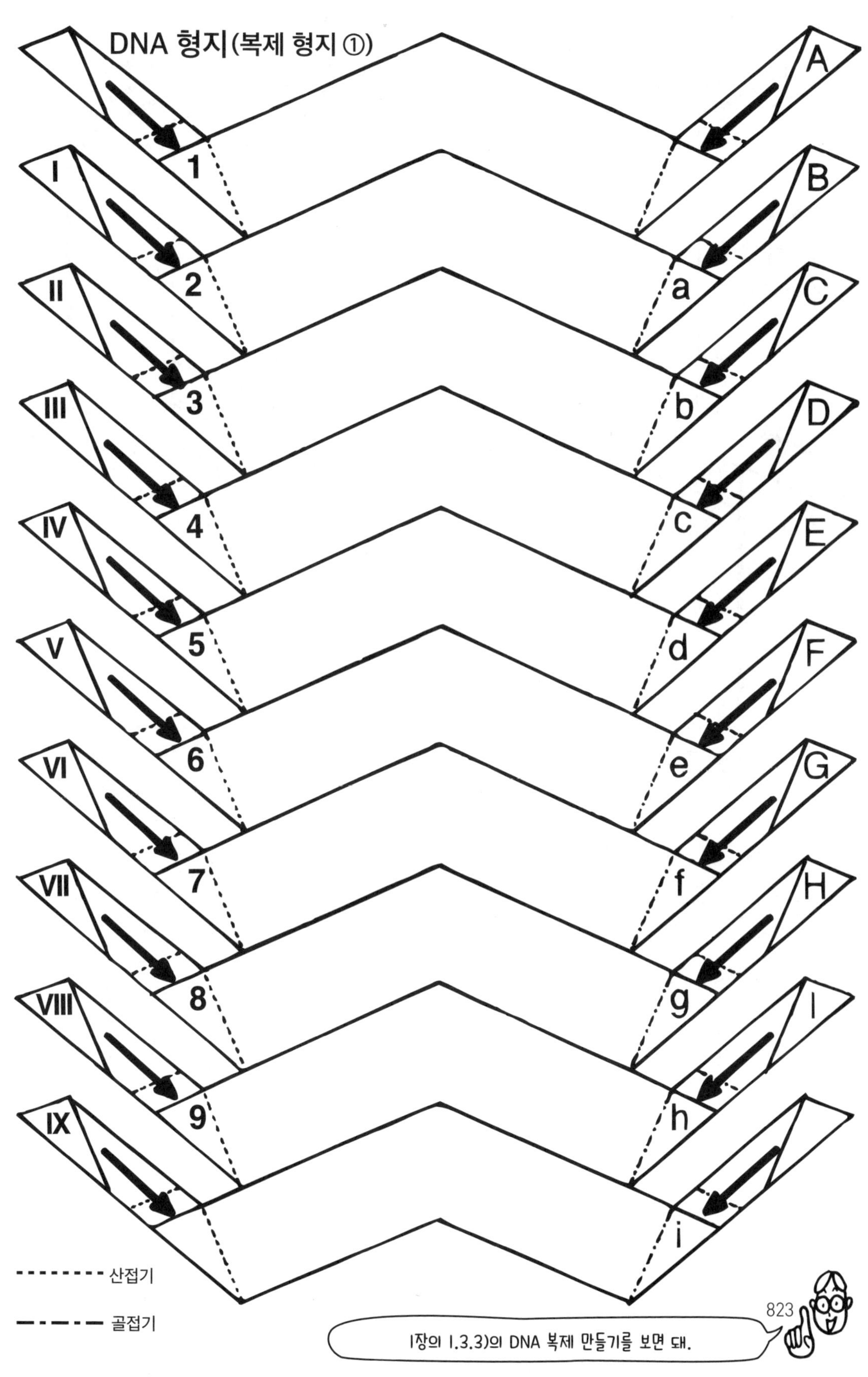
DNA 형지(복제 형지 ①)
I
II
III
IV
V
VI
VII
VIII
IX
1
2
3
4
5
6
7
8
9
A
B
C
D
E
F
G
H
I
a
b
c
d
e
f
g
h
i
산접기
골접기
1장의 1.3.3)의 DNA 복제 만들기를 보면 돼.

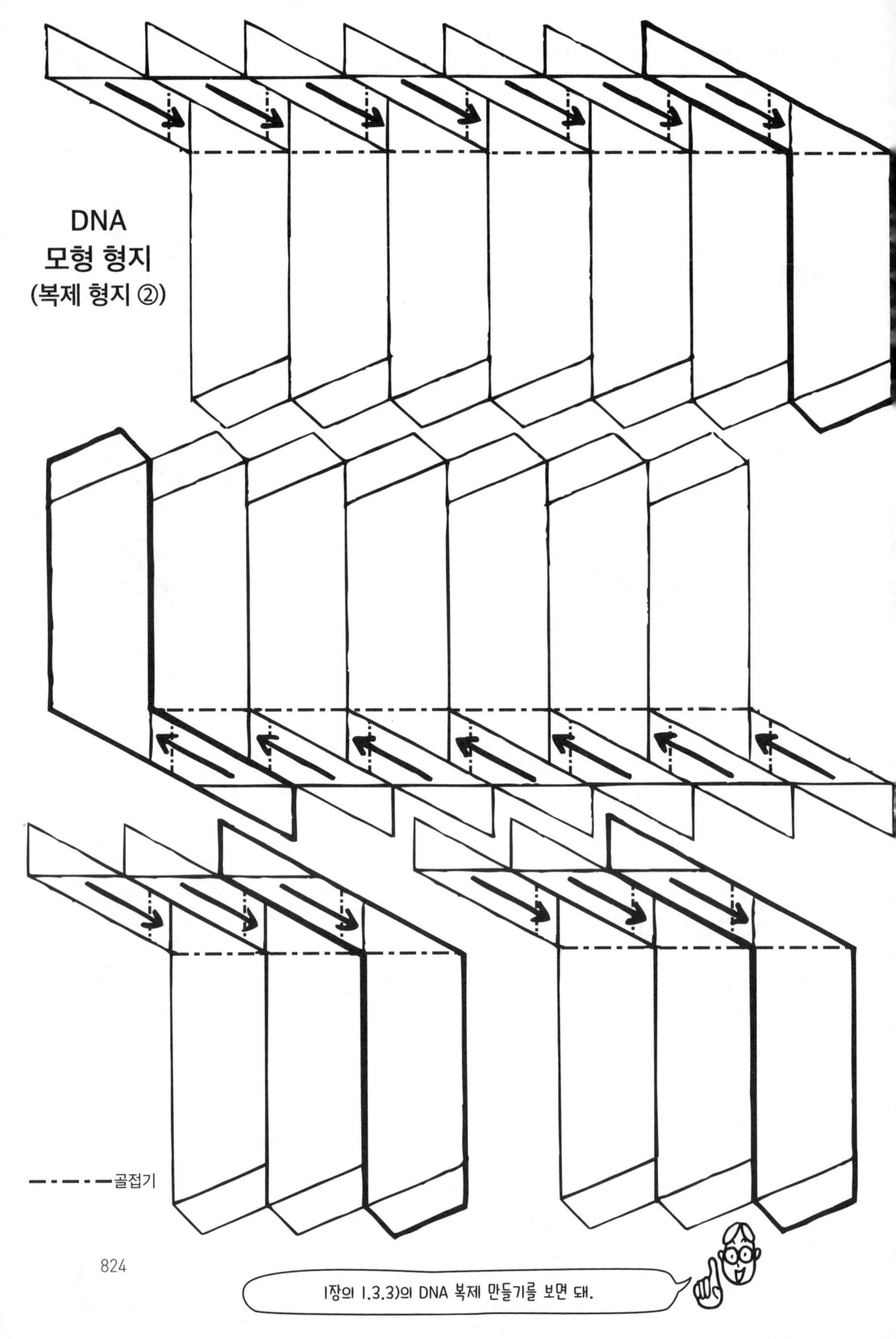
DNA
모형 형지
(복제 형지 ②)
골접기
1장의 1.3.3)의 DNA 복제 만들기를 보면 돼.